최신 기출 유형 **100% 반영**

**2026**

# 기계가공조립 기능사 5개년 과년도 **1200제**

**필기**

SI 단위 적용

정연택 저

기출문제 CBT 형식 반영

**핵심요약 + 모의고사**

CBT 실전 모의고사
5주 완성

정확한 답과 명쾌한 해설

과목별 핵심 요약 수록

질의응답 사이트 운영
http://www.kkwbooks.com
(도서출판 건기원)

도서출판 건기원

# PREFACE | 이 책의 머리말 |

　우리나라는 기계 공업을 중점적으로 육성하면서 현재 선진국과 어깨를 나란히 하고 있으며, 특히 기계가공조립 분야는 국제기능올림픽에서 우수한 성적을 내면서 입증을 하고 있다. 이에 발맞추어 기계가공조립기능사 시험의 출제 경향도 차츰 수준이 높아져 가고 있다.

　본서는 수년간의 실무경험과 강의경험을 통해 〈기계가공조립기능사〉를 준비하는 수험생들에게 단기간에 가장 효율적인 학습이 되도록 변경된 출제기준에 맞게 새롭게 구성, 수험자가 반드시 알아야 할 중요한 내용을 요약 정리하였으며, 출제빈도가 높은 엄선된 예상문제를 선정 수록하여 〈기계가공조립기능사〉 시험에 100% 대비할 수 있도록 최선을 다하였다.

[본 교재의 특징]
- 변경된 출제기준에 의한 핵심이론을 새롭게 구성하여 변경내용을 확인하도록 하였다.
- 수험자가 단기간에 완성할 수 있도록 한국산업인력공단 출제기준안에 준하여 과목별로 단원을 분류 체계적으로 요약·정리하였다.
- 과년도 기출문제 및 CBT 관련 모의고사 예상문제를 해설과 함께 수록하여 문제해결에 도움을 주고자 하였다.
- 국제적으로 일반화된 SI 단위를 적용하였다.

　본 교재로 충분히 공부하여 〈기계가공조립기능사〉 자격시험에 합격하시기를 기원하며 차후 변경되는 출제 경향 및 CBT 검정 문제 등을 참조하여 계속 보완하도록 하겠습니다.
　끝으로 본서를 출간함에 있어 도움을 주시고 지도하여 주신 모든 선·후배님들께 감사를 드리며, 도서출판 건기원 직원 여러분에게 진심으로 감사드립니다.

저자 올림

# CONTENTS | 이 책의 차례 |

## 핵심 요약

### CHAPTER 1  기계제도
- 01. 기계제도 기본 ········· 10
- 02. 투상법 및 도형 표시 방법 ········· 15
- 03. 치수기입법 ········· 21
- 04. 표면 거칠기 표시 및 치수 공차 ····· 28
- 05. 기계요소제도 ········· 39
- 06. 기계설계의 기초 ········· 49
- 07. 결합용 기계요소 ········· 55
- 08. 축계 기계요소 ········· 64
- 09. 전동용 기계요소 ········· 70
- 10. 제어용 기계요소 ········· 78

### CHAPTER 2  측정
- 01. 작업계획 파악 ········· 82
- 02. 측정기 선정 ········· 84
- 03. 기본측정기 사용법 ········· 90
- 04. 측정의 개요 및 기타 측정 ········· 92

### CHAPTER 3  선반 가공
- 01. 선반의 크기 표시 ········· 115
- 02. 선반의 종류 ········· 115
- 03. 선반의 구조 ········· 116
- 04. 선반의 부속장치 ········· 118
- 05. 선반작업 ········· 120

### CHAPTER 4  밀링 가공
- 01. 밀링머신의 가공 분야 ········· 122
- 02. 밀링머신의 크기 표시 ········· 122
- 03. 밀링머신의 종류 ········· 123
- 04. 밀링머신의 구조 ········· 124
- 05. 밀링머신의 부속장치 ········· 125
- 06. 밀링머신의 절삭 공구 ········· 126
- 07. 밀링 절삭 이론 ········· 127
- 08. 상향절삭과 하향절삭 ········· 128
- 09. 분할 작업(법) ········· 128

### CHAPTER 5  기계부품조립
- 01. 기계 부품조립 준비 ········· 130
- 02. 기계조립 부품 ········· 142
- 03. 기계 부품조립 기능 확인 ········· 150
- 04. 육안검사 ········· 153
- 05. 조립 안전관리 ········· 160

### CHAPTER 6 기타 기계 가공

01. 공작기계일반 ························ 162
02. 연삭기 ································ 173
03. 기타 기계가공 ······················· 179
04. 기어 가공기 ·························· 184
05. 정밀입자가공 및 특수가공 ··········· 186
06. 손 다듬질 가공 ······················· 192
07. 기계 재료 ····························· 194

 **1200제 CBT 모의고사**

#### week ①
01회 CBT 모의고사 ···················· 234
02회 CBT 모의고사 ···················· 249
03회 CBT 모의고사 ···················· 264
04회 CBT 모의고사 ···················· 279

#### week ②
01회 CBT 모의고사 ···················· 296
02회 CBT 모의고사 ···················· 312
03회 CBT 모의고사 ···················· 327
04회 CBT 모의고사 ···················· 343

#### week ③
01회 CBT 모의고사 ···················· 360
02회 CBT 모의고사 ···················· 376
03회 CBT 모의고사 ···················· 392
04회 CBT 모의고사 ···················· 409

#### week ④
01회 CBT 모의고사 ···················· 426
02회 CBT 모의고사 ···················· 442
03회 CBT 모의고사 ···················· 458
04회 CBT 모의고사 ···················· 474

#### week ⑤
01회 CBT 모의고사 ···················· 492
02회 CBT 모의고사 ···················· 509
03회 CBT 모의고사 ···················· 525
04회 CBT 모의고사 ···················· 542

## 7주 완성 학습플래너

다음의 플랜은 가장 이상적인 것이므로 참고하여 개인의 입장과 일정에 맞춰 준비하시기 바랍니다.

**Step 1 핵심요약** (1주 소요)
- 1주 동안 핵심요약을 정독하면서 중요사항은 외우고, 이해할 건 이해하고 넘어 가세요.
- 핵심요약과 관련된 기출문제가 나오면 핵심요약을 보면서 기출문제를 풀어 보세요.

**Step 2 기출문제** (5주 소요)
- 1주에 4회, 총 20회의 기출문제가 수록되어 있습니다.
- 실제 시험을 치르는 것처럼 기출문제를 풀어 보세요.
- 틀린 문제는 꼭 체크한 후 나중에 다시 풀어보세요.

**Step 3 정리** (1주 소요)
- 핵심요약을 전체적으로 복습합니다.
- 기출문제에서 체크해 두었던 틀린 문제만 다시 풀어보세요.

## CBT 필기시험 미리 보기

http://www.q-net.or.kr

처음 방문하셨나요?
큐넷 서비스를 미리 체험해보고
사이트를 쉽고 빠르게 이용할 수 있는
이용 안내, 큐넷 길라잡이를 제공

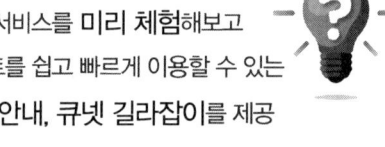

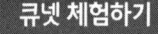

  큐넷에 접속한 후, 메인 화면 하단의 〈CBT 체험하기〉 버튼을 클릭한다.

# 효율적으로 정답을 선택합시다!
(정답을 모르는 문제는 이렇게 골라보면 어떨까요?)

---

**1.** 우선 본인이 공부를 하고 50% 정답을 맞힐 수 있는 능력을 갖도록 해야 합니다.

**2.** 과목별 과락은 넘고 평균 60점이 안 되는 분을 위해 적용하는 것입니다.

**3.** 확실히 아는 문제의 답만 답안지에 표시합니다.

**4.** 확실히 정답을 모르는 문제 중 정답이 아닌 지문 2개를 선택합니다.
(예 ① ② ③̸ ④̸)

**5.** 다시 모르는 문제의 지문 2개를 연구하여 선택합니다. 이때 확신이 없으면 정답으로 선택해서는 안 됩니다(절대 추측은 금물입니다).

**6.** 답안지에 확실히 정답을 표시한 문제 10개의 정답 분포를 나열합니다.
(예 ① ② ③ ④)
　　 3　0　2　5

**7.** 나머지 정답을 모르는 문제 10개를 나열해 봅니다.

| | |
|---|---|
| 1번 ① ② ③̸ ④̸ | 14번 ①̸ ②̸ ③ ④ |
| ⋮ | ⋮ |
| 5번 ① ②̸ ③ ④ | 15번 ① ② ③̸ ④̸ |
| ⋮ | ⋮ |
| 7번 ①̸ ② ③ ④̸ | 17번 ①̸ ② ③̸ ④ |
| ⋮ | ⋮ |
| 10번 ①̸ ②̸ ③ ④ | 19번 ① ②̸ ③̸ ④ |
| ⋮ | ⋮ |
| 12번 ① ②̸ ③ ④̸ | 20번 ①̸ ② ③̸ ④ |

**8.** 위와 같이 정답을 모르는 문제들 중에 2개 지문이 정답이 아닌 것을 사전에 알 정도로 공부가 되어 있어야 합니다.

**9.** 이제 정답을 모르는 문제의 답을 확실한 정답 분포와 비교하여 선택해 봅니다.
1번 ②, 5번 ①, 7번 ②, 10번 ③, 12번 ③, 14번 ③, 15번 ②, 17번 ②, 19번 ①, 20번 ②

**10.** 공부를 하시고 이 방법으로 적용하여야 합니다.

# 효율적으로 공부하여 합격합시다!

1. 특정 과목을 선택하여 문제를 처음부터 끝까지 그 과목만 우선 마무리 진행합니다.
2. 해설의 풀이 과정을 이해하고 관련된 공식을 암기하도록 합니다.
3. 해설이나 보충 내용은 아주 중요한 부분이므로 절대 소홀히 보시면 안 되겠습니다(보충 내용은 시험에 많이 출제된 내용으로 편성되었습니다).
4. 문제를 접하면서 어려운 부분이나 핵심이 되는 내용은 별도의 노트를 준비하여 요약을 간단히 합니다.
5. 또한, 다른 특정 과목을 선택하여 위 방법으로 진행하면서 앞에 공부했던 과목을 같이 병행해 나아가는데, 이때 어려운 부분이나 관련된 핵심의 공식을 점검합니다.
6. 위와 같은 방법으로 반복하여 3회 정도 하면 합격을 하실 수 있습니다.
7. 시험 보기 일주일 전에는 과목별로 노트에 요약된 내용을 총점검하면서 오전, 오후로 나누어 과목별 문제를 가볍고 빠르게 점검합니다.

# 기계가공조립기능사

# 핵심요약

- CHAPTER 1. 기계제도
- CHAPTER 2. 측정
- CHAPTER 3. 선반 가공
- CHAPTER 4. 밀링 가공
- CHAPTER 5. 기계부품조립
- CHAPTER 6. 기타 기계 가공

# CHAPTER 1 기계제도

## 01 기계제도 기본

### 1 제도의 통칙

#### 1) 제도의 개요

어떤 필요한 물체를 제작하고자 할 때 그 모양이나 크기를 일정한 규격에 따라 점, 선, 문자, 기호 등을 사용하여 사용 목적에 알맞은 모양, 기능, 구조, 크기 및 공작 방법 등을 합리적으로 설계하여 제품의 치수, 다듬질의 정도, 재료, 공정 등을 제도법에 의해 도면에 작성하는 것이다.

#### 2) 제도 규격

우리나라에서는 1966년 KS A0005로 제도 통칙을 제정하고 1969년에 국제표준규격(ISO)과 일치되게 개정하였다(기계제도통칙 : KSB 0001).

제도를 규격화하면 도면이 정확, 간단하고 제품상호 호환성이 유지되며 품질의 향상, 제품생산의 능률화, 제품원가 절감 등의 경제적, 기술적인 여러 가지 이익을 가져온다.

〈표 1-1〉 각국의 산업 규격

| 국가 및 기구 | 규격기호 | 제정년도 |
|---|---|---|
| 영국 | BS(British Standards) | 1901 |
| 독일 | DIN(Deutsche Industrie Normen) | 1917 |
| 미국 | ANSI(American National Standards Institute) | 1918 |
| 스위스 | SNV(Schweitzerish Normen des Vereinigung) | 1918 |
| 프랑스 | NF(Norme Francaise) | 1918 |
| 일본 | JIS(Japanese Industrial Standards) | 1952 |
| 한국 | KS(Korean Industrial Standards) | 1961 |
| 국제표준화기구 | ISO(International Organization for Standardization) | 1947 |

〈표 1-2〉 KS의 분류기호

| 분류기호 | KS A | KS B | KS C | KS D | KS E | KS F | KS G | KS H | KS K |
|---|---|---|---|---|---|---|---|---|---|
| 부문 | 기본 | 기계 | 전기 | 금속 | 광산 | 토건 | 일용품 | 식료품 | 섬유 |

#### 3) 도면의 크기와 척도

(1) 도면의 크기

① 도면 정리나 보존상 편리를 위해 일정한 크기로 한다.
② 한국 공업 규격(KS A 0005)에 따라 "A열"의 것을 사용한다.

③ 제도 용지의 세로와 가로의 길이 비는 $1 : \sqrt{2}$ 이고, A0의 넓이는 약 $1m^2$이다.
④ 큰 도면을 접을 때에는 A4의 크기로 접는 것을 원칙으로 한다.

〈표 1-3〉 도면의 크기 및 윤곽치수

| 크기의 호칭 | | | A0 | A1 | A2 | A3 | A4 |
|---|---|---|---|---|---|---|---|
| 윤곽선 | a×b | | 841×1189 | 594×841 | 420×594 | 297×420 | 210×297 |
| | c(최소) | | 20 | 20 | 10 | 10 | 10 |
| | d (최소) | 철하지 않을 때 | 20 | 20 | 10 | 10 | 10 |
| | | 철할 때 | 25 | 25 | 25 | 25 | 25 |

**(2) 윤곽선, 표제란, 부품란**

① 윤곽선(테두리선) : 도면의 윤곽에 사용하는 윤곽선의 굵기는 0.5mm 이상 실선으로 하며 도면의 훼손을 방지하고 안정성을 주기 위하여 사용된다.
② 중심 마크(centering mark) : 중심 마크는 도면을 마이크로필름에 촬영하거나 복사할 때의 편의를 위하여 마련한다. 윤곽선 중앙으로부터 용지의 가장자리에 이르는 굵기 0.5mm의 수직의 직선으로, 허용치는 0.5mm로 한다.
③ 재단 마크 : 복사한 도면의 재단하는 경우 편의를 위하여 원도에 재단 마크를 그린다.
④ 표제란 : 도면의 오른쪽 아래에 잡는 것이 보통이지만 부득이한 경우 왼쪽 윗부분이나 오른쪽 윗부분에 둔다. 도면번호, 도명, 척도 및 투상법, 소속, 도면 작성 년 월 일, 제도자 이름 등을 기입한다.
⑤ 부품란 : 품번, 재질, 수량, 무게, 공정 등을 기입하여 도면의 오른쪽 위의 부분에 두고 도면의 오른쪽 아래일 경우에는 표제란 위에 둔다.

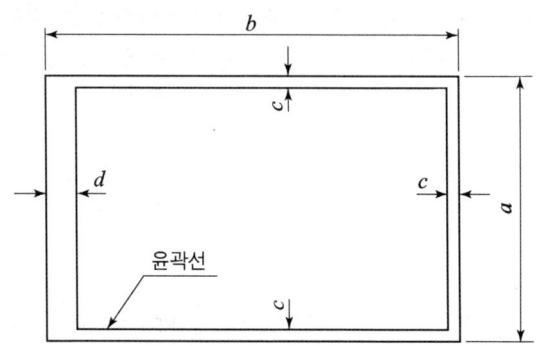

제도용지의 세로와 가로의 비 $1 : \sqrt{2}$
[그림 1-1] 도면의 구역

**(3) 척도**

도면에 사용하는 척도는 다음에 따른다.
① 축척 : 실물을 축소해서 그린 도면

② 현척(실척) : 실물과 같은 크기로 그린 도면
③ 배척 : 실물을 확대해서 그린 도면

〈표 1-4〉 축척, 현척, 배척의 값

| 척도의 종류 | 란 | 값 |
|---|---|---|
| 축척 | 1 | 1:2  1:5  1:10  1:20  1:50  1:100  1:200 |
|  | 2 | 1:$\sqrt{2}$  1:2.5  1:2$\sqrt{2}$  1:3  1:4  1:5$\sqrt{2}$  1:25  1:250 |
| 현척 |  | 1:1 |
| 배척 | 1 | 2:1  5:1  10:1  20:1  50:1 |
|  | 2 | $\sqrt{2}$:1  2.5:$\sqrt{2}$:1  100:1 |

[비고] 1란의 척도를 우선으로 사용한다.

④ NS(Non Scale) : 비례척이 아닌 임의의 척도(예 : 100)

척도는 A : B로 표시한다.

여기에서 ┌ A : 그린 도형에서의 대응하는 길이
         └ B : 대상물의 실제 길이

**보기**
① 축척의 경우 1:2, 1:2$\sqrt{2}$, 1:10
② 현척의 경우 1:1
③ 배척의 경우 5:1

⑤ 척도의 기입 방법

척도는 도면의 표제란에 기입한다. 같은 도면에 다른 척도를 사용할 때는 필요에 따라 그 그림 부근에도 기입한다. 도형이 치수에 비례하지 않는 경우에는 그 취지를 적당한 곳에 명기한다. 또한, 이들 척도의 표는 잘못 볼 염려가 없을 경우에는 기입하지 않아도 좋다.

## 2 문자와 선

### 1) 문자

제도에 사용되는 문자는 한자 · 한글 · 숫자 · 로마자이다. 문자는 정확히 읽을 수 있도록 분명하고 균일하게 써야 하며, 글자체는 고딕체로 하여 수직 또는 15° 경사로 씀을 원칙으로 한다. 도면에서는 도형의 크기나 척도의 정도에 따라 문자의 크기를 달리한다. 문자의 크기는 문자의 높이로 나타내고, 문장은 왼편에서 가로쓰기를 원칙으로 한다.

#### (1) 한글

한글의 글자체는 활자체로 하여 수직으로 쓴다. 크기는 7종의 호칭 중 2.24, 3.15, 4.5, 6.3, 9mm의 5종으로 한다. 특히 필요한 경우에는 다른 치수를 사용할 수 있다.

### (2) 숫자와 로마자

숫자는 아라비아 숫자를 사용하고, 숫자의 크기는 7종의 호칭 중 2.24, 3.15, 4.5, 6.3mm 및 9mm의 5종으로 한다. 다만, 특히 필요할 경우에는 이에 따르지 않아도 좋다. 로마자는 주로 대문자를 사용하고 특별히 필요한 경우에는 소문자를 사용한다. 로마자의 크기는 호칭 2.24, 3.15, 4.5, 6.3, 9, 12.5mm 및 18mm의 7종으로 한다. 숫자와 로마자의 글자체는 원칙적으로 수직에 대하여 오른쪽으로 15° 경사진 J형 사체, B형 사체 또는 B형 입체 중 어느 것을 사용하여도 좋으나 혼용해서는 안 된다.

## 2) 선

### (1) 선의 종류와 용도

① 모양에 따라 분류한 선

㉠ 실선 ( ─────── ) : 연속된 선

㉡ 파선 ( ------------- ) : 짧은 선을 약간의 간격으로 나열한 선

㉢ 1점 쇄선( ─·─·─·─ ) : 긴 선과 짧은 선 1개를 서로 규칙적으로 나열한 선

㉣ 2점 쇄선( ─··─··─·· ) : 긴 선과 짧은 선 2개를 서로 규칙적으로 나열한 선

② 굵기에 따라 분류한 선

선의 굵기의 기준은 0.18mm, 0.25mm, 0.35mm, 0.5mm, 0.7mm 및 1mm로 한다.

㉠ 가는 선 : 굵기가 0.18~0.5mm인 선

㉡ 굵은 선 : 굵기가 0.35~1mm인 선(가는 선 굵기의 2배)

㉢ 아주 굵은 선 : 굵기가 0.7~1mm인 선(굵은 선 굵기의 2배)

※ 선 굵기의 비율은 1(가는 선) : 2(굵은 선) : 4(아주 굵은 선)

③ 선의 용도에 따라 분류한 선

〈표 1-5〉와 같이 사용한다. 또 이 표에 의하지 않는 선을 사용할 때에는 그 선의 용도를 도면 안에 주기 한다.

〈표 1-5〉 선의 종류에 의한 사용방법 KS B 0001

| 용도에 의한 명칭 | 선의 종류 | | 선의 용도 |
|---|---|---|---|
| 외형선 | 굵은 실선 | ─────── | 대상물의 보이는 부분의 형상을 표시 |
| 치수선 | 가는 실선 | ─────── | 치수를 기입하기 위하여 사용 |
| 치수 보조선 | | | 치수를 기입하기 위하여 도형으로부터 끌어내는 데 사용 |
| 지시선 | | | 기술, 기호 등을 표시하기 위하여 끌어내는 데 사용 |
| 회전 단면선 | | | 도형 내에 그 부분의 끊은 곳을 90° 회전하여 표시 |
| 중심선 | | | 도형의 중심선을 간략하게 표시 |
| 수준면선(주1) | | | 수면, 유면 등의 위치를 표시 |
| 숨은선 | 가는 파선 또는 굵은 파선 | ------------- | 대상물의 보이지 않는 부분의 형상을 표시 |

| 용도에 의한 명칭 | 선의 종류 | | 선의 용도 |
|---|---|---|---|
| 중심선 | 가는 1점 쇄선 | —·—·—·— | • 도형의 중심을 표시<br>• 중심 이동한 중심 궤적을 표시 |
| 기준선 | | | 위치 결정의 근거가 된다는 것을 명시할 때 사용 |
| 피치선 | | | 되풀이하는 도형의 피치를 취하는 기준을 표시 |
| 특수 지정선 | 굵은 1점 쇄선 | —·—·—·— | 특수한 가공을 하는 부분 등 특별한 요구사항을 적용할 수 있는 범위를 표시하는 데 사용 |
| 가상선[주2] | 가는 2점 쇄선 | —··—··—··— | • 인접부분을 참고로 표시<br>• 공구, 지그(jig)의 위치를 참고로 표시<br>• 가동부분을 이동 중의 특정한 위치 또는 이동 한계의 위치를 표시<br>• 가공 전 또는 가공 후의 형상을 표시<br>• 되풀이 하는 것을 표시<br>• 도시된 단면의 앞쪽에 있는 부분을 표시 |
| 무게 중심선 | | | 단면의 중심을 연결한 선을 표시 |
| 파단선 | 불규칙한 파형의 가는 실선 또는 지그재그선 | | 대형물의 일부를 파단한 경계 또는 일부를 떼어낸 경계를 표시 |
| 절단선 | 가는 1점 쇄선으로 끝부분 및 방향이 변하는 부분을 굵게 한 것[주3] | | 단면도를 그리는 경우 그 절단위치를 대응하는 도면에 표시하는 데 사용 |
| 해칭 | 가는 실선으로 규칙적으로 줄을 늘어놓은 것 | | 도형의 한정된 특정 부분을 다른 부분과 구별하는 데 사용 |
| 특수한 용도의 선 | 가는 실선 | ——— | • 외형선 및 은선의 연장을 표시<br>• 평면이란 것을 표시<br>• 위치를 명시하는 데 사용 |
| | 아주 굵은 실선 | ━━━ | 얇은 부분의 단면도시를 명시하는 데 사용 |

[주] 1) ISO 128(Technical drawing-General principles of presentation)에는 규정되어 있지 않다.
   2) 가상선은 투상법상에서는 도형에 나타나지 않으나, 편의상 필요한 모양을 나타내는 데 사용한다. 또 기능상·공작상의 이해를 돕기 위하여 도형을 보조적으로 나타내기 위하여도 사용된다.
   3) 다른 용도와 혼용할 염려가 없을 때에는 끝부분 및 방향이 변하는 부분을 굵게 할 필요는 없다.

[비고] 가는 선, 굵은 선 및 아주 굵은 선의 굵기의 비율은 1:2:4로 한다.

### (2) 겹치는 선의 우선순위

도면에서 2종류 이상의 선이 같은 장소에 중복될 경우에는 다음에 순위에 따라 우선되는 종류의 선부터 그린다.

① 외형선 ② 숨은선 ③ 절단선 ④ 중심선 ⑤ 무게중심선 ⑥ 치수 보조선

### (3) 선 긋는 방법 중 중심선을 기입하는 방법

도형에 중심이 있을 때에는 반드시 중심선(0.1~0.25mm)을 기입하는 것이 바람직하다.

# 02 투상법 및 도형 표시 방법

## 1 투상법

### 1) 정투상법

물체를 네모진 유리상자 안에 넣고 바깥쪽에서 들여다보면 물체를 유리판에 투상하여 보고 있는 것 같다. 투상선이 투상면에 대하여 수직으로 되어있는 것, 즉 시점이 물체로부터 무한대의 거리에 있는 것으로 생각한 투상법이다.

### 2) 제3각법

① 물체를 투상면의 뒤쪽에 놓고 투상(투상면을 물체의 앞에 둠)
② 눈 → 투상면 → 물체

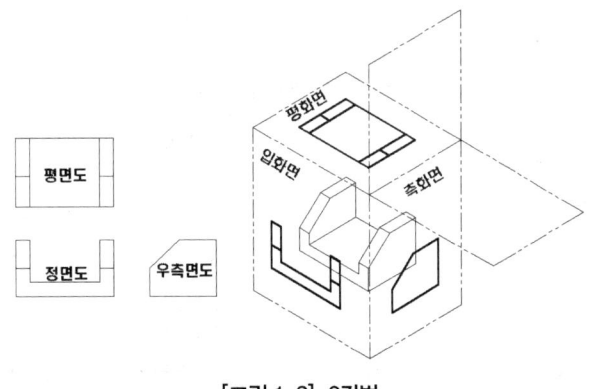

[그림 1-2] 3각법

### 3) 제1각법

① 물체를 투상면의 앞쪽에 놓고 투상(투사면을 물체의 뒤에 둠)
② 눈 → 물체 → 투상면

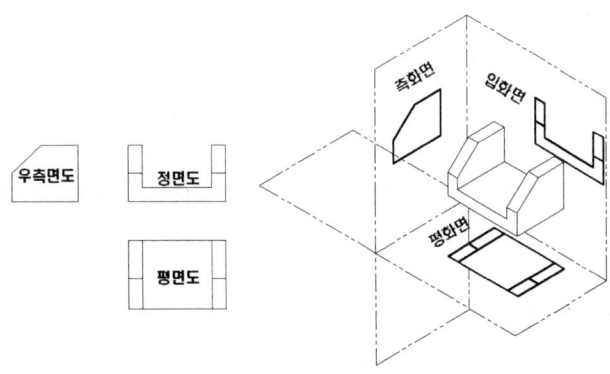

[그림 1-3] 1각법

### 4) 3면도

① 정면도 : 물체를 정면에서 투상하여 그린 그림
② 평면도 : 물체를 위에서 투상하여 그린 그림
③ 우측면도 : 물체를 오른쪽 옆에서 투상하여 그린 그림

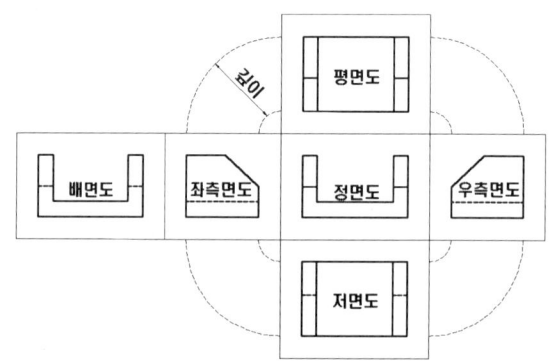

[그림 1-4] 투상도 배치

### 5) 제도에 사용하는 투상법

기계제도에서의 투상법은 제3각법에 따른 것을 원칙으로 한다. 제1각법을 따를 경우 [그림 1-5]와 같은 투상법의 기호를 표제란 또는 그 근처에 표시한다. 한 도면 안에서는 혼용하지 않는 것이 좋다.

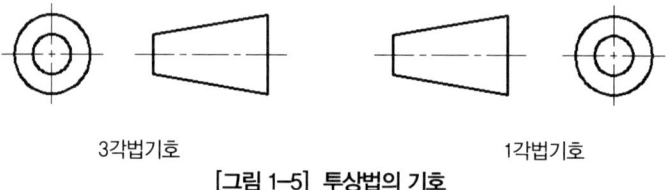

[그림 1-5] 투상법의 기호

### 6) 도형의 표시 방법

① 물체의 특징이 가장 잘 나타나는 쪽을 정면도로 잡는다.
② 물체의 정면을 앞쪽으로 회전시켜 평면도로 잡는다.
③ 물체의 정면을 왼쪽으로 회전시켜 우측면도로 잡는다.
④ 평면형, 원통형 등의 간단한 물체는 정면도와 평면도, 또는 정면도와 우측면도만으로도 나타낼 수 있는데, 이를 2면도라 한다.

### 7) 정면도 선택 시 유의사항

① 물체의 특징을 가장 잘 나타내는 면을 선택한다.
② 관련 투상도(평면도, 측면도)에는 가급적 은선을 사용하지 않는다.

③ 물체는 자연스러운 위치로 안정감을 가질 수 있도록 한다.
④ 물체의 주요면은 수직, 수평이 되게 한다.
⑤ 물체는 가공 공정 순서와 같은 방향으로 선택한다.
⑥ 기어, 베어링과 같은 물체는 축과 직각방향에서 본 것을 정면도로 선택한다.

## 2 도형의 표시 방법

### 1) 투상도의 선택 방법

① 주 투상도에는 대상물의 모양·기능을 가장 명확하게 나타내는 면을 정면도로 선택한다.
  ㉠ 조립도 등 주로 기능을 표시하는 도면에서는 대상물을 사용하는 상태
  ㉡ 부품도 등 공작기계로 가공하는 물체는 가공자가 도면을 보면서 가공하기 편리하도록 가공량이 가장 많은 공정을 가공할 때와 같은 방향으로 정면도를 선택하여 투상한다(지름이 큰 쪽이 왼쪽을 향하게 표시).
  ㉢ 특별한 이유가 없는 경우, 대상물이 가로 길이로 놓은 상태로 표시한다.
② 주 투상도를 보충하는 다른 투상도는 되도록 적게 하고 주 투상도(정면도)만으로 나타낼 수 있는 것에 대해서는 다른 투상는 그리지 않는다. 주 투상도만으로 모양이나 치수를 도시할 수 없을 때 평면도나 측면도 등으로 보충하고 필요한 경우 보조 투상도로 표시한다.

#### (1) 보조 투상도

물체의 경사면을 실형으로 그려서 바꾸기 할 필요가 있을 경우에는 그 경사면과 위치에 필요부분만을 보조 투상도로 표시한다. ISO에서는 보조 투상도를 그릴 때에는 반드시 투상방향을 기입하지만, KS에서는 그럴 필요는 없다.

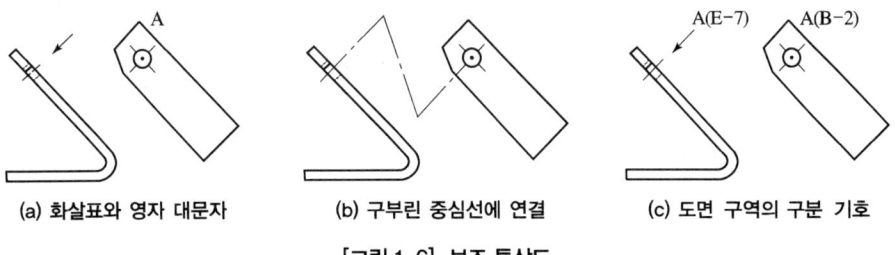

(a) 화살표와 영자 대문자   (b) 구부린 중심선에 연결   (c) 도면 구역의 구분 기호

[그림 1-6] 보조 투상도

#### (2) 회전 투상도

투상면이 어느 각도를 가지고 있기 때문에 그 물체의 실제 모형을 표시하지 못할 때에는 그 부분을 회전해서 물체의 실제 모형을 도시할 수 있다.

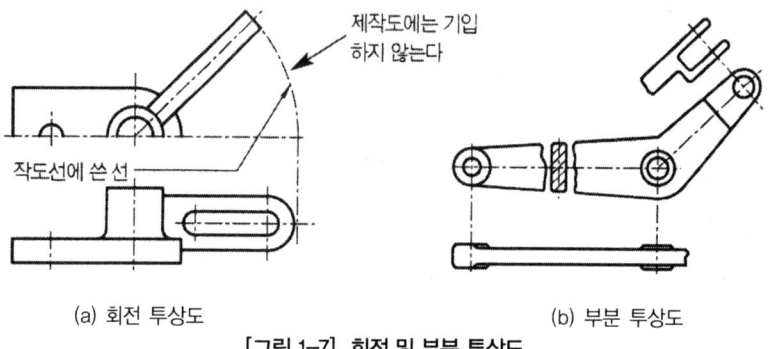

(a) 회전 투상도   (b) 부분 투상도

[그림 1-7] 회전 및 부분 투상도

### (3) 부분 투상도

그림의 일부를 도시하는 것으로 충분한 경우에는 필요한 부분만 투상도로서 나타낸다. 이러한 경우 생략한 부분과 경계를 파단선으로 나타낸다. 명확한 경우에는 파단선을 생략한다.

### (4) 국부 투상도

물체의 구멍이나 홈 등의 한 국부만의 모양을 도시하는 것으로 충분한 경우에는 필요한 부분을 국부 투상도로 나타낸다. 투상관계를 나타내기 위해서는 원칙적으로 주된 그림에 중심선, 기준선, 치수 보조선 등을 연결한다. 스퍼 기어(spur gear)를 제도할 때에는 키 홈 하나를 나타내기 위하여 좌측면도를 모두 그리지 않고 국부 투상도로 나타낸다.

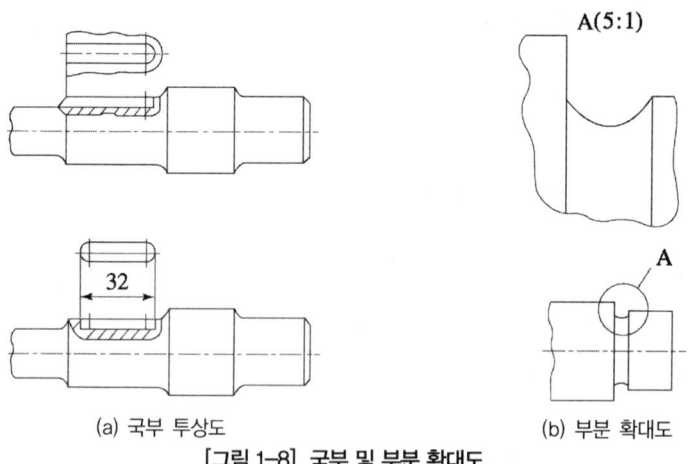

(a) 국부 투상도   (b) 부분 확대도

[그림 1-8] 국부 및 부분 확대도

### (5) 부분 확대도

부분 확대도(partial magnifying view)는 도형의 일부분이 너무 작아서 알아보기 어렵거나 치수 기입을 하기 곤란한 경우에 그 부분만을 확대해서 그리는 것이다.

(6) 요점 투상도

보조적인 투상도에 보이는 부분을 모두 표시하면 도면이 복잡해져서 오히려 알아보기가 어려운 경우에는 요점 부분만 투상도로 표시한다.

## 2) 단면도 표시 방법

물체 내부의 보이지 않는 부분은 숨은선으로 표시하여도 좋으나, 구조가 복잡한 경우와 조립도 등에서는 많은 숨은선으로 인하여 오히려 도면의 이해가 어려워진다. 이와 같은 경우, 필요한 부분을 절단한 것으로 가상하여 그 단면 모양을 외형선으로 표시하면 물체의 형상을 뚜렷이 나타낼 수 있는데, 이렇게 그려진 도면을 단면도라 한다.

① 단면은 원칙적으로 기본 중심선에서 절단한 면으로 나타낸다. 이 경우에 절단선은 기입하지 않는다.
② 기본 중심선이 아닌 곳에서 절단한 면으로 나타낼 수 있으며, 반드시 절단선에 의하여 절단된 위치를 표시해야 한다.
③ 절단선의 양 끝부분에는 투상 방향을 표시하는 화살표를 붙이고, 절단한 곳을 영문자의 대문자로 표시한다.
④ 표시 문자는 단면도의 방향과 관계없이 모두 위쪽으로 하고, 단면도의 위쪽 또는 아래쪽의 어느 한쪽으로 통일하여 단면부임을 기입한다.

## 3) 단면도의 해칭 방법

단면임을 나타내기 위하여 단면 부분에 해칭(hatching) 또는 스머징(smudging)을 한다.
① 해칭선은 주된 중심선에 대하여 45°로 경사지게 가는 실선으로 등간격으로 긋는 것이 좋다.
② 인접한 단면의 해칭은 선의 방향 또는 각도를 변경하거나 해칭 간격을 달리하여 구분한다.
③ 해칭선의 간격은 가는 실선으로 2~3mm의 간격이 적당하나 절단자리의 크기에 따라 간격은 조절할 수 있다.
④ 경사진 단면의 해칭선은 경사진 면에 수평이나 수직으로 그리지 않고 기본 중심선에 대하여 45° 경사진 각도로 그린다.

## 4) 단면도의 종류

### (1) 온 단면도(전단면도 : full section view)

물체의 기본적인 모양을 가장 잘 나타낼 수 있도록 물체의 중심에서 반으로 절단하여 나타낸 것을 온단면도 혹은 전단면도라 한다.

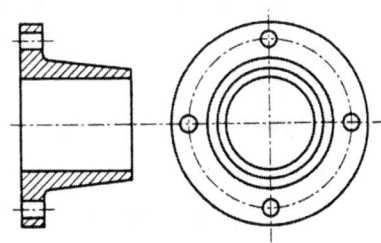

[그림 1-9] 온단면도

### (2) 한쪽 단면도(반단면도)

상하 또는 좌우 대칭형의 물체는 기본 중심선을 경계로 1/2은 외형도로, 나머지 1/2은 단면도로 동시에 나타낸다. 대칭 중심선의 우측 또는 위쪽을 단면으로 한다.

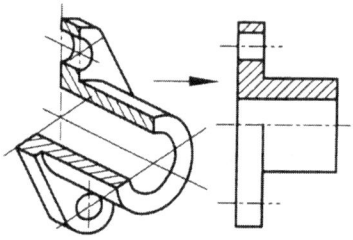

[그림 1-10] 한쪽 단면도

### (3) 부분 단면도

외형도에서 필요로 하는 일부분만을 부분 단면도로 도시할 수 있다. 파단선(가는실선)으로 단면의 경계를 표시하고 프리핸드로 외형선의 1/2 굵기로 그린다.

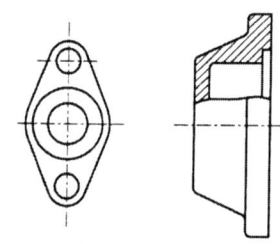

[그림 1-11] 부분 단면도

### (4) 회전도시 단면도

핸들이나 바퀴 등의 암이나 리브, 훅, 축, 구조물의 부재 등의 절단면은 90° 회전하여 도시하거나 절단할 곳의 전후를 끊어서 그 사이에 그린다.

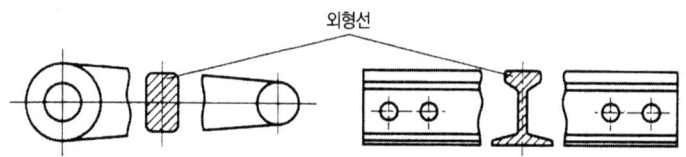

[그림 1-12] 회전도시 단면도

### (5) 회전 단면도

단면의 모양이 여러 개로 표시되어 도면 내에 회전 단면을 그릴 여유가 없는 경우에 절단선과 연장선상이나 임의의 위치에 단면을 빼내어 그린다.

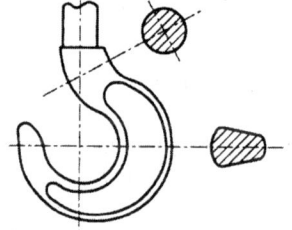

[그림 1-13] 회전 단면도

### (6) 단면을 표시하지 않는 부품

① 길이 방향으로 절단하지 않는 부품
  ㉠ 축 스핀들 종류
  ㉡ 볼트, 너트, 와셔 종류
  ㉢ 작은 나사 및 세트 스크루 종류

ⓔ 키, 핀, 코터, 리벳의 종류
　② 세로 방향으로 절단하지 않는 부품 : 리브, 바퀴의 암, 기어의 이, 핸들 등
　③ 얇은 부분 : 리브, 웨브
　④ 베어링의 볼, 롤러 등

### (7) 얇은 부분의 단면도
패킹, 박판, 형강 등에서 절단 자리의 두께가 얇은 경우
① 절단 자리는 검게 칠한다.
② 실제의 치수와 관계없이 1개의 굵은 실선으로 표시하고, 이글의 절단 자리가 인접하고 있는 틈새 0.7 이상 둔다.

## 03 치수기입법

### 1 치수기입법 기본사항

제품을 가공하고 조립하는 제작자는 도면에 표시된 치수대로 제품을 제작하게 된다. 따라서 도면에 기입한 치수는 정확하게 정의해야 하며 알기 쉽고 간단명료해야 한다.

### 1) 치수의 단위
① 길이 : 단위에는 mm를 사용하나 단위 기호 mm는 기입하지 않는다.
② 각도 : 각도의 단위는 도(°)를 사용하며 필요에 따라 분('), 초(")의 단위도 함께 사용한다.
　(예 : 90°, 22.5°, 3'21", 0°15', 6°21'5")
③ 치수정밀도가 높을 때는 소숫점 2자리 또는 3자리까지 표시한다.
　(예 : 30mm ⇨ 30.000mm)

### 2) 치수의 표시 방법
① **치수선** : 치수를 기입하며 치수선은 0.25mm 이하의 가는 실선을 치수 보조선과 직각으로 그어 외형선과 구별하고 양 끝에는 화살표를 붙인다.
② **치수 보조선** : 지시하는 치수선의 끝에 해당하는 도형상의 점 또는 선의 중심을 지나 치수선에 직각으로 긋고, 치수선 위치에서 2~3mm 정도 넘도록 연장한다.

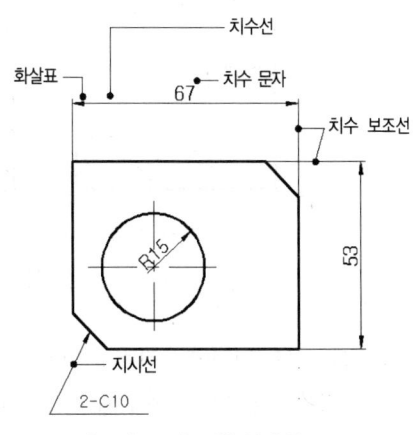

[그림 1-14] 치수선의 용도

③ 화살표

ⓐ 화살표의 크기는 길이와 나비의 비율이 약 3 : 1이 되게 한다.
ⓑ 선의 굵기와 조화를 이루게 하며 길이는 보통 2.5~3mm로 한다.
ⓒ 화살의 각도는 선의 각도와 조화되게 그려야 한다.
ⓓ 한 도면에서는 될 수 있는 대로 화살표의 크기를 같게 한다.
ⓔ 여유 공간이 없을 경우에는 점을 찍거나 빗금으로 나타내기도 한다.

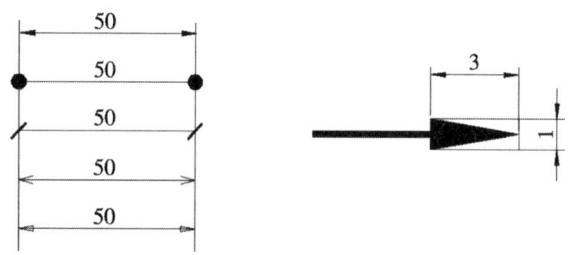

[그림 1-15] 화살표와 화살표의 종류

④ 지시선

구멍의 치수 및 가공법, 품번 및 기하공차 등을 기입할 때 사용하며 수평선에 대하여 60°의 직선으로 긋고, 지시되는 쪽에 화살표를 달며, 반대쪽 끝을 수평으로 꺾은 다음, 그 위에 지시 사항이나 치수를 기입한다. 원에 쓰일 때에는 중심을 향하여 60°의 직선을 긋고 화살표는 원주에 닿도록 한다.

### 3) 치수의 배치

치수를 기입할 때에는 치수선을 중단하지 않고, 수평 방향의 치수선에는 위쪽으로, 수직 방향의 치수선에는 왼쪽으로 향하게 기입한다.

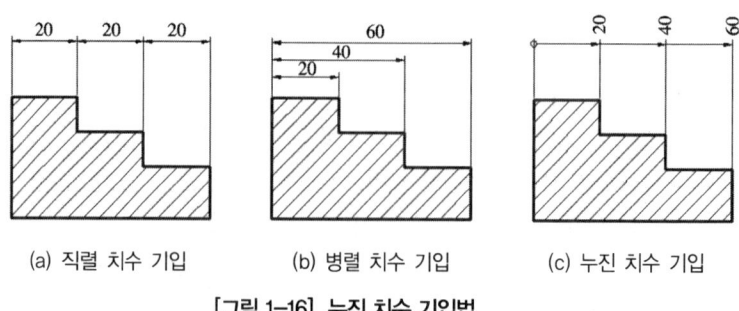

[그림 1-16] 누진 치수 기입법

① **직렬 치수 기입법** : 직렬로 나란히 연결된 개개의 치수에 주어지는 치수 공차가 차례로 누적되어도 상관없는 경우에 적용한다.

② **병렬 치수 기입법** : 한곳을 중심으로 치수를 기입하는 방법으로, 개개의 치수 공차는 다른

치수의 공차에는 영향을 주지 않는다. 기준이 되는 치수 보조선의 위치는 기능, 가공 등의 조건을 고려하여 적절히 선택하는 것이 좋다.

③ 누진 치수 기입법 : 치수 공차에 대해서는 병렬 치수 기입법과 같은 의미를 가지며 하나의 연속된 치수선으로 간단히 표시할 수 있다. 치수의 기준이 되는 위치는 기호(0 zero)로 표시하고, 치수선의 다른 끝은 화살표를 그린다.

### 4) 치수 기입의 원칙

① 부품의 기능상 또는 제작, 조립 등에 있어서 꼭 필요하다고 생각되는 치수만 명확하게 기입한다.
② 치수는 되도록 계산해서 구할 필요가 없도록 기입한다.
③ 중복 치수는 피한다.
④ 가능하면 정면도에 집중하여 기입한다.
⑤ 반드시 전체길이, 전체높이, 전체 폭에 관한 치수는 기입하여야 한다.
⑥ 필요에 따라 기준으로 하는 점과 선 또는 가공면을 기준으로 기입한다.
⑦ 관련된 치수는 가능하면 모아서 보기 쉽게 기입한다.
⑧ 참고 치수에 대해서는 치수 문자에 괄호를 붙인다.

### 5) 치수 보조 기호와 여러 가지 치수 기입

치수를 나타내는 수치에 부가하여 그 치수의 의미를 명확히 하기 위하여 사용하는 기호를 의미한다.

〈표 1-6〉 치수 보조 기호

| 구분 | 기호 | 사용 예 |
|---|---|---|
| 지름 | $\phi$ | $\phi 60$ |
| 반지름 | R | R20 |
| 구의 지름 | $S\phi$ | $S\phi 40$ |
| 구의 반지름 | SR | SR30 |
| 정사각형의 변 | □ | □12 |
| 관의 두께 | t | t5 |
| 45°의 모따기 | C | C3 |
| 원호의 길이 | ⌒ | ⌒40 |
| 참고 치수 | ( ) | (50) |
| 이론적으로 정확한 치수 | □ | 40 |

① 지름의 치수 기입
　㉠ 치수를 기입할 곳이 원형일 경우 지름기호를 이용하여 치수 기입한다.
　㉡ 치수 문자 앞에 지름을 뜻하는 "∅"를 붙여 사용한다. 이때 우측면의 투상을 생략해도 된다.
② 반지름의 치수 기입
　㉠ 반지름의 치수 기입을 할 때에는 치수 문자 앞에 반지름(R)을 붙인다.
　㉡ 큰 원호의 경우 Z자형으로 구부려 치수를 기입한다.

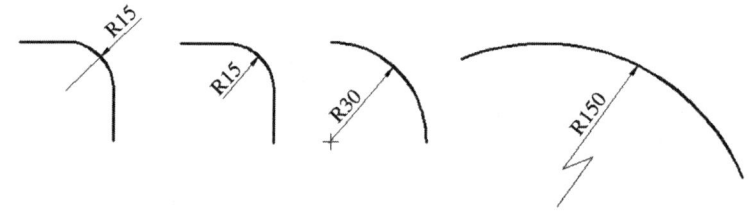

[그림 1-17] 반지름의 치수 기입

③ 현, 원호의 치수 기입
　㉠ 현의 길이 표시 방법 : 현에 직각하는 치수 보조선을 긋고 현에 평행한 치수선을 사용하여 나타낸다.
　㉡ 호의 길이 표시 방법 : 치수 보조선을 긋고, 그 원호와 같은 중심의 원호를 치수선으로 하고, 치수 수치의 위에 원호를 표시하는 기호(⌒)를 붙인다.

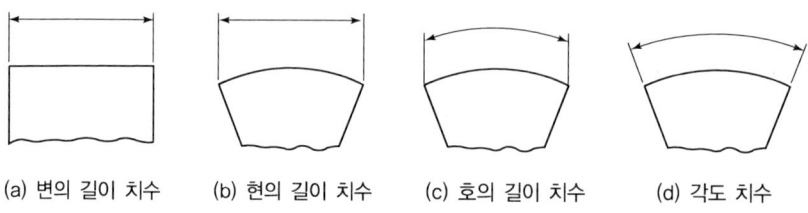

[그림 1-18] 호의 치수 기입

④ 각도 기입 방법 : 각도를 기입하는 치수선은 그 각을 구성하는 두 변 또는 연장선 사이에 원호로 나타낸다.
⑤ 사각 평면의 표시 방법 : 평면을 둥근 면과 구별하기 위해 도면에 가는 실선의 대각선 표시를 하기도 한다.

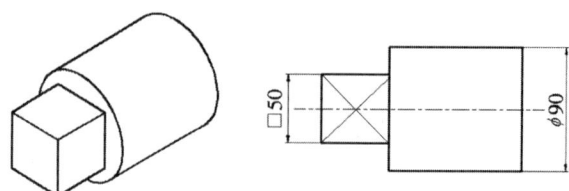

[그림 1-19] 사각 평면의 치수 기입

⑥ 구의 지름과 구의 반지름 : 구(Sphere)의 지름 또는 반지름을 나타내는 치수를 기입할 때 치수 문자 앞에 S∅ 또는 SR을 붙여 사용한다.

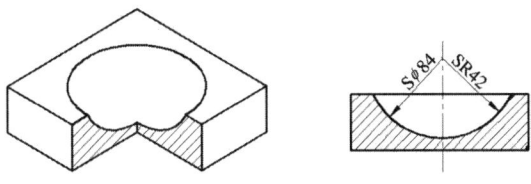

[그림 1-20] 구의 치수 기입

## 2 재료표시법

### 1) 재료 기호의 구성

한국공업규격(KS)의 금속부문(D)에서의 재료 기호는 종류별로 화학성분, 기계적 성질 및 용도에 따라 지정된다. 보통 3부분으로 구성되어 나타내지만, 필요에 따라 4부분으로 나타낼 수도 있다.

① 처음 부분 : 재질을 표시하는 기호로서 영어의 머리문자 또는 원소기호를 사용한다.
② 두 번째 부분 : 규격명 또는 제품명을 표시하는 기호로서 영어 또는 로마 글자의 머리 자를 쓰고 판, 관, 봉, 선, 주조품, 단조품 등의 제품을 모양별 종류나 용도를 표시한다.
③ 세 번째 부분 : 재료의 종류를 나타내는 기호로서 재료의 최저 인장 강도 또는 재료의 종별 번호를 나타내는 숫자가 사용된다.
④ 끝 부분 : 필요에 따라서 재료 기호 끝 부분에 재료의 경(硬), 연(軟), 열처리 상황, 제조법 등을 첨가하여 나타낼 수도 있다.

> **보기**
>
>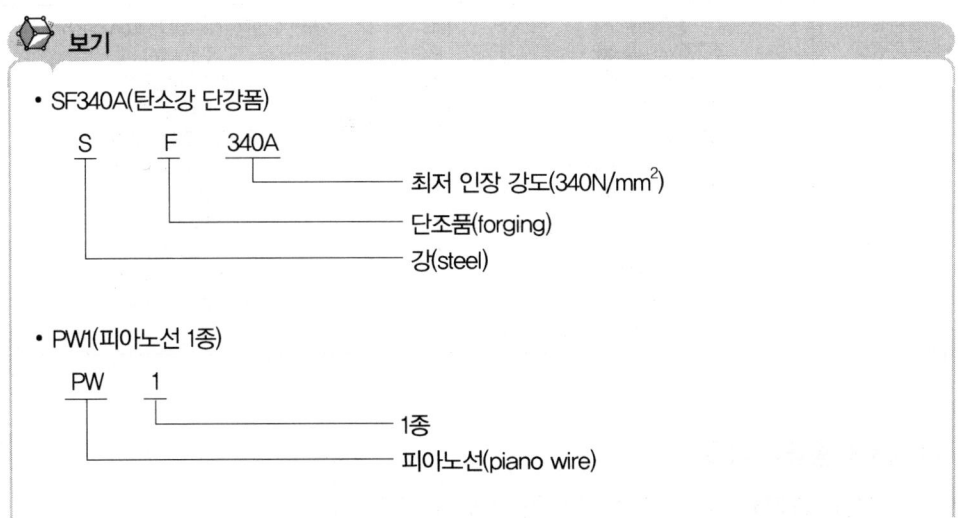

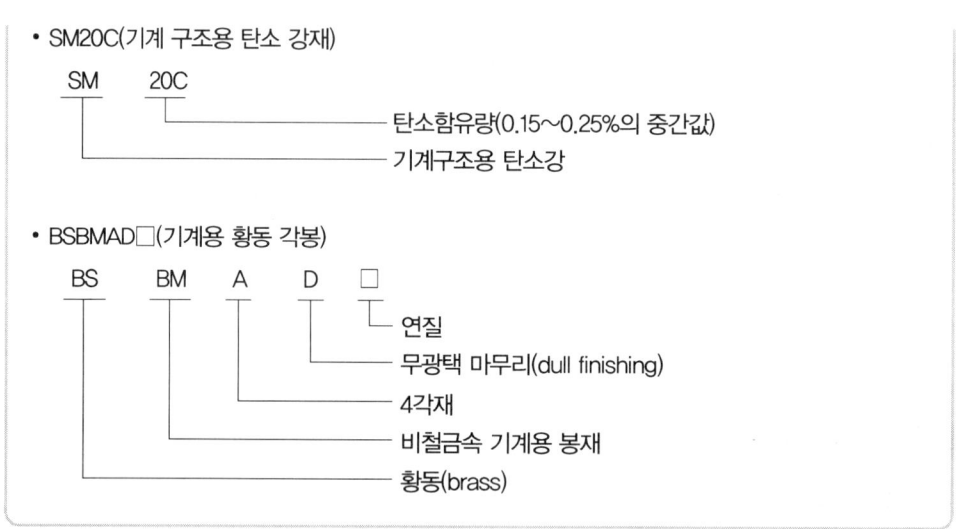

### 〈표 1-7〉 처음 부분의 기호

| 기호 | 재질명 | 영문 | 기호 | 재질명 | 영문 |
|---|---|---|---|---|---|
| Al | 알루미늄 | aluminium | HBs | 고강도 황동 | high strength brass |
| AlB | 알루미늄 청동 | aluminium bronze | HMn | 고망간 | high manganese |
| B | 청동 | bronze | PB | 인 청동 | phosphor bronze |
| Bs | 황동 | brass | S | 강 | steel |
| C | 구리 | copper | ST | 스테인리스강 | stainless steel |
| Cr | 크롬 | chromium | WM | 화이트 메탈 | white metal |

### 〈표 1-8〉 중간 부분의 기호

| 기호 | 재질명 | 기호 | 재질명 |
|---|---|---|---|
| B | 봉(bar) | MC | 가단주철품(malleable iron cashing) |
| C | 주조품(castings) | P | 판(plate) |
| CD | 구상 흑연주철 | PS | 일반 구조용 관 |
| CP | 냉간 압연강판 | PW | 피아노선 |
| CS | 냉간 압연강대 | S | 일반 구조용 압연재 |
| DC | 다이 캐스팅(die castings) | SW | 강선(steel wire) |
| F | 단조품(forgings) | T | 관(tube) |
| HG | 고압 가스용기 | TC | 탄소공구강 |
| HP | 열간 압연강판 | W | 선(wire) |
| HR | 열간 압연 | WR | 선재(wire rod) |
| HS | 열간 압연강대 | WS | 용접구조용 압연강 |
| K | 공구강 | | |

## 2) 재료의 종류와 기호

① SHP1~SHP3 : 열간 압연 연강판 및 강대
② SS330, SS400, SS490, SS540 : 일반구조용 압연강판

③ SCP1~SCP3 : 냉간 압연강판 및 강대
④ SM400A~SM570 : 용접구조용 압연강재
⑤ PW1~PW3 : 피아노선
⑥ SPS1~SPS9 : 스프링 강재
⑦ SCr415~SCr420 : 크롬 강재
⑧ SNC415, SNC815 : 니켈 크롬 강재
⑨ SF340A~SF640B : 탄소강 단강품
⑩ STC1~STC7 : 탄소공구강재
⑪ SM10C~SM58C, SM9CK, SM15CK, SM20CK : 기계구조용 탄소강재
⑫ SC360~SC480 : 탄소 주강품
⑬ GC100~GC350 : 회주철품
⑭ GCD370~GCD800 : 구상흑연 주철품
⑮ BMC270~BMC360 : 흑심 가단 주철품
⑯ WMC330~WMC540 : 백심가단 주철품
⑰ C5191B : 인청동
⑱ BC1~BC7 : 청동주물
⑲ ALDC1~ALDC8 : 알루미늄 합금 다이캐스팅

### 3) 기계재료의 열처리 표시

부품 전체에 열처리를 할 때에는 부품란에 재질과 함께 열처리 방법을 표시하거나 주기란에 기입한다. 부품의 면 일부분에 열처리를 할 때에는 [그림 1-21]과 같이 범위를 외형선에 평행하게 약간 떼어서 굵은 1점 쇄선을 긋고 열처리 방법을 기입한다.

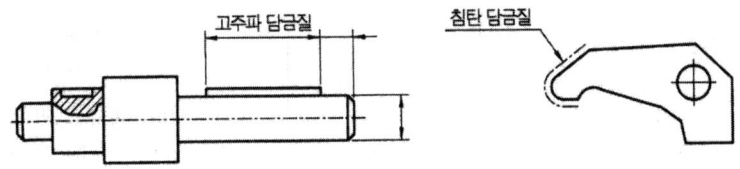

[그림 1-21] 기계열처리의 표시 방법

### 4) 재료의 중량 계산

설계 완료된 기계에 대하여 중량 계산을 할 필요가 있다. 첫째는 기계의 정미중량을 알아보기 위한 것이고, 둘째로는 기계부품 또는 재료에 대하여 원가 계산을 하기 위한 것이다. 정미중량을 위해 중량 계산을 할 경우에는 도면에 그려진 치수에 의하여 정확한 계산을 하고 원가 계산을 위한 중량 계산을 할 경우에는 부품란에 기재되는 소재 치수에 의하여 중량 계산을 한다.

① 제품의 중량($W$) = 체적(단면적 × 두께 또는 길이) × 비중량($\gamma$)

② $W = 1000\,VS = \dfrac{V[\text{cm}^3]S}{1000} = \dfrac{V[\text{mm}^3]S}{1000000}$ [kgf]

③ 무게(중량) $= \dfrac{\text{체적}[\text{cm}^3] \times \text{비중}}{1000} = \dfrac{\text{체적}[\text{mm}^3] \times \text{비중}}{1000000}$ [kgf]

④ 비중량($\gamma$) $= \dfrac{\text{무게}(W)}{\text{체적}(V)}$

　$W = V\gamma$ [물의 비중량(4℃) 1000kgf/m$^3$]

　$\gamma = 1000S$(비중)

　(비중 : 철 7.8, 구리 8.9, 알루미늄 2.7)

⑤ 체적(부피)

　㉠ 사각형 = 가로 × 세로 × 길이 + 가공여유량

　㉡ 삼각형 = (밑변 × 높이) ÷ 2 × 길이 + 가공여유량

　㉢ 원형 = $\dfrac{\pi}{4}d^2 \times$ 길이 + 가공여유량

　㉣ 중공원통 = $\dfrac{\pi}{4}(D^2 - d^2) \times$ 길이 + 가공여유량

　㉤ 직원뿔형 = $\dfrac{1}{3}\pi h(R^2 + Rr + r^2)$

　㉥ 6각기둥 : $2.6\,S^2$(폭)

　㉦ 구의 부피($V$) = $\dfrac{4}{3}\pi r^3 = 0.866hl$

# 04 표면 거칠기 표시 및 치수 공차

## 1 표면 거칠기 표시

　기계 부품의 표면은 기구적인 기능을 필요로 하는 부분, 접착력을 요하는 부분, 내식성을 요하는 부분, 외관을 필요로 하는 부분, 성능에 영향을 주는 부분 등의 목적에 따라 다듬질 면의 거칠기 정도가 구분되어야 하고, 이 내용은 도면에 정확히 구별하여 표시해야 한다.

### 1) 표면 거칠기

　공작물의 표면에 생긴 작은 구간에서의 요철을 표면 거칠기(surface roughness)라 한다. 또한, 표면 거칠기보다 큰 간격으로 반복되는 기복의 상태를 파상도라 하며, 이는 공작기계나 바이트의 변형, 진동 등에 의하여 발생한다. KS에서는 표면 거칠기의 측정 방법으로 최대 높이($Ry$), 10점 평균 거칠기($Rz$ : ten point height), 산술 평균 거칠기($Ra$)의 3가지 방법을 규정하고 있다.

〈표 1-9〉 가공 방법의 약호

| 가공 방법 | 약호 I | 약호 II | 가공 방법 | 약호 I | 약호 II |
|---|---|---|---|---|---|
| 선반 가공 | L | 선반 | 호우닝 가공 | GH | 호우닝 |
| 드릴 가공 | D | 드릴 | 액체호우닝 다듬질 | SPL | 액체호우닝 |
| 보링 머신 가공 | B | 보링 | 배럴연마 가공 | SPBR | 배럴 |
| 밀링 가공 | M | 밀링 | 버프 다듬질 | FB | 버프 |
| 플레이닝 가공 | P | 평삭 | 브러스트 다듬질 | SB | 브러스트 |
| 세이핑 가공 | SH | 형삭 | 래핑 다듬질 | FL | 래핑 |
| 브로치 가공 | BR | 브로칭 | 줄 다듬질 | FF | 줄 |
| 리머 가공 | FR | 리머 | 스크레이퍼 다듬질 | FS | 스크레이퍼 |
| 연삭 가공 | G | 연삭 | 페이퍼 다듬질 | FCA | 페이퍼 |
| 벨트샌드 가공 | GB | 포연 | 주조 | C | 주조 |

### (1) 대상 면을 지시하는 기호

표면의 결을 도시할 때에 대상 면을 지시하는 기호는 60°로 벌린, 길이가 다른 절선으로 하는 면의 지시 기호를 사용하며, 지시하는 대상 면을 나타내는 선의 바깥쪽에 붙여서 쓴다.

① 절삭 등 제거 가공의 필요 여부를 문제 삼지 않는 경우에는 [그림 1-22 (a)]와 같이 면에 지시 기호를 붙여서 사용한다.
② 제거 가공을 필요로 한다는 것을 지시할 때는 면의 지시 기호의 짧은 쪽의 다리 끝에 가로선을 부가한다[그림 1-22 (b)].
③ 제거 가공을 해서는 안 된다는 것을 지시할 때는 면의 지시 기호에 내접하는 원을 부가한다[그림 1-22 (c)].

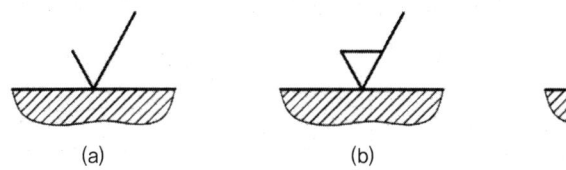

[그림 1-22] 표면에 대한 지시 기호

### (2) 표면 거칠기 값의 지시

산술 평균 거칠기($R_a$)로 지시하는 경우, 표면 거칠기는 KS B 0161에 규정하는 산술 평균 거칠기의 표준 수열 중에서 선택하여 지시하는데, 이 경우 첨자 'a'는 기입하지 않는다. 다만, 필요가 있어서 표준 수열에 따를 수 없는 경우, 허용할 수 있는 최댓값을 '$R_a \leq 10$' 등과 같이 지시한다. 그리고 표면 거칠기의 지시 값 기입 위치는 다음 중 어느 하나에 따른다.

① 표면 거칠기의 최댓값을 지시하는 경우에는 [그림 1-23 (a)]와 같이 기입한다.

② 표면 거칠기 값을 어느 구간으로 지시하는 경우에는 상한값을 위로, 하한값을 아래로 나란히 기입한다[그림 1-23 (b)].
③ 표면 거칠기의 지시 값에 대한 컷오프 값을 지시할 필요가 있을 때에는 아래 표에서 선택하여 면의 지시 기호의 긴 쪽 다리에 붙인 가로선 아래에 표면 거칠기의 지시 값에 대응시켜 기입한다[그림 1-23 (c)].
④ 최대 높이($R_{max}$) 또는 10점 평균 거칠기($R_a$)로써 지시하는 경우는 면의 지시 기호의 긴쪽 다리에 가로선을 붙여, 그 아래쪽에 약호와 함께 기입한다[그림 1-23 (d)].

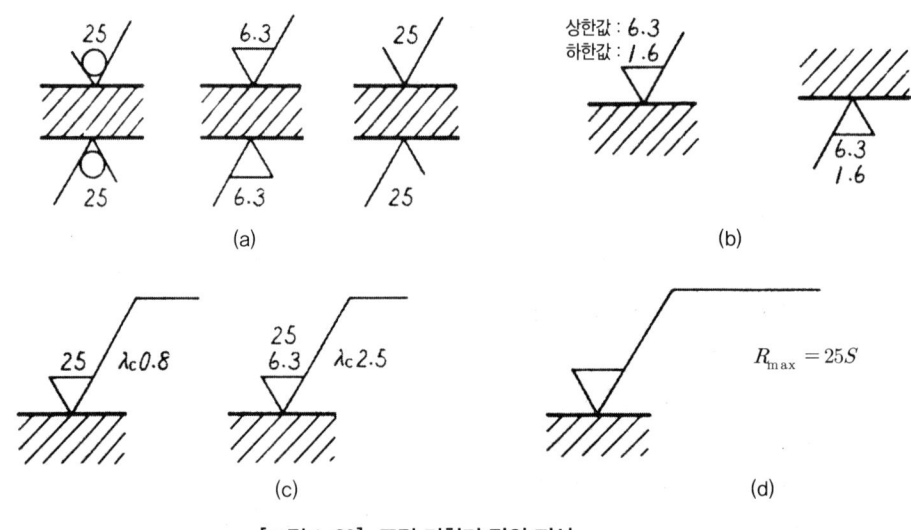

[그림 1-23] 표면 거칠기 값의 지시

⑤ 줄무늬 방향을 지시할 때에는 표에 규정하는 기호를 면의 지시 기호의 오른쪽에 부기한다.

| 기호 | 의미 | 설명도 | |
|---|---|---|---|
| = | 가공으로 생긴 앞줄의 방향이 기호를 기입한 그림의 투영면에 평행 | | 커터의 줄무늬 방향 |
| ⊥ | 가공으로 생긴 앞줄의 방향이 기호를 기입한 그림의 투영면에 수직 | | 커터의 줄무늬 방향 |
| X | 가공으로 생긴 선이 두 방향으로 교차 | | 커터의 줄무늬 방향 |

| 기호 | 의미 | 설명도 |
|---|---|---|
| M | 가공으로 생긴 선이 다 방면으로 교차 또는 무 방향 | ▽M |
| C | 가공으로 생긴 선이 거의 동심원 | ▽C |
| R | 가공으로 생긴 선이 거의 방사상(레이디얼형) | ▽R |

⑥ 면의 지시 기호에 대한 각 지시 사항의 기입 위치는 [그림 1-24]와 같다.

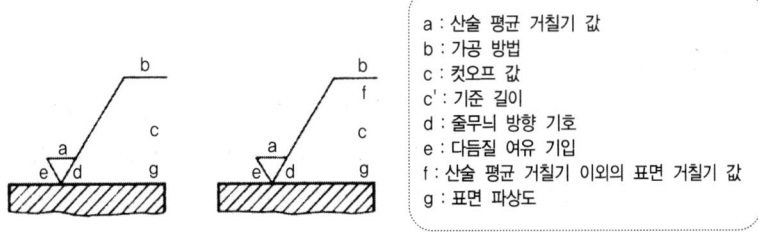

a : 산술 평균 거칠기 값
b : 가공 방법
c : 컷오프 값
c' : 기준 길이
d : 줄무늬 방향 기호
e : 다듬질 여유 기입
f : 산술 평균 거칠기 이외의 표면 거칠기 값
g : 표면 파상도

[그림 1-24] 면의 지시 기호

### (3) 다듬질 기호

KS B 0617에 의하면, 면의 지시 기호 대신 다듬질 기호를 사용할 수도 있다고 규정하고 있다. 그러나 이 방법은 ISO 1302 규격에는 꼭 맞지 않으므로, 되도록 빠른 기간에 면의 지시 기호로 바꾸어 사용하는 것이 좋다.

① **다듬질 기호** : 다듬질 기호를 사용하여 표면 거칠기를 지시할 때에는 삼각 기호(▽)의 수와 파형 기호(~)로 표시한다. 〈표 1-10〉은 다듬질 기호에 대한 표면 거칠기의 기호 및 가공 방법, 특별히 지정하는 경우 이외에는 이 중 하나를 선택해서 사용한다.

② **다듬질 기호 기입** : 다듬질 기호를 사용하여 면의 결을 지시할 때에는, 삼각 기호에 표면 거칠기의 표준값, 컷오프 값, 기준 길이, 가공 방법, 줄무늬 방향의 기호 및 다듬질 여유값을 부기할 수 있다. 이때, 산술 평균 거칠기는 a, 최고 높이는 s, 10점 평균 거칠기는 z의 기호를 표면 거칠기의 표준값 다음에 기입한다.

〈표 1-10〉 표면 거칠기의 기호 및 가공 방법(단위 : $\mu m$)

| 명칭 | 기호 | 거칠기 정도(Ra) | 적용 |
|---|---|---|---|
| - | ∇ | - | 절삭 가공 등 가공을 하지 않은 표면 주물의 표면 |
| 거친다듬질 | $\overset{w}{\nabla}$ | 약 25~100$\mu m$ | 일반 절삭 가공만하고 끼워맞춤이 없는 표면(드릴 구멍, 선삭 가공부 등) |
| 중간다듬질 | $\overset{x}{\nabla}$ | 약 6.3~25$\mu m$ | 끼워맞춤만 있고 상대운동은 없는 표면<br>커버와 몸체의 끼워맞춤부, 키홈, 축과 회전체의 결합부 등 |
| 상급다듬질 | $\overset{y}{\nabla}$ | 약 0.8~6.3$\mu m$ | 끼워맞춤이 있고 상대운동이 있는 표면<br>베어링, 씰 등 정밀 축 기계요소 등이 끼워지는 표면, 정밀 가공이 요구되는 표면(연삭 가공) |
| 정밀다듬질 | $\overset{z}{\nabla}$ | 약 0.1~0.8$\mu m$ | 대단히 매끄러운 표면을 의미함<br>게이지류, 피스톤, 실린더 표면 등(호닝 등 정밀입자 가공) |

## 2 치수 공차

### 1) 치수 공차 일반 사항

설계 도면을 작성할 때에는 그 부품의 생산 방법이나 생산 공정 등을 신중히 고려하여 필요한 내용을 빠짐없이 기입하도록 해야 하며, 호환성을 유지하기 위하여 부품의 조립과 기능 및 용도에 필요한 가공 정밀도를 제시해야 한다.

### 2) 치수 공차의 용어

① **구멍** : 주로 원통형 부분의 내측 부분
② **축** : 주로 원통형 부분의 외측 부분
③ **실 치수** : 두 점 사이의 거리를 실제로 측정한 치수
④ **허용한계 치수** : 실 치수가 그 사이에 들어가도록 정한 대·소의 허용치수이며, 최대허용치수(30.2)와 최소허용치수(29.9)가 있다. (예 : $30^{+0.2}_{-0.1}$)
⑤ **기준 치수** : 치수 허용한계의 기준이 되는 치수
⑥ **기준선** : 허용 한계치수 또는 끼워맞춤을 도시할 때 치수허용차의 기준이 되는 선으로, 치수허용차가 0인 직선으로 기준 치수를 나타낼 때에 사용한다.
⑦ **치수허용차** : 허용한계치수에서 그 기준 치수를 뺀 값으로 위 치수허용차와 아래 치수허용차가 있다.
⑧ **치수 공차** : 최대허용 한계치수와 최소허용 한계치수의 차이다. 또는 위 치수허용차와 아래 치수허용차의 차를 의미하기도 하며 공차라고도 한다.

$30^{+0.05}_{-0.02}$ 에서 최대허용치수와 최소허용치수는?

 해설
① 최대허용치수=기준 치수+위 치수허용차=30+0.05=30.05mm
② 최소허용치수=기준 치수+아래 치수허용차=30+(-0.02)=29.98mm
③ 치수 공차=최대허용치수−최소허용치수=30.05−29.98=0.07mm

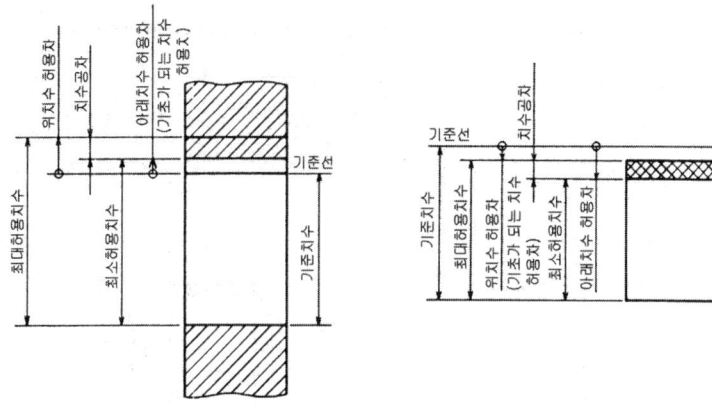

[그림 1-25] 치수 공차의 용어

## 3) 기본 공차

① IT 기본 공차 : 치수 공차와 끼워맞춤에 있어서 정해진 모든 치수 공차를 의미하는 것으로 국제 표준화 기구(ISO) 공차 방식에 따라 분류하며 IT 01부터 IT 18까지 20등급으로 구분하여 KS B 0401에 규정하고 있다. IT 01과 IT 0에 대한 값은 사용 빈도가 적으므로 별도로 정하고 있다.

② IT 공차의 수치 : 기준 치수가 500 이하인 경우와 500을 초과하여 3150까지 공차 등급 IT 1부터 IT 18에 대한 기본공차의 수치를 나타낸다.

〈표 1-11〉 기본 공차의 적용

| 용도 | 게이지 제작 공차 | 끼워맞춤 공차 | 끼워맞춤 이외 공차 |
|---|---|---|---|
| 구 멍 | IT 1 ~ IT 5 | IT 6 ~ IT 10 | IT 11 ~ IT 18 |
| 축 | IT 1 ~ IT 4 | IT 5 ~ IT 9 | IT 10 ~ IT 18 |

### 3 끼워맞춤

기계 부품을 조립할 때 구멍과 축이 미끄럼 운동이나 회전 운동이 이루어질 수 있는 경우와 상호 운동 없이 동력을 전달해야 되는 경우가 있다. 이와 같이, 구멍과 축이 조립되는 관계를 끼워맞춤이라 하고, 구멍의 지름이 축의 지름보다 큰 경우 두 지름의 차를 틈새, 축의 지름이 구멍의 지름보다 큰 경우 두 지름의 차를 죔쇠라 한다.

⟨표 1-12⟩ 틈새와 죔새

| 구분 | 용어 | 해설 |
|---|---|---|
| 틈새 | 최소 틈새 | 구멍의 최소허용치수 − 축의 최대허용치수 |
| | 최대 틈새 | 구멍의 최대허용치수 − 축의 최소허용치수 |
| 죔새 | 최소 죔새 | 축의 최소허용치수 − 구멍의 최대허용치수 |
| | 최대 죔새 | 축의 최대허용치수 − 구멍의 최소허용치수 |

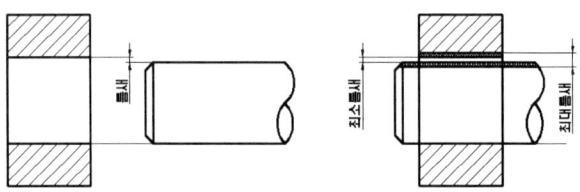

[그림 1-26] 축의 지름이 구멍의 지름보다 작은 경우

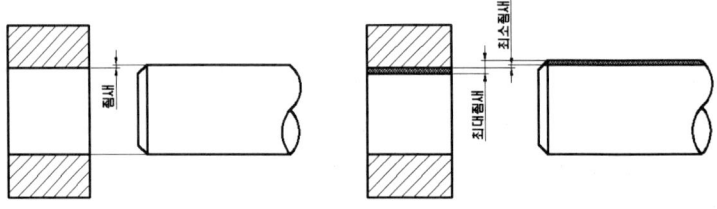

[그림 1-27] 축의 지름이 구멍의 지름보다 큰 경우

#### 1) 끼워맞춤의 종류

끼워맞춤 부분을 가공할 때 부품 소재의 상태나 가공의 난이 정도에 따라 구멍을 기준으로 할 것인지 또는 축 기준으로 할 것인지에 따라 구멍 기준식과 축 기준식으로 나눈다.

① 구멍 기준식 끼워맞춤 : 아래 치수허용차가 0인 H 기호 구멍을 기준 구멍으로 하고, 이에 적당한 축을 선정하여 필요한 죔쇠나 틈새를 얻는 끼워맞춤으로 H6~H10의 다섯 가지 구멍을 기준 구멍으로 사용한다.

② 축 기준식 끼워맞춤 : 위 치수허용차가 0인 h 기호 축을 기준으로 하고, 이에 적당한 구멍을 선정하여 필요한 죔쇠나 틈새를 얻는 끼워맞춤으로 h5~h9의 5가지 축을 기준으로 사용한다.

〈표 1-13〉 구멍과 축의 기호 및 상호관계

| 구멍 기호 | ⇐ 지름이 커짐 | | 지름이 작아짐 ⇒ |
|---|---|---|---|
| | 최소허용치수와 기준 치수 일치 | | |
| | A B C D E F G | H | Js K M N P R S T U X |
| 축 기호 | ⇐ 지름이 작아짐 | | 지름이 커짐 ⇒ |
| | 최대허용치수와 기준 치수 일치 | | |
| | a b c d e f g | h | js k m n p r s t u x |

〈표 1-14〉 상용하는 구멍 기준 끼워맞춤

| 기준 축 | 구멍 공차역 클래스 | | | | | | | | | | | | | |
|---|---|---|---|---|---|---|---|---|---|---|---|---|---|---|
| | 헐거운 끼워맞춤 | | | | | | 중간 끼워맞춤 | | | 억지 끼워맞춤 | | | | |
| H6 | | | | | g5 | h5 | js5 | k5 | m5 | | | | | |
| | | | | f6 | g6 | h6 | js6 | k6 | m6 | n6 | p6 | | | |
| H7 | | | | f6 | g6 | h6 | js6 | k6 | m6 | n6 | p6 | r6 | s6 | t6 | u6 | x6 |
| | | | e7 | f7 | | h7 | js7 | | | | | | | |
| H8 | | | | f7 | | h7 | | | | | | | | |
| | | | e8 | f8 | | h8 | | | | | | | | |
| | | d9 | e9 | | | | | | | | | | | |
| H9 | | d8 | e8 | | | h8 | | | | | | | | |
| | c9 | d9 | e9 | | | h9 | | | | | | | | |
| H10 | b9 | c9 | d9 | | | | | | | | | | | |

〈표 1-15〉 상용하는 축 기준 끼워맞춤

| 기준 축 | 구멍 공차역 클래스 | | | | | | | | | | | | | |
|---|---|---|---|---|---|---|---|---|---|---|---|---|---|---|
| | 헐거운 끼워맞춤 | | | | | | 중간 끼워맞춤 | | | 억지 끼워맞춤 | | | | |
| h5 | | | | | | H6 | JS6 | K6 | M6 | N6 | P6 | | | |
| | | | | F6 | G6 | H6 | JS6 | K6 | M6 | N6 | P6 | | | |
| h6 | | | | F7 | G7 | H7 | H7 | K7 | M7 | N7 | P7 | R7 | S7 | T7 | U7 | X7 |
| | | | E7 | F7 | | | | | | | | | | |
| | | | | F8 | | H8 | | | | | | | | |
| h7 | | D8 | E8 | F8 | | H8 | | | | | | | | |
| | | D9 | E9 | | | H9 | | | | | | | | |
| h8 | | D8 | E8 | | | H8 | | | | | | | | |
| | C9 | D9 | E9 | | | H9 | | | | | | | | |
| h9 | B10 | C10 | D10 | | | | | | | | | | | |

## 2) 끼워맞춤 상태에 따른 분류

① **헐거운 끼워맞춤** : 구멍의 최소 치수가 축의 최대 치수보다 큰 경우이며, 항상 틈새가 생기는 끼워맞춤으로 미끄럼 운동이나 회전 운동이 필요한 기계 부품 조립에 적용한다.

| 예제 | 구멍 | 축 |
|---|---|---|
| 최대허용치수 | A = 50.025mm | a = 49.975mm |
| 최소허용치수 | B = 50.000mm | b = 49.950mm |
| 최대 틈새 | A − b = 0.075mm | |
| 최소 틈새 | B − a = 0.025mm | |

② **억지 끼워맞춤** : 구멍의 최대 치수가 축의 최소 치수보다 작은 경우이며, 항상 죔쇠가 생기는 끼워맞춤으로 동력 전달을 하기 위한 기계 조립이나 분해 조립이 불필요한 영구 조립 부품에 적용한다.

| 예제 | 구멍 | 축 |
|---|---|---|
| 최대허용치수 | A = 50.025mm | a = 50.050mm |
| 최소허용치수 | B = 50.000mm | b = 50.034mm |
| 최대 죔새 | a − B = 0.050mm | |
| 최소 죔새 | b − A = 0.009mm | |

③ **중간 끼워맞춤** : 중간 끼워맞춤은 축, 구멍의 치수에 따라 틈새 또는 죔쇠가 생기는 끼워맞춤으로, 헐거운 끼워맞춤이나 억지 끼워맞춤으로 얻을 수 없는 더욱 작은 틈새나 죔쇠를 얻는 데 적용하며, 베어링 조립은 중간 끼워맞춤의 대표적인 보기이다.

| 예제 | 구멍 | 축 |
|---|---|---|
| 최대허용치수 | A = 50.025mm | a = 50.011mm |
| 최소허용치수 | B = 50.000mm | b = 49.995mm |
| 최대 죔새 | a − B = 0.011mm | |
| 최대 틈새 | A − b = 0.030mm | |

| 구멍 | 축 | 상호관계 |
|---|---|---|
| $\phi$60H7 | $\phi$60g6 | 구멍 기준식 헐거운 끼워맞춤 |
| $\phi$40H7 | $\phi$40p7 | 구멍식 억지 끼워맞춤 |
| $\phi$30G6 | $\phi$30h7 | 축 기준식 헐거운 끼워맞춤 |
| $\phi$50P6 | $\phi$50h7 | 축 기준식 억지 끼워맞춤 |

## 4 기하 공차

기하 공차는 기계 부품의 치수 공차에 형상 및 위치 공차를 주어 제품을 정밀하고 효율적으로 생산하여 경제성이 있도록 하는 데 있다. 기하 공차 표시법에서는 도면에 말을 쓰지 않고 숫자, 문자 및 기호를 사용해야하며, 기호의 사용법은 국제적으로 통일되어 있으며, KS B 0608에서 규정되어 있다.

### 1) 기하 공차의 종류와 그 기호

| 적용하는 형체 | 구분 | 기호 | 공차의 종류 | |
|---|---|---|---|---|
| 단독 형체 | 모양 공차 | ─ | 진직도 공차 | |
| | | ▱ | 평면도 공차 | |
| | | ○ | 진원도 공차 | |
| | | ⌭ | 원통도 공차 | |
| 단독 형체 또는 관련 형체 | | ⌒ | 선의 윤곽도 공차 | |
| | | ⌓ | 면의 윤곽도 공차 | |
| 관련 형체 | 자세 공차 | ∥ | 평행도 공차 | 최대실체공차 적용 (MMC) |
| | | ⊥ | 직각도 공차 | |
| | | ∠ | 경사도 공차 | |
| | 위치 공차 | ⊕ | 위치도 공차 | 최대실체공차 적용 (MMC) |
| | | ◎ | 동축도 공차 또는 동심도 공차 | |
| | | ═ | 대칭도 공차 | |
| | 흔들림 공차 | ↗ | 원주 흔들림 공차 | |
| | | ↗↗ | 온 흔들림 공차 | |

## 2) 기하 공차의 부가기호

| 표시하는 내용 | | 기호 |
|---|---|---|
| 공차붙이 형체 | 직접 표시하는 경우 | |
| | 문자기호에 의하여 표시하는 경우 | |
| 데이텀 | 직접 표시하는 경우 | |
| | 문자기호에 의하여 표시하는 경우 | |
| 데이텀 표적(target) 기입틀 | | |
| 이론적으로 정확한 치수 | 직각 테두리로 표시 | 50 |
| 돌출 공차역 | 돌출된 부분까지 포함하는 공차 표시 | ⓟ |
| 최대 실체 공차 방식 | 최대질량의 실체를 갖는 조건 | Ⓜ |
| 형체 치수 무관계 | 규제 기호로 표시되지 않음 | Ⓢ |

## 3) 기하 공차의 기입방법

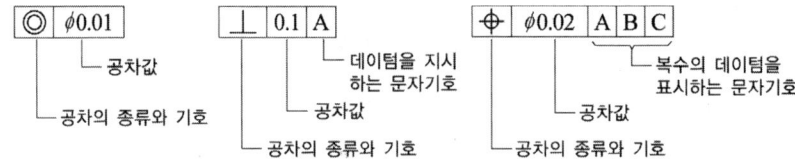

# 05 기계요소제도

## 1 체결용 기계요소

### 1) 나사

#### (1) 나사의 표시 방법

나사의 표시 방법은 나사의 호칭, 나사의 등급, 나사산의 감긴 방향 및 나사산 줄의 수에 대하여 다음과 같이 나타낸다.

| 나사산의 감긴 방향 | 나사산의 줄 수 | 나사의 호칭 | 나사의 등급 |

#### (2) 나사의 호칭법

① 미터 나사의 호칭법

| 나사의 종류를 표시하는 기호 | 나사의 호칭 지름을 표시하는 숫자 | × | 피치 |

[예] M 50×2

② 유니파이 나사의 호칭법

| 나사의 지름을 표시하는 숫자 | 산의 수 | 나사 종류를 표시하는 기호 |

[예] 3/8-16 UNC

③ 인치 나사의 호칭법

| 나사의 종류를 표시하는 기호 | 나사의 호칭 지름을 표시하는 숫자 | 산 | 산의 수 |

[예] SM 1/4 산 40

〈표 1-16〉 나사의 종류 기호 및 호칭 방법(KS B 0200)

| 구분 | | 나사의 종류 | | 나사의 종류 기호 | 나사의 호칭에 대한 표시법 | 관련 규격 |
|---|---|---|---|---|---|---|
| 일반용 | ISO 규격에 있는 것 | 미터 보통 나사 | | M | M8 | KS B 0201 |
| | | 미터 가는 나사 | | | M8×1 | KS B 0204 |
| | | 미니추어 나사 | | S | S 05 | KS B 0228 |
| | | 유니파이 보통 나사 | | UNC | 3/8-16 UNC | KS B 0203 |
| | | 유니파이 가는 나사 | | UNF | No. 8-36 UNF | KS B 0206 |
| | | 미터 사다리꼴 나사 | | Tr | Tr 10×2 | KS B 0229 |
| | | 관용 테이퍼 나사 | 테이퍼 수나사 | R | R 3/4 | KS B 0222 |
| | | | 테이퍼 암나사 | Rc | Rc 3/4 | |
| | | | 평행 암나사 | Rp | Rp 3/4 | |
| | | 관용 평행 나사 | | G | G 1/2 | KS B 0221 |
| | ISO 규격에 없는 것 | 30° 사다리꼴 나사 | | TM | TM 18 | KS B 0227 |
| | | 29° 사다리꼴 나사 | | TW | TM 20 | KS B 0226 |
| | | 관용 테이퍼 나사 | 테이퍼 나사 | PT | PT 7 | KS B 0222 |
| | | | 평행 암나사 | PS | PS 7 | |
| | | 관용 평행 나사 | | PF | PF 7 | KS B 0221 |

### (3) 나사산의 감김 방향 및 나사산의 줄 수

① 나사산의 감김 방향 : 나사산의 감김 방향은 왼나사일 때에는 '좌'자로 표시하고, 오른나사일 때에는 표시하지 않는다. 또한, '좌' 대신에 'L'을 사용할 수도 있다.

② 나사산의 줄 수 : 나사산의 줄 수는 여러 줄 나사의 경우에는 '2줄', '3줄' 등과 같이 표시하고, 한 줄 나사인 경우에는 표시하지 않는다. 또한, '줄' 대신에 'N'도 사용할 수도 있다.

〈표 1-17〉 나사표기 방법의 예

| 구분 | 감긴 방향 | 줄 수 | 호칭 | 등급 | 설명 |
|---|---|---|---|---|---|
| 좌2줄 M 60×2-6H | 좌 | 2줄 | M60×2 | 6H | 2줄 왼나사 미터 가는 나사 지름이 60mm이고 피치가 2mm인 공차 6H인 암나사 |
| 좌 M20-6H/6g | 좌 | 1줄 | M20 | 6H/6g | 1줄 왼나사 나사로 미터 나사 지름이 20mm인 암나사 6H와 수나사 6g의 조합 |
| No.4-40 UNC-2A | 우 | 1줄 | 4-40UNC | 2A | 1줄 오른나사 유니 파이 보통나사 A급(피치 25.4/40=0.6350mm) |

### (4) 나사의 도시법

① 수나사의 도시 방법

| 나사의 각부 | 선의 종류 | 나사부의 그림 | 비고 |
|---|---|---|---|
| 수나사의 바깥지름 | 굵은 실선 | | |
| 수나사의 골 | 가는 실선 | | |
| 완전 나사부와 불완전 나사부의 경계선 | 굵은 실선 | | |
| 불완전 나사부의 끝 밑선 | 가는 실선 | | 축선에 대하여 30° 경사 |
| 측면도시에서 골 지름 | 가는 실선 (3/4 원) | | |

② 암나사 도시 방법

| 나사의 각부 | 선의 종류 | 나사부의 그림 | 비고 |
|---|---|---|---|
| 암나사의 안지름 | 굵은 실선 | | |
| 암나사의 골 | 가는 실선 | | |
| 가려서 보이지 않는 나사부 | 파선 | | |
| 측면도시에서 골지름 | 가는 실선 (3/4 원) | | |

## 2) 키(key)

### (1) 키의 기능

키는 보통 사각형 혹은 원형 단면을 가진 작은 금속 막대로서, 풀리, 기어 등과 같은 회전체를 축에 고정하여 축과 회전체 사이의 미끄럼을 방지 하고, 회전력을 전달하는 결합용 기계요소이다.

### (2) 키의 호칭법

| 규격번호 | 종류 및 호칭 치수 | 길이 | 끝 모양의 특별 지정 | 재 료 |
|---|---|---|---|---|
| KS B 1311 | 평행 키  10×8 | 25 | 양 끝 둥글 | SM 45 C |

## 3) 핀의 호칭 방법

| 핀의 종류 | 그림 | 호칭 지름 | 호칭 방법 |
|---|---|---|---|
| 평행 핀 | | 핀의 지름 | 규격 번호 또는 명칭, 종류, 형식, 호칭, 지름×길이, 재료 |
| 테이퍼 핀 | | 작은 쪽의 지름 | 명칭, 등급 $d \times l$, 재료 |

| 핀의 종류 | 그림 | 호칭 지름 | 호칭 방법 |
|---|---|---|---|
| 슬롯 테이퍼 핀 | | 갈라진 부분의 지름 | 명칭, $d \times l$, 재료, 지정 사항 |
| 분할 핀 (스플릿 핀) | | 핀 구멍의 치수 | 규격 번호 또는 명칭, 호칭, 지름 $\times$ 길이, 재료 |

① 종류는 끼워맞춤 기호에 따른 m6, h7의 두 종류이다.
② 형식은 끝면의 모양이 납작한 것이 A, 둥근 것이 B이다.
③ 등급은 테이퍼의 정밀도 및 다듬질 정도에 따라 1급, 2급의 두 종류가 있다.

### 4) 리벳 이음의 도시법

① 리벳을 크게 도시할 필요가 없을 때에는 리벳 구멍을 약도로 도시한다.
② 리벳의 체결 위치만 표시할 경우에는 중심선만을 그린다.
③ 같은 간격으로 연속하는 같은 종류의 구멍표시 방법은 간단히 기입한다.
④ 여러 장의 얇은 판의 단면 도시에서 각 판의 파단선은 서로 어긋나게 긋는다.
⑤ 리벳은 길이 방향으로 절단하여 도시하지 않는다.

## 2 축용 기계요소

### 1) 축(Shaft)이음

축은 단면의 모양은 원형이며 보통 2개 이상의 베어링으로 지지되어 있는 것으로 동력을 직접적으로 전달하는 회전 막대로서 기계에서 가장 중요한 요소 중의 하나이다.

- **축 도시 방법**

① 축은 길이 방향으로 단면도시를 하지 않는다. 단, 부분단면은 허용한다.
② 긴축은 중간을 파단하여 짧게 그릴 수 있으며 실제 치수를 기입한다.
③ 축 끝에는 모따기 및 라운딩을 할 수 있다.
④ 축에 있는 널링(knurling)의 도시는 빗줄인 경우는 축선에 대하여 30°로 엇갈리게 그린다.

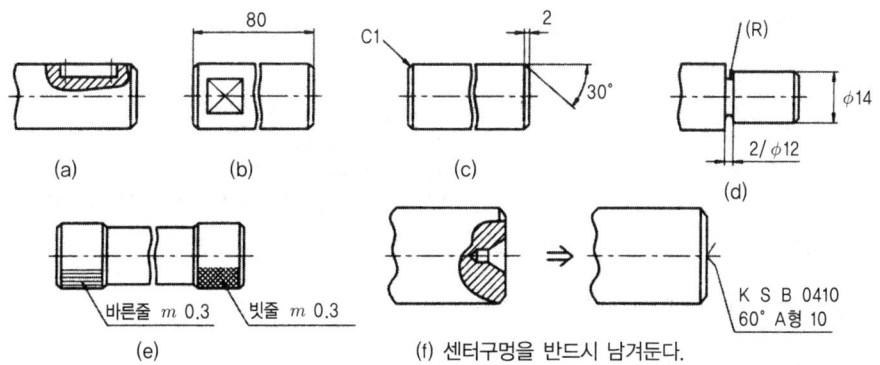

[그림 1-28] 축의 도시 방법

## 2) 베어링

회전짝을 이루는 두 요소가 직접 접촉하면 마찰에 의해서 소음과 열이 발생하고 마멸이 촉진된다. 회전축과 축을 지지하는 요소 사이의 마찰을 줄이고 원활한 상대 운동을 유지하기 위해서 설치하는 축용 기계요소를 베어링이라 한다.

### (1) 구름 베어링의 호칭법

① 베어링 계열기호 : 베어링 형식과 치수계열을 나타낸다.

㉠ 형식(첫 번째 숫자)

    1 …… 복식 자동 조심형

    2, 3 …… 복식 자동 조심형(큰 나비)

    6 …… 단식 홈형

    7 …… 단식 앵귤러 볼형

    N …… 원통 롤러형

㉡ 치수계열(두 번째 숫자) : 폭과 높이 계열과 지름 계열을 조합한 것으로 같은 베어링의 안지름에 대한 폭과 바깥지름과의 계열을 나타낸다.

㉢ 안지름 번호(세 번째, 네 번째 숫자) : 안지름 번호 1~9까지는 안지름 번호와 안지름이 같고 안지름 번호가 안지름 20mm 이상 480mm 미만에서는 안지름을 5로 나눈 수가 안지름 번호이다.

    00 : 안지름 10mm, 01 : 안지름 12mm, 02 : 안지름 15mm, 03 : 안지름 17mm

② 호칭번호의 표시

㉠ 6008C2P6

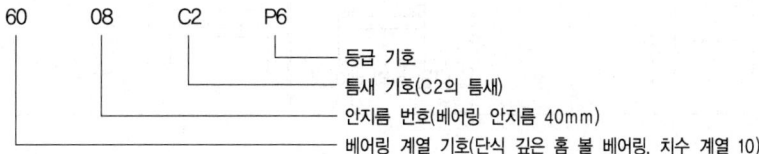

ⓒ 6312ZNR

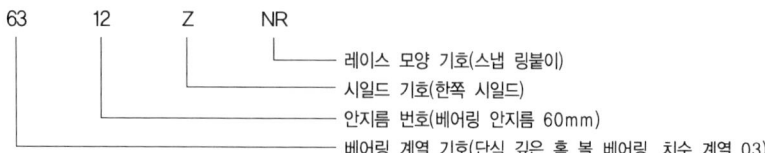

ⓓ NA4916V

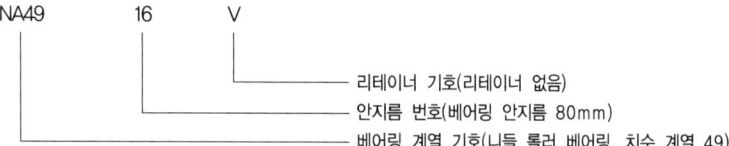

ⓔ 2320K

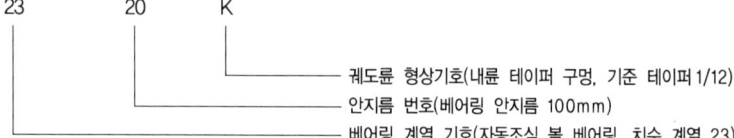

### 3) 구름 베어링의 제도(KS 규격 B0004-2)

#### (1) 볼 베어링과 롤러 베어링의 간략 도시 방법

| 간략 도면 | 볼 베어링 | 롤러 베어링 | 간략 도면 | 볼 베어링 | 롤러 베어링 |
|---|---|---|---|---|---|
|  | 깊은홈 볼 베어링 | 원통 롤러 베어링 |  | 복열 깊은홈 볼 베어링 | 복열 원통 롤러 베어링 |
|  | 복열 자동조심 볼 베어링 |  |  | 앵귤러 콘택트 볼 베어링 | 테이퍼 롤러 베어링 |
|  | 복열 앵귤러 콘택트 볼 베어링 |  |  | 복열 앵귤러 콘택트 볼 베어링 (분리형) |  |
|  |  | 니들 롤러 베어링 |  |  | 복열 니들 롤러 베어링 |

### (2) 스러스트 베어링의 간략 도시 방법

| 간략 도면 | 볼 베어링 | 롤러 베어링 |
|---|---|---|
|  | 스러스트 볼 베어링 | 스러스트 롤러 베어링<br>스러스트 니들 베어링(케이지) |
|  | 복열 스러스트 볼 베어링 |  |
|  | 앵귤러 콘택트<br>스러스트 볼 베어링 |  |
|  |  | 자동조심 스러스 롤러 베어링 |

## 3 전동용 기계요소

### 1) 기어

#### (1) 이의 크기

이의 크기를 나타내는 방법으로는 원주 피치, 지름 피치 및 모듈의 세 가지 방법으로 표시하며 KS 규격에서는 모듈만 제시하고 있다.

기어는 피치원의 둘레에 따라 같은 간격으로 절삭되어 있다. 원둘레 및 피치가 같지 않으면 맞물릴 수 없다. KS 규격에서는 모듈을 0.1~25mm까지로 규정하고 있으며 모듈값이 클수록 이의 크기가 크다.

① **원주 피치(Circle pitch)** : 피치원 둘레 위에서 서로 인접한 이와 이사이의 원호의 길이로 원둘레를 길이로 나눈 값을 의미한다.

$$p = \frac{\pi D}{Z} [\text{mm}] \quad \text{or} \quad p = \pi m$$

여기서, $p$ : 원주 피치
$D$ : 피치원의 지름(mm)
$Z$ : 잇수

② **모듈(Modoule)** : 이 한 개에 해당하는 피치원 지름의 길이로서 $m$으로 표시하며 피치원의 지름을 잇수로 나눈 값으로 미터식기어의 크기를 나타낸다.

$$m = \frac{d}{z} = \frac{\text{피치원의 지름}}{\text{잇수}}$$

③ 지름 피치(Diametral pitch) : 피치원의 지름 1inch에 해당하는 잇수이며 잇수를 인치로 나타낸 피치원의 지름으로 나눈 값이다.

$$p = \frac{잇수}{피치원\ 지름} = \frac{z}{D}(\text{inch}) = \pi m (\text{mm}) = \frac{25.4z}{D}$$

### (2) 기어의 제도

기어의 제도는 KS B 0002에 따르고, 도면에 포함되는 일반 사항은 KS B 0001에 따른다. 기어의 종류에는 여러 가지가 있으나, KS B 0002에서는 스퍼 기어, 헬리컬 기어, 더블 헬리컬 기어, 스크루 기어, 베벨 기어, 스파이럴 기어, 하이포이드 기어, 웜 및 웜 기어와 같은 8종류에 대하여 규정하고 있다.

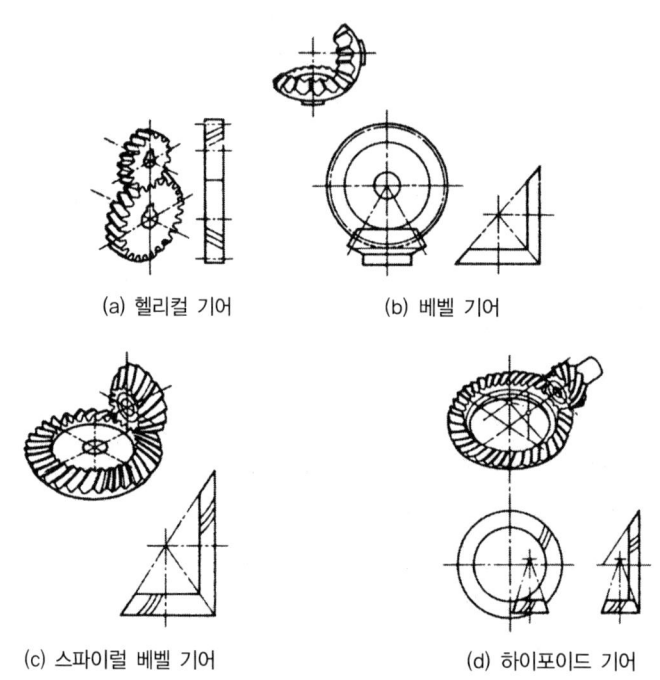

(a) 헬리컬 기어　　　　　(b) 베벨 기어

(c) 스파이럴 베벨 기어　　(d) 하이포이드 기어

[그림 1-29] 기어의 종류

- 스퍼 기어의 도시법

  기어의 도시법은 치형을 생략하고 약도법을 사용하여 다음 같이 나타낸다.
  ㉠ 정면도는 같은 축에서 직각인 방향에서 본 그림으로 한다.
  ㉡ 이끝원은 굵은 실선으로 그린다.
  ㉢ 피치원은 가는 1점 쇄선으로 그린다.
  ㉣ 이뿌리원은 가는 실선으로 그린다. 단, 축에 직각 방향으로 단면 투상할 경우에는 굵은 실선으로 그린다.
  ㉤ 표준 압력 각은 $a=20°$, 치형은 인벌류트 치형으로 한다.

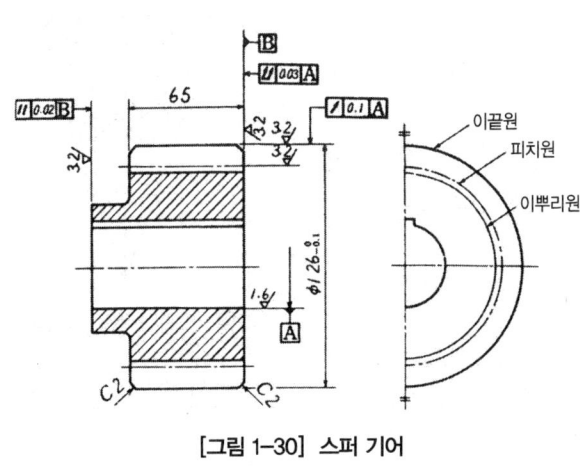

| [예] 스퍼 기어의 요목표 |||
|---|---|---|
| 스퍼 기어 요목표 |||
| 기어 치형 || 표준 |
| 공구 | 치형 | 보통이 |
|  | 모듈 | 3 |
|  | 압력각 | 20° |
| 잇 수 || 40 |
| 피치원 지름 || PCD φ120 |
| 전체 이높이 || 4.5 |
| 다듬질 방법 || 호브 절삭 |
| 정밀도 || KS B1405, 5급 |

[그림 1-30] 스퍼 기어

## 2) 벨트 풀리

### (1) 평벨트 풀리

2개의 축에 벨트 풀리를 고정하고 여기에 평벨트를 걸어 벨트와 풀리와의 마찰력을 이용하여 동력을 전달할 때 쓰인다.

평벨트의 재질은 가죽이나 고무, 강철등이 쓰이며 풀리의 구조에 따라 일체형과 분할형이 있다.

### (2) 평벨트 풀리의 호칭법

| 명 칭 | 종 류 | 호칭 지름×호칭 나비 | 재 질 |
|---|---|---|---|
| 평벨트풀리 | 일체형 | 120×20 | 주 철 |

### (3) 평벨트 풀리의 도시법

① 벨트 풀리는 축 직각 방향의 투상을 정면도로 한다.
② 모양이 대칭형인 벨트 풀리는 그 일부분만을 도시한다.
③ 암과 같은 방사형의 것은 수직 중심선 또는 수평 중심선까지 회전하여 투상한다.
④ 암은 길이 방향으로 절단하지 않으며 단면형은 도형의 밖이나 도형 속에 표시한다.
⑤ 테이퍼 부분의 치수는 치수 보조선을 빗금 방향(수평 60° 또는 30°)으로 긋는다.

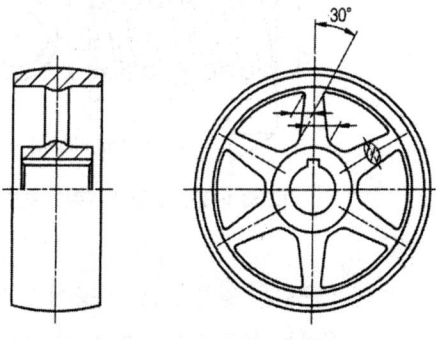

[그림 1-31] 평벨트의 풀리의 도시

## 3) V벨트 풀리

V벨트는 사다리꼴의 단면을 갖는 고리 모양의 벨트이며, V벨트 풀리는 V형의 홈을 만들어 쐐기 작용에 의하여 마찰력을 증대시킨 벨트 풀리이다. V벨트 풀리에는 V벨트의 형별에 따라 M형, A형, B형, C형, D형, E형 등과 같은 6종류가 있다.

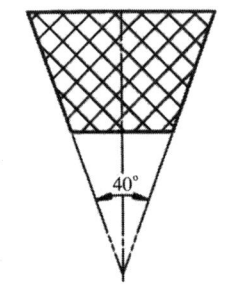

[그림 1-32] V벨트 풀리의 단면

### (1) V벨트 풀리의 호칭 방법

| 규격번호 또는 명칭 | 호칭 지름 | 종 류 | 보스의 위치 구별 |
|---|---|---|---|
| KS B 1403 | 250 | A1 | III |

### (2) V벨트 풀리의 도시 방법

① V벨트 풀리의 홈 수는 규정이 없으나 M형은 한 줄 걸기를 원칙으로 한다.
② V벨트 풀리는 림이 V자형으로 되어 있으므로 호칭 지름(D)은 V벨트를 걸었을 때 V단면의 중앙을 지나는 가상원의 지름으로 나타낸다.

## 4 제어용 기계요소

### 1) 스프링의 도시법

스프링의 제도는 KS B 0005에 규정되어 있으며, 일반적으로 간략도로 도시하고, 필요한 사항은 항목표에 기입한다. 항목표의 내용은 필요에 따라 일부를 생략하거나 추가할 수 있다.

#### (1) 코일 스프링의 제도

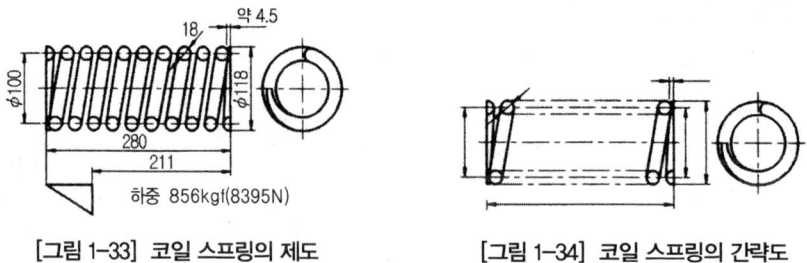

[그림 1-33] 코일 스프링의 제도    [그림 1-34] 코일 스프링의 간략도

① 스프링은 원칙적으로 하중이 걸리지 않은 상태로 그린다. 만약, 하중이 걸린 상태인 경우에는 선도 또는 그때의 치수와 하중을 기입한다.
② 하중과 높이(또는 길이)또는 처짐과의 관계를 표시할 필요가 있을 때에는 선도로 표시한다. 선도는 사용상 지장이 없는 한 직선으로 표시하고, 그 굵기는 스프링을 표시하는 선과 같게 한다.

③ 특별한 단서가 없는 한 모두 오른쪽 감기로 도시하고, 왼쪽 감기로 도시할 때에는 '감긴 방향 왼쪽'이라고 한다.
④ 그림 안에 기입하기 힘든 사항은 일괄하여 항목표에 표시한다.
⑤ 코일 부분의 투상은 나선이 되고, 시트에 근접한 부분의 피치 및 각도가 연속적으로 변하는 것은 직선으로 표시한다.
⑥ 코일 부분의 중간 부분을 생략할 때에는 생략한 부분을 가는 1점 쇄선으로 표시하거나, 또는 가는 2점 쇄선으로 표시해도 좋다.
⑦ 스프링의 종류와 모양만을 도시할 때에는 재료의 중심선만을 굵은 실선으로 그린다.

# 06 기계설계의 기초

## 1 기계요소의 종류

① 체결용 기계요소 : 나사, 키, 핀, 코터, 리벳, 용접 수축확대 및 테이퍼이음
② 축계 기계요소 : 축, 축이음 및 베어링
③ 완충 및 제동용 기계요소 : 브레이크, 스프링 및 플라이휠 등
④ 전동용 기계요소 : 벨트, 로프, 체인, 링크 마찰차 및 캠 기어 등
⑤ 관용 기계요소 : 압력용기, 파이프, 파이프이음, 밸브와 콕 등

## 2 기계설계에 사용되는 SI 단위

### 1) 힘(force)

① 1[N] : 질량 1kg의 물체에 1m/s²의 가속도를 주는 힘을 뉴턴(newton : N)이라고 한다. SI 단위에서 kg는 질량의 단위이고, 중량 또는 힘의 단위는 아니다. 힘은 뉴턴의 제2법칙에 의하여 힘=질량×가속도이다.

$$1[N](뉴턴) = 1[kg] \times 1[m/s^2] = 1[kg \cdot m/s^2]$$
$$1[kN](킬로뉴턴) = 10^3[N] = 101.9716[kgf] ≒ 102[kgf]$$
$$1[MN](메가뉴턴) = 10^6[N] ≒ 102 \times 10^3[kgf] ≒ 1.02 \times 10^5[kgf]$$

② 1[kgf] : 중력 단위의 힘의 단위로서 질량 1kg의 물체에 작용하는 중력, 즉 질량 1kg의 물체 무게를 의미한다. SI단위와 중력 단위의 관계는 다음과 같다.

$$1[kgf](킬로그램힘) = 9.80665[kg \cdot m/s^2] = 9.80665[N] ≒ 9.81[N]$$

## 2) 압력 또는 응력(pressure or stress)

압력과 응력은 단위면적당 작용하는 힘을 나타내며 단위가 같다. 힘을 받는 면이 유체일 때에는 압력이라 하고, 힘을 받는 면이 고체일 때에는 응력이라 한다.

[식] 응력=힘/면적으로부터 다음의 관계식을 얻는다.

$$1[Pa](Pascal, 파스칼) = 1[N/m^2]$$
$$1[kgf/cm^2] = 9.80665[N/m^2] = 0.0980665[N/mm^2] ≒ 9.8 \times 10^4[N/m^2]$$
$$= 9.8 \times 10^4[Pa] = 0.098[MPa]$$

SI에서는 응력의 단위는 [Pa] 또는 [N/m$^2$]의 어느 것으로 표시해도 좋으나 보통의 경우 응력 및 탄성계수는 각각 [MPa] 및 [GPa]로 표시하는 것이 바람직하다.

## 3) 일 또는 모멘트

일이란 힘이 작용하여 움직인 거리이며, 힘과 거리의 곱으로 나타내고, 모멘트의 단위와 같다.

$$1[J](Joule, 주울) = 1[N \cdot m]$$
$$1[kgf \cdot m] = 9.80665[N \cdot m] ≒ 9.8[J]$$

## 4) 각속도 및 원주 속도

① 각속도 $\omega$[rad/s]와 회전수 $n$[rpm]은 다음의 관계가 있다.

$$\omega[rad/s] = \frac{2\pi n[rpm]}{60}$$

② 원주 속도는 단위 시간당 움직인 변위이다. 원운동을 하는 물체의 원주 속도는 반지름과 각속도의 곱으로 주어지며, 관계식이 자주 쓰인다.

$$v[m/s] = r[m] \cdot \omega[rad/s] = \frac{D[mm]}{2 \times 1000} \cdot \frac{2\pi n[rpm]}{60}$$

## 5) 일률(공률) 또는 동력(power)

일률이란 단위시간당 한 일의 양을 말한다.

$$1[w](watt) = 1[J/s] = 1[N \cdot m/s] = 1[Amp \cdot Volt] \text{ 또는 } 1[W] = 0.102[kgf \cdot m/s]$$

위 식에서 동력을 [kW] 단위로 나타내며 다음과 같다.

$$1[kW] = 102[kgf \cdot m/s]$$

또한, 동력의 단위로 [PS](마력)는 다음과 같이 정의하다. 여기서, 쓰이는 마력은 프랑스에서 쓰이는 것을 의미하며, 영국에서 쓰이는 마력[HP]과 구분하여 표기하기로 한다.

프랑스 마력 $1[PS] = 75[kgf \cdot m/s] = 75 \times 9.80665 ≒ 735.5[W]$
영국 마력 　$1[HP] = 550[ft \cdot lb/s] = 746[W]$

① 동력을 힘×속도로 표시할 때 쓰는 식

와트(W)의 정의로부터 다음 식을 얻을 수 있다.

$$H[\text{kW}] = \frac{P[\text{N}] \cdot v[\text{m/s}]}{1000} = \frac{(9.81 \times P[\text{kgf}]) \cdot v[\text{m/s}]}{1000} \fallingdotseq \frac{P[\text{kgf}] \cdot v[\text{m/s}]}{102}$$

② 동력을 토크×각속도로 표시할 때 쓰이는 식

속도는 $v = \omega \times r$ 로 표시되므로 다음의 관계가 성립한다.

$$P \cdot v = P \cdot (r \cdot \omega) = T \cdot \omega$$

$$H[\text{kW}] = \frac{P[\text{N}] \cdot w[\text{rad/s}]}{1000} = \frac{T[\text{N} \cdot \text{m}] \cdot \left(\frac{2\pi}{60} N[\text{rpm}]\right)}{1000} \fallingdotseq \frac{T[\text{N} \cdot \text{m}] \cdot N[\text{rpm}]}{9550}$$

## 3 하중

물체의 상태나 모양의 변화를 일으키는 외부에서 가해진 힘이다.

### 1) 힘의 작용 상태에 따른 하중

① 인장하중(tensile load) : 재료를 잡아당겨 늘어나게 하려는 하중
② 압축하중(compressive load) : 재료를 누르는 하중
③ 전단하중(shearing load) : 재료를 자르려는 것과 같은 하중
④ 휨(굽힘)하중(bending load) : 재료를 구부려서 휘게 하려는 형태의 하중
⑤ 비틀림하중(torsional load) : 재료를 비틀어지도록 하는 형태의 하중
⑥ 좌굴하중(buckling load) : 재료가 좌굴을 일으키기 시작한 한계의 압력

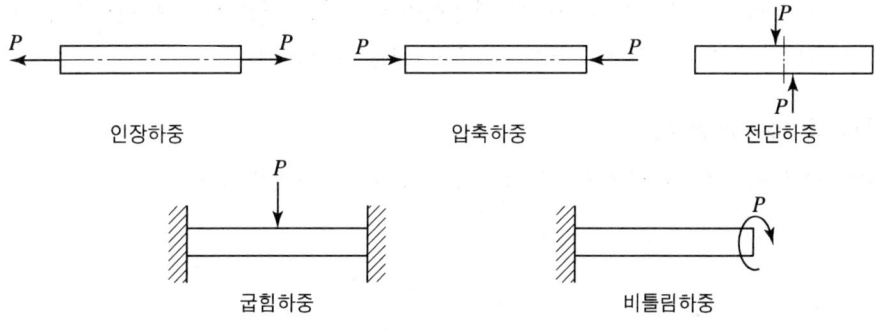

[그림 1-35] 하중의 종류

### 2) 하중이 걸리는 속도에 의한 분류

① 정하중 : 일정한 크기의 힘이 가해진 상태에서 정지하고 있는 하중 또는 일정한 속도로 매우 느리게 가해지는 하중

② 동하중 : 하중이 가해지는 속도가 빠르고 시간에 따라 크기와 방향이 바뀌거나 작용하는 점이 변하는 하중. 반복하중, 교번하중, 충격하중, 이동하중 등
  ㉠ 반복하중 : 방향이 변하지 않고 계속하여 반복 작용하는 하중으로 진폭은 일정, 주기는 규칙적인 하중으로 차축을 지지하는 압축 스프링에 작용하는 것과 같은 하중
  ㉡ 교번하중 : 하중의 크기와 방향이 충격 없이 주기적으로 변화하는 하중으로, 피스톤 로드와 같이 인장과 압축을 교대로 반복하는 하중
  ㉢ 충격하중 : 비교적 단시간에 충격적으로 작용하는 하중으로, 못을 박을 때와 같이 순간적으로 작용하는 하중
  ㉣ 이동하중 : 물체 위를 이동하며 작용하는 하중

### 3) 힘의 분포 상태에 따른 하중
① 집중하중 : 재료의 한 점에 집중하여 작용하는 하중
② 분포하중 : 재료의 어느 범위 내에 분포되어 작용하는 하중으로 분포 상태에 따라 균일 분포 하중과 불균일 분포 하중이 있다.

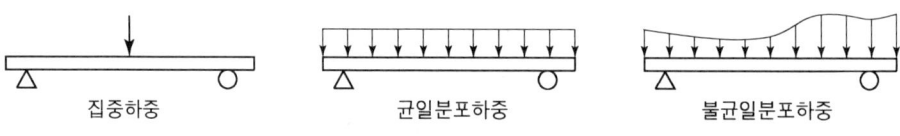

[그림 1-36] 분포하중의 종류

## 4 응력(stress)

물체에 하중 작용 시 내부에서 하중에 대응하여 나타나는 저항력, 단위 단면적에 대한 힘의 크기로 나타낸다. 단위는 $N/mm^2$, $MN/m^2$, MPa 또는 $N/cm^2$이다.

### 1) 수직응력(normal stress)
재료에 작용하는 응력이 단면에 직각방향으로 작용할 때의 응력이다.

① 인장응력 $\sigma_t = \dfrac{P}{A}$ [$N/cm^2$, $N/mm^2$]

② 압축응력 $\sigma_c = \dfrac{P}{A}$ [$N/cm^2$, $N/mm^2$]

### 2) 전단응력 또는 접선응력(shearing stress)
재료의 단면에 평행하게 재료를 전단하려고 하는 방향으로 작용하는 외력을 전단하중이라고 하며, 이에 대하여 응력이 평행하게 발생하는 것을 전단응력이라 한다.

$$\text{전단응력} \quad \tau = \dfrac{P}{A} [N/cm^2,\ N/mm^2]$$

## 5 변형률(strain)

재료에 하중을 가하면 그 내부에서는 응력이 발생함과 동시에 변형을 일으킨다. 이때 변형량을 원래의 길이로 나눈 것을 변형률이라 한다.

① 세로변형률 $\varepsilon = \dfrac{l'-l}{l} = \dfrac{\lambda}{l}$

② 가로변형률 $\varepsilon' = \dfrac{d'-d}{d} = \dfrac{\delta}{d}$

③ 전단변형률 $\gamma = \dfrac{\lambda_s}{l} = \tan\phi \fallingdotseq \phi[\text{rad}]$

## 6 훅의 법칙과 푸와송의 비

### 1) 훅의 법칙(Hooke's Law)

① 세로 탄성률

$E = \dfrac{\sigma}{\varepsilon}[\text{N/cm}^2]$ 또는 $\sigma = E\varepsilon$ 강의 영률($E$)는 $2.1 \times 10^6[\text{N/cm}^2]$이다.

$\sigma = \dfrac{P}{A}$, $\varepsilon = \dfrac{\lambda}{l}$ 이므로 $E = \dfrac{\sigma}{\varepsilon} = \dfrac{Pl}{A\lambda}[\text{N/cm}^2]$

② 가로 탄성률

$\tau = \dfrac{P}{A}$, $\gamma = \dfrac{\lambda_s}{l} = \psi$ 이므로 $G = \dfrac{\tau}{\gamma} = \dfrac{Pl}{A\lambda_s} = \dfrac{P}{A\psi}$, $\lambda_s = \dfrac{Pl}{AG} = \dfrac{\tau l}{G}$

### 2) 푸와송의 비

$\dfrac{1}{m} = \dfrac{\text{가로변형률}}{\text{세로변형률}} = \dfrac{\varepsilon'}{\varepsilon} = \dfrac{\delta}{\lambda}\dfrac{l}{d}$

여기서, $\dfrac{1}{m}$의 역수 $m$은 푸와송의 수(Poisson's number)라 한다.

### 3) 훅(Hooke) 법칙

$\sigma = E\varepsilon = \dfrac{W}{A} = E\dfrac{\lambda}{l}$   $\therefore \lambda = \dfrac{Wl}{AE}[\text{cm}]$

## 7 허용응력과 안전율

### 1) 설계응력

설계응력($\sigma_d$) ≤ 허용응력($\sigma_a$) = $\dfrac{\text{기준강도}(\sigma)}{\text{안전율}(S)}$

## 2) 사용응력과 허용응력

① 사용응력(working stress, $\sigma_w$) : 기계나 구조물에 일상적으로 가해지는 하중에 의하여 생기는 응력

② 허용응력(allowable stress, $\sigma_a$) : 사용응력에 대하여 안전성을 생각하여 재료에 허용되는 최대 응력

$$사용응력(\sigma_w) \leq 허용응력(\sigma_a)$$

## 3) 안전율(safety factor)

재료의 허용응력은 탄성한도를 기준으로 정하지만 탄성한도의 범위를 쉽게 구하기가 어려우므로, 쉽게 구할 수 있는 극한강도를 기준으로 하여 결정한다. 극한강도를 허용응력으로 나눈 값을 안전율이라 한다. 안전율은 1.5~15 정도의 값을 선택한다.

$$안전율 = \frac{극한강도}{허용응력} = \frac{인장\ 또는\ 기준강도}{허용응력} = \frac{파괴강도}{허용응력}$$

극한강도($\sigma_u$) 〉 허용응력($\sigma_a$) $\geqq$ 사용응력($\sigma_w$)가 되고 S는 항상 1보다 큰 값이 된다.

## 4) 응력집중

$$\alpha_K = \frac{\sigma_{\max}}{\sigma_n}, \quad \alpha_K = \frac{\tau_{\max}}{\tau_n}$$

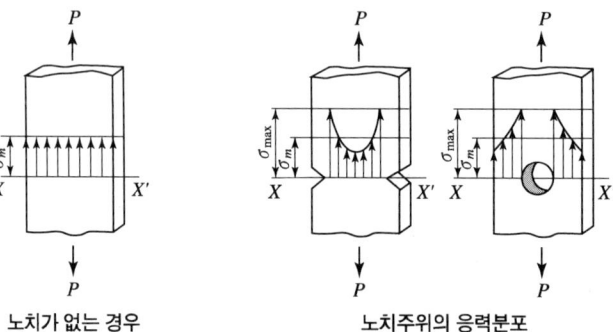

노치가 없는 경우      노치주위의 응력분포

[그림 1-37] 응력집중

## 5) 열응력(thermal stress)

$$\sigma = E\varepsilon = E\frac{\lambda}{l}$$

$$\therefore \sigma = E\alpha \Delta t = E\alpha(t_2 - t_1)$$

# 07 결합용 기계요소

## 1 나사

### 1) 나사의 명칭

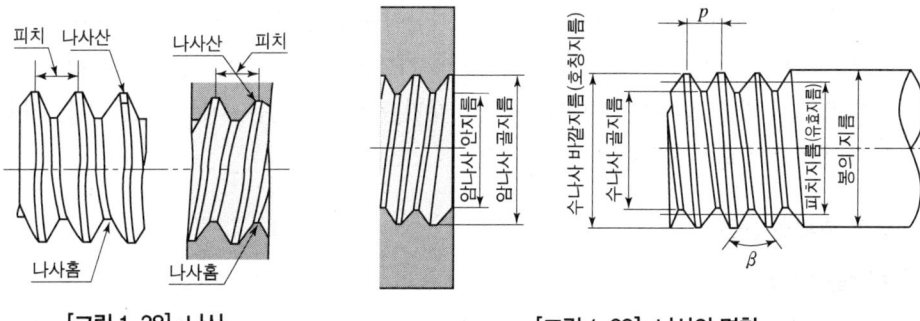

[그림 1-38] 나사    [그림 1-39] 나사의 명칭

① **바깥지름** : 수나사의 산봉우리에 접하는 가상적인 원통 또는 원뿔의 지름. 수나사의 크기는 바깥지름으로 나타내고 암나사는 이것에 끼워지는 수나사의 바깥지름으로 나타낸다.
② **골지름** : 수나사의 골 밑에 접하는 가상적인 원통 또는 원뿔의 지름. 수나사는 최소, 암나사는 최대지름이다.
③ **유효지름(피치지름)** : 나사 홈의 너비가 나사산의 너비와 같은 가상적인 원통 또는 원뿔의 지름이다. $d_2 = \dfrac{d + d_1}{2}$
④ **나사각** : 나사의 축선을 포함한 단면형에 있어서 측정한 인접된 2개의 플랭크가 이루는 각
⑤ **산 높이** : 골 밑에서 산의 끝까지를 축선에 직각으로 측정한 거리
⑥ **호칭 지름** : 나사의 치수를 대표하는 지름으로, 수나사의 바깥지름에 대한 기준 치수가 사용
⑦ **산수** : 인치나사에서 1인치를 피치로 나눈 값
⑧ **피치(pitch)** : 나사의 축선을 포함하는 단면에서 서로 이웃한 나사산에 대응하는 2점 사이의 축선 방향의 거리이다.
⑨ **리드(lead)** : 나사산이 원통을 한 바퀴 회전하여 축 방향으로 나아가는 거리

> **리드와 피치 사이의 관계**
> $l = np$    여기서, $l$ : 리드(mm), $n$ : 줄 수, $p$ : 피치(mm)

⑩ **리드각** : 직각삼각형에 감은 종이의 경사각 $\alpha$로서 나사의 골지름, 유효지름, 바깥지름에서 각각 다르고 골지름이 가장 크다. $\alpha = \tan^{-1} \dfrac{l}{\pi d}$

⑪ **비틀림각(β)** : 나사의 나사곡선과 그 위의 한 점을 통과하는 나사의 축에 평행한 직선과의 맺는 각 $\alpha + \gamma = 90°$
⑫ **나사의 유효 단면적** : 나사의 유효지름과 수나사의 골지름 간의 평균값을 지름으로 하는 원통의 단면적 $A = \frac{\pi}{4} \frac{(유효지름 + 수나사\ 골지름)^2}{2}$
⑬ **완전 나사부** : 산끝과 골 밑이 양쪽 모두 같이 산 모양을 가진 나사 부분
⑭ **불완전 나사부** : 나사공구 모떼기부 또는 나사산이 완전히 만들어지지 않는 부분
⑮ **유효 나사부** : 산끝과 골 밑이 규정 나사산에 가까운 모양을 갖는 나사부로부터 나사의 한 끝에 있어서 면을 잘라내는 것 때문에 산마루가 완전하지 않은 부분이 있을 때는 허용오차 범위 내에서 유효 나사부라고 볼 수 있다.

### 2) 나사의 종류와 용도

#### (1) 체결용 나사

기계부품의 접합 또는 위치의 조정에 사용되는 나사로 삼각나사가 주로 사용. 나사산의 단면이 정삼각형에 가까운 나사

① **미터나사** : KS와 ISO 규격나사로 기호는 M, 호칭 치수는 수나사의 바깥지름과 피치를 mm로 나타내며 나사산의 각도는 60° 용도는 기계 부품의 접합 또는 위치 조정 등에 사용되며, 체결용 나사로서 가장 많이 사용
② **유니파이나사** : ABC나사라고도 하며, 인치계 나사로서 기호 U로 나타내고 호칭 치수는 수나사의 바깥지름을 인치로 나타낸 값과 1인치(25.4mm) 나사산의 각도는 60°이며. 유니파이 보통나사와 항공기용 작은 나사에 사용되는 유니파이 가는 나사가 있다.
③ **휘트워드나사** : 나사산의 각도가 55°이며, W기호로 나타낸다.
④ **ISO나사** : 국제 표준화 기구에 의하여 제정된 나사로 미터나사와 유니파이나사와 같다.
⑤ **관용나사** : 파이프 연결 시 사용하는 나사로서 누설을 방지하고 기밀을 유지하는 데 사용되고 관용 테이퍼 나사(기밀용)와 관용 평행 나사가 있다. 나사산의 각도는 55°이고, 크기는 인치당 산수

#### (2) 운동용 나사

① **사각나사(square screw thread)** : 용도는 축 방향에 큰 하중을 받아 운동 전달에 적합
② **사다리꼴나사(trapezoidal screw thread)** : 애크미 나사라고도 하고, 나사산의 각도는 미터계(TM)에서는 30°, 인치계(TW)에서는 29°이다. 용도는 스러스트(thrust)를 전달시키는 운동용 나사
③ **톱니나사(buttress screw thread)** : 용도는 한쪽방향으로 집중하중이 작용하여 압착기·바이스·나사 잭 등과 같이 압력의 방향이 항상 일정할 때 사용
④ **너클나사(둥근나사 : round thread)** : 나사산의 각은 30°로 용도는 급격한 충격을 받는 부분, 전구, 먼지와 모래 등이 많이 끼는 경우와 오염된 액체의 밸브 또는 호스 이음나사 등에 사용

⑤ 볼나사(ball screw)
㉠ 장점
ⓐ 나사의 효율이 좋다(약 90% 이상).
ⓑ 백래시를 작게 할 수 있다.
ⓒ 윤활에 그다지 주의하지 않아도 좋다.
ⓓ 먼지에 의한 마모가 적다.
ⓔ 높은 정밀도를 오래 유지할 수가 있다.
㉡ 단점
ⓐ 자동체결이 곤란하다.
ⓑ 가격이 비싸다.
ⓒ 피치를 그다지 작게 할 수 없다.
ⓓ 너트의 크기가 크게 된다.
ⓔ 고속으로 회전하면 소음이 발생한다.
㉢ 실용범례 : 자동차의 스티어링부, 공작 기계의 이송나사, 항공기의 이송나사

## 3) 나사의 효율

$$\eta = \frac{Qp}{2\pi T} = \frac{\tan\lambda}{\tan(\lambda+\rho)} = \frac{\tan\lambda(1-\tan\lambda\tan\rho)}{\tan\lambda+\tan\rho}$$

## 4) 볼트의 지름 계산

① 축 방향에 정하중을 받는 경우(아이 볼트, 훅 볼트, 턴 버클)

$$\therefore d = \sqrt{\frac{2W}{\sigma_a}}$$

② 축 방향에 하중을 받고 동시에 비틀림을 받는 경우(죔용 나사, 마찰 프레스)

$$\therefore d = \sqrt{\frac{8W}{3\sigma_a}}$$

③ 축에 직각으로 전단하중을 받는 경우

$$\therefore d = \sqrt{\frac{4W}{\pi\tau}}$$

## 5) 볼트와 너트

볼트와 너트는 다듬질 정도에 따라 상, 중, 흑피로 나누어지고 나사는 정밀도에 따라 1급, 2급, 3급으로 나뉜다.

### (1) 일반 볼트

볼트의 머리와 너트가 육각형으로 된 것으로 KS B 1002에 규격화 되어 있고 주로 체결용으로 사용된다.

① 관통 볼트 : 체결하려는 2개의 부분에 구멍을 뚫고, 여기에 볼트를 관통시킨 다음 너트를 죈다.
② 탭 볼트 : 체결하려는 부분이 두꺼워서 관통 구멍을 뚫을 수 없을 때, 또 긴 구멍을 뚫었더라도 구멍이 너무 길어 관통볼트의 머리가 숨겨져서 죄기 곤란할 때 너트를 사용하지 않고, 체결하는 상대 쪽에 암나사를 내고 머리붙이 볼트를 나사 박음 하여 체결하는 볼트
③ 스터드 볼트 : 막대의 양끝에 나사를 깎은 머리 없는 볼트로서 한 끝을 본체에 튼튼하게 박고 다른 끝에는 너트를 끼워서 죈다.
④ 양 너트 볼트 : 머리부분이 길어서 사용할 수 없을 때, 양 끝 모두 바깥에서 너트로 죄는 볼트

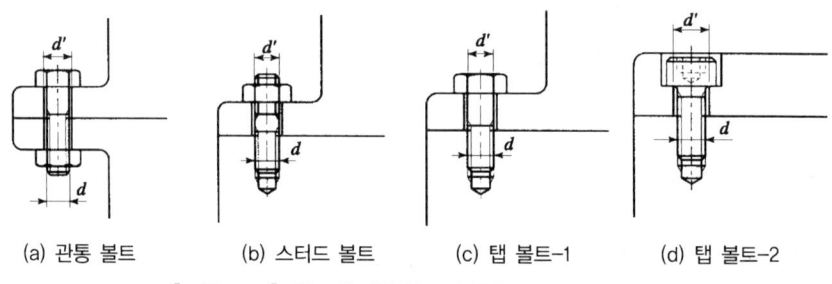

(a) 관통 볼트    (b) 스터드 볼트    (c) 탭 볼트-1    (d) 탭 볼트-2

[그림 1-40] 용도에 따른 볼트의 종류

### (2) 특수 볼트

① 기초 볼트 : 기계 등을 콘크리트 바닥에 설치하는 데 쓰인다.
② 스테이 볼트 : 부품을 일정한 간격으로 유지하고, 구조자체를 보강하는 데 사용한다.
③ T홈 볼트 : 공작기계의 테이블 T홈에 볼트의 머리 부분을 끼워서 적당한 위치에 공작물과 기계 바이스를 고정할 때 사용한다.
④ 아이 볼트 : 무거운 기계와 전동기 등을 들어 올릴 때 로프, 체인 또는 훅을 거는 데 사용한다.
⑤ 둥근머리 사각 목 볼트 : 머리 부분의 사각 부분을 사각 구멍에 끼워서 죌 때 헛돌지 않도록 한 것. 목재 구조물 등에 쓰인다.
⑥ 리머 볼트 : 리머로 다듬질한 구멍에 꼭 끼워 미끄럼을 방지하는 볼트이다.
⑦ 충격 볼트 : 생크 부분이 단면적을 작게 하여 늘어나기 쉽게 한 볼트로 충격적인 인장력이 작용하는 경우에 사용한다.
⑧ 나비 볼트 : 손으로 돌려 죌 수 있는 모양

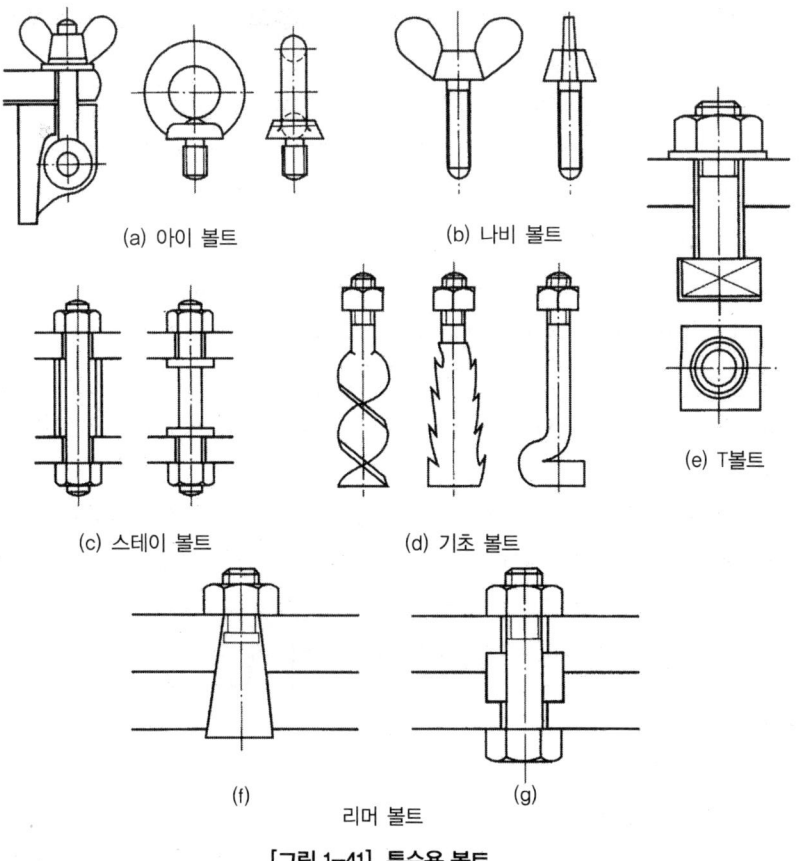

[그림 1-41] 특수용 볼트

### (3) 여러 가지 나사

① **작은 나사** : 지름이 8mm 이하의 작은 나사로 힘을 많이 받지 않는 작은 부품과 얇은 판자 등을 붙이는 데 사용된다.
② **멈춤 나사** : 보스와 축을 고정시키고 축에 끼워 맞춰진 기어와 풀리의 설치 위치의 조정 및 키의 대용으로 사용된다.
③ **나사못과 태핑 나사**
  ㉠ 나사못 : 목재에 나사를 돌려 박는데 적합한 나사산으로 되어 있으며, 나사의 끝이 드릴과 탭의 역할을 한다.
  ㉡ 태핑 나사 : 끝을 침탄 담금질하여 단단하게 한 작은 나사의 일종으로서 얇은 판이나 무른 재료에 암나사를 내면서 체결하는 데 사용한다.

### (4) 너트의 종류

① **사각 너트** : 겉모양이 사각인 너트로서 주로 목재에 쓰이며, 기계에도 가끔 쓰인다.
② **원형 너트** : 자리가 좁아 보통의 육각너트를 쓸 수 없을 경우 또는 너트의 높이를 작게 할 경우에 사용한다.

③ 플랜지 너트 : 육각의 대각선 거리보다 큰 지름의 플랜지가 달린 너트로 접촉면이 거칠 거나, 큰 면압을 피하려 할 때 사용한다.
④ 홈붙이 너트 : 위쪽에 분할 핀을 끼울 수 있는 홈이 있는 너트
⑤ 캡 너트 : 나사 구멍이 뚫려 있지 않은 너트로 유체의 흐름 방지 및 부식 방지의 목적으로 사용한다.
⑥ 아이 너트 : 머리에 링이 달린 너트로 아이볼트와 같은 목적으로 사용된다.
⑦ 나비 너트 : 손으로 돌려서 죌 수 있는 모양으로 된 것이다.
⑧ T너트 : T자 모양의 것으로 공작기계의 테이블 T홈에 끼워서 공작물을 설치하는 데 사용한다.
⑨ 슬리브 너트 : 머리 밑에 슬리브가 있는 너트로 수나사 중심선의 편심을 방지하는 데 사용한다.
⑩ 플레이트 너트 : 암나사를 깎을 수 없는 얇은 판에 리벳으로 설치하여 사용하는 너트
⑪ 턴 버클 : 양끝에 오른나사 및 왼나사가 깎여 있어서, 이를 오른쪽으로 돌리면 양끝의 수나사가 안으로 끌리므로, 막대와 로프 등을 죄는 데 사용한다.
⑫ SPAC 너트 : 너트를 판에 때려 박아 사용한다.

### (5) 와셔

① 종류
  ㉠ 기계용 : 둥근평 와셔
  ㉡ 너트 풀림 방지용 : 스프링 와셔, 이붙이 와셔, 혀붙이 와셔, 클로오 와셔 등
② 와셔의 용도
  ㉠ 볼트의 구멍이 볼트의 지름보다 너무 클 때
  ㉡ 표면이 거칠 때
  ㉢ 접촉면이 기울어져 있을 때
  ㉣ 목재나 고무와 같이 압축에 약하여 너트가 내려앉는 것을 막을 필요가 있을 때

### (6) 나사의 풀림 방지법

나사는 진동과 순간적인 충격을 받으면 접촉압력이 감소하여 마찰력이 거의 없어지는 수가 있다.

① 와셔를 사용하는 방법 : 스프링 와셔, 이붙이 와셔 등의 특수 와셔를 사용하여 너트가 잘 풀리지 않게 한다.
② 로크 너트를 사용하는 방법 : 2개의 너트를 사용하여 너트 사이를 서로 미는 상태로 항상 하중이 작용하고 있는 상태를 유지하는 것이다. 보통 하중을 위쪽의 너트가 받으므로 아래의 너트는 보통보다 낮게 만들어 사용한다.
③ 자동죔 너트에 의한 방법 : 되돌아가는 것을 방지하는 특수한 모양의 너트
④ 분할핀, 작은 나사, 멈춤 나사에 의한 방법 : 너트와 볼트에 핀이나 나사를 박아 풀러지

지 않도록 하는 방법으로 나사를 박을 경우에 재사용이 어렵다.
⑤ **철사에 의한 방법** : 핀 대신에 철사를 감아서 풀어지지 않도록 하는 방법
⑥ **플라스틱 플러그에 의한 방법** : 나사면에 플라스틱이 들어간 너트를 사용하면 나사면에 마찰계수가 크게 되어 풀림이 방지된다.

## 2 키, 핀, 코터

### 1) 키(key)

#### (1) 키의 종류

① **묻힘 키(sunk key)** : 축과 보스 양쪽에 모두 키 홈을 파서 비틀림 모멘트를 전달하는 키로서 가장 많이 사용된다.
② **반달 키(woddruff key)** : 반월상의 키로서 축의 홈이 깊게 되어 축의 강도가 약하게 되기는 하나 축과 키 홈의 가공이 쉽고, 키가 자동적으로 축과 보스 사이에 자리를 잡을 수 있어 자동차, 공작기계 등의 60mm 이하의 작은 축이나 테이퍼 축에 사용한다.
③ **접선 키(tangential key)** : 접선 방향에 설치하는 키로서 1/100의 기울기를 가진 2개의 키를 한 쌍으로 하여 사용한다. 회전방향이 양방향일 경우 중심각이 120° 되는 위치에 2조 설치한다. 아주 큰 회전력의 경우에 사용한다.

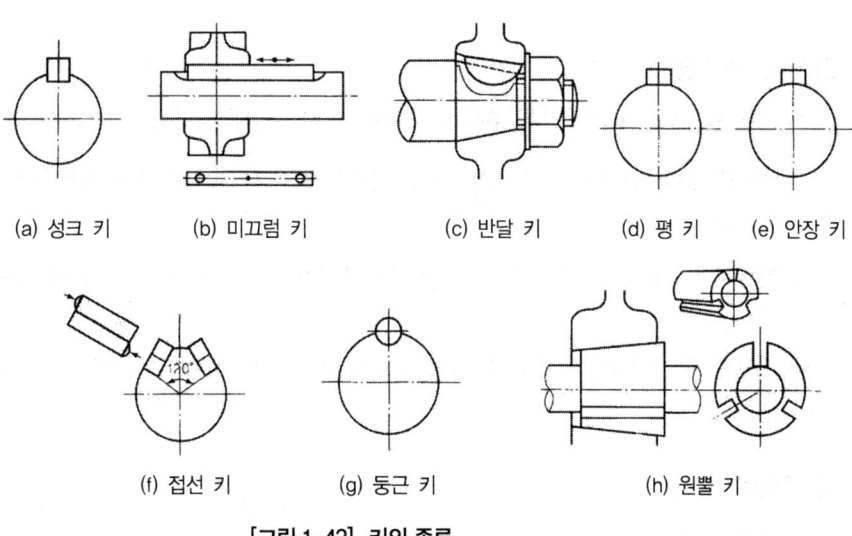

(a) 성크 키   (b) 미끄럼 키   (c) 반달 키   (d) 평 키   (e) 안장 키

(f) 접선 키   (g) 둥근 키   (h) 원뿔 키

[그림 1-42] 키의 종류

④ **원뿔 키(cone key)** : 축과 보스에 키를 파지 않고 보스 구멍을 테이퍼 구멍으로 하여 속이 빈 원뿔을 끼워 마찰력만으로 밀착시키는 키로서, 바퀴가 편심되지 않고 축의 어느 위치에나 설치가 가능하다.
⑤ **미끄럼 키(sliding key)** : 안내 키, 페더 키(feather key)라고도 하며 보스와 축이 상대적으로 축 방향으로만 이동이 가능한 키로서 키를 작은 나사로 고정한다.

⑥ 스플라인 키(spline key) : 축의 원주에 수많은 키를 깎은 것으로 큰 토크를 전달시키고, 내구력이 크며 축과 보스의 중심축을 정확하게 맞출 수 있고 축 방향으로 이동도 가능하다.

⑦ 세레이션(serration) : 축과 보스의 상대 각 위치를 되도록 가늘게 조절해서 고정하려 할 때 사용되며, 같은 지름의 스플라인축보다 큰 회전력을 전달하며 자동차의 핸들 등에 사용

⑧ 안장 키(saddle key) : 축에는 홈을 파지 않고 축과 키 사이의 마찰력으로 회전력을 전달. 축의 강도를 감소시키지 않고 고정할 수 있으나, 큰 동력을 전달시킬 수 없으므로 경하중 소직경에 사용

⑨ 평 키(flat key) : 축을 키의 폭만큼 납작하게 깎아서 보스의 키 홈과의 사이에 밀어 넣는다. 1/100의 기울기를 붙이기도 하고 새들키보다 약간 큰 힘을 전달시킬 수 있다.

⑩ 둥근 키(round key) : 핀 키라고도 하며, 핸들과 같이 작은 것의 고정에 사용되고 단면은 원형이고 하중이 작을 때만 사용된다.

### (2) 키의 강도

① 전단응력 : $\tau = \dfrac{2T}{lbd}$

② 압축응력 : $\sigma_c = \dfrac{4T}{hld}$

## 2) 핀(pin)의 종류

① 평행 핀(dowel pin) : 기계 부품을 조립할 경우나 안내 위치를 결정할 때 사용된다.

② 테이퍼 핀(taper pin) : $T = \dfrac{1}{50}$, 호칭 지름은 작은 축 지름으로 주축을 보스에 고정할 때 사용된다.

③ 분할 핀(split pin) : 너트의 풀림 방지나 바퀴가 축에서 빠지는 것을 방지하기 위하여 사용한다.

④ 스프링 핀 : 탄성을 이용하여 물체를 고정시키는 데 사용되며, 해머로 때려 박을 수 있는 핀이다.

## 3) 코터(cotter)

### (1) 코터의 기울기

① 반영구적인 곳 : 1/20~1/40

② 자주 분해할 때 : 1/15~1/10(핀 사용), 1/10~1/5(너트 사용)

### (2) 코터 이음의 자립조건은 마찰각 $\rho$, 구배(경사각)를 $\alpha$라 할 때

① 한쪽 기울기인 경우 : $\alpha \leq 2\rho$

② 양쪽 기울기인 경우 : $\alpha \leq \rho$

## 3 리벳 이음의 종류

리벳은 강판 또는 형강을 영구적으로 접합하는 데 사용하는 체결 기계요소이다.

### 1) 리벳 이음의 특징
① 용접 이음과는 달리 초기 응력에 의한 잔류 변형이 생기지 않으므로, 취약 파괴가 일어나지 않는다.
② 구조물 등에서 현장 조립할 때에는 용접 이음보다 쉽다.
③ 경합금과 같이 용접이 곤란한 재료에는 신뢰성이 있다.

### 2) 사용 목적에 의한 리벳의 분류
① 보일러용 리벳 : 강도와 기밀을 필요로 하는 리벳 이음으로 보일러, 고압탱크 등에 사용
② 저압용(용기용·기밀용) 리벳 : 강도보다는 수밀을 필요로 하는 리벳으로 저압탱크 등에 사용
③ 구조용 리벳 : 주로 강도를 목적으로 하는 리벳 이음. 차량, 철교, 구조물 등에 사용

### 3) 리베팅(riveting)
① 리벳 구멍은 리벳의 지름보다 1~1.5mm 크게 뚫는다. 20mm까지는 펀칭으로 구멍을 뚫지만, 중요한 이음과 연성이 없는 강판에는 알맞지 않으므로 드릴링 또는 리밍한다.
② 25mm 이하는 수작업, 그 이상은 압축공기 또는 수압 등의 기계력을 이용한 리베팅 머신을 사용한다.
③ 8mm 이하는 냉간작업, 10mm 이상은 열간작업을 한다.

### 4) 코킹(caulking)과 풀러링(fullering)

#### (1) 코킹(caulking)
고압탱크, 보일러와 같이 기밀을 필요로 할 때는 리베팅이 끝난 후 리벳 머리의 주위와 강판의 가장자리를 정(chisel)으로 때려 그 부분을 밀착시켜서 틈을 없애는 작업이다. 강판의 가장자리는 75~80° 기울어지게 절단한다.

강판의 두께 5mm 이하의 얇은 강판에는 효과가 없으므로 강판 사이에 안료를 묻힌 베, 기름종이 등의 패킹재료를 끼워 리베팅하고 고온에는 석면을 사용한다.

#### (2) 풀러링(fullering)
코킹과 같은 목적의 작업으로 판재의 끝 부를 때리는 작업이다. 아래쪽의 강판에 때린 자국이 나지 않도록 주의한다. 기밀을 완전하게 하기 위하여 강판과 같은 너비의 끝과 같은 풀러링 공구로 때려 붙이는 작업이다.

## 08 축계 기계요소

### 1 축(shaft)

#### 1) 축의 분류

##### (1) 작용 하중에 따른 분류

① 전동축(동력축) : 비틀림과 휨을 동시에 받으며, 동력 전달이 주목적으로 주로 공장의 동력 전달 축으로 사용되며 주축, 선축, 중간축으로 구성된다.
② 차축(axel) : 하중을 받치는 축으로 굽힘 모멘트를 받으며 철도 차량, 자동차 등의 바퀴가 연결된 축이다.
③ 스핀들(spindle) : 지름에 비하여 비교적 짧은 축으로 비틀림과 휨이 동시에 작용하나 주로 비틀림을 받는 축으로 치수가 정밀하며 변형량이 적고 길이가 짧은 회전축으로 공작기계의 주축으로 사용된다.

##### (2) 외형에 따른 분류

① 직선 축(straight shaft) : 일직선으로 곧은 원통형의 축이며, 일반적인 동력 전달용으로 사용된다.
② 테이퍼 축(taper shaft) : 원뿔형의 축으로 연삭기, 밀링머신, 드릴링 머신 등의 주축에 사용된다.
③ 크랭크 축(crank shaft) : 몇 개의 축 중심을 서로 어긋나게 한 것으로, 왕복 운동기관 등의 직선운동과 회전운동을 서로 변환시키는 데 사용하며 곡선축이라고도 하며 내연 기관에 많이 사용된다. 일체식과 조립식이 있다(내연기관, 압축기에 사용).
④ 플렉시블 축(flexible shaft) : 강선을 2중, 3중으로 감은 나사 모양의 축으로 축 방향이 수시로 변하는 작은 동력 전달 축으로 공간상의 제한으로 일직선 형태의 축을 사용할 수 없을 때 사용된다. 비틀림 강도는 크나 굽힘 강도는 작다.

##### (3) 단면 모양에 따른 분류

① 원형 축(round shaft) : 단면 모양이 원형으로 속이 찬축과 속이 빈축이 있다. 일반적으로 속이 찬축이 많이 사용된다.
② 각축(square shaft, hexagonal shaft) : 특수한 목적에 사용하기 위하여 축의 단면 모양을 사각형 또는 육각형으로 만든 축으로 믹서나 진동체 축 등에 많이 사용된다.

#### 2) 축의 강도

##### (1) 축 설계상 고려 사항

① 강도(strength)
② 응력집중(stress concentration)

③ 강성도(stiffness)

④ 변형

⑤ 진동(vibration)

⑥ 부식(corrosion)

⑦ 열응력(thermal stress)

⑧ 열팽창(thermal expansion)

### 3) 강도에 의한 축의 설계

#### (1) 차축과 같이 굽힘 모멘트(M)만을 받는 축

① 실제 축(중실 축)의 경우

$$M = \sigma_b \times Z = \sigma_b \times \frac{\pi d^3}{32} \qquad \therefore d = \sqrt[3]{\frac{32M}{\pi \sigma_b}} = \sqrt[3]{\frac{10.2M}{\sigma_b}}$$

#### (2) 비틀림 모멘트(T)만을 받을 때

① 실제 축(중실 축)의 경우

$$T = \tau_a \times Z_P = \tau_a \times \frac{\pi d^3}{16} \qquad \therefore d = \sqrt[3]{\frac{16T}{\pi \tau_a}} = \sqrt[3]{\frac{5.1T}{\tau_a}}$$

② 전달 동력으로 축 지름을 구할 경우

$$T = 7024 \times 10^3 \frac{H}{N} [\text{N} \cdot \text{mm}][\text{PS}]$$

$$T = 9549 \times 10^3 \frac{H}{N} [\text{N} \cdot \text{mm}][\text{kW}]$$

#### (3) 굽힘 모멘트와 비틀림 모멘트를 동시에 받는 축

① 연성재료의 경우

㉠ 실제 축 $d = \sqrt[3]{\frac{16T_e}{\pi \tau_a}} \qquad \therefore d = \sqrt[3]{\frac{5.1T_e}{\tau_a}}$

㉡ 상당 비틀림 모멘트 $T_e = \sqrt{M^2 + T^2}$

② 취성재료의 경우

㉠ 실제 축 $d = \sqrt[3]{\frac{32M_e}{\pi \sigma_a}} \qquad \therefore d = \sqrt[3]{\frac{10.2M_e}{\sigma_b}}$

㉡ 상당 굽힘 모멘트 $T_e = \frac{1}{2}(M + \sqrt{M^2 + T^2})$

## 2 축이음(shaft joint)

### 1) 커플링의 종류

#### (1) 고정 커플링

일직선상에 있는 두 축을 연결한 것으로, 볼트 또는 키를 사용하여 접합하고 양축사이의 상호이동이 전혀 허용되지 않는 구조. 원통 커플링과 플랜지 커플링이 있다.
① 원통 커플링 : 머프 커플링, 마찰 원통 커플링, 셀러 커플링, 클램프 커플링
② 플랜지 커플링 : 단조 플랜지 커플링, 조립식 플랜지 커플링, 세레이션 커플링

#### (2) 플랙시블 커플링

원칙적으로 동일선상에 있는 두 축의 연결에 사용하나, 양 축간 약간의 상호 이동을 허용. 온도의 변화에 따른 축의 신축 또는 탄성 변형 등에 의한 축심의 불일치를 완화하여 원활히 운전할 수 있는 커플링이다. 기어 형 축이음, 체인 축이음, 그리드형 축이음, 고무 축이음 등이 있다.

#### (3) 올덤 커플링

두 축이 평행하고 축의 중심선이 약간 어긋났을 때 각 속도의 변동 없이 토크를 전달하는 데 사용하는 축이음이다.

#### (4) 유니버설 커플링(자재이음)

두 축의 축선이 어느 각도로 교차되고, 그 사이의 각도가 운전 중 다소 변하여도 자유로이 운동을 전달할 수 있도록 구조가 되어 있는 커플링이다.

#### (5) 커플링의 분류

① 두 축이 동일선상에 있는 경우 : 고정 커플링(fixed coupling)
② 두 축이 정확한 일직선상에 있지 않을 때 : 플렉시블 커플링(flexible coupling)
③ 두 축이 평행하는 경우 : 올덤 커플링(oldham's coupling)
④ 두 축이 교차하는 경우 : 유니버설 조인트(universal joint)

### 2) 클러치

운전 중 또는 정지 중에 간단한 조작으로 동력을 전달할 수 있는 형식. 두 축은 일직선상에 있는 경우가 많다. 다음 4가지로 구분된다.

#### (1) 맞물림 클러치

클러치 중 가장 간단한 구조로 플랜지에 서로 물릴 수 있는 돌기 모양의 턱이 있어 서로 맞물려 동력을 단속

### (2) 마찰클러치
각축에 붙어 있는 부분의 면을 밀어붙여 접촉시키며, 그 사이의 마찰을 이용하여 연결하는 클러치로 원판 마찰클러치와 원추 마찰클러치가 있다.

### (3) 일방향 클러치
구동축이 종동축보다 속도가 늦어졌을 때 종동축이 자유로 공전할 수 있도록 한 것으로 일방향에만 동력을 전달시키고, 역방향에는 전달시키지 못하는 클러치가 있다.

### (4) 원심클러치
입력축의 회전에 의한 원심력에 의하여 클러치의 결합이 이루어지는 것으로 원동축이 시동되어 점차 회전 속도가 상승하면 클러치가 연결된다.

### (5) 전자클러치
전자력을 이용하여 마찰력을 발생시키는 클러치가 있다.

### (6) 유체클러치
펌프 축을 원동기에 결합하고 터빈 축은 부하를 받는 쪽에 결합하여 동력을 전달하는 클러치가 있다.

## 3) 고정 커플링

### (1) 원통 커플링
가장 간단한 구조로 원통 속에 두 축을 끼워 넣고 일직선이 될 수 있도록 키, 볼트로 결합시켜 키의 전단력이나 마찰력으로 전동하는 이음이다.

① 머프 커플링 : 주철제의 원통 속에서 두 축을 맞대어 맞추고 키로 고정한 것으로, 축 지름과 하중이 아주 작을 경우에 사용. 인장력이 작용하는 축이음에는 부적합하다. 작업상 안전을 위하여 안전 커버를 씌워 사용한다.

② 마찰 원통 커플링 : 바깥 둘레가 원뿔형으로 된 주철제 분할통으로 두 축의 연결단에 덮어씌우고, 이것을 연강제의 링으로 양 끝에서 끼워 맞춰 체결한다. 분할통은 중앙에서 양 끝으로 1/20~1/30의 테이퍼이고, 큰 토크 전달에는 적당하지 않으나, 설치 및 분해가 쉽고 긴 전동축의 연결에 편리. 150mm 이하의 축과 진동이 없는 경우에 사용한다.

③ 반중첩 커플링 : 주철제 원통 속에 전달축보다 약간 크게 한 축 단면에 기울기를 주어 중첩시킨 후 공통의 키로서 고정한 커플링이며, 축방향으로 인장력이 작용하는 기계의 축 이음에 사용된다.

④ 분할 원통 커플링(클램프 커플링) : 2개의 반원통, 즉 클램프를 보통 6개의 볼트로 두 줄로 나누어 체결하고(소형축의 경우 4개, 대형축의 경우 6~8개) 테이퍼가 없는 키를 박은 것으로 축 지름 200mm까지 사용한다.

⑤ 셀러 커플링 : 머프 커플링을 셀러가 개량한 것으로 주철제 원통은 내면이 원추면으로 되어있다. 여기에 두 축을 끼우고, 바깥면이 원추면으로 되어있는 원추 통을 양쪽에서

끼워 넣은 다음 3개의 볼트로 죄어 축을 고정시키는 커플링이다. 이것은 연결할 두 축의 지름이 다소 달라도 두 축이 자연히 동일선 상에 있게 된다.

### (2) 플런지 커플링

주철 또는 주강제의 플런지를 축에 억지 끼워맞춤을 하거나 키로 결합시킨 후 두 플런지를 볼트로 체결한 것. 플런지의 중앙부는 요철을 만들어 두 축의 중심을 일치시키고, 큰 축과 고속도인 정밀 회전축에 적당하고, 공장 전동축 또는 일반 기계의 커플링으로 가장 널리 사용된다.

## 4) 플렉시블 커플링

두 축의 중심선을 완전히 일치시키기 어려운 때, 또 내연 기관과 같이 전달 토크의 변동이 많은 원동기에서 다른 기계로 동력을 전달하는 경우 및 고속 회전으로 진동을 일으키는 경우에 사용된다.

### (1) 기어 커플링

두 축의 양 끝에 한 쌍의 외접 기어를 각각 키 박음하여 결합. 외치와 내치 사이의 틈새가 축의 편심을 어느 정도 흡수 할 수 있으며, 고속 및 큰 토크에도 견딜 수 있다. 원심펌프, 컨베이어, 교반기, 발전기, 송풍기, 믹서, 유압 펌프, 압축기, 크레인, 기중기 등

### (2) 체인 커플링

두 축의 끝에 스프로킷 휠을 키 박음하여 장착하고, 2줄 체인을 사용하여 두 축에 끼워져 있는 스프로킷 휠을 이은 것. 회전속도가 중간속도이고 일정한 하중이 작용하는 기계에 장착된다. 주로 교반기 컨베이어, 펌프, 기중기 등에 사용

### (3) 그리드 커플링

두 축의 끝 부분에 축 방향으로 홈이 파져 있는 한 쌍의 원통(허브)을 키 박음 하여 각각 고정. 양 축의 축 방향 홈이 일직선이 되도록 조정한 후 S자 모양의 금속격자(그리드)를 홈 속으로 집어넣어 연결시킨다.

### (4) 올덤 커플링

두 축이 평행하며, 그 거리가 비교적 짧고 축선의 위치가 어긋나 있으나 각속도의 변화 없이 회전력을 전달시키려 할 때 사용하고, 밸런스와 마찰의 난점이 있고 편심량이 큰 회전 전달이나 고속의 경우에는 적합치 않다.

## 5) 유니버설 조인트(훅 조인트)

① 두 축이 동일 평면 내에 있고 그 중심선이 $\alpha$ 각도($\alpha \leq 30°$)로 교차하는 경우의 전동 장치
② 교각 $\alpha$는 30도 이하에서 사용하고 특히 5도 이하가 바람직하며, 45도 이상은 사용이 불가능하다.

③ 두 축단의 요크 사이에 십자형 핀을 넣어서 연결한다.
④ 자동차, 공작기계, 압연롤러, 전달기구 등에 많이 사용
⑤ 요크와 십자형 핀 사이에는 니들 베어링 또는 부시를 넣어서 그리스로 윤활 하는 것이 보통이다.

### 3 베어링(bearing)

#### 1) 작용하중의 방향에 따른 분류
① 레이디얼 베어링(radial bearing) : 레이디얼 하중, 즉 축에 직각 방향의 하중을 지지할 때 사용. 미끄럼 베어링에선 저널 베어링이라고도 한다.
② 스러스트 베어링(thrust bearing) : 스러스트 하중, 즉 축단이나 축의 중간에 단을 만들어 축 방향의 하중을 받을 때 사용. 피벗 베어링, 칼라 스러스트 베어링
③ 테이퍼 베어링(taper bearing) : 레이디얼 하중과 스러스트 하중이 동시에 작용하는 하중을 지지

#### 2) 미끄럼 베어링과 구름 베어링의 비교

| 구분 | 미끄럼 베어링 | 구름 베어링 |
|---|---|---|
| 크기 | 지름은 작으나 폭이 크게 된다. | 폭은 작으나 지름이 크게 된다. |
| 구조 | 일반적으로 간단하다. | 전동체가 있어서 복잡하다. |
| 충격흡수 | 유막에 의한 감쇠력이 우수하다. | 감쇠력이 작아 충격 흡수력이 작다. |
| 고속회전 | 저항은 일반적으로 크게 되나 고속회전에 유리하다. | 윤활유가 비산하고, 전동체가 있어 고속회전에 불리하다. |
| 저속회전 | 유막 구성력이 낮아 불리하다. | 유막의 구성력이 불충분하더라도 유리하다. |
| 소음 | 특별한 고속 이외는 정숙하다. | 일반적으로 소음이 크다. |
| 하중 | 추력하중은 받기 힘들다. | 추력하중을 용이하게 받는다. |
| 기동토크 | 유막형성이 늦은 경우 크다. | 작다. |
| 베어링 강성 | 정압 베어링에서는 축심의 변동 가능성이 있다. | 축심의 변동은 적다. |
| 규격화 | 자체 제작하는 경우가 많다. | 표준형 양산품으로 호환성이 높다. |

#### 3) 구름 베어링의 장·단점
① 동력이 절약되고, 가동저항이 크다. 슬라이딩베어링의 10~50% 정도로 한다.
② 윤활유가 절약되고, 윤활유에 의한 기계의 오손이 적다.
③ 신뢰성이 있고, 유지비가 감소된다.
④ 기계의 정밀도를 장시간 유지할 수 있고 고속회전 할 수 있다.
⑤ 베어링교환과 선택이 쉽고 베어링 길이를 단축 할 수 있다.
⑥ 가격이 비교적 비싸고 외경이 크게 된다.
⑦ 소음이 생기고 충격에 약하다.
⑧ 제작, 설치와 조립이 어렵고, 부분적 수리가 불가능하다.

### 4) 구름 베어링의 설계

① 수명 계산식

㉠ 수명회전수 : $L_n$

$$L_n = \left(\frac{C}{P}\right)^r \times (10^6 \text{ 회전})$$

$\begin{cases} r = 3 : \text{Ball} \\ r = \dfrac{10}{3} : \text{Roller} \end{cases}$

㉡ 수명시간 : $L_k$

$$L_k = 500 \left(f_n \frac{C}{P}\right)^r = 500 f_h^r$$

② 구름 베어링의 호칭법

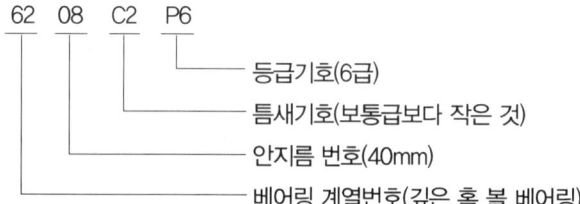

③ 안지름 번호(내륜 안지름)

00 : 10mm

01 : 12mm

02 : 15mm

03 : 17mm

04×5=20mm~495mm까지

### 5) 베어링의 재료

① 녹아 붙지 않을 것(내융착성)

② 길들임이 좋은 것(친숙성)

③ 부식에 강할 것(내식성)

④ 피로강도가 클 것(내피로성)

## 09 전동용 기계요소

### 1 마찰차

#### 1) 마찰차의 응용 범위

① 전달하여야 할 힘이 크지 않고 속도비를 중요시 하지 않을 때

② 회전속도가 커서 보통의 기어를 사용할 수 없는 경우

③ 양축 사이를 빈번히 단속할 필요가 있을 때

④ 무단 변속을 시키는 경우와 안전장치의 역할이 필요한 경우

### 2) 마찰차의 특성

① 접촉하고 있는 표면은 구름접촉이므로 접촉선상의 한 점에 있어서 양쪽의 표면속도는 항상 같다.

② 약간의 미끄럼이 생기므로 확실한 전동과 강력한 동력의 전달은 곤란하다.

③ 전동의 단속이 무리 없이 행해진다.

④ 무단 변속하기 쉬운 구조로 할 수 있다.

⑤ 운전이 정숙하며, 효율은 그다지 좋지 못하다.

⑥ 과부하의 경우 미끄럼에 의한 다른 부분의 손상을 막을 수 있다.

### 3) 마찰차의 실용적인 면에서 구별

① 원통 마찰차 : 두 축이 평행하고 바퀴는 원통형이다.

② 홈 마찰차 : 두 축이 평행하다.

③ 원추 마찰차 : 두 축이 어느 각도로서 서로 만나고 있으며 바퀴는 원뿔형이다.

④ 무단변속 마찰차

## 3 기어

### 1) 기어의 특징

① 전동이 확실하고, 큰 동력을 일정한 속도비로 전달할 수 있다.

② 축압력이 작으며, 사용 범위가 넓다.

③ 회전비가 정확하고, 전동 효율이 좋고 감속비가 크다.

④ 충격음을 흡수하는 성질이 약하고, 소음과 진동이 발생한다.

#### (1) 기어의 종류

① 두 축이 서로 평행한 경우

㉠ 스퍼 기어(spur gear)

㉡ 랙(rack)과 피니언(pinon)

㉢ 내접 기어(internal gear)

㉣ 헬리컬 기어(helical gear)

㉤ 헬리컬 랙(helical rack)

㉥ 더블 헬리컬 기어

② 두 축이 만나는 경우

㉠ 직선 베벨 기어(straight bevel gear)

㉡ 스파이럴 베벨 기어(spiral bevel gear)

ⓒ 마이터 기어(miter gear)

ⓓ 제롤 베벨 기어(zerol bevel gear)

ⓔ 크라운 기어(crown gear)

ⓕ 스크류 베벨 기어(skew bevel gear)

③ 두 축이 평행하지도 만나지도 않는 경우(엇갈림 축 기어)

ⓐ 웜 기어(worm gear)

ⓑ 하이포이드 기어(hypoid gear)

ⓒ 나사 기어(screw gear)

ⓓ 스큐 기어(skew gear)

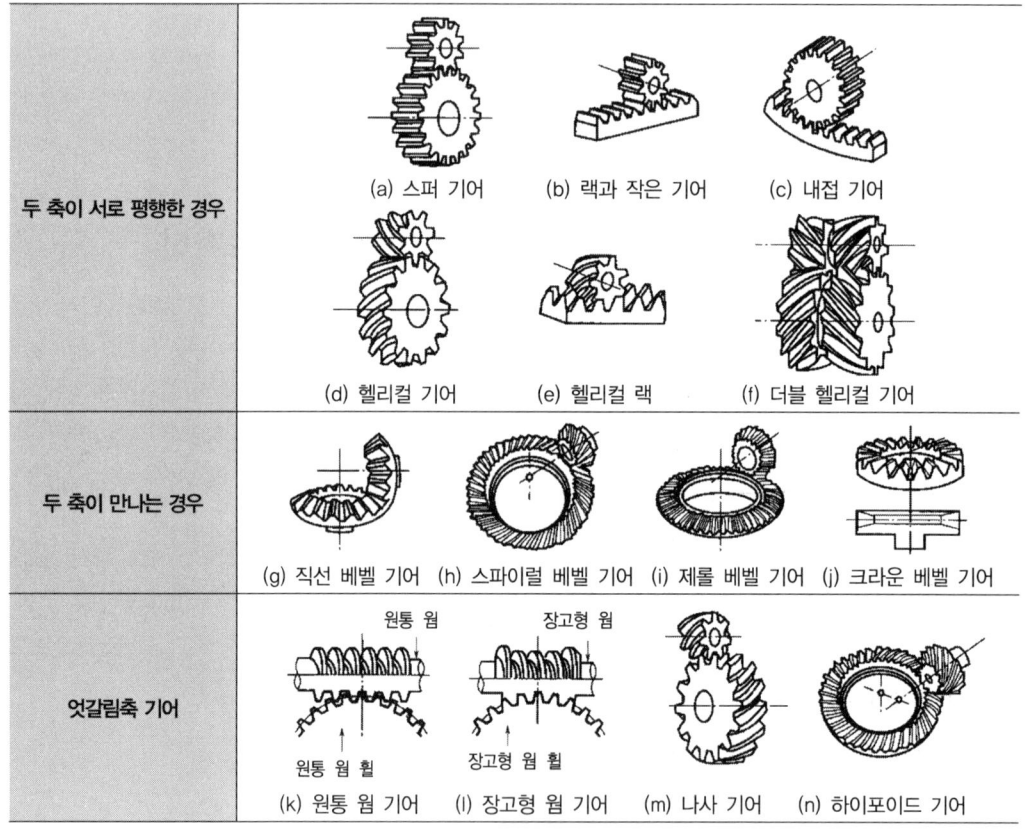

[그림 1-43] 기어의 종류

### (2) 이의 크기

① 원주피치 : $p = \dfrac{\pi D}{Z} = \pi m$

② 모듈 : $m = \dfrac{p}{\pi} = \dfrac{D}{Z}$

③ 지름 피치($P_d$ 또는 $D \cdot P$) : $P_d = \dfrac{\pi}{P} = \dfrac{Z}{D} = \dfrac{1}{m}$ [inch], $P_d = \dfrac{25.4}{m}$ [mm]

### (3) 치형 곡선

① 인벌류트 곡선

㉠ 교환성이 우수하다(원주피치 또는 모듈, 압력각이 같아야 한다).

㉡ 치형의 제작가공이 용이하다.

㉢ 이뿌리 부분이 튼튼하여 전동용으로 사용된다.

㉣ 물림에 있어 축간 거리가 다소 변해도 속도비에 영향이 없어 널리 사용되고 있다.

② 사이클로이드 곡선

㉠ 접촉점에서 미끄럼이 적으므로 마모가 적고 소음이 적으며 효율이 높다.

㉡ 공작이 어렵고 호환성이 적다.

㉢ 정밀 측정기구 시계, 계기류에 사용되고 속도비가 정확하다.

㉣ 피치점이 완전히 일치하지 않으면 물림이 잘되지 않는다.

### (4) 표준 기어와 전위 기어

① 표준 스퍼 기어의 계산식

㉠ 회전비 : $i = \dfrac{N_B}{N_A} = \dfrac{D_A}{D_B} = \dfrac{Z_A}{Z_B}$

㉡ 기초원 지름 : $D_g = Zm\cos\alpha = D\cos\alpha$

㉢ 바깥지름 : $D_0 = m(Z+2)$

㉣ 중심거리 : $C = \dfrac{D_A \pm D_B}{2} = \dfrac{m(Z_A \pm Z_B)}{2}$

② 전위 기어

㉠ 전위 기어의 사용 목적

ⓐ 중심거리를 자유로 변화시키려고 할 때

ⓑ 언더컷을 방지하고 싶을 때

ⓒ 이의 강도를 증대하려고 할 때

㉡ 전위 기어의 장점

ⓐ 모듈에 비하여 강한 이가 얻어진다.

ⓑ 최소 이수를 극히 적게 할 수 있다.

ⓒ 물림률을 증대시킨다.

ⓓ 주어진 중심거리의 기어의 설계가 용이하다.

ⓔ 공구의 종류가 적어도 되고, 각종의 기어에 응용된다.

㉢ 전위 기어의 단점

ⓐ 계산이 복잡하게 된다.

ⓑ 교환성이 없게 된다.

ⓒ 베어링압력을 증대시킨다.

③ 언더컷 방지의 전위계수 : $x = 1 - \dfrac{Z}{2}\sin^2\alpha$

④ 치형의 간섭 및 언더컷

    ㉠ 이의 간섭 : 서로 맞물린 래크와 피니언에서 큰 기어의 이끝이 피니언의 이뿌리에 닿아서 회전할 수 없게 되는 현상

    ㉡ 이의 언더컷 : 치의 절하라고도 하며 잇수가 적은 기어를 래크 공구나 피니언 공구로 절삭하면 이뿌리가 파여지게 되는 현상

        • 언더컷이 일어나지 않는 잇수 $Z \geqq \dfrac{2}{\sin^2\alpha}$

## 2) 헬리컬 기어

### (1) 헬리컬 기어의 특징

① 운전이 원활 정연하여 진동소음이 적고 고속운전, 대 동력에 적합하다.
② 평 기어보다 물림길이가 길고 물림상태가 좋아 치의 강도 면에서 유리하다.
③ 큰 회전비를 얻어 지고 1/10~1/15 또는 그 이상의 것도 얻어진다.
④ 전동효율이 좋아 98~99%까지 얻을 수 있고 아주 큰 동력, 고속 전동에는 추력이 없는 더블 헬리컬 기어를 사용한다.
⑤ 축 방향으로 트러스트가 생기고 가공, 조립상의 오차로 잇 면의 접촉이 나쁘다.

### (2) 헬리컬 기어의 설계

① 모듈 : $m_s = \dfrac{m}{\cos\beta}$     여기서, 이 직각 모듈 $m_n = m$으로 한다.

② 압력각 : $\tan\alpha_s = \dfrac{\tan\alpha}{\cos\beta}$

③ 피치원 지름 : $D_s = Zm_s = Z\dfrac{m}{\cos\beta} = \dfrac{Zm}{\cos\beta} = \dfrac{D}{\cos\beta}$

④ 바깥지름 : $D_0 = D_s + 2m = Zm_s + 2m = \left(\dfrac{Z}{\cos\beta} + 2\right)m$

⑤ 중심거리 : $C = \dfrac{D_{s1} + D_{s2}}{2} = \dfrac{Z_1 m_s + Z_2 m_s}{2} = \dfrac{(Z_1 + Z_2)m}{2\cos\beta}$

## 3) 베벨 기어

### (1) 베벨 기어 속도비

$$i = \dfrac{N_2}{N_1} = \dfrac{D_1}{D_2} = \dfrac{Z_1}{Z_2} = \dfrac{\omega_2}{\omega_1} = \dfrac{\sin\gamma_1}{\sin\gamma_2}$$

### (2) 베벨 기어의 상당 스퍼 기어

$$L = \dfrac{D}{2\sin\gamma}$$

### (3) 상당 스퍼 기어의 잇수

$$Z_e = \frac{2\pi R_e}{P} = \frac{Z}{\cos\gamma}$$

## 4 벨트

### 1) 벨트 전동

양축에 고정한 벨트 풀리에 벨트를 걸어서 마찰력에 의하여 동력과 운동을 전달하는 장치이며, 축간 거리가 10m 이하이고 속도비는 1 : 10 정도, 속도는 10~30m/s이다. 벨트의 전동 효율은 96~98%이며, 충격하중에 대한 안전장치의 역할을 하므로 원활한 전동이 가능하며 특징은 다음과 같다.

① 정확한 속도비를 얻을 수 있다.
② 충격하중을 흡수하며 진동을 감소시킨다.
③ 미끄러짐으로 인한 무리한 전동을 방지하여 안전장치 역할을 한다.
④ 구조가 간단하고 제작비가 저렴하다.

### (1) 평벨트 종류

가죽, 직물, 강판 등으로 만든 띠 모양의 벨트를 두 축에 각각 부착한 벨트 풀리에 감아 걸어 그 접촉면의 마찰력에 의하여 동력을 전달하는 것으로 마찰력을 이용하고 있으므로 어느 정도의 미끄럼은 피할 수 없다. 따라서 기어전동과 같이 정확한 회전비는 얻을 수 없다.

① **가죽벨트** : 소가죽을 탄닝, 크롬 처리하여 탄성을 준 것으로 마찰계수가 크며, 방열성도 좋다.
② **섬유벨트** : 무명, 삼, 합성섬유의 직물로 만들며 길이와 너비에 제한이 없다. 습기에 약하지만 가죽보다 가격이 저렴하여 많이 사용하고 있다.
③ **고무벨트** : 직물벨트에 고무를 입혀서 만든 것으로 유연하고 풀리에 잘 밀착하므로 미끄럼이 적고 비교적 수명이 길다. 습기에는 강하나 열, 기름 등에는 약하다. 인장강도가 크다.
④ **강철벨트** : 강도가 제일 크나 벨트 풀리의 외주의 모양과 두 축의 평행도가 일치해야 한다. 수명이 길고 신장률이 작으므로 고정밀도의 회전각 전달용 등으로 사용된다.
⑤ **풀리벨트** : 나일론 시트의 양쪽 면에 나일론 천을 붙이고, 그 위에 특수 합성고무를 첨부한 것.
⑥ **타이밍벨트** : 미끄럼 방지를 위하여 접촉면에 치형을 붙여 맞물림에 의하여 전동하도록 조합한 새로운 치붙임 동기 벨트이다. 특징은 슬립과 크리프가 거의 없고, 속도 변화가 아주 적다. 그리고 굽힘 저항이 작으므로 작은 지름을 사용할 수 있고 저속 및 고속에서 원활한 운전이 가능하다.

### (2) 벨트 거는 법

① 벨트를 풀리에 거는 방법에는 바로걸기 방법(평행 걸기 : open belting)과 엇걸기 방법(십자 걸기 : cross belting)이 있다.
② 바로걸기 방법에서는 원동차와 종동차의 회전방향이 같으며, 엇걸기 방법에서는 회전방향이 반대이다.
③ 벨트가 원동차에 들어가는 쪽을 인장 측이라 하고, 원동차로부터 풀려나오는 쪽을 이완 측이라 한다.

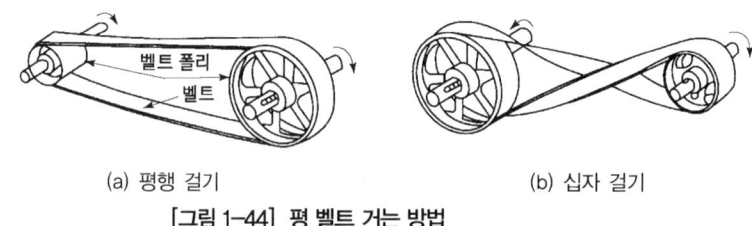

(a) 평행 걸기      (b) 십자 걸기

[그림 1-44] 평 벨트 거는 방법

### (3) 벨트에 장력을 가하는 방법

양 벨트 풀리의 지름 차이가 아주 크거나 축간거리가 짧을 때는 접촉각이 작으므로 미끄럼이 증대한다. 만일 축간거리가 아주 길고, 고속회전일 때는 플래핑(flapping) 현상이 생긴다. 이러한 현상을 없애고, 일정한 장력을 유지시켜 주기 위한 방법은 다음과 같다.

① 자중에 의한 방법
② 탄성 변형에 의한 방법
③ 스냅 풀리로서 벨트를 잡아당기는 방법
④ 보조 풀리로서 벨트를 밀어 붙이는 방법
⑤ 가요(可撓) 전동기계 이용하는 방법

## 2) V벨트 전동

① 고속운전이 가능하며 속도비가 크다($i = 7 \sim 10$).
② 짧은 거리의 운전이 가능, 2~5m까지 전동 가능하다.
③ 미끄럼이 적고 능률이 높다. 효율은 보통 90~95% 정도이다.
④ 운전이 원활하고 정숙하며, 충격이 아주 작다.
⑤ 이음이 없어 전체가 균일한 강도를 갖으나 끊어졌을 때 접합이 불가능하다.
⑥ V벨트 단면의 형상은 M, A, B, C, D, E형의 6종류가 있으며 M에서 E쪽으로 가면 단면이 커진다.
⑦ V벨트의 길이는 사다리꼴 단면의 중앙을 통과하는 원둘레의 길이를 유효길이라 부른다.

$$호칭번호 = \frac{벨트의\ 유효둘레}{25.4}$$

[예] A30 : 단면은 A형이고 유효둘레는 30인치

### (1) V벨트의 전달동력

① 마찰계수 : $\mu' = \dfrac{\mu}{\sin\alpha + \mu\cos\alpha}$

여기서, $\mu$ : 마찰계수
$\mu'$ : 유효마찰계수(수정, 등가마찰계수)

즉, V벨트 전동장치에서는 전달마력이 평벨트의 경우보다 증가한다.

## 3) 로프 전동

### (1) 장점

① 대동력 전동에는 평벨트 및 V벨트보다 유리하고 속비는 보통 1 : 1~1 : 2이고, 큰 경우는 1 : 5 정도이다.
② 장거리 전동이 가능하다(와이어로프 50~100m, 섬유질 10~30m).
③ 1개의 원동 풀리에서 여러 종동 풀리에 분배하여 전동을 할 수 있다.
④ 벨트에 비해 미끄럼이 적으며, 고속운전이 가능하다.
⑤ 전동 경로가 직선이 아니어도 사용이 가능하다.

### (2) 단점

① 장치가 복잡하고 착탈이 어렵다.
② 조정이 곤란하고 절단되었을 경우 수리가 곤란하다.
③ 미끄럼이 적으나 전동이 불확실하다.

## 4) 체인 전동

### (1) 체인 전동의 특징

① 미끄럼 없이 일정한 속도비를 얻을 수 있다.
② 초장력이 필요 없으므로 베어링의 마찰손실이 작다.
③ 접촉각이 90° 이상이면 전동가능하다.
④ 내열, 내유, 내수성이 크며, 유지 및 수리가 쉽다.
⑤ 큰동력 전달 효율이 95% 이상이다.
⑥ 체인의 탄성으로 어느 정도 충격하중을 흡수한다.
⑦ 진동, 소음이 생기기 쉽다.
⑧ 고속회전에 부적당하고 저속, 대마력에 적당하며, 윤활이 필요하다.

## 10 제어용 기계요소

### 1 브레이크

#### 1) 브레이크의 분류
① 작동 부분의 구조에 따라 : 블록 브레이크, 밴드 브레이크, 디스크 브레이크, 축압 브레이크, 자동 브레이크
② 작동력의 전달 방법에 따라 : 공기 브레이크, 유압 브레이크, 전자 브레이크, 기계 브레이크
③ 제동목적에 따라 : 유체 브레이크, 전기 브레이크

### 2 스프링(spring)

스프링은 탄성체로 만들며, 힘을 가하면 변형되어서 에너지를 저장하고, 반대로 힘을 제거하면 에너지를 얻어 충격을 흡수 완화하거나 작용하는 힘의 크기를 측정하는 데 사용한다.

철강재 스프링의 재료가 갖추어야 할 조건은 다음과 같다.
① 가공하기 쉬운 재료이어야 한다.
② 높은 응력에 견딜 수 있고, 영구변형이 없어야 한다.
③ 피로강도와 파괴인성치가 높아야 한다.
④ 열처리가 쉬워야 한다.
⑤ 표면상태가 양호해야 한다.
⑥ 부식에 강해야 한다.

#### 1) 스프링의 용도
① 완충용(충격 에너지 흡수, 방진, 진동 및 충격완화) : 차량용 현가장치, 승강기 완충 스프링, 방진스프링
② 에너지 축적 이용 : 계기용 스프링, 시계의 태엽, 완구용 스프링, 축음기, 총포의 격심용 스프링
③ 측정 및 조정용 : 힘의 변형 원리를 이용하여 압축력(또는 인장력)에 의한 변형 길이로 힘을 측정한다. 저울 등이 이에 해당한다.
④ 복원력의 이용 : 안전밸브, 조속기, 스프링 와셔

#### 2) 스프링의 종류
(1) 모양에 따른 스프링의 종류
① 코일 스프링(coil spring) : 인장용과 압축용이 있고, 제작비가 저렴하며 기능이 확실 유효하여 경량소형으로 제조할 수 있다.

② 겹판 스프링(leaf spring) : 너비가 좁고 얇은 긴 보로서 하중을 지지한다. 여러 장 겹쳐서 사용하는 것을 겹판 스프링이라 한다. 자동차의 현가장치로 널리 사용한다.
③ 태엽 스프링(spiral spring) : 시계나 계기류의 등의 변형 에너지를 저장하여 동력용으로 사용한다.
④ 토션 바 스프링 : 원형 봉에 비틀림 모멘트를 가하면 비틀림 변형이 생기는 원리로 소형 승용차의 현가용에 사용된다.
⑤ 벌류트 스프링 : 태엽 스프링을 축방향으로 감아올려 사용하는 것으로 압축용으로 사용한다. 오토바이 차체 완충용으로 사용된다.
⑥ 접시 스프링(disk spring) : 원판 스프링이라고도 한다. 중앙에 구멍이 있고 원추형이다. 프레스의 완충장치, 공작기계에 사용한다.
⑦ 와이어 스프링 : 탄성의 강한 선형재료로 여러 가지 모양으로 만들어 탄성에 의한 복원력을 이용한 스프링이다.
⑧ 와셔 스프링 : 볼트, 너트의 중간재 사이에 사용하여 충격을 흡수하는 역할을 한다.

### (2) 재료에 의한 분류
① 금속 스프링 : 강철, 인청동, 황동 등
② 비금속 스프링 : 고무, 나무, 합성수지 등
③ 유체 스프링 : 공기, 물, 기름 등

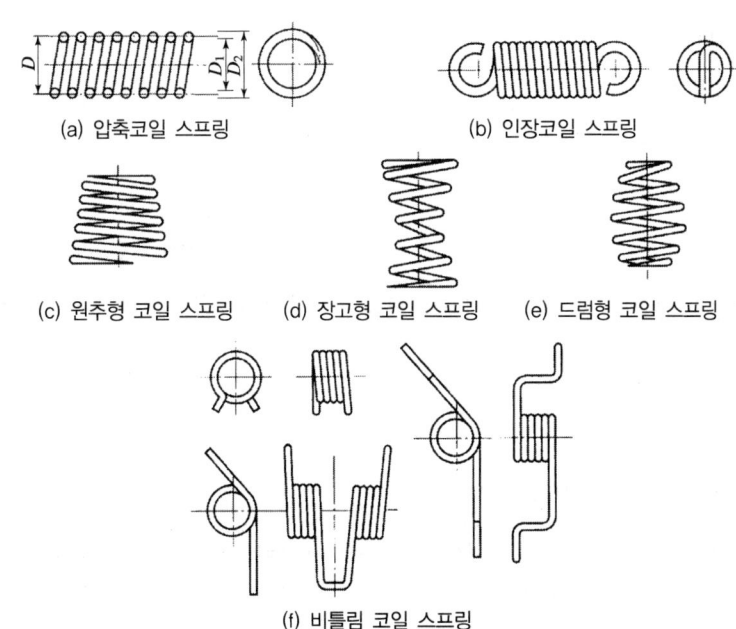

(a) 압축코일 스프링
(b) 인장코일 스프링
(c) 원추형 코일 스프링
(d) 장고형 코일 스프링
(e) 드럼형 코일 스프링
(f) 비틀림 코일 스프링

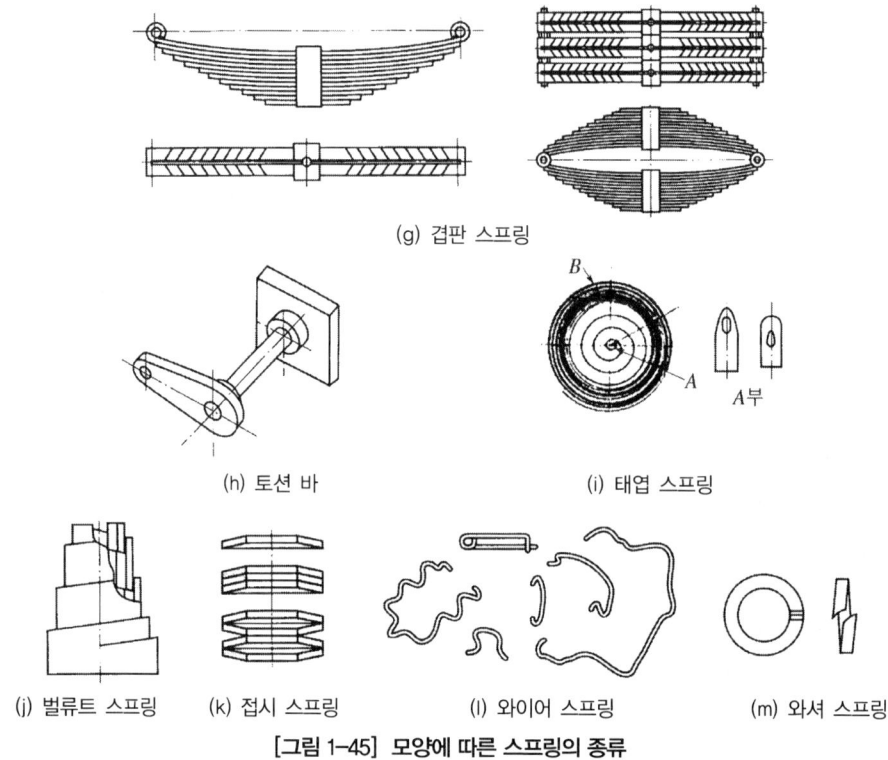

(g) 겹판 스프링

(h) 토션 바   (i) 태엽 스프링

(j) 벌류트 스프링   (k) 접시 스프링   (l) 와이어 스프링   (m) 와셔 스프링

[그림 1-45] 모양에 따른 스프링의 종류

## 3) 스프링의 설계

### (1) 스프링의 특성

① **스프링의 지수** : 코일의 평균지름과 소선지름과의 비

$$\therefore C = \frac{D}{d}$$

여기서, $D$ : 코일의 평균지름, $d$ : 소선지름

② **스프링의 상수** : 스프링의 세기를 나타내며 상수를 크게 하면 잘 늘어나지 않는다.

$$\therefore K = \frac{W}{\delta}[\text{kgf/mm}]$$

여기서, $K$ : 비례정수 또는 스프링 상수

③ **탄성 저장에너지** : $U = \frac{1}{2}W\delta = \frac{1}{2}K\delta^2$

④ **자유 높이** : 코일의 평균지름 $D$와 자유높이 $H$와의 비를 스프링의 종횡비 $r$라 하면

$$r = \frac{H}{D}$$

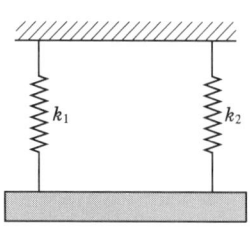

[그림 1-46] 병렬연결

## (2) 스프링의 조합

① 병렬연결 : $K = K_1 + K_2 + \cdots$

② 직렬연결 : $\dfrac{1}{K} = \dfrac{1}{K_1} + \dfrac{1}{K_2} + \cdots$

## (3) 코일 스프링

① 코일 스프링의 구조

② 스프링 지수 : $C = \dfrac{D}{d} = \dfrac{R}{r}$

③ 스프링에 발생되는 전단응력 : $\tau_{\max} = \dfrac{8KDW}{\pi d^3}$

$K$ : 왈(kwale)의 응력 수정계수 : $\left( K = \dfrac{4c-1}{4c-4} + \dfrac{0.615}{c} \right)$

④ 스프링의 처짐 : $\delta = \dfrac{8nD^3W}{Gd^4}$    $K = \dfrac{W}{\delta}$ 이므로 $K = \dfrac{Gd^4}{8nD^3}$ 이다.

⑤ 초기장력 : $\tau_0 = \dfrac{8DW_0}{\pi d^3}$, $\therefore W_0 = \dfrac{\pi d^3 \tau_0}{8D}$ [kg]

⑥ 스프링의 길이 : $l = \pi DN = \pi 2RN$

⑦ 서징(surging) : 스프링에 작용하는 진동수가 스프링의 고유 진동수와 같거나, 또는 공진을 하여 국부적으로 큰 응력이 생기는 현상

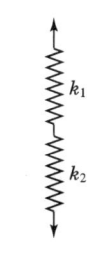

[그림 1-47] 직렬연결

# CHAPTER 2 측정

## 01 작업계획 파악

### 1 기본측정기의 종류

#### 1) 도기(standard)

일정한 길이 또는 각도를 눈금 또는 면으로 나타낸 것으로 표준자, 금속자 등과 같이 선과 선의 간격을 길이로 나타낸 것을 선도기(line standard), 블록 게이지, 한계 게이지 등과 같이 양끝면의 간격을 길이로 나타낸 것을 단도기(end standard)라 한다.

① 선도기(line standard) : 눈금 간격의 길이를 구체화한 것으로, 줄자, 강철 자, 눈금자 등이 여기에 속한다.
② 단도기(end standard) : 양 단면의 간격으로 길이를 구체화한 것으로, 게이지 블록(gauge blcok), 갭 게이지(gap gauge 또는 snap gauge), 플러그 게이지(plug gauge), 직각자 등이 여기에 속한다.

#### 2) 지시 측정기

측정량에 따라 표점이 눈금에 따라 이동하는 측정기기로, 버니어 캘리퍼스, 마이크로미터, 높이 게이지, 테스트 인디케이터, 지침 측미기 등이 여기에 속한다.

#### 3) 시준기

기계적인 접촉이 없이 광학적인 방법을 이용하여 길이를 측정하는 기기로, 투영기, 공구현미경, 오토콜리미터 등이 여기에 속한다.

#### 4) 게이지(gauge)

측정을 위한 측정량이 정해진 측정기이다. 움직이는 부분을 갖지 않는 것으로, R 게이지(radius gauge), 틈새 게이지, 나사 게이지, 피치 게이지(pitch gauge), 와이어 게이지(wire gauge), 게이지 블록(gauge block), 링 게이지(ring gauge) 등이 여기에 속한다.

#### 5) 인디 케이터(indicator)

일정량의 조정 또는 지시에 사용하는 것이다.

## 2 측정기 선택 시 고려사항

### 1) 측정 대상의 특성
① 측정 제품의 수량이 많을 때는 비교측정, 수량이 적으면 비접촉 측정이 더 적합하다.
② 일정 치수의 외경을 측정할 때는 벤치 마이크로미터와 같은 비교측정기의 역할을 할 수 있는 측정기를 선택한다.
③ 측정 제품의 수량은 특히 다량의 측정 제품을 연속으로 측정할 때는 측정의 자동화를 고려해야 하며, 복잡한 형상 제품의 연속 측정에는 3차원 측정기가 효율적이다.
④ 측정 제품의 성질은 부드러운 재질일 때 측정 압력으로 변형이 발생할 수 있으므로, 비접촉 측정기를 선정하는 게 적합하다.

### 2) 측정 환경
측정 장소의 온도, 습도, 진동, 소음 등을 고려한다. 특히, 온도의 열팽창에 의한 오차가 발생할 수 있으므로 주의해야 한다.

### 3) 측정 정도
일반적으로 측정기를 선정할 때 제품의 편측 허용차의 1/10의 최소 눈금자 크기를 가진 측정기를 선정한다.

### 4) 측정 방법
① 측정 방법은 편의법, 영위법, 치환법, 보상법 등으로 분류되며, 길이 측정에는 일반적으로 편위법과 영위법이 사용되고, 비교측정은 영위법, 보상법, 치환법 등이 복합되어 사용된다.
② 영위법이 일반적으로 널리 사용된다.

### 5) 측정 능률
① 측정 능률을 높이기 위해 측정의 자동화가 요구된다.
② 개인 오차와 측정시간을 줄이기 위해 눈금 읽기의 자동화가 필요하며, 측정값의 자동 통계 처리가 필요하다.

### 6) 경제성
① 측정의 경제성과 직접 관련이 있는 것은 측정기의 가격, 유지비, 측정에 소요되는 부대비용이 있다.
② 고가의 측정기는 측정 목적에 따라 유지비, 수리비 및 측정에 드는 비용 등을 고려해야 한다.

## 3 측정기 선정 시 주의사항
① 제품 공차 : 제품 공차의 1/10보다 높은 정도의 측정기를 선정한다.

② 제품의 수량 : 수량이 많은 경우 비교측정 및 한계 게이지로 측정하는 방법을 선정한다.
③ 측정 대상물의 재질 : 측정물이 금속이 아니고 고무, 종이, 합성수지 등과 같이 연질일 때 측정 압력으로 변형이 발생할 수 있으므로, 비접촉식 측정기를 선정한다.
④ 측기기 성능 : 측정범위, 정밀도, 감도, 내구성 등을 고려하여 선정한다.
⑤ 측정 방법 : 측정 제품의 수량 등을 고려하여 원격 측정, 자동 측정, 기록 등의 방법을 선정한다.

### 4  제품의 형상과 측정 범위에 따른 측정기를 선정

측정 요소의 형상과 측정 범위에 따라 적용할 수 있는 측정기는 다음을 고려하여 선정한다.
① 측정 제품의 형상 : 제품의 형상에 따라 측정 범위는 길이, 위치, 자세, 형상 및 흔들리면 등이 있으므로 이에 따른 적절한 측정 방법과 측정기를 선정한다.
② 측정 대상 제품의 품질 등급 또는 중요도
③ 측정 대상 제품의 수량
④ 경제성 : 절삭 가공 제품에서 측정 수량이 적으면 손쉽게 다양한 기하 공차를 포함한 측정이 가능한 3차원 측정기를 활용한다. 복잡하지 않은 제품은 2차원 측정기를 활용한다. 그러나 수량이 대량이면 게이지에 의한 비교측정 방법이 훨씬 경제적이고 효과적이므로, 제품의 측정범위와 공차에 알맞은 게이지를 선정한다.

## 02  측정기 선정

### 1  측정 방법

#### 1) 직접 측정

직접 측정은 측정기를 직접 제품에 접촉 또는 비접촉을 하는 방식으로 이루어지며, 직접 눈금을 읽음으로 측정값을 얻는 방법이다. 절대 측정이라고도 한다. 다음은 직접 측정을 이용한 몇 가지 예이다.
① 자를 이용한 길이 측정
② 버니어 캘리퍼스를 이용한 길이 측정
③ 마이크로미터를 이용한 길이 측정
④ 베벨 각도기를 이용한 각도 측정

직접 측정의 장단점은 다음과 같다.
① 측정 범위가 다른 방법에 비하여 넓다.
② 직접 피측정물의 실제 치수를 읽을 수 있다.

③ 수량이 적고 종류가 많은 측정에 유리하다.
④ 눈금 읽음의 시차가 생기기 쉽고 측정시간이 많이 걸린다.
⑤ 정밀하게 측정하기 위해서는 숙련과 경험이 필요하다.

### 2) 간접 측정

측정물의 모양이 기하학적으로 복잡한 경우 측정 부위의 치수를 기하학적이나 수학적인 관계에서 얻을 수 있는 측정 방법으로 투영기에 의한 형상 측정, 삼침을 이용한 나사의 유효지름 측정, 사인 바와 인디케이터에 의한 각도 측정, 롤러와 게이지 블록에 의한 테이퍼 측정 등이 있다.

### 3) 비교 측정

기준이 되는 일정한 치수와 피측정물을 비교하여 그 측정치의 차이를 읽는 방법이다. 비교측정기기에는 테스트 인디케이터, 다이얼 게이지, 실린더 게이지 등이 있다.

비교 측정의 장단점은 다음과 같다.
① 높은 정밀도의 측정을 비교적 쉽게 할 수 있다.
② 치수가 고르지 못한 것을 계산하지 않고 알 수 있다.
③ 길이, 각종 모양, 공작기계의 정밀도 검사 등 사용범위가 넓다.
④ 먼 곳에서 측정할 수 있고, 자동화에 도움을 줄 수 있다.
⑤ 히스테리시스(백래시) 오차가 적다.
⑥ 범위를 전기량으로 바꾸어서 측정할 수 있다.
⑦ 나이프에지를 이용 1,000배 정도 확대 측정이 가능하다.
⑧ 측정 범위가 좁고, 직접 제품의 치수를 읽을 수 없다.
⑨ 기준 치수인 표준 게이지가 필요하다.

### 4) 절대 측정(absolute measurement)

정의에 따라서 결정된 양을 실현하고, 그것을 사용하여 실시하는 측정이다. U자관 압력계-수은주 높이, 밀도, 중력가속도를 측정해서 종합적으로 압력의 측정값을 결정하는 것을 말한다.

## 2 측정기 보조 기구

측정에서 측정 오차를 줄이는 방법의 하나는 보조 기구를 적절히 사용하는 것이다. 어떤 측정요소에서는 하나의 측정기기가 단독으로 사용할 수 없고, 둘 또는 그 이상의 조합으로 사용되므로, 제품의 형상과 측정 범위의 관련 요소를 확인한다.

### 1) 마이크로미터 고정 장치

마이크로미터 스탠드를 이용한 마이크로미터 고정 장치로 핀이나 작은 측정물을 측정하는 데 사용한다. 실린더 게이지(보어 게이지)의 영점을 맞추거나 확인 시, 마이크로미터의 평면도와 평행도를 교정할 때 사용한다.

[그림 2-1] 스탠드를 활용한 마이크로미터 고정

### 2) 다이얼 게이지 고정 장치

다이얼 게이지 고정 장치에는 다이얼 게이지 스탠드, 마그네틱 스탠드, 하이트 게이지 등이 측정 목적에 따라 다양하게 사용한다. 하이트 게이지는 정반을 함께 사용한다.

#### (1) 다이얼 게이지 스탠드

제품이 크기가 비교적 작고, 수량이 많은 제품의 높이, 단차, 폭, 길이 등을 비교 측정 방법으로 측정하는데, 정반 없이 단독으로 설치하여 사용할 수 있을 때는 다이얼 게이지 스탠드를 선정한다.

#### (2) 마그네틱 스탠드를 선정

절삭 가공 제품을 세팅하거나, 사인센터를 이용한 흔들림 및 동심도 등을 측정할 때는 마그네틱 스탠드를 선정하여 장비의 베드 면에 직접 부착하여 공작물의 흔들림 등을 측정한다.

[그림 2-2] 다이얼 게이지 고정 장치    [그림 2-3] 마그네틱 스탠드 사용

#### (3) 하이트 게이지를 선정

정반 위에서 평면도 측정, 높이 측정 등을 측정할 때는 하이트 게이지에 테스트 인디케이터를 부착한 하이트 게이지를 선정한다.

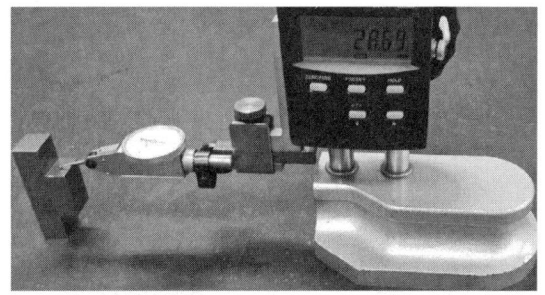

[그림 2-4] 하이트 게이지 사용

### (4) 게이지 블록 고정 장치

게이지 블록은 일정한 단위로 명목 값이 주어진 도기로서, 필요한 측정량에 대하여 두 개 이상의 조합으로 원하는 수치를 구현한다.

[그림 2-5] 게이지 블록

### 3) 게이지 블록 부속품

게이지 블록은 부속품을 사용함으로써 용도를 확대하여 사용할 수 있다.

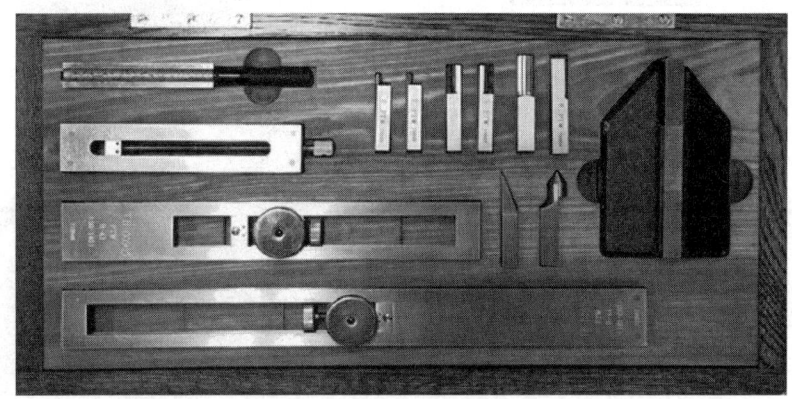

[그림 2-6] 게이지 블록 부속품

### (1) 둥근형 조(jaw)와 평행 조(jaw)

형상은 [그림 2-7 (a)]와 같고 조(jaw)는 두 개가 한 세트로 구성되어 있으며, 내측 및 외측을 측정할 때 [그림 2-7 (b)]와 같이 홀더에 끼워 사용한다.

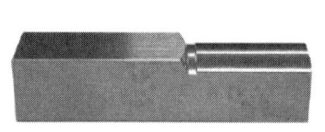
(a) 조의 형상

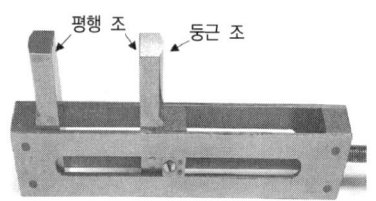
(b) 조와 홀더 결합

[그림 2-7] 둥근형과 평행 조(jaw)의 홀더 결합

### (2) 스크라이버 포인트(scriber point)

베이스 블록과 함께 홀더에 끼워 정밀 금 긋기 작업을 할 때 사용한다.

[그림 2-8] 스크라이버 포인트

### (3) 홀더(holder)

게이지 블록을 끼워 내측 및 외측을 측정하거나, 실린더 게이지, 버니어 캘리퍼스, 마이크로미터를 교정할 때 사용하며, 기타 부속품과 함께 쓰인다.

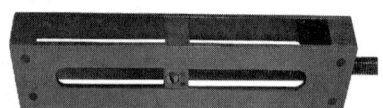

[그림 2-9] 게이지 블록 홀더

### (4) 센터 포인트(center point)

원을 그릴 때 중심을 지지하며, 끝이 60°로 되어있어 나사산을 검사할 때 사용할 수 있다.

(a) 센터 포인트

(b) 베이스 블록과 조합한 사용

[그림 2-10] 센터 포인트와 베이스 블록과 조합한 사용

### (5) 베이스 블록(base block)

금 긋기 작업이나 높이를 측정할 때 홀더와 센터 포인트, 스크라이버 포인트 등과 함께 사용한다.

[그림 2-11] 베이스 블록

### (6) 삼각 스트레이트 에지(triangle straight edge)

측정하려는 면에 대고 반대쪽에서 새어 나오는 빛으로 틈새를 판단하여 면의 진직도와 평면도를 검사하는 데 사용한다.

[그림 2-12] 삼각 스트레이트 에지

## 4) V-블록과 고정 장치

V-블록은 측정 보조 도구로서, 다양한 형태와 부가적인 도구들을 사용할 수 있는 구조로 되어 있다. 측정 제품 형상의 특성을 고려하여 원형 제품의 고정이나 원주 흔들림 등과 같이 비교적 간단한 측정이나 고정할 때 선정한다.

[그림 2-13] V-블록

## 5) 표면 거칠기 고정 장치

절삭 가공 표면이 도면에서 요구되는 거칠기를 만족하도록 가공되었는지 판단하려면 표면 거칠기 측정기를 사용한다. 이를 사용하려면 표면 거칠기 촉침이 제품에 접근할 때 부드럽게 접촉될 수 있도록 미세 조정 핸들 등이 부착된 하이트 게이지 또는 전용 거치대를 측정 보조 도구로 선정하여 사용한다.

[그림 2-14] 하이트 게이지 전용 거치대를 측정 보조 도구

### 6) 형상 측정기의 제품 고정 장치

절삭 가공에 의한 선의 윤곽도, 면의 윤곽도 등이 도면에서 요구되는 정도를 만족하도록 가공되었는지를 판단하려면 형상 측정기를 사용한다. 형상 측정 촉침을 제품의 다른 부분과 접촉되지 않게 고정하려면 미세 이송 및 각도를 조정할 수 있는 정밀 바이스를 측정 보조 도구로 선정하여 사용한다.

[그림 2-15] 형상 측정기의 제품 고정 장치

## 03 기본측정기 사용법

### 1 측정물의 설치 시 고려사항

#### 1) 치환법

측정에 있어서 측정값의 신뢰도는 측정할 때 발생할 수 있는 측정 오차 발생 가능성을 최소화할 필요가 있다. 특히, 길이 측정의 경우 치환법을 사용하면 측정 오차를 피하는 방법이 된다. 치환법이란, 예를 들면 게이지 블록 등의 표준 게이지로 측정기와 피측정물의 위치, 고정 방법 등을 정한 후, 표준 게이지를 피측정물로 치환하는 방법이다.

다이얼 게이지를 이용하여 길이의 측정을 할 때, 게이지 블록을 올려놓고 측정한 다음 피측정물을 바꾸어 넣었을 때의 1지시의 차 $h_2 - h_1$ 을 읽고 사용한 게이지 블록의 높이 $H_0$을 알면 다음 식에 의해서 피측정물의 높이를 구할 수 있다.

$$H = H_0 + (h_2 - h_1)$$

이와 같이, 지시량과 미리 알고 있는 양으로부터 측정량을 아는 방법을 치환법(置換法)이라 한다.

## 2) 편위법

측정하려고 하는 양의 작용 때문에 계측기의 지침에 편위를 일으켜 이 편위를 눈금과 비교함으로써 측정을 행하는 방식이다. 편위법은 정밀도를 높이기에는 곤란하지만, 조작이 간단하므로 널리 쓰이고 있다. 비교 측정치를 얻는 것으로 다이얼 게이지, 가동 코일식 전압계, 전류계 등 일반계측기는 대부분이 모두 이와 같은 방식이다.

## 3) 영위법

기준량을 준비하여 측정량에 평행 시켜 계측기의 지시가 0 위치를 나타낼 때의 크기로부터 측정량의 크기를 간접으로 아는 방식이다.

[예] 마이크로미터, 히스톤 브리지, 전위차계 등

[특징] 0 위치로부터 불 평형을 검출하여 기준량에 피드백시켜 평형이 되도록 기준량의 크기를 조정하는 것

## 4) 보상법

천칭을 이용하여 물체의 질량 $M$을 측정할 때 분동과 물체의 불 평형의 정도 $m$을 바늘이 가리키는 눈금을 읽어도 물체의 질량을 알 수 있다. 이와 같이 측정량과 크기가 거의 같은 미리 알고 있는 양의 분동을 준비하여, 분동과 측정량의 차이로부터 알아내는 방법을 보상법(補償法)이라 한다. 보상법은 영위법과 편위법을 혼용한 방식으로 볼 수 있으며 치환법에 따른 길이의 측정도 원리적으로는 보상법 같은 경우가 많다. 영위법과 편위법의 혼합방식이다.

### 2  아베의 원리(Abbe's principle)

"표준자와 피측정물은 같은 축선 상에 있어야 한다."라는 원리이다. 이것을 컴퍼레이터의 원리라고도 하며, 예를 들어 [그림 2-16]에서 (a) 외측 마이크로미터는 눈금자가 측정접촉자의 변위 선상에 있고, (b) 버니어 캘리퍼스는 눈금자가 측정접촉자와 어떤 거리만큼 떨어진 평행선상에 있으므로 같은 기울어짐에 대하여 생기는 오차는 외측 마이크로미터가 극히 작다. 그러므로 외측 마이크로미터를 아베의 원리에 만족하는 구조라 하며, 정도가 높은 측정기에서는 이러한 구조가 기본이다.

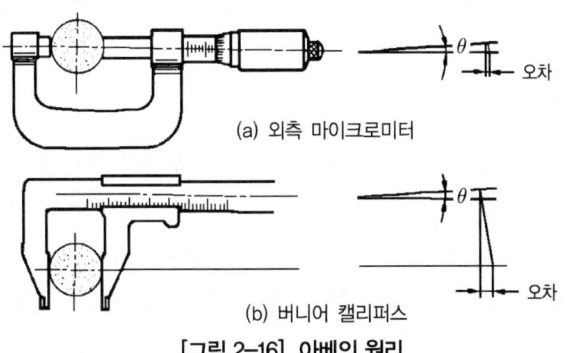

(a) 외측 마이크로미터

(b) 버니어 캘리퍼스

[그림 2-16] 아베의 원리

### 3 후크의 법칙

어떤 길이와 단면을 갖는 물체에 하중을 가한 경우, 탄성한계 내에서 변형을 일으키는 변위량에 대한 법칙이다. 따라서 측정 시에는 측정 오차를 줄이기 위해 이러한 법칙을 이해하고, 측정력에 대해 주의해야 한다.

### 4 온도 차에 의한 길이 변화

모든 물체는 온도에 따라 고유의 팽창계수만큼 변화한다. 그래프는 맨손으로 프레임을 잡을 때 손에서 전달된 체열에 의해 마이크로미터 프레임이 팽창되어 심각한 측정 오차가 발생할 수 있다는 것을 보여 주고 있다. 이를 방지하려면 측정하는 동안 손으로 마이크로미터를 잡을 때 접촉 시간을 최소화하고, 방열 커버를 부착하거나 장갑을 착용한다.

## 04 측정의 개요 및 기타 측정

### 1 측정 기초

#### 1) 정밀측정의 의의

절삭 가공된 부품 또는 기계요소는 일정한 크기의 양을 가진 측정물의 형상과 치수를 검사하는 것으로, 도면에서 요구한 조건으로 형상, 치수, 표면 상태 등이 일치하도록 제작되었는지를 판단하는 중요한 역할을 하며, 측정기의 부품 측정 방법, 올바른 사용법 등 실무적인 지식을 습득하고 신뢰도를 높여 측정 오차를 최소화할 수 있는 것을 말한다.

#### (1) 측정의 목적

① 동일 부품은 다른 제작자, 다른 시점에 제작된 것이라도 호환성을 갖게 한다.
② 성능과 품질의 우수성이 확보되어 제품 수명을 길게 한다.
③ 국제 표준 규격화와 호환성으로 수출을 할 수 있다.
④ 우수한 공작기계, 치구 및 공구, 적절한 측정기 및 측정 방법이 필요하며, 단위 통일이 필요하다.

#### (2) 측정 대상물의 특성

① 제품의 형상 : 측정할 제품의 형상과 크기, 재질에 따라 접촉식 측정기 또는 비접촉 측정기를 이용하여 측정한다. 동일한 제품을 반복하여 측정할 때는 비교측정이 더 적절하다.
② 제품의 수량 : 측정할 제품이 소량인지 다량인지를 판단하여 연속적으로 측정할 때는 측정의 효율성을 고려해야 하며, 복잡한 형상 제품의 측정에는 3차원 측정기가 효과적이다.
③ 제품의 재질 : 측정할 제품의 재질이 거칠거나 부드러운 경우가 있는데, 부드러울 때는

측정력에 의한 변형이 크게 발생하므로 비접촉 측정기를 사용하는 게 더 적합하다.
④ 측정기의 성능 : 일정한 치수의 바깥지름을 측정할 때는 벤치 마이크로미터 또는 한계 측정기의 역할을 할 수 있는 측정기를 사용하는 게 더 적합하다.

### 2) 측정 환경의 조성

정밀측정기를 설치하는 환경은 측정값의 신뢰성에 큰 영향을 미치게 되는데, 측정기의 성능을 충분히 발휘하려면 측정 실내의 온도, 습도, 조명 등을 관리해야 한다.

① 표준 온도 : 20℃±2℃
온도 변화에 따른 열팽창계수만큼 측정 대상품의 정밀도 편차가 발생하게 된다.

② 습도 : 60±5%
습도가 높으면 부식이나 녹 발생이 쉽고, 장비의 오작동으로 고장 발생률이 높으며, 부품의 노후화로 장비의 내구성이 떨어지므로 수명이 단축된다. 공기 중에 습기가 많으면 가습기를 설치해서 사용하는 것이 좋다.

③ 진동 : 50Hz 이하
측정 장비 설치는 진동이 있는 장소와 격리되어야 하며, 측정기가 충격을 받지 않도록 유지 관리되어야 한다.

## 2 단위 종류 및 오차

### 1) 단위의 정의

측정 시 사용되는 일정한 크기의 양, 즉 비교측정에 있어서 기초가 되는 일정한 양

#### (1) 단위의 필요(충족)조건

① 확실한 기준이 되는 크기를 가지고 있어야 함
② 어떠한 여건하에서도 크기의 변화가 있어서는 안 됨
③ 누구나 사용하기 편리하고 기억이 쉬워야 함
④ 국제적으로 통용이 되어야 함

#### (2) 일반적으로 사용되고 있는 단위계(SI 기본단위)

① 미터법 : 1m는 10dm(데시미터), $10^2$cm, $10^3$mm, $10^6 \mu$m
② 인치법 : 1inch는 25.4mm
③ 야드파운드법 : 1야드(국제)=0.9144m

#### (3) 단위의 크기

① 1m의 정의 : 1983년 제17차 세계도량형 총회(CGPM)
② 1m=빛이 진공 중에서 299,792,458분의 1초 동안 진행된 경로의 길이이다.

〈표 2-1〉 길이의 단위(SI 단위)

| 배수 | 접두어 | 기호 | 약수 | 접두어 | 기호 |
|---|---|---|---|---|---|
| $10^{18}$ | 엑사(exa) | E | $10^{-1}$ | 데시(deci) | d |
| $10^{15}$ | 페타(peta) | P | $10^{-2}$ | 센티(centi) | c |
| $10^{12}$ | 테라(tera) | T | $10^{-3}$ | 밀리(milli) | m |
| $10^{9}$ | 기가(giga) | G | $10^{-6}$ | 마이크로(micro) | $\mu$ |
| $10^{6}$ | 메가(mega) | M | $10^{-9}$ | 나노(nano) | n |
| $10^{3}$ | 킬로(kilo) | K | $10^{-12}$ | 피코(pico) | p |
| $10^{2}$ | 헥토(hecto) | h | $10^{-15}$ | 펨토(femto) | f |
| $10^{1}$ | 데카(deca) | da | $10^{-18}$ | 아토(atto) | a |

(4) **각도** : 도(°), 라디안(rad)

① 1도(degree) : 원주를 360등분한 호의 중심에 대한 평면의 각도를 말함
② 라디안(radian) : 원의 반지름과 같은 길이와 같은 호의 중심에 대한 각도
$1\text{rad} = (r/2\pi r) \times 360 = 180/\pi = 57.29577951°$
보조 단위로는 1mm rad=1/1,000red 1ured=1/1,000,000red이다.

## 2) 측정 오차

### (1) 오차와 보정 값

측정할 때 제품은 절삭 가공으로 결정된 값을 가지는데, 이 값을 참값이라고 한다. 측정값은 환경 조건, 측정기기의 오차 등 여러 가지 이유로 참값을 구현하는 것은 현실적으로 불가능에 가깝다고 보는 것이 좋다. 측정값과 참값과의 차를 오차(error)라고 하고, 보정 값은 오차의 역수가 되는 것으로 다음과 같이 나타낸다.

① 오차=측정값 − 참값
② 보정 값=참값 − 측정값
③ 오차율=$\frac{\text{오차}}{\text{참값}} \times 100(\%)$

### (2) 오차의 원인

① 측정기에 의한 오차 : 지시의 흐트러짐(흔들림 오차, 되돌림 오차, 반복 오차), 지시 오차, 직선성과 같은 측정기 고유의 요인으로 발생하는 오차이다.
② 사람에 의한 오차 : 측정 시 측정자의 자세에 의한 눈금 읽음, 측정 결과의 기록 오류와 같이 사람의 습관, 심리적인 요인 등으로 발생하는 오차이다.
③ 환경에 의한 오차 : 측정 장소 주변 환경(온도, 먼지, 진동 등), 측정기의 측정 압력, 측정기나 소재의 탄성 변형, 측정 방법 등으로 발생하는 오차이다.
④ 복잡한 요소가 중복된 오차 : 여러 가지 원인(온도, 기압, 습도, 지동, 측정하는 사람의 심리적 요소 등)이 서로 독립적으로 불규칙하게 작용하여 발생하는 오차로, 원인을 규명하기 어려운 오차이다.

### (3) 오차의 종류

① **개인오차** : 측정 시 눈금을 읽을 때 측정자의 습관으로 발생하는 오차로, 측정자에 따라서 한 눈금 사이를 읽을 때 실제보다 크게 또는 작게 읽는 경우이다. 이러한 오차는 반복 숙련으로 최소화할 수 있다.

② **기기 오차** : 측정기의 구조상에서 일어나는 오차로서 아무리 정밀하게 제작한 기기라도 다소의 오차는 발생한다. 측정기의 구조상의 오차가 발생하거나, 측정기 0점 조정 및 교정의 잘못으로 인하여 발생하는 오차로서, 정확하게 교정하여 사용함으로써 오차를 줄일 수 있다.
  ㉠ 소중히 취급하며 가장 좋은 상태를 유지한다.
  ㉡ 정도 파악 및 치수 정도에 적합한 측정기를 선택한다.
  ㉢ 반복 측정 시 산포 값은 최대와 최소의 평균값을 오차로 한 보정을 하여 준다.
  ㉣ 보정 값=측정값 – 기차

③ **환경 오차** : 실내 온도나 채광의 변화가 영향을 주어 일어나는 오차이다. 따라서 실내 온도나 조명법을 충분히 고려하여 이들 조건을 항상 일정하게 하여 측정치에 대한 영향을 피하도록 하여야 한다.

④ **우연오차** : 잘못을 없애고, 계통적 오차를 보정하여도 여전히 측정값에는 산포가 따르는 것이 보통이다. 이것은 복잡한 요소가 중복된 것으로, 보정할 수 없는 것이 보통이다. 우연오차는 측정 횟수가 매우 많아지면 다음과 같은 특성이 나타난다.
  ㉠ 작은 오차는 큰 오차보다 많이 나온다.
  ㉡ 같은 크기의 음(-), 양(+)의 오차는 같은 횟수로 나온다.
  ㉢ 매우 큰 오차는 나오지 않는다.

### (4) 변형에 의한 오차 요인

가늘고 긴 모양의 피측정물을 정반 위에 놓으면 접촉하는 면의 형상 오차 때문에 불규칙한 변형이 생기므로, 보통 2점에서 지지한다. 이때 긴 물체는 자중 때문에 휨이 생기고 정확한 치수 측정이 불가능하다. 따라서, 각 지점의 지지 위치에 따라 모양이 각각 달라지므로, 사용 목적에 따라 가장 적합한 것을 선택하여야 한다.

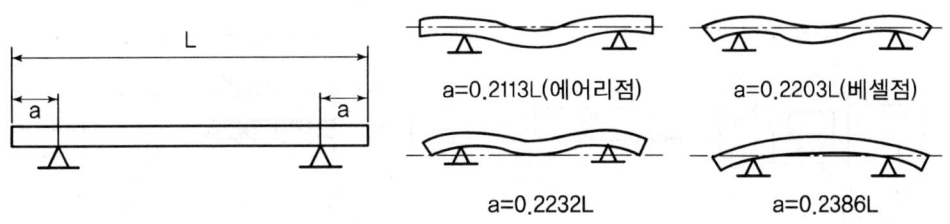

[그림 2-17] 지지점과 처짐

① (a=0.2113L) 에어리점(airy point)

눈금이 중립면에 없는 경우 및 게이지 블록과 단도기를 수평으로 지지할 때 사용되는 방법으로서, 처음 평행한 2개의 단면이 지지 때문에 굽힘이 발생한 후에도 양단 면이 평행을 유지할 수 있는 지지 방법으로서 길이의 오차도 최소화할 수 있다.

② (a=0.2203L) 베셀점(bessel point)

중립면에 눈금을 만든 표준자를 지지할 때 사용되는 방법이며, 눈금 면의 직선거리와의 차이를 최소화하는 데 사용되는 방법으로 중립축 또는 중립면의 변위를 최소화할 수 있다.

③ a=0.2232L

전장에 걸쳐 변형이 가장 작으며, 양단과 중앙의 처짐이 동일하게 된다.

④ a=0.2386L

지지점 사이 즉 중앙부의 처짐을 최소화(0점)할 수 있으므로 중앙부의 직선 유지가 필요한 경우에 사용된다.

## 3 길이 측정

### 1) 버니어 캘리퍼스

버니어 캘리퍼스는 자와 캘리퍼스를 조합한 것으로, 공작물의 바깥지름, 안지름, 깊이, 단차 등을 측정하는 데 사용한다. 측정 정도는 일반적으로 0.02mm~0.05mm까지 측정할 수 있으며, 디지털이나 다이얼 타입은 0.01mm까지도 측정할 수 있다. 측정 조(jaw)와 어미자, 아들자의 눈금에 의해 치수를 측정한다. 호칭 치수는 측정이 가능한 최대 길이로 나타낸다.

#### (1) 버니어 캘리퍼스의 종류

KS에는 M1형, M2형, CB형, CM형 네 종류를 규정하고, 그 외 다이얼 캘리퍼스, 깊이 게이지, 이 두께 버니어 캘리퍼스 등이 있다.

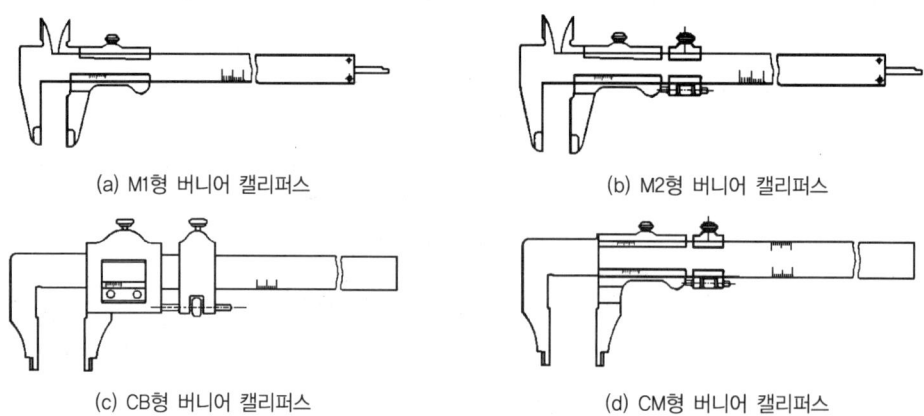

(a) M1형 버니어 캘리퍼스     (b) M2형 버니어 캘리퍼스

(c) CB형 버니어 캘리퍼스     (d) CM형 버니어 캘리퍼스

[그림 2-18] 버니어 캘리퍼스 종류

① M형 버니어 캘리퍼스 : 일반적으로 가장 많이 사용되며, 슬라이더가 홈형으로 외측용 턱 및 주둥이가 있다. 호칭 치수 300mm 이하의 것에는 깊이 측정용 깊이자(depth bar)가 부착되어 있다.
② CB형 버니어 캘리퍼스 : 버니어가 상자형으로 되어있고, 턱의 내측과 외측의 양쪽이 측정면으로 되어 있다. 깊이를 재는 깊이자는 없다. M2형과 마찬가지로 미소 이동 이송 장치가 있다.
③ CM형 버니어 캘리퍼스 : 슬라이더가 홈형으로 턱의 선단으로 내측 측정도 가능하며, 미세 이동 장치로 치수를 조정할 수 있다. 최소 읽음 값은 0.02mm이고, 호칭 치수는 M1형과 비슷하다.

### (2) 버니어 캘리퍼스(vernier calipers)의 길이 측정

외경, 내경, 깊이, 단차 및 길이를 측정하는 것으로 미터식에서는 1/20mm, 1/50mm까지 읽을 수 있다. 종류로는 미동장치가 없는 M1형(0.05mm) 및 미동장치가 있는 M2형(1/20mm까지 측정)과 CB형 및 CM형(1/20mm까지 측정) 4가지가 있다.

$$C = S - \left(\frac{n-1}{n}\right) = \frac{S}{n}$$

〈표 2-2〉 버니어 캘리퍼스의 눈금

| 어미자의 최소 눈금(mm) | 아들자의 눈금 기입 방법 | 최소 측정값(mm) |
|---|---|---|
| 0.5 | 12mm를 25등분 | 0.02 |
| 0.5 | 24.5mm를 25등분 | 0.02 |
| 1 | 49mm를 50등분 | 0.05 |
| 1 | 19mm를 20등분 | 0.05 |
| 1 | 39mm를 20등분 | 0.05 |

아들자의 네 번째 눈금 선이 어미자 눈금과 일치하므로 어미자 23mm 눈금 선에서 아들자 0선까지의 치수 0.05×4=0.2mm가 되며, 최종 길이 읽음값은 23+0.2=23.2mm가 된다.

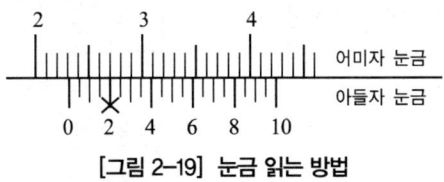

[그림 2-19] 눈금 읽는 방법

### 2) 마이크로미터

마이크로미터의 원리는 나사를 이용한 것으로, 수나사가 암나사 속에서 1회전 할 때 나사축의 진행 거리는 나사의 1피치만큼 이동한다. 크기의 간격은 25mm로 되어있어 측정물의 크기에 따라 적합한 마이크로미터를 선정한다.

### (1) 마이크로미터의 종류

마이크로미터에는 외측 마이크로미터 이외에 내측마이크로미터, 나사 마이크로미터, 디스크 마이크로미터, 포인트 마이크로미터, 깊이 마이크로미터 등 여러 종류가 있다.

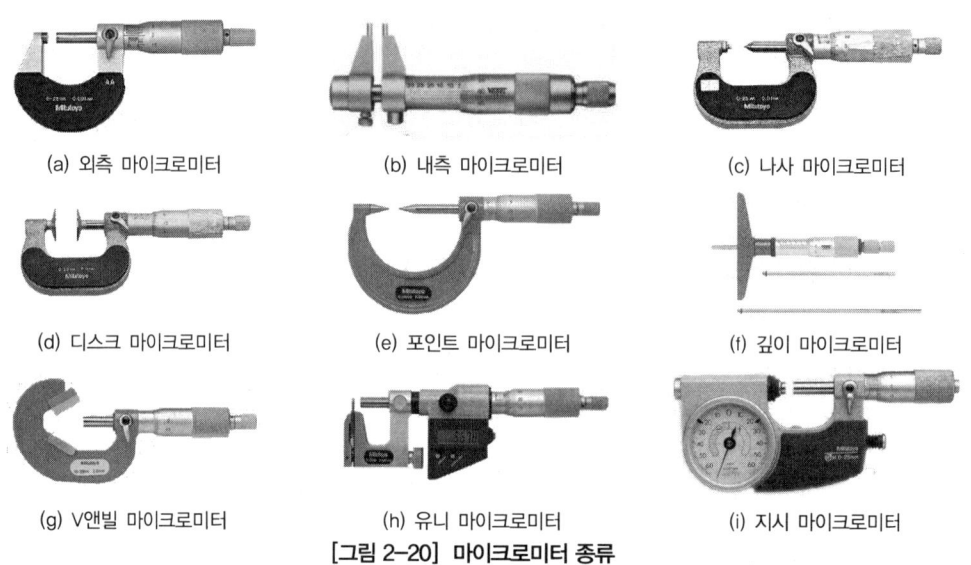

(a) 외측 마이크로미터  (b) 내측 마이크로미터  (c) 나사 마이크로미터
(d) 디스크 마이크로미터  (e) 포인트 마이크로미터  (f) 깊이 마이크로미터
(g) V앤빌 마이크로미터  (h) 유니 마이크로미터  (i) 지시 마이크로미터

[그림 2-20] 마이크로미터 종류

### (2) 마이크로미터(micrometer)의 측정

표준마이크로미터는 나사의 피치 0.5mm, 딤블의 원주 눈금이 50등분되어 있기 때문에 딤블의 1회전에 의한 스핀들의 이동량($M$)은 0.01mm의 측정이 가능하다.

$$M = 0.5 \times \frac{1}{50} = \frac{1}{100} = 0.01 \mathrm{mm}$$

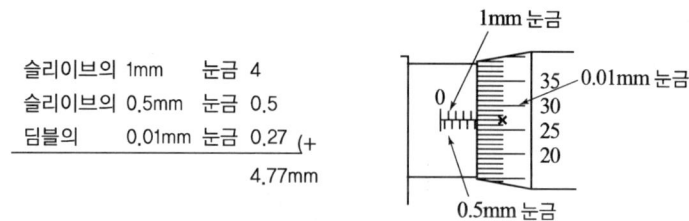

[그림 2-21] 마이크로미터의 눈금

### 3) 하이트 게이지(height gauge)

대형 부품, 복잡한 모양의 부품 등을 정반 위에 올려놓고 정반면을 기준으로 하여 높이를 측정하거나, 스크라이버(scriber) 끝으로 금 긋기 작업을 하는 데 사용한다. 하이트 게이지의 기본 구조는 스케일과 베이스 및 서피스 게이지를 한데 묶은 것으로, 아베의 원리에 어긋나는 구조이다. 호칭 치수는 300mm, 600mm, 1,000mm가 있다.

### (1) 아들자의 눈금 기입 방법

일반적으로 어미자 49mm를 50등분 한 아들자로서, 최소 측정값이 1/50mm로 되어있고, 어미자 양쪽에 눈금을 새긴 것에는 1/20mm의 최소 측정값을 함께 사용하고 있다.

### (2) 하이트 게이지의 종류

HT형, HM형, HB형의 세 종류가 있으며, HT형과 HM형의 복합형이 가장 많이 사용하고 있다.

① HT형은 정반으로부터 높이를 측정할 수 있으며, 눈금자가 별도로 스탠드 홈을 따라 상하로 이동하기 때문에 0점 조정을 할 수 있고, 슬라이더를 조금씩 이동시킬 수 있는 장치가 있다.

② HM형은 견고하여 금긋기 작업에 적당하고, 0점을 조정할 수 없으며, 슬라이더를 조금씩 이동시킬 수는 있다.

③ HB형은 슬라이더가 상자 모양으로 되어있으며, 스크라이버의 밑면은 정반면까지 내려갈 수 없으나 슬라이더의 이동 거리가 곧 높이가 된다.

(a) HT형 하이트 게이지　　(b) HM형 하이트 게이지　　(c) HB형 하이트 게이지

[그림 2-22] 하이트 게이지 종류

## 3) 다이얼 게이지

다이얼 게이지(dial gauge)는 측정자(測定子)의 직선 또는 원호 운동을 기계적으로 확대하여 그 움직임을 지침의 회전 변위로 변환하여 눈금으로 읽을 수 있는 길이 측정기이다.

### (1) 다이얼 게이지의 사용범위

평행도, 직각도, 진원도, 두께, 깊이, 축의 굽힘 검사, 공작기계의 정밀도 검사, 회전축의 흔들림 검사, 기계 가공에 있어서 흔들림 검사 등이 있다.

### (2) 다이얼 게이지의 특징

① 소형이고 가볍고 취급하기 쉬우며, 측정 범위가 넓다.

② 눈금과 지침으로 읽기 때문에 읽음 오차가 적다.
③ 연속된 변위량을 측정할 수 있다.
④ 많은 개소의 측정을 동시에 할 수 있다.
⑤ 부속 장치의 사용에 따라 광범위하게 측정할 수 있다.

### (3) 다이얼 게이지의 응용

① 다이얼 두께게이지
② 다이얼 깊이게이지
③ 진원도 측정 : 지름법, 반지름법, 3점법
④ 내경 측정
⑤ 큰 구면의 지름
⑥ 직각도, 흔들림 측정

### (4) 다이얼 게이지의 응용 범위

① 외경, 높이, 두께 측정
② 깊이 측정
③ 진원도 측정
④ 안지름(캠식 실린더 게이지) 측정
⑤ 직각도 측정
⑥ 흔들림 측정
⑦ 공구 및 공작물 세팅

## 4) 실린더 게이지

2점 접촉식으로 2점 접촉이 자동적으로 지름 위에 오도록 하는 중심장치가 있다.

① 치수의 변화량을 측정자로 캠에 전달하고, 캠의 전도자로 누름핀에 전달되어 다이얼 게이지의 스핀들을 변화시켜 지침으로 표시된다.
② 내경 또는 홈 폭을 측정하는 데 편리하다. 측정할 때는 고정된 측정자를 안쪽으로 붙여 가동식으로 하면 측정 범위가 넓어진다.
③ 측정 길이가 길게 되면 휨이 생겨 오차의 원인이 되므로 주의해야 하며 측정 범위는 6~400mm까지로 되어있다.
④ 측정자 변화량의 운동 방향을 직각으로 바꾸어 다이얼 게이지에 전달하는 기구에는 캠(cam), 레버(lever), 경사판, 쐐기(wedge) 등이 주로 사용된다.

> **0점 조정(setting) 방법**
> ① 내경 치수와 동일한 링 게이지나 게이지 블록을 활용한다.
> ② 외경 마이크로미터(micrometer)를 활용한다.

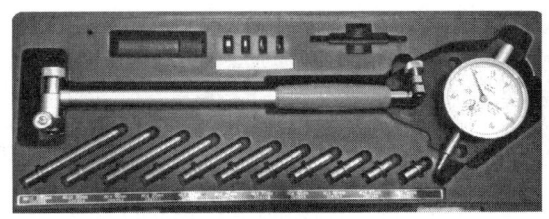

[그림 2-23] 실린더 게이지 세트 예시

### 5) 텔레스코핑 게이지

텔레스코핑 게이지는 직접 측정이 불가능하므로 측정자를 피측정물의 내경에 삽입한 후 수직인 상태에서 고정 너트로 고정한 다음 꺼내어 마이크로미터 등의 바깥쪽 측정기에 의하여 양측정자를 직접 측정하여 내측용 마이크로미터로 측정할 수 없는 작은 내경이나 홈 등의 치수를 구하게 된다.

▶ 텔레스코핑 게이지 특징
　① 게이지 자체에는 눈금이 없고 2~6mm의 슬리브 안에 코일 스프링을 넣어 섭동 플렌저가 고정되어 있다.
　② 손잡이의 끝에 있는 고정 나사를 돌려 플렌저의 움직임을 고정할 수 있게 되어있으며, 보통 여러 개가 한 벌이다.
　③ 3~80mm의 것과 3~150mm의 두 종류로 나누어진다.
　④ 숙련 필요 정확한 측정을 위해 시간이 소요된다.

### 6) 스몰 홀 게이지

스몰 홀 게이지에 의한 측정 가능 범위는 3~13mm이며, 스몰 홀 게이지의 경우도 직접 측정이 불가능하므로 측정 방법은 텔레스코핑 게이지와 동일하며, 주로 작은 구멍을 측정할 때 사용한다.

### 7) 한계 게이지

#### (1) 표준 게이지

호환성 있는 측정 방식을 표준 게이지로 만들어 이용하였으며, 표준 게이지로는 [그림 2-24]와 같다.
　① 와이어 게이지 : 각종 선재의 지름이나 판재의 두께 측정에 사용된다.
　② 틈새 게이지 : 미소한 틈새 측정에 사용된다.
　③ 피치 게이지 : 나사의 피치나 산수를 측정
　④ 센터 게이지 : 나사바이트의 각도 측정
　⑤ 반지름 게이지 : 곡면의 둥글기를 측정
　⑥ 드릴 게이지 : 단계적으로 크기 순서대로 만들어 드릴의 지름을 측정

그 외에도 각도 게이지, 기어측정 게이지, 애크미 게이지 등이 있다.

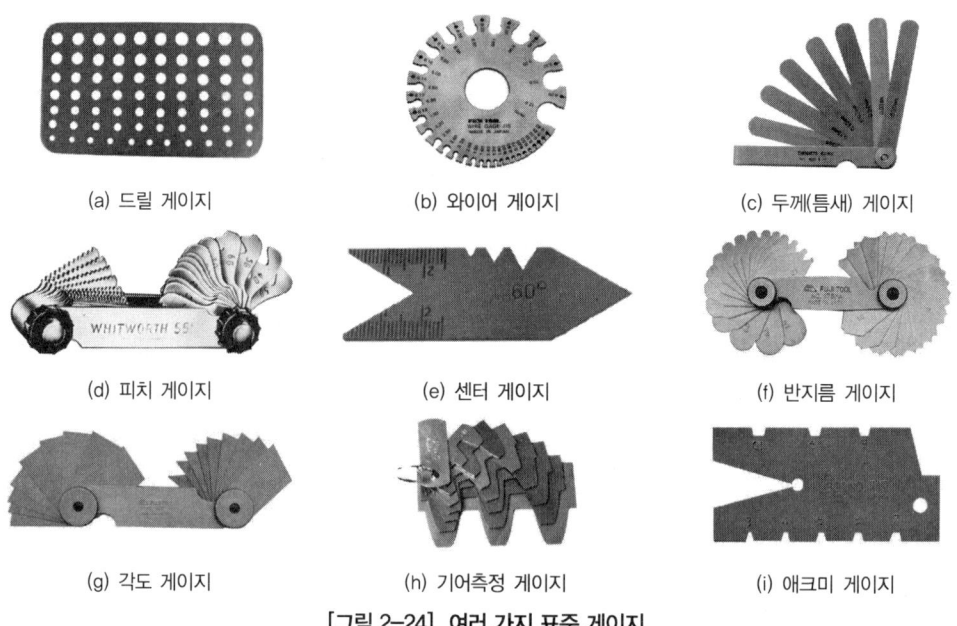

(a) 드릴 게이지   (b) 와이어 게이지   (c) 두께(틈새) 게이지
(d) 피치 게이지   (e) 센터 게이지   (f) 반지름 게이지
(g) 각도 게이지   (h) 기어측정 게이지   (i) 애크미 게이지

[그림 2-24] 여러 가지 표준 게이지

### (2) 한계 게이지(limit gauge)

기계 부품의 정해진 실제 치수가 크고 작은 두 개의 한계 사이에 들도록 하는 것이 합리적이다. 이 두 개의 한계를 나타내는 치수를 허용 한계치수라 하고, 큰 쪽을 최대허용치수, 작은 쪽을 최소허용치수라 하고, 두 한계치수의 차를 공차라 한다. 이 부품의 실제 가공된 치수가 두 한계 허용 치수 내에 있는지는 한계 게이지를 이용하여 검사한다. 공차 부호의 방향은 통과 측 플러그 게이지는 +로 하고, 정지 측 게이지는 -로 한다.

① 한계 게이지의 장점
   ㉠ 검사하기가 편하고 합리적이다.
   ㉡ 합·부 판정이 쉽다.
   ㉢ 취급의 단순화 및 미숙련공도 사용 가능
   ㉣ 측정 시간 단축 및 작업의 단순화
② 한계 게이지의 단점
   ㉠ 합격 범위가 좁다.
   ㉡ 특정 제품만 제작되므로 공용 사용이 어렵다.

### (3) 테일러(Taylor's)의 원리

한계 게이지로 검사하여 합격한 제품이라 하더라도 축의 약간 구부림 현상이나 구멍의 요철, 타원이 생겼을 때 끼워맞춤이 안 되는 경우가 많았는데, 통과 측은 전 길이에 대한 치수 또는 결정량이 동시에 검사되고 정지 측은 각각의 치수가 따로따로 검사되어야 한다.

### (4) 한계 게이지 종류

한계 게이지는 산업현장에서 측정의 목적을 효과적이면서도 경제적으로 달성하는 방법으로 절삭 가공 작업자가 작업 현장에서 직접 사용이 가능하거나, 수량이 많은 경우 이에 알맞은 게이지를 선정한다.

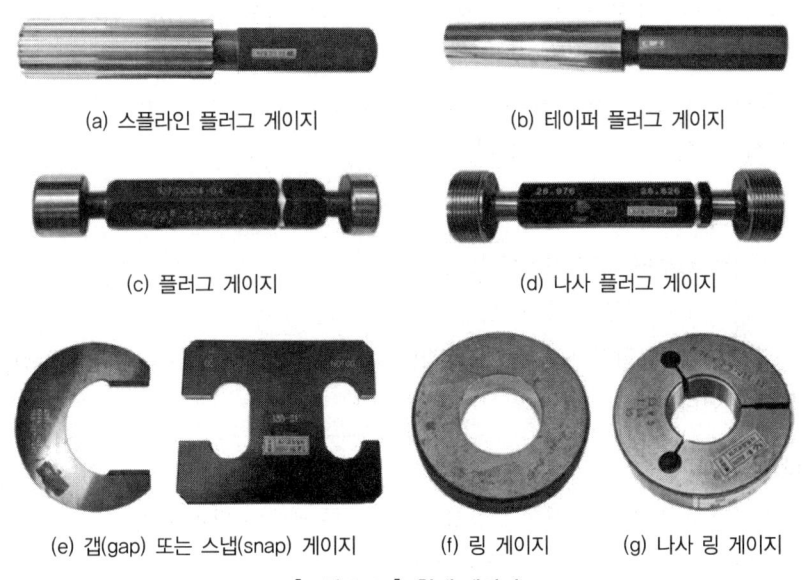

(a) 스플라인 플러그 게이지  (b) 테이퍼 플러그 게이지
(c) 플러그 게이지  (d) 나사 플러그 게이지
(e) 갭(gap) 또는 스냅(snap) 게이지  (f) 링 게이지  (g) 나사 링 게이지

[그림 2-25] 한계 게이지

① **구멍용 한계 게이지** : 구멍의 최소허용치수를 기준으로 한 측정 단면이 있는 부분을 통과(go) 측이라 하고, 구멍의 최대허용치수를 기준으로 한 측정 단면이 있는 부분을 정지(no go) 측이라고 한다.
  ㉠ 플러그 게이지(plug gauge)
  ㉡ 평 게이지(flat gauge)
  ㉢ 판게이지(plate gauge)
  ㉣ 터보 게이지(tebo gauge)
  ㉤ 봉 게이지(bar gauge)

② **축용 한계 게이지** : 축의 최대허용치수를 기준으로 한 측정 단면이 있는 부분을 통과 측이라 하고, 축의 최소허용치수를 기준으로 한 측정 단면이 있는 부분을 정지 측이라 한다.
  ㉠ 링 게이지(ring gauge) : 지름이 작은 것이나 두께나 얇은 공작물의 측정에 사용된다. 링 게이지는 스냅 게이지에 비하여 가격이 비싸지만, 테일러의 원리에 따라 통과 측에는 링 게이지를 사용하는 것이 바람직하다.
  ㉡ 스냅 게이지(snap gauge) : 스냅 게이지를 사용한 방법은 일반적으로 측정 압력이 작용하므로 취급에 주의하여야 한다. 스냅 게이지는 테일러의 원리에 따라 정지 측에만 사용하는 것이 좋으나, 게이지 원가 가격이 싸고 사용상 편리성, 축의 형상 오차가 작다는 것 등을 고려하여 통과 측, 정지 측 모두 사용하고 있다.

### 8) 게이지 블록

게이지 블록(gauge block)은 길이의 기준으로 사용되고 있는 평행 단도기로서, 요한슨이 처음으로 제작하였다. 103개 이상의 게이지에 의해 1,000mm부터 201mm까지 0.01mm 간격으로 2만 개 정도의 많은 치수를 1개 또는 몇 개를 조합하여 얻을 수 있다. 조합된 게이지 블록의 치수 오차는 측정면이 래핑 가공되어 있으므로, 밀착하여 사용해도 $1\mu m$ 간격으로 조합할 수 있고, 그 정도가 아주 높고 쉽게 임의의 치수를 얻을 수 있다. 내마모성을 높이기 위하여 HRC 65(Hv 800 이상) 정도로 열처리한 후 시효경화처리가 되어있다. 수량에 따라 분류하면 103조, 76조, 47조, 32조, 8조 등으로 나눈다.

#### (1) 게이지 블록의 특징

① 광 파장으로부터 직접 길이를 측정한다.
② 길이의 정도가 아주 높다($0.01\mu m$).
③ 측정 면이 서로 밀착하는 특징으로 몇 개의 수로 많은 치수의 기준을 얻어진다.
④ 사용이 편리하다.

#### (2) 밀착 방법

① 밀착하기 전에 깨끗한 천으로 방청유와 먼지를 깨끗이 닦아낸다.
② 측정면의 중앙에서 서로 직교하도록 댄다.
③ 가볍게 누르면서 돌려 붙이면 밀착된다.
④ 두꺼운 것과 얇은 것과의 밀착은 [그림 2-26]의 (a)와 같이 얇은 것을 두꺼운 것의 한쪽에 대고 가볍게 누르면서 밀어 밀착한다.
⑤ 두꺼운 게이지 블록의 밀착은 [그림 2-26]의 (b)와 같이 먼저 밀착면을 직각으로 맞추고 가볍게 누르면서 90°로 회전시키면서 밀착한다.

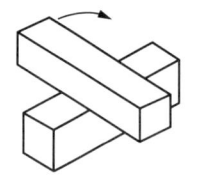 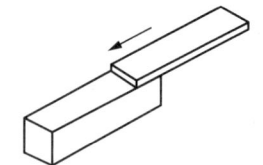

(a) 두꺼운 것끼리 밀착    (b) 두꺼운 것과 얇은 것 밀착

[그림 2-26] 밀착 방법

#### (3) 게이지 블록의 선택 방법

게이지 블록 표준 조합의 선택은 다음 조건을 고려해서 선택하는 것이 좋다.
① 필요로 하는 최소 치수의 단계
② 필요로 하는 측정 범위
③ 필요로 하는 치수에 대하여 밀착되는 개수를 가능하면 적게 할 것

### (4) 게이지 블록의 등급과 용도

| 사용 목적 | | 등급 |
|---|---|---|
| 참조용 | • 표준용 게이지 블록의 정밀도 점검, 학술적 연구<br>• 검사는 3년, 정밀도(평행도 허용치)는 ±0.05μ | K 또는 00 |
| 표준용 | • 공작용 게이지 블록의 정밀도 검사<br>• 검사용 게이지 블록의 정밀도 검사<br>• 검사는 2년, 정밀도(평행도 허용치)는 ±0.1μ | 0 |
| 검사용 | • 게이지의 정밀도 점검, 측정기류의 정밀도 조정<br>• 기계 부품, 공구 등의 검사<br>• 검사는 1년, 정밀도(평행도 허용치)는 ±0.2μ | 1 |
| 공작용 | • 게이지의 제작, 측정기류의 조정<br>• 공구, 절삭 공구의 설치 및 조정<br>• 검사는 6개월, 정밀도(평행도 허용치)는 ±0.4μ | 2 |

### (5) 게이지 블록의 종류

게이지 블록의 종류는 모양에 따라 직사각형의 단면을 가진 요한슨형, 중앙에 구멍이 뚫린 정사각형의 단면을 가진 호크(Hoke)형과, 원형으로 중앙에 구멍이 뚫린 캐리(Cary)형, 팔각형 단면으로서 2개의 구멍을 가진 것 등이 있다. 일반적으로 KS에서 규정된 요한슨형이 많이 사용하고, 호크형은 주로 미국에서 많이 사용하며, 얇은 치수(0.05~1mm)에는 캐리형이 사용되나 근래에는 거의 생산되지 않는다.

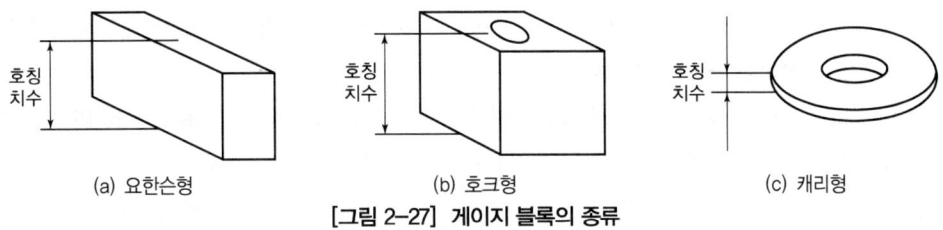

(a) 요한슨형　　(b) 호크형　　(c) 캐리형

[그림 2-27] 게이지 블록의 종류

### 9) 측장기

① 측장기는 내부에 표준자 또는 기준 편을 가지고 피측정물의 치수와 길이를 직접 구할 수 있는 길이 측정기이다.
② 주로 게이지류, 정밀 공구, 정밀부품 길이 측정에 사용되는 것이므로, 비교적 큰 치수의 것을 높은 정밀도로 직접 측정하는 장치이다.

### 4 각도 게이지

각도 게이지는 여러 종류의 각도를 갖는 게이지이다. 각도 게이지의 조합으로 다양한 각도를 얻을 수 있는 게이지로, 요한슨식과 NPL식이 있다.

NPL식의 각도 게이지는 측정면이 요한슨식 각도 게이지보다 크고 몇 개의 블록을 조합하여 임의의 각도를 만들 수 있고, 그 위에 밀착할 수 있어 현장에서도 많이 쓰고 있다.

[그림 2-28] 각도 게이지(NPL식) 예시

#### 1) 요한슨식 각도 게이지

① 요한슨(Johansson)에 의해 고안된 게이지로 길이는 약 50mm, 폭은 19mm, 두께는 2mm의 판게이지를 85개 또는 49개를 한 조로 하고 있다.

② 요한슨식 게이지는 긴 방향의 양측면이 서로 평행하여 이 평행한 측면에 대하여 게이지면은 네 귀퉁이에 경사된 짧은 다듬질 가공면으로 되어있고, 여기에 각도가 기입되어 있으며, S자는 그 장소를 표시한 것이다.

③ 홀더(holder)을 이용하여 2개를 조합하여 사용하고 85개조의 측정 범위는 0~10°와 350~360° 사이의 각도는 1° 간격으로, 그 외의 각도는 1' 간격으로 만들 수 있다.

④ 49개조는 0~10°와 350~360°사이의 각도를 1° 간격으로, 그 외의 각도는 5' 간격으로 만들 수 있다.

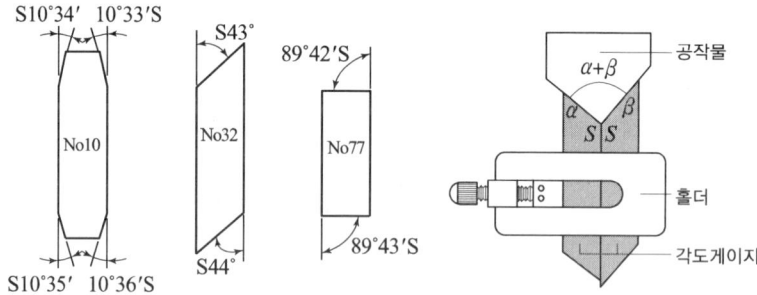

[그림 2-29] 요한슨식 각도 게이지

## 2) NPL식 각도 게이지

① 영국의 톰린스(Tomlinson)에 의하여 고안된 것으로 100×15mmm의 쐐기형 강철제 블록으로 되어있다.

② NPL식 각도 게이지는 12개 게이지 6″, 18″, 30″, 1′, 3′, 9′, 27′, 1°, 3°, 9°, 27°, 41°를 한 조로 2개 이상 조합해서 0°~81°까지 6″ 간격으로 임의의 각도를 만들 수 있다.

③ 조립 후의 정도는 ±2~3″이다.

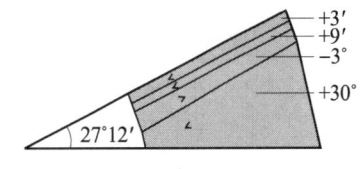

[그림 2-30] NPL식 각도 게이지

## 3) 베벨 각도기

① 2면 간의 각도를 간단하게 측정하는 데는 베벨 각도기가 많이 쓰이며, 눈금 읽는 방법에 따라서 기계적인 각도기와 광학적인 각도기가 있다.

② 각도의 읽음을 5′ 또는 3′까지 읽을 수 있는 것이 있다.

③ 원주 눈금이 새겨진 자와 읽음용 눈금 혹은 아들자 눈금을 가진 회전체로 되어있다.

④ 기계적 베벨 각도기(bevel protractor)와 광학적 베벨 각도기가 많이 사용된다.

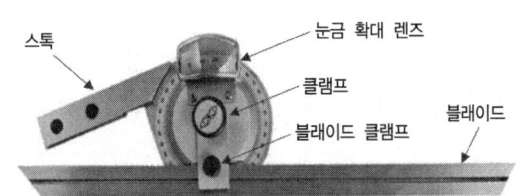

[그림 2-31] 베벨 각도기의 각부 명칭 예시

### (1) 만능(베벨) 각도 측정기

두 면 간의 각도를 측정하는 측정기로 눈금 원판은 1눈금이 1′이고, 최소 읽을 눈금은 23′를 12등분한 아들자는 5′이고, 19°를 20등분한 아들자는 3′이다. [그림 2-33]은 눈금 읽는 방법의 예로서 눈금 원판과 버니어 눈금의 일치점이 버니어 눈금에서 25′이므로 측정값은 20°25′이 되겠다.

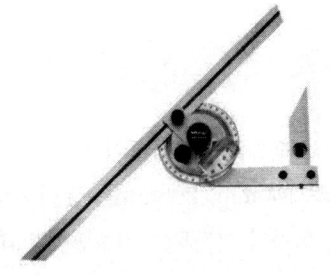

[그림 2-32] 만능(베벨) 각도 측정기

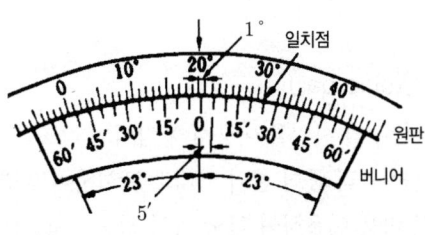

[그림 2-33] 눈금 읽는 방법의 예

### (2) 콤비네이션 세트(combination set)

① 강철자에 스퀘어 헤드와 센터 헤드가 있는 것을 콤비네이션 스퀘어(combination square)라 하며, 여기에 각도기가 붙어 있는 것을 콤비네이션 세트라 한다.

② 스퀘어 헤드는 높이 측정에 사용하고, 센터 헤드는 중심을 내는 금긋기 작업에 이용한다. 또한, 각도기에는 수준기가 붙어 있는 것도 있다.

[그림 2-34] 콤비네이션 세트

### 4) 수준기

① 수준기는 수평 또는 수직을 정하는 데 쓰이며, 그 외에 수평·수직으로부터 약간 경사진 부분을 측정한다.

② 경사각은 눈금을 읽어 각도로 환산하며 경사각을 라디안으로 나타내면 $\theta = \dfrac{L}{R}$ ($\theta$ : radian) 수준기의 감도는 KS에서 기포관의 1눈금(2mm)이 변위되는 데 필요한 경사각을 밑면 1m에 대한 높이 또는 각도로 표시된다. 따라서 $\rho = 206265 \times \dfrac{a}{R}$ 가 된다.

### 5) 투영기

나사, 게이지, 기계 부품 등의 측정물을 광학적으로 정확한 배율로 확대, 투영하여 스크린에서 그 형상, 치수, 각도 등을 측정하는 장치로서, 다음과 같은 측정을 할 수 있는 측정기이다.

▶ 투영기의 측정 범위
① 눈금자에 의한 치수 측정
② 차트를 이용한 비교측정
③ XY 방향 재물대를 이용한 직각 좌표 측정
④ 회전 테이블과 XY 방향 재물대를 이용한 극좌표 측정
⑤ 각도 측정
⑥ 나사의 측정
  ㉠ 바깥지름 및 골 지름 측정
  ㉡ 유효지름 측정
  ㉢ 피치와 각도 측정

### 6) 사인 바(sine bar)

① 삼각함수의 사인을 이용하여 임의의 각도를 설정 및 측정하는 측정기이다.
② 크기는 롤러 중심 간의 거리로 표시하며 일반적으로 100mm, 200mm를 많이 사용한다.
③ 사인 바를 이용하여 각도 측정 시 $\alpha > 45°$로 되면 오차가 커지므로 기준면에 대하여 45° 이하로 설정한다.

$$\sin \alpha = \frac{H}{L}, \quad H = L \times \sin \alpha, \quad \alpha = \sin^{-1} \frac{H}{L}$$

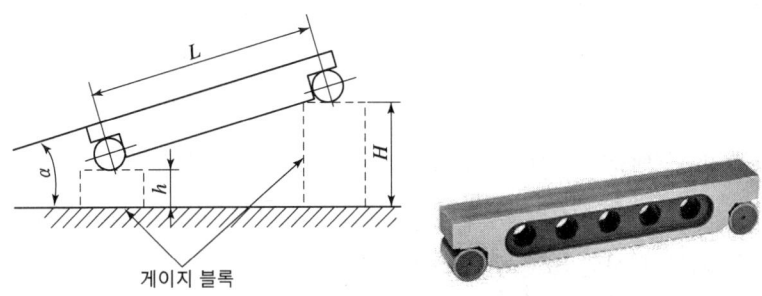

[그림 2-35] 사인 바에 의한 각도 측정

## 7) 형상 측정기

공작물의 형상을 측정하는 방법은 다음과 같다.

① 게이지(template)에 의한 방법 : 나사산의 형상, 피치, 반지름, 각도와 같은 비교적 단순한 형상에 대하여 게이지와 공작물을 대조하여 그 틈새로서 측정한다.
② 공구 현미경에 의한 방법 : 공작물의 윤곽을 현미경으로 확대하여 기준과 비교 때문에 측정한다.
③ 투영기에 의한 방법 : 확대 투영한 공작물의 윤곽을 X-Y 테이블을 이송하거나, 스크린 회전으로 측정한다.
④ 형상 측정기 : 표면 거칠기 측정의 원리를 이용한 기구적인 측정 방법이다. 정밀도가 높으며 고정식과 휴대용이 있다.

## 5 표면 거칠기 및 윤곽 측정

### 1) 표면 거칠기 측정기

표면 거칠기는 표면의 요철로 가공된 표면에 미세한 간격으로 나타나는 미세한 굴곡을 말한다. 절삭 가공 방법이나 다듬질 방법에 따라 모양과 크기가 다르다. 이러한 표면 구조는 표면의 입체적 구조를 형성하는 실측 표면의 공칭 표면에 대한 변위로서, 거칠기(roughness), 파상도(waviness), 결(lay), 흠(flaw) 등으로 이루어진다. 표면 거칠기는 주로 Ra, Rz로 가장 많이 표현된다. 표면의 결에 대한 기본 그림 기호는 '√'로 표기하며, 세부적인 파라미터의 정의 및 표시는 KS B ISO4287을 참조한다.

#### (1) 표면 거칠기의 측정법

① 비교용 표준 편과의 비교측정 : 사람의 손가락 감각으로 표준편과 가공된 제품과의 표면 거칠기를 비교측정

② 광절단식 표면 거칠기 측정법 : $\beta$쪽의 좁은 틈새로 나온 빛을 투사하여 광선으로 표면을 절단하여 $\gamma$방향에서 현미경이나 투영기에 의해서 확대하여 관측 또는 사진을 찍어서 요철 상태를 알 수 있다.

③ 광파간섭식 표면 거칠기 측정법 : 빛의 간섭을 이용하여 가공면의 거칠기를 측정하는 방법으로 래핑면과 같이 초점 밑면에 적합하며 $1\mu m$ 이하의 비교적 미세한 표면의 측정에 사용되며, 최대높이 거칠기는 $R_{max} = \frac{b}{a} \times \frac{\lambda}{2}$ 식으로 구한다.

㉠ 장점 : 분해 능력이 크고, 매우 부드러운 물체의 측정이 가능하며, 직접 측정이 어려운, 기어, 나사면, 구멍 등을 측정할 수 있다.

㉡ 단점 : 반사면이 좋은 표면에만 사용할 수 있고, 진동에 민감하므로 연구실용으로 적당하다.

④ 촉침식 표면 거칠기 측정법 : 표면 거칠기 측정법의 대표적인 방법으로 측정원리는 피측정면에 수직으로 움직이는 촉침으로 피측정면의 표면을 긁어서 상·하의 움직임 양을 전기적인 신호로 변환하고, 증폭시켜 그래프에 그리거나 meter에 값을 지시한다. 구성 요소는 촉침, 감응기, 증폭기, 기록계(지시계) 등으로 구성된다.

### (2) 표면 거칠기의 표현

① 최대높이 거칠기(Ry)
② 산술 평균 거칠기(Ra)
③ 10점 평균 거칠기(Rz)

## 2) 윤곽 측정

### (1) 공구 현미경에 의한 측정

① 공구 현미경의 용도 : 가장 많이 사용되고 있는 측정기의 하나로 현미경에 의해 확대 관측하여 제품의 길이, 각도, 형상, 윤곽을 측정하는 측정기이다. 용도는 각종 정밀부품의 측정, 공작용 치공구류의 측정, 각종 게이지의 측정, 특히 나사게이지, 나사 요소의 측정 등 다방면에 사용되고 있다.

② 공구 현미경의 부속품

㉠ 대물렌즈 : 대물렌즈의 비율은 ×10배 고정되어 있으며, 초점 맞춤의 다소 오차가 있어도 배율 오차를 줄이기 위하여 텔렉센트릭(telecentric) 광학계로 구성되어 있다.

㉡ 경사 센터 지지대(중심지지대) : 나사, 기어, 호브 등 원통 부품의 형상 치수 측정에 사용된다.

㉢ V형 지지대 : 센터대에 지지할 수 없는 제품의 지지에 사용된다.

㉣ 분할 중심지지대 : 기어, 호브, 캠 분할판, 나사의 비틀림각 측정에 사용

㉤ 반사 조명 장치 : 제품의 수직 상방에서 조명하여 반사상을 이용하여 측정

ⓗ 접안렌즈 : 접안렌즈는 대물렌즈에 의해 생성된 중간실상을 확대하는 것으로 구조상 형판 접안렌즈, 각도 접안렌즈, 이중상 접안렌즈로 나눈다. 이중상 접안경은 다각 프리즘과 직각프리즘을 조합한 것으로 2개의 상을 합치함으로써 구멍의 중심간 거리 측정에 알맞다.
  ⓐ 촉침식(feller) 현미경
  ⓞ 형판 접안렌즈
  ⓩ 센터링 테이블
  ⓒ 나이프에지
  ⓚ 심출 테이블

### (2) 투영기에 의한 측정 구조

투영기는 광원, 접안렌즈, 투영렌즈, 스크린의 4요소로 구성되어 있으며, 윤곽(관통) 및 표면측정(미관통)을 위하여 광원과 접안렌즈가 있다.

① **스크린** : 평면도 및 평행도가 아주 좋은 우윳빛 유리판으로 유리면에 십자선을 조각해서 사용한다.

② **투영렌즈** : $10\times$, $20\times$, $50\times$, $100\times$가 보통이고, $5\times$, $200\times$ 등은 특수한 경우에 쓰임. 투영상이 찌그러지는 것을 왜곡이라 하고, 선명하게 보이는 정도를 해상력이라 한다.

③ **조명광학계** : 조명광이 광축에 평행한 되는 조명 법을 텔레센트릭 조명이라 하며, 원통이나 구를 관찰하는 데 편리하다.

④ **재물대** : 측정 재료를 얹어 놓는 평평한 부위

⑤ **본체** : X축과 Y축 테이블을 지지하는 부위

## 6 나사 및 기어측정

### 1) 나사측정

#### (1) 나사측정의 개요

나사를 측정할 때에는 바깥지름(outside diameter), 골지름, 유효지름, 피치(pitch), 나사의 각 등 5가지 요소를 측정한다.

#### (2) 수나사 측정

유효지름을 측정은 나사 마이크로미터, 삼선법, 공구 현미경 등의 광학적 측정기로 하는 방법이 있다. 삼침법 측정 방법은 $d_2 = M - 3d + 0.86603p$이다.

① **삼침법** : 나사 게이지 등과 같이 정밀도가 높은 나사의 유효지름 측정에 3침법(3선법)이 쓰이며, 지름이 같은 3개의 핀 게이지를 나사산의 골에 끼운 상태에서 바깥지름을 마이크로미터 등으로 측정하여 계산하며, 유효지름을 측정하는 가장 정밀한 방법이다.

② 나사 마이크로미터에 의한 방법 : 엔빌 측에 V홈 측정자를 스핀들 측에 원뿔형 측정자를 사용하여 유효지름 값을 직접 읽을 수 있다.
③ 광학적인 방법 : 투영기, 공구현미경 등의 광학적 측정기에서 나사축 선과 직각으로 움직이는 전후이동 마이크로미터 헤드의 읽음값으로 구할 수 있다.

## 2) 기어측정

주로 동력 전달의 효율성, 이의 강도와 내구성 등에 관하여 고려되었지만, 최근에는 맞물림 시 허용되는 각도 오차, 기어의 뒷틈(백래시), 운전 중 소음이나 진동 등 여러 가지를 요구하기에 이르러 기어의 정밀가공과 더불어 정밀측정이 요구하게 되었다. 기어측정에서는 치형의 정확도, 이두께, 피치, 편심 오차 등을 측정하고 검사하며, 상대 기어와 물려 운전할 때의 마멸 및 소음 등을 시험한다.

### (1) 피치 오차의 측정

① 기어의 피치 오차 : 기어의 피치 오차로서 단일피치 오차, 최대피치 오차, 인접피치 오차, 누적피치 오차, 법선피치 오차가 있으며 KS에서는 최대피치 오차는 적용하지 않는다.
② 원주피치 오차의 측정
  ㉠ 직선거리의 측정법
  ㉡ 각도의 측정법
  ㉢ 인접피치 오차의 측정법
③ 법선피치의 측정 : 법선피치는 측정자 및 고정 접촉자를 기초원의 접선과 이에 대응하는 인접한 치면과의 교점에 접촉시켜 그 두 교점 사이의 직선거리에 대하여 그 이론값과의 차를 측정하고, 헬리컬 기어에서는 정면 법선피치를 측정한다. 측정값에서 단일피치 오차, 인접피치 오차, 누적피치 오차, 법선피치 오차의 최댓값을 구한다.
  ㉠ 단일피치 오차 : 인접한 이의 피치원상에서의 실제 피치와 이론적인 피치와의 차
  ㉡ 인접피치 오차 : 피치원상의 인접한 두 피치의 차
  ㉢ 누적피치 오차 : 피치원상에서 임의의 두 이 사이의 실제 피치의 합과 이론적인 값의 차
  ㉣ 법선피치 오차 : 정면 법선피치의 실제 치수와 이론값의 차

### (2) 이두께 측정

① 활줄(버니어 캘리퍼스) 이두께 측정 : 피치원상의 활줄 이두께를 측정하기 위해서는 우선, 이높이의 이론값에 이두께 버니어 캘리퍼스를 설정한 다음 이두께를 측정한다.
② 걸치기 이두께 측정 : 이두께 마이크로미터를 사용하여 걸치기 이두께를 측정하는 방법으로 걸치기 이두께는 기어를 몇 개의 이를 걸쳐서 측정하는 것으로 외측 마이크로미터의 앤빌 및 스핀들에 원판형의 디스크를 붙인 디스크 마이크로미터로 측정한다.

$$Sm = Sg + (Zm - 1) \times te$$

③ 오버 핀에 의한 이두께 측정 : 이 측정 방법은 스퍼 기어에서 2개의 핀을 지름 위에서 짝수 이의 경우 또는 $\pi/Z$만큼 기울어진 홀수 이의 경우에 넣어 외부 기어에서는 2개의 핀이 바깥쪽 치수를 측정하고, 내부 기어에서는 2개의 핀 안쪽 치수를 측정하여 이두께를 구한다. 또 헬리컬 외부 기어에서는 핀의 바깥쪽 치수를 측정하고, 헬리컬 내부에서는 핀의 안쪽 치수를 측정한다.
  ㉠ 짝수 이의 경우 : $dm = dp + Zm \times \cos\alpha / \cos\phi$
  ㉡ 홀수 이의 경우 : $dm = Zm \times \cos\alpha / \cos\phi \times \cos 90° / Z + dp$

## 7  3차원 측정기

주로 측정점 검출기(PROBE)가 서로 직각인 X, Y, Z축 방향으로 운동하고 피측정물 측정점이 공간 좌푯값을 측정치에 의해 읽어 들여 위치, 거리, 윤곽, 형상 등을 측정하는 만능 측정기를 말한다.

① 3D(coordinate measuring machine)는 피측정물과의 접촉(때로는 비접촉)을 감지하는 프로브(prove)가 장착되어 있다.
② 피측정물의 치수와 기하학적 양을 감지 신호로 받은 시점에서 접촉점의 3차원 공간 좌푯값 (X, Y, Z)으로 변환하는 작업을 기본 기능으로 하는 측정기이다.
③ 측정물의 치수, 위치, 기하 편차, 윤곽 형상 등의 측정이 현재의 어느 측정기보다도 신속하고 정확하게 측정이 되는 만능형 측정기이다.
※ 공업규격(KSB 5542)에 따르면 서로 직교하는 안내와 안내의 이송량을 구하는 스케일 및 프로브를 가지고 각각의 이송량에서 프로브의 3차원 좌푯값을 구할 수 있는 측정기라고 정의한다.

### 1) 3차원(dimension) 별 측정 범위

① 1차원(1-D) : 버니어 캘리퍼스, 마이크로미터 등과 같이 1축(X, Y, Z)을 이용한 측정
② 2차원(2-D) : 공구 현미경, 투영기 등과 같이 2축(XY, YZ, ZX)을 이용한 측정
③ 3차원(3-D) : 레이아웃 머신, 3차원 측정기 등과 같이 3축(XYZ)을 이용한 측정

### 2) 정반 측정 방식과 3차원 측정기를 사용하는 좌표 측정 방식의 차이점

#### (1) 정반 측정 방식의 특징

① 직접 측정값을 읽을 수 있다.
② 비교 측정을 통해 정밀한 측정이 가능하다.
③ 신속한 측정이 가능하다.
④ 측정기 취급이 용이하고 가격이 싸다.
⑤ 개인오차가 숙련, 비숙련 정도에 따라 심하다.
⑥ 기계적인 데이텀이 필요하다.
⑦ 데이터 처리가 불편하다.

### (2) 좌표 측정 방식의 특징

① 복잡한 형상도 컴퓨터를 이용하기 때문에 간단하게 측정할 수 있다.
② 수학적인 정열이 가능하다.
③ 데이터 통신이 용이하고 응용 범위가 넓다.
④ 데이터 처리가 용이하다.
⑤ 실시간 품질관리가 가능하다.
⑥ 시스템이 복잡하고 활용에 시간이 필요하다.
⑦ 관련 분야의 전문지식이 필요하다.
⑧ 환경변화에 민감하다.

## 3) 측정점 검출기(PROBE)

프로브 시스템은 피측정물의 좌표 위치를 검출하는 장치로서 크게 접촉식과 비접촉식으로 나누어집니다. 접촉식은 접촉으로 위치 검출이 가능한 것이며 비접촉식은 접촉이 없이도 가능한 것이다.

### (1) 접촉식

① 기계식 프로브 : 특정한 것만을 측정하는 데 사용
② 스위칭 프로브 : 일반적으로 사용하는 것
③ 비례식 프로브 : 피측정물과 접촉한 후 변위의 정도에 비례하여 신호를 발생하는 것

### (2) 비접촉식

① CID 카메라 : 픽셀 하나에 비추어진 영상에 밝기 정도를 전기적 신호로 바꾸어 측정
② CCD 카메라 : 전기적 신호를 전달할 때 개개의 픽셀 단위가 아닌 줄 단위로 나타냄
③ 레이저 프로브 : 레이저를 이용하여 반사되어 도달하는 측정점의 위치 정보를 이용

# CHAPTER 3. 선반 가공

## 01 선반의 크기 표시

선반의 크기는 베드 위에서 스윙(swing), 왕복대 상의 스윙, 양 센터 사이의 거리로 나타낸다.

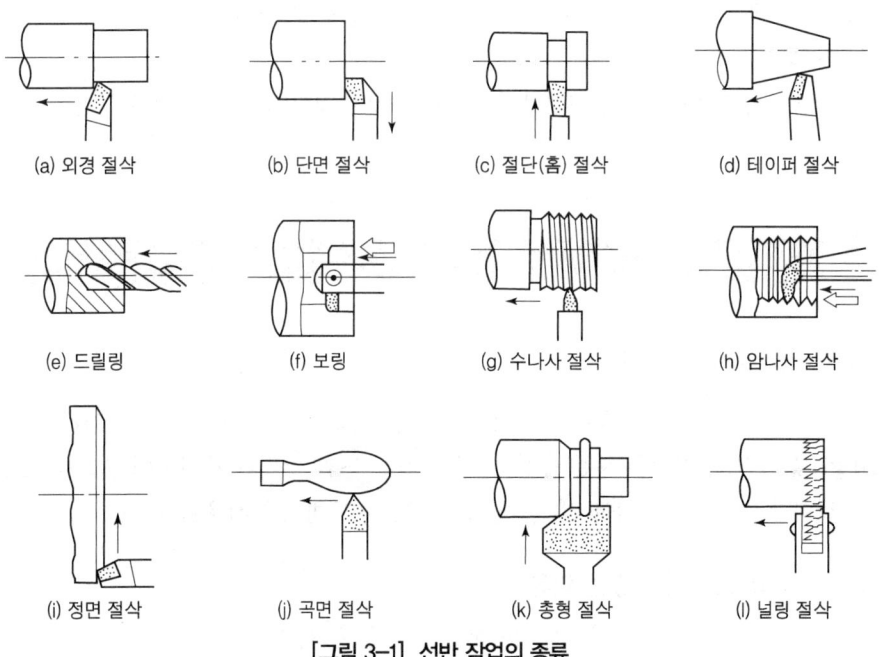

(a) 외경 절삭　(b) 단면 절삭　(c) 절단(홈) 절삭　(d) 테이퍼 절삭
(e) 드릴링　(f) 보링　(g) 수나사 절삭　(h) 암나사 절삭
(i) 정면 절삭　(j) 곡면 절삭　(k) 총형 절삭　(l) 널링 절삭

[그림 3-1] 선반 작업의 종류

## 02 선반의 종류

① **탁상선반** : 정밀 소형기계 및 시계부품 가공
② **보통선반** : 가장 많이 사용
③ **정면선반** : 직경이 크고 길이가 짧은 공작물 가공(대형 풀리, 플라이휠)
④ **수직선반** : 중량이 큰 대형공작물, 직경이 크고, 폭이 좁으며 불균형한 공작물을 가공하며 공작물 고정이 쉽고 안정된 중절삭이 가능하고 비교적 정밀하다.
⑤ **터릿선반** : 터릿으로 불리는 선회 공구대를 가진 것으로 너트, 와셔, 나사, 핀 등 모양이 간단한 제품의 대량생산용 램형, 새들형, 드럼형 등이 있다.

⑥ **공구선반** : 릴리빙 장치(=Back off 장치)를 가진 것으로 절삭 공구(호브, 커터, 탭 등)의 여유각을 가공한다.
⑦ **자동선반** : 캠이나 유압기구를 사용하여 자동화한 것으로 핀, 볼트, 시계, 자동차 생산에 사용된다.
⑧ **모방선반** : 형상이 복잡하거나 곡선형 외경만을 가진 일감을 많이 가공할 때 편리하며 트레이서를 접촉시켜 형판 모양으로 공작물을 가공한다. 자동모방 장치이용, 테이퍼 및 곡면 등을 모방 절삭. 유압식, 전기식, 전기 유압식이 있다.
⑨ **차축선반** : 철도 차량용 차축 가공한다.
⑩ **크랭크축 선반** : 크랭크축의 베어링 저널과 크랭크 핀을 가공한다.
⑪ **갭 선반** : 베드 상의 스윙을 크게 하기 위해서 주축대로부터 베드의 일부가 분해 될 수 있는 선반이다.
⑫ **차륜선반** : 철도차량의 차륜을 깎는 선반으로 정면선반 2개가 서로 마주 본다.

## 03 선반의 구조

### 1 주축대(head stock)

주축대에는 공작물을 지지하면서 회전을 주는 주축(spindle)과 이것을 지지하는 베어링(bearing) 및 주축에 회전을 주는 구동 기구인 속도 변환 장치가 내장되어 있으며, Ni-Cr강, 침탄강, 질화강 등으로 제작되어 있다. 2점 또는 3점 지지방식을 사용한다.

#### 1) 주축이 중공축으로 되어 있는 이유
① 무게를 감소하여 주축 베어링에 작용하는 하중을 줄여준다.
② 중공은 실축보다 굽힘과 비틀림 응력에 강하여 강성을 유지한다.
③ 긴 공작물을 고정에 편리하다.
④ 고정된 센터를 쉽게 분리할 수 있으며, 콜릿 척을 사용할 수 있다.

#### 2) 일반적인 단차식 주축대의 특징
① 벨트걸이로 구조가 간단하다.
② 주축 속도 변환이 작으며 고속회전이 어렵다.
③ 백 기어(저속 강력절삭 목적)가 설치되어 있다.
④ 값이 싸나, 운전 시 위험이 따른다.

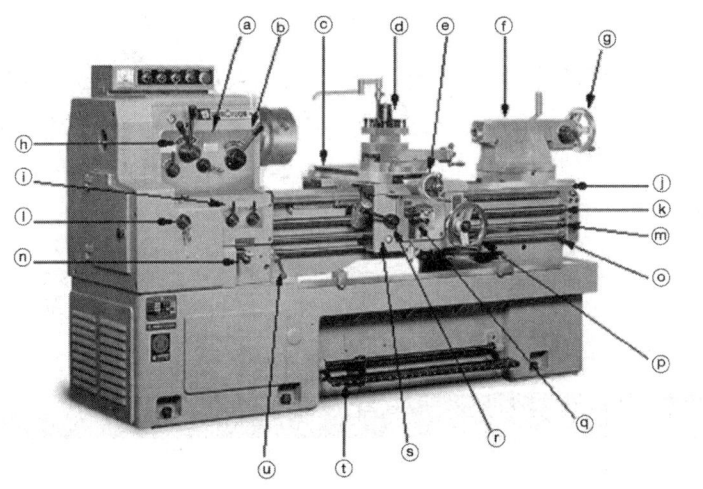

ⓐ 주축대
ⓑ 백기어 레버
ⓒ 새들
ⓓ 공구대
ⓔ 가로이송 핸들
ⓕ 심압대
ⓖ 심압대 핸들
ⓗ 주축속도 변환레버
ⓘ 이송나사 변환레버
ⓙ 베드
ⓚ 리드 스크루
ⓛ 이송속도 변환레버
ⓜ 자동이송 축
ⓝ 노튼 기어
ⓞ 시동 축
ⓟ 왕복대 이송핸들
ⓠ 자동이송 레버
ⓡ 하프너트 레버
ⓢ 왕복대
ⓣ 브레이크
ⓤ 시동 레버

[그림 3-2] 보통선반의 각부 명칭

### 2  심압대(tail stock)

심압대는 우측 베드 상에 있으며, 작업내용에 따라 좌우로 움직여 위치조정을 할 수 있도록 되어 있다.

#### 1) 심압대에서 할 수 있는 사항
① 축에 정지 센터를 끼워 긴 공작물을 고정하거나 센터 대신 드릴·리머 등을 고정할 수 있다.
② 조정나사의 조정으로 심압대를 편위시켜 테이퍼를 절삭할 수 있다.
③ 심압축을 움직일 수 있다.
④ 심압축은 모스 테이퍼(morse taper)로 되어 있다.

#### 2) 심압대의 구비조건
① 심압대는 베드의 어떠한 위치에도 적당히 고정할 수 있을 것
② 센터를 고정하는 심압대의 스핀들은 축 방향으로 이동하여 적당한 위치에 고정할 수 있을 것
③ 축 중심을 편위시켜 테이퍼를 가공할 수 있을 것

### 3  베드(Bed)

베드의 재질은 40~60%의 강철 파쇠를 넣어 만든 강인주철, 구상흑연주철, 미하나이트(meehanite)주철, 인장강도 30kgf/mm² 이상의 합금주철 등의 고급주철을 사용하고, 주조로 인한 내부응력을 제거하기 위해 시즈닝(seasoning)처리하여 사용한다.

베드에는 절삭작용에 의해 비틀림 작용과 굽힘 작용을 받으므로 리브(rib)를 붙여서 튼튼하게 한다. 이 형식은 평행형, 지그재그형, 십자형, X형 등이 있다.

### 4  왕복대

왕복대의 베드 윗면에서 주축대와 심압대 사이를 슬라이드 운동하는 부분으로 에이프런(apron), 새들(saddle), 복식공구대(compound tool rest)로 구성되어 있다. 자동이송은 이송축과 에이프런(apron) 내부의 기어장치, 나사 가공은 리드 스크루의 회전을 하프너트(half nut)로 왕복대에 전달해 이송한다.

## 04 선반의 부속장치

### 1  센터

#### 1) 회전 센터와 정지 센터
공작물을 지지하는 부속장치이다.
① 회전 센터는 주축에서 사용(모스 테이퍼 사용 약 1/20)
② 정지 센터는 심압대에서 사용(모스 테이퍼 사용 약 1/20)

#### 2) 센터의 각도
① 미국식 : 60° → 정밀가공 중 소형 공작물가공에 사용된다.
② 영국식 : 75° or 90° → 중량이 큰 대형 공작물가공에 사용된다.
③ 센터의 종류
  ㉠ 베어링 센터 : 고속 회전 시 사용된다.
  ㉡ 하프 센터 : 단(끝)면 가공 시 사용된다.
  ㉢ 베벨(파이프) 센터 : 관류나 중량이 큰 공작물에 사용된다.

### 2  면판(face plate)
① 주축의 나사에 고정, 돌리개를 사용하여 공작물가공에 사용된다.
② 대형 공작물이나 복잡한 형상의 공작물 가공에 사용된다.
  → 앵글 플레이트, 클램프 등의 고정구와 웨이트 밸런스를 위한 추를 사용한다.

### 3  돌림판과 돌리개
양 센터 작업 시 사용된다.
① 돌림판 : 주축 끝 나사 부에 고정된다.
② 돌리개 : 돌림판과 공작물에 회전 전달에 쓰인다.

### 4  방진구

양센터 가공 시 사용된다.
① 가늘고 긴 공작물 가공 시 자중과 절삭력으로 휨이 생겨 균일한 직경을 가진 진원 단면의 절삭 가공이 곤란하기 때문에 방진구가 사용된다.
② 보통 직경의 12배 이상의 길이는 불안전한 절삭 조건일 때 사용하고, 직경의 20배 이상의 길이일 때 방진구를 사용한다.
③ 방진구의 종류
　㉠ 고정식 방진구 : 베드에 설치, 3개의 조로 구성되어 있다.
　㉡ 이동식 방진구 : 왕복대의 새들에 설치, 2개의 조로 구성되어 있다.

### 5  심봉(mandrel)

구멍이 있는 공작물을 고정, 가공 시 심봉 자체는 양센터로 지지하거나 주축의 테이퍼 구멍에 끼워 사용하고, 구멍과 외경을 동심으로 가공 시에 사용된다.
① **단체 심봉(solid)** : 정밀한 중심내기용(가장 보통형) 1/100, 1/1000의 테이퍼로 비교적 간단하고 확실하게 공작물을 고정한다.
② **팽창식 맨드릴(expanding)** : 공작물 구멍이 심봉보다 클 때, 슬리브(sleeve)를 끼워 이것을 축 방향으로 이동시켜 지름을 조정한다.
③ **테이퍼 맨드릴(taper)** : 테이퍼 가공용으로 사용된다.
④ **너트(갱) 맨드릴(gang)** : 두께가 얇은 여러 개의 원판형 공작물을 심봉에 끼우고 너트로 고정하여 사용한다.
⑤ **조립(원추) 맨드릴(cone)** : 비교적 큰 지름(pipe)의 원통형을 가공 시 사용한다.
⑥ **나사 맨드릴(thread)** : 공작물에 나사 구멍이 있을 때 사용한다.

### 6  척(chuck)

바깥지름으로 크기를 나타낸다.
① **연동 척(만능 척, 스크롤 척)** : 규칙적인 외경을 가진 재료를 가공하며, 단동척보다 고정력이 약하다. 3개의 조(jaw)를 크라운 기어를 사용하여 동시에 이동시킨다.
② **단동 척** : 다소 불규칙한 외경의 공작물 가공과 중심을 편심시켜 가공할 수 있다. 4개의 조(jaw)가 있다.
③ **마그네틱 척** : 전자석 설치, 얇은 공작물을 변형시키지 않고 가공한다.
④ **콜릿 척** : 가는 지름의 환봉 재료 고정하며 탁상, 터릿 선반용으로 사용한다.
⑤ **벨 척** : 4, 6, 8개의 볼트로 불규칙한 환봉 재료의 고정한다.
⑥ **공기 척** : 공작물의 장탈을 신속·확실하게 하기 위해 압축공기나 유압을 이용하여 조(jaw)를 동작시키며, 다수 가공 시 사용되고, 자동화에 능률적이다.

⑦ 복동 척(양용 척) : 조(jaw) 4개, 단동척+연동척의 기능으로, 먼저 단동 척으로 중심을 맞추고 다음부터는 연동식으로 작업한다. 불규칙한 공작물의 다량 고정 시 유용하다. 렌치 장치에 의해 단동과 연동이 양용된다.

## 05 선반작업

### 1 테이퍼 절삭 방법

① 복식 공구대 회전 방법 : 길이가 짧고 테이퍼 값이 클 때

$$\theta = \tan^{-1}\frac{D-d}{2l}$$

② 심압대(tail stock)를 편위시키는 방법 : 테이퍼 길이가 길 때 외경테이퍼에서만 적용

㉠ 전체 길이에 대한 심압대 편위량 : $x = \frac{(D-d)L}{2\,l}[\text{mm}]$

㉡ 테이퍼 길이에 대한 편위량 : $x = \frac{D-d}{2}[\text{mm}]$

③ 테이퍼 절삭장치를 이용하는 방법
④ 가로 이송과 세로 이송을 동시에 작업하는 방법
⑤ 총형바이트에 의한 방법

### 2 나사 절삭작업

#### 1) 나사 절삭 원리

공작물이 1회전할 때 나사의 1pitch만큼 바이트를 이송시키는 것으로 주축회전은 중간축을 거쳐 리드 스크류에 전해지며, 리드 스크류 회전은 에이프런의 하프너트에 의하여 왕복대를 세로 방향으로 이송시키면서 나사를 가공하게 된다.

#### 2) 변환 기어 계산

① 리드 스크류 피치(mm), 나사 피치(mm)로 절삭할 때

 **예제**

$L(p)$ = 6mm, 나사 가공($p$) = 2mm 절삭 시

**해설** $\dfrac{2}{6} = \dfrac{20\,(\text{주축})}{60\,(\text{리드 스크류})}$

② 리드스크류 피치(inch), 나사 피치(inch)로 절삭할 때

$L(p)$ = 1"당 4산, 나사$(p)$ = 1"당 13산으로 가공

 $\dfrac{4 \times 5}{13 \times 5} = \dfrac{20(\text{주축기어 잇수})}{65(\text{리드스크류기어 잇수})}$

③ 리드스크류 피치(inch), 나사 피치(mm)로 절삭할 때

$L(p)$ = 1"당 4산, 나사$(p)$ = 2mm로 가공

 $\dfrac{5 \times 4 \times 2}{127} = \dfrac{40}{127}$

④ 리드 스크류 피치(mm), 나사 피치(inch)로 절삭할 때

$L(p)$ = 8mm, 나사$(p)$ = 1"당 6산으로 가공

 $\dfrac{127}{5 \times 8 \times 6} = \dfrac{127}{240} = \dfrac{127 \times 1}{60 \times 4} = \dfrac{127 \times 20}{60 \times 80}$

⑤ 웜 나사 절삭

원주 피치 $p = \pi m\,[\text{mm}]$, $p = \dfrac{\pi}{D_p}\,[\text{in}]$

여기서, $m$ : 모듈, $D_p$ : 지름 피치(in)이다.

## 3  선반의 가공 시간

### 1) 외경 가공

$T = \dfrac{L}{Nf} i$

여기서, $T$ : 정미시간  
$N$ : 회전수 $\left(\dfrac{1000V}{\pi D}\right)$  
$f$ : 이송속도  
$L$ : 공작물 길이+도입부 여유량+종료부 여유량  
$i$ : 회수 = $\dfrac{\text{소재 지름} - \text{가공 후 지름}}{2 \times \text{절삭 깊이}}$

# CHAPTER 4 밀링 가공

## 01 밀링머신의 가공 분야

밀링머신은 많은 날을 가진 커터를 회전시켜 테이블 위에 고정된 공작물을 절삭 가공하는 공작기계이다. 이 기계에서 가공할 수 있는 작업은 다음과 같다.

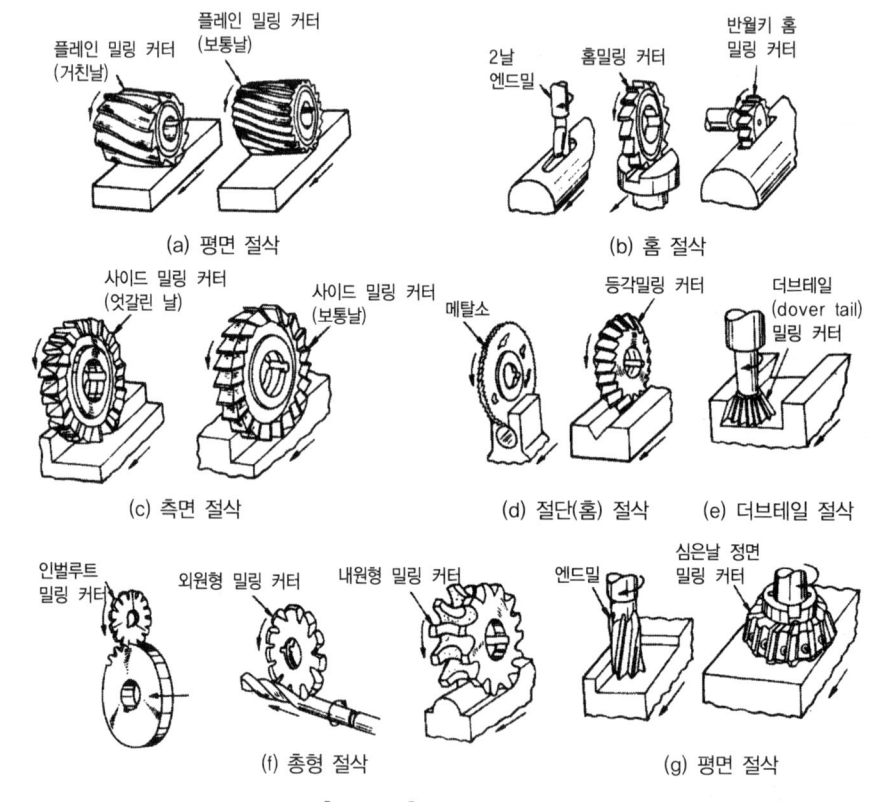

[그림 4-1] 밀링 작업의 종류

## 02 밀링머신의 크기 표시

① 일반적으로 가공할 수 있는 최대치수 및 번호(0~5번)
② 표준형 : 테이블의 좌우 이송거리
    새들(saddle)의 전후 이송거리
    니(knee)의 상하 이송거리

③ 보통의 크기 표시 : 테이블의 이동량(좌우×전후×상하)
테이블의 작업 면의 크기(길이×폭)
  ㉠ 만능 및 수평 밀링머신 : 주축 중심선으로부터 테이블 면까지의 최대거리
  ㉡ 수직 밀링머신 : 주축 끝으로부터 테이블 면까지의 최대거리 및 주축 헤드의 최대 이동 거리
④ 보통 호칭 번호의 크기로 표시(0~5번) → 새들의 전후 이송거리(50mm) 간격

| 번호 | No.0 | No.1 | No.2 | No.3 | No.4 | No.5 |
|---|---|---|---|---|---|---|
| 이동거리 | 150 | 200 | 250 | 300 | 350 | 400 |

## 03 밀링머신의 종류

### 1) 니형 밀링머신(knee type milling mmachine)

(a) 수평 밀링머신    (b) 수직 밀링머신    (c) 만능 밀링머신

[그림 4-2] 니형 밀링머신 종류

#### (1) 수평 밀링머신(horizontal milling machine)

스핀들을 칼럼(column) 상부에 수평 방향으로 장치하고 회전하며, 니는 상하로 이동하고, 새들은 전후 방향, 테이블은 새들 위에서 좌우로 이송하므로 테이블은 칼럼의 앞면을 전후, 좌우, 상하 세 방향으로 이동하게 된다.
아버(arbor)는 스핀들 구멍에 고정하고 여기에 밀링 커터를 고정하여 공작물을 가공한다. 아버의 끝부분은 아버 지지부로 지지되며, 끝부분의 커터를 죄는 나사는 회전함에 따라 너트가 잠기도록 왼나사로 되어 있다.

#### (2) 수직 밀링머신(vertical milling machine)

스핀들이 수직 방향으로 장치되며, 정면 커터(face cutter)와 엔드밀(end mill) 등을 이용하여 평면 가공, 홈 가공, 측면 가공 등에 적합한 기계이다.

스핀들 헤드는 고정형, 상하 이동형이 있으며, 일명 복합형이라 하여 좌우로 적당한 각도로 경사시킬 수 있고 수평작업도 가능한 형식이 있다.

### (3) 만능 밀링머신(universal milling machine)

수평 밀링머신과 거의 같으나 다른 점은 새들 위에 선회대가 있고, 그 위에서 테이블이 수평 선회하는 점이 다르다. 이는 분할대를 이용하여 나선 홈을 가공할 수 있으며, 헬리컬 기어(helical gear), 트위스트 드릴(twist drill)의 홈 등을 절삭할 수 있다.

## 2) 생산형 밀링머신(production milling machine)

밀링머신의 기능을 대량생산에 적합하도록 단순화 및 자동화된 밀링머신이며, 스핀들 헤드가 1개 있는 단두형, 2개 있는 쌍두형, 2개 이상 있는 다두형이 있다. 테이블은 상하 이송하지 않고 좌우로만 이송하기 때문에 베드형 밀링머신이라고도 한다. 또한 공작물을 고정한 원형 테이블을 연속 회전시키며 가공하는 회전 밀러(rotary miller)인 회전 테이블형 밀링머신이 있고, 2개의 스핀들 헤드를 써서 두 종류의 가공을 동시에 할 수 있는 고성능 밀링머신이다.

## 3) 플레이너형 밀링머신(planer type milling machine)

플래노 밀러(plano-miller)라고도 하며, 플레이너의 공구대 대신 밀링 헤드가 장치된 형식이다. 대형 공작물과 중량물의 공작물을 강력 절삭에 적합하며, 쌍두형과 단두형이 있다.

## 4) 특수 밀링머신

특수 밀링머신에는 지그(jig), 게이지(gauge), 다이(die) 등의 공규류를 가공하는 공구 밀링머신, 나사를 전용으로 가공하는 나사 밀링머신, 모방 장치를 이용하여 단조, 프레스, 주조용 금형 등의 복잡한 형상의 공작물을 가공하는 모방 밀링머신과 그 외 탁상 밀링머신, 키이 홈 밀링머신, 조각 밀링머신 등이 있다.

# 04 밀링머신의 구조

## 1) 칼럼(column)

밀링머신의 본체로서 앞면은 미끄럼면으로 되어 있으며, 아래는 베이스를 포함하고 있다. 미끄럼면은 니를 상하로 이동할 수 있도록 되어 있으며, 베이스와 니 사이에 잭 스크루를 지지하고 있어 니의 상하 이송이 가능하도록 되어 있다.

## 2) 오버암(over arm)

칼럼의 상부에 설치되어 있는 것으로 플레인 밀링 커터용 아버를 아버 브레이스가 지지하고 있다. 아버 브레이스는 임의의 위치에 체결하도록 되어 있다.

### 3) 니(knee)

칼럼에 연결되어 있으며, 위에는 테이블을 지지하고 있다. 또한 니는 테이블을 좌우, 전후, 상하를 조정하는 복잡한 기구가 포함되어 있다.

### 4) 새들(saddle)

테이블을 지지하며, 니의 상부 미끄럼면 위에 얹혀 있어 그 위를 앞뒤 방향으로 미끄럼 이동하는 것으로서 윤활장치와 테이블의 어미나사 구동기구로 이루어져 있다.

### 5) 테이블(table)

공작물을 직접 고정하는 부분이며, 새들 상부의 안내면에 장치되어 수평면을 좌우로 이동한다.

## 05 밀링머신의 부속장치

### 1) 분할대(indexing head)

밀링머신의 테이블에 설치하고 공작물을 분할대의 스핀들과 심압대 센터 사이에 지지하거나 스핀들에 장치한 척에 공작물을 고정하고, 필요한 각도나 등분으로 분할할 때 사용한다. 또한, 변환기어로 테이블과 연결하여 비틀림 홈, 스파이럴 기어 등을 가공할 수 있다. 종류에는 만능식과 단능식의 2종이 있다.

### 2) 회전 테이블(circular table)

밀링머신의 테이블에 올려놓고 주로 원형 공작물을 가공할 때 이용한다. 공작물은 회전 테이블 위의 바이스에 고정하고, 수동 또는 테이블 자동이송으로 가공한다. 원판도 가공할 수 있고, 또한 테이블의 좌우 및 전후이송을 사용하면 윤곽 가공도 할 수 있고, 회전 테이블 핸들을 사용하면 간단한 분할 작업도 할 수 있다.

보통 사용되는 테이블 지름은 300mm, 400mm, 500mm 등이 사용된다.

### 3) 슬로팅 장치(slotting attachment)

수평 밀링머신이나 만능 밀링머신의 칼럼에 설치하여 사용한다. 주축 회전운동을 직선 왕복운동으로 변환시켜 슬로터 작업을 할 수 있도록 한 장치이며, 공작물 안지름에 키홈, 스플라인(spline), 세레이션(serration) 등을 가공한다. 슬로팅 장치는 주축을 중심으로 좌우 90°씩 선회할 수 있다.

### 4) 수직 밀링 장치(vertical milling attachment)

수직축 장치는 수평 밀링머신의 칼럼(column) 상부의 주축에 고정하고 주축에서 기어로 회전이 전달되며, 수직축의 회전수는 밀링머신의 주축의 회전수와 같다. 수직축은 칼럼과 평행된 면 내에서 임의의 각도로 경사시킬 수 있다.

### 5) 래크 절삭 장치(rack cutting attachment)

만능 밀링머신의 칼럼에 고정되고, 밀링머신의 주축에 의하여 회전이 전달되어 래크 기어(rack gear)를 절삭할 때 사용한다. 공작물 고정용의 특수 바이스(vice) 및 테이블 단부에 고정된 래크 장치에는 각종 피치(pitch)의 래크 절삭이 가능하도록 기어 변환장치가 있다.

## 06 밀링머신의 절삭 공구

### 1) 평면(plain) 밀링 커터
① 주축과 평행한 평면을 절삭할 때
② 비틀림 날의 나선각(보통 15~30°)
　㉠ 15° : 경 절삭용
　㉡ 25~35° : 중 절삭용
　㉢ 45~70° : 헬리컬 밀링 커터(진동이 적고 가공면이 양호하나, 추력(thrust)이 작용한다.)
　※ 비틀림날 여유각 3~6°

### 2) 측면 밀링 커터(side millling cutter)
① 측면 밀링 커터 : 비교적 날 폭이 좁으며 날은 원주와 양측에 있다. 홈 파기, 정면 밀링에 사용한다.
② 엇갈린날 밀링 커터 : 좁은 원통형 커터로 서로 15° 정도 어긋나 반대 방향으로 나선날이 있다.
③ 슬로팅 밀링 커터 : 직경에 비해서 길이가 긴 커터이다.

### 3) 메탈 슬리팅 소 : 절단과 홈 파기용

### 4) 각 밀링 커터 : 내부의 홈 가공용으로 편각 커터는 45°, 50°, 60°, 70°, 80°가 있고, 양각 커터는 V형 날로서 45°, 60°, 90°가 있다.

### 5) 엔드밀 : 일반적으로 가공물의 외측 홈 부 좁은 평면 등의 가공
① 테이퍼 자루와 일체가 되어 주축
② 특히 대형은 자루와 절인이 별개로 되어 셸 엔드밀(대형 공작물가공)이라 함
※ 20mm 이상 테이퍼 자루, 20mm 이하 곧은 자루
※ 드릴 13mm 이상 테이퍼 자루, 13mm 이하 곧은 자루

### 6) 정면 밀링 커터(face milling cutter) : 밀링 커터 축에 수직인 평면 가공을 한다.

### 7) 총형 밀링 커터 : 윤곽을 갖는 커터이며, 기어, 커터, 리머, 탭 등 윤곽을 가공 시 사용한다.

8) **슬래브 밀링 커터** : 절삭량을 크게 하여 평면절삭, 비틀림날에 홈을 내어 절삭 칩이 끊어지게 한다.

9) **플라이 커터** : 단인공구로 요구하는 모양으로 연삭하여 사용. 수량이 적은 공작물의 특수한 형상을 가진 부분을 가공할 경우 총형 밀링 커터로 만들어 경제적, 시간적 여유가 없을 때 사용된다.

10) **홈 밀링 커터** : T홈, 반달키 홈 등을 가공을 한다.

## 07 밀링 절삭 이론

### 1) 절삭 속도
밀링 커터의 매분 원주 속도로써 공작물 및 공구의 재질에 따라 따르다.

$$V = \frac{\pi DN}{1000} [\text{m/min}]$$

여기서, $D$ : 커터 지름(mm)
$N$ : 회전수(rpm)
$V$ : 속도(m/min)

### 2) 이송 속도
밀링 가공 시 이송속도는 밀링 커터의 날 1개마다의 이송을 기준으로 한다.

$$f = f_z \times Z \times N, \quad \text{날 1개당 이송(mm/toolth)}$$

여기서, $f$ : 테이블 이송(mm/min)
$N$ : 커터 회전수(rpm)
$Z$ : 커터날 수(개)

절삭속도를 결정할 때는 다음과 같은 원칙을 고려한다.
① 공구의 수명을 연장하기 위해서는 약간 절삭속도를 낮게 한다.
② 공작물의 강도, 경도 등의 기계적 성질을 고려한다.
③ 황삭 가공할 때에는 저속으로 이송을 크게 하고, 다듬질 가공할 때에는 고속으로 이송을 느리게 한다.
④ 밀링 커터의 마멸과 손상이 클 경우는 절삭속도를 느리게 한다.

### 3) 절삭 깊이
절삭 깊이가 커지면 절삭속도를 낮게 하고, 절삭 깊이를 작게 하면 절삭속도를 높여 가공하는 것이 일반적이다.

## 08 상향절삭과 하향절삭

| 구분 | 상향절삭 | 하향절삭 |
|---|---|---|
| 장점 | ① 칩이 날을 방해하지 않는다.<br>② 밀링 커터의 진행 방향과 테이블의 이송 방향이 반대이므로 이송기구의 백래시를 제거한다.<br>③ 기계에 무리를 주지 않는다.<br>④ 일반적인 가공에 유리하고 치수정밀도의 변화가 적다.<br>⑤ 절삭날에는 가공 시작부터 끝까지 절삭저항이 점차 증가하므로 절삭날에 작용하는 충격이 적다. | ① 커터가 공작물을 아래로 누르는 것과 같은 작용을 하므로 공작물 고정이 간단하다.<br>② 커터의 마모가 적고 또한 동력 소비가 적다.<br>③ 가공면이 깨끗하다.<br>④ 절단, 홈 가공 등 난점이 있는 대량생산에 유리하고 가공면을 잘 볼 수 있고, 절삭량을 크게 할 수 있다.<br>⑤ 커터의 절삭 방향과 이송 방향이 같으므로 절삭날 하나하나의 날자리 간격이 짧다. |
| 단점 | ① 커터가 공작물을 올리는 작용을 하므로 공작물을 견고히 고정해야 한다.<br>② 커터의 수명이 짧다.<br>③ 동력 낭비가 많다.<br>④ 가공면이 깨끗하지 못하다. | ① 칩이 커터와 공작물 사이에 끼어 절삭을 방해한다.<br>② 떨림이 나타나 공작물과 커터를 손상시키며 백래시 제거 장치가 없으면 작업을 할 수 없다. |

## 09 분할 작업(법)

### 1) 직접 분할법(=면판분할법)

분할대의 면판에 24개의 구멍이 등 간격으로 뚫어져 있음. (면판 위의 24개 구멍을 이용하여 분할)

> **참고**
> • 24의 약수 : 2, 3, 4, 6, 8, 12, 24 ⇒ 7종 분할 가능, $\dfrac{24}{N}$

### 2) 단식 분할법

웜과 웜(기어) 휠의 기어 비는 1 : 40(분할 크랭크 1회전은 웜 휠을 1/40 회전시킴)

$$\frac{h}{H} = \frac{R}{N} = \frac{40}{N}$$

여기서, $H$ : 분할대 구멍 수
$h$ : 1회 분할에 필요한 구멍 수
$R$ : 웜과 웜 휠의 회전비(브라운샤프형, 신시네티형)
$N$ : 분할 등분수

### 단식 분할로 원주 72등분

**해설** $\dfrac{h}{H} = \dfrac{40}{N} = \dfrac{40}{72} = \dfrac{10}{18}$ ⇒ 분할판 18공(열)을 사용하여 매 회전 10공씩 이동시킨다.

> **참고**
> • 1~3판에서 18구멍의 판을 찾아서 정하고 분자의 숫자만큼 이동시킨다.

### 원주 7등분

**해설** $\dfrac{h}{H} = \dfrac{40}{N} = \dfrac{40}{7} = 5\dfrac{5 \times 3}{7 \times 3} = 5\dfrac{15}{21}$ ⇒ 분할판 21공(열)을 사용하고 5회전과 15공씩 이동시킨다.

### 원주 15등분

**해설** $\dfrac{h}{H} = \dfrac{40}{15} = 2\dfrac{10 \times 2}{15 \times 2} = 2\dfrac{20}{30}$

## 3) 각도 분할법

$$\dfrac{h}{H} = \dfrac{\theta°}{9°} = \dfrac{\theta \times 60'}{540'}$$

### 원주에 $7\dfrac{1}{2}$로 분할

**해설** $\dfrac{7\dfrac{1}{2}}{9} = \dfrac{\dfrac{15}{2}}{9} = \dfrac{15}{18}$

# CHAPTER 5 기계부품조립

## 01 기계 부품조립 준비

### 1 기계 부품 조립계획

　　기계요소 부품을 설계도에 따라 사람의 힘이나 동력을 이용하여 각 부품을 결합하기 위한 계획을 말하며, 기계 시스템이 한정된 상대운동으로 인간에게 유용한 에너지를 공급할 수 있도록 기계장치를 구성하는 작업을 의미한다. 일련의 기계장치를 구성하기 위하여 수요자의 요구사항과 기계조립환경을 조성하기 위하여 기계조립의 우선순위에 따라 기계장치의 운반 방법, 기계조립순서, 인원이나 장비의 규모 등을 숙지하여 기계장치를 구성할 수 있도록 절차를 수립하는 것을 말한다.

#### 1) 기계 부품조립 계획 고려사항

① 제품 한 개에 필요한 부품의 수와 종류를 줄이고, 단일 부품이 다기능을 갖도록 하며 모듈로 관리될 수 있는 반 조립품을 되도록 고려한다.
② 부품은 완전한 대칭성을 갖거나(원형이나 정사각형) 아니면 아예 완전히 비대칭으로 설계하여(타원이나 직사각형) 작업자의 실수를 줄인다.
③ 부품이 부정확하게 설치될 수 없도록 하거나 위치, 정렬, 조정할 필요가 없도록 설계한다.
④ 부품조립 시에 장애물이 없고 시야를 가리지 않도록 설계한다.
⑤ 설계는 되도록 볼트, 너트, 스크루 같은 체결구를 사용할 필요가 없도록 하고, 스냅인 체결구 같은 다른 방법도 고려해야 한다. 체결구를 사용해야 한다면, 종류를 최소화하고 공구가 방해받지 않고 사용되도록 위치와 간격이 정해져야 한다.
⑥ 부품설계 시 크기, 모양, 무게, 유연성, 마모성, 다른 부품과 걸림 같은 인자를 고려한다.
⑦ 조립품을 회전시키지 않도록, 부품은 한 방향으로 삽입되도록 설계한다. 수직 방향으로 삽입되도록 설계하면 중력을 이용할 수 있다.
⑧ 조립과정에서 부품이 쉽게 움직이도록 제품을 설계하고 기존 제품의 경우는 재설계한다.
⑨ 내외부의 예리한 코너부는 모따기(chamfer), 테이퍼, 라운딩으로 대체한다.

#### 2) 기계 부품 조립작업 계획수립 유의 사항

##### (1) 작업지시서

　　작업지시서는 조립 매뉴얼로 표현하며 작업지시서에 따라 조립 절차, 조립 방법, 검사방법 등의 내용을 검토한다. 불합리한 사항이 발견되면 현장 설치 조건에 맞게 관련 부서 담당

자와 협의하여 수정·보완할 수 있도록 검토하고 특이사항이 없을 때는 작업지시서에 따라 조립계획을 수립한다.

### (2) 기계 조립도면
기계장치의 부분 조립도와 전체 조립도를 해석하여 우선순위의 조립 절차를 세우고 부분 조립 기계장치가 전체 기계장치 어느 부분에 조립되는지 부분 기계장치의 중량은 얼마나 되는지를 파악하여 조립 방법에 따라 조립기구 장치 사용계획을 수립한다.

### (3) 전기·전자 조립도면
기계장치의 원활한 작동과 오동작을 방지하기 위하여 전기·전자 도면을 검토하여 센서 위치나 각종 전기부품의 부착 위치를 파악하여 기계를 조립 및 설치할 때 파손 가능성을 검토하고 기계작동 중에 손상 가능성 여부를 파악하여 적합한 조립계획을 수립한다.

### (4) 유·공압 장치 관련 도면
기계장치, 전자·전기 장치와 연동하여 유·공압 장치가 기계의 간섭으로부터 오동작 발생 여부를 검토하고 유·공압 장치가 작동할 때 전기 장치에 간섭을 초래하는지 알도록 적합한 조립계획을 수립한다.

### (5) 기계장치 리스트
기계장치 우선순위 조립 절차에 따라 기계장치 리스트를 확인하고, 조립순서에 따라 기계장치 배열 순서를 계획하여 기계조립작업이 최적의 조건을 가질 수 있도록 조립계획을 수립한다.

## 2 기계요소 조립

### 1) 조립 방법
조립 방법에는 수동 조립, 고속 자동조립, 로봇조립의 세 가지 기본형식이 있다. 이들 방법은 대부분 개별적으로 혹은 조합되어 사용될 수 있으나, 적절하고 경제적인 조립 방법에 대한 설계 분석이 우선 이루어져야 한다.

### (1) 수동 조립(manual assembly)
① 수동 조립은 소량 생산에 경제적인 단순한 공구를 사용한다.
② 인간의 손과 손가락의 기민함과 여러 감각기관을 통하여 작업자는 다소 복잡한 제품이라도 별 어려움 없이 수동으로 조립할 수 있다.
③ 공차가 작은 사각 구멍에 맞추어 조립하는 것은 자동조립에서는 어려운 작업일 수 있지만, 인간의 손으로 간단하게 수행할 수 있는 작업이다.

### (2) 고속 자동조립(high-speed automated assembly)
고속 자동조립은 조립용으로 특수 설계된 이송기구를 사용한다.
① 자동조립 시스템(automated assembling system)
   ㉠ 자동화 생산 시스템의 일부로서 조립의 자동화를 담당하는 시스템 가공의 자동화에 비해서 일반적으로 기술적인 곤란이 많다.
   ㉡ 부품 반송, 부품공급, 조립의 요소작업으로 이루어지고, 조립 대상 제품에 의해 전용 자동조립기와 범용의 로봇 등 여러 가지 종류의 장치가 쓰인다.
   ㉢ 일반적으로, 가전제품 등의 대량 생산되는 전기·전자기기는 제품 설계 시에 조립성을 고려하여 단순화를 도모하므로 전용기에 의한 고속자동화가 가능해지는 일이 많다.
   ㉣ 자동차의 차체조립 등과 같이 기능적인 관점에서 제품 설계를 변경하기 어려운 것에 대해서는 조립의 자동화율이 낮은 것이 현상이다.
   ㉤ 다품종소량생산이 요구됨에 따라 어느 정도 유연성이 있는 자동조립 시스템을 소프트웨어로 제어하는 방식이 일반화되어 있다.
   ㉥ CAD와 결합하여 조립 대상 제품의 데이터를 얻어 로봇 등의 조립기 제어 지령을 자동 생성하는 시스템의 연구가 진행되어 있는데 미해결의 문제도 많다.
② 자동조립 기계(automatic assembly machine)
   ㉠ 조립작업을 자동으로 행하는 기계, 자동화 산업이나 카메라, 시계 등의 정밀기계산업에서 많이 볼 수 있다.
   ㉡ 엔진 조립작업에서는 나사 조임, 부착, 끼워 맞추기, 삽입, 압입 등이 주이고 그 밖에 조정, 선택, 기름 도포 등이 포함된다.
   ㉢ 조립라인의 반입 쪽부터 반출 쪽까지의 부품 통과시간을 조립 사이클 타임이라고 하며 생산 속도를 결정하는 데 사용하고 있다.
   ㉣ 최근에는 생산 속도 만을 문제로 하는 것이 아니고 어떻게 불량품을 감소와 조립공정의 구성이 변화했을 때 어떻게 유연하게 조립 기계나 파트 피더 등의 배치를 바꾸고 교환을 신속하게 하는 문제가 새로이 부각 되면서 유연한 생산 시스템이 출현하고 있다. 이것을 플렉시블 생산 시스템(FMS)이라고 한다.
   ㉤ 자동조립 분야에서는 로봇조립이 왕성하게 사용되기 시작하고 있다.

### (3) 로봇조립(robot assembly)
로봇조립(robot assembly)에서는 작업장마다 한두 대의 범용로봇을 사용하거나 종합 조립시스템에서 다수의 로봇을 사용하는 방식이 있다.
① 로봇의 의미
   인간의 명령에 따라 어렵고 힘든 일을 할 수 있게 한 기계 또는 어떠한 작업이나 조작을 자동으로 하는 장치를 로봇이라고 한다.

② 로봇의 종류
　　㉠ 산업용 로봇 : 조립, 용접, 절단, 운반 등의 작업을 하는 로봇
　　㉡ 서비스용 로봇 : 집안일이나 교육, 안내 등을 하는 로봇
　　㉢ 특수 목적용 로봇 : 의료, 화재 진압, 군사, 우주 탐사 등의 특수 목적으로 사용되는 로봇

## 2) 조립작업의 기본형식

### (1) 동기(synchronous) 시스템
① 분류(indexing) 시스템이라고도 불리며 부품과 요소를 고정된 개별 작업장에 일정한 속도로 공급하고 조립한다.
② 이동속도는 조립품을 완성하는 데 가장 긴 시간이 걸리는 작업장을 기준으로 정해진다. 이 시스템은 소형제품의 대량, 고속 조립에 주로 사용된다.
③ 부품 조립품을 작업장 사이로 이동시키는 이송시스템에는 회전분류방식과 일렬 분류방식이 있다. 이들 시스템은 전자동 혹은 반자동 모드로 작동된다.
④ 한 작업장에 고장이 생기면, 전체 조립작업을 멈추게 할 수 있다.
⑤ 조립할 각 부품을 공작물 운반대나 고정구로 고정된 다른 부품 위에 공급하여 위치시키는 부품 공급기는 진동을 주는 방법 등으로 각 부품을 공급 슈트 쪽으로 이동시키고, 독창적인 방법으로 부품이 적절한 방향을 가지며 공급되도록 한다.

### (2) 비동기 시스템(non synchronous system)
① 각 작업장이 독립적으로 작업하며 모든 남는 조립품은 작업장 사이의 저장소(buffer)에 저장하는 방식이다.
② 저장소에 충분한 반제품이 있으면 해당 작업장은 작업할 필요가 없다.
③ 한 작업장이 어떤 이유로 작업을 할 수 없더라도 조립라인은 저장소의 모든 부품을 사용할 때까지 작업을 계속한다.
④ 비동기 시스템은 조립할 부품이 많은 대형제품의 조립에 적합하다.
⑤ 조립작업마다 소요 시간이 다르면 가장 더딘 작업장에 의해 전체 작업속도가 결정된다.

### (3) 연속시스템(continuous system)
① 제품이 팔레트나 공작물 운반대에 얹혀서 일정한 속도로 움직이는 동안에 조립된다.
② 조립될 부품들은 제품의 일정한 이동에 맞추어 각종 동력장치에 의해 제품 쪽으로 이동되어 공급된다.
③ 병입 및 포장공장과 자동차, 기계공장의 대량생산라인에서 전형적으로 사용된다.

### 3 기계 부품조립 공구

기계장치의 단위 모듈을 조립하기 위해서는 많은 기계조립 공구들이 사용되는데, 크게 구분하면 수공구, 연삭공구 그리고 측정을 위한 공구로 구분할 수 있다.

#### 1) 기계조립용 수공구

기계조립용 수공구는 작업자가 제작, 보수, 수리 등의 일을 손으로 할 때 전문성이 없어도 편리하게 사용하는 간단한 작업 도구를 말한다.

##### (1) 스패너(spanner)

볼트, 너트 또는 나사의 조립 또는 분해에 사용하는 수공구로 둥근형과 뾰족 형이 있다. 일명 렌치(wrench)라 불리기도 하는데 스패너는 여러 종류와 모양이 있고 크기는 일반적으로 입의 크기(단위 mm)로 표시한다.

##### (2) 드라이버(driver)

주로 작은 나사, 나사못, 태핑 나사 등을 죄고 푸는 데 사용하는 수공구를 말한다. 스크루 드라이버의 줄임말로 일(-)자형과 십(+)자형이 있으며 드라이버는 나사홈에 맞지 않는 것을 사용하면 드라이버의 끝 또는 나사 머리가 손상된다.

##### (3) 펜치

주로 동선류 또는 철선류를 잡고 구부리거나 자르는데 사용하는 수공구를 말한다.

##### (4) 플라이어(plier)

작은 물건을 집거나 철사를 구부리고 절단할 때 사용하는 공구이며, 용도에 따라 여러 종류가 있으므로 작업에 따라서 적합한 플라이어를 선택해서 사용해야 한다.

##### (5) 롱노즈 플라이어(long nose plier)

끝이 뾰족하고 집게 부분이 긴 플라이어로 물체를 잡는 부분이 길어서 가는 구리 선이나 철사를 구부리고 절단할 때 또는 좁은 장소에서 부품을 고정할 때 사용한다.

##### (6) 스냅 링 플라이어(snap ring plier)

피스톤 핀 또는 변속기 등에 설치된 스냅 링을 확장 또는 축소시켜 빼거나 끼울 때 사용하는 공구이다.

##### (7) 렌치(L-wrench)

볼트, 너트 또는 나사를 조이거나 풀 때 사용하는 공구로서 입의 벌림 폭을 조절할 수 있는 몽키 렌치, 파이프에 사용되는 파이프렌치 등이 있으며, 단위 모듈 조립작업에 가장 많이 사용하는 L-렌치 공구는 생긴 모양에 따라 육각 렌치, 별 렌치 등이 있다. 볼트 및 너트를 죄는 힘의 세기가 미리 정해져 있는 경우에 토크에 맞추어 볼트, 너트를 조이는 토크 렌치가 있다. 보통 소켓 및 조인트와 조합해 사용한다.

### (8) 니퍼(nipper)

피복 전선의 피복을 벗겨 심선을 노출하거나 가는 전선이나 철사 등 선재를 절단하는 데 사용하는 공구이다.

### (9) 탭 및 핸들(tap & handle)

기계 부품의 안쪽 나사를 가공하는 공구이다. 나사의 피치보다 작게 1차 드릴 가공 후에 탭을 사용해서 볼트를 삽입할 수 있도록 암나사를 가공할 때 사용한다.

### (10) 다이스(dies)

쇠 파이프 끝단에 수나사를 제작하기 위해 사용하는 공구이다. 주로 배관작업을 할 때 배관 파이프의 결합에 필요로 하는 수나사를 가공할 때 사용한다.

다이스는 절삭 칩 구멍이 있고 테이퍼 부가 있으며, 테이퍼 부는 표면에서 2~2.5 산, 뒷면에서는 1~1.5 산이 표준으로 테이퍼 되어 있다.

 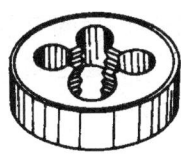 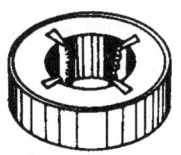

(a) 분할 다이스    (b) 단체 다이스    (c) 날붙이 다이스

[그림 5-1] 다이스의 형상과 종류

### (11) 클램프(clamp)

가공물을 단단하게 한 자리에 일시 고정하고 목공 작업, 용접 작업, 금속 작업 등을 원활하게 수행하고자 할 때 사용되는 수공구로 통상 바이스에 비해 가볍고 사용이 간편한 것을 말한다.

### (12) 바이스(vices)

작업대에 부착하여 주로 손 다듬질 또는 조립작업을 할 때 가공물을 고정하는 역할을 하는 수공구를 말한다.

## 2) 수기 가공 공구

### (1) 펀치

여러 모양의 구멍을 가공하는 데 사용되는 끝이 날카롭거나 일정한 형상을 가진 수공구를 말한다. 또한 펀치 작업은 금긋기 선이나 가공 위치를 정확하게 표시하기 위해서 공작물에 위치 자국을 내는 데 사용되기도 한다.

### (2) 스크레이퍼

① 공작물에 도면의 치수대로 절삭할 위치나 형상을 금긋기 공구(스크레이퍼, 금긋기 바늘,

서피스 게이지)를 사용하여 절삭 선을 긋거나 중심의 위치를 표시하는 다듬질 기초 작업 공구이다.
② 스크레이퍼는 탄소강 공구강이나 고속도강을 단조와 열처리하여 만들며, 스크레이퍼의 날끝각은 연강이나 주철 등의 거친 다듬질에는 약 80°, 고운 다듬질에는 90~120°의 것을 쓰고 연질의 재료일수록 각을 작게 한다.
③ 스크레이퍼의 종류는 형상에 따라 흔히 많이 이용되는 평면 스크레이퍼와 오목한 곡면 등에 사용되는 곡면 스크레이퍼, 삼각 스크레이퍼, 조립형 스크레이퍼 등이 있다.

### (3) 금긋기 바늘

강철 자나 직각자를 사용할 때 금긋기 바늘을 이동 방향으로 75° 정도 기울이고, 강철 자에 대하여 15° 정도 기울여서 금긋기 작업을 할 때 사용하는 공구이다.

### (4) 서피스 게이지

서피스 게이지는 정반 위에서 금긋기도 할 치수의 높이에 서피스 게이지를 맞춘 다음 서피스 게이지를 이동하면서 공작물에 평행하게 금을 긋는 공구이다.

사용하는 공구는 펀치와 해머, 컴퍼스, 트럼멜, V블록, 평행대, 직각자, 각도기, 스크루 잭 등이 있다. 금긋기를 분명하게 하고 가공 중 지워져도 다시 긋게 하려면 적당한 간격으로 펀치 작업을 해두는 일도 있다.

### (5) 드릴 작업

① 드릴링(drilling) : 공작물 고정, 공구 회전과 주축 방향 이송, 리밍, 보링, 카운터 보링, 스폿 페이싱, 카운터 싱킹, 태핑 등을 공구에 따라 할 수 있다.
② 리머(reaming) : 구멍의 정밀도를 높이기 위한 작업. 리머의 여유는 직경 10mm일 때 0.2mm정도이며, 드릴 작업 rpm의 2/3~3/4, 이송은 같거나 빠르게 한다.
③ 태핑(tapping) : 공작물 내부에 암나사 가공, 태핑을 위한 드릴 가공은 나사의 외경-피치로 한다. (예 : M12의 탭 작업 시 드릴 구멍은 12-1.75=10.25mm로 한다.)
④ 보링(boring) : 뚫린 구멍을 다시 절삭, 구멍을 넓히고 다듬질하는 것이며, 보링 바에 바이트를 사용한다.
⑤ 스폿 페이싱(spot facing) : 볼트 또는 너트 등의 구멍과 직각이 되게 머리부가 접촉되는 부분을 깎아서 만드는 작업을 한다.
⑥ 카운터 싱킹(counter sinking) : 접시 머리 나사의 머리가 묻히게 하려면 원뿔 자리를 만드는 작업을 한다.
⑦ 카운터 보링(counter boring) : 작은 나사, 볼트의 머리부가 돌출되지 않도록 머리부가 들어갈 자리부분을 단이 있게 구멍 뚫는 작업을 한다.
⑧ 드릴의 인선각 : 연강용에 대해 118°로 일반적으로 가공재료가 단단할수록 인선각이 커진다. (여유각 : 10~15°, 웨브각 : 135°, 나선각 : 20~32°)

### (6) 리머

드릴로 뚫은 구멍은 보통 진원도 및 내면이 다듬질 정도가 양호하지 못하므로 리머를 사용하여 구멍의 내면을 매끈하고 정확하게 가공하는 작업을 리머 작업 또는 리밍(reaming)이라고 한다. 리머의 여유는 0.2~0.3mm 정도가 주로 사용된다. 리머 재질은 고속도강으로 만든다.

① 리머의 종류
  ㉠ 핸드 리머
  ㉡ 기계 리머 : 채킹 리머, 조버스 리머, 브리지 리머
  ㉢ 테이퍼 리머 : 모스 테이퍼 리머, 테이퍼 핀 리머, 파이프 리머
  ㉣ 조정 리머 : 조정 리머, 팽창 리머

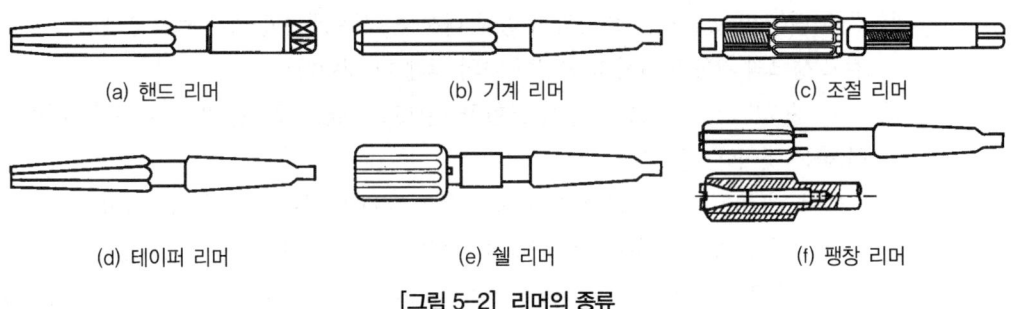

(a) 핸드 리머    (b) 기계 리머    (c) 조절 리머
(d) 테이퍼 리머    (e) 쉘 리머    (f) 팽창 리머

[그림 5-2] 리머의 종류

② **리머 작업 방법** : 리머 작업은 완성 치수보다 0.4mm 정도 작게 드릴로 뚫고 리머 작업하며, 가능한 다듬질 여유를 적게 하고, 낮은 절삭 속도로 이송을 크게 하면 좋은 가공면을 얻을 수 있다. 다듬질 여유는 보통 구멍지름 10mm에 대하여 0.05mm 정도로 한다.

③ 리머 작업 시 유의 사항
  ㉠ 다듬 여유를 작게 하고 낮은 절삭 속도로써 이송을 크게 하면 좋은 가공면이 된다.
  ㉡ 리머를 뺄 때 역회전시켜서는 안 된다.
  ㉢ 기름을 충분히 주어 칩이 잘 배출되도록 해야 한다.
  ㉣ 채터링(떨림)을 방지하기 위해 절삭 날의 수는 홀수날이고 부등 간격으로 배치한다.

### (7) 탭

드릴 구멍이나 파이프 등에 암나사를 내는 공구로서 수동 탭 작업과 기계 탭으로 구분한다.

① **핸드 탭(hand tap)** : 핸드 탭에는 등경탭과 증경탭이 있고, 모두 1번, 2번 및 3번 탭의 3가지가 1조로 되어 있으며 이 3종을 한 세트로 사용하는 것이 보통이다. 주로 기계가공에 사용되며, 탭 핸들을 이용한 손작업에도 사용된다.
  ㉠ 1번 탭(선두 탭, taper tap) : 챔퍼부가 9산인 탭

ⓒ 2번 탭(중간 탭, plug tap) : 챔퍼부가 5산인 탭
　　ⓒ 3번 탭(끝맺음 탭, bottoming tap) : 챔퍼부가 1.5산인 탭
　　　※ 1번은 나사부의 지름이 가장 적고 가공률이 55%이고, 2번 탭은 25%, 3번 탭은 20% 정도로 마무리 절삭되어 나사가 형성된다.
② 기계 탭(machine tap) : 선반, 드릴링 머신에 장치하여 나사를 내는 데 쓰인다. 이는 1개의 탭으로 나사를 다듬질하기 때문에 핸드 탭보다 나사부와 생크부가 길다.
　　㉠ 테이퍼 탭(tapper tap) : 나사부가 테이퍼로 되어 있어 테이퍼 구멍에 나사를 내는 데 쓰인다. 너트의 대량생산에 사용하며, 일반적인 것이 파이프 탭(pipe tap)이다.
　　㉡ 마스터 탭(master tap) : 다이스나 체이서 등을 만드는 탭이다.
　　㉢ 건 탭(gun tap) : 탭에 15° 정도 비틀림 홈이 있는 것으로 고속 절삭용이다.
　　㉣ 밴드 탭(bend tap) : 자루가 구부러진 탭이다.
　　㉤ 풀리 탭(pulley tap) : 풀리의 구멍에 나사를 내는 데 사용하는 탭으로 생크 부분이 길고 생크의 지름과 나사의 외경이 거의 같게 한 것이다.
　　㉥ 드릴 탭(dill tap) : 드릴과 탭을 조합한 것으로 드릴로 구멍을 뚫고 이어서 나사내기를 하는 것이다.
　　㉦ 스테이 탭(stay tap) : 보일러, 기관차 등의 내판과 외판을 연결하는 작업에 쓰이며, 리머 붙인 탭으로 리머로 나사 구멍을 정확히 다듬어가며 나사를 내는 것이다.
　　㉧ 스파이럴 탭(spiral fluted tap) : 헬리컬 탭이라고도 하며, 나사부가 스파이럴로 되어 있어 인성이 강한 강재에 사용하고 절삭성이 좋고 절삭 면이 깨끗하며 양호한 칩 배출로 깊은 구멍 가공할 때 작업성이 우수하고 깨끗한 다듬질 면을 얻을 수 있으나, 칩이 이어지지 않는 주철 등에는 효과가 없다.
　　㉨ 파이프 탭(pipe tap) : 가스 탭이라고도 하며, 가스관 또는 조인트에 암나사를 깎는 탭이다.
③ 포인트 탭 : 건 탭이라고도 하며 챔퍼에 스파이럴 부가 있어 칩이 앞으로 배출된다. 주로 관통구멍의 태핑에 쓰인다.
④ 초경 탭 : 저속 영역에서도 내마모성이 우수한 초미립자 초경합금의 개발로 실용화되었으며, 수명이 길어(주철 가공할 때 고속도강의 10~100배), 동일 부품의 대량 가공에 유리하다.
⑤ 탭 작업 : 탭 작업을 위한 구멍의 치수는 공작물의 재질 또는 용도에 따라 다르나 다음과 같이 간단히 계산한다.

$$\text{미터나사의 경우 } d = D - p$$

여기서, $d$ : 나사 구멍 드릴의 지름(mm)
　　　　$D$ : 나사의 바깥지름(호칭지름)
　　　　$p$ : 나사의 피치

- 탭의 분당 이송 속도$(F)$=회전수$(N)$×피치$(P)$[mm/min]
- 탭의 적정한 절삭 속도$(V)$=6~13m/min

㉠ 탭 작업할 때 고려사항
ⓐ 공작물을 수평으로 고정
ⓑ 탭 구멍은 나사의 골 지름보다 다소 크게 뚫는 것이 좋음
ⓒ 탭 핸들은 양손으로 잡고 수평을 유지하며 작업
ⓓ 2/3 회전할 때마다 조금씩 되돌려 칩을 배출
ⓔ 절삭유를 충분히 사용

㉡ 탭이 부러지는 원인
ⓐ 구멍이 너무 작거나 구부러진 경우
ⓑ 탭이 경사지게 들어간 경우
ⓒ 탭의 지름에 적합한 핸들을 사용하지 않는 경우
ⓓ 너무 무리하게 힘을 가하거나 빨리 절삭할 경우
ⓔ 막힌 구멍의 밑바닥에 탭의 선단이 닿았을 경우

⑥ 톱 : 크게 켜는 톱과 자르는 톱이 있으며, 톱의 용도와 형태에 따라 외날 톱, 양날톱, 등대기톱이 있고 쓰임에 따라 실톱(곡선용), 쇠톱(쇠 자르는 톱)이 있다.

⑦ 끌(chisel) : 주로 금속의 모양을 깎아 만들거나 절삭하는 데 사용하는 수공구로 철공 작업용, 목공 작업용 등이 있다.

⑧ 해머(hammer)
㉠ 철공, 목공, 토공 작업 등에 사용하는 손 망치를 말한다.
㉡ 주조품이나 단조품의 플래시 부분을 따내는 치핑 작업(chipping) 등 여러 가지 경우가 있으나, 주로 다른 작업의 보조적인 작업으로 행해진다.
㉢ 정의 종류는 작업 용도에 따라 평정, 캡정, 홈정 등 여러 가지가 있다.
㉣ 탄소 함유량이 0.8~1.2%의 공구강으로 만들어 날 끝은 충격에 견디도록 담금질을 한 후 뜨임을 하여 사용한다.

⑨ 줄 : 줄을 사용하여 공작물의 평면이나 곡면을 부품의 모양으로 다듬질하는 작업을 줄 작업(filing)이라 한다. 기계 가공하기 어려운 부분이나 기계 가공을 한 표면을 매끄럽게 다듬거나 조립할 때, 서로 잘 맞지 않는 부분을 줄로 가공할 때 이용된다. 줄 작업 시 고려사항은 다음과 같다.
㉠ 줄질은 줄눈 전체를 사용하고 자주 와이어 브러시로 털어준다
㉡ 새 줄은 처음에는 연질 재료, 차차로 경질 재료에 사용한다.
㉢ 주물 등의 다듬질 때는 표면의 흑피를 벗기고 줄질한다.
㉣ 눈메움의 방지를 위하여 줄에 먼저 백묵을 칠한다.
㉤ 줄질한 면에는 손을 대서는 안 된다.

가. 줄의 종류
① 단면 모양에 따른 종류 : 삼각줄, 평줄, 반원줄, 사각줄, 둥근줄 등 5종류가 있다.

나. 줄눈의 형상에 따른 종류

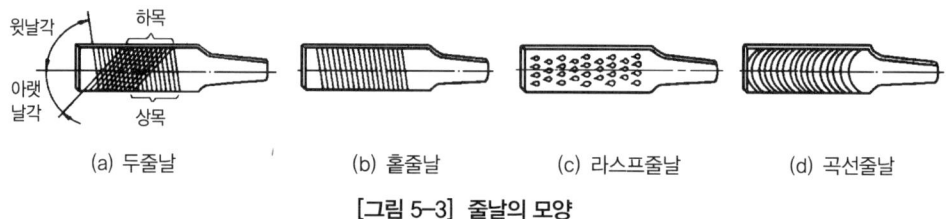

(a) 두줄날　　(b) 홑줄날　　(c) 라스프줄날　　(d) 곡선줄날

[그림 5-3] 줄날의 모양

① 단목(홑눈줄; single cut) : 한쪽 방향(70~80°)으로만 눈을 만든 것으로, Pb, Sn, Al 과 같이 연질 재료 및 얇은 판금의 가장자리 절삭에 사용한다.
② 복목(겹눈줄; double cut) : 일반적으로 다듬질용이며 두 개의 상하 날이 교차하게 한 것으로, 상날(절삭)은 70~80°, 하부 날(칩 배출)은 40~45°로 되어 있으며, 강과 주철과 같은 다듬 절삭에 사용하며 연한 금속, 일반 철공용으로 쓰인다.
③ 귀목(라스프줄; rasp cut) : 줄날이 돌기 형식이며 목재, 가죽, 베크라이트 등 비금속 재료의 거친 절삭에 사용한다.
④ 파목(곡선줄; curved cut) : 줄날이 곡선으로 칩 배출이 용이하고 절삭 능력이 강력해서 납, Al, 플라스틱, 목재 등과 같은 재질의 절삭에 사용한다.

다. 줄눈의 크기에 따른 분류
대황목(아주 거친 눈)줄, 황목, 중목(중간 눈)줄, 세목(가는 눈)줄, 유목줄 등이 있으며 같은 가는눈 줄이라도 줄의 크기가 작은 쪽의 줄눈이 곱다.

라. 조줄(set file)
기계 부품의 미세한 부분을 다듬질할 때 사용하며, 단면 모양이나 다른 줄 5~12개를 1개 조로 조합한 줄로서 금형이나 정밀 가공에 사용된다. 줄자루가 없는 것이 특징이다.

마. 줄 작업 종류
① 직진법 : 줄을 길이 방향과 평행으로 미는 방법으로 주로 좁은 면의 다듬질에 적합하고 일반적으로 많이 이용한다.
② 사진법 : 줄을 길이 방향과 좌측 또는 우측으로 동시에 움직여 작업하는 방법으로 절삭능률이 높아서 거친 다듬질에 적합하다.
③ 병진법(횡진법) : 줄을 공작물과 직각 방향을 대고 전, 후로 움직여 작업하는 방법으로 좁은 면의 최종다듬질에 적합하다.

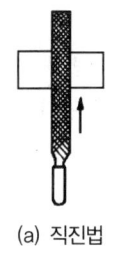 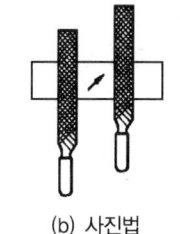 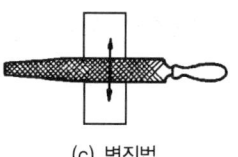

(a) 직진법　　　　　(b) 사진법　　　　　(c) 병진법

[그림 5-4] 줄 작업 방법

### 3) 측정 공구

단위 모듈 부품을 조립할 때 부품의 크기 및 정밀도를 측정하거나 조립 모듈을 측정할 때 사용하는 공구를 말한다.

#### (1) 버니어 캘리퍼스(vernier calipers)

여러 가지 형태의 길이를 0.05mm 정도까지 측정할 수 있는 공구로 두께나 바깥지름 측정, 구멍이나 원통의 안지름 측정 및 깊이 등 길이를 측정할 수 있다.

#### (2) 마이크로미터(micrometer)

0.01mm 단위까지 정확하게 측정할 수 있는 측정 공구로 바깥지름, 안지름, 구멍의 깊이, 기어나 나사의 지름을 측정할 수 있는 여러 형태의 형상을 가진 측정 공구다.

#### (3) 피치 게이지(pitch gauge)

나사의 산과 산 사이의 거리인 피치를 측정하는 데 사용되는 측정 공구다. 나사의 검사용 또는 나사의 규격이 불분명한 부품을 대상으로 피치를 측정할 때 사용한다.

#### (4) 틈새 게이지(feeler gauge)

제품의 틈새, 두께, 간극을 측정할 수 있는 측정 공구이다. 단위 모듈 조립 제품의 틈새에 직접 삽입시켜 헐거움의 정도를 쉽고 간편하게 파악할 때 사용한다.

#### (5) 수준기(level instrument)

수평을 확인하는 측정 공구로 일반적인 형태로는 기포관을 갖추어 기포의 위치로 수평을 확인할 수 있다.

#### (6) 다이얼 게이지(dial gauge)

측정자의 직선 또는 원호 운동을 기계적으로 확대하여 그 움직임을 지침의 회전 변위로 변환시켜 눈금을 읽을 수 있는 길이 측정기이다.

#### (7) 실린더 게이지(cylinder gauge)

다이얼 게이지와 같은 원리를 이용한 안지름 측정기로 주로 실린더의 직경 측정에 많이 사용한다.

### (8) 한계(고노) 게이지(gono gauge)

구멍 또는 축의 최대허용치수의 측정 단면과 최소허용치수의 단면을 가진 한계 게이지의 일종으로 통과 측(go end)과 정지 측(not go end)으로 구성되어 있다.

※ 두 개의 게이지를 짝지어 한쪽은 허용되는 최대치수, 다른 쪽은 최소치수로 되어 있다.

## 02 기계조립 부품

### 1 기계 부품 조립

#### 1) 기계 부품 조립의 일반특성

① 기계 부품 조립산업은 원재료나 부품을 조립하고 검사하는 노동집약적 산업이다.
② 수주방식은 발주자의 제품 사양에 따라 공급자가 제품을 제작하여 공급하는 도급방식과 원재료를 발주자가 구매하여 공급자에게 공급하고 제품을 제작하여 공급하는 사급으로 구분한다.
③ 기계 부품 조립산업은 자재를 부착하여 조립하고 검사하는 공정이 중요하며, 부착하여 조립할 때 발생하는 공정 데이터와 검사할 때 수집되는 검사 데이터를 연계하여 품질분석을 시행한다.
④ 제품이 불량할 때는 불량원인을 확인하고 불량원인별로 현장 개선을 수반한다.
⑤ 품질 추적은 시간대별 추적과 제품 일련번호의 추적이 병존하며, 추적의 최상위 수준은 사용된 자재 품질까지 요구된다.
⑥ 고객 요구 대응을 위해 안전 재고, 때로는 선행 생산으로 인한 재고도 존재한다.
⑦ 자동차부품과 같은 다품종 생산을 지향하는 산업에서는 VMI(Vendor Management Inventory)를 지향하며 출하 시에 서열 관리(Sequence Management)가 중요하다.

#### 2) 조립 우선순위 결정

##### (1) 조립순서 결정

조립작업을 계획하기 전에 작업공정을 미리 알고 있어야 조립작업의 완성도가 높아지게 된다. 조립순서의 마지막 단계에서 최종 제품이 조립 도면과 비교하여 모든 설계 사양이 충족되는지 확인하여 조립작업의 순서를 결정한다.

##### (2) 조립작업 공정 결정

조립작업 공정은 조립의 흐름을 능률적인 방법으로 조립작업을 할 수 있도록 순서를 결정하고 일정을 계획하여 작업 물량을 할당하며, 할당된 물량을 작업절차에 따라 진행하는 것을 말한다. 공정관리는 일정한 품질과 수량의 제품을 일정한 시간 안에 가장 효율적으로 생산할 수 있도록 노동력, 기계설비, 재료 등 생산자원을 합리적으로 활용할 것을 목적으로 공장의 생산 활동을 총괄적으로 통제하는 것이다.

### 3) 조립 방법 선택

조립 방법과 시스템의 선택은 생산 속도, 총의 생산량, 제품의 시장수명, 가용인력, 비용에 따라 결정되며 대량생산 제품에는 다음과 같은 두 가지 조립 방법을 적용할 수 있다.

#### (1) 임의 조립(random assembly)

여러 개의 부품 중에서 임의로 부품을 선택하여 조립한다.

#### (2) 선택 조립(selective assembly)

볼과 레이스의 경우에는 가장 작은 것에서 가장 큰 것까지 크기에 따라 우선 구분한 후 알맞게 짝을 맞추어서 조립한다. 즉, 직경이 가장 작은 볼은 외경이 가장 큰 내륜 및 내경이 가장 작은 외륜에 조립한다.

## 2 공차와 끼워 맞춤

### 1) 공차

#### (1) 치수 공차

부품이 조립되어 원활한 기능을 발휘하도록 지시되는 공차는 공작기계의 정밀도와 생산방법에 따라 측정된 값이 그 기준 치수보다 크거나 작게 공차 결과가 나오게 되는데 이것을 치수 공차라고 한다. 치수 공차의 용어는 다음과 같다.

① 구멍: 주로 원통형 부분의 내측 부분
② 축: 주로 원통형 부분의 외측 부분
③ 실 치수: 두 점 사이의 거리를 실제로 측정한 치수
④ 허용한계 치수: 실 치수가 그사이에 들어가도록 정한 대·소의 허용치수이며, 최대허용치수(30.2)와 최소허용치수(29.9)가 있다(예: $30^{+0.2}_{-0.1}$).
⑤ 기준 치수: 치수 허용한계의 기준이 되는 치수
⑥ 기준선: 허용한계 치수 또는 끼워 맞춤을 도시할 때 치수허용차의 기준이 되는 선으로, 치수허용차가 0인 직선으로 기준 치수를 나타낼 때 사용한다.
⑦ 치수허용차: 허용한계 치수에서 그 기준 치수를 뺀 값으로, 위 치수허용차와 아래 치수허용차가 있다.
⑧ 치수 공차: 최대 허용한계 치수와 최소 허용한계 치수의 차이다. 또는 위 치수허용차와 아래 치수허용차의 차를 의미하기도 하며 공차라고도 한다.

$30^{+0.05}_{-0.02}$ 에서 최대허용치수와 최소허용치수는?

① 최대허용치수=기준치수+위 치수허용차=30+0.05=30.05mm
② 최소허용치수=기준치수+아래 치수허용차=30+(-0.02)=29.98mm
③ 치수 공차=최대허용치수-최소허용치수=30.05-29.98=0.07mm

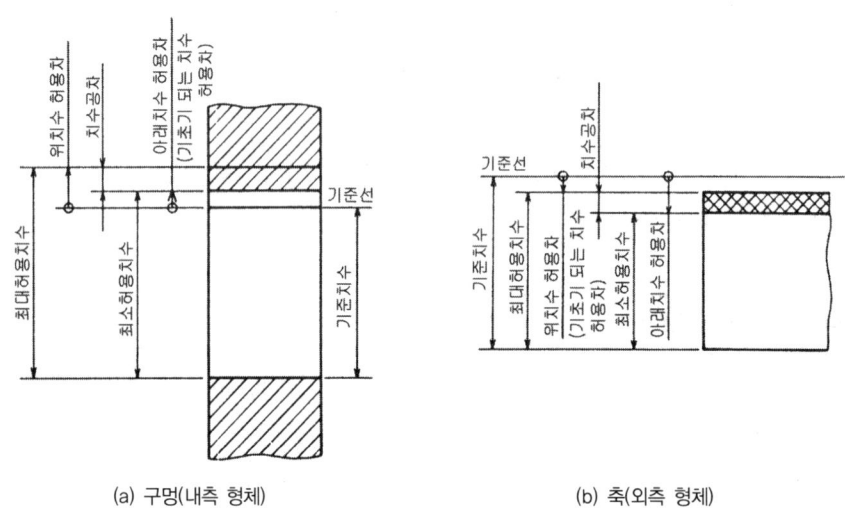

(a) 구멍(내측 형체)  (b) 축(외측 형체)

[그림 5-5] 치수 공차의 용어

### (2) 기본 공차 등급 적용

IT 기본 공차는 치수 공차와 끼워 맞춤에 있어서 정해진 모든 치수 공차를 의미하는 것으로, 국제 표준화 기구(ISO) 공차 방식에 따라 분류한다.

① 기본 공차의 적용

| 용도 | 게이지 제작 공차 | 끼워 맞춤 공차 | 끼워 맞춤 이외 공차 |
|---|---|---|---|
| 구멍 | IT 01~IT 5 | IT 6~IT 10 | IT 11~IT 18 |
| 축 | IT 01~IT 4 | IT 5~IT 9 | IT 10~IT 18 |

② IT 공차의 수치: 기준 치수가 500 이하인 경우와 500을 초과하여 3150까지 기본 공차의 수치를 나타낸다.

### (3) IT(International tolerance) 기본 공차

기본 공차는 치수 공차와 끼워 맞춤의 기준 치수를 구분하여 공차값을 적용하는 것으로써 표와 같이 IT 01급부터 IT 18급까지 20등급으로 구분하고 있다.

<표 5-1> IT 기본 공차

| 구분 등급 | | IT 01 | IT 0 | IT 1 | IT 2 | IT 3 | IT 4 | IT 5 | IT 6 | IT 7 | IT 8 | IT 9 | IT 10 | IT 11 | IT 12 | IT 13 | IT 14 | IT 15 | IT 16 | IT 17 | IT 18 |
|---|---|---|---|---|---|---|---|---|---|---|---|---|---|---|---|---|---|---|---|---|---|
| 초과 | 이하 | \multicolumn{12}{c}{기본 공차의 수치($\mu m$)} | | | | | | | | |
| - | 3 | 0.3 | 0.5 | 0.8 | 1.2 | 2.0 | 3.0 | 4.0 | 6.0 | 10 | 14 | 25 | 40 | 60 | 0.10 | 0.14 | 0.26 | 0.40 | 0.60 | 1.00 | 1.40 |
| 3 | 6 | 0.4 | 0.6 | 1.0 | 1.5 | 2.5 | 4.0 | 5.0 | 8.0 | 12 | 18 | 30 | 48 | 75 | 0.12 | 0.18 | 0.30 | 0.48 | 0.75 | 1.20 | 1.80 |
| 6 | 10 | 0.4 | 0.6 | 1.0 | 1.5 | 2.5 | 4.0 | 6.0 | 9.0 | 15 | 22 | 36 | 58 | 90 | 0.15 | 0.22 | 0.36 | 0.58 | 0.90 | 1.50 | 2.20 |
| 10 | 18 | 0.5 | 0.8 | 1.2 | 2.0 | 3.0 | 5.0 | 8.0 | 11 | 18 | 27 | 43 | 70 | 110 | 0.18 | 0.27 | 0.43 | 0.70 | 1.10 | 1.80 | 2.27 |
| 18 | 30 | 0.6 | 1.0 | 1.5 | 2.5 | 4.0 | 6.0 | 9.0 | 13 | 21 | 33 | 52 | 84 | 130 | 0.21 | 0.33 | 0.52 | 0.84 | 1.30 | 2.10 | 3.30 |
| 30 | 50 | 0.6 | 1.0 | 1.5 | 2.5 | 4.0 | 7.0 | 11 | 16 | 25 | 39 | 62 | 100 | 160 | 0.25 | 0.39 | 0.62 | 1.00 | 1.60 | 2.50 | 3.90 |
| 50 | 80 | 0.8 | 1.2 | 2.0 | 3.0 | 5.0 | 8.0 | 13 | 19 | 30 | 46 | 74 | 120 | 190 | 0.30 | 0.46 | 0.74 | 1.20 | 1.90 | 3.00 | 4.60 |
| 80 | 120 | 1.0 | 1.5 | 2.5 | 4.0 | 6.0 | 10 | 15 | 22 | 35 | 54 | 87 | 140 | 220 | 0.35 | 0.54 | 0.87 | 1.40 | 2.20 | 3.50 | 5.40 |
| 120 | 180 | 1.2 | 2.0 | 3.5 | 5.0 | 8.0 | 12 | 18 | 25 | 40 | 63 | 100 | 160 | 250 | 0.40 | 0.63 | 1.00 | 1.60 | 2.50 | 4.00 | 6.30 |
| 180 | 250 | 2.0 | 3.0 | 4.5 | 7.0 | 0 | 14 | 20 | 29 | 46 | 72 | 115 | 185 | 290 | 0.46 | 0.72 | 1.15 | 1.85 | 2.90 | 4.60 | 7.20 |

### (4) 공차역

치수 공차역이란 최대허용치수와 최소허용치수를 나타내는 2개 직선 사이의 영역이다. 치수 공차역은 기준선으로부터 상대적인 공차의 위치를 나타내기 위한 것으로 영문자로서 표기한다. 구멍과 같이 안치수를 나타낼 때는 대문자를, 축과 같이 바깥치수를 나타낼 때는 소문자를 사용한다.

① 구멍의 공차역

    ㉠ 구멍의 공차역은 A B C CD D EF F FG G H JS K M N P R S T U X Y Z ZA ZB ZC로서 대문자를 사용하여 27가지로 표현된다.

    ㉡ 구멍의 경우 A에 가까워질수록 실제 치수가 호칭 치수보다 크고, Z에 가까워질수록 실제 치수가 호칭 치수보다 작다. 즉, A에 가까워질수록 구멍의 크기가 커지며, Z에 가까워질수록 구멍의 크기가 작아진다.

    ㉢ 구멍 공차역 H의 최소 치수는 기준 치수와 동일하다.

    ㉣ 구멍 공차역 JS 공차역에서는 위 치수허용차와 아래 치수허용차의 크기가 같다.

② 축의 공차역

    ㉠ 축의 공차역은 a b c cd d ef f fg h j js k m n p r s t u v x y z za zb zc로서 소문자를 사용하여 27가지로 표현된다.

    ㉡ 축의 경우 a에 가까워질수록 실제 치수가 호칭 치수보다 작고, z에 가까워질수록 실제 치수가 호칭 치수보다 크다. 즉, a에 가까워질수록 축의 크기가 작아지며, z에 가까워질수록 축의 크기가 커진다.

    ㉢ 축 공차역 h의 최대 치수는 기준 치수와 동일하다.

    ㉣ 축 공차역 js 공차역에서는 위 치수허용차와 아래 치수허용차의 크기가 같다.

## 2) 끼워 맞춤

### (1) 끼워 맞춤의 기준

① 구멍 기준식 끼워 맞춤은 아래 치수허용차가 0인 H 기호의 구멍을 기준 구멍으로 하고 이에 적당한 축을 선정하여 필요로 하는 죔새나 틈새를 얻는 끼워 맞춤 방식이다.

② 축 기준식 끼워 맞춤은 위 치수허용차가 0인 h 기호의 축을 기준으로 하고 이에 적당한 구멍을 선정하여 필요한 죔새나 틈새를 얻는 끼워 맞춤 방식이다.

### (2) 끼워 맞춤의 종류

- **틈새**: 구멍의 치수가 축의 치수보다 클 때의 치수차(헐거움 끼워 맞춤)
- **죔새**: 구멍의 치수가 축의 치수보다 작을 때의 치수차(억지 끼워 맞춤)

① 헐거움 끼워 맞춤

구멍의 최소 치수가 축의 최대 치수보다 큰 경우에 사용되며 항상 틈새가 생기는 끼워 맞춤으로 미끄럼 운동이나 회전운동이 필요한 기계 부품 조립에 적용한다.

[예] 40H7은 $40^{+0.025}_{0}$ 또는 $\dfrac{40.025}{40.000}$, 40g6은 $40^{-0.009}_{-0.025}$ 또는 $\dfrac{39.991}{39.975}$

∴ 최소 틈새=구멍의 최소허용치수−축의 최대허용치수=$40.000 - 39.991 = 0.009$

최대 틈새=구멍의 최대허용치수−축의 최소허용치수=$40.025 - 39.975 = 0.050$

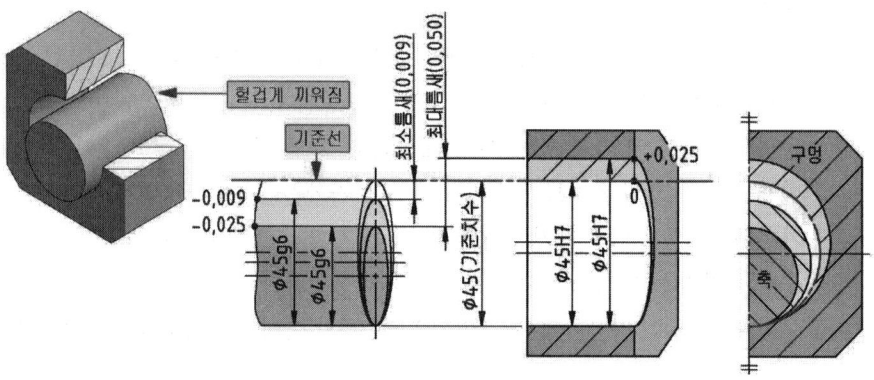

[그림 5-6] 틈새가 있는 헐거운 끼워 맞춤(∅45 H7/p6의 경우)

② 중간 끼워 맞춤(정밀 끼워 맞춤)

구멍과 축의 실제 치수에 따라 죔새와 틈새가 생기는 끼워 맞춤으로 베어링 조립에 주로 쓰인다.

[예] 40H7은 $40^{+0.025}_{0}$ 또는 $\dfrac{40.025}{40.000}$, 40n6은 $40^{+0.033}_{+0.017}$ 또는 $\dfrac{40.033}{40.017}$

∴ 최대 죔새=축의 최대허용치수−구멍의 최소허용치수=$40.033 - 40.000 = 0.033$

최대 틈새=구멍의 최대허용치수−축의 최소허용치수=$40.025 - 40.017 = 0.008$

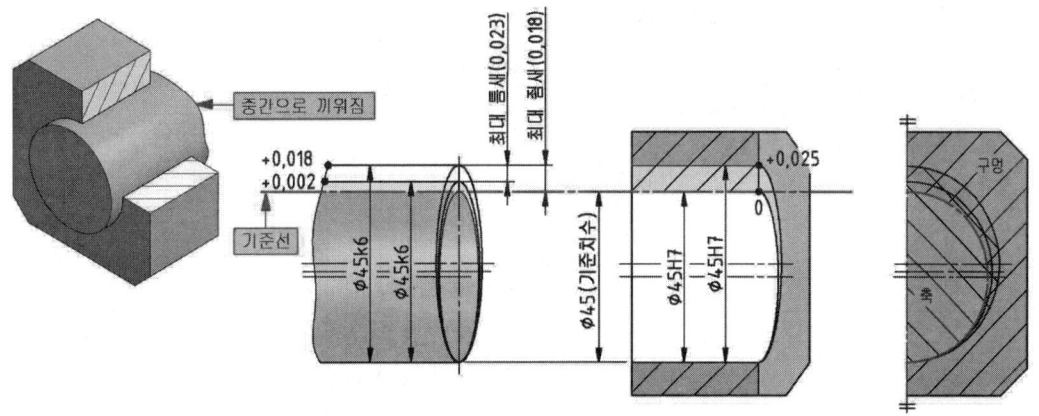

[그림 5-7] 틈새와 죔새가 있는 중간 끼워 맞춤(∅45 H7/k6의 경우)

③ 억지 끼워 맞춤

구멍의 최대 치수가 축의 최소 치수보다 작은 경우이며, 항상 죔새가 생기는 끼워 맞춤으로 동력전달장치의 분해조립의 반영구적인 곳에 적용된다.

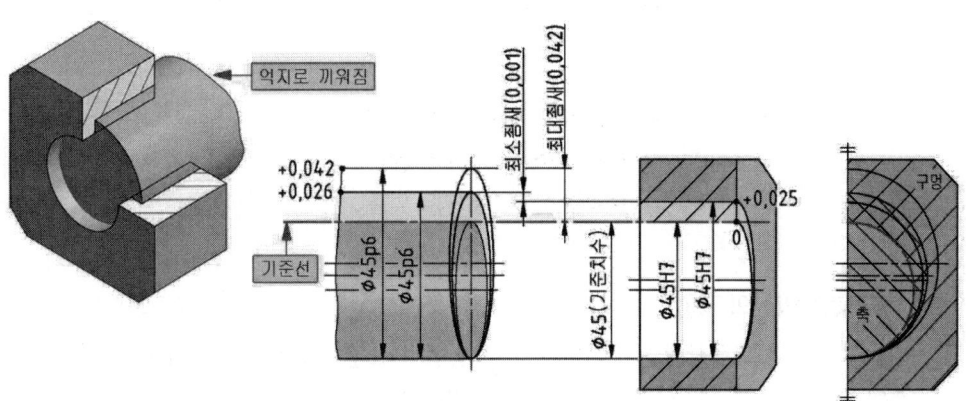

[그림 5-8] 죔새가 있는 억지 끼워 맞춤(∅45 H7/p6의 경우)

### (3) 끼워 맞춤 방식

① 구멍 기준식 끼워 맞춤: H6~H10(아래 치수허용차가 0인 H 기호 구멍)
② 축 기준식 끼워 맞춤: h5~h9(위 치수허용차가 0인 h 기호 축)

〈표 5-2〉 상용하는 구멍 기준 끼워 맞춤 공차

| 기준 구멍 | 축의 종류와 등급 ||||||||||||||||| 
|---|---|---|---|---|---|---|---|---|---|---|---|---|---|---|---|---|---|
| | 헐거운 끼워 맞춤 |||||||중간 끼워 맞춤|||억지 끼워 맞춤 ||||||
| | b | c | d | e | f | g | h | js | k | m | n | p | r | s | t | u | x |
| H5 | | | | | | 4 | 4 | 4 | 4 | 4 | | | | | | | |
| H6 | | | | | | 5 | 5 | 5 | 5 | 5 | | | | | | | |
| | | | | | 6 | 6 | 6 | 6 | 6 | 6 | 6(1) | 6(1) | | | | | |
| H7 | | | | (6) | 6 | 6 | 6 | 6 | 6 | 6 | 6 | 6(1) | 6(1) | 6 | 6 | 6 | 6 |
| | | | | | 7 | 7 | (7) | 7 | 7 | (7) | (7) | (7) | (7) | (7) | (7) | (7) | (7) |
| H8 | | | | | | 7 | 7 | | | | | | | | | | |
| | | | | 8 | 8 | | 8 | | | | | | | | | | |
| | | | 9 | 9 | | | | | | | | | | | | | |
| H9 | | | | 8 | 8 | | 8 | | | | | | | | | | |
| | | | 9 | 9 | 9 | | 9 | | | | | | | | | | |
| H10 | 9 | 9 | 9 | | | | | | | | | | | | | | |

[비고] (1) 이들의 끼워 맞춤은 치수의 구분에 따라 예외가 생긴다. 표 중의 괄호를 붙인 것은 될 수 있는 대로 사용하지 않는다.

**참고** ① ⌀50H7g6: 구멍 기준식 헐거운 끼워 맞춤
② ⌀40H7p5: 구멍 기준식 억지 끼워 맞춤
③ ⌀30G7 h5: 축 기준식 헐거운 끼워 맞춤

### (4) 끼워 맞춤 방식의 적용

부품의 기능과 작동상태를 고려하고 가공 방법과 표준품의 사용 여부에 따라 구멍 기준식 끼워 맞춤이나 축 기준식 끼워 맞춤으로 선택한다.

① 구멍 기준식 끼워 맞춤이나 축 기준식 끼워 맞춤을 같이 적용하는 것이 편리할 때는 다음의 ②와 ③의 방식을 혼용할 수도 있다.
② 구멍이 축보다 가공하거나 검사하기가 어려우므로 구멍 기준식 끼워 맞춤을 선택하는 것이 편리하며 일반적인 기계설계 도면에 적용한다.
③ 구멍 기준식 끼워 맞춤이나 축 기준식 끼워 맞춤을 같이 적용하는 것이 편리할 때는 다음 [보기]의 '1)'과 '2)'의 방식을 혼용할 수 있다.
  [보기] 1) 평행 핀(m6, h8, h11)과 테이퍼 핀(h10)을 사용할 경우
     2) 기어 펌프의 기어 외경(h6)과 펌프 내경(G7)의 경우

### 3) 치수 공차와 끼워 맞춤 공차의 지시

#### (1) 기준 치수의 허용한계를 수치에 의하여 치수 공차를 지시하는 경우

① 기준 치수 다음에 치수허용차(위 치수허용차 및 아래 치수허용차)의 수치를 기준 치수와 같은 크기로 [그림 5-9]와 같이 지시한다.

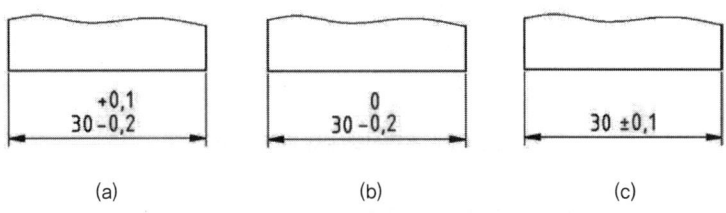

[그림 5-9] 허용한계를 허용차 값으로 지시

② 허용한계 치수(최대허용치수 및 최소허용치수) 때문에 [그림 5-10]과 같이 지시하며 최대 허용치수는 위에, 최소허용치수는 아래에 지시한다.

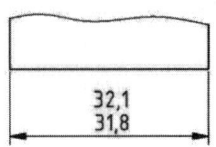

[그림 5-10] 허용한계 치수로 지시

#### (2) 허용한계를 끼워 맞춤 공차 기호에 의하여 지시하는 경우

[그림 5-11]과 같이 기준 치수 뒤에 끼워 맞춤 공차의 기호를 지시하거나 그 위·아래 치수 허용차를 기호 다음의 괄호 안에 덧붙여 지시하는 어느 한 가지 방법에 따른다. 이때 기호 크기의 호칭은 기준 치수의 숫자와 같게 하고 허용한계 치수는 기준 치수의 크기로 한다.

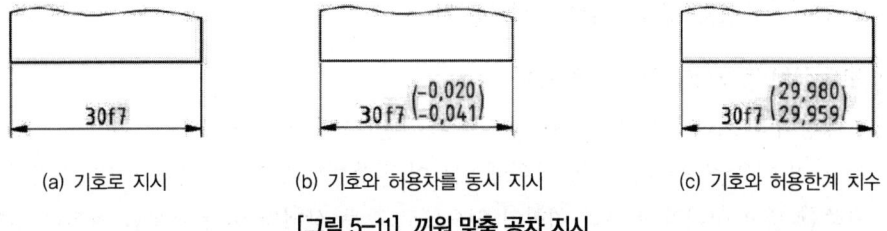

(a) 기호로 지시    (b) 기호와 허용차를 동시 지시    (c) 기호와 허용한계 치수

[그림 5-11] 끼워 맞춤 공차 지시

### 4) 조립상태에서 기입 방법

(1) 수치에 의하여 지시하는 경우

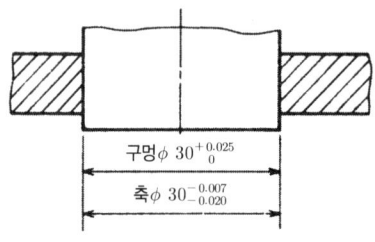

[그림 5-12] 조립상태에서 기입 방법(1)

(2) 치수허용차 기호에 의하여 지시하는 경우

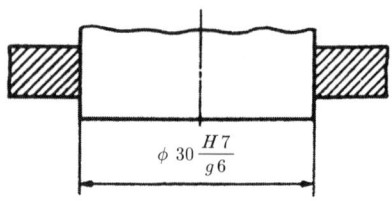

[그림 5-13] 조립상태에서 기입 방법(2)

## 03 기계 부품조립 기능 확인

### 1 조립품 수정

#### 1) 기계장치 동작상태 확인

(1) 기계 부품 간섭 및 동작상태

기계장치나 부품이 정상적으로 동작하고 있는 상태를 동작상태라고 하고, 상호 간에 간섭이 발생하고 있는 상태를 간섭상태라고 한다.

(2) 구동장치 동작상태 확인의 필요성

기계장치의 조립이 끝나면 구동 부위의 동작상태를 파악하여 구동의 이상 유무를 확인하는 것이 매우 중요하다. 구동 부위에 이상이 발생했는데도 작동시키면 기계장치의 수명을 단축할 뿐만 아니라 파손의 위험이 있으므로 작동 상태의 이상 유무를 확인한 후에 정상 작동시켜야 한다.

① 소형 기계장치의 동작상태 검사 : 소형 기계장치의 동작상태 검사는 손으로 회전시키면서 원활히 회전하는지를 검사한다. 이때 검사 대상 항목은 회전 부위에 오물이 끼어 있는지, 베어링과 관련 부품의 조립상태, 베어링 궤도의 불량 여부, 베어링 내부 클리어런스,

오일실의 마찰력, 베어링 설치 부분의 가공 불량 여부, 끼워맞춤 공차의 올바른 적용 등에 의해 회전의 원활성이 달라진다.

② 대형 기계장치의 동작상태 검사 : 대형 기계장치는 하중을 가하지 않고 시동시킨 후 바로 동력을 끊고 회전상태를 검사한다. 이때 진동, 소음, 회전 부품의 간섭에 의한 이상 현상 등을 확인하고 동력 운전을 시작한다.

## 2) 구동장치의 동력 운전 검사방법

### (1) 동력 운전의 시작

동력 운전을 할 때는 무부하 상태에서 저속 운전으로 시작하여 서서히 정상 상태로 회전속도를 증가시킨다.

### (2) 무부하 운전 중의 검사항목

시험 운전을 하면서 검사해야 할 항목은 이상 음의 발생 여부, 비정상적으로 갑작스러운 온도의 증가, 진동, 윤활제의 누설과 변색 등이다.

### (3) 부하 운전 중의 검사항목

기계장치의 부하시험이란 구동 부위에 연결되는 모든 장치를 연결한 상태에서 1~2시간 정상운전을 하면서 구동 상태를 검사하는 것을 말한다. 검사항목은 회전속도의 변동, 진동, 소음, 소모 전력의 변화, 토크의 변화, 윤활유의 누설 여부, 변색 등이다.

### (4) 온도측정 요령

기계장치의 온도측정은 무부하 운전이나 부하 중에 검사할 항목으로 다음과 같은 요령으로 검사한다. 운전을 시작하여 서서히 회전속도를 증가시키고 1~2시간 이상 경과되어야 정상 상태의 온도가 된다. 온도측정은 베어링이 조립된 몸체의 표면부터 측정하는 것이 일반적이지만 가능한 한 베어링의 오일 주입구를 통하여 베어링 온도를 직접 측정하는 것이 정확도를 높일 수 있다.

## 2 검사 데이터 관리

### 1) 측정 데이터 Sheet 작성

측정 결과(Data)를 기록하는 양식에는 다음의 내용을 포함하여 기록한다.
① 모델명, 품명, 공정명, TRY 일자, 의뢰 일자, 측정 일자, 측정목적
② 측정 의뢰부서나 의뢰자, 접수자료(도면, 피측정물, 기타)
③ 피측정물 재질, 측정 환경(온·습도). 사용 측정기기
④ 도면 규격(SPEC) 및 위치 표시 도면(번호부여), 측정 결과(Data), 편차
⑤ 판정(OK 혹은 NG 표시), 조치내용(참고, 유지, 설계변경, 수정 등)
⑥ 캐비티 수, 제품 중량(성형품의 경우) 등

## 2) 측정 결과 보고서 작성

측정 결과 또는 측정 과정에서 얻은 문제점 등의 기타 정보를 총정리하여 어떤 체계화된 형태로 작성하여 타인에게 전달·발표하거나 보고서 작성에 필요한 항목을 다음과 같이 분류할 수 있다.

### (1) 측정목적
① 측정이란 일정한 양을 피측정물과 비교하여 결과 데이터를 산출해내는 것으로 정의할 수 있다.
② 생산된 피측정물이 고객이 요구하는 규격에 부합되는지를 결정하고 품질 특성을 파악하기 위함이다.

### (2) 사용 측정기기
측정항목 및 피측정물의 요구 정도에 맞는 측정기를 선택하고 사용 측정기기의 명칭과 규격 등을 상세히 기록한다.

### (3) 이론 및 원리
필요한 원리, 정리, 법칙 등 이론을 참조할 때 누구든 이해하기 쉽게 명확히 기록하고 참고 도서를 인용하면 필자 명, 출판사명 등을 적어두어 참고 되도록 한다.

### (4) 측정 시 주의사항
제품마다 특성이 다르고 측정 방법, 측정 난이도 등에서 차이가 있을 수 있으며 측정 시 주의사항 등을 상세히 기록하여 오차의 요인을 없애고 능률적인 측정을 하도록 한다.

### (5) 측정 방법 및 순서
① 측정순서에 의한 측정 방법을 상세히 기록하되 필요에 따라서는 측정기기의 배치도를 그려 간단히 알아볼 수 있도록 하는 것도 좋다.
② 측정 전의 사전 준비, 측정 소요 시간 등도 적도록 한다.
③ 치공구 등을 사용할 때도 설치 장면을 간단히 스케치 또는 사진을 첨부하여 이해를 도울 수 있도록 할 수 있다.
④ 측정에 든 전체시간을 측정함으로써 1개소 평균 측정시간을 산출할 수 있다.
⑤ 1개소 평균 측정 소요 시간(min) = (전체 측정시간 min / 전 개소)이다.
⑥ 난도가 높은 부품일수록 1포인트(개소)당 측정 소요 시간이 높아진다고 볼 수 있다.

### (6) 측정기의 정리
① 어떤 측정항목에 대한 측정이라도 1회에 끝내지 말고 여러 번 반복하여 우연 오차, 개인 오차, 시차 등의 오차를 줄이도록 한다.
② 측정기의 산포, 편위 등을 고려하여 평균치를 내어야 한다.
③ 계산할 때는 계산과정을 명백히 밝히고 유효숫자의 처리도 도면의 규격에 따라 준수한다.

### (7) 측정 결과

① 측정치의 정리로 얻어진 값을 최종적인 수치와 단위로 표시한다.
② 측정항목의 요구에 따라 진직도, 진원도, 평행도, 평면도 등으로 결과를 나타낸다.
③ 필요하면 선도 도표로도 표시하여 결과를 한눈에 볼 수 있도록 하는 것도 바람직하다.
④ 온도보정, 탄성 변형 등도 고려할 필요가 있다.

### (8) 결론 및 토의

① 결론은 측정 과정을 통하여 얻은 자료를 근거로 측정목적에 벗어나지 않는 범위 내에서 이루어져야 한다.
② 본인이 얻은 결과를 타인의 것 또는 규격과 비교하여 차이 또는 오차가 있을 때는 원인을 파악하고 결정을 내려 재발을 방지하도록 할 수 있다.
③ 자신의 의견을 타인과 토의하여 그 차이점 또는 향후 개선을 위해 측정장치, 측정기기, 측정 방법 등에 관한 연구 및 비판도 생각할 수 있다.

## 04 육안검사

### 1 작업계획 파악

#### 1) 작업표준서 및 작업지시서

① 조립 설명서로 표현하며 작업표준서 및 작업지시서에 따라 조립 절차, 조립 방법, 검사방법 등의 내용을 검토한다.
② 불합리한 사항이 발견되면 현장 설치 조건에 맞게 관련 부서 담당자와 협의하여 수정·보완할 수 있도록 검토하고 특이사항이 없을 때는 작업표준서 및 작업지시서에 따라 조립계획을 수립한다.

### 2 외관검사의 및 끼워맞춤 검사

#### 1) 볼트 · 너트의 외관검사 축의 외관검사

① 재질, 강도 기호에 틀린 것이 없는지 확인
② 이완 방지 너트, 분할 핀, 와셔의 효과는 충분한가?
③ 나사산의 다듬질 정밀도는 맞는가?

#### 2) 축의 외관검사

① 키 홈의 코너에 R이 있는가?
② 턱붙이 부의 R 가공은 적절한가?
③ 키의 효과는 충분한가?

### 3) 키와 키 홈의 외관검사

① 키의 치수는 적절한가?

② 미끄럼 키, 반달 키, 따려 받음 키에서의 틈새, 접촉, 상대 홈과의 접합 정밀도는 맞는가?

### 4) 기어와 기어 장치의 외관검사

① 이의 면의 접촉, 모따기는 좋은가, 급유는 충분한가?

② 연마재는 마모가 없는가?

### 5) 이의 절손

① 절손은 없는가?

② 치핑은 없는가?

### 6) 고정용 오일실, 립실, 오링의 접합부

① 조기의 마모, 손상

② 누출

### 7) 오링과 오링이 끼워지는 상대의 관찰

① 삽입할 때의 관계 치수

② 위치는 좋은가?

## 3 표면 상태 검사

공작물의 표면에 생긴 작은 구간에서의 요철을 표면 거칠기(surface roughness)라 한다. 또한, 표면 거칠기보다 큰 간격으로 반복되는 기복의 상태를 파상도라 하며, 이는 공작기계나 바이트의 변형, 진동 등에 의하여 발생한다. KS에서는 표면 거칠기의 측정 방법으로 최대높이($Ry$), 10점 평균 거칠기($Rz$: ten point height), 산술 평균 거칠기($Ra$)의 3가지 방법을 규정하고 있다.

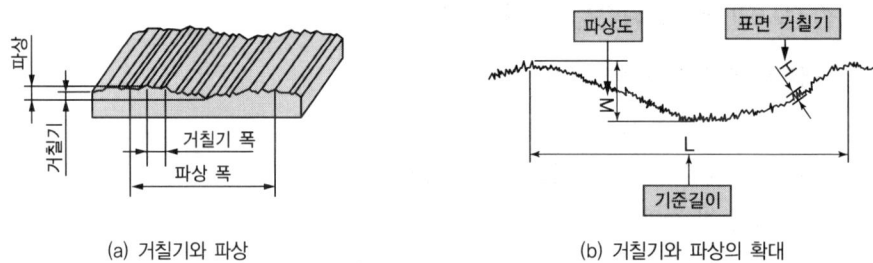

(a) 거칠기와 파상  (b) 거칠기와 파상의 확대

[그림 5-14] 표면 거칠기

## 1) 최대높이

단면 곡선에서 기준 길이 $l$을 채취하여 그 부분의 가장 높은 산과 가장 깊은 골과의 차를 단면 곡선의 종배율의 방향으로 측정하여 그 값을 마이크로미터($\mu$m)로 나타낸 것을 최대높이($Ry$)라 한다.

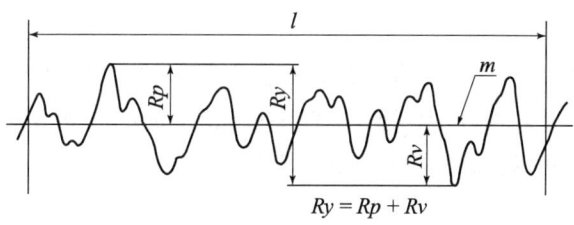

[그림 5-15] 최대높이($Ry$)

## 2) 10점 평균 거칠기($Rz$)

10점 평균 거칠기는 단면 곡선에서 기준 길이만큼 채취한 부분에 있어서 평균선에 평행, 또한 단면 곡선을 가로지르지 않는 직선에서 세로 배율의 방향으로 측정한 가장 높은 곳으로부터 5번째의 봉우리의 표고 평균값과 가장 깊은 곳으로부터 5번째까지 골밑의 표고 평균값과의 차이를 [$\mu$m]로 나타낸 것을 말한다.

$l$: 기준 길이

$R_1, R_3, R_5, R_7, R_9$: 기준 길이 $l$에 대응하는 채취 부분의 가장 높은 곳으로부터 5번째까지의 봉우리 표고

$R_2, R_4, R_6, R_8, R_{10}$: 기준 길이 $l$에 대응하는 채취 부분의 가장 깊은 곳으로부터 5번째까지의 골밑 표고

$$Rz = \frac{(R_1 + R_3 + R_5 + R_7 + R_9) - (R_2 + R_4 + R_6 + R_8 + R_{10})}{5}$$

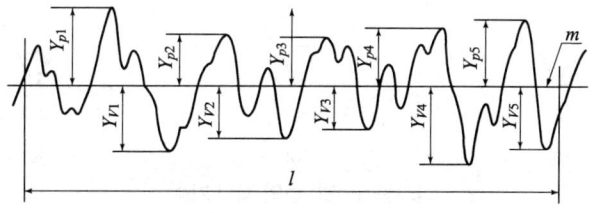

[그림 5-16] 10점 평균 거칠기를 구하는 방법

## 3) 산술 평균 거칠기($Ra$)

단면 곡선으로부터 표면 파상도나 매우 작은 요철을 전기적으로 제거하여 기록한 곡선을 거칠기 곡선이라 한다. 이 곡선에서 일정한 측정 길이 $l$의 부분을 채취하여 이 부분의 산을 깎아 골을 메웠을 때 생기는 직선을 평균선이라 한다. 평균선으로부터 아래쪽에 있는 부분을 위쪽으로 접어서 얻은 빗금친 부분의 면적을 측정 길이 $l$로 나누어 얻은 수치($Ra$)를 미크론 단위로 나타낸 것을 산술 평균 거칠기라 한다.

산술 평균 거칠기는 전기적인 직독식 표면 거칠기 측정기를 사용하여 직접 구한다. 이 측정기로 표면 파상도의 성분을 제거하는 한계의 파장을 컷오프(cut off)라 한다. 측정 길이는 원칙적으로 컷오프 값의 3배 또는 그보다 큰 값을 취한다.

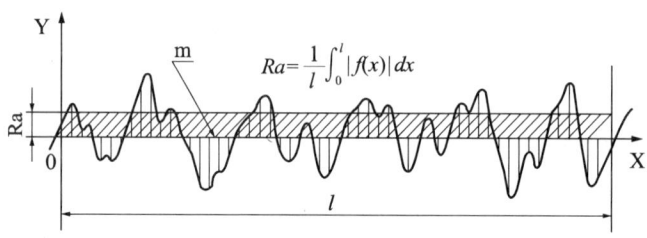

[그림 5-17] 산술 평균 거칠기($Ra$)

## 4) 표면 거칠기의 표시

### (1) 대상면을 지시하는 기호

① [그림 5-18] (a)과 같이 절삭 등 제거 가공의 필요 여부를 문제 삼지 않을 때는 면에 지시 기호를 붙여서 사용한다.
② [그림 5-18] (b)과 같이 제거 가공이 있어야 한다는 것을 지시할 때는 면의 지시 기호의 짧은 쪽의 다리 끝에 가로선을 부가한다.
③ [그림 5-18] (c)과 같이 제거 가공해서는 안 된다는 것을 지시할 때는 면의 지시 기호에 내접하는 원을 그린다.

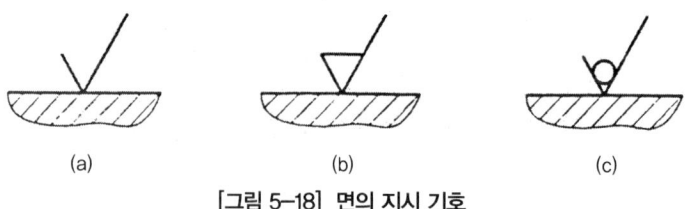

[그림 5-18] 면의 지시 기호

### (2) 표면 거칠기 값의 지시

① [그림 5-19] (a)와 같이 표면 거칠기의 최댓값만을 지시하는 경우
② [그림 5-19] (b)와 같이 구간으로 지시하는 경우

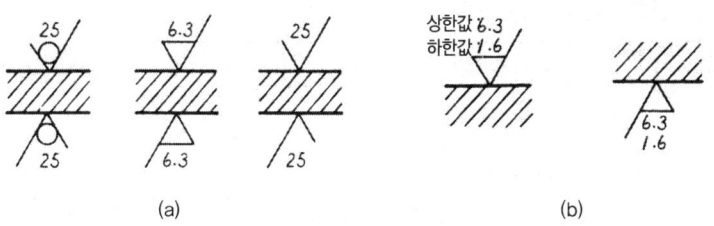

[그림 5-19] 산술 평균 거칠기 기호 지시

③ [그림 5-20] (a)와 같이 컷 오프값을 지시하는 경우
④ [그림 5-20] (b)와 같이 최대높이를 지시하는 경우

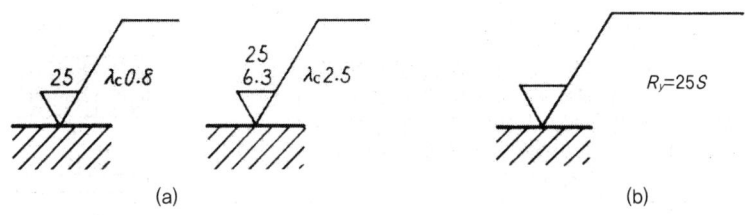

[그림 5-20] 컷 오프값을 지시

### (3) 최대높이, 10점 평균 거칠기 지시 방법

표면 거칠기의 지시값은 지시 기호의 긴 쪽 다리에 가로선을 붙이고, 그 아래쪽에 간략 기호와 함께 기입한다.

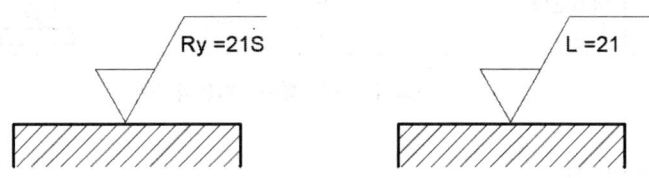

[그림 5-21] 최대높이, 10점 평균 거칠기 기호

### (4) 면의 지시 기호에 대한 각 지시 사항의 기입 위치

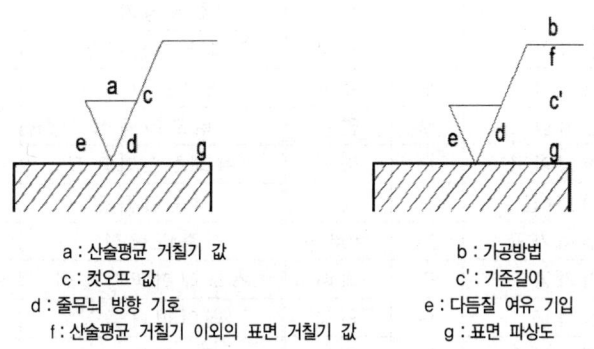

a : 산술평균 거칠기 값
c : 컷오프 값
d : 줄무늬 방향 기호
f : 산술평균 거칠기 이외의 표면 거칠기 값

b : 가공방법
c' : 기준길이
e : 다듬질 여유 기입
g : 표면 파상도

[그림 5-22] 면의 지시 기호

① 줄무늬 방향의 기호(가공 기호)

| 기호 | 의미 | 설명도 |
|---|---|---|
| = | 가공에 의한 커터의 줄무늬 방향이 기호를 기입한 그림의 투상 면에 평행해야 한다.<br>[보기] 세이빙 면 등 | 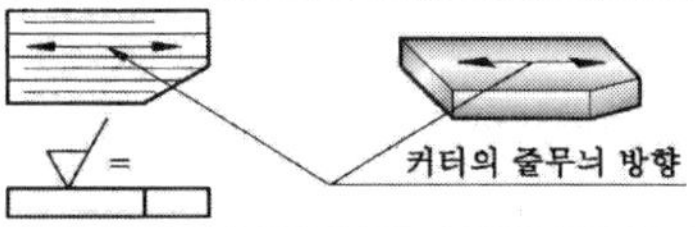 |
| ⊥ | 가공에 의한 커터의 줄무늬 방향이 기호를 기입한 그림의 투상 면에 직각이어야 한다.<br>[보기] 세이빙 면(옆으로부터 보는 상태), 선삭, 원통 연삭 면 등 | 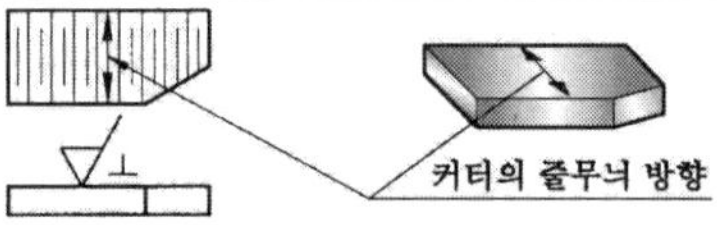 |
| X | 가공에 의한 커터의 줄무늬 방향이 기호를 기입한 그림의 투상 면에 경사지고 두 방향으로 교차해야 한다.<br>[보기] 호닝 다듬질 면 | 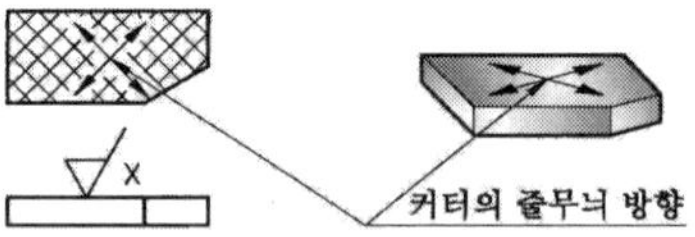 |
| M | 가공에 의한 커터의 줄무늬 방향이 여러방향으로 교차 또는 두 방향이어야 한다.<br>[보기] 래핑 다듬질 면, 수퍼피니싱 면, 가로 이송을 한 정면 밀링, 또는 앤드 밀절삭 면 등 | 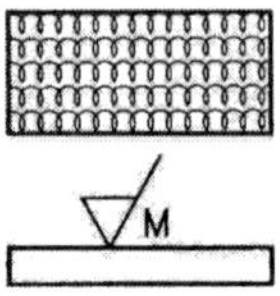 |
| C | 가공에 의한 커터의 줄무늬가 기호를 기입한 면의 중심에 대하여 대략 동심원 모양이어야 한다.<br>[보기] 끝 면 절삭 | 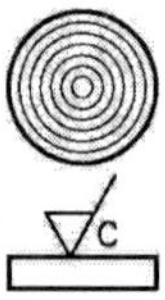 |
| R | 가공에 의한 커터의 줄무늬가 기호를 기입한 면의 중심에 대하여 대략 레디얼 모양이어야 한다. | 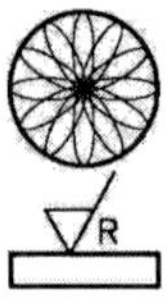 |

[그림 5-23] 줄무늬 방향의 기호

② 가공 방법의 약호

〈표 5-3〉 가공 방법의 약호

| 가공 방법 | 약호 I | 약호 II | 가공 방법 | 약호 I | 약호 II |
|---|---|---|---|---|---|
| 선반가공 | L | 선반 | 호우닝가공 | GH | 호우닝 |
| 드릴가공 | D | 드릴 | 액체호우닝다듬질 | SPLH | 액체호우닝 |
| 보링머신가공 | B | 보링 | 배럴연마가공 | SPBR | 배럴 |
| 밀링가공 | M | 밀링 | 버프다듬질 | FB | 버프 |
| 플레이닝가공 | P | 평삭 | 브러스트다듬질 | SB | 브러스트 |
| 세이핑가공 | SH | 형삭 | 래핑다듬질 | FL | 래핑 |
| 브로우치가공 | BR | 브로칭 | 줄다듬질 | FF | 줄 |
| 리머가공 | FR | 리머 | 스크레이퍼다듬질 | FS | 스크레이퍼 |
| 연삭가공 | G | 연삭 | 페이퍼다듬질 | FCA | 페이퍼 |
| 벨트샌드가공 | GB | 포연 | 주조 | C | 주조 |

## 5) 다듬질 기호 및 표면 거칠기의 표준값

〈표 5-4〉 다듬질 기호 및 표면 거칠기의 표준값

| 다듬질 기호 | | 정도(精度) | 사용보기 | 분류 | $Rz$ | $Ra$ | 표준편 게이지 번호 |
|---|---|---|---|---|---|---|---|
| ∨ | ～ | 일체의 가공이 없는 자연면 | 압력에 견뎌야 하는 곳 | 자연면 | 특히 규정 않음 | | |
| | | 고운 자연면을 그대로 두고 아주 거친 곳만 조금 가공 | 스패너의 자루, 핸들의 암, 주조 및 단조한 그대로의 면, 플랜지의 측면 등 | 주조면, 단조면 | | | |
| ∇/w | ∇ | 줄 가공, 플래너, 선반, 밀링, 그라인딩, 샌드페이퍼 등에 의한 가공으로써 가공 흔적이 뚜렷하게 남을 정도의 거친 가공면 | 저널 베어링 몸체의 밑면, 펌프 본체의 밑면, 축이나 핀의 양 끝 면, 다른 부품과 닿지 않는 가공면 등 | 거친 다듬면 | 50-S 100-S | 12.5a 25a | N10 N11 |
| | | | 중요하지 않은 독립 부분의 거친 면이나 간단하게 흑피(표면의 불규칙한 돌기)를 제거하는 정도의 거친 면 | | | | |
| ∇/x | ∇∇ | 줄 가공, 선반, 밀링, 브로칭 등에 의한 선삭, 그라인딩에 의해 가공 흔적이 희미하게 남을 정도의 보통의 가공면 | 플랜지나 커플링의 접합면, 키로 고정하는 구멍의 안지름 면과 축의 바깥지름면, 저널 베어링의 본체와 뚜껑의 접합면, 리머 볼트가 끼워지는 안지름 면, 기어의 이 끝 면, 키의 외면과 키 홈의 면, 나사 산의 면, 회전 및 직선 미끄럼 운동을 하지 않은 접촉면과 접착되는 면, 패킹의 접착 면, 핸들의 사각 구멍 안쪽면, 부시나 미끄럼 베어링의 양 끝면, 볼트로 고정하는 접촉면, 기어의 보스양 측면, 풀리의 보스 양 측면 | 보통 (중간) 다듬면 | 12.5-S 25-S | 3.2a 6.3a | N8 N9 |
| ∇/y | ∇∇∇ | 줄 가공, 선반이나 밀링 등에 의한 선삭, 그라인딩, 래핑, 보링 등에 의한 가공으로 가공 흔적이 전혀 남아 있지 않은 극히 깨끗한 정밀 고급 가공면 | 오링이 끼워지거나 접촉해 고정되는 면, 크랭크 핀의 바깥지름 면, 크랭크축과 운동하는 저널의 안지름 면, 기어의 이 맞물림 면, 부시나 미끄럼 베어링의 안지름 면, 회전 또는 직선 왕복운동을 하는 축의 바깥지름과 보스의 안지름 면, 밸브 시트 면이나 콕의 스토퍼 접촉 면, 크랭크 축과 미끄럼 접촉하는 저널의 안지름 면, 내연기관의 피스톤 로드와 피스톤 핀 및 크로스헤드 핀, 피스톤 링의 바깥지름 면, 중저속 베어링의 구름면, 캠의 면, 기타 윤이 나거나, 도금을 해야 하는 외면, 정밀 나사의 산 면 등 | 고운 다듬면 | 3.2-S 6.3-S | 0.8a 1.6a | N6 N7 |
| ∇/z | ∇∇∇∇ | 래핑, 버핑 등에 의한 가공으로 광택이 나며, 거울 면처럼 극히 깨끗한 초정밀 고급 가공면 | 정밀을 요하는 래핑(lapping), 버핑(buffing) 등에 의한 특수용도의 고급 플랜지 면 | 정밀 다듬면 | 0.1-S 0.2-S 0.4-S 0.8-S 1.6-SS | 0.025a 0.05a 0.1a 0.2a 0.4a | N1 N2 N3 N4 N5 |
| | | | 내연기관의 피스톤 로드와 피스톤 핀 및 크로스헤드 핀, 피스톤 링의 바깥지름면, 고속 베어링의 구름 면, 연료 펌프의 플랜지, 공기압 또는 유압 실린더의 안지름 면, 오일 실 및 오링과 회전운동 및 직선 왕복미끄럼 접촉하는 축 바깥지름 면, 볼이나 니들 롤러의 외면 등 | | | | |

### 6) 다듬질 기호의 표시 방법

① 가공표면에 삼각 기호의 꼭지점이 접하게 그린다.
② 가공면에 직접 그리기 곤란할 경우에는 가공면에서 연장한 가는 실선 상에 표시하거나 지시선에 의해 나타낸다.
③ 전체 면이 동일한 다듬질 면일 때는 도면 위에 표시하거나 부품번호 옆에 표시한다.
④ 다듬질 면이 대부분 같으나 일부가 다를 경우에는 일부가 다른 면은 도형상에 나타내고 대부분 같은 다듬질 면 기호 옆에 묶음표를 하여 일부 다른 다듬질 기호를 나타낸다.
⑤ 가공 방법을 지정할 필요가 있을 경우에는 삼각 기호 빗면이나 파형 기호를 연장하고 평행하게 그린 선 위에 가공법을 나타낸다.

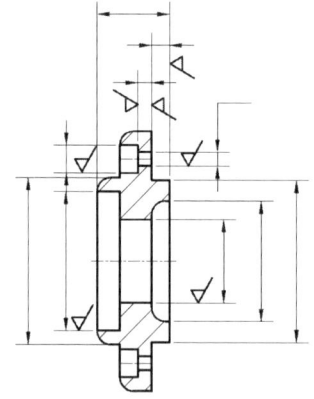

[그림 5-24] 표면 거칠기의 도면 기입 방법

## 05 조립 안전관리

### 1 안전기준 확인

#### 1) 일상 안전 점검 검사

일상점검은 주로 과거의 실적 데이터와 기술적 검토를 기초로 하여 작성된 일상점검 기준서에 의해서 일상 운전 중에 실시한다. 이 점검기준서는 기계장치의 종류에 따라서 점검 개소, 점검 기간, 점검 방법 및 내용 등이 다르다.

#### 2) 정기 안전 점검 검사

정기 점검은 점검표(check list)를 만들어서 이에 실행하는 것이 일반적이고 편리하다. 이 점검표는 생산 공정 및 작업 형태에 따라 알맞도록 작성하며 보통 정기 점검을 할 때는 설비의 노후화 속도가 크고 위험성이 현저한 것부터 중심적으로 다루어야 한다.

#### 3) 예방보전

산업재해의 가능성을 조기에 발견하기 위해서는 작업 현장의 기계, 장치의 효율적인 관리를 위해서도 손상되기 쉬운 곳에 대해서는 지날 날의 실적으로 미루어 보아 그 부품에 대한 수명을 먼저 예상하여서, 수명이 다 되었다고 생각되면 미리 교체하여야 한다.

이처럼 고장을 일으키기 전에 합리적인 기계설비 관리에 의해서 항상 정상적으로 유지할 수 있도록 정비하는 것을 예방보전이라 하며 매우 중요한 일이다. 기계나 장치는 예방보전으로 발생의 기회가 줄어지므로 안전성이 더욱 유지될 수 있게 된다.

## 2  안전 수칙 준수

### 1) 기계 안전 수칙

① 자기 담당 기계 이외의 기계는 움직이거나 손을 대지 않는다.
② 원동기와 기계의 가동은 각 직원의 위치와 안전장치의 적정 여부를 확인한 다음 행한다.
③ 움직이는 기계를 방치한 채 다른 일을 하면 위험하므로 기계가 완전히 정지한 다음 자리를 뜬다.
④ 정전되면 우선 스위치를 내린다.
⑤ 기계의 조정이 필요하면 원동기를 끄고 완전히 정지할 때까지 기다려야 하며 손이나 막대기로 정지시키지 않아야 한다.
⑥ 기계는 깨끗이 청소해야 한다. 청소할 때는 브러시나 막대기를 사용하고 손으로 청소하지 않는다.
⑦ 기계 작업자는 보안경을 착용하여야 한다.
⑧ 기계 가동할 때는 소매가 긴 옷, 넥타이, 장갑 또는 반지를 착용하지 않는다.
⑨ 고장 중인 기계는 고장·사용금지 등의 표지를 붙여 둔다.
⑩ 기계는 일일이 점검하고 사용 전에 반드시 점검하여 이상 유무를 확인한다.

### 2) 수공구 안전 수칙

① 수공구는 쓰기 전에 깨끗이 청소하고 점검한 다음 사용할 것
② 정이나 끌과 같은 기구는 때리는 부분이 버섯모양같이 되면 반드시 교체하여야 하며, 자루가 망가지거나 헐거우면 바꾸어 끼울 것
③ 수공구는 쓴 후에 반드시 보관함에 넣어둘 것
④ 끝이 예리한 수공구는 반드시 덮개나 칼집에 넣어서 보관 이동할 것
⑤ 파편이 튀길 위험이 있는 작업에는 보안경을 착용할 것
⑥ 각 수공구는 일정한 용도 이외에는 사용하지 말 것

# CHAPTER 6 기타 기계 가공

## 01 공작기계일반

### 1 공작기계의 분류

#### 1) 일반(범용) 공작기계
절삭 속도 및 이송의 범위가 크고, 부속 장치를 사용하여 다양한 종류의 가공을 할 수 있는 공작기계이며, 여러 가지 소량생산에 적합하지만, 부품을 다량으로 양산하는 데 사용하며 이는 선반, 드릴링 머신, 밀링머신, 연삭기 등의 공작기계가 있다.

#### 2) 단능 공작기계
간단한 공정이나 1종의 공정밖에 할 수 없는 공작기계이며, 다량생산에 적합하나 다른 공정의 가공에 융통성이 없다. 이는 바이트연삭기, 센터리스 연삭기, 타이어 보링 머신 등의 공작기계가 있다.

#### 3) 전용 공작기계
특정한 모양, 치수의 제품을 양산하기에 적합하도록 만든 공작기계이며, 사용 범위에는 좁고, 소량생산에는 적합하지 않는 공작기계로 전용 공작기계에는 모방선반, 자동선반, 생산밀링머신 등이 있으며, 또한 전용 공작기계를 여러 개 조합하여 자동화한 트랜스퍼 머신(transfer machine) 등이 있어서 기계공작에 큰 역할을 한다.

#### 4) 만능 공작기계
여러 가지 종류의 공작기계에서 할 수 있는 가공을 1대의 공작기계에서 가능하도록 제작한 공작기계이다.

### 2 공작기계의 구비조건
① 제품의 공작 정밀도가 좋을 것
② 절삭 가공능률이 우수할 것
③ 융통성이 풍부할 것
④ 조작이 용이하고, 안전성이 높을 것
⑤ 동력 손실이 적고, 기계 강성이 높을 것

## 3  공작기계의 기본운동

① 절삭 운동 : 절삭할 때 칩과 절삭 공구가 길이 방향으로 움직이는 운동
② 이송 운동 : 공작물과 절삭 공구가 절삭 방향으로 이송하는 운동
③ 위치 조정운동 : 공구와 공작물 간의 절삭 조건에 따른 절삭 깊이 조정 및 일감, 공구의 설치 및 제거

## 4  절삭저항의 요소

① 가공물의 재질 : 단단한 재질일수록 절삭저항은 증가한다.
② 공구날끝의 모양 및 공구각 : 경사각이(약 30°까지) 커질수록 감소한다.
③ 절삭 면적(이송×깊이) : 절삭 면적이 커질수록 절삭저항이 증가한다.
④ 절삭 속도 : 절삭 속도가 클수록 절삭저항은 감소한다.
⑤ 절삭제 : 절삭유를 사용하면 절삭저항은 감소한다.

## 5  절삭저항의 3분력

절삭저항=주분력($P_1$) 10 〉 배분력($P_3$)(2-4) 〉 이송분력($P_2$)(1-2)

① 주분력($P_1$ : Principal Cutting Force) : 절삭 방향으로 작용하는 분력
② 이송분력($P_2$ : Feed Force) : 이송방향(평행)으로 작용하는 분력
③ 배분력($P_3$ : Radial Force) : 공구의 축 방향으로 작용하는 분력

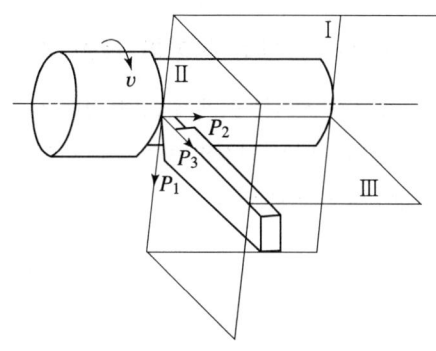

[그림 6-1] 절삭저항의 3분력

## 6  절삭동력

### 1) 선반의 절삭동력($PS$, $KW$)

$$PS = \frac{P_1(N) \times V}{75 \times 9.81 \times 60 \times \eta}, \quad KW = \frac{P_1(N) \times V}{102 \times 9.81 \times 60 \times \eta}$$

여기서, $V$ : 절삭 속도
$\eta$ : 효율
$P_1$ : 주분력($f \times t \times$비절삭 저항(KS))

### 2) 절삭률($Q$)

$Q = v \times f \times t (\text{cm}^3/\text{min})$

## 7 절삭 조건

작업자가 공작기계를 조작하여 쉽게 조절할 수 있게, 즉 단위 시간당 절삭량에 영향을 끼치는 변수들의 조합을 절삭 조건이라 한다.

실제 가공물을 절삭하는 데 있어서 가장 중요한 절삭 조건은 절삭 공구 재질, 공작물 재질, 절삭 속도, 이송, 절삭 깊이, 절삭유 사용유무 등에 영향을 받는다.

### 1) 절삭 속도

$$V = \frac{\pi DN}{1000}[\text{m/min}], \quad N = \frac{1000\,V}{\pi D}[\text{rpm}]$$

### 2) 절삭 면적

$$F = f \times t$$

여기서, $F$ : 절삭 면적($\text{mm}^2$)
$f$ : 이송(mm/rev)
$t$ : 절삭 깊이(mm)

### 3) 절삭 조건과 공구 수명과의 관계

① 절삭 조건의 3요소 : 절삭 속도, 이송, 절삭 깊이
② 공구 수명은 절삭 속도, 이송, 절삭 깊이순으로 영향을 받는다.
→ 경제적 절삭을 위해 절삭 깊이를 크게 하는 것이 유리하다.

## 8 공구인선과 이송이 표면 거칠기에 미치는 영향

표면 거칠기를 적게 하려면, 일반적으로 공구인선의 반지름을 크게 하고 이송을 적게 하는 것이 좋다. 반면, 인선의 반지름을 너무 크게 하면 절삭저항이 증가하여 바이트와 공작물 간에 떨림이 발생할 수 있다.

$$H = \frac{S^2}{8r}, \quad S = \sqrt{8rH}$$

## 9 칩의 생성

### 1) 유동형 칩(flow type chip)

칩이 공구의 경사면 위를 유동하는 것과 같이 원활하게 연속적으로 흘러나가는 형태로서 칩 발생 시 연속적인 미끄럼 파괴에 의하여 절삭되어, 길게 연속적 코일 모양으로 되며, 절삭면의 변동이 없고 진동이 적으며, 가공면이 깨끗하고 절삭작용이 원활하고, 신축성이 크고 소성변형이 쉬운 재료에 적합하다.

① 공작물의 재질이 연하고 인성이 큰 재질일 때
② 윗면 경사각이 클 때
③ 절삭 깊이가 작을 때
④ 고속 절삭할 때(절삭 속도가 높을 때), 절삭제를 사용할 때

## 2) 전단형 칩(shear type chip)

칩이 원활히 흐르지 못하고, 칩을 밀어내는 압축력이 축적되어야 분자 사이에 전단이 일어나기 때문에 미끄럼 간격이 커진다. 불연속적인 미끄럼에 의하여 나타나므로 유동형과 균열형의 중간에 속하는 형태이며, 절삭저항은 한 개의 칩이 발생할 때마다 변동하여 가공면이 매끄럽지 못하다. 연한 재질의 공작물을 작은 경사각으로 저속 가공할 때 생긴다.

## 3) 열단형 칩(tear type chip)

공구의 날 끝보다 날의 아래쪽에 균열이 발생되면서 절삭이 되는 형태로서 재료가 공구 전면에 접착하여 공구의 상면을 미끄러져 나가지 못하여, 아래 방향에 균열이 발생하면서 가공면이 나쁘다.
① 공작물의 재질이 공구에 접착하기 쉬울 때
② 점성이 큰 재질을 작은 경사각의 공구로 절삭할 때
③ 절삭 깊이가 클 때

## 4) 균열형 칩(crack type chip)

균열의 발생은 열단형과 같으나, 순간적으로 공구의 날 끝 앞에서 일감의 표면을 향해 균열이 생기고 이것이 칩이 된다. 칩 발생 시의 진동으로 절삭력의 변동이 크며 가공면이 매우 불량하다. 주철과 같은 메진(취성) 재료를 저속 가공할 때 발생한다.

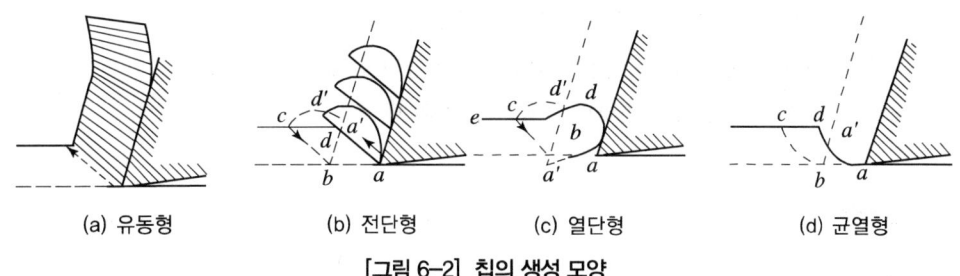

(a) 유동형    (b) 전단형    (c) 열단형    (d) 균열형

[그림 6-2] 칩의 생성 모양

## 10 구성인선(built-up edge)

### 1) 구성인선

연강, 동, 알루미늄, 스테인리스강 등과 같이 연한 재료를 저속 절삭할 때, 칩과 공구면 사이의 높은 압력과 고온의 마찰열에 의해 날 끝에 단단하게 경화된 물질이 용착 또는 압착되어 절삭면에 군데군데 흔적이 나타나는 것을 구성인선(built-up edge)이라 한다.

구성인선의 발생 과정은 $\frac{1}{10} \sim \frac{1}{200}$[sec] 시간에 발생 → 성장 → 분열 → 탈락의 주기로 반복하여 작업이 진행된다.

### 2) 구성인선의 발생

① 알루미늄, 황동, 스테인리스강, 연강 등의 연한 재료
② 절삭 공구의 날끝 온도가 상승
③ 절삭 속도가 늦을 때(고속도강인 경우 10~25m/min)
④ 경사각을 적게 하였을 때
⑤ 절삭 깊이가 깊을 때

### 3) 방지책

① 절삭 깊이를 적게 한다.
② 상면경사각을 크게 한다.
③ 절삭 속도를 크게 한다(고속도강인 경우, 임계속도 120~150m/min).
④ 윤활성이 있는 절삭유를 사용한다.

## 11 공구의 수명 판정방법

예리하게 연삭된 공구를 사용하여 동일한 가공물을 일정한 조건으로 절삭하기 시작해서 깎아지지 않을 때까지의 절삭시간이다.

① 표면에 광택 또는 반점이 있는 무늬가 생길 때
② 절삭 공구인선의 마모가 일정량에 달했을 때
③ 가공된 완성 치수의 변화가 일정량에 달하였을 때
④ 주분력에 비해 배분력 또는 이송분력이 급격히 증가할 때
⑤ 칩의 색깔 및 어떤 현상의 변화로 불꽃이 발생할 때

## 12 공구의 수명식

[Taylor의 식]

$$VT^n = C, \quad V = \frac{C}{T^n}, \quad T^n = \frac{C}{V}$$

여기서,
- $V$ : 절삭 속도(m/min)
- $T$ : 공구 수명(min)
- $C$ : 공구 수명 상수(공구, 공작물, 절삭 조건에 따른 값)
- $n$ : 공구에 따라 변화하는 지수
  - 고속도강(0.05~0.2), 초경합금(0.4~0.55), 세라믹(0.4~0.55)
- $T$ : 1분[min]일 때의 절삭 속도

## 13 공구인선의 파손

### 1) 크레이터마모(crater wear)
절삭 공구의 경사면에 칩이 슬라이드(side)할 때 마찰력에 의하여 오목하게 파진 모양의 형태이다.
① 공구 날 위의 압력을 감소시킨다.
② 공구 상면의 칩의 흐름에 대한 저항을 감소시킨다.
③ 절삭 속도 및 이송속도를 감소시킨다.

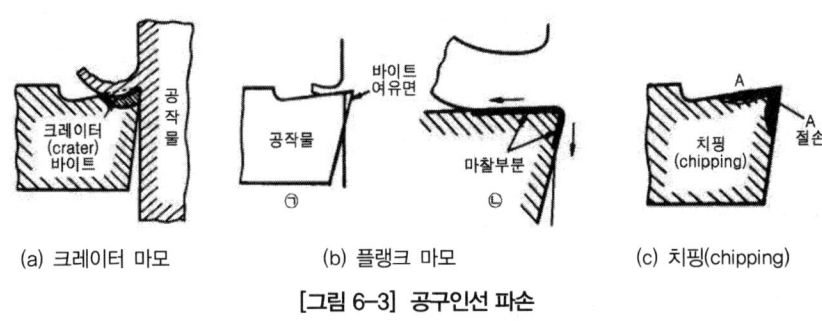

(a) 크레이터 마모　　　(b) 플랭크 마모　　　(c) 치핑(chipping)

[그림 6-3] 공구인선 파손

### 2) 플랭크 마모(flank wear)
절삭 공구의 여유면과 절삭면과의 마찰에 의해서 절삭면에 평행하게 마모되는 형태이며, 주철와 같이 분말상 칩이 생길 때 주로 발생한다.
① 절삭 속도를 저속으로 하고 이송을 크게 한다.
② 절삭 깊이를 적게 하고 여유각과 노오즈 반경을 다소 크게 한다.
③ 날 끝을 센터에 맞추고 절삭유를 공급한다.
④ 공구의 팁 재료를 단단한 것으로 사용한다.

### 3) 치핑(chipping)
공구인선의 일부가 파괴되어 탈락하는 것으로 단속절삭, 공작기계의 진동, 절삭 시 급냉 등으로 공구인선에 crack이 생기고 선단의 일부가 결손되는 현상이다.
① 절삭 날의 각도가 큰 것을 사용한다.
② 노오즈 반경이 큰 공구를 사용한다.
③ 윗면 경사각이 작은 칩 브레이크를 만든다.
④ 공구의 팁 재료를 인성이 큰 것으로 사용한다.
⑤ 절삭 깊이를 작게 한다.

## 14 절삭온도

### 1) 절삭열

절삭열은 [그림 6-4]와 같이 열이 발생하면 가공물이나 공구에 가열되어 온도가 상승한다. 절삭열의 발생 부분은 다음과 같다.

① 전단면 AB에서 전단면에서 전단 소성변형이 일어 날 때 생기는 열(60%)
② 공구경사면 AC에서 칩과 공구 경사면이 마찰할 때 생기는 열(30%)
③ 공구 여유면과 공작물 표면 AO에서 마찰할 때 생기는 열(10%)

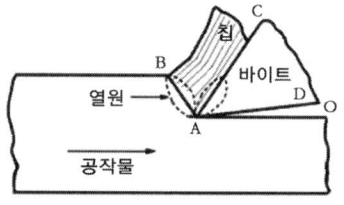

[그림 6-4] 절삭열원

열의 분포 크기는 칩(75%) > 공구(18%) > 공작물(7%) 순이다.

### 2) 절삭온도 측정법

① 칩의 색깔에 의한 방법
② 칼로리미터(열량계)에 의한 방법
③ 공구에 열전대를 삽입하는 방법
④ 시온 도료를 사용하는 방법
⑤ 공구와 일감을 열전대로 사용하는 방법
⑥ 복사 고온계에 의한 방법

### 3) 절삭온도의 영향

① 절삭저항의 감소 : 공작물이 연화되어 전단응력이 작아지기 때문
② 공구 수명의 단축 : 절삭 효율은 상승하나 공구의 날끝 온도가 상승하기 때문
③ 치수 정밀도 불량 : 온도 상승에 의한 열팽창 때문

## 15 절삭유

공작물의 가공면과 공구 사이에는 절삭 및 전단 작용에 의해서 온도가 상승하여 나쁜 영향을 주게 된다.

### 1) 절삭유의 작용

① 냉각작용 : 절삭 공구와 공작물의 온도상승을 방지한다.
② 윤활작용 : 공구 날과 칩 사이의 마찰저항을 감소한다.
③ 방청 및 세척작용 : 공작물을 산화방지하고 미분 및 칩을 제거한다.

## 2) 절삭유의 사용 목적

① 절삭저항이 감소하고 공구의 수명을 연장한다.
② 다듬질면의 마찰을 적게 하므로 다듬질 면을 좋게 한다.
③ 공작물의 열팽창 방지로 가공물의 치수 정밀도를 높게 한다.
④ 칩의 흐름이 좋아지기 때문에 절삭 가공을 쉽게 한다.
⑤ 공구인선을 냉각시켜 온도상승에 따른 경도 저하를 막는다.

## 3) 절삭유의 구비조건

① 냉각성, 방청성, 방식성이 우수하여야 한다.
② 감마성, 윤활성이 좋아야 한다.
③ 유동성이 좋고, 적하가 쉬워야 한다.
④ 인화점, 발화점이 높아야 한다.
⑤ 인체에 무해하며, 변질되지 말아야 한다.
⑥ 기계 도장에 영향이 없어야 한다.

## 4) 절삭유의 분류

### (1) 수용성 절삭유

점성이 낮고 비열이 높으며 냉각작용이 우수하다.
① 에멀션형(유화유) : 광물유에 비눗물을 첨가하여 사용한 것으로 냉각작용이 비교적 크고 윤활성이 좋으며, 원액에 10~20배의 물을 희석해서 사용한다. 일반절삭제로 널리 사용, 값이 싸다.
② 솔류블형 : 침투성, 냉각성이 우수하고 약 50배의 물에 희석하며, 투명 또는 반투명 상태이다.
③ 솔류션형 : 방청력과 냉각성이 우수하고 연삭작업에 주로 사용되며, 50~100배 물에 희석한 투명한 액체이다.

### (2) 불수용성 절삭유

물에 희석하지 않고 사용하며 냉각작용보다는 윤활작용을 목적으로 한다.
① 광물성유 : 윤활은 좋으나 냉각은 나쁘고 점성이 낮으며 경절삭에 사용. 경유, 기계유, 스핀들 오일, 석유 등이 있으며 석유는 절삭 속도가 높을 때 사용되고(황동, 경합금), 기계유는 저속절삭(탭가공, 브로우치) 등에 이용된다.
② 동식물유 : 일반적으로 점성이 높으나 냉각작용이 나쁘고 변질되기 쉬우며, 강력한 윤활작용, 완성가공, 저속 중절삭에 사용된다. 돈유, 올리브유, 종자유, 파자마유, 콩기름 등이 있다.
③ 광물유+동식물의 혼합유 : 강력 절삭에 사용

④ 석유 : 5~20배의 석유와 황유를 혼합사용. 고속절삭, 니켈, 스테인리스강, 단조강 절삭에 사용된다.
⑤ 극압유 : 공구가 고온, 고압 상태에서 마찰을 받을 때 사용하며 윤활작용이 주목적이다. 황, 염소, 납, 인 등의 화합물로 절삭 공구의 고온, 고압 상태에서 마찰을 받을 때 윤활 목적으로 첨가

> **참고**
> • 주철 절삭 시에는 절삭유를 사용하지 않고 황동, 청동 등엔 유화유를 사용한다.
> • 윤활제의 목적 : 윤활, 냉각, 밀폐작용, 청정작용(부식방지)

## 16 윤활제

기계의 접촉 부분에 적당량의 윤활제를 공급하여 마찰저항을 줄이고 슬라이딩을 원활하게 하여 기계적인 마모를 감소시키는 것을 윤활이라 한다. 윤활제는 윤활작용, 냉각작용, 밀폐작용, 청정작용을 목적으로 사용하며, 갖추어야 할 조건은 다음과 같다.

① 사용 상태에서 충분한 점도가 있어야 한다.
② 한계 윤활 상태에서 견딜 수 있는 유성이 있어야 한다.
③ 산화나 열에 대하여 안정성이 높아야 한다.
④ 화학적으로 불활성이며, 균질하여야 한다.

### 1) 윤활법의 종류

① 적하 급유법(drop feed oiling) : 비교적 고속회전에 많이 사용. 기름통으로 저장되어 일정한 양만큼씩 떨어지도록 한 방식이다.
② 오일링(oil ring) 급유법 : 고속 주축의 급유를 균등히 할 목적에 사용된다.
③ 분무 급유법(oil mist) : 미세한 안개처럼 된 기름을 공기로 베어링에 보내는 것으로 집중급유법의 하나로 고속회전과 이물질 혼입을 방지할 수 있고 수명이 길다. 고속 내면 연삭기, 고속드릴 초고속 베어링에 사용된다.
④ 튀김(비산) 급유법(splash oil) : 베어링 등을 직접 기름 속에 담그지 않고 옆에 있는 기어나, 회전링(커넥팅로드 끝에 달려있는 국자)에 의해 기름을 튀겨 날려서 윤활하는 방식(보통선반)이다.
⑤ 유욕법(oil bath method) : 저속 및 중속 축의 급유방식(오일 게이지로 확인)이다.
⑥ 강제 급유법 : 순환펌프를 이용하여 급유하는 방법으로 고속회전 시 베어링의 냉각효과에 효과적이다.
⑦ 담금 급유법 : 윤활유 속에서 마찰부 전체가 잠기도록 하는 방법이다.
⑧ 패드(pad diling) : 무명이나 털 등을 섞어 만든 패드 일부를 오일통에 담가 저널의 아래면에 모세관 현상으로 급유하는 방법이다.
⑨ 그리스(grease) 윤활 : 수동 급유법, 충진 급유법, 컵 급유법, 스핀들 급유법이 많이 사용되며,

그리스는 비산이나 유출되지 않으므로 급유 횟수가 적고, 사용온도 범위가 넓으며, 장시간 사용에 적합하지만 급유, 세정, 교환 등 취급이 까다롭고 이물질이 혼합된 경우 제거가 곤란한 결점이 있으며, 고속회전에는 사용되지 않는다.

## 17 절삭 공구 재료의 구비조건

① 피 절삭재보다는 경도와 인성이 클 것
② 고온에서 경도가 감소되지 않을 것
③ 내마모성이 클 것
④ 절삭저항을 받으므로 강도가 클 것
⑤ 저마찰성 및 형상을 만들기 용이하고 가격이 쌀 것

## 18 공구 재료의 종류

### 1) 탄소공구강(STC)

① 탄소강 : 탄소량 0.6~1.5, 탄소공구강 : 탄소 함유량 0.9~1.3
② 200℃ 이상의 온도에서 뜨임효과 → 경도저하 → 고속절삭에 불리

> **참고**
> • 저온뜨임 : 100~200℃         • 고온뜨임 : 400~650℃

③ 줄, 펀치, 정 등을 제작

### 2) 합금공구강(STS)

① 재료 : 탄소(0.8~1.5%)공구강에 W-Cr-V-Ni 등 합금원소를 첨가하여 경화능을 개선한 것
② 저속절삭 및 총형 공구용(450℃)까지 사용이 가능하다.

### 3) 고속도 공구강(SKH)

합금 공구강보다 높은 온도에서 절삭 성능이 있으며, 600℃까지 경도를 유지하고 내열성과 내마모성이 커서 고속절삭이 가능하다. 고속도강의 담금질온도는 1200℃~1350℃, 뜨임온도는 550℃~580℃로 하여 드릴, 밀링 커터, 바이트 등으로 사용한다.

① 재료 : W-Cr-V-Mo-Co
② 대표적인 것으로 W(18%)-Cr(4%)-V(1%)이 있다.
③ 탄소공구강보다 높은 온도에서 절삭 능력이 뛰어나다.
④ 내마모성이 크며 공구 수명이 탄소공구강의 2배 이상이다.

### 4) 주조 경질 합금

① 대표적인 것으로 스텔라이트가 있으며, 주조로 성형한 것을 연삭으로 다듬질하여 사용하며, 금속절삭에 널리 사용되지 않는다.

② 재료 : W-Cr-Co-C
③ 초경합금과 고속도강의 중간 성능을 갖는다.
④ 단조나 열처리가 되지 않으므로 매우 단단하다.
⑤ 850℃까지 경도가 유지되나 취성이 있고 값이 비싸다.
⑥ 절삭날을 연강 자루에 전기용접이나 경납땜을 하여 사용한다.

### 5) 초경합금

① W-Ti-Ta 등의 탄화물 분말을 Co 또는 Ni을 결합하여 1400℃ 이상에서 소결시킨 것(주성분 : W, Ti, Co, C 등)이다.
② 경도 및 고온경도가 높다.
③ 내마모성과 취성이 크다.
④ 피복 초경합금은 내열성, 내마모성, 내용착성이 우수하며 일반 초경합금에 비해 2~5배의 공구 수명이 증대되며, 고온, 고속절삭에서 우수한 성능을 갖는다.

> **초경 팁(carbide tip)의 표시**
>
> - P(푸른색) : 일반강, 절삭 시
> - M(노란색) : 스테인리스강, 주강 절삭 시
> - K(붉은색) : 비철금속, 주철 절삭 시
>
> [예] 'P10-01-3'
>   P : 팁 재종, 10 : 인성, 01 : 형태, 3 : 크기
>   (P01-고속절삭, P10-나사 절삭, P20, P30-황삭)

### 6) 세라믹 합금

① 산화알루미늄 가루($Al_2O_3$) 분말에 규소 및 마그네슘 등의 산화물이나 다른 산화물의 첨가물을 넣고 소결한 것
② 고속절삭, 고온에서 경도가 높고, 내마멸성이 좋다.
③ 경질합금보다 인성이 작고 취성이 있어 충격 및 진동에 약하다.
④ 고속절삭 시 구성인선이 생기지 않아 가공면이 좋다.
⑤ 땜이 곤란하여 고정용 홀더나 접착제를 사용한다.
⑥ 절삭열에 의해 냉각제를 사용하지 않는다.
⑦ 칩 브레이커 제작이 곤란하다.

### 7) 서멧 공구

① $Al_2O_3$ 분말 70%에 탄질화 티탄 TiCN 분말을 30% 정도 혼합하여 수소 분위기에 소결하여 제작
② 초경합금에 비해 고속절삭이 가능하고 마모가 적으며 공구 수명이 길다.

③ 고속, 저속 등 절삭의 속도범위가 적다.
④ TiN은 내 충격성이 우수하다.
⑤ TiC은 고온에서 강도 및 마찰저항이 우수하고, 열의 변화에 내성이 있어 강의 절삭에 매우 우수한 성능을 나타낸다.
⑥ 중절삭 시 인선의 소성변형과 치핑의 우려가 있다.

## 8) 다이아몬드

① 가장 경도가 높고 1500m/min의 고속절삭이 가능하다.
② 비철금속의 정밀 완성가공 및 경절삭의 초정밀 연속절삭에 적합하다.
③ 취성이 크고 가격이 너무 고가이다.
④ 열팽창이 적고 열전도율이 크다(강의 2배).
⑤ 마찰계수가 대단히 적다.
⑥ 공구 사용 시 인선의 강도 유지를 위해 경사각을 작게 한다.

## 9) CBN 공구(Cubic Boron Nitride Tool)

① CBN(육방정 질화붕소)의 미소분말을 초고온, 고압(약 2000℃, 7만 기압)으로 소결한 공구이다.
② 초경합금보다 1.5~2배의 경도를 갖으며 열전도율이 높고 열팽창이 작다.
③ 담금질강, 고속도강, 내열강 등의 난삭제의 절삭, 연삭에 우수한 성능을 갖는다.
④ 철과의 반응성이 작다.

## 10) 피복 초경합금(coated carbide steel)

피복 초경합금은 초경합금의 모재 위에 내마모성이 우수한 물질(TiC, TiN, TiCN, $Al_2O_3$)을 5~10$\mu m$ 얇게 피복한 것으로 가스의 플라스마 상태에서 생기는 이온을 이용하여 피복하는 물리적 증착방법(Physical Vapor Deposition, PVD)과 화학 증착법(Chemical Vapor Deposition, CVD)으로 행하여, 이는 고온에서 증착되기 때문에 접착력이 아주 강하여 강, 주강, 주철, 비철 금속절삭에 많이 사용된다.

# 02 연삭기

## 1 외경 연삭기

연삭 가공은 공구 대신에 연삭숫돌(grinding wheel)을 고속으로 회전시켜 공작물의 원통이나 평면을 극히 소량씩 절삭하는 정밀 공작기계를 연삭기(grinding machine)라 하며, 이 연삭기를 이용하여 작업하는 것을 연삭 가공이라 한다.

## 1) 원통 연삭기

공작물을 양 센터로 지지, 테이블 좌우이송, 숫돌대 전후이송 가공이 있으며 원통 연삭방식은 다음과 같다.

### (1) 트레버스 컷(treverse cut) 방식

공작물 회전과 숫돌이송을 동시에 좌우로 운동하여 연삭
① 테이블 왕복형 : 공작물을 고정한 테이블을 왕복시키는 형식으로 소형 공작물의 연삭에 적합하다.
② 숫돌대 왕복형 : 숫돌대를 왕복 운동시키는 형식으로 대형 중량 공작물의 연삭에 적합하다.

### (2) 플런지 컷(plunged cut) 방식

숫돌 절입 방식으로 공작물과 숫돌에 이송을 주지 않고 전후(가로) 이송으로 연삭한다. 공작물은 회전만하고 숫돌대의 연삭숫돌을 테이블과 직각으로 전후 이송을 주어 연삭하는 형식이다.

## 2) 만능 연삭기

구조는 원통 연삭기와 같으나 테이블, 숫돌대, 주축대를 각각 선회시킬 수 있으며, 주축대에는 척을 고정할 수 있고, 내면 연삭장치가 부착되어 있어 내면연삭도 할 수 있어 작업할 수 있는 범위가 넓다.

## 2 내경 연삭기

### 1) 공작물 회전형

공작물에 회전 운동을 주어 연삭하는 방식으로 일반적으로 공작물이 작고 균형이 잡혀 있는 공작물 연삭에 적합하다.

### 2) 공작물 고정형

공작물은 정지시키고 숫돌축이 회전 운동과 동시에 공전 운동을 하는 방식으로 플래너터리(planetary)형 또는 유성형이라고 한다.

내연기관의 실린더와 같이 대형이고 균형이 잡히지 않은 것에 적합하며, 원통 연삭도 가능하다.

> **참고**
> • 플래너터리(Planetary : 유성형) 방식 : 공작물은 정지 숫돌축이 회전 연삭운동과 동시에 공전운동을 하는 방식

### 3) 센터리스 연삭기

가공물은 센터로 지지하지 않는다.

### (1) 센터리스 연삭기의 장점

① 가늘고 긴 핀, 원통, 중공축 등을 연삭하기 쉽다.
② 연속 작업할 수 있으며, 대량생산에 적합하다.
③ 기계의 조정이 끝나면 초보자도 작업을 할 수 있다.
④ 고정에 따른 변형이 없고 연삭 여유가 작아도 된다.
⑤ 연삭숫돌의 나비가 크므로 지름의 마멸이 적고 수명이 길다.

### (2) 센터리스 연삭기의 단점

① 긴 홈이 있는 공작물은 연삭할 수 없다.
② 대형 중량물은 연삭할 수 없다.
③ 연삭숫돌의 나비보다 긴 공작물은 전후 이송법으로 연삭할 수 없다.

### (3) 연삭 작업의 종류

센터리스 연삭의 연삭 방식에는 통과이송법과 전후이송방법이 있다.

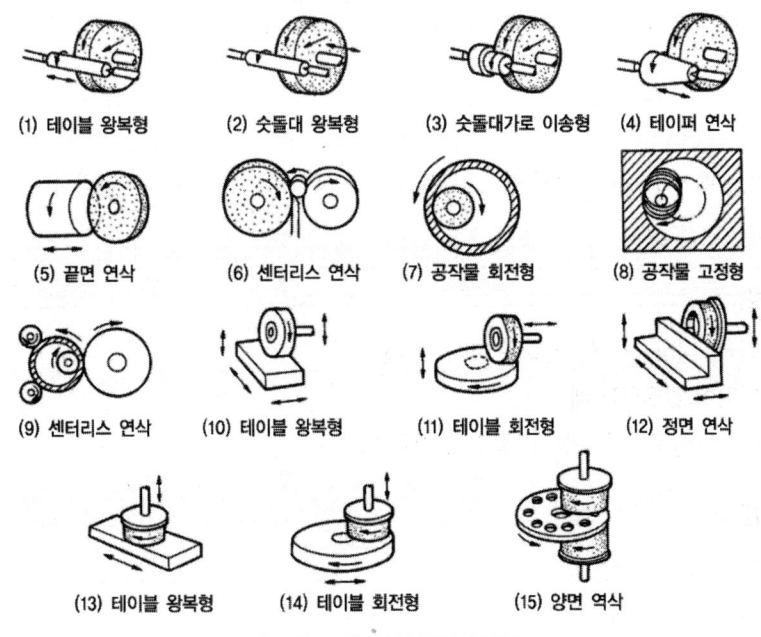

[그림 6-5] 연삭 작업의 종류

## 3  연삭숫돌

| 연삭숫돌의 3요소 | 연삭숫돌의 5인자 |
|---|---|
| 입자(절삭날)<br>결합제(절삭날지지)<br>기공(칩의 저장, 배출) | 입자의 종류 : 절삭날의 종류<br>조직 : 숫돌 입자율<br>입도 : 절삭날의 크기<br>결합제의 종류 : 결합제의 특성<br>결합도 : 절삭날 발생속도의 조정 |

### 4  숫돌 입자의 용도(대책)

| 기호 | KS | 종류 | 상품명 | 용도 | 비고 |
|---|---|---|---|---|---|
| A | 1A<br>2A | 갈색<br>용융알루미나질 95% | Alundum<br>Alexide | 일반강재<br>보통탄소강 | |
| WA | 3A<br>4A | 백색<br>용융알루미나질 99.5% | 38Alundum<br>AA Aloxide | 담금질강<br>내열강 고속도강<br>합금강 | |
| C | 1C<br>2C | 암자색(회색)<br>탄화규소질 97% | 37 Crystlon<br>Carborundum | 주철, 석재, 유리, 비철, 비금속 | |
| GC | 3C<br>4C | 흑색(녹색)<br>탄화규소질 98% | 39 crystlon<br>Carborundum | 초경합금, 다이스강, 특수강, 세라믹 | |
| D | | | D(ND) : 천연산<br>SD(MD) : 합성다이아몬드<br>SDC : 금속 합성다이아몬드 | 보석절단<br>석재 및 콘크리트 | |

[기타] SDC : 금속 합성다이아몬드
　　　 CBN : 입방 정형 질화붕소(6방형 질화붕소) 상품명-borazon
[인조입자] 탄화규소(SiC) : 인장강도가 낮은 재료, 단단한 재료에 적합
　　　　　 산화알루미늄($Al_2O_3$) : 주로 인장강도가 큰 재료에 적합
　　　　　 탄화붕소

### 5  입도

숫돌 입자는 메시(mesh : 체인 길이 1평방 inch 안의 체 눈의 수)로써 선별하며 입자의 크기를 입도라 한다.

#### 1) 거친 입도

① 거친 연삭, 절삭 깊이와 이송을 많이 줄 때
② 접촉 면적이 넓을(클) 때
③ 공작물이 연하고 연성, 점성, 질긴 성질일 때

#### 2) 가는 입도

① 다듬 연삭, 공구 연삭
② 접촉 면적이 적을 때
③ 공작물이 단단(경도가 높고)하고 취성(메진)인 재료

> **참고**
> 연삭숫돌과 가공물의 접촉면이 적을 때에는 미세한 입자를, 접촉면이 클 땐 거친 입자를 사용

## 6  숫돌의 결합도(경도)

경도란 접착제의 세기, 즉 연삭 입자를 고착시키는 접착력이다. 따라서 경도가 크다는 것은 접착력이 세다는 걸 말한다.

| 결합도가 높은 숫돌(굳은 숫돌) | 결합도가 낮은 숫돌(연한 숫돌) |
| --- | --- |
| 연한 재료의 연삭<br>숫돌차의 원주 속도가 느릴 때<br>연삭 깊이가 얕을 때<br>접촉면이 작을 때<br>재료 표면이 거칠 때 | 단단한(경한) 재료의 연삭<br>숫돌차의 원주 속도가 빠를 때<br>연삭 깊이가 깊을 때<br>접촉면이 클 때<br>재료 표면이 치밀할 때 |

## 7  연삭숫돌의 조직

연삭숫돌의 단위 체적당의 입자 수를 밀도라고 한다. 숫돌의 전체 용적 중에 어느 정도의 비율로 입자가 들어 있는가를 말한다. 입자가 차지하는 비율이 크면 조밀, 비율이 낮으면 조직이 치밀하다(거칠다).

### 1) 거친 숫돌 조직
① 연질, 점성이 높은 재료
② 거친 연삭 및 접촉 면적이 크다.

### 2) 치밀 조직 숫돌
① 경질(굳고)이고 메짐(취성)이 있는 재료
② 다듬질, 총형 연삭 및 접촉면이 적다.

> **참고**
> 일반적으로 조직이 조밀해지면 기공이 적고, 거칠면 기공이 많다.

## 8  결합제

결합제가 구비하여야 할 조건은 다음과 같다.
① 결합력의 조절 범위가 넓을 것
② 열이나 연삭액에 대해 안정할 것
③ 원심력, 충격에 대한 기계적 강도가 있을 것
④ 성형이 좋을 것

| 결합제 | 기호 | 원호 | 주성분 | 용도 |
|---|---|---|---|---|
| 무기질 | V | Vitrified | 점토, 장석(자기질) | 일반 연삭용(90% 사용)<br>지름이 크거나 얇은 숫돌에 부적합(충격에 약함) |
| | S | Silicate | 물, 유리(규산소다) | 대형 숫돌에 사용(중연삭에 부적합)<br>(고속도강), 균열 발생 쉬운 재료 |
| 유기질 | E | Shellai | 천연수지(셀락) | 결합력 제일 약함, 거울면 연삭절단용 및 다듬질면의 정밀도가 높은 것에 사용 |
| | R | Rubber | 합성(천연)고무 | 매우 얇은 숫돌 사용<br>센터리스 조정 숫돌용 |
| | B | Resinoid | 베클라이트(Bakilite) | 절단 숫돌용에 적합<br>주물 덧쇠자르기에 사용 |
| 금속 | PVA | Polyvingl | 비닐결합제 | 비철금속 연삭용 |
| | M | Metal | 천연다이아몬드+<br>황동, 니켈, 은 | 초경합금 연삭용, 세라믹, 보석, 유리 |

### 연삭숫돌의 표시

```
WA  -  60  -  K  -  7  -  V  -  1  -  A  -  225 × 20 × 51 × rpm
 ↓     ↓     ↓     ↓     ↓     ↓     ↓
입자   입도  결합도 조직  결합제 형상  모서리(외경 × 폭 × 내경)
                                모양
                   (1~3호) (A~L)
```

## 9 숫돌의 원주 속도

$$n = \frac{1000v}{\pi d}[\text{rpm}]$$

여기서, $n$ : 숫돌의 회전수(rpm)
$v$ : 원주 속도(m/min)
$d$ : 숫돌의 지름(mm)

## 10 연삭숫돌의 수정

### 1) 무딤(glazing)

숫돌의 입자가 탈락되지 않고 마모에 의해서 납작하게 둔화된 상태

#### (1) 원인

① 결합도가 높다.
② 원주 속도가 크다.
③ 숫돌 재료가 공작물에 부적합

#### (2) 결과

① 연삭성 불량, 연삭열 발열
② 연삭 손실이 생긴다.

## 2) 눈메움(loading)

숫돌 입자의 표면이나 기공에 칩이 차 있는 상태

### (1) 원인
① 숫돌 입자가 너무 가늘고 조직이 치밀하다.
② 연삭 깊이가 깊고 원주 속도가 느리다.

### (2) 결과
① 연삭성이 불량하고 다듬질 면이 거칠다.
② 숫돌 입자가 마모되기 쉽다.
③ 공작물 표면에 상처가 생긴다.

## 3) 드레싱(재생작업)

숫돌 입자를 무딤이나 눈 메움으로 절삭성이 나빠진 숫돌 면에 날카로운 입자를 발생시켜주는 작업

## 4) 트루잉(성형, 모양 고치기)

연삭숫돌의 외형을 수정하여 규격에 맞는 제품을 만드는 과정

## 5) 입자탈락(spilling)

결합제의 힘이 약해서 작은 절삭력이나 충격에 쉽게 입자가 탈락하는 것

# 03 기타 기계가공

## 1 드릴링 머신(drilling machine)

### 1) 드릴링(drilling)

공작물 고정, 공구 회전과 주축 방향 이송, 리밍, 보링, 카운터 보링, 스폿페이싱, 카운터 싱킹, 태핑 등을 공구에 따라 할 수 있다.

### 2) 리머(reaming)

구멍의 정밀도를 높이기 위한 작업. 리머의 여유는 직경 10mm일 때 0.2mm 정도이며, 드릴 작업 rpm의 2/3~3/4, 이송은 같거나 빠르게 한다.

### 3) 태핑(tapping)

공작물 내부에 암나사 가공, 태핑을 위한 드릴 가공은 나사의 외경-피치로 한다.
[예] M12의 탭 작업 시 드릴 구멍은 12-1.75=10.25mm로 한다.

### 4) 보링(boring)

뚫린 구멍을 다시 절삭, 구멍을 넓히고 다듬질하는 것, 보링 바에 바이트를 사용한다.

### 5) 스폿 페이싱(spot facing)

볼트 또는 너트 등의 구멍과 직각이 되게 머리부가 접촉되는 부분을 깎아서 만드는 작업

### 6) 카운터 싱킹(counter sinking)

접시머리 나사의 머리가 묻히게 하기 위해 원뿔자리를 만드는 작업

### 7) 카운터 보링(counter boring)

작은 나사, 볼트의 머리부가 돌출되지 않도록 머리부가 들어갈 자리부분을 단이 있게 구멍 뚫는 작업

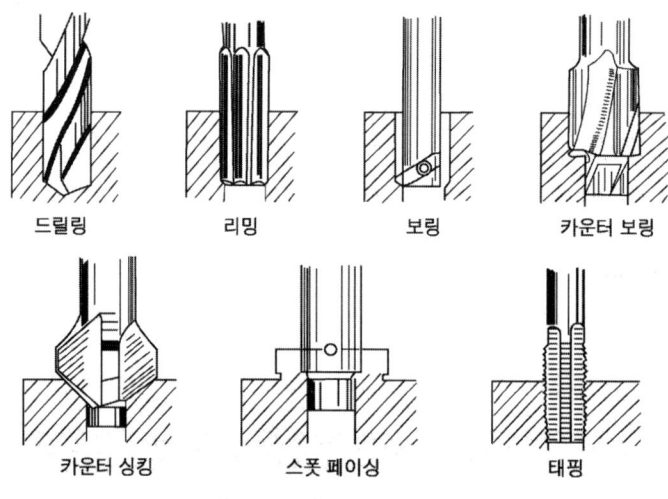

[그림 6-6] 드릴링의 종류

## 2 드릴링 머신의 크기

① 스윙, 즉 스핀들 중심부터 기둥까지 거리의 2배 정도가 된다.
② 뚫을 수 있는 구멍의 최대지름으로 나타낸다.
③ 스핀들 끝부터 테이블 뒷면까지의 최대거리로 표시한다.

### 1) 탁상 드릴링 머신

① 작은 구멍(13mm) 이하 작업용
② 크기는 뚫을 수 있는 구멍지름, 스윙 및 테이블의 크기

### 2) 직립 드릴링 머신

① $\phi 13$ 이상 ~ $\phi 50$ 이하 가공

② 구조 : spindle, head, colum, table, base
③ 크기
　㉠ 스윙(주축 중심부터 컬럼 표면까지 거리의 2배)
　㉡ 테이블의 크기
　㉢ 드릴 가공을 할 수 있는 최대지름
　㉣ 주축 구멍의 모스 테이퍼 번호
　㉤ 주축 끝과 테이블 윗면과의 최대거리

### 3) 레이디얼 드릴링 머신
① 가장 주로 쓰이며 공작물을 고정시켜 놓고 주축의 위치를 이동시켜서 구멍의 중심 맞추어 작업
② 비교적 대형이며 무거운 공작물의 구멍 뚫기, 주축이동
③ 암에는 새들이 있고 이동은 피니언과 래크로 작동
④ 크기
　㉠ 뚫을 수 있는 구멍지름
　㉡ 주축 끝과 테이블 윗면과의 최대거리
　㉢ Base의 작업면적
　㉣ 주축 테이퍼 번호

### 4) 다축 드릴링 머신
1대의 기계에 많은 수의 스핀들이 있으며 1회에 많은 구멍을 뚫을 때 능률적이고 한 번에 여러 개의 구멍을 작업한다.

### 5) 다두 드릴링 머신
직립 드릴링 머신의 상부 기구를 같은 베드 위에 여러 개 나란히 장치한 것으로 각각의 스핀들에 드릴, 그밖에 여러 가지 공구를 꽂아 드릴, 리머, 탭 등을 여러 공구를 작업 순서대로 고정 후 연속사용. 황삭 및 완성 가공을 연속적으로 한다.

### 6) 심공 드릴링
각종 내연기관의 크랭크축에 있는 오일구멍과 같이 머신지름에 비해 비교적 깊은 구멍을 가공한다(오일 주입구가 있음).

## 3 절삭 공구와 절삭 조건

### 1) 드릴의 각도
트위스트 드릴의 인선각은 연강용에 대해 118°로 일반적으로 가공 재료가 단단할수록 인선각이 커진다(여유각 : 10~15°, 웨브각 : 135°, 나선각 : 20~32°).

## 2) 디이닝(Thinning)

무디어진 웨브를 연삭하는 것으로 드릴의 섕크 쪽으로 갈수록 웨브의 두께가 증가하여 절삭성이 나빠진다. 이 웨브는 드릴 가공이 이송을 줄 때 추력이 일어나는 원인이 되며, 드릴 연삭 시 웨브의 두께를 처음 두께 상태로 얇게 연삭하는 것이다.

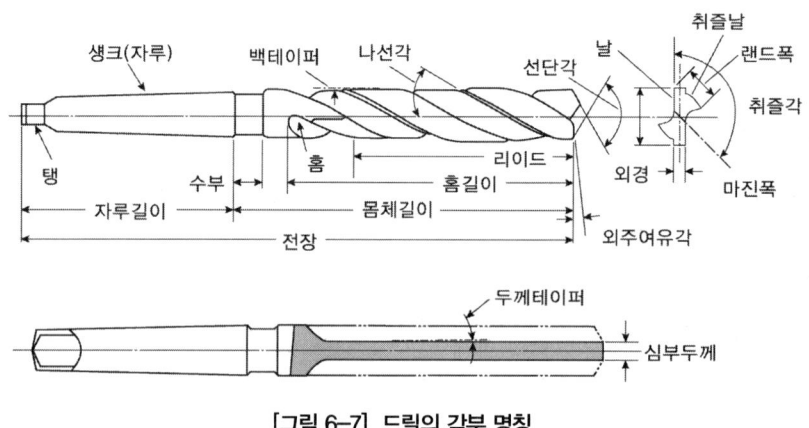

[그림 6-7] 드릴의 각부 명칭

## 3) 웨브

드릴 끝의 홈과 홈 사이의 두께로 자루 쪽으로 갈수록 커진다.

## 4) 마진

드릴의 홈을 따라서 나타나는 좁은 면으로 드릴의 크기를 정하며 예비적 날의 역할과 날의 강도 보강하며 드릴의 위치를 잡아준다.

## 5) 몸 여유

① 드릴과 구멍 내면이 마찰하는 것을 방지(백 테이퍼로 만듦)
② 몸체 여유(body clearance)는 드릴 지름 5mm 이상으로 날 길이 100mm에 대하여 보통 0.025~0.15mm로 한다.

## 6) 절삭 조건

$v = \dfrac{\pi d n}{1000}$ [m/min], $n = \dfrac{1000v}{\pi d}$ [mm]

### 4 보링 머신(boring machine)

보링 머신은 기능이나 구조 등에 따라 수평 보링 머신, 정밀 보링 머신, 지그 보링 머신 등이 있다.

> **보링 머신의 크기**
> ① 주축지름 및 주축 이동거리
> ② 테이블의 크기
> ③ 주축거리의 상하 이동거리 및 테이블의 이동거리

### 1) 수평식 보링 머신 – 대표적인 보링 머신

① 테이블형 : 보링 및 기계 가공 병행 중형 이하 가공물
② 플레이너형 : 중량이 큰 일감의 정밀가공
③ 플로어형 : 테이블형에서 곤란한 대형 일감
④ 이동형 : 이동작업, 기계수리형

### 2) 지그 보링 머신

구멍을 대단히 정확한 좌표 위치(구멍 간의 거리 공차 ±0.02~0.005 사이)에 정밀 가공하기 위한 것으로(보통 항온실 온도 20℃±1℃, 습도 55% 유지) 나사식 보정장치, 현미경을 이용한 광학적 장치 등을 가지고 있다.

### 3) 정밀 보링 머신

① 다이아몬드 공구, 초경질 공구를 사용, 고속 경절삭과 미세한 이동으로 정밀한 구멍 가공이 가능하다.
② 실린더, 피스톤 핀, 베어링 부시, 라이너의 가공에 사용된다.

### 4) 심공 보링 머신

① 구멍의 깊이가 10~20배 이상의 것을 뚫을 때 사용된다.
② 특수 드릴을 사용하여 자동적으로 축 중심을 유지하면서 구멍 절삭이 된다.

### 5) 보링공구와 부속 장치

보링의 3대 부속 장치 : 보링 바이트, 보링 바, 보링 공구대

## 5 슬로터(slotter)

슬로터는 세이퍼를 수직으로 높은 것 같은 기계로 바이트를 설치한 램이 수직으로 왕복 운동한다. 키홈, 평면, 구멍의 내면, 내접 기어, 스플라인 구멍, 기타 특수한 형상, 곡면의 절삭 가공에 적합하며, 슬로터 크기는 램의 최대 행정, 테이블의 크기, 테이블의 이동거리, 회전테이블의 직경으로 표시한다.

# 04 기어 가공기

## 1 기어 절삭법

### 1) 형판에 의한 방법
가공 방법은 기어 치형과 같은 형판을 사용하여 공구대를 형판에 따라 미끄럼 안내하여 가공하는 모방절삭이며 특징은 다음과 같다.
① 기어 가공면이 거칠다.
② 생산 능률이 낮다.
③ 특수 용도의 기어제작에 한정이용(저속형 대형 스퍼 기어, 직선 베벨 기어)

### 2) 총형 공구에 의한 절삭법
가공 방법은 기어 이홈의 모양과 같은 커터를 사용하여 기어 소재 1피치만큼씩 회전시켜서 차례로 기어를 절삭이며 특징은 다음과 같다.
① 치형 곡선과 피치의 정밀도가 나쁘다.
② 생산 능률이 낮아 소량생산에 사용
③ 사용 기계 : 밀링, 세이퍼, 슬로터

### 3) 창성에 의한 절삭
인벌류트 곡선의 성질을 응용한 정확한 기어절삭 공구를 기어의 소재와 함께 회전운동을 주며 축 방향으로 왕복 운동을 시켜 절삭한다. 가공 방법은 다음과 같다.
① 래크 커터에 의한 방법
② 피니언 커터에 의한 방법
③ 호브에 의한 절삭

## 2 호빙 머신

호브(Hob)라는 기어 절삭 공구와 기어 소재에 서로 상대적인 운동을 주어 창성법으로 기어를 가공하는 공작기계이며, 종류는 다음과 같다.
① 수직형(직립) : 대형 기어 가공
② 수평형 : 소형 기어 가공
③ 기어 표시
　㉠ 가공할 수 있는 기어의 최대 지름
　㉡ 기어의 폭 및 피치
　　ⓐ 지름 피치 $P = \dfrac{\pi D}{Z}$
　　ⓑ 피치원 지름 $D = M \cdot Z$

④ 구동 기구(4대 기구)
 ㉠ 호브의 회전기구
 ㉡ 호브의 이송기구
 ㉢ 테이블 회전기구
 ㉣ 차동 기어장치(헬리컬 기어 절삭)

### 3 브로칭 머신

다수의 절삭날을 일직선상에 가진 브로치(broach)라는 공구를 사용해서 공작물의 구멍 내면 및 표면을 필요한 형상으로 가공을 위해 인발 또는 압입하여 절삭한다. 단, 브로치 제작이 어렵고 고가이므로 사용상 주의가 요구된다.

#### 1) 브로칭 특징
① 호환성을 필요로 하는 부품의 대량생산에 효과적
② 자동차, 전기부품의 소형기재의 정밀가공에 적합
③ 급속 귀환 장치가 있다.
④ 브로칭 머신의 크기 : 최대 인장 응력과 행정

#### 2) 브로치 피치
① 치수가 적고 절삭 깊이가 짧을수록 날 끝수를 적게 하고 치수가 크고 절삭 깊이가 길 때는 날 끝수를 많이 한다.
② 막깎기 날부에서 필요한 치수와 형상으로 가깝게 만들어지며, 다듬질 날부를 향할수록 절삭량은 적고 다듬질 날부에서 완전한 치수와 형상으로 다듬질 된다.
③ 1회 통과로 완성 제품 생산되며 가공 시간이 짧고 호환성이 있다.
④ 브로치의 테이퍼 좁은 쪽이 가공면에 먼저 닿는다.
⑤ 공작물 모양에 따라 브로치를 만들어야 하고 브로치 설계제작에 시간이 걸린다. 공구값이 비싸므로 일정량 이상의 대량생산에 이용된다.

#### 3) 작업조건
① 절삭 속도(m/min) : 대체로 5~10m/min, 중탄소강(18), 공구강(6~14), 황동(34), 주철(16~18)
② 브로치의 랜드가 커지면 마찰력이 증가하고 여유각이 작아지면 마찰력이 감소한다.
③ 일반적으로 절삭부를 결정할 때 중요시되는 것은 피드($feed$)

$$P = C\sqrt{L}$$

여기서, $P$ : 피치
   $L$ : 절삭부 길이
   $C$ : 1.5~2(피삭재 재질에 따른 값)

## 05 정밀입자가공 및 특수가공

### 1 래핑

마모(마멸) 현상을 가공에 응용한 것으로 래핑은 랩이라는 공구와 공작물 사이에 랩제를 넣고, 공작물을 누르면서 상대 운동으로 공작물을 매끈하고 정밀하게 다듬질하는 가공 방법으로 게이지류(블록, 스냅, 리미트, 프러그 등) 볼, 롤러, 내연 기관용 연료 분사펌프 등 정밀 기계부품 및 렌즈프리즘, 광학 기계용 유리 기구를 다듬질에 사용된다.

#### 1) 래핑의 장점
① 가공면이 매끈한 거울면
② 높은 정밀도(평면도, 진원도, 진직도 등)
③ 가공된 면의 내식성, 내마모성 상승
④ 작업 방법이 간단하고 대량생산 가능

#### 2) 래핑의 단점
① 가공면에 랩제 잔유가 쉽고 제품의 마멸 촉진
② 아주 높은 정밀도를 위해선 숙련 필요
③ 가공면에 랩제가 잔류하기 쉽고, 제품 사용 시 마멸을 촉진한다.
④ 작업이 깨끗하지 못하고 작업자의 손과 옷을 더럽힌다.

#### 3) 습식 래핑법
건식에 비해 가공면이 거칠다(거친 래핑).
① 랩제와 기름혼합
② 억센 랩으로 비교적 고압력, 고속도 가공
③ 작은 구멍, 유리, 보석 등의 다듬질 가공
④ 압력 $4.9N/cm^2$, 속도는 건식법의 5~6배

#### 4) 건식 래핑법 : 다듬 래핑
① 건조상태에서 작업. 주로 습식 래핑 후 더욱 매끈한 표면 가공
② 블록 게이지 제작에 사용
③ 압력 $9.8~14.7N/cm^2$, 속도 30~50m/min

#### 5) 랩
① 원칙적으로 가공물보다 연한 재질(강철은 주철제) : 동합금, 납, 연강 등
② 조직이 치밀할 것
③ 형상을 오래 유지할 수 있도록 내마모성이 좋을 것

### 6) 랩제

① 강철 : $Al_2O_3$(산화알루미늄)

② 연한금속 : $SiC$(탄화규소)

③ 다듬질용 : $Cr_2O_3$(산화크롬), C입자($Cr_2O_3$(산화크롬), 산화철($Fe_2O_3$)−연한금속(유리, 수정), 산화크롬($Cr_2O_3$)

④ A, WA입자 : 강철

⑤ 석류석 : 목제, 반도체 재료

## 2 호닝(마찰작업)

보링, 리밍, 연삭 가공 등에서 가공이 끝난 원통의 내면에 정밀도를 더욱 높이기 위하여 직사각형 단면의 가는 숫돌을 방사 방향으로 배치한 혼(hone)으로 구멍에 넣고 회전운동과 축 방향의 운동을 동시에 시켜 정밀 다듬질하는 방법을 호닝이라 한다.

호닝은 실린더, 고속 베어링면 등의 내면에 대한 진원도, 진직도, 표면 거칠기 등을 개선하고, 다듬질하는 데 널리 이용한다.

① 호닝의 특징
  ㉠ 발열이 적고 경제적인 정밀가공이 가능하다.
  ㉡ 전(前) 가공에서 발생한 진직도, 진원도, 테이퍼 등에 발생한 오차를 수정할 수 있다.
  ㉢ 표면 거칠기를 좋게 할 수 있다.
  ㉣ 정밀한 치수로 가공할 수 있다.

② 혼의 구성 : 손잡이부, 숫돌 유지부, 가압 장치(유압 or 스프링), 자재 연결장치 등

③ 혼의 크기 : 지름($\phi 6 \sim \phi 106$), 길이(1600mm)

④ 혼의 재질 ─ $Al_2O_3$(A, WA 입자) : 다듬질용
              └ $SiC$(G, GC 입자) : 거친 작업용

⑤ 원주 속도(연삭의 1/4) : 40~70m/min
  연강 30~50m/min, 주철 60~70m/min(왕복속도는 원주 속도의 1/2~1/4)

⑥ 가공압력 ─ 보통(거친)가공 : $9.81N/cm^2$
             └ 정밀가공 : $39.2 \sim 58.7N/cm^2$

⑦ 혼의 운동 : 회전운동과 동시에 왕복운동 방향의 각도 −40~60°(무늬 교차각)
              (표준 : 10~30°, 정밀 : 10~40°, 거침 : 40~60°)

⑧ 연삭액 : 등유+돼지기름+황, 주철(등유), 강(등유+황화유), 청동(라아드유)

> **참고**
> • 숫돌의 길이 : 공작물 길이(구멍 깊이)의 1/2 이하
> • 왕복운동 : 양끝에서 숫돌 길이의 1/4 정도 구멍에서 나올 때 정지

### 3 액체호닝(분사가공)

가공액과 혼합된 연마제를 압축 공기와 함께 노즐로 공작물인 경금속, 플라스틱, 고무, 유리 등의 표면에 분출시켜 다듬면을 얻는 가공 방법이다. 액체호닝은 광택이 적지만 피닝 효과(peening effect)가 크고, 복잡한 모양의 공작물도 다듬질이 가능하며 공작물 표면에 액체(물)와 미세 연삭 입자와의 보통 혼합비 1 : 2로 혼합액을 압축, 공기로 분사한다. 액체호닝은 습식 다듬질 가공(샌드 블라스팅과 비슷)이다.

액체호닝의 분사 각도는 40~50°(45°)이며 노즐(12.5mm)과 표면 사이의 거리 60~80mm, 분사량 5~7N이다. 액체호닝의 용도는 주조품, 스케일 및 산화막 제거 피로강도 및 인장강도(5~10%) 증가시킨다. 유리, 프라스틱, 고무, 다이케스팅 제품, 다이의 귀따기 및 표면가공에 응용된다. 연마제는 $Al_2O_3$, SiC, 규사가 사용되며 액체호닝의 특징은 다음과 같다.
① 가공면에 방향성이 존재하지 않으며 가공 시간이 짧다.
② 공작물 표면의 산화막이나 도료, 거스러미 등을 제거할 수 있어, 도장이나 도금의 바탕을 깨끗이 다듬는 데 좋다.
③ 가공물의 피로 강도를 10%정도 향상시킨다.
④ 형상이 복잡한 것도 쉽게 가공한다.

### 4 슈퍼 피니싱 : 연삭 여유 0.002 ~ 0.01mm

연삭숫돌을 공작물 표면에 가압(스프링, 유압)하면서 공작물 이송과 진동을 주고 공작물을 회전시켜 균일한 표면을 얻는 법으로 저압, 저속도의 가공이므로 발열이 적고 가공 변질층을 제거할 수 있으며 내마모성, 내식성이 우수하고 다듬질 시간이 짧다(방향성이 없는 다듬질 면을 얻는다).
① 용도 : 평면, 원통(외, 내면), 곡면, 베어링 접촉부, 각종 롤러, 게이지, 엔진 등
② 원주(상대)속도 : 15~18m/min ⇒ 초기(거친) 5~10m/min 후기(다듬) 15~30m/min
③ 숫돌 압력 : 0.98~29.4N/cm²
④ 숫돌의 진동폭 : 보통 2~3mm ⇒ 초기(거친) 1~3, 후기(다듬) 3~5

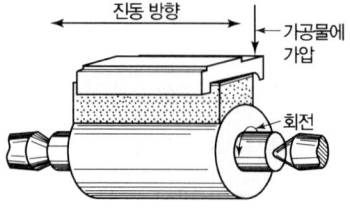

[그림 6-8] 슈퍼 피니싱

### 5 초음파 가공 : 충돌가공

전기적 에너지를 기계적 에너지로 변화시키며 초음파(16kc/sec 이상), 주파수의 진동(20~30kc/sec)을 주고 공작물과 공구 사이에 연삭입자와 연삭액을 넣고 펌프로 순환시켜 입자와 공작물에 대한 충돌로 인한 다듬질(진동자의 자기변형으로 초경합금, 보석류를 다듬질)하며, 공구 재료는 연강, 피아노선이 쓰인다.

① 용도 : 담금질강, 초경합금, 보석, 수정 등을 다듬질 가공한다.
② 연삭입자 : $Al_2O_3$, SiC, 다이아몬드+공작액(물+석유)
③ 특징
  ㉠ 초경질이며, 메짐성이 큰 재료에 사용된다.
  ㉡ 구멍 가공, 절단, 평면, 표면 가공 등을 할 수 있다.
  ㉢ 연삭 가공에 비하여 가공면의 변질 및 스트레인(변형)이 적다.
  ㉣ 전기적으로 불량도체일지라도 보통금속과 동일하게 가공이 된다.

## 6 전해 가공 : E.C.M

공작물과 전극 사이 0.1~0.4mm 정도 띄우고 그 사이로 전해액을 강제 유동. 공작물이 전극 모양을 따라 가공(용해작용)되며 전기의 용해작용 이용(전기 분해법칙 이용)한다. 보통 전기 도금장치와 반대 작용이고 공작물을 (+)극으로 하고 모형이나 공구 (-)극과 함께 알카리성을 전해액 속에 넣어 통전 가공된다(주로 구멍, 홈, 형조각 등을 가공).

### 1) 특징(효과)
① 전력은 소모되지 않고 단위 시간당 가공량이 많다.
② 높은 열이 발생하지 않고 기계적인 힘이 작용하지 않는다.
③ 내열강, 고장력강 등을 가공

## 7 전해 연마

전기도금과 반대적인 작업이며 전해 가공의 일종으로 전기 화학적 방법으로 전해 현상을 이용. 표면을 다듬질. 공작물을 (+)극으로 하고 구리, 아연, 납 등을 (-)로 하여 전해액 혹에 넣고 직류전류를 짧은 시간 동안에 강하게 흐르게 하여 전기적으로 그 표면을 매끈하게 다듬질하며, 금속표면의 미소돌기 부분을 용해하여 거울면 상태로 가공된다.

### 1) 용도
드릴의 홈이나 바늘 및 주사침 구멍을 깨끗하게 다듬질

### 2) 특징
① 가공변질층이 나타나지 않으므로 평활한 면을 얻을 수 있다.
② 가공면에 방향성이 없다.
③ 내마멸성 및 내부식성이 좋아진다.
④ 복잡한 형상의 공작물 연마도 가능하다.
⑤ 면이 깨끗하고 도금이 잘 된다.
⑥ 연마량이 적어 깊은 홈은 제거가 되지 않으며, 모서리가 라운드 된다.
⑦ 연질의 금속도 용이하게 연마할 수 있다.

## 8  전해 연삭

전해 연마에서 나타난 양극(+)의 생성물을 전해 작용으로 제거하는 작업으로 전해 연삭은 작업속도가 빠르고 숫돌의 소모가 적으며, 가공면이 연삭다듬질보다 우수하다.

가공조건으로 접촉 압력은 2~3kg/cm$^3$가 쓰이며 가공속도는 증가하나 전극소모가 크다.

① 경도가 높은 재료일수록 연삭능률이 기계연삭보다 높다.
② 박판이나 형상이 복잡한 공작물을 변형 없이 연삭할 수 있다.
③ 연삭저항이 적으므로 연삭열 발생이 적고, 숫돌 수명이 길다.
④ 설비비와 숫돌 가격이 비싸다.
⑤ 필요로 하는 다양한 전류를 얻기가 힘들다.
⑥ 다듬질 면은 광택이 나지 않는다.
⑦ 정밀도는 기계연삭보다 낮다.

## 9  화학 연마

산 용액 중에 가공물을 담고 가열하며 화학반응을 촉진시켜 금속 표면에 광택을 얻는 방법(열에너지 이용)으로 재료의 강도나 경도와 관계없이 가공이 되고 변형이나 가공 거스러미가 없다. 가공경화나 표면의 변질층이 없다. 공구가 필요 없고 대량생산이 가능하다.

## 10  화학 밀링

가공하지 않을 공작물 부분에 내식성 피막으로 피복해 부식하는 방법으로 화학 밀링(화학절삭)이라고도 한다. 가공형상은 기계적 밀링과 거의 같으나 가공 원리는 전혀 다르다. 특징으로는 다량생산, 넓은 면 가공, 복잡한 형상 및 얇은 단면 가공이 가능하며, 공구비가 절감되고 가공면의 변질층이 적은 장점이 있지만, 가공 속도와 가공 깊이에 제한을 받고 부식성 및 다듬질면의 거칠기가 떨어지는 단점이 있다.

## 11  화학 연삭

공작물 표면에 작은 요철부의 볼록부를 용삭할 때, 기계적 마찰로 더욱 능률적인 가공을 하는 방법이다. 공작물과 공구 사이에 고운 연삭 입자를 넣으면 효과적이다.

## 12  방전 가공(E.D.M)

방전 현상을 인공적으로 설정하여 그 에너지를 이용하는 가공 방법이다(전기 접점에 의한 직류 콘덴서법). 공작물과 공구가 직접 접촉함이 없이 상호 간에 어느 간격을 유지하면서 그 사이에서 물리적으로 가공하는 방법(공작물 (+)극 가공전극 (−)이며 극과의 간격은 5~10mm)이며, 종류로는 콘덴서형, 크리스탈형, 다이오드형이 있으며, 기본적인 회로 형식은 RC 회로이다.

### 1) 용도

담금질강, 고속도강, 내열강, 다이아몬드, 수정 등을 가공한다.

### 2) 장점

① 공작물 경도와 관계없이 전기도체이면 쉽게 가공된다.
② 숙련된 작업이 필요하지 않는다(무인가공 가능).
③ 전극 형상 그대로 정밀도가 높은 가공이 된다.
④ 가공조건의 선택과 변경이 쉽다.
⑤ 비 접촉성으로 기계적인 힘이 가해지지 않는다.
⑥ 다듬질 면은 방향성이 없고 균일하다.
⑦ 복잡한 표면형상이나 미세한 가공이 가능하다.
⑧ 가공표면의 열 변질층 두께가 균일하여 마무리 가공이 쉽다.
⑨ 가공변형이 적어 박판가공이 용이하다.

### 3) 단점

① 공구 전극이 필요하며 전극가공의 어려움과 공구의 소모가 크다.
② 가공부분에 변질층이 남으며 다소 가공속도가 느리다.
③ 비전도체인 경우 가공이 어렵고 가전도(저부형, 금형)에 제한 받음

### 4) 전극 재료

구리, 은, 텅스텐 합금, 황동, 인청동, 텅스텐, 흑연(가장 좋으나 소모가 빠르다.)

### 5) 전극 재료의 조건

① 방전이 안정하고 가공속도 및 정밀도가 높을 것
② 전극 소모가 적고 가공이 쉬울 것
③ 가격이 저렴할 것

### 6) 가공액

① 절연도가 높은 유전체액 사용(높은 점도액은 부적절)
② 일반적으로 경유 사용(와이어 컷은 물(탈이온수) 사용)

## 13 레이저 가공

레이저(laser)는 광 레이저라고 하며, 가시광선이나 적외선의 영역에 파장을 가진 전자파에 공명하여 빛을 발하는 물질의 총칭이다. 레이저 광원의 빛은 대단이 밀도 높은 단색성과 평행도가 높은 지향성을 이용하여 렌즈나 반사경을 통해 파장을 집중시켜 공작물에 빛을 쏘면 전자 빔 가공과 같이 순간적으로 국부에 가열하여 용해 또는 증발시킴으로써 가공이 된다. 이와 같이

대기 중에서 비접촉으로 가공하는 것을 레이저 가공이라 하며 특징은 다음과 같다.
① 비접촉 가공으로 공구 마모가 거의 없다.
② 임의의 위치 가공이 가능(원격조정이 가능하고 진공이 불필요)하다.
③ 열에 의한 변형이 적으므로 열, 충격을 받기 쉬운 재료가공에 적합하다.
④ 비금속(세라믹, 가죽)의 가공이 가능하다.
⑤ 미세 가공과 난삭제 가공이 용이하다.
⑥ 투명체를 통해 가공할 수 있다.

## 06 손 다듬질 가공

### 1 리머 가공(reaming)

드릴로 뚫은 구멍은 보통 진원도 및 내면이 다듬질 정도가 양호하지 못하므로 리머를 사용하여 구멍의 내면을 매끈하고 정확하게 가공하는 작업을 리머 작업 또는 리밍(reaming)이라고 한다. 리머의 여유는 0.2~0.3mm 정도가 주로 사용된다.

리머 재질은 고속도강으로 만든다.

#### 1) 리머의 종류
① 핸드 리머
② 기계 리머 : 채킹 리머, 조버스 리머, 브리지 리머
③ 테이퍼 리머 : 모스 테이퍼 리머, 테이퍼핀 리머, 파이프 리머
④ 조정 리머 : 조정 리머, 팽창 리머
⑤ 셸 리머 : 자루와 날부가 별개로 되어있는 리머
⑥ 솔리드 리머 : 자루와 날부가 같은 소재로 된 리머

#### 2) 리머 작업 시 유의사항
① 다듬 여유를 작게 하고 낮은 절삭 속도로써 이송을 크게 하면 좋은 가공면이 된다.
② 리머를 뺄 때 역회전시켜서는 안 된다.
③ 기름을 충분히 주어 칩이 잘 배출되도록 해야 한다.
④ 채터링(떨림)을 방지하기 위해 절삭날의 수는 홀수날이고 부등 간격으로 배치한다.

### 2 탭 및 다이스 가공

나사는 원통의 외면과 내면에 나선 모양으로 절삭한 것이며, 탭 작업(tapping)이란 드릴로 뚫은 구멍에 탭과 탭 핸들에 의해 암나사를 내는 작업이다.

다이스 작업(dies working)이란 둥근봉 또는 관 바깥지름 다이스(dies)를 사용하여 수나사를 내는 작업이다.

### 1) 탭 작업(tapping)
탭(tap)은 나사부와 자루 부분으로 되어 있으며 암나사를 만드는 공구이다.
① 핸드 탭 : 1번, 2번, 3번 탭의 3개가 1개조로 되어 있고, 탭의 가공률은 1번 : 55%, 2번 탭 : 25%, 3번 탭 : 20% 가공을 한다. 현장에서는 보통 2번, 3번 탭만으로 태핑을 한다.
② 기계 탭 : 작업능률을 향상시키기 위해 기계에 장치하여 나사를 내는 탭
  ㉠ 테이퍼 탭(taper tap) : 자루 부분의 지름을 너트의 구멍 지름보다도 가늘고 길게 만들고 챔퍼 부분의 테이퍼도 완만하게 한 것으로 대량생산에 사용한다.
  ㉡ 마스터 탭(master tap) : 다이스나 체이서 등을 만드는 탭이다.
  ㉢ 건 탭(gun tap) : 탭에 비틀림 홈이 있는 것으로(15°) 고속 절삭용이다.
  ㉣ 파이프 탭(pipe tap) : 가스 탭이라고도 하며, 가스관 또는 조인트에 암나사를 깎는 탭이다.
  ㉤ 스파이럴 탭(spiral tap) : 인성이 강한 강재에 대하여 절삭성이 좋고 절삭면이 매끈하게 다듬질된다. 나사부가 나선형으로 되어있다.
③ 탭 작업 시 탭이 부러지는 이유
  ㉠ 구멍이 너무 작거나 구부러진 경우
  ㉡ 탭이 경사지게 들어간 경우
  ㉢ 탭의 지름에 적합한 핸들을 사용하지 않는 경우
  ㉣ 너무 무리하게 힘을 가하거나 빨리 절삭할 경우
  ㉤ 막힌 구멍의 밑바닥에 탭의 선단이 닿았을 경우
④ 탭 구멍 : 탭 구멍의 지름은 다음과 같은 식으로 구할 수 있다.
  ㉠ 미터나사 : $d = D - p$
  ㉡ 인치 나사 : $d = 25.4 \times D - \dfrac{25.4}{N}$

여기서, $d$ : 탭 구멍의 지름(mm)
$D$ : 나사의 바깥지름(mm)
$p$ : 나사의 피치(mm)
$N$ : 1인치(25.4mm) 사이의 산 수

### 2) 다이스 가공
다이스는 수나사를 만드는 공구로서 내면은 나사로 되어 있고 칩이 빠져나올 수 있는 홈이 있다. 앞면에 2~2.5산, 뒷면에 1~1.5산 정도가 모따기로 되어있고 앞면을 공작물에 접촉시켜서 작업을 한다. 나사 지름을 조절할 수 있는 분할 다이스와 나사 지름을 조절할 수 없는 단체 다이스로 나눈다.

## 07 기계 재료

### 1  철강 재료

#### 1) 금속의 특성과 합금

##### (1) 금속의 공통적 성질

① 실온에서 고체이며, 결정체이다(단, Hg제외).
② 가공이 용이하고, 연성과 전성이 풍부하고 강도, 경도, 비중이 비교적 크다.
③ 불투명하고 고유의 색상이 있으며, 빛을 반사한다.
④ 전자, 중성자의 배열에 의하여 결정되는 내부구조이고 결정의 내부 구조를 변경할 수 있다.
⑤ 비중이 크고, 경도 및 용융점이 높으며 순금속 융점은 그 금속의 고유의 온도이다.
⑥ 열 및 전기의 양도체이다.
⑦ 생성된 결정핵이 성장하여 수지상 결정을 만든다.

##### (2) 금속의 분류

비중 4.5를 기준으로 경금속과 중금속을 구분한다.
① 경금속 : Al(2.7), Mg(1.74), Na(0.97), Si(2.33), Li(0.53)
② 중금속 : Fe(7.87), Cu(8.96), Ni(8.85), Au(19.32), Ag(10.5), Sn(7.3), Pb(11.34), Ir(22.5)

##### (3) 합금의 특성

① 강도와 경도가 커지고 전성과 연성이 작아진다.
② 전기전도율 및 열전도율, 융해점이 낮아진다.
③ 두 종류 이상의 결정 입자가 혼합할 때는 내식성이 나빠진다.
④ 담금질 효과가 크다.

#### 2) 금속재료의 성질

##### (1) 기계적 성질

① 연성 : 길고 가늘게 늘어나는 성질(연성순서 : Au 〉 Ag 〉 Al 〉 Cu 〉 Pt)
② 전성 : 얇은 판을 넓게 펼칠 수 있는 성질(전성순서 : Au 〉 Ag 〉 Pt 〉 Al 〉 Fe)
③ 인성 : 외력(굽힘, 비틀림, 인장, 압축 등)에 저항하는 질긴 성질
④ 취성(메짐) : 잘 깨지고 부서지는 성질로 인성의 반대
⑤ 소성 : 외력을 가한 후 제거해도 변형이 그대로 유지되는 성질
⑥ 탄성 : 외력을 제거해도 원래대로 돌아오는 성질
⑦ 경도 : 재료의 단단한(무르고 굳은) 정도
⑧ 강도 : 단위 면적당 작용하는 힘. 외력(굽힘, 비틀림, 인장, 압축 등)에 견디는 힘

⑨ **피로** : 작은 힘의 반복 작용에 의해 재료가 파괴되는 현상
⑩ **크리프(creep)** : 재료를 고온으로 가열했을 때 인장강도, 경도 등을 말한다.
⑪ **인장강도** : 재료의 인장 시험에 있어서 시험편이 파단할 때까지의 최대 인장 하중을, 시험 전 시험편의 단면적($A_o$)으로 나눈 값($\sigma_B$). 극한 강도라고도 불리며 재료의 강도 기준의 하나이다.

$$\sigma_B = \frac{W_{\max}}{A_o}[\text{N/mm}^2, \text{MPa}]$$

여기서, $\sigma_B$ : 인장강도
$W_{\max}$ : 최대하중(N)
$A_o$ : 원래의 단면적(mm$^2$)

⑫ **연신율** : 재료는 인장 하중을 걸면 늘어난다. 이 늘어난 길이의 최초의 길이에 대한 백분율을 연신율이라고 한다.

$$\epsilon = \frac{L_1 - L}{L} \times 100(\%)$$

여기서, $L$ : 처음의 표점 거리(mm)
$L_1$ : 파단되었을 때의 표점 거리(mm)

⑬ **단면수축률** : 인장 시험에 있어서 시험편 절단 후에 생기는 최소 단면적($S_1$)과 그의 원 단면적($S$)과의 차와 원 단면적에 대한 백분율을 말한다.

$$\Psi = \frac{S - S_1}{S} \times 100(\%)$$

여기서, $S$ : 처음 단면적(mm$^2$)
$S_1$ : 파단되었을 때의 수축된 최소 단면적(mm$^2$)

## (2) 물리적 성질

① **비열** : 어떤 물질 1g의 온도를 1℃만큼 올리는 데 필요한 열량이다.
② **용융점** : 금속을 가열하면 녹아서 액체로 되는데, 액체로 되는 온도점을 말한다.
③ **비중** : 물(4℃)과 똑같은 부피를 갖는 물체와의 무게의 비를 말한다.
  ㉠ 실용 금속 중 가장 가벼운 금속 : Mg(1.74)
  ㉡ 비중이 가장 무거운 금속 : Ir(22.5)
  ㉢ 비중이 가장 가벼운 금속 : Li(0.53)
④ **선팽창 계수** : 어느 길이의 물체가 1℃ 상승할 때 그 길이의 증가와 늘어나기 전 길이와의 비를 말한다.
  ㉠ 선팽창 계수가 큰 것 : Pb, Mg, Sn
  ㉡ 선팽창 계수가 작은 것 : Ir, Mo, W
⑤ **열전도율 및 전기전도율** : Ag-Cu-Au-Pt-Al-Mg-Zn-Ni-Fe-Pb-Sb
⑥ **금속의 탈색** : Sn-Ni-Al-Mg-Fe-Cu-Zn-Pt-Ag

⑦ 자성
  ㉠ 강자성체 : Fe, Ni, Co
  ㉡ 상자성체 : Al, Pt, Sn, Mn
  ㉢ 반자성체 : Cu, Zn, Sb, Ag, Au
⑧ 융해잠열 : 어떤 금속 1g을 용해시키는 데 필요한 열량을 융해잠열이라 한다.

### (3) 화학적 성질
① 부식 : 금속은 접하고 있는 주위 환경의 화학적, 전기화학적인 작용에 의해 비금속성 화합물을 만들어 점차적으로 손실되어가는데 이 현상을 부식이라 한다.
② 내식성 : 금속의 부식에 대한 저항력으로 견디는 성질이다. Cr, Ni 등이 우수하다.
③ 내산성 : 기타 산에 견디는 성질, 염기에 견디는 성질로 내염기성이라 한다.
④ 내열성 : 금속의 열에 대한 저항력으로 견디는 성질이다.

### (4) 가공상의 성질
① 주조성 : 금속이나 합금을 녹여 기계 부품인 주물을 만들 수 있는 성질
② 소성 가공성 : 재료에 외력을 가하여 원하는 모양으로 만드는 작업
③ 적합성 : 재료의 용융성을 이용하여 두 부품을 접합하는 성질
④ 절삭성 : 절삭 공구에 의해서 금속재료가 절삭되는 성질

## 3) 금속의 결정

### (1) 금속 원자 결정
① 체심입방격자(BCC)
  ㉠ 융점이 높고 강도가 크다(소속 원자수 : 2개, 배위수〈인접 원자수〉: 8개).
  ㉡ Cr, W, Mo, V, Li, Na, Ta, K, $\alpha$-Fe, $\delta$-Fe
② 면심입방격자(FCC)
  ㉠ 전연성, 전기전도율 크다. 가공성 우수(소속 원자수 : 4개, 배위수 : 12개)
  ㉡ Al, Ag, Au, Cu, Ni, Pb, Ca, Co, $\gamma$-Fe
③ 조밀 육방 격자(HCP)
  ㉠ 전연성, 접착성, 가공성 불량(소속 원자수 : 2개, 배위수 : 12개)
  ㉡ Mg, Zn, Cd, Ti, Be, Zr, Ce

### (2) 금속의 변태
- 변태(Transformation) : 고체 → 액체(액체 → 고체)로 결정격자의 변화가 생기는 것
- 변태점 측정법 : 열분석법, 시차열분석법, 비열법, 전기저항법, 열팽창법, 자기분석법, X선분석법
- 동소체(allotropy) : 모양(相)이 같은 물질이지만 결정격자가 다른 것($\alpha$, $\gamma$, $\delta$ 고용체)

① 동소변태
　㉠ 고체 내에서 원자 배열이 변화로 생긴 것(결정격자 모양이 바뀜)
　㉡ 성질이 일정한 온도에서 급격히 비연속적으로 변화가 생긴 것
　㉢ 동소변태 금속은 Fe(A3 : 912℃, A4 : 1400℃), Co(480℃), Ti(883℃), Sn(18℃)
　㉣ $\alpha$-Fe(BCC) : 910℃ 이하에서 체심입방격자 $\gamma$-Fe(FCC)
　㉤ 910~1400℃에서 면심입방격자
　㉥ $\delta$-Fe(BCC) : 1400~1538℃에서 체심입방격자
　㉦ A3 변태 : $\alpha$-Fe ⇔ $\gamma$-Fe
　㉧ A4 변태 : $\gamma$-Fe ⇔ $\delta$-Fe

② 자기변태(curie point)
　㉠ 원자 배열에 변화가 생기지 않고 원자 내부에 어떤 변화를 일으킨 것이다.
　㉡ 점진적이고 연속적으로 변화가 생기며, 자기의 세기가 768℃(A2점) 부근에서 급격히 변화한다.
　㉢ 자기변태를 일으키는 금속으로 Fe : 768℃, Ni : 360℃, Co : 1120℃ 등이 있다.

### (3) 합금의 상태도

① **상률** : 계(系) 중의 상(相)이 평형을 유지하기 위한 자유도를 규정한 법칙이다.
　㉠ 상(相) : 어느 부분이나 균일하고 불연속적이며, 명확히 경계된 부분으로 되어있는 분자와 원자의 집합 상태를 말한다.
　㉡ 계(系) : 집합의 물체를 외계와 차단하여 그 물질 이외의 것은 물리적 교섭이 없는 상태로 있다고 생각할 때 계라고 한다.

> **참고**
> $F=n+2-P$ ($F$ : 자유도, $n$ : 성분수, $P$ : 상의 수)
> 압력을 무시하면(응고계 상률) : $F=n+1-P$

② **공정(eutectic)** : 2개 성분(成分)의 금속이 용해된 상태에서는 균일한 용액으로 되나 응고 후에는 금속 성분이 각각 결정이 되어 분리되며 전연 고용체를 만들지 않고 기계적으로 혼합된 조직으로 되는 반응을 말하며, 이때의 결정을 공정(eutectic)이라 한다.

액체 ↔ 고체 A+고체 B(기계적 혼합)

③ **고용체** : 금속원자가 서로 녹아서 고체를 이룬 것으로서 용매금속의 결정 중에 용질금속의 원자나 분자가 녹아 들어가 응고된 고용체라 한다.

고체 A+고체 B ↔ 고체 C(기계적 방법 구분 不可)

　㉠ 침입형 고용체 : Fe-C
　㉡ 치환형 고용체 : Ag-Cu, Cu-Zn
　㉢ 규칙격자형 : $Ni_3$-Fe, $Cu_3$-Au, $Fe_3$-Al

④ 포정 : 하나의 고체에 다른 융체가 작용하여 다른 고체를 형성하는 반응을 말하며, 이 때의 고체를 포정(peritectic)이라 한다.

$$고체\ A + 액체 \leftrightarrow 고체\ B$$

⑤ 편정 : 일종의 융액에서 고상과 다른 종류의 융액을 동시에 생성하는 반응을 말하며, 이 때의 결정을 편정(monotectic)이라 한다.

$$고체 + 액체\ A \leftrightarrow 액체\ B$$

⑥ 공석 : 하나의 고용체로부터 2종의 고체가 일정한 비율로 동시에 석출하는 반응이다.

$$\alpha(페라이트) + Fe_3C(시멘타이트) = \alpha + Fe_3C(펄라이트)$$

⑦ 금속 간 화합물 : 2종 이상의 금속 원소가 간단한 원자비로 결합되어 본래의 성분 금속과는 다른 새로운 성질을 가진 물질이 형성되며 그 원자도 규칙적으로 결정 격자점을 보유하는 화합물을 금속 간 화합물(예 : $Fe_3C$, $WC$, $CuAl_2$)이라 한다.

### 4) 금속 가공

#### (1) 소성변형

금속에 외력을 가하였다가 외력을 제거하여도 원상태로 되돌아오지 않고 영구변형을 일으키는 것을 말한다.

#### (2) 단결정과 소성변형

① 미끄럼(slip) : 재료에 외력이 작용할 때 어떤 방향으로 미끄러져 이동하는 현상
② 쌍정(twin) : 변형 전과 후의 위치가 경계로 하여 대칭의 관계를 가진 원자배열의 결정 부분
③ 전위(dislocation) : 금속의 결정격자가 불안전하거나 결함이 있을 때 외력을 작용하면 이곳으로 이동이 생기는 현상

#### (3) 가공경화

① 재료에 외력을 가하여 변형시키면 굳어지는 현상
② 보통 냉간 가공으로 경도가 크고 강해진 현상

#### (4) 냉간(상온) 가공 시 기계적 성질

- 냉간(상온) 가공의 장점 : 제품의 치수 정확, 가공 면이 아름답고, 기계적 성질 개선, 강도 및 경도 증가, 연신율 감소
- 냉간(상온) 가공의 단점 : 가공 방향으로 섬유조직이 되어 방향에 따라 강도가 다르다.

① 시효 경화(Age hardening) : 냉간 가공 시 시간 경과로 경화되는 현상으로 기계적 성질은 변화하나 나중에는 일정한 값을 나타내는 현상으로 황동, 두랄루민, 강철 등이 잘 일어나며, 인공적으로 100~200℃ 높여 시효경화를 촉진시키는 것을 인공시효라 한다.

② 바우싱거 효과 : 동일방향에서의 소성변형에 대하여 전에 받던 방향과 반대의 변형을 부여하면 탄성한도가 낮아지는 현상을 말한다.

③ 회복 : 냉간(상온) 가공에 의해서 내부응력을 일으킨 결정입자가 가열에 의해서 그 모양은 바뀌지 않고 내부응력이 감소하는 현상이다.

④ 재결정 : 가공 경화된 재료를 가열시 결정 핵이 성장하여 전체가 새로운 결정으로 변화
  ㉠ 가공도 작을수록 크고, 가열시간은 길수록 크고, 가열온도가 높을수록 크다.
  ㉡ 재결정 온도 : 열간(고온) 가공과 냉간(상온) 가공이 구분되는 온도
  - Fe : 350~500℃
  - W : 1200℃
  - Mo : 900℃
  - Ni : 600℃
  - Pt : 450℃
  - Au, Ag, Cu : 200℃

## 5) 철강 재료의 개요

### (1) 철강의 분류

① 철강 재료는 일반적으로 순철, 강 주철의 세 종류로 구분한다. 이 중에서 순철은 공업용으로 사용 빈도가 적으며, 탄소가 적당히 함유된 강과 주철이 주로 사용된다.

② 보통 강과 주철은 탄소 함유량으로 구분하는데, 학술상 분류는 강은 아공석강(0.025~0.77%C), 공석강(0.77%C), 과공석강(0.77~2.11%C)으로 되어 있고, 주철은 아공정 주철(2.11~4.3%C), 공정 주철(4.3%C), 과공정 주철(4.3~6.68%C)로 되어 있다.

③ 강을 탄소강과 합금강으로 분류하는 경우도 있는데, 탄소강은 탄소(C) 이외에 규소(Si), 망간(Mn), 인(P), 황(S) 등의 5대 원소가 분순물의 성격으로 약간 포함한 것이고, 합금강은 탄소강에 특수한 성질을 부여하기 위해 니켈(Ni), 크롬(Cr), 망간(Mn), 규소(Si), 몰리브덴(MO), 텅스텐(W), 바나듐(V) 등의 합금 원소를 한 가지 또는 그 이상 첨가한 것이다.

### (2) 철강 재료의 5대 원소

C(강에 가장 큰 영향), S < 0.05%, P < 0.04%, Si < 0.1~0.4%, Mn < 0.2~0.8%

### (3) 제철법

① 철광석 : 적 · 자 · 갈 · 능철광 → Fe 40~60% 이상
② 선철(pig iron) : 철광석을 용광로에 넣어서 정련하여 만든 철
③ 용제 : 석회석, 형석, 백운석 등이 있으며, 철과 불순물을 분리시킨다.

### (4) 제강법

① 평로 제강법 : 바닥이 낮고 넓은 반사로
  ㉠ 산성법 : 규소 내화물(저 P, 고 Si)
  ㉡ 염기성법 : 돌로마이트 또는 마그네시아(고 P, 저 Si)

② 전로 제강법 : 노안에 용선 장입 후 공기를 불어넣어 불순물을 산화시켜 제강
  ㉠ 베세머법(산성법) : 규소 내화물(저 P, 고 Si)
  ㉡ 토머스법(염기성법) : 돌로마이트 또는 마그네시아(고 P, 저 Si)
③ 전기로 제강법 : 전열을 이용하여 강을 제련한다. 온도조절이 용이, 제품이 고가
  ㉠ 종류 : 아아크식, 유도식, 저항식

> **참고**
> • 용량 : 1회에 생산되는 용강의 무게

### 6) 강괴의 종류 및 특징

**(1) 킬드강**

완전히 탈산한 강으로 강괴의 중앙 상부에 큰 수축관이 생긴다.

**(2) 세미 킬드강**

킬드강과 림드강의 중간 정도로 탈산한 강

**(3) 림드강**

탈산 및 기타 가스 처리가 불충분한 상태의 강으로 주형의 외벽으로 림(rim)을 형성한다.

**(4) 캡드강**

림드강을 변형시킨 강으로 비등을 억제시켜 림 부분을 얇게 한 강이며 탈산제로 Fe-Si, Al, Fe-Mn 등이 쓰인다.

**(5) 강괴의 결함**

① 비등작용 : 산소($O_2$)와 탄소(C)가 반응한 코발트(Co)의 생성 가스가 대기 중으로 빠져나가는 현상으로 끓는 것처럼 보인다. 림드강에서 발생한다.
② 헤어크랙(Hair Crack) : 수소($H_2$) 가스에 의해 머리칼 모양으로 미세하게 갈라지는 균열하는 것으로 킬드강에서 발생한다.
③ 백점 : 수소의 압력이나 열응력, 변태응력 등에 의해 생긴 균열이 생긴다. 이 외에 수축관, 수축공, 기포, 편석 등이 있으며 킬드강에서 발생한다.

### 7) 순철

**(1) 순철의 용도**

탄소의 함유량이 0~0.025% 정도이므로 연하고 전연성이 풍부하고, 기계 재료로는 거의 쓰이지 않으나 항장력이 낮고 투자율이 높기 때문에 변압기 및 발전기용 발 철판의 전기 재료로 많이 사용된다.

### (2) 순철의 변태

① 순철의 변태점에는 동소변태 A2(768℃), A3(910℃)이고, 자기변태 A4(1400℃)점이 있다.
② 순철에는 α철, γ철, δ철의 3개 동소체가 있으며 910℃ 이하에서는 α철로 체심입방격자, 910~1400℃에서는 γ철로 안정한 면심입방격자로 되며, 1400℃ 이상에서는 δ철로 체심입방격자이다.
③ 강은 강자성체이나 가열하면 자성이 점점 약해져서 768℃ 부근에서는 급격히 상자성체가 되는데 이러한 변태를 자기변태(A2)라 하고, 앞에서 말한 격자 변화를 동소변태(A3, A4)라 한다. 또한, 변태가 일어나는 온도를 변태점이라 한다.
④ 동소변태는 원자배열의 변화가 생기므로 상당한 시간을 요한다.
⑤ 자기변태는 원자배열의 변화가 없으므로 가열, 냉각시 온도변화가 없다.

### (3) 순철의 성질

① 순철의 종류로는 아암코철, 전해철, 카보닐철 등이 있으며 카보닐철이 가장 순수하다.
② 항자력이 낮고 투자율이 높아 전기재료(변압기, 발전기용 박판)로 사용
③ 단접성, 용접성 양호하나 유동성 및 열처리성 불량
④ 상온에서 전연성 풍부하며 항복점·인장강도 낮고, 연신율·단면수축률·충격값·인성은 높다.
⑤ 순철의 물리적 성질은 비중(7.87), 용융점(1,538℃), 열전도율이 0.18, 인장강도 177~245MPa(18~25N/mm$^2$), 브리넬경도 586~687MPa(60~70N/mm$^2$)

## 8) Fe-C계 평형상태도

720℃에서 A1 변태, 768℃에서 A2 변태, 910℃에서 A3 변태, 1400℃에서 A4 변태가 일어난다. A2 변태점 이하의 온도의 것을 α철, A2 변태점에서 A3 변태점까지의 온도의 것을 β철이라 한다. 또 A3 변태점 온도에서 A4 변태점 온도까지의 것을 γ철이라 하고 A4로부터 용융점에 1536.5℃까지의 것을 δ철이라 한다.

### (1) 변태점

① A0(210℃) : 시멘타이트의 자기 변태점
② A1(723℃) : 순철에는 없고 강에서만 일어나는 특유한 변태
③ A2(768℃) : 자기변태(Fe, Ni, Co)
④ A3(912℃) : 동소변태
⑤ A4(1,400℃) : 동소변태

### (2) 강의 표준조직(Normal Structure)

① α 고용체 : Ferrite(강자성체로 극히 연하고 전성과 연성이 크다. $H_B$=90)
② γ 고용체 : Austenite(A1 점에서 안정된 조직으로 상자성체이고 인성이 크다. $H_B$=155)

③ Fe₃C : Cementite(경도가 높고 취성이 크며 백색으로 상온에서 강자성체. $H_B=820$)
④ α+Fe₃C : Pearlite(오스테나이트가 페라이트와 시멘타이트의 층상으로 된 조직. 강도는 크고 어느 정도 연성이 있다. $H_B=225$)
⑤ γ+Fe₃C : Ledeburite(상온에서 불안정하고 Fe₃C는 흑연과 지철(地鐵)로 분해한다.)

### (3) 탄소 함량에 따른 분류
① 강
   ㉠ 공석강 : 0.77%C(펄라이트)
   ㉡ 아공석강 : 0.025~0.77%C(페라이트+펄라이트)
   ㉢ 과공석강 : 0.77~2.0%C(펄라이트+시멘타이트)
② 주철
   ㉠ 공정주철 : 4.3%C(레데뷰라이트)
   ㉡ 아공정주철 : 2.0~4.3%C(오스테나이트+레데뷰라이트)
   ㉢ 과공정주철 : 4.3~6.67%C(레데뷰라이트+시멘타이트)
       ⓐ 포정점 : 0.18%C, 1,492℃
       ⓑ 공석점 : 0.77%C, 723℃
       ⓒ 공정점 : 4.3%C, 1,147℃(상온 표준조직 : 퍼얼라이트)

## 9) 탄소강의 표준조직

강을 단련하여 불림(normalizing) 처리, 즉 표준화 처리한 것을 말하며 조직에는 다음과 같은 용어가 있다.

### (1) 오스테나이트(austenite)

γ철에 탄소가 1.7% 이하로 고용된 고용체로서 페라이트보다 굳고 인성이 크다. 그러나 이것은 비자성이다. A1 점(723℃) 이상에서 안정된 조직을 갖는다.

### (2) 페라이트(ferrite)

α(BCC)철에 극히 소량(상온에서 0.006%, 721℃에서 최대 0.03%)까지 탄소가 고용된 고용체이며, α 고용체라고도 한다. 이것은 극히 연하고 연성이 크나 인장 강도는 작고 상온에서 강자성체이다. 파면의 백색을 띠며 순철의 바탕 조직이다.

### (3) 펄라이트(pearlite)

A1 변태점에서 오스테나이트의 분열에 의하여 생기는 것으로 탄소 0.85%C의 함유하며 γ 고용체가 723℃에서 분열하여 생긴 페라이트와 시멘타이트의 공석정으로 페라이트와 시멘타이트가 층으로 나타나며 앞에서 설명한 페라이트보다 경도가 크고 강하며 자성이 있다. 탄소강의 기본조직이다.

### (4) 시멘타이트(cementite)

시멘타이트는 철(Fe)과 탄소(C)의 화합물인 탄화철($Fe_3C$)로서 탄소를 6.68%의 탄소를 함유한 탄화철로 경도와 취성이 커서 잘 부스러지는 성질, 즉 메짐성이 크며 백색이다. 상온에서 강자성체이며, 담금질을 해도 경화되지 않고 화학식으로는 $Fe_3C$로 표시한다.

### (5) 레데부라이트(ledeburite)

$\gamma$고용체와 시멘타이트의 공정조직으로 주철에 나타난다.

> **조직의 경도 순서**
>
> 시멘타이트 > 마텐자이트 > 트루스타이트 > 베이나이트 > 솔바이트 > 펄라이트 > 오스테나이트 > 페라이트

## 10) 탄소강의 온도에 따른 여러 가지 취성

### (1) 청열 취성

강은 온도가 높아지면 전연성이 커지나, 200~300℃에서는 강도는 크지만, 연신율은 대단히 작아져서 결국 메짐성을 증가한다. 이 때의 강은 청색의 산화피막을 형성하는데, 이것을 청열 취성(메짐성)이라고 한다.

### (2) 적열 취성

강이 900℃ 이상에서 황이나 산소가 철과 화합하여 산화철이나 황화철을 만든다. 황(S)이 많은 강은 고온에 있어서 여린 성질을 나타내는데 이것을 적열 취성이라고 한다.

### (3) 상온 취성

인(P)은 강의 결정 입자를 조대화시켜서 강을 여리게 만들며, 특히 상온 또는 그 이하의 저온에 있어서는 특별히 현저해 진다. 인(P)은 상온 메짐성 또는 냉간 메짐성의 원인이 된다.

### (4) 고온 취성

강은 구리(Cu)의 함유량이 0.2% 이상(일반적으로 Cu 1.0% 이하)으로 되면 고온에 있어서 현저히 여리게 되며, 결국 고온 메짐성을 일으킨다.

### (5) 냉간(저온) 취성

강은 일반적으로 충격값은 100℃ 부근에서 최대이며, 상온 이하에 있어서는 현저히 여리게 된다. 이것을 냉간 메짐성이라고 한다.

## 11) 탄소강 중의 타 원소의 영향

### (1) 규소(Si)

강의 경도, 탄성 한계, 인장 강도를 증가시키며, 연신율, 충격값, 전성, 가공성은 감소시키고 단접성을 해치고 주조성(유동성)을 좋게 하며 결정입자의 크기를 증대시켜 거칠어진다. 탄소함량은 0.10~0.35%이다.

### (2) 망간(Mn)

황과 화합하여 적열취성을 방지(MnS)하게 되어 황의 해를 제거하며, 고온 가공을 용이하게 한다. 강도, 경도, 인성을 증가시키며, 고온에 있어서는 결정 입자의 성장을 방해한다. 소성을 증가시키고 주조성을 좋게 한다. 담금질 효과를 크게 하며 탈산제로도 사용되며, 강중의 탄소함량은 0.20~0.80%이다.

### (3) 인(P)

경도와 강도를 증가시키고, 연신율이 감소하며 가공 시 편석 및 균열을 일으킨다. 상온메짐성의 원인이 된다. 기포가 없는 주물을 만들 수 있고, 절삭성이 좋아진다.

### (4) 황(S)

적열 상태에서는 메짐성이 커 적열취성의 원인이 되며, 인장강도, 연신율, 충격값을 감소시킨다. 강의 용접성을 나쁘게 하며, 강의 유동성을 해치고 기포를 발생시킨다. 망간과 화합하여 절삭성이 좋아진다.

### (5) 구리(Cu)

인장 강도, 탄성 한도를 증가시키고 내식성을 증가시킨다. 압연 시 균열의 원인이 된다.

### (6) 가스($O_2$, $N_2$, $H_2$)

산소는 적열 메짐성의 원인이 되며, 질소는 경도와 강도를 증가시키고, 수소는 백점(flake)이나 헤어 크랙(hair crack)의 원인이 된다.

## 12) 탄소강과 그 용도

### (1) 0.15%C 이하의 저탄소강

탄소량이 적어 담금질 뜨임에 의한 개선이 어려워 냉간 가공을 하여 강도를 높여 사용할 때가 많다. 대상강, 박강판, 강선 등에는 냉간 가공성이 좋으며 규소 함유량이 적은 저탄소강이 사용된다. 보일러용 강판 및 강관은 냉간 가공성, 용접성, 내식성이 좋아야 하므로 저탄소강이 가장 적당하다.

### (2) 0.16~0.25%C 탄소강

강도에 대한 요구보다도 절삭 가공성을 중요시하는 것으로 0.15%C 부근의 것은 침탄용강 또는 냉간 가공용 강으로 널리 사용된다. 0.25%C 부근의 것은 볼트, 너트, 핀, 등 용도는 극히 넓다. 엷은 탄소강 관재로는 0.15~0.25%C 정도가 많이 사용된다. 강주물도 이 범위의 탄소량의 것이 주조가 가장 쉽다.

### (3) 0.25~0.35%C 탄소강

이 범위의 탄소강은 단조, 주조, 절삭 가공, 용접 등 어떠한 경우에도 쉽다. 또한, 조질에 의해서 재질을 개선할 수도 있다. 담금질, 뜨임을 실시하면 대단히 강인해 지며 차축 등 기타 일반 기계 부품에서는 압연 또는 단조 후 풀림이나 불림을 행하므로 열간 가공에 의해서 조대화 또는 불균일하게 된 결정입자를 균일 미세화해서 그대로 절삭 가공만을 하여 사용한다.

### (4) 0.35~0.60%C 탄소강

취성이 있고 담금질성은 크나 담금질 균열이 생기기 쉽다. 열균열이 생기기 쉽고 인성도 불충분하기 때문에 크랭크축, 기어 등에 사용할 때는 설계상 충분히 주의해야 하며, 이 범위의 탄소강은 비교적 용도가 적다.

### (5) 0.65%C 이상의 고탄소강

구조용재로서 0.6%C 이상의 고탄소강을 사용하는 일은 거의 없으나 공구강, 핀, 차륜, 레일(rail), 스프링 등과 같은 내마모성, 고항복점을 요구하는 물품에 사용된다.

## 13) 탄소 함량에 따른 분류

① 가공성만을 요구하는 경우 : 0.05~0.3% C
② 가공성과 강인성을 동시에 요구하는 경우 : 0.3~0.45% C
③ 가공성과 내마모성을 동시에 요구하는 경우 : 0.45~0.65% C
④ 내마모성과 경도를 동시에 요구하는 경우 : 0.65~1.2% C

## 14) 주강과 단강

주철은 주물을 만들기 쉽지만 종래의 편상 흑연 주철로는 강도가 부족하고 취성이 있는 결점이 있어 보다 강인한 주물이 필요한 시에 주강 주물이 사용된다.

### (1) 주강의 성질

① 주강은 단조강 보다 가공 공정을 줄일 수 있고 균일한 재질을 얻을 수 있다.
② 대량생산에도 적합하다. 하지만 용융점이 높이 주조하기가 힘든 단점이 있다.
③ 수축률은 주철의 2배이며 주조 시 응력이 크고 기포가 발생되기 쉽다.
④ 주조 시에는 조직이 억세고 메지기 때문에 주조 후 반드시 열처리해야 한다.

### (2) 주강의 종류

종류에는 0.3%C 이하의 저탄소 주조강, 0.2~0.5%C의 중탄소강 0.5%C 이상의 고탄소 주강이 있으며, C, Si, Mn의 %는 규정하지 않고 P, S만 규정하고 있다. 또 강도, 내식, 내열, 내마모성 등이 요구되는 경우 Ni, Mn, Cu, Mo 등이 첨가 된 특수 주강을 사용한다.

### (3) 단강의 성질

일반적으로 단강은 주강과 연성의 압연재에 비해 강도 및 인성이 우수하기 때문에 소형품은 물론 대형품까지 공업재료의 중요한 부분을 차지한다.

① 자유단조 : 개방형의 단조기를 이용해 만드는 방법으로 소량생산에 이용되는 경우가 많고 대형 발전기 축 또는 터빈 축, 선박용 추진기용 축류, 압연용 롤을 비롯한 각종 롤(roll), 원자력이나 화학 반응용의 고압 및 저온 압력용기벽 등의 중요 공업 부품의 제조에 적용된다.

② 형단조법(CDF) : 제품의 형상과 동일한 형을 이용해 단조하는 방법으로 제품의 정도가 좋고 재료의 낭비가 적은 점 등의 우수한 특징이 있다. 자동차 엔진의 소형 크랭크 샤프트, 각종 부품, 차축, 기어 등의 제조에 적용되고 있다.

## 15) 합금강(특수강)

### (1) 강에서 합금원소의 영향

탄소강에서 얻을 수 없는 특별한 성질을 얻기 위해서 양질의 강괴를 선정하여 여기에 탄소 이외의 Mn, Si, Ni, Cr, Mo, V 등의 합금원소를 첨가하면 목적하는 강도가 증가됨에 따라 인성도 좋아져서 경량화에 유리한 특수 재료를 얻을 수 있다. 이러한 강을 합금강 또는 특수강이라 한다. 합금강은 용도에 따라 구조용, 공구용, 특수 용도용으로 구분한다.

#### 가. 합금강의 목적
① 강의 경화능 증가로 기계적 성질의 향상(강도, 경도, 인성, 내피로성)
② 고온 및 저온에서의 기계적 성질의 저하 방지
③ 높은 뜨임온도에서 강도 및 연성유지
④ 담금질성의 향상
⑤ 단접 및 용접의 용이
⑥ 전자기적 성질의 개선
⑦ 결정 입도의 성장방지

#### 나. 일반적인 합금 원소의 영향
① 탄소 : 주된 경화 원소
② 유황 : 기계가공성 향상
③ 인 : 기계가공성 향상
④ 망간 : 경도의 증대, 내마멸성 증가, 황의 메짐 방지, 탈황제
⑤ 니켈 : 강인성, 내식성, 내마멸성의 증대, 저온 충격 저항 증가
⑥ 크롬 : 내식성(15% 크롬보다 많은 경우), 경도 깊이(15% 크롬보다 낮은 경우), 내마모성 증가
⑦ 규소 : 전자기 특성, 내식성, 내열성 우수

⑧ 몰리브덴 : 경도 깊이증가, 고온에서의 강도, 인성 증대, 뜨임 메짐 방지, 텅스텐 효과의 2배
⑨ 바나듐, 티탄, 이리륨 : 입자 미세화, 결정 입자의 조절, 경화성은 증가하나 단독사용 안 됨
⑩ 텅스텐 : 경화능, 고온에 있어서의 경도와 인장 강도 증가
⑪ 실리콘 : 유동성, 탈산제
⑫ 실리콘과 망간 : 작업 경화능력 향상
⑬ 알미늄 : 탈산제
⑭ 붕소(boron) : 경화능력 향상
⑮ 납 : 기계가공성 향상
⑯ 구리 : 공기 중 내산화성 증가
⑰ 코발트 : 고온경도 및 인장 강도 증대, 단독사용 불가
⑱ 티탄 : 입자사이의 부식에 대한 저항을 증가시켜 탄화물을 만들기 쉽다.

다. 합금원소의 공통된 특성
① P, Si, Mo, Ni, Cr, W, Mn : 페라이트 강화성
② V, Mo, Mn, Cr, Ni, W, Cu, Si : 담금질 효과, 침투성 향상
③ Al, V, Ti, Zr, Mo, Cr, Si, Mn : 오스테나이트 결정 입자의 성장 방지
④ V, Mo, W, Cr, Si, Mn, Ni : 뜨임 저항성 향상
⑤ Ti, V, Cr, Mo, W : 탄화물 생성성 향상

라. 보통 특수강의 탄소함유량은 0.25~0.55%가 많이 사용되며 다음과 같은 성질의 개선을 위하여 제조한다.
① 기계적 성질의 개선 및 고온에서 저하방지
② 내식성, 내마멸성의 증가
③ 담금질성의 향상과 단조 및 용접의 용이 등

### (2) 구조용 합금강
가. 강인강

탄소강으로 얻기 어려운 강인성을 가져야 하기 때문에 탄소강에 Ni, Cr, Mo, W, V, Ti, Zr, Co, B, Si 등을 적당량 첨가한 것으로서 Ni-Cr강, Ni-Cr-Mo강, Ni-Mo강, Cr강, Cr-Mo강, Mn강(저망간강, 고망간강), 고장력강 등이 있다.

① Ni강(1.5~5% Ni첨가) : 표준상태에서 펄라이트 조직, 질량효과가 적고 자경성, 강인성이 목적
② Cr강(1~2% Cr첨가) : 상온에서 펄라이트 조직, 자경성, 내마모성이 목적
③ Ni-Cr강(SNC)
  ㉠ 수지상 조직이 피기 쉽고 냉각 중 헤어크랙, 백점 등을 발생시키며 뜨임 메짐이 있다.

　　　　　ⓒ 강인하고 점성이 크며 담금질성이 높다.
　　　　　ⓒ 850℃ 담금질, 550~680℃에서 뜨임하여 소르바이트 조직을 얻는다.
　　　　　ⓔ 가장 널리 쓰이는 구조용강으로 Ni강에 Cr 1% 이하의 첨가로 경도 보충한 강
　　　② Ni-Cr-Mo강(SNCM)
　　　　　㉠ Mo 첨가로 뜨임 취성이 방지
　　　　　ⓒ 고급내연기관의 크랭크축, 기어, 축 등에 쓰인다.
　　　③ Cr-Mo강(SCM)
　　　　　㉠ 펄라이트 조직의 강으로 뜨임 취성이 없고 용접선 우수
　　　　　ⓒ 인장강도 충격저항이 증가하고 Ni-Cr강의 대용으로 사용
　　　④ Mn강
　　　　　㉠ 저망간강(듀콜강) : 펄라이트 조직의 Mn 1~2% 함유한 강
　　　　　ⓒ 고망간강(하드필드강) : 오스테나이트 조직의 Mn 10~14% 함유한 강. 고온취성이
　　　　　　생기므로 1000~1100℃에서 수중 담금질(수인법)하여 인성을 부여한다.

> **수인법**
>
> 고 Mn강이나 18-8 스테인리스강 등과 같이 첨가 원소량이 많은 것은 변태온도가 있으므로 서냉하여도 오스테나이트 조직으로 된다. 이것은 1,000~1,200℃에서 수중에 급랭시켜 완전히 오스테나이트로 만든 것이 오히려 연하고 인성이 증가되어 가공이 용이한 방법을 말한다.

　　　⑤ 고장력강 : 인장강도 491MPa(50kgf/mm$^2$) 이상, 항복강도 314MPa(32kgf/mm$^2$) 이
　　　　상의 강으로 인장강도 1962MPa(200kgf/mm$^2$) 이상의 것은 초고장력강이라 한다.
　　　⑥ Cr-Mn-Si강 : 구조용 강으로 값이 싸고 기계적 성질이 좋아 차축 등에 널리 쓰인다.
　　　　대표적으로 크로만실이 있다.

　　나. 표면 경화강
　　　① 침탄강 : 침탄용강으로는 보통 저탄소강(0.25% 이하)이 사용되나 보다 우수한 성능
　　　　이 요구될 때는 Ni, Cr, Mo, W, V 등을 함유하는 특수강이 쓰인다.
　　　② 질화강 : 질화강은 Al, Cr, Mo, Ti, V 등의 원소 중에 두가지 이상의 원소를 함유한
　　　　것이 사용되고 있는데 최근에는 질화강 중에서 Al 1~2%, Cr 1.5~1.8%, Mo 0.3~
　　　　0.5%를 함유하는 것이 널리 사용되고 있다.
　　　③ 스프링 강 : 탄성한도, 항복점이 높은 Si-Mn강이 사용되며, 정밀고급품에는 Cr-V
　　　　강을 사용한다.

### (3) 공구용 합금강

　　공구란 금속을 가공할 때 절삭, 전단 등에 사용되는 날 류 또는 측정에 사용되는 기구를 말
　　하는 것으로서 공구 재료로서 구비해야 할 조건은 다음과 같다.
　　① 상온 및 고온 경도가 높을 것

② 내마모성이 클 것
③ 강인성이 있을 것
④ 열처리 및 가공이 용이해야 할 것
⑤ 제조취급이 쉽고 가격이 저렴할 것

따라서 각종 공구 재료로서 사용되는 특수강은 탄소 공구강보다 강도, 인성, 내마모성이 우수해야 한다. 그러므로 공구용 특수강은 높은 탄소 함유량 외에 Cr, W, Mn, Ni, V 등이 하나 이상 첨가되며, 고급 특수강에서는 성질 개선을 위하여 Mo, V, Co 등이 더 첨가된다.

### 가. 합금 공구강(STS)

경도를 크게 하고 절삭성을 개선하기 위하여 탄소 공구강에 Cr, W, V, Mo 등을 첨가한 강으로서 바이트(bite), 탭(tap), 드릴(drill), 절단기(cutter), 줄 등에 쓰인다.

### 나. 고속도강(SKH)

절삭 공구강의 대표적인 특수강으로서 W, Cr, V 이외의 Co, Mo 등을 다량 함유하고 있는 고 합금강으로 500~600℃까지 가열하여도 뜨임에 의해서 연화되지 않고 고온에서도 경도 감소가 적은 것이 특징이다. 대표적인 것으로는 W 18%, Cr 4%, V 1%를 함유한 18-4-1형이 있다.

① **고속도강의 열처리** : 1250~1350℃에서 담금질하고 550~600℃에서 뜨임하여 2차 경화시킨다. 풀림은 820~860℃에서 행한다.

② **고속도강의 종류**

㉠ W계 고속도강(SKH2~10) : 18-4-1이 대표적으로 선삭 공구, 센터 드릴 등에 주로 일반 절삭용에 적용

㉡ Mo계 고속도강(SKH51~57) : W계에 비해 가격이 싸고, 인성이 높으며 담금질 온도가 낮아 열처리가 용이하다. 인성이 강해 드릴, 엔드밀 등에 주로 사용된다. 일반적으로 사용되는 드릴과 엔드밀은 거의 모두 위의 규격이다.

㉢ Co계 고속도강(SKH59) : 고온 경도와 내마모성 증가 등의 성능 개선을 위해 고속도강에 12% 정도의 코발트를 첨가한 고속도강을 말한다(주로 Mo계 고속도강에 적용). 일반 고속도강의 경우 HRC63~65 정도까지만 경화되지만, 코발트 고속도강은 HRC70 정도까지도 경화가 가능하다. 그러나 취성이 따라서 증가하고 공구 연마가 어려워지므로 취성과 치핑의 영향을 줄이기 위해 67~68HRC까지만 경화시켜 사용하는 것이 일반적이다. 기어 절삭 호브, 난삭재 가공 등에 주로 사용된다.

> **공구강의 경도 순서**
>
> 탄소 공구강 < 합금 공구강 < 스텔라이트 < 고속도강 < 초경합금 < 세라믹 < 다이아몬드 < CBN

다. 주조경질 합금

주조한 강을 연마하여 사용하는 공구 재료로서 충분한 강도를 가지고 있으므로 열처리가 필요 없고 단조가 불가능하다. 대표적인 것으로는 Co를 주성분으로 하는 Co-Cr-W-C계의 스텔라이트(stellite)가 있으며 절삭용 공구, 다이스(dies), 드릴(drill), 의료용 기구, 착암기의 비트(bit) 등에 사용된다.

라. 소결 초경합금

고속도강보다 더욱 훌륭한 공구 재료로서 Co, W, C 등의 분말형 탄화물을 프레스로 성형하여 소결시킨 것으로 소결 경질 합금이라고도 한다. 상품명으로는 독일의 비디아(Widia), 미국의 카아볼로이(Carboloy), 영국의 미디아(Midia), 일본의 탕갈로이(Tungaloy) 등이 있다. 초경합금은 사용 목적, 용도에 따라 재질의 종류와 형상이 다양한데, 절삭 공구용 P, M, K종과 내마모성 공구용으로 D종 그리고 광산공구용으로 E종이 있다.

마. 세라믹 공구(ceramictool)

$Al_2O_3$ 외 99% 이상의 분말을 산화물, 탄화물 등을 배합하여 1600℃ 이상에서 소결한 공구로 1000℃ 이상에서 경도를 유지할 수 있다. 하지만, 초경합금보다 취약하고 열충격에 약한 단점이 있다. $Al_2O_3$-Tic계 세라믹은 이 결점을 개선한 것이다.

### (4) 특수용도용 합금강

가. 쾌삭강

탄소강에 S, Pb, 흑연을 첨가시켜 절삭성을 향상시킨 것을 말하며, S을 0.16% 정도 첨가시킨 황 쾌삭강, 0.10~0.30% 정도의 Pb을 첨가시킨 납 쾌삭강, 탄화물을 흑연화시킨 흑연 쾌삭강이 있다.

나. 게이지(gauge)강

게이지 블록(gauge block), 와이어 게이지(wire gauge) 등 정밀 기계 기구 등에 사용된다. 조성은 W-Cr-Mn이고 소입 후 장시간 저온뜨임 또는 영하 처리(심냉 처리)한다. 게이지강은 다음과 같은 성질이 필요하다.
① 내마모성이 크고 경도가 높을 것
② 담금질에 의한 변형 및 담금질 균열이 적을 것
③ 오랜 시간 경과하여도 치수의 변화가 적을 것
④ 열팽창계수는 강과 유사하며 내식성이 좋을 것

다. 스프링용 특수강

보통 냉간 가공의 것과 열간 가공의 것이 있다. 철사, 스프링, 얇은 판스프링 등은 냉간 가공, 판스프링, 코일 스프링은 열간 가공에 속하는데 열간 가공용의 스프링으로서는 0.5~1.0%C의 탄소강 외에 Mn강, Si-Mn강, Si-Cr강, Cr-V강 등의 특수강이 사용된다.

### 라. 베어링강

0.95~1.10%의 고탄소 크롬강이 사용되는데 고급용은 V, Mo 등을 첨가해서 사용된다. 고탄소 크롬강은 내구성이 크고 담금질 후 140~160℃에서 반드시 뜨임한다.

### 마. 스테인리스강

Cr, Ni을 다량 첨가하여 내식성을 현저히 향상시킨 강으로서 녹이 슬지 않는다 하여 불수강이라고도 한다. 일반적으로 Cr의 함량이 12% 이상인 강을 스테인리스강이라 하고, 그 이하의 강은 그대로 내식성 강이라 하며, 금속 조직학상 마텐자이트계와 페라이트계 및 오스테나이트계로 분류되는데, 그 대표적인 것은 18-8형 스테인리스강인 오스테나이트계 스테인리스강이다.

18-8스테인리스강이라 함은 그 성분이 18% Cr, 8% Ni인 것으로 그 특징은 다음과 같다.
① 내산 및 내식성이 13% Cr 스테인리스강보다 우수하다.
② 비자성이다.
③ 인성이 좋으므로 가공이 용이하다.
④ 산과 알칼리에 강하다.
⑤ 용접하기 쉽다.
⑥ 탄화물($Cr_4C$)이 결정립계에 석출하기 쉽다. 즉, 결정입계부식이 발생하는데 이를 강의 예민화(sensitize)라 한다.

> **입계부식방지법**
> ① Cr탄화물($Cr_4C$)을 오스테나이트 조직 중에 용체화하여 급랭시킨다.
> ② 탄소량을 감소시켜 $Cr_4C$의 발생 억제
> ③ Ti, V, Nb 등을 첨가하여 $Cr_4C$의 발생 억제

### 바. 내열강과 내열 합금(STR)

① 공업의 발달에 따라서 기계나 설비의 중요한 부분이 고온을 받아야 할 경우가 많다. 따라서 재료도 고온에 견딜 수 있는 것이 요구되는데 그 고온에 견딜 수 있는 내열 재료의 구비 조건은 다음과 같다.
  ㉠ 고온에서 화학적으로 안정해야 한다.
  ㉡ 고온에서 기계적 성질이 우수해야 한다(경도, 크리프한도, 전연성).
  ㉢ 고온에서 조직이 변하지 않아야 한다.
  ㉣ 열 팽창 및 열 변형이 적어야 한다.
  ㉤ 소성 가공, 절삭 가공, 용접 등이 쉬워야 한다.
② 내열강의 종류에는 Fe-Cr계를 기본으로 하여 이것에 Cr을 비롯한 여러 원소를 첨가한 페라이트계 내열강, 이 중에는 특히 Cr량을 적게 하여 고온취성을 피하고 Si를 첨가하여 내산성의 저하를 보충한 내열강(0.1% C, 6.5% Cr, 2.5% Si), 18-8계

스테인리스강을 주체로 하고 이것에 Ti, Mo, Ta, W 등을 첨가하여 만든 오스테나이트계 내열강, 초내열 합금(super heat resisting alloy) 등이 있다.

사. 전자기용 특수강

① 규소강(Si) : 저 탄소(0.08% 이하)강에 0.5~4.5%의 Si를 첨가한 규소강(silicon steel)은 잔류 자속밀도가 적다. 따라서 히스테리시스 손실이 적으므로 발전기, 전동기, 변압기 등의 철심 재료에 적합하다.

② 자석강 : 강한 영구자석 재료로는 결정입자가 극히 미세하고 결정 입계가 많은 것이 좋다. 잔류 자기와 항자력이 크고, 온도, 진동 등에 의해 자기를 상실하지 않는 것으로 텅스텐, 코발트, 크롬이 함유된 강이다. KS 자석강은 Fe-Co-Cr-W계 합금이다.

③ 비자성강 : 변압기, 차단기, 반전기의 커버 및 배전판에 자성재를 사용하면 맴돌이 전류가 유도 발생되어 온도가 상승되므로 이것을 피하기 위하여 비자성재료를 사용하는데, Ni의 일부를 Mn으로 대치한 Ni-Mn강 또는 Ni-Cr-Mn강 등이 사용된다.

아. 불변강

불변강(invariable steel)이라 함은 온도가 변화하더라도 어떤 특정의 성질(열팽창 계수, 탄성 계수 등)이 변화하지 않는 강을 말하며, 그 종류에는 다음과 같은 것들이 있다.

① 인바(invar) : Ni 36%를 함유하는 Fe-Ni 합금으로서 상온에서 열팽창계수가 매우 적고 내식성이 대단히 좋으므로 줄자, 시계의 진자, 바이메탈 등에 쓰인다.

② 초인바(super invar) : 인바보다도 열팽창계수가 한층 더 작은 Fe-Ni-Co합금이다.

③ 엘린바(elinvar) : 상온에 있어서 실용상 탄성 계수가 거의 변화하지 않는 30% Ni-12% Cr 합금으로 고급 시계, 정밀 저울 등의 스프링 및 기타 정밀 계기의 재료에 적합하다.

④ 플래티나이트(platinite) : Ni 40~50%, 나머지 Fe이고, 전구의 도입선과 같은 유리와 금속의 봉착용으로 쓰이는 Fe-Ni계 합금으로 페르니코(Fe 54%, Ni 28%, Co 18%), 코바르(Fe 54%, Ni 29%, Co 17%)라는 것도 있다.

⑤ 코엘린바(coelinvar) : Cr 10~11%, Co 26~58%, Ni 10~16% 함유하는 철 합금으로 온도변화에 대한 탄성율의 변화가 극히 적고 공기 중이나 수중에서 부식되지 않고, 스프링, 태엽, 기상관측용 기구의 부품에 사용된다.

⑥ 퍼멀로이(permalloy) : Ni 75~80%, Co 0.5% 함유, 약한 자장으로 큰 투자율을 가지므로 해저전선의 장하 코일용으로 사용되고 있다.

### 16) 주철

#### (1) 주철의 특징

주철은 탄소(C)의 함유량이 2.11~6.68%(보통 2.5~4.5% 정도)인 철(Fe)-탄소(C)의 합금을 말한다. 인장강도가 강에 비하여 작고 메짐성이 크며, 고온에서도 소성변형이 되지 않는 결점이 있으나 주조성이 우수하여 복잡한 형상으로도 쉽게 주조되고 값이 저렴하므로 널리 이용되고 있다.

주철의 특징은 탄소량 또는 같은 탄소량이라 하더라도 그 때의 성분, 용해(溶解) 조건 등에 따라 달라질 수 있으나 일반적인 주철의 성질은 다음과 같다.

| 장점 | 단점 |
|---|---|
| ㉠ 주조성이 우수하고 복잡한 부품의 성형이 가능하다.<br>㉡ 가격이 저렴하다.<br>㉢ 잘 녹슬지 않고 칠(도색)이 좋다.<br>㉣ 마찰저항이 우수하고 절삭 가공이 쉽다.<br>㉤ 압축 강도가 인장강도에 비하여 3~4배정도 좋다.<br>㉥ 내마모성이 우수하고, 알카리나 물에 대한 내식성(부식)이 우수하다.<br>㉦ 용융점이 낮고 유동성이 좋다. | ㉠ 인장강도, 휨 강도가 작고 충격에 대해 약하다.<br>㉡ 충격값, 연신율이 작고 취성이 크다.<br>㉢ 소성 가공(고온 가공)이 불가능하다.<br>㉣ 내열성은 400℃까지는 좋으나 이상온도에서는 나빠진다.<br>㉤ 산(질산, 염산)에 대한 내식성이 나쁘다.<br>㉥ 단조, 담금질, 뜨임이 불가능하다. |

### (2) 주철의 조직

**가. 주철 중에 함유되는 탄소량**

① 탄소의 상태와 파단면의 색에 따른 분류

㉠ 회주철 : 유리탄소 또는 흑연이며, 다른 일부분은 지금 중에 화합 상태로 펄라이트(pearlite) 또는 시멘타이트(cementite)로서 존재하는 화합 탄소(combined carbon)로 되어 있다. 따라서 주철에 함유하는 탄소량은 보통이 2가지 합한 전탄소(total carbon)로 나타낸다. 즉 흑연+화합탄소=전탄소이다. 주철은 같은 탄소량이라 하더라도 여러 조건(성분, 용해 조건, 주입 조건) 등에 의하여 흑연과 화합탄소($Fe_3C$)의 비율이 뚜렷하게 달라지는데 흑연이 많을 경우에는 그 파면이 흰색을 띠는 회주철(gray cast iron)로 된다.

㉡ 백주철 : 흑연의 양이 적고 대부분의 탄소가 화합탄소로 존재할 경우에는 그 파면이 흰색을 띠는 백주철(white cast iron)로 되는 것이다. 일반적으로 주철이라 함은 회주철을 말한다.

㉢ 반주철 : 회주철과 백주철의 혼합된 조직으로 되어 있을 경우에는 반주철(mottledcast iron)이라 한다.

② 탄소 함유량에 따른 분류

㉠ 아공정 주철 : 2.0~4.3%C이며 조직은 오스테나이트+레데부라이트이다.

㉡ 공정 주철 : 4.3%C이며 조직은 레데부라이트(오스테나이트+시멘타이트)이다.

㉢ 과공정 주철 : 4.3~6.68%C이며 조직은 레데부라이트+시멘타이트이다.

**나. 마우러의 조직도(Maurer's diagram)**

탄소(C)량과 규소(Si)량에 의해 마우러가 주철의 조직도를 만든 것으로 냉각속도에 따른 조직의 변화를 표시한 것으로 규소(Si)는 강력한 흑연화 촉진 요소로 함유량이 많아질수록 회주철화 된다.

### (3) 주철의 성질

#### 가. 주철의 주조성

① 주철의 용해온도 : 주철은 보통 큐폴라 또는 전기로 등에서 용해하며 용융점은 대개 1200℃ 정도이다. 용해온도는 약 1400℃~1500℃

② 유동성 : 주철에 Si량이 증가되면 수축이 적어지며 다량 첨가되면 팽창된다. 유동성 이란 용융금속이 주형 내로 흘러 들어가는 성질을 말하며 주조성을 이루는 중요한 요인이 된다.

#### 나. 주철의 성장

주철은 보통 Ar점(723℃) 상하의 고온으로 가열과 냉각을 반복하면 부피는 더욱 팽창하고 강도나 수명을 저하시키는데 이것을 주철의 성장(growth of cast iron)이라 한다.

① 주철의 성장 원인
  ㉠ 펄라이트 조직 중의 $Fe_3C$ 분해에 따른 흑연화에 의한 팽창
  ㉡ 페라이트 조직 중의 규소의 산화에 의한 팽창
  ㉢ A1 변태의 반복 과정에서 오는 체적 변화에 따른 미세한 균열이 형성되어 생기는 팽창
  ㉣ 흡수된 가스에 의한 팽창
  ㉤ 불균일한 가열로 생기는 균열에 의한 팽창
  ㉥ 시멘타이트의 흑연화에 의한 팽창

② 주철의 성장 방지법
  ㉠ 흑연의 미세화로 조직을 치밀하게 한다.
  ㉡ C, Si는 적게 하고 Ni 첨가
  ㉢ 편상 흑연을 구상화시킨다.
  ㉣ 탄화물 안정원소 망간, 크롬, 몰리브덴, 바나듐 등을 첨가하여 $Fe_3C$ 분해 방지

③ 주철의 성장에 도움되는 원소 : 규소, 알루미늄, 니켈, 티탄이다. 이중 티탄은 강탈산제이면서 흑연화를 촉진하나 오히려 많이 첨가하면 흑연화를 방해하는 요소가 된다.

④ 주철의 성장에 방해되는 원소 : 크롬, 망간, 황, 몰리브덴

#### 다. 주철에 미치는 원소의 영향

① C : 주철에 가장 큰 영향을 미치며, 탄소함유량이 적으면 백선화 된다. 반대로 증가하면 용융점이 저해되고 주조성이 좋아진다.

② Si : 주철의 질을 연하게 하고 냉각시 수축을 적게 한다. 규소가 많으면 공정점이 저탄소강 쪽으로 이동하며, 흑연화를 촉진시킨다.

③ Mn : 적당한 양의 망간은 강인성과 내열성을 크게 한다.

④ P : 쇳물의 유동성을 좋게 하고, 주물의 수축을 적게 하나 너무 많으면 단단해지고 균열이 생기기 쉽다.

⑤ S : 쇳물의 유동성을 나쁘게 하며 기공이 생기기 쉽고 수축율이 증가한다.

### 라. 시즈닝(자연시효)

주철을 급냉하면 서냉시키는 것보다 수축이 크고 수축 응력이 많이 생기므로 주물에 균열이 생긴다. 그러므로 정밀가공을 요하는 주물에는 응력을 제거하여야 하는데 응력을 제거하는 방법이 시즈닝이라 한다. 응력 제거는 주조 후 1년 이상 장시간 자연 중에 방치하는 자연시효와 인공시효가 있다. 자연균열을 일으키는 주된 원인은 상온취성이다.

## (4) 주철의 종류

주철의 종류는 분류하는 방법에 따라 여러 가지가 있겠으나 가장 일반적인 방법으로 다음과 같이 나눌 수 있다.

### 가. 보통 주철

① 조직 : 편상 흑연과 페라이트(ferrite)로 되어 있으며, 다소의 펄라이트(pearlite)를 함유하는데 보통 회주철중의 1~3종을 말한다(보통 주철의 KS 규격 : GC).

〈표 6-1〉 보통 주철의 조성(단위 : %)

| C | Si | Mn | P | S |
|---|---|---|---|---|
| 3.0~3.6 | 1.0~2.0 | 0.5~1.0 | 0.3~1.0 | 0.06~0.1 |

② 성질 : 흑연의 모양, 분포 등에 따라 좌우되나 강인성이 적고 단조가 되지 않으며, 용융점이 낮아 유동성이 좋은 편이므로 기계 구조 부분 등에 사용된다.
  ㉠ 기계적 성질 : 인장강도, 하중, 경도 등으로 표시한다. 회주철의 인장강도는 100~350MPa 이하의 회주철을 보통 주철이라 한다.
  ㉡ 내마모성 : Ni, Cr, Mo 등을 알맞게 가하여 기타의 조직을 베이나이트(bainite)로 한 특수주철은 내마모성이 우수, 특히 이를 애시쿨러 주철(aciculer carst iron)이라 한다.
  ㉢ 피삭성 : 강에 비해 우수하다.
  ㉣ 내열성 : 주철의 성장현상, 고온산화, 고온 강도 크리프(creep) 열충격 등에 대한 저항성을 정리하여 주철의 내열성이라 한다.
  ㉤ 내식성 : 주철은 대기 또는 물이나 바닷물에 대해서는 내식성이 우수하다. 그러나 알카리(수류)에는 강하게 산(묽은 황산, 질산, 염산)에는 약하다. 이 같은 현상을 에로젼(errosion)이라 한다. Ni을 다량으로 포함한 주철은 내연과 오스테나이트 조직으로 되고 이것은 내식성, 내열성, 무수하고 비자성체가 된다.

### 나. 고급 주철

C 2.5~3.2%, Si 1~2%이고 현미경 조직은 펄라이트와 미세한 흑연으로 된 것으로 인장강도 245MPa(25kgf/mm$^2$) 이상인 것을 말한다. 회주철 4~6종이 이에 속한다. 고강도, 내마멸성을 요구하는 기계 부품(피스톤 링)에 많이 사용된다.

### (5) 특수주철

#### 가. 합금주철

몇 가지를 들어보면 내열성인 Al주철, 내식성인 Cr주철, 내마모성인 Ni주철과 내마모 주철로서 침상주철, 애시큘러 주철(acicular cast iron)이 있다. 합금 주철에서 가장 많이 사용되는 원소는 대개 7종(Al, Cr, Mo, Ni, Si, B, Cu)인데 그 영향을 보면 대략 다음과 같다.

① Al : 강력한 흑연화 원소의 하나로 $Al_2O_3$을 만들어 고온산화 저항성을 향상시키고, 10% 이상 되면 내열성을 증대시킨다.

② Cr : 흑연화를 방지하고 탄화물을 안정시킨다. 탄화물을 안정화시키며, 내식성, 내열성을 증대시키고 내부식성이 좋아진다.

③ Mo : 강도, 경도, 내마모성을 증가시키며 0.25%~1.25% 정도 첨가시킨다. 두꺼운 주물(鑄物)의 조직을 균일하게 한다.

④ Ni : 흑연화를 촉진하며, 내열, 내산화성이 증가한다. 내알칼리성을 갖게 하며, 내마모성도 좋아진다.

⑤ Cu : 보통 0.25~2.5% 첨가하면 경도가 증가하고 내마모성이 개선되며, 내식성이 좋아진다.

⑥ Si : 내열성이 좋아진다.

⑦ Ti : 강탈산제이고, 흑연을 미세화시켜 강도를 높인다.

⑧ V : 흑연을 방지하고 펄라이트를 미세화시킨다.

#### 나. 미하나이트 주철(meehanite cast iron)

미하나이트 주철은 약 3%C, 1.5%Si인 쇳물에 칼슘 실리케이트(Ca-Si)나 페로실리콘(Fe-Si)을 접종시켜 미세한 흑연을 균일하게 분포시킨 펄라이트 주철이다. 이 주철은 주물의 두께 차나 내외에 상관없이 균일한 조직을 얻을 수 있고, 강인하나 칠화 할 위험성이 있다. 인장강도는 255~340MPa이고, 용도는 브레이크 드럼, 크랭크 축, 기어 등에 내마모성이 요구되는 공작기계의 안내면과 강도를 요하는 내연기관의 실린더 등에 사용한다. 접종(inoculation)은 백선화 억제 및 양호한 흑연을 얻기 위하여 첨가물을 용탕 속에 넣는 것이다.

#### 다. 칠드 주철(chilled casting : 냉경 주물)

① 적당한 성분의 주철을 금형이 붙어 있는 사형에 주입해서 응고할 때 필요한 부분만을 급랭시키면 급랭된 부분은 단단하게 되어 연화고 강인한 성질을 갖게 되는 데 이와 같은 조작을 칠(chill)이라고 하며, 칠층의 두께는 10~25mm 정도이다. 이와 같이 해서 만들어진 주물을 냉경주물(chill casting)이라 한다.

② 칠드(chilled) 주철이란 표면은 백주철로 하고, 내부는 연한 회주철로 만든 것으로 압연용 칠드 롤러, 차륜 등과 같은 것에 사용된다.

### 라. 구상 흑연 주철

① 주철은 보통 주방 상태에서 흑연이 편상으로 된다. 그러나 특수한 처리(특수 원소 첨가, 열처리)를 하면 흑연이 구상으로 되는데 이것을 구상 흑연 주철이라 한다.
② 인장강도는 주조상태가 370~800MPa, 풀림 상태가 230~480MPa이다.
③ 구상 흑연 주철은 조직에 따라 페라이트형, 펄라이트형, 시멘타이트형을 분류되다. 페라이트형은 그 모양이 마치 황소의 눈과 같다고 하여 소눈 조직(bull's eye structure)이라고 한다.
④ 주철을 구상화하기 위하여 Mg, Ca, Ce 등을 첨가하며, 구상화 촉진원소 Cu 〉 Al 〉 Sn 〉 Zr 〉 B 〉 Sb 〉 Pb 〉 Bi 〉 Te이다.
⑤ 소형자동차의 크랭크축, 캠축, 브레이크드럼 등 재료로 광범위하게 사용된다.

〈표 6-2〉 구상 흑연 주철의 분류와 성질

| 명칭 | 발생원인 | 성질 |
|---|---|---|
| 시멘타이트형<br>(시멘타이트가 석출) | ① Mg의 첨가량이 많을 때<br>② C, Si 특히 Si가 적을 때<br>③ 냉각 속도가 빠를 때<br>④ 접종이 부족할 때 | ① 경도가 HB220 이상이 된다.<br>② 연성이 없다. |
| 펄라이트형<br>(바탕조직이 펄라이트) | 시멘타이트형과 페라이트형의 중간의 발생 원인 | ① 강인하고 인장강도 400~800 MPa<br>② 연신율 2% 정도<br>③ 경도 HB=150~240 |
| 페라이트형<br>(페라이트가 석출한 것) | ① C, Si 특히 Si가 많을 때<br>② Mg의 양이 적당할 때<br>③ 냉각속도가 느리고 풀림을 했을 때<br>④ 접종이 양호한 경우 | ① 연신율 6~20<br>② 경도 HB=150~200<br>③ Si가 3% 이상이 되면 연해(물러)진다. |

### 마. 가단주철

주철의 취약성을 개량하기 위해서 백주철을 열처리하여 제조하기 쉽고 강인성을 부여시킨 주철로서 다음과 같이 분류할 수 있다.

① 백심 가단주철(WMC) : 백주철을 철광석 밀 스케일(mill scale)과 같은 산화철과 함께 풀림 상자 안에 넣고 약 950~1000℃로 가열하여 표면에서 상당한 깊이까지 탈탄시킨 것이다. 이로써 표면은 탈탄하여 페라이트로 되어 연하며 내부로 들어갈수록 강인한 조직이 된다.
② 흑심 가단주철(BMC) : 저탄소, 저규소의 백주철을 풀림 처리하여 $Fe_3C$를 분해시켜 흑연을 입상으로 석출시킨 것이다.
  ㉠ 제1단계 흑연화 : 백주철을 700~950℃로 가열 풀림 처리한다. 기지조직은 펄라이트 조직을 가지는데 이를 불스아이 조직이라 한다.
  ㉡ 제2단계 흑연화 : 펄라이트 조직 중의 공석 $Fe_3C$의 분해로 뜨임탄소와 페라이트 조직이 된다.

③ 펄라이트 가단주철(pearlite, PMC) : 흑심 가단주철의 흑연화를 완전히 하지 않고 제 2단의 흑연화를 막기 위하여 제 1단의 흑연화가 끝난 후에 약 800℃에서 일정한 시간 동안 유지하고 급랭하면 펄라이트가 남게 되는데 이와 같은 처리를 한 것을 말한다. 가단주철은 그 용도가 많아 자동차 부속품, 방직기 부속품, 캠, 농기구, 기어, 밸브, 공구류, 차량의 프레임 등에 쓰인다. 각 주철의 인장강도 순서는 구상흑연 〉 펄라이트가단 〉 백심가단 〉 흑심가단 〉 미하나이트 〉 칠드순서이다.

## 2 비철금속 재료

### 1) 알루미늄과 그 합금

#### (1) 알루미늄 합금의 성질
① 마그네슘, 베릴륨 다음으로 가벼운 금속으로 비중이 2.7, 용융점 660℃, 변태점이 없다.
② 열 및 전기의 양도체이다(구리 다음).
③ 대기 중에서 산소와 화학 작용을 하여 산화알루미늄이라는 얇은 보호 피막을 형성하여 내식성이 우수하고, 전연성이 풍부하며, 400~500℃에서 연신율이 최대이다.
④ 표면이 산화막이 형성되어 있어 내식성이 우수하다. 그러나 유동성이 불량하고, 수축률이 커서 순수 알루미늄은 주조가 불가능하므로 구리, 규소, 마그네슘, 아연 등을 합금하여 기계적 성질을 개선한다.
⑤ 알루미늄 합금의 열처리는 탄소강과는 달리 시효경화를 이용한다.

> **시효경화**
> 시간이 경과함에 따라 고용물질이 석출되면서 강도가 증가하는 현상을 말하며 인공적으로 시효경화를 일으키는 인공 시효와 대기 중에서 진행하는 자연 시효가 있다. 자연 시효를 이용할 경우 열처리 과정을 생략할 수 있어 시간과 경비를 절감할 수 있다.

#### (2) 알루미늄 합금의 특성과 용도
① 알루미늄 합금은 용접 및 기계적인 조립을 할 수 있다.
② 주조용 합금과 가공용 합금이 있으므로 특성에 맞는 재료를 선택해야 하며, 알루미늄은 비철 공구 재료로써 가장 광범위하게 사용되고 있다.
③ 가공성, 적응성 좋고 무게가 가볍다.
④ 알루미늄은 광범위하게 각종 형상을 만들 수 있다.
⑤ 경도나 안정성을 증가시키기 위한 공정이나 열처리를 병행할 수 있다는 점이다.
⑥ 알루미늄은 보통 필요한 조건에 따라 주문하며 그 후의 처리는 불필요하다. 이는 시간과 경비를 절감하는 것이다.
⑦ 알루미늄은 용접도 할 수 있으며 기계적인 클램핑력에 의해 결합될 수 있다.

## (3) 알루미늄의 열처리

Al 합금의 대부분은 시효경화성이 있으며 용체화 처리와 뜨임에 의해 경화한다.

① **고용체화 처리** : 완전한 고용체가 되는 온도까지 가열하였다가 급냉해 과포화 상태로 만든 방법
② **시효처리** : 과포화 고용체를 120~200℃로 가열 10~14일간 뜨임해 과포화 성분을 석출시켜 경화시키는 방법
③ **풀림** : 과포화 처리온도와 시효처리온도의 중간 정도로 가열, 잔류응력 제거와 연화시키는 방법

> **석출 경화**
> 
> 급랭에 의해 과포화로 고용된 탄화물, 화합물이 그 뒤의 시효에 의해 석출되어 경화하는 현상을 말한다.

## (4) 알루미늄의 방식법

알루미늄표면을 적당한 전해액 중에서 양극산화 처리하여 산화물계 피막을 형성시킨 방법이며 수산법, 황산법, 크롬산법 등이 있다.

## (5) 알루미늄 합금의 종류

① 가공용 알루미늄 합금

| 분류 | 합금계 | 대표 합금 | 특징 | 용도 |
|---|---|---|---|---|
| 내식용 Al 합금 | Al – Mn계 | 알민(almin) | Mn 2% 미만 함유 | 차량, 선반, 창, 송전선 |
| | Al – Mg – Si계 | 알드레이(aldrey) | 시효경화 처리 가능 | |
| | Al – Mg계 | 하이드로날륨 (hydronalium) | 대표적인 내식성 합금<br>비열처리형 합금 | |
| 고강도 Al 합금 | Al – Cu – Mg계 | 듀랄루민 (dralumin) | Al – Cu – Mg – Mn의 합금으로 시효경화 처리한 대표적인 합금, 이외에도 인장강도 50kgf/mm² 이상의 초듀랄루민이 있다. | 항공기, 자동차, 리벳, 기계 |
| | Al – Zn – Mg계 | 초듀랄루민 | Al – Cu – Zn – Mg의 합금으로 인장강도 54kgf/mm² 이상으로 알코아 75S 등이 이에 속한다. | |
| 내열용 Al 합금 | Al – Cu – Ni계 | Y-합금 | Al – Cu – Ni – Mg의 합금으로 대표적인 내열용 합금이다. $Al_5Cu_2Mg_2$가 석출 경화되며 시효 처리한다. | 내연 기관의 피스톤, 실린더 |
| | Al – Cu – Ni계 | 코비탈륨 (cobitalium) | Y-합금의 일종으로 Ti와 Cu를 0.2% 정도씩 첨가한다. | |
| | Al – Ni – Si계 | 로우엑스 합금 (lo-Ex) | Al – Si계에 Cu, Mg, Ni을 첨가한 특수 실루민으로 Na으로 개질 처리한다. | |

※ Al의 내식성을 해치지 않고 강도를 개선하는 요소로는 Mn, Mg, Si 등이 있다.

② 주조용 알루미늄 합금
- ㉠ Al-Cu계 : 담금질과 시효경화에 의해 강도 증가, 내열성, 연율, 절삭성이 좋으나 고온취성이 크며 수축균열이 있다. 실용합금으로는 4% Cu 합금인 알코아 195(Alcoa)가 있다.
- ㉡ Al-Si계 : 이 합금의 주조조직의 Si는 육각판상의 거친 조직이므로 실용화할 수 있도록 개량(개질) 처리한다. 대표 합금으로 실루민(Silumin) 알펙스(Alpax) 등이 있다.
- ㉢ Al-Cu-Si계 : Si에 의해 주조성 개선 Cu로 피삭성을 좋게 한 합금으로 대표적인 합금으로 라우탈이 있다.

> **개량 처리(개질 처리: modification)**
> Si의 거친 육각판상조직을 금속나트륨, 가성소다, 알칼리염 등을 접종시켜 조직을 미세화시키고 강도를 개선하기 위한 처리

- ㉣ Al-Mg 합금 : 내식성이 크고 절삭성도 좋은 합금이지만 용해될 때 용탕 표면에 생기는 산화피막 때문에 주조가 곤란하고 내압 주물로서 부적당하다.

## 2) 구리와 그 합금

### (1) 구리의 성질

비중이 8.9 정도이며, 용융점이 1083℃ 정도이다.
① 전기 및 열전도성이 우수하다.
② 전연성이 좋아 가공이 용이하다.
③ 내식성이 강해 부식이 안 된다.
④ 아름다운 광택과 귀금속적 성질이 우수하다.
⑤ Zn, Sn, Ni, Ag 등과 용이하게 합금을 만든다.

구리는 철과 같은 동소변태가 없고 재결정온도는 약 200℃ 정도이다. 또 상온 중 크리프 현상이 일어난다.

## 3) 황동(brass)

### (1) 황동의 성질

① 전기(열)전도도가 Zn 40%까지 감소 그 이상에서는 50%에서 최대이고, 연신율은 Zn 30% 최대이다.
② 주조성, 가공성, 내식성, 기계적 성질이 좋다. 압연과 단조가 가능하다.
③ 인장강도는 Zn 45% 최대가 되며 그 이상에서는 급감한다. 따라서 Zn 50% 이상의 황동은 취약해진다.
④ 경년변화(시효경화) : 황동의 가공재를 상온에서 방치하거나 저온풀림 경화시킨 스프링재가

사용 도중 시간의 경과에 따라 경도 등 여러 가지 성질이 악화되는 현상으로 가공도가 낮을수록 심해진다.

⑤ 화학적 성질
  ㉠ 탈아연 부식(dezincification) : 불순한 물 및 부식성 물질이 녹아있는 수용액의 작용에 의해 황동의 표면에는 내부까지 탈아연 되는 현상으로 방지책은 Zn 30% 이하의 α황동사용, 또는 0.1~0.5%, As, Sb 1% 정도의 Sn 첨가한다.
  ㉡ 자연 균열(Season Cracking) : 일종의 응력부식균열(stress corrosion cracking)로 잔류 응력에 기인하는 현상으로 방지책은 도료 및 Zn 도금, 180~260℃에서 응력제거 풀림 등으로 잔류응력을 제거된다.
  ㉢ 고온 탈아연(dezincing) : 고온에서 탈아연 되는 현상으로 표면이 깨끗할수록 심하다. 방지책은 표면에 산화물 피막 형성된다.

### (2) 황동의 종류

① 단련 황동
  ㉠ 톰백(tombac) : 5~20%의 저 아연합금으로 전연성이 좋고 색이 금에 가까우므로 모조 금박 대용으로 사용하고 있다.
  ㉡ 7-3 황동(cartridage brass) : Cu 70%, Zn 30%의 α+β 황동이며 인장강도가 크며 고온 가공이 용이하다. 탈아연 부식이 일어나기 쉽다. 열교환기나, 열간 단조용으로 사용된다.

② **주석황동** : 황동에 소량의 Sn을 첨가하면 인장강도, 내식성이 증가하고 연율이 감소하며 황동의 내식성을 개선하기 위하여 1%의 Sn을 첨가하면 탈아연 부식억제, 내식성 증가, 경도 및 강도가 증가한다.
  ㉠ 애드미럴티황동(admiralty brass) : 7-3 황동에 1% Sn 첨가 관, 판으로 증발기, 열교환기에 사용
  ㉡ 네이벌황동(naval brass) : 6-4 황동에 0.75% Sn 첨가 파이프, 용접봉, 선박 기계 부품으로 사용
  ㉢ 델타메탈(delta metal) : 6-4 황동에 1~2% Fe 함유 강도, 내식성 증가, 광신기계, 선박, 화학기계용으로 사용된다.
  ㉣ 두라나메탈(durana metal) : 7-3 황동에 2% Fe, 그리고 소량의 Sn, Al을 첨가한다.

③ **연황동** : 황동에 Pb을 1.5~3.0% 첨가하여 절삭성을 좋게 한다.

④ **Al황동** : 황동에 Al을 1.5~2.0% 첨가하여 결정립자의 미세화, 내식성을 증가한다.

⑤ **철황동** : 6 : 4 황동에 Fe을 1~2% 첨가하여 강도가 크고 내식성을 좋게 한다.

⑥ **양은, 양백**(nickel silver 또는 germem silver) : 7-3 황동에 10~20% Ni을 첨가하여 전기저항이 높고, 내열, 내식성 우수, Ag 대용으로 사용한다. 이 외에도 1.5~2% Al을 첨가한 Al황동(알브렉 : Albrac), 1.5~3% pb을 첨가하여 절삭성을 좋게 한 연황동, 그리고 고강도 황동으로는 6-4 황동에 8% Mn을 첨가한 망간황동이 있다.

### 4) 청동(bronze)

넓은 의미에서 황동 이외의 구리합금을 모두 청동이라고 하지만 좁은 의미에선 Cu-Sn 합금을 말한다. Sn이 증가할수록 전기전도율과 비중이 감소된다. Sn 17~20%에서 최대 인장강도 값을 가지며 연율은 Sn 4%에서 최대치가 된다. 부식률은 실용금속 중 가장 낮다.

#### (1) 청동의 종류 및 용도

① 압연용 청동 : 3.5~7.0% Sn청동으로 단련 및 가공성용이. 화폐, 메달, 선, 봉 등에 사용
② 포금(Gun metal) : 8~12% Sn, 1% Zn 첨가, 내해수성이 좋고 수압, 증기압에도 잘 견딘다. 선박용 재료로 사용된다.
③ 화폐용 청동(coining bronze) : 3~10% Sn에 1% Zn 첨가 이외에도 미술용 청동과 13~18% Sn을 첨가한 베어링 청동 등이 있다.
④ 베어링용 청동 : Sn 10~14%의 함유로 베어링과 차축에 사용된다.

> **참고**
> • 켈밋(kelmet) : Cu+Pb(30~40%) : 고하중·고속도 운전에 사용된다.

#### (2) 특수청동

① 인청동(phosphor bronze) : 청동에 탈산제 P를 첨가한 합금으로 경도, 강도 증가하며 내마모성 탄성이 개선된다. 고탄성을 요구하는 판, 선의 가공재로써 내식성, 내마모성이 요구되는 밸브, 베어링, 선박용품, 고급 스프링재료로 사용된다.
② 연청동(lead bronze) : 청동에 3.0~26% pb를 첨가한 것으로, 그 조직 중에 Pb이 거의 고용되지 않고 입계에 점재하여 윤활성이 좋아지므로 베어링, 패킹재료 등에 널리 쓰인다.
③ Al청동 : 8~12%의 Al을 첨가하여 강도, 경도, 인성, 내마모성, 내식성, 내피로성이 황동, 청동보다 좋지만, 주조성, 가공성, 용접성이 나쁘다.
④ 규소청동 : Cu에 탈탄을 목적으로 Si를 첨가한 청동으로 4.7% Si까지 Cu 중에 고용되어 인장강도를 증가시키고 내식성, 내열성을 좋게 한다.
⑤ 니켈청동 : 니켈청동은 105Kg/mm$^2$의 높은 인장강도와 통신선, 전화선으로 사용되는 Cu-Ni-Si의 콜슨(corson) 합금, 뜨임경화성이 큰 쿠니알 청동, 열전대용 및 전기저항선에 사용되는 Cu-Ni 45%의 콘스탄탄이 있다.
⑥ 망간청동 : 전기저항재료로 사용되는 Cu-Mn-Ni의 망가닌(Manganin) 등이 있다. Cu-Cd계 합금은 1%의 Cd 함유 합금으로 큰 인장강도와 우수한 전도도로 송전선, 안테나용으로 쓰인다.
⑦ 베릴륨 청동 : Cu에 2~3%의 Be를 첨가한 시효 경화성 합금으로 구리합금 중 최고 강도(약 100Kg/mm$^2$)를 가진다.
⑧ 오일리스베어링 : 구리, 주석, 흑연의 분말을 혼합시켜 성형한 후 가열하여 소결한 것으로 주유가 곤란한 곳에 사용된다. 큰 하중이나 고속회전에는 부적합하다.

⑨ 양은 : 니켈 15~20%, 아연 20~30%에 구리를 함유한 합금으로 주로 기계부품, 식기, 가구, 온도조절용 바이메탈, 스프링 재료에 쓰인다.

## 3 비금속 재료

### 1) 합성수지

#### (1) 합성수지의 개요 및 분류

합성수지는 어떤 온도에서 가소성(可塑性)을 가진 성질이란 의미를 나타내는 플라스틱 (plastics)이다. 가소성이란 유동체와 탄성체도 아닌 물질로서 인장, 굽힘, 압축 등의 외력을 가하면 어느 정도의 저항력으로 그 형태를 유지하는 성질을 말한다. 합성수지는 천연수지의 대용품으로서 개발된 것으로 석유, 석탄 등에서 얻어지며 특히 원유를 정제할 때의 부산물로 제조한다. 합성수지는 인조수지로서 다음과 같은 공통적인 성질을 나타낸다.

① 가볍고 강하다. 유리섬유 강화 플라스틱, 폴리아세탈, 나일론, 폴리카보네이트 등은 중량당 강도가 강철과 비슷하고, FRP는 강철보다 강력하다.
② 가공성이 크고 성형이 간단하다. 또 철분을 혼합하면 전도성(電導性)이 좋은 플라스틱을 제조할 수 있고, 표면에 쉽게 도금(鍍金)이 될 수 있으므로 내열성과 강도 등을 크게 개선할 수 있다.
③ 전기절연성이 좋다.
④ 산, 알카리, 유류, 약품 등에 강하다.
⑤ 단단하나 열에는 약하다. 가열하면 연소되어 사용할 수 없고, 열전도율(熱傳導率)이 낮아 부분적으로 과열(過熱)되기 쉬우므로 주의해야 한다.
⑥ 투명한 것이 많으며 착색이 자유롭다.
⑦ 비강도는 비교적 높고, 표면의 강도가 약하다. 표면경도가 가한 것으로서 멜라민수지가 있으나, 그 경도는 금속재료에 미치지 못하며 폴리스티렌, 폴리에틸렌 등 일반용 수지는 표면경도가 크게 낮고 흠이 나기 쉬우므로 주의해야 한다.
⑧ 가격이 저렴하다. 일반적으로 제품의 제조원가는 금속보다 높은 경우도 있으나, 비중(比重)이 낮고 대량생산이 가능하므로 가격이 저렴하다.

#### (2) 합성수지의 종류 및 특징

합성수지는 가열하면서 가압 및 성형하여 굳어지면 다시 가열해도 연화하거나 용융되지 않고 연소하는 열경화성 수지와 성형 후에도 가열하면 연화 및 용융되었다가 냉각하면 다시 굳어지는 성질을 가진 열가소성 수지로 분류된다. 열경화성 수지에는 페놀계수지, 요소수지, 멜라민수지, 실리콘수지, 푸란수지, 폴리에스테르수지 및 에폭시수지 등이 있고 열가소성 수지에는 스티렌수지, 염화비닐수지, 폴리에틸렌수지, 초산비닐수지, 아크릴수지, 폴리아미드수지, 불소수지 및 쿠마론인덴수지 등이 있다.

원료별로 분류하면 석탄에서는 아세틸렌계의 염화 및 초산비닐, 석회질소계의 멜라민수지, 코크스계의 요소수지, 콜타르계의 페놀수지, 폴리아미드 등이 있고, 석유에서는 에틸렌계의 폴리에틸렌, 폴리스티렌, 염화비닐리덴, 프로필렌계의 아크릴수지 등이 있으며 목재에서는 질산 및 초산셀롤로즈가 있다.

열경화성(熱硬化性) 수지는 기계적 강도가 크고, 내열성(耐熱性)이 좋아서 기계재료 및 치공구 재료로서 기어, 베어링 케이스, 핸들, 소형기구의 프레임 등에 쓰인다.

〈표 6-3〉 합성수지의 특징 및 용도

| 종류 | | 특징 | 용도 |
|---|---|---|---|
| 열경화성수지 | 페놀수지 | 경질, 내열성 | 전기 기구, 식기, 판재, 무음기어 |
| | 요소수지 | 착색 자유, 광택이 있음 | 건축 재료, 문방구 일반, 성형품 |
| | 멜라민수지 | 내수성, 내열성 | 테이블판 가공 |
| | 규소수지 | 전기 절연성, 내열성, 내한성 | 전기 절연재료, 도표, 그리스 |
| 열가소성수지 | 스티렌수지 | 성형이 용이함, 투명도가 큼 | 고주파 절연재료, 잡화 |
| | 염화비닐수지 | 가공이 용이함 | 관, 판재, 마루, 건축재료 |
| | 폴리에틸렌수지 | 유연성 있음 | 판, 피름 |
| | 초산비닐수지 | 접착성이 좋음 | 접착제, 껌 |
| | 아크릴수지 | 강도가 큼, 투명도가 특히 좋음 | 방풍, 광학 렌즈 |

① 에폭시(Epoxy resin : EP) 및 플라스틱

수지의 특성은 가볍고 가공이 쉬우며 내식성이 우수한 장점을 갖고 있으나 열에 매우 약하며 강도가 부족한 것이 일반적인 단점이다. 그러나 최근에는 탄소계 수지 등 재질에 따라 강도, 인성, 내열성 등이 충분한 것도 많이 개발되어 그 상용 가치는 대단히 크게 향상되었다. 특히 플라스틱은 고분자 재료로서 가볍고 내식성, 내마멸성, 내충격성이 좋은 반면에 내열성이 나쁘고 무른 것이 흠이다. 이러한 단점을 보안한 강화 플라스틱이 기계재료로 쓰이는데, F.R.P.(Fiber Reinforced Plastics)로서 강도가 높아 이용 가치가 크다.

> **섬유강화플라스틱(Fiber Reinforced Plastics)이란?**
> 섬유 같은 강화재로 복합시켜, 기계적 강도와 내열성을 좋게 한 플라스틱이다.

② 페놀수지(Phenol Formaldehyde : PF)

페놀, 크레졸 등과 포르말린을 반응시켜 제조한 것으로서 베이클라이트라는 상품명으로 널리 사용된다. 수지에 나무조각, 솜, 석면 등을 혼합하여 전기기구, 가정용품 등으로 제조하여 활용한다. 액체상태로는 페인트, 접착제로도 쓰이며 기계적 성질이 우수하고 가격이 싸며 전기절연성, 내후성도 좋다. 0℃ 이하에서는 파괴되고, 60℃ 이상에서는

강도가 저하되며, 갈색이므로 착색성은 보통이고, 성형가공성도 일반적이다. 주요용도는 전기절연체, 전화기, 핸들, 가재도구, 기어, 프로펠러, 선체부품, 장식품대, 라디오상자, 광고간판 등에 사용되며 접착제, 포장재, 단연재로도 쓰인다.

③ 요소(우레아)수지(Urea Formaldehyde : UF)

요소와 포름알데히드와의 축합에 의해 얻어지는 플라스틱으로 원래는 무색 투명하다. 강도, 내수, 내열성 및 전기절연성은 다소 떨어지나 가공성 및 아름답게 착색할 수 있기 때문에 착색 성형품이 많다. 우레아수지도 전기관계에 사용되지만 그 외에 철기 손잡이 등 일용 잡화품에도 많이 사용하고 있다. 무색이므로 착색이 자유로우나 열탕에 접하면 광택이 감소되고 균열이 생기기 쉬우며, 100℃ 이하에서는 연속사용도 가능하다.

④ 멜라민수지(Melamine Formaldehyde : MF)

무색의 가벼운 침상결정체로서 요소수지보다 강도, 내수성, 내열성이 우수하다. 딱딱하고 물, 기름, 약품에 강하고, 또 열에도 강하다. 위생적이고 착색광택도 좋아서 고급 식기류로 사용하고 있다. 포르말린, 석탄산, 요소 등과 합성하여 각종 성형품(일용품, 식기, 전기기기부품, 라디오상자, 천장재료, 실내장식용), 접착제, 페인트, 섬유제조 등에 사용된다. 150℃에도 잘 견딘다. 결점으로는 약간 가격이 비싸다는 것이다.

⑤ 실리콘수지(Silicone Formaldehyde : SF)

수지상, 고무상, 유상, 그리스상 등이 있으며 내열, 내수성이 우수하고 전기절연성도 좋다. 150~177℃에서 장시간 사용 가능하고, 그 이상의 온도에서도 쓰이며, 기계가공성도 우수하다. 농기구, 가구, 전기절연체, 섬유물 등의 방수제로 쓰이며, 내열 및 방처도료, 접착제, 전기절연체, 탄성체 등의 제품으로 생산된다. 실리콘오일계는 절연유, 윤활유 등으로 사용되고 있다.

⑥ 푸란수지(Furan Formaldehyde : FF)

130~170℃에 견디고 내약품, 내알칼리성, 접착성 등이 우수하여 저장탱크, 화학장치, 화학약품, 부식성 가스 등에 접하는 부분의 보호 및 도장에 쓰인다. 석재, 목재, 콘크리트 등에 침투시켜 기계적 강도, 내식성을 증가시키기도 한다.

⑦ 아크릴수지(Acrylic : Poly(Metly) Methacrylate : PMMA)

아크릴(Acrylic)수지는 투명성이 우수하고, 탄성이 크면 햇볕에 변색되지 않으므로 안전유리의 중간층 재료, 케이블의 피복재료, 도료 등에 쓰인다. 벤젠, 아세톤, 유기산 등에는 녹으나 알콜, 물, 사연화탄소, 식물유에는 녹지 않는다. 광학특성이 우수하여 렌즈제조에도 사용되며 각종 장식품, 식기류, 밸브, 테이블 항공기 방풍유리, 치과재료, 시계부속품, 도료 등에 사용된다. 주로 판재, 조명기구, 렌즈(Lens) 등 고급부품에 사용된다. 아크릴수지는 흡습성이 있으므로 성형할 때는 수분을 충분히 건조시키는데, 일반적으로 80~100℃의 열풍(熱風)으로 2~3시간 정도 하면 된다.

⑧ 폴리에스테르수지(polyethylene resins)

유리섬유를 넣어 섬유보강 플라스틱으로 제조하여 가볍고 큰 강도를 용하는 항공기, 선박, 차량 등의 구조재로 쓰이며, 100~150℃에서 사용한계이고 -90℃에서도 견딘다. 알칼리나 산에 침식되나, 내후성이 우수하여 건축내장재나 벽 재료로 쓰이고, 액상수지는 도료로도 사용된다.

⑨ 폴리염화비닐수지(polyvinyl chioride resins : PVC)

석회석, 석탄, 소금 등을 원료로 하므로 원자재가 풍부하며 내산, 내알카리성이 우수하다. 황산, 염산, 수산화나트륨 등의 약품이나 바닷물에 용해하거나 부식되지 않으며 기름, 흙속에 묻혀도 침식되지 않는다. 전기, 열의 불량도체이므로 전선관이나 수도관제조에 적합하고 제품의 내외면이 매끄러우므로 마찰계수가 적다. 비중 1.4로서 가벼우며, 부서지지 않고, 가공이 쉬우나 열에 약하다. -20℃ 이하에서는 취약하고 80℃에서 연화된다. 연질제품은 커튼, 포장재, 모사, 전기피복, 가스관 등으로 제조하며 경질제품은 판재, 상하수도관, 전선배선과, 레코드판 등에 사용된다.

⑩ 폴리에틸렌수지(polyethylene resins)

무색투명하고 내수성, 전기절연서, 내산, 내알칼리성이 우수하다. 120~180℃에서 사출성형이 용이하고 염화비닐보다 가볍고 -60℃에서 경화되지 않는다. 충격에도 잘 견디며 내화성도 우수하여 석유상자, 브러쉬, 장난감, 농공용배관, 수도관, 전선피복재, 필름(비닐하수으용) 등으로 제조 사용한다.

⑪ 초산비닐수지(polyvinyl acetate resins)

상온에서 고무와 비슷한 탄성을 나타내며 무취, 무색, 무미, 무독하고 접착성, 투명성이 있어 접착제, 도료, 성형재, 껌원료 등에 쓰인다. 생산품은 레코드판, 레인코트, 에어프론, 밴드, 전기기구, 타일, 필름, 식탁용 커버, 합성섬유 원료 등이 있다.

## 4 신소재

### 1) 형상 기억 합금

문자 그대로 어떠한 모양을 기억할 수 있는 합금을 말한다. 즉, 고온 상태에서 기억한 형상을 언제까지라도 기억하고 있는 것으로, 저온에서 작은 가열만으로도 다른 형상으로 변화시켜 곧 원래의 형상으로 되돌아가는 현상을 형상 기억 효과라 하며, 이 효과를 나타내는 합금을 형상 기억 합금(shape memory alloy)이라고 한다.

현재 실용화된 대표적인 형상 기억 합금은 니켈-티탄(Ni-Ti)계, 구리-알루미늄-니켈, 구리-아연-알루미늄 합금의 세 종류이며, 회복력은 30kgf/cm2이고 반복 동작을 많이 하여도 회복 성능이 거의 저하되지 않는다.

### (1) 니켈-티탄(Ni-Ti) 합금

내식성 및 내 피로성이 우수하지만, 가격이 비싸고 소성가공이 어렵다. 센서와 액추에이터를 겸비한 기능재료로 기계, 전기 분야에 널리 사용된다.

### (2) 구리계 합금

구리-알루미늄-니켈, 구리-아연-알루미늄 합금으로 니켈-티탄(Ni-Ti) 합금에 비하여 내식성 및 내 피로성이 떨어지지만, 가격이 싸고 소성가공이 용이하다. 반복사용하지 않은 이음쇠 등에 이용된다. 특히 Cu-Zn-Al 합금은 결정 입자의 미세화가 곤란하기 때문에 피로회복 특성이 좋지 않다.

### (3) 형상 기억 합금의 응용 분야

군사용으로 우주선의 안테나, 전투기의 파이프 이음쇠에 사용되며 일반용으로 기계장치 고정 핀, 냉난방 겸용 에어컨, 커피 메이커에 사용되며 의료용으로는 정형외과, 외과, 치과 인플랜트 교정기, 여성의 브래지어 와이어, 안경테 프레임, 전기커넥터 등에 사용된다.

## 2) 제진 재료

"두드려도 소리가 나지 않는 재료"라는 뜻으로, 기계 장치나 차량 등에 접착되어 진동과 소음을 제어하기 위한 재료를 말한다.

제진 합금으로는 Mg-Zr, Mn-Cu, Cu-Al-Ni, Ti-Ni, Al-Zn, Fe-Cr-Al 등이 있으며, 내부 마찰이 크므로 고유 진동 계수가 작게 되어 금속음이 발생되지 않는다.

## 3) 초전도 재료

금속은 전기저항이 있기 때문에 전류를 흐르면 전류가 소모된다. 보통 금속은 온도가 내려 갈수록 전기저항이 감소하지만, 절대온도 근방으로 냉각하여도 금속 고유의 전기저항은 남는다. 그러나 초전도 재료는 일정 온도에서 전기저항이 0이 되는 현상이 나타나는 재료를 말한다. 초전도를 나타내는 재료는 순금속계, 합금계, 세라믹스계로 나눠진다.

> **초전도체로 구비해야 하는 조건**
>
> ① 초전도 전이온도가 가능한 높고 물리화학적으로 안전할 것
> ② 요구되는 전자기 특성을 만족할 것
> ③ 자원이 많고 가공이 쉽고 경제성이 있을 것
> ④ 독성이 없을 것

### (1) 합금계 초전도 재료

① Nb-Zr 합금 : 가공성이 풍부하고 인발가공으로 선재를 만든다.
② Nb-Ti 합금 : 일반적으로 많이 사용되고 있으며, 가격 저렴하고 가공성 및 기계적 성질이 좋고 취급이 용이하다.

③ Nb-Ti심 둘레에 Cu-Ni 합금층 삽입 또는 Nb-Ti-Ta(3원 합금) : 강자성, 초전도 마그네트의 유망한 재료로 사용

### (2) 초전도 재료의 응용

전기 저항이 0으로 에너지 손실이 전혀 없으므로 전자석용 선재의 개발 및 초고속 스위칭 시간을 이용한 논리 회로 및 미세한 전자기장 변화도 감지할 수 있는 감지기 및 기억 소자 등에 응용할 수 있다. 또한, 전력 시스템의 초전도화, MHD 발전(magnetic hydrodynamic generator), 자기부상열차, 핵융합, 핵자기 공명 단층 영상 장치, 컴퓨터 및 계측기 등의 여러 분야에 응용할 수 있다.

## 5 열처리

### 1) 담금질(quenching)

강을 강도 및 경도를 증가시킬 목적으로 아공석강인 경우 A3+50℃, 공석강과 과공석강인 경우는 A1+50℃의 높은 온도로 일정 시간 가열한 후 물 또는 기름과 같은 담금질제 중에서 급랭시키는 조작이다. 즉 오스테나이트 조직에서 급랭함에 따라 강의 변태를 정지시키고 마텐자이트 조직을 얻는 방법이다.

① 담금질 조직의 경한 순으로 나열하면 다음과 같다.
  시멘타이트(HB850) > 마텐자이트(HB650) > 트루스타이트(HB430) > 소르바이트(HB270) > 펄라이트(HB200) > 오스테나이트(HB130) > 페라이트(HB100)

② 냉각 방법
  ㉠ 급랭 : 소금물, 물, 기름에서 급속히 냉각
  ㉡ 노냉 : 노내에서 서서히 냉각
  ㉢ 공랭 : 공기 중에서 자연냉각
  ㉣ 항온냉각 : 급랭 후 일정 온도 유지한 다음 냉각

③ 질량 효과(mass effect) : 재료를 담금질할 때 질량이 작은 재료는 내·외부에 온도차가 없으나 질량이 큰 재료는 열의 전도에 시간이 길게 소요되어 내·외부에 온도차가 생겨 외부는 경화되어도 내부는 경화되지 않는 현상이다. 질량이 큰 재료일수록 질량효과가 크며 담금질 효과는 감소한다.

### 2) 뜨임(tempering)

담금질한 강은 경도는 크나 반면 취성을 가지게 되므로 경도는 약간 낮추고 인성을 증가시키기 위해 재가열하여 서냉하는 열처리이며, 불안정한 조직을 안정화하는 것으로 재결정온도 이하에서 행한다. 재결정온도 이상으로 가열 유지시키면 담금질 전의 상태로 되돌아가게 된다.

담금질한 강을 재가열하면 마텐자이트 → 트루스타이트 → 소르바이트 → 펄라이트로 변화한다.

### (1) 뜨임 방법

① **저온뜨임** : 주로 150~200℃ 가열 후 공랭시키며 내부응력을 제거하고 경도를 유지하면서 변형 방지, 내마모성 향상과 고속도강, 합금강 등의 잔류 오스테나이트를 안정화시키기 위해서 한다. 주로 절삭 공구, 게이지, 공구 등이 뜨임에 사용한다.

② **고온뜨임** : 주로 500~600℃ 가열 후 급랭시키며 뜨임 취성이 발생한다. 솔바이트 조직을 얻기 위해서 강도와 인성이 풍부한 조직으로 만들기 위해서는 고온에서 뜨임을 하는데 이것을 고온뜨임이라 한다. 따라서 구조용 강과 같이 높은 강도와 풍부한 인성이 요구되고 좋은 절삭성이 요구되는 것은 열처리를 한 후 고온뜨임을 하여 사용한다.

③ **뜨임** : 담금질 후 뜨임처리를 실시하는데 이와 같이 담금질과 뜨임을 같이 실시하는 조작을 조질이라 하며, 상온 가공한 강을 탄성한계를 향상시키기 위해 250~370℃로 가열하는 작업을 블루잉(bluing)이라 한다.

### (2) 뜨임 균열

① **발생 원인** : 탈탄층이 있을 때, 급히 가열하였을 때, 급히 냉각하였을 때
② **방지책** : 뜨임 전에 탈탄층을 제거하고, 급가열을 피하며 서냉한다.

## 3) 불림(normalizing)

내부응력을 제거하면서 기계적, 물리적 성질을 표준화하는 것으로 단조, 압연 등의 소성가공이나 주조로 거칠어진 조직을 미세화하고, 편석이나 잔류응력을 제거하기 위해 A3 변태점보다 약 30~50℃ 높게 가열하여 대기 중에서 공랭하는 조작을 불림이라 한다.

불림처리한 강의 성질은 결정입자와 조직이 미세하게 되어 경도, 강도가 크게 증가하고 연신율과 인성도 다소 증가한다.

## 4) 풀림(annealing)

재료를 단조, 주조 및 기계 가공을 하면 조직이 불균일하며 거칠어지고 가공경화나 내부응력이 생기게 되는데 이를 제거하기 위해 변태점 이상의 적당한 온도로 가열하여 서서히 냉각시키는 작업을 풀림이라 한다.

### (1) 풀림의 목적

① 기계적 성질 및 피절삭성의 개선이 개선되며 조직이 균일화된다.
② 내부응력 및 재료의 불균일을 제거시킨다.
③ 인성의 증가 및 조직을 개선하고 담금질 효과를 향상시킨다.

### (2) 풀림의 종류

① **완전풀림** : 일반적으로 풀림이라면 완전풀림을 말하며, 탄소강을 고온으로 가열하면 결정입자가 커지고, 재질이 약해진다. 이 결점을 제거하기 위하여 A3~A1 변태점보다 30~50℃ 높은 온도에서 풀림을 한다.

② 구상화 풀림 : 펄라이트 중에 시멘타이트가 망상으로 존재하면 가공성이 나쁘고 여리고 약해지며 담금질할 때 변형이나 균열이 생기기 쉽다. 이것을 방지하기 위해 AC3~Acm ±(20~30℃)에서 가열과 냉각을 반복하든가 장시간 가열 후 서냉하여 망상조직을 구상화시킨다. 공구강과 같은 고탄소강은 담금질하기 전에 반드시 시멘타이트를 구상화하여야 한다.

③ 저온풀림 : 응력을 제거하는 목적으로 500~600℃로 가열 후 서냉하는 응력제거풀림이다.

### 5) 심냉 처리(sub zero-treatment)

담금질 후 경도 증가, 시효변형 방지하기 위하여 0℃ 이하의 온도로 냉각하면 잔류 오스테나이트를 마텐자이트로 만드는 처리를 심냉 처리라 한다. 특히, 스테인리스강에서의 기계적 성질 개선과 조직 안정화와 게이지강에서의 자연시효 및 경도 증대를 위해 실시한다.

> **심냉 처리의 목적**
> ① 공구강의 경도 증대 및 성능이 향상되고 강을 강인하게 만든다.
> ② 게이지 등 정밀기계부품의 조직을 안정화시키고, 형상 및 치수의 변형을 방지한다.
> ③ 스테인리스강에서의 기계적 성질을 개선시킨다.

### 6) 항온 열처리(isothermal heat treatment)

변태점 이상으로 가열한 강을 보통의 열처리와 같이 연속적으로 냉각하지 않고 염욕 중에 담금질하여 그 온도로 일정한 시간 동안 항온 유지하였다가 냉각하는 열처리를 항온 열처리라 한다. 담금질과 뜨임을 같이 할 수 있고, 담금질의 균열을 방지할 수 있어 경도와 인성이 동시에 요구되는 공구강, 합금강의 열처리에 사용된다.

#### (1) 강의 항온 냉각 변태곡선

강을 오스테나이트 상태에서 A1 점 이하의 항온까지 급랭하여 이 온도에 그대로 항온 유지했을 때 일어나는 변태를 항온변태(isothermaltrans-formation)라 하고, 이 항온변태 및 조직의 변화를 시간에 대하여 그림으로 나타낸 것을 항온변태곡선(Time-Temperatrue Transformation ; TTT curve) 또는 그 모양이 S자이므로 S 곡선이라고도 한다. 베이나이트(bainite)는 마텐자이트와 트루스타이트의 중간 상태의 조직이다.

#### (2) 연속 냉각 변태곡선

강재를 오스테나이트 상태에서 급랭 또는 서냉할 때의 냉각곡선을 연속냉각변태 곡선(Continuous Cooling Transformationcurve ; CCT curve)이라 한다.

### (3) 항온 열처리 종류

① 등온풀림(Isothermal annealing)

풀림온도로 가열한 강재를 S 곡선의 코(nose) 부근의 온도(600~650℃)에서 항온변태 시킨 후 공랭한다. 공구강, 특수강, 기타 자경성이 강한 특수강의 풀림에 적합하다.

② 항온 담금질(Isothermal quenching)

㉠ 오스템퍼(austemper) : 오스테나이트 상태에서 Ar'와 Ar"(Ms점) 변태점 사이의 온도에서 염욕에 담금질한 후 과냉한 오스테나이트가 변태 완료할 때까지 항온으로 유지하여 베이나이트를 충분히 석출시킨 후 공랭하는 열처리로서 베이나이트 조직이 되며 뜨임이 필요 없고 담금질 균열이나 변형이 잘 생기지 않는다.

㉡ 마템퍼(martemper) : 담금질 온도로 가열한 강재를 Ms와 Mf점 사이의 열욕(100~200℃)에 담금질하여 과냉 오스테나이트의 변태가 거의 완료할 때까지 항온 유지한 후에 꺼내어 공랭하는 열처리로서 마텐자이트와 베이나이트의 혼합조직이며, 경도와 인성이 크다.

㉢ 마퀜칭(marquenching) : 담금질 온도까지 가열된 강을 Ar"(Ms)점보다 다소 높은 온도의 열욕에 담금질한 후 마텐자이트로 변태를 시켜서 담금질 균열과 변형을 방지하는 방법으로 복잡하고, 변형이 많은 강재에 적합하다.

㉣ MS 퀜칭(MS quenching) : 담금질 온도로 가열한 강재를 MS점보다 약간 낮은 온도의 열욕에 넣어 강의 내외부가 동일 온도로 될 때까지 항온 유지한 후 꺼내어 물 또는 기름 중에 급랭하는 방법이다.

㉤ 패턴팅 : 패턴팅은 시간 담금질을 응용한 방법이며 피아노선 등을 냉간 가공할 때 이 방법이 쓰인다. 패턴팅은 재료의 조직을 소르바이트 모양의 펄라이트 조직으로 만들어 인장강도를 부여하기 위한 것으로서 냉간 가공 전에 한다. 고탄소강의 경우에는 900~950℃의 오스테나이트 조직으로 만든 후 400~550℃의 염욕 속에 넣어 담금질한다.

③ 항온 뜨임(isothermal tempering)

MS점(약 250℃) 부근의 열욕에 넣어 유지시킨 후 공랭하여 마텐자이트와 베이나이트의 혼합된 조직을 얻는다. 고속도강이나 다이스(dies)강 등의 뜨임에 이용되는 방법으로 뜨임온도로부터 항온 유지시켜 2차 베이나이트가 생기지 않는다.

week 1

기계가공조립기능사

# CBT 모의고사

01회 CBT 모의고사
02회 CBT 모의고사
03회 CBT 모의고사
04회 CBT 모의고사

# 01회 CBT 모의고사

**01** 기어 셰이빙(gear shving)을 바르게 설명한 것은?
① 기어 절삭기로 절삭된 기어를 홈붙이 날을 가진 커터로 기어 잇면을 정밀하게 다듬질하는 가공이다.
② 잇면의 정도를 높이기 위한 랩핑 작업의 일종이다.
③ 전조 공구에 의하여 소재의 표면에 기어 치형을 압축성형하는 작업이다.
④ 잇면의 흠집을 스크레이퍼로 긁어내는 작업이다.

**해설** 기어 셰이빙(gear shaving)
기어 절삭기로 절삭된 기어를 정밀하게 다듬질하기 위하여 홈붙이 날(홈의 폭 0.7~1mm)을 가진 커터로 기어 잇면을 다듬질하는 가공을 기어 셰이빙이라 한다.

**02** 지름이 120mm, 길이가 300mm인 중탄소강 봉을 초경합금 바이트로 절삭깊이는 1.8mm, 이송이 0.35mm, 절삭속도가 150m/min의 조건으로 선반 가공할 때, 회전수는 약 몇 rpm인가?
① 298  ② 398
③ 498  ④ 598

**해설** $N = \dfrac{1000 \times 150}{\pi \times 120} = 398.08$

**03** 사인 바를 사용할 때, 오차를 고려하여 몇 도(°) 이하의 각도에서 사용하는 것이 좋은가?
① 45° 이하  ② 60° 이하
③ 75° 이하  ④ 90° 이하

**해설** 사인 바
길이를 측정하고 직각 삼각형의 삼각 함수를 이용한 계산에 의하여 임의 각을 측정한다. 45° 이하 각도에서 사용한다.

**04** 일반적으로 호브를 사용하는 호빙 머신에서 깎을 수 없는 기어는?
① 스퍼 기어  ② 웜 기어
③ 헬리컬 기어  ④ 베벨 기어

**해설** 베벨 기어 가공은 베벨 기어 절삭기에서 깎을 수 있다.

**정답** 01. ① 02. ② 03. ① 04. ④

**05** 숫돌재료, 랩제 또는 연마제로 탄화규소(SiC)나 산화알루미나($Al_2O_3$)를 사용하지 않는 작업은?

① 방전가공(EDM)
② 액체 호닝(liquid honing)
③ 슈퍼 피니싱(super finishing)
④ 래핑(lapping)

**해설** 방전가공(EDM)
전극 공구를 사용하여 제품을 가공하며 공작물과 공구가 직접 접촉함이 없이 상호 간에 어느 간격을 유지하면서 그 사이에선 물리적으로 가공하는 방법이다.

**06** 직립형 브로칭 머신의 설명과 가장 거리가 먼 것은?

① 수평형에 비해 가공물 고정이 불편하다.
② 테이블에 올려놓은 상태로 가공할 수 있다.
③ 절삭유 공급이 편리하고 소형 공작물의 대량생산에 적합하다.
④ 수평형에 비해 설치면적은 적으나 안정성이 뒤진다.

**해설** 직립형 브로칭 머신
설치 면적은 작으나 기계 높이가 높으므로 견고히 기계를 설치하여 사용하여야 하며, 테이블에 공작물을 올려놓은 채로 가공할 수 있어 공작물 고정이 간단하고, 절삭유 공급이 용이하여 작은 공작물의 대량생산에 적합하다.

**07** 원통 연삭기의 연삭방식에서 일감은 그 자리에서 회전시키고, 숫돌바퀴는 외전과 함께 전후(깊이 방향) 이송을 주어 연삭하는 방식은?

① 유성형 연삭법
② 플랜지 컷 연삭법
③ 플래니터리 연삭법
④ 센터리스 연삭법

**해설** 플랜지 컷 연삭법
원통 연삭기의 연삭방식에서 일감은 그 자리에서 회전시키고, 숫돌바퀴는 외전과 함께 전후(깊이 방향) 이송을 주어 연삭하는 방식이다.

**08** 다음 중 액체 호닝에 대한 설명으로 틀린 것은?

① 피닝효과(peening effect)가 있다.
② 일감표면의 산화막이나 거스러미(burr) 등을 제거할 수 있다.
③ 복잡한 형상의 일감은 가공이 곤란하다.
④ 가공시간이 짧다.

**해설** 액체 호닝
광택이 적지만 피닝 효과가 크고, 주조품, 스케일 및 산화막 제거 피로강도 및 인장강도(5~10%) 증가. 가공면에 방향성이 존재하지 않으며, 가공시간이 짧고, 복잡한 모양의 공작물도 다듬질이 가능하다. 또한, 공작물 표면의 산화막이나 도료, 거스러미 등을 제거할 수 있는 이점이 있다.

[정답] 05. ① 06. ① 07. ② 08. ③

# 01회 CBT 모의고사

**09** 스케일(scale)과 베이스(base) 및 서피스 게이지를 하나의 기본 구조로 하는 게이지는?

① 버니어 켈리퍼스  ② 마이크로미터
③ 블록 게이지      ④ 하이트 게이지

**해설** 하이트 게이지
스케일(scale)과 베이스(base) 및 서피스 게이지를 하나의 기본 구조로 하는 게이지이다.

**10** 선반에서 척에 고정할 수 없는 대형 공작물 또는 복잡한 형상의 공작물을 고정할 때 사용하는 부속장치는?

① 센터    ② 면판
③ 바이트  ④ 맨드릴

**해설** 면판(face plate)
① 주축의 나사에 고정, 돌리개를 사용하여 공작물 가공에 사용된다.
② 대형 공작물이나 복잡한 형상의 공작물 가공에 사용된다.
→ 앵글 플레이트, 클램프 등의 고정구와 웨이트 밸런스를 위한 추를 사용한다.

**11** 절삭속도 30m/min, 밀링 커터 날수 10, 지름 150mm, 1날당 이송 0.2mm로 밀링 가공할 때, 테이블 이송량은 약 몇 mm/min인가?

① 637   ② 32
③ 63    ④ 127

**해설** $f = f_z \times z \times n = 0.2 \times 10 \times \dfrac{1000 \times 30}{\pi \times 150} = 127 \text{mm/min}$

**12** 바이트를 램(ram) 끝에 고정하고 램의 왕복운동과 이에 직각으로 테이블을 이동시켜 일감을 가공하는 공작기계는?

① 선반     ② 밀링 머신
③ 셰이퍼   ④ 브로칭 머신

**해설** 셰이퍼
바이트를 램(ram) 끝에 고정하고 램의 왕복운동과 이에 직각으로 테이블을 이동시켜 일감을 가공하는 공작기계이다.

[정답] 09. ④  10. ②  11. ④  12. ③

**13** 저 탄소강을 선반 가공할 때 발생하는 절삭저항의 크기가 바르게 표시된 것은?

① 이송분력 > 주분력 > 배분력
② 배분력 > 주분력 > 이송분력
③ 주분력 > 배분력 > 이송분력
④ 이송분력 > 배분력 > 주분력

**해설** 절삭저항의 분력
절삭저항 = 주분력(P1) 10 > 배분력(P3)(2-4) > 이송분력(P2)(1-2)
① 주분력(P1 : Principal Cutting Force) : 절삭 방향으로 작용하는 분력
② 이송분력(P2 : Feed Force) : 이송 방향(평행)으로 작용하는 분력
③ 배분력(P3 : Radial Force) : 공구의 축 방향으로 작용하는 분력

**14** [보기]와 같은 연삭숫돌의 표시기호의 설명 중 틀린 것은?

[보기]    GC 60 J m V

① GC : 숫돌입자
② J : 결합도
③ m : 입도
④ V : 결합제

**해설**
• GC : 입자
• 60 : 입도
• J : 결합도
• m : 조직
• V : 결합제

**15** 다음 중 초음파 가공의 특징으로 옳지 않은 것은?

① 구멍을 가공하기 쉽다.
② 복잡한 형상도 쉽게 가공할 수 있다.
③ 전기적으로 부도체이면 가공 할 수 없다.
④ 가공재료의 제한이 매우 적다.

**해설** 초음파 가공의 특징
① 초경질이며, 메짐성이 큰 재료에 사용된다.
② 구멍가공, 절단, 평면, 표면 가공 등을 할 수 있다.
③ 연삭 가공에 비하여 가공면의 변질 및 스트레인(변형)이 적다.
④ 전기적으로 부도체도 보통금속과 동일하게 가공이 된다.
⑤ 복잡한 형상도 쉽게 가공할 수 있다.

**16** 나사 마이크로미터로 측정하는 것은 무엇을 구하고자 하는 것인가?

① 나사의 바깥지름
② 나사의 골지름
③ 나사의 유효지름
④ 암나사의 내경

**해설** 나사 마이크로미터는 나사의 유효지름을 측정한다.

**정답** 13. ③  14. ③  15. ③  16. ③

**17** 가늘고 긴 일정한 단면 모양을 가진 공구에 많은 절삭날을 가진 공구를 사용하여 세그먼트 기어와 같은 일감의 외면을 또는 스플라인 홈과 같은 일감의 내면을 필요한 모양으로 절삭 가공하는 데 가장 적합한 기계는?

① 선반
② 연삭
③ 브로칭 머신
④ 밀링 머신

**해설** 브로칭 머신
가늘고 긴 일정한 단면 모양을 가진 공구에 많은 절삭날을 가진 공구를 사용하여 세그먼트 기어와 같은 일감의 외면을 또는 스플라인 홈과 같은 일감의 내면을 필요한 모양으로 절삭 가공하는 데 가장 적합한 기계이다.

**18** 센터리스 연삭기에서 조정 숫돌의 기능을 가장 올바르게 나타낸 것은?

① 일감의 회전과 이송
② 일감의 고정과 이송
③ 일감의 고정과 지지
④ 일감의 절삭량 조정

**해설** 조정 숫돌의 기능은 일감의 회전과 이송이며 조정 숫돌은 연삭숫돌 축에 대해 2~8°(보통 3~4°를 많이 쓴다.) 경사시킨다.

**19** 수평 밀링 머신의 니(knee) 위에서 앞뒤 방향으로 이동하는 것은?

① 기둥
② 아버
③ 새들
④ 스핀들

**해설** 새들 : 수평 밀링 머신의 니(knee) 위에서 앞뒤 방향으로 이동한다.

**20** 대형제품이나 무거운 제품을 드릴가공 할 때 일감을 고정시키고 주축의 드릴 부분을 움직여서 드릴 작업의 위치를 결정하고 구멍을 뚫는 드릴링 머신의 종류는?

① 직접 드릴링 머신
② 탁상 드릴링 머신
③ 다축 드릴링 머신
④ 레이디얼 드릴링 머신

**해설** 레이디얼 드릴링 머신
① 가장 주로 쓰이며 공작물을 고정시켜 놓고 주축의 위치를 이동시켜서 구멍의 중심 맞추어 작업
② 비교적 대형이며 무거운 공작물의 구멍 뚫기, 주축이동
③ 암에는 새들이 있고, 이동은 피니언과 래크로 작동

[정답] 17. ③  18. ①  19. ③  20. ④

**21** 공작기계의 절삭운동 중에서 공작물과 공구의 운동방식이 다른 한 가지는?

① 선삭 작업　　② 드릴 작업
③ 태핑 작업　　④ 보링 작업

*해설* 선반은 공작물이 회전하고 나머지는 공구가 회전한다.

**22** 보링 머신 중에서 고속외전 및 정밀한 이송기구를 갖추고 있으며, 정밀도가 높고 표면 거칠기가 우수한 실린더나 커넥팅 로드 등을 가공하는 데 적합한 보링 머신은?

① 코어 보링 머신　　② 수평 보링 머신
③ 수직 보링 머신　　④ 정밀 보링 머신

*해설* 정밀 보링 머신
① 다이아몬드 공구, 초경질 공구를 사용, 고속 경절삭과 미세한 이동으로 정밀한 구멍가공이 가능하다.
② 실린더, 커넥팅 로드, 피스톤 핀, 베어링 부시, 라이너의 가공에 사용된다.

**23** 이미 뚫린 구멍을 필요한 크기로 넓히거나 정밀도를 높게 하기 위한 가공은?

① 밀링(milling)　　② 드릴링(drilling)
③ 태핑(tapping)　　④ 보링(boring)

*해설* 보링(boring) : 이미 뚫린 구멍을 필요한 크기로 넓히거나 정밀도를 높게 하기 위한 가공이다.

**24** 드릴링 머신 작업에서 일감을 고정하는 방식 중 작업자의 숙련이 크게 요구되지 않고 신속하고 정밀한 가공을 할 수 있으며 대량생산에 사용되는 것은?

① 바이스　　② 바이트
③ 마그네트 척　　④ 지그

*해설* 지그 : 드릴링 머신 작업에서 일감을 고정하는 방식 중 작업자의 숙련이 크게 요구되지 않고 신속하고 정밀한 가공을 할 수 있으며 대량생산에 사용되는 방식이다.

**25** 다음 중 절삭 공구의 종류가 아닌 것은?

① 바이스　　② 드릴
③ 커터　　④ 호브

*해설* 바이스는 공작물 고정구이다.

[정답] 21. ① 22. ④ 23. ④ 24. ④ 25. ①

## 01회 CBT 모의고사

**26** 범용 밀링 머신에 의해 작업할 수 없는 것은?
① 원형축 가공  ② 평면 가공
③ 홈 가공  ④ 기어 가공

해설) 원형축 가공은 선반에서 작업한다.

**27** 기차바퀴처럼 지름이 크고, 길이가 짧은 공작물의 가공에 가장 적합한 선반은?
① 탁상 선반  ② 터릿 선반
③ 정면 선반  ④ 모방 선반

해설) 정면 선반 : 기차바퀴처럼 지름이 크고, 길이가 짧은 공작물의 가공에 가장 적합하다.

**28** 니형 밀링 머신의 종류에 해당하지 않는 것은?
① 수평 밀링 머신  ② 만능 밀링 머신
③ 수직 밀링 머신  ④ 편위 밀링 머신

해설) 니형 밀링 머신 : 수평 밀링 머신, 수직 밀링 머신, 만능 밀링 머신이 있다.

**29** 다음 중 절삭 공구 재료의 구비조건과 관계가 먼 것은?
① 피절삭재보다 굳고 인성이 있을 것
② 내마멸성이 높고 가격이 비쌀 것
③ 절삭 가공 중 온도상승에 따른 경도저하가 적을 것
④ 쉽게 원하는 모양으로 만들 수 있을 것

해설) 절삭 공구 재료는 내마멸성이 높고 가격이 저렴할 것

**30** 연삭 가공의 특징을 설명한 내용 중 틀린 것은?
① 경화된 강과 같은 단단한 재료를 가공할 수 있다.
② 칩이 미세하므로 정밀도가 높고 표면거칠기가 우수한 다듬질 면을 가공할 수 있다.
③ 부품생산의 마무리 공정에 이용되는 것이 일반적이다.
④ 연삭숫돌의 자생작용을 위해 매회 드레싱을 해야 한다.

[정답] 26. ① 27. ③ 28. ④ 29. ② 30. ④

해설 연삭숫돌은 자생작용(마모 → 파쇄 → 탈락 → 생성)을 반복하므로 매회 드레싱을 할 필요가 없다.

## 31 손 다듬질용 탭에서 최종 다듬질을 하는 탭은?
① 1번 탭   ② 2번 탭
③ 3번 탭   ④ 4번 탭

해설 **핸드 탭**
1번, 2번, 3번 탭의 3개가 1개조로 되어 있고, 탭의 가공률은 1번 탭 55%, 2번 탭 25%, 3번 탭 20% 가공을 한다. 현장에서는 보통 2번, 3번 탭만으로 태핑을 한다.

## 32 3차원 측정기에 대한 설명 중 잘못된 것은?
① 프로그램에 의해 합격·불합격 판정이 즉시 처리된다.
② 보조 측정기구가 거의 필요 없다.
③ 측정점의 데이터는 컴퓨터에 의해 처리되므로 신속 정확하다.
④ 복잡한 부품의 정밀도 및 신뢰성이 떨어진다.

해설 3차원 측정기는 복잡한 부품도 정밀도 및 신뢰성이 떨어지지 않는다.

## 33 고강도 알루미늄 합금인 초두랄루민의 주성분은?
① Al-Cu-Mg-Zn
② Al-Cu-Mg-Mn
③ Al-Cu-Si-Mn
④ Al-Cu-Si-Zn

해설

| 두랄루민 (duralumin) | Al-Cu-Mg-Mn의 합금으로 시효경화 처리한 대표적인 합금, 이외에도 인장강도 186MPa 이상의 초두랄루민이 있다. |
|---|---|
| 초강 두랄루민 | Al-Cu-Zn-Mg의 합금으로 인장강도 227MPa 이상으로 알코아 75S 등이 이에 속한다. |

## 34 구리(Cu)에 관한 다음 사항 중 틀린 것은?
① 비중이 1.7이다.
② 용융점이 1083℃ 정도이다.
③ 비자성으로 내식성이 철강보다 우수하다.
④ 전기 및 열의 양도체이다.

해설 구리의 비중이 8.96이다.

정답 31. ③ 32. ④ 33. ② 34. ①

**35** 평 벨트의 이음 방법 중 이음 효율이 가장 좋은 것은?

① 이음쇠 이음  ② 가죽끈 이음
③ 철사 이음  ④ 접착제 이음

해설  평 벨트의 이음 방법 중 이음 효율이 가장 좋은 것은 접착제 이음이다.

**36** 브레이크 슈를 바깥쪽으로 확장하여 밀어붙이는 데 캠이나 유압장치를 사용하는 브레이크는?

① 드럼 브레이크  ② 원판 브레이크
③ 원추 브레이크  ④ 밴드 브레이크

해설  드럼 브레이크
브레이크슈를 바깥쪽으로 확장하여 밀어붙이는 데 캠이나 유압장치를 사용한다.

**37** 비중이 약 2.7이며 가볍고 내식성과 가공성이 좋으며 전기 및 열전도도가 높은 재료는?

① 금(Au)  ② 알루미늄(Al)
③ 철(Fe)  ④ 은(Ag)

해설  알루미늄(Al)
비중이 약 2.7이며 가볍고 내식성과 가공성이 좋으며, 전기 및 열전도도가 높은 재료이다.

**38** 기계재료에 반복 하중이 작용하여도 영구히 파괴되지 않는 최대 응력을 무엇이라 하는가?

① 탄성한계  ② 크리프한계
③ 피로 한도  ④ 인장 강도

해설  피로 한도
반복 하중이 작용하여도 영구히 파괴되지 않는 최대 응력이다.

**39** 백심가단주철에서 사용되는 탈탄제는?

① 알루미나, 탄소가루
② 알루미나, 철광석
③ 철광석, 밀 스케일의 산화철
④ 유리탄소, 알루미나

[정답] 35. ④  36. ①
37. ②  38. ③
39. ③

[해설] 백심가단주철에서 사용되는 탈탄제는 철광석, 밀 스케일의 산화철 등이 사용된다.

**40** 인장 코일 스프링에 3kgf의 하중을 걸었을 때 변위가 30mm이었다면, 이 스프링의 상수는 얼마인가?

① 0.1 kgf/mm ② 0.2 kgf/mm
③ 5 kgf/mm ④ 10 kgf/mm

[해설] $k = \dfrac{w(하중)}{\delta} = k = \dfrac{3}{30} = 0.1$

**41** 미터 나사에 관한 설명으로 잘못된 것은?

① 기호는 M으로 표기한다.
② 나사산의 각은 60°이다.
③ 호칭 지름을 인치(inch)로 나타낸다.
④ 부품의 결합 및 위치의 조정 등에 사용된다.

[해설] 호칭 지름을 수나사의 외경을 밀리미터(mm)로 나타낸다.

**42** 내열강의 구비 조건으로 틀린 것은?

① 기계적 성질이 우수할 것  ② 화학적으로 안정할 것
③ 열팽창계수가 클 것  ④ 조직이 안정할 것

[해설] 내열강은 열팽창 및 열 변형이 적어야 한다.

**43** 축에 키 홈을 가공하지 않고 사용하는 키(key)는?

① 성크 키 ② 새들 키
③ 반달 키 ④ 스플라인

[해설] 안장 키(Saddle Key)
축에는 홈을 파지 않고 축과 키 사이의 마찰력으로 회전력을 전달. 축의 강도를 감소시키지 않고 고정할 수 있으나, 큰 동력을 전달시킬 수 없으므로 경하중소직경에 사용한다.

**44** 모듈 3, 잇수 30과 60을 갖는 한 쌍의 표준 평기어 중심거리는 얼마인가?

① 114 mm ② 126 mm
③ 135 mm ④ 148 mm

[해설] $C = \dfrac{M(Z_1 + Z_2)}{2} = \dfrac{3 \times (30+60)}{2} = 135 mm$

[정답] 40. ① 41. ③ 42. ③ 43. ② 44. ③

# 01회 CBT 모의고사

**45** 베어링의 호칭 번호 6304에서 6은 무엇인가?
① 형식기호  ② 치수기호
③ 지름기호  ④ 등급기준

**해설** 6(형식기호), 3(치수기호), 04(안지름 번호)

**46** 뜨임은 보통 어떤 강재에 하는가?
① 가공 경화된 강  ② 담금질하여 경화된 강
③ 용접 응력이 생긴 강  ④ 풀림하여 연화된 강

**해설** 뜨임은 담금질하여 경화된 강에 인성을 부여하기 위한 열처리이다.

**47** 다음 중 Cr 또는 Ni을 다량 첨가하여 내식성을 현저히 향상시킨 강으로서 조직상 페라이트계, 마텐자이트계, 오스테나이트계 등으로 분류되는 합금강은?
① 규소강  ② 스테인리스강
③ 쾌삭강  ④ 자석강

**해설** 스테인리스강
Cr, Ni을 다량 첨가하여 내식성을 현저히 향상시킨 강으로서 녹이 슬지 않는다 하여 불수강이라고도 한다. 일반적으로 Cr의 함량이 12% 이상인 강을 스테인리스강이라 하고, 그 이하의 강은 그대로 내식성강이라 하며, 금속 조직 학상 마텐자이트계와 페라이트계 및 오스테나이트계로 분류되는데 그 대표적인 것은 18-8형 스테인리스강인 오스테나이트계 스테인리스강이다.

**48** [보기]와 같은 나사가공 도면의 M12×16/φ10.2×20으로 표시된 치수 기입의 도면해독으로 올바른 것은?

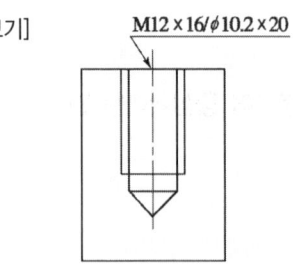

① 암나사 가공하기 위한 구멍가공 드릴지름은 12mm
② 암나사 가공하기 위한 구멍가공 드릴지름은 16mm

[정답] 45. ① 46. ② 47. ② 48. ③

③ 암나사 가공하기 위한 구멍가공 드릴지름은 10.2mm
④ 암나사 가공하기 위한 구멍가공 드릴지름은 20mm

**해설** 보기에서 도면해독은 암나사 가공하기 위한 구멍가공 드릴지름은 10.2mm, 드릴깊이 20mm, 탭12mm, 탭 깊이 16mm이다.

**49** 기계제도에 사용되는 기호와 의미가 틀리게 설명된 것은?
① SR : 구의 지름
② R : 반지름
③ C : 45° 모따기
④ φ : 지름

**해설**

| 구의 지름 | Sφ |
|---|---|
| 구의 반지름 | SR |

**50** [보기] 도면과 같이 나타내는 단면도의 명칭은?

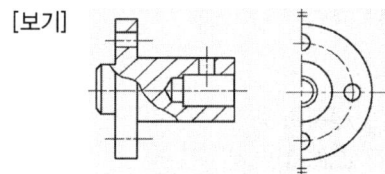

① 온 단면도
② 한쪽 단면도
③ 부분 단면도
④ 회전 단면도

**해설** ① **온 단면도** : 물체의 반을 절단하여 투상면 전체를 단면으로 도시한다.
② **한쪽 단면도(반 단면도)** : 물체의 1/4을 전단하여 1/2은 단면, 1/2은 외형을 동시에 도시한다.
③ **회전도시 단면도** : 도형 내의 절단한 곳에 겹쳐서 90° 회전시켜 도시한다.
④ **부분 단면도** : 외형도에서 필요로 하는 일부분만을 부분 단면도로 도시할 수 있다. 파단선(가는 실선)으로 단면의 경계를 표시하고 프리핸드로 외형선의 1/2 굵기로 그린다.

**51** [보기] 입체도의 화살표 방향 투상도로 가장 적합한 것은?

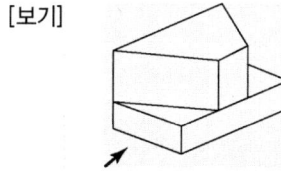

①
②
③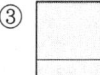
④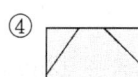

[정답] 49. ① 50. ③
51. ③

## 52. [보기]와 같은 기계가공 도면에서 대각선 방향으로 가는 실선으로 교차하여 표시된 X부분의 설명으로 가장 적합한 것은?

[보기]

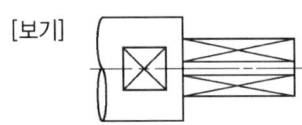

① 현장 끼워 맞춤 표시한 곳
② 정밀하게 가공해야 할 곳
③ 평면으로 가공해야 할 곳
④ 사각구멍을 뚫어야 할 곳

**해설** 도면에서 대각선 방향으로 가는 실선은 평면을 의미한다.

## 53. 다음 베어링 커버의 도면이다. 거칠기가 가장 거친 부분은?

① A
② B
③ C
④ D

**해설** A 부분은 조립 부위가 아니므로 기계 가공할 필요가 없다.

## 54. KS기하 공차기호 중 진원도 공차기호는?

① ⌭    ② ○
③ ◎    ④ ⊕

**해설**

|  |  |
|---|---|
| ⌭ | 원통도 공차 |
| ○ | 진원도 공차 |
| ◎ | 동축도 또는 동심도 공차 |
| ⊕ | 위치도 공차 |

정답  52. ③  53. ①  54. ②

**55** 기계 부품도에서 φ50H7g6로 표기된 끼워 맞춤의 설명이 틀린 것은?

① 억지 끼워 맞춤이다.
② 끼워 맞춤 구멍이 H7 등급이다.
③ 끼워 맞춤 축이 g6 등급이다.
④ 구멍 기준식 끼워 맞춤이다.

**해설** φ50H7g6는 헐거움 끼워 맞춤이다.

**56** [보기] 도면과 같은 제품을 드릴 지름 18mm로 구멍을 뚫을 때, 관통 구멍부인 플랜지의 두께 치수는?

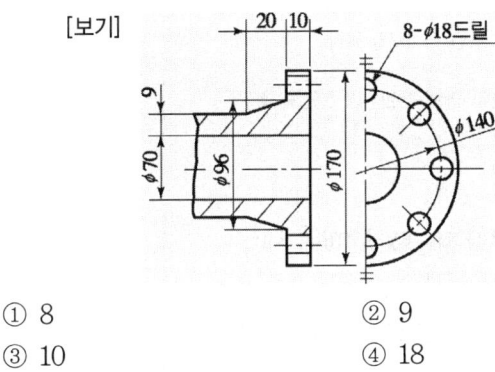

① 8  ② 9
③ 10  ④ 18

**해설** 관통 구멍부인 플랜지의 두께 치수는 10mm이다.

**57** 구름베어링의 호칭 번호가 6420 C2 P6으로 표시된 경우 베어링 내경은 몇 mm인가?

① 42  ② 64
③ 100  ④ 420

**해설**
- **64** : 베어링 계열 기호(단식 깊은 홈 볼 베어링, 치수 계열 04)
- **20** : 안지름 번호(베어링 안지름 100mm×안지름) : 20×5=100
- **C2** : 틈새 기호(C2의 틈새)
- **P6** : 등급 기호

**58** 게이지 블록 등의 측정기 측정 면과 정밀기계부품, 광학 렌즈 등의 마무리 다듬질 가공 방법으로 가장 적절한 것은?

① 연삭  ② 래핑
③ 호닝  ④ 밀링

**해설** 래핑
게이지 블록 등의 측정기 측정 면과 정밀기계부품, 광학 렌즈 등의 마무리 다듬질 가공 방법이다.

[정답] 55. ① 56. ③ 57. ③ 58. ②

## 01회 CBT 모의고사

**59** 측정기에 대한 설명으로 옳은 것은?

① 일반적으로 버니어 캘리퍼스가 마이크로미터보다 측정 정밀도가 높다.
② 사인 바(sine bar)는 공작물의 내경을 측정한다.
③ 다이얼 게이지는 각도 측정기이다.
④ 스트레이트 에지(straight edge)는 평면도의 측정에 사용된다.

**해설**
① 일반적으로 버니어 캘리퍼스가 마이크로미터보다 측정 정밀도가 낮다.
② 사인 바(sine bar)는 공작물의 각도를 측정한다.
③ 다이얼 게이지는 비교측정기로서 평면이나 원통형의 평활도, 원통의 진원도, 축의 흔들림 정도 등의 검사나 측정에 사용된다.

**60** 조립작업의 기본형식에서 연속시스템(continuous system)에 대한 설명으로 틀린 것은?

① 제품이 팔레트나 공작물 운반대에 얹혀서 일정한 속도로 움직이는 동안에 조립된다.
② 조립될 부품들은 제품의 일정한 이동에 맞추어 각종 동력장치에 의해 제품 쪽으로 이동되어 공급된다.
③ 병입 및 포장공장과 자동차, 기계공장의 대량생산라인에서 전형적으로 사용된다.
④ 조립할 부품이 많은 대형제품의 조립에 적합하다.

**해설** 조립할 부품이 많은 대형제품의 조립에 적합한 것은 비동기 시스템(non synchronous system)이다.

정답 59. ④  60. ④

## 02회 CBT 모의고사

**01** 플레이너에서 공작물을 지지하는 부분은?
① 크로스레일
② 기둥
③ 공구대
④ 테이블

> **해설** 플레이너에는 테이블에 공작물을 설치한다.

**02** 연삭숫돌에 눈메움이나 무딤 현상이 발생하였을 때 하는 작업으로 알맞은 것은?
① 래핑
② 드레싱
③ 글레이징
④ 덮개 설치

> **해설** 드레싱 : 연삭숫돌에 눈메움이나 무딤 현상이 발생하였을 때 하는 작업이 드레싱이다.

**03** 줄의 길이 방향으로 이송시켜 작업하는 방법으로 황삭 및 다듬질 작업에 적합한 줄 작업 방법은?
① 직진법
② 병진법
③ 사진법
④ 황진법

> **해설**
> ① **직진법** : 줄을 길이 방향으로 직진시켜 절삭하는 방법으로 황삭 및 최종 다듬질 작업에 사용한다.
> ② **사진법** : 넓은 면 절삭에 적합하며, 절삭량이 많아 황삭 및 모따기에 적합하다.
> ③ **횡진법(병진법)** : 줄을 길이 방향과 직각 방향으로 움직여 절삭하는 방법으로 폭이 좁고 길이가 긴 공작물의 줄 작업에 좋다.

**04** 선반의 부속품과 부속장치에 속하지 않는 것은?
① 돌림판과 돌리개
② 맨드릴
③ 방진구
④ 브로치

> **해설** 브로치는 브로칭 머신에서 사용하는 공구이다.

**답안 표기란**

| 01 | ① | ② | ③ | ④ |
| 02 | ① | ② | ③ | ④ |
| 03 | ① | ② | ③ | ④ |
| 04 | ① | ② | ③ | ④ |

**정답** 01. ④  02. ②  03. ①  04. ④

## 05. 래크를 절삭 공구로 하고 피니언을 기어 소재로 하여 상대운동 시켜 기어의 이를 생성하는 방법으로 정확한 치형을 얻을 수 있는 기어 절삭법은?

① 형판법
② 창성법
③ 총형공구법
④ 압연전조 성형법

**해설** 창성법 : 래크를 절삭 공구로 하고 피니언을 기어 소재로 하여 상대운동 시켜 기어의 이를 생성하는 방법으로 정확한 치형을 얻을 수 있는 기어 절삭법이다.

## 06. 주조할 때 뚫린 구멍이나 드릴로 뚫은 구멍을 넓히는 가공은?

① 보링
② 버핑
③ 스폿페이싱
④ 태핑

**해설**
① **보링** : 뚫린 구멍을 다시 절삭, 구멍을 넓히고 다듬질하는 것. 보링 바에 바이트를 사용한다.
② **리머** : 구멍의 정밀도를 높이기 위한 작업.
③ **스폿페이싱** : 볼트 또는 너트 등의 구멍과 직각이 되게 머리부가 접촉되는 부분을 깎아서 만드는 작업
④ **태핑** : 공작물 내부에 암나사 가공. 태핑을 위한 드릴가공은 나사의 외경−피치로 한다.

## 07. 공작기계의 기본 운동 중 공구의 고정, 일감의 설치 및 제거, 절삭 깊이 등의 조정과 관계가 깊은 것은?

① 절삭 운동
② 위치 이송운동
③ 준비운동
④ 위치 조정운동

**해설** 공작기계의 기본운동
① 절삭 운동 : 절삭할 때 칩과 길이 방향으로 절삭공구가 길이 방향으로 움직이는 운동
② 이송 운동 : 공작물과 절삭 공구가 절삭 방향으로 이송하는 운동
③ 위치 조정운동 : 공구와 공작물 간의 절삭 조건에 따른 절삭 깊이 조정 및 일감, 공구의 설치 및 제거

## 08. 기어 절삭기에서 창성법에 의한 절삭 시 사용되는 공구가 아닌 것은?

① 래크 커터(Rack Cutter)
② 호브(Hob)
③ 피니언 커터(Pinion Cutter)
④ 브로치(Broach)

[정답] 05. ② 06. ①  07. ④ 08. ④

> **해설** 브로치(Broach) : 브로칭 머신에서 브로치라는 공구를 사용한다.

**09** 자루가 직선으로 되어 있는 드릴은 지름이 몇 mm 이하인가?

① 10
② 13
③ 17
④ 20

> **해설** 드릴에서 직선 자루는 13mm 이하이다.

**10** 다음 중 200mm 이하의 시계부품이나 재봉틀 부품과 같은 소형 부품 가공에 적합한 선반의 종류는?

① 탁상선반
② 정면선반
③ 차륜선반
④ 차축선반

> **해설**
> ① **탁상선반** : 정밀 소형기계 및 시계부품 가공
> ② **정면선반** : 직경이 크고 길이가 짧은 공작물 가공(대형 풀리, 플라이휠)
> ③ **차륜선반** : 철도차량의 차륜을 깎는 선반으로 정면선반 2개를 서로 마주 본다.
> ④ **차축선반** : 철도 차량용 차축 가공한다.

**11** 연삭숫돌의 입도를 선택하는 조건 중 틀린 것은?

① 거칠게 연삭을 할 때 : 거친 입도
② 숫돌과 일감의 접촉 면적이 작을 때 : 거친 입도
③ 경도가 높은 일감을 연삭할 때 : 고운 입도
④ 연성 재료를 연삭할 때 : 거친 입도

> **해설** (1) **거친 입도**
> ① 거친 연삭, 절삭 깊이와 이송을 많이 줄 때
> ② 접촉 면적이 넓을(클) 때
> ③ 공작물이 연하고 연성, 점성, 질긴 성질일 때
> (2) **가는 입도**
> ① 다듬 연삭, 공구연삭
> ② 접촉 면적이 적을 때
> ③ 공작물이 단단(경도가 높고)하고 취성(메진)인 재료

**12** 드릴로 뚫은 구멍은 치수 및 정밀도가 좋지 않으므로 정밀도를 좋게 하기 위하여 가공하는 작업을 무엇이라고 하는가?

① 탭 가공
② 브로치 가공
③ 리머 가공
④ 슬로터 가공

> **해설** **리머 가공**
> 드릴로 뚫은 구멍은 치수 및 정밀도가 좋지 않으므로 정밀도를 좋게 하기 위하여 가공하는 작업이다.

**정답** 09. ② 10. ① 11. ② 12. ③

**13** 다음 중 습식 래핑을 할 때에 래핑 압력으로 알맞은 것은?

① $1.2 \text{ N/cm}^2$
② $4.5 \text{ N/cm}^2$
③ $7.4 \text{ N/cm}^2$
④ $10.5 \text{ N/cm}^2$

**해설**
- 습식래핑 압력 : $4.5\text{N/cm}^2$
- 건식래핑 압력 : $9.8 - 14.7\text{N/cm}^2$

**14** 밀링에서 날 1개당의 이송을 $f_z$=0.01mm, 날수 $Z$=6, 회전수 $n$=500rpm일 때, 이송속도는 몇 mm/min인가?

① 3000
② 1200
③ 120
④ 30

**해설** $f = f_z \times Z \times n = 0.01 \times 6 \times 500 = 30[\text{mm/min}]$

**15** 다음 중 밀링 커터의 재료에 가장 적당한 것은?

① 솔바이트
② 초경합금
③ 산화알루미늄
④ 니켈

**해설** 밀링 커터 날의 재료는 초경합금이다.

**16** 수나사의 유효지름을 측정하는 방법에 해당하지 않는 것은?

① 나사 마이크로미터에 의한 측정
② 삼침법에 의한 측정
③ 투영기에 의한 측정
④ 오토콜리메이터에 의한 측정

**해설** 수나사의 유효지름을 측정하는 방법
① 나사 마이크로미터에 의한 측정
② 삼침법에 의한 측정
③ 투영기에 의한 측정

**17** 선반 작업 시 여러 가지 조립구멍을 가지고 있어서 볼트나 클램프 및 기타 고정구를 사용하여 일감을 고정하는 선반 부속품은?

① 돌리개(doc)
② 면판(face plate)
③ 방진구(work rest)
④ 척(chuck)

정답 13. ② 14. ④ 15. ② 16. ④ 17. ②

> **해설** 면판(face plate)
> 선반 작업 시 여러 가지 조립구멍을 가지고 있어서 볼트나 클램프 및 기타 고정구를 사용하여 일감을 고정하는 선반 부속품이다.

## 18 연삭 작업 시 올바른 사항은?

① 필요에 따라 규정 이상의 속도로 연삭한다.
② 센터리스 연삭기는 긴 재료의 연삭도 가능하다.
③ 숫돌과 받침대는 항상 6mm 이내로 조정해야 한다.
④ 숫돌의 측면에는 안전커버가 필요 없다.

> **해설** 연삭 작업
> ① 필요에 따라 규정 이하의 속도로 연삭한다.
> ② 센터리스 연삭기는 긴 재료의 연삭도 가능하다.
> ③ 숫돌과 받침대는 항상 3mm 이내(1~5mm 조정 가능)로 조정해야 한다.
> ④ 숫돌의 측면에는 안전커버가 반드시 필요하다.

## 19 다음 중 밀링 머신의 부속장치로 일감을 필요한 각도로 등분할 수 있는 장치는?

① 슬로팅장치
② 밀링바이스
③ 분할대
④ 래크밀링장치

> **해설** 분할대 : 일감을 필요한 각도로 등분할 수 있는 장치이다.

## 20 특수가공 중 화학적 반응에 의한 가공에 속하는 것은?

① 용삭 가공
② 방전 가공
③ 초음파 가공
④ 레이저 가공

> **해설** 용삭 가공 : 특수가공 중 화학적 반응에 의한 가공이다.

## 21 선반으로 원통 가공 시 일감의 지름이 작아지는 양은 절삭 깊이의 몇 배가 되는가?

① 같다.            ② 2배
③ 3배              ④ 4배

> **해설** 원통 가공 지름이 작아지는 양은 절삭 깊이의 2배이다.

**정답** 18. ② 19. ③ 20. ① 21. ②

## 02회 CBT 모의고사

**22** 센터리스 연삭기의 장점으로 틀린 것은?
① 연삭 여유가 적어도 된다.
② 연삭 숫돌바퀴의 폭이 크므로 지름의 마멸이 적고 수명이 길다.
③ 긴 축 재료의 연삭이 가능하다.
④ 대형, 중량물을 연삭할 수 있다.

**해설** 센터리스 연삭기는 대형, 중량물을 연삭할 수 없다.

**23** 일감이 연강과 같이 연한 재질을 윗면 경사각이 큰 공구로 절삭제를 사용하여 절삭 깊이를 작게 하고 고속 절삭할 때 나타나는 이상적인 칩의 형태는?
① 유동형 칩
② 전단형 칩
③ 경작형 칩
④ 균열형 칩

**해설** 유동형 칩
일감이 연강과 같이 연한 재질을 윗면 경사각이 큰 공구로 절삭제를 사용하여 절삭 깊이를 작게 하고 고속 절삭할 때 나타나는 칩의 형태이다.

**24** 절삭 공구가 1회전할 때 공작물 기어가 1피치 회전하며 가공되는 기어공작기계는?
① 호빙 머신
② 브로칭 머신
③ 방전가공기
④ 드릴링 머신

**해설** 호빙 머신
절삭 공구가 1회전할 때 공작물 기어가 1피치 회전하며 가공되는 기어공작기계이다.

**25** 일반적인 보링 머신의 종류에 해당하지 않는 것은?
① 수직 보링 머신
② 창성 보링 머신
③ 정밀 보링 머신
④ 지그 보링 머신

**해설** 일반적인 보링 머신의 종류
① 수직 보링 머신
② 지그 보링 머신
③ 정밀 보링 머신
④ 심공 보링 머신

**답안 표기란**
22 ① ② ③ ④
23 ① ② ③ ④
24 ① ② ③ ④
25 ① ② ③ ④

[정답] 22. ④  23. ①  24. ①  25. ②

**26** 절삭 가공 시 윤활제의 사용 목적에 해당하지 않는 것은?

① 냉각 작용　　② 밀폐 작용
③ 청정 작용　　④ 용해 작용

**해설** 절삭유의 작용
① 냉각 작용 : 절삭 공구와 공작물의 온도상승을 방지한다.
② 윤활 작용 : 공구 날과 칩 사이의 마찰저항을 감소한다.
③ 방청 및 세척작용 : 공작물을 산화방지하고 미분 및 칩을 제거한다.

**27** 밀링 머신에서 주축의 회전운동을 직선 왕복운동으로 변환시키는 밀링 부속장치는?

① 회전 테이블 장치　　② 래크 절삭장치
③ 수직축 장치　　　　④ 슬로팅 장치

**해설** 슬로팅 장치
밀링 머신에서 주축의 회전운동을 직선 왕복운동으로 변환시키는 밀링 부속장치이다.

**28** 사인 바(sine bar)로 각도를 측정할 때 몇 도를 넘으면 오차가 많이 발생하게 되는가?

① 10°　　② 20°
③ 30°　　④ 45°

**해설** 사인 바를 이용하여 각도 측정 시 $\alpha > 45°$로 되면 오차가 커지므로 기준면에 대하여 45° 이하로 설정한다.

**29** 다음 그림은 마이크로미터의 눈금 읽기를 나타낸 것이다. 현재의 상태에서 측정값은 몇 mm인가?

① 6.40
② 7.00
③ 7.40
④ 7.50

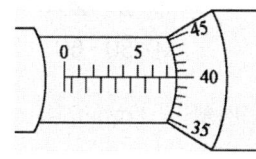

**해설**
슬리이브의 1mm　눈금 7
슬리이브의 0.5mm 눈금 0
딤블의　　0.01mm 눈금 0.4 ＋
　　　　　　　　　7.4mm

**30** 밀링 머신에서 할 수 없는 가공은?

① 기어의 치형 가공　　② 더브테일 가공
③ 홈 가공　　　　　　④ 배럴 가공

**해설** 배럴 가공은 충돌 가공으로 표면을 다듬질하는 작업이다.

정답　26.④　27.④
　　　28.④　29.③
　　　30.④

**31** 다음 중 방전가공의 특징으로 옳지 않은 것은?

① 가공물에 전기를 통전시켜 방전현상의 열에너지를 이용한다.
② 초경합금 등의 금속은 가공이나 가능하나 다이아몬드나 루비, 사파이어 등은 가공이 곤란하다.
③ 전극의 형상대로 정밀하게 가공할 수 있다.
④ 가공물에 큰 힘이 가해지지 않는다.

**해설** 방전가공은 초경합금, 다이아몬드나 루비, 사파이어 등의 가공이 가능하다.

**32** 피치원의 지름이 같은 내접 혹은 외접기어에서 모듈값이 커지면, 잇수는 어떻게 되는가?

① 많아진다.
② 적어진다.
③ 동일하다.
④ 외접기어는 커지고, 내접기어는 작아진다.

**해설** 피치원의 지름이 같은 기어에서 모듈값이 커지면 잇수는 적어진다.
피치원의 지름 $D = M \times (Z+2)$

**33** 수평 브로칭 머신에 적합한 절삭속도 범위는 몇 m/min인가?

① 5~10         ② 15~20
③ 30~40       ④ 50~60

**해설** 수평 브로칭 머신에 적합한 절삭속도 5~10m/min이다.

**34** 다음 중 브로칭 머신으로 작업하기에 부적당한 것은?

① 스플라인      ② 세그먼트 기어
③ 키 홈          ④ 볼 스크루

**해설** 볼 스크루는 선반에서 1차 가공 후 원통 연삭으로 마무리 가공한다.

**35** 금속 탄화물의 분말형 금속 원소를 프레스로 성형한 다음 이것을 소결하여 만든 합금으로 절삭 공구와 내열, 내마멸성이 요구되는 부품에 많이 사용되는 금속은?

[정답] 31. ② 32. ②
33. ① 34. ④
35. ①

① 초경합금　　　　② 주조 경질 합금
③ 합금 공구강　　　④ 세라믹

**해설** **초경합금** : Co, W, C 등의 분말형 탄화물을 프레스로 성형하여 소결시킨 것으로 소결 경질 합금이라고도 한다.

**36** 평 벨트와 비교한 V 벨트 전동장치의 특징이 아닌 것은?
① 고속운전이 가능하다.
② 미끄럼이 적고 속도비가 크다.
③ 엇걸기로 사용 가능하다.
④ 동력 전달 상태가 정숙하고 충격을 잘 흡수한다.

**해설** V 벨트 전동장치는 엇걸기로 사용이 불가능하며 바로걸기로 사용한다.

**37** 다음 중 특히 심냉 처리(sub-zero treatment)해야 하는 강은 어느 것인가?
① 스테인리스강　　② 내열강
③ 게이지강　　　　④ 구조용강

**해설** **심냉 처리** : 담금질 후 경도 증가, 시효변형 방지하기 위하여 0℃ 이하의 온도로 냉각하면 잔류 오스테나이트를 마텐자이트로 만드는 처리를 심냉 처리라 한다. 특히, 스테인리스강에서의 기계적 성질 개선과 조직 안정화와 게이지강에서의 자연시효 및 경도 증대를 위해 실시하며 게이지강에 주로 적용한다.

**38** 베어링의 재료는 다음과 같은 성질을 갖고 있어야 한다. 이중 틀린 것은?
① 눌러붙지 않는 내열성을 가져야 한다.
② 마찰계수가 적어야 한다.
③ 피로 강도가 높아야 한다.
④ 압축 강도가 낮아야 한다.

**해설** 베어링의 재료는 압축 강도가 커야 한다.

**39** 6-4황동에 철 1~2%를 첨가한 동합금으로 강도가 크고 내식성도 좋아 광산기계, 선반용 기계에 사용되는 것은?
① 톰백　　　　　　② 문츠메탈
③ 네이벌황동　　　④ 델타메탈

**해설** **델타메탈** : 6-4황동에 철 1~2%를 첨가한 동합금으로 강도가 크고 내식성도 좋아 광산기계, 선반용 기계에 사용된다.

[정답] 36. ③　37. ③
38. ④　39. ④

## 02회 CBT 모의고사

**40** 다음 중 동력 전달용 기계요소가 아닌 것은?
① 기어
② 마찰차
③ 체인
④ 유압 댐퍼

📝해설 유압 댐퍼는 완충 및 제어용 기계요소이다.

**41** 브레이크 블록의 길이와 나비가 60mm×20mm이고 브레이크 블록을 미는 힘이 900N일 때 제동압력은?
① $0.75\text{N/mm}^2$
② $7.5\text{N/mm}^2$
③ $75\text{N/mm}^2$
④ $750\text{N/mm}^2$

📝해설 $q = \dfrac{Q}{bt} = \dfrac{900}{60 \times 20} = 0.75$

**42** 주조 시 주형에 냉금을 삽입하여 주물 표면을 급냉시킴으로써 백선화하고 표면경도를 증가시킨 내마모성 주철은?
① 가단주철
② 고급주철
③ 칠드주철
④ 합금주철

📝해설 **칠드주철**: 표면은 백주철로 하고, 내부는 연한 회주철로 만든 것으로 압연용 칠드 롤러, 차륜 등과 같은 것에 사용된다.

**43** 다음 중 분할 핀에 관한 설명으로 틀린 것은?
① 핀 한쪽 끝이 두 갈래로 되어 있다.
② 너트의 풀림 방지에 사용된다.
③ 축에 끼워진 부품이 빠지는 것을 방지하는 데 사용된다.
④ 테이퍼 핀의 일종이다.

📝해설 테이퍼 핀은 맞춤 핀의 일종이다.

**44** 연강재 볼트에 8000N의 하중이 축 방향으로 작용할 때, 볼트의 골지름은 몇 mm 이상이어야 하는가? (단, 허용압축응력은 40N/mm²이다.)
① 6.63
② 20.02
③ 12.85
④ 15.96

[정답] 40. ④  41. ①
42. ③  43. ④
44. ④

**해설** $d = \sqrt{\dfrac{4 \times 8000}{\pi \times 40}} = 15.96$

## 45 다음 원소 중 고속도강의 주요 성분이 아닌 것은?

① 니켈  ② 텅스텐
③ 바나듐  ④ 크롬

**해설** **고속도강** : 대표적인 것으로 W(18%) – Cr(4%) – V(1%)이 있다.

## 46 알루미늄 합금은 가공용과 주조용으로 나누어진다. 다음 중 가공용 알루미늄 합금에 해당하는 것은?

① 알루미늄 – 구리계 합금
② 다이캐스팅용 알루미늄 합금
③ 알루미늄 – 규소계 합금
④ 내식성 알루미늄 합금

**해설**

| 내식용 Al 합금 | Al–Mn계 | 알민(Almin) |
|---|---|---|
| | Al–Mg–Si계 | 알드레이(Aldrey) |
| | Al–Mg계 | 하이드로날륨(hydronalium) |

## 47 길이가 100mm인 스프링의 한 끝을 고정하고, 다른 끝에 무게 40N의 추를 달았더니 스프링의 전체 길이가 120mm로 늘어났다. 이때의 스프링 상수(N/mm)는?

① 0.5  ② 1
③ 2  ④ 4

**해설** 변형량($\delta$) = 120 – 100 = 20mm

스프링상수($k$) = $\dfrac{W}{\delta} = \dfrac{40}{20} = 2$N/mm

## 48 재료의 안전성을 고려하여 안전할 것이라고 허용되는 최대의 응력을 무슨 응력이라 하는가?

① 허용응력  ② 주응력
③ 사용응력  ④ 수직응력

**해설** **허용응력**
사용응력에 대하여 안전성을 생각하여 재료에 허용되는 최대 응력이다.
사용응력 ($\sigma_w$) ≤ 허용응력($\sigma_a$)

**정답** 45. ① 46. ④ 47. ③ 48. ①

## 02회 CBT 모의고사

**49** 탄소강의 기계적 성질 중 상온, 아공석강(C<0.77%) 영역에서 탄소(C)량의 증가에 따라 저하하는 성질은?

① 인장강도　　② 항복점
③ 경도　　　　④ 연신율

**해설** 연신율
탄소강의 기계적 성질 중 상온, 아공석강(C<0.77%) 영역에서 탄소(C)량의 증가에 따라 저하하는 성질이다.

**50** 도면의 표현방법 중에서 스머징(smucging)을 하는 이유는 어떤 경우인가?

① 물체의 표면이 거친 경우
② 물체의 표면을 열처리 하고자 하는 경우
③ 물체의 단면을 나타내는 경우
④ 물체의 특정 부위를 비파괴 검사하고자 하는 경우

**해설** 단면임을 나타내기 위하여 단면 부분에 해칭(hatching) 또는 스머징(smudging)을 한다.

**51** 보기 입체도의 화살표 방향이 정면일 때, 우측면도로 적합한 것은?

[보기]
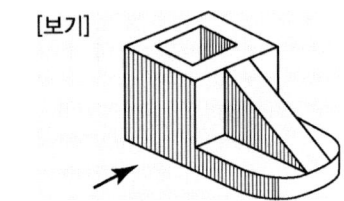

① 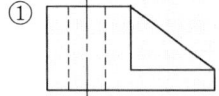　　②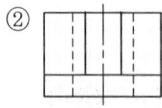

③ 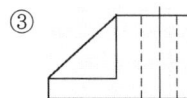　　④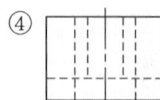

**정답** 49. ④　50. ③　51. ②

**52** 기계제도에서 도형에 나타나지 않으나 공작시의 이해를 돕기 위하여 가공 전이나, 공구의 위치 등을 나타내는 데 사용하는 선은?

① 파단선
② 숨은선
③ 중심선
④ 가상선

**해설** **가상선** : 가공 전이나, 공구의 위치 등을 나타내는 데 사용하는 선이다.

**53** 보기와 같은 도면은 무슨 기어의 맞물리는 기어 간략도인가?

[보기]

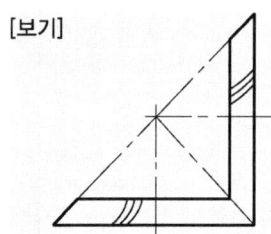

① 헬리컬 기어
② 베벨 기어
③ 웜 기어
④ 스파이럴 베벨 기어

**해설** 위 보기에서 기어 간략도는 스파이럴 베벨 기어이다.

**54** 관용 테이퍼 나사 종류 중 테이퍼 수나사 R에 대하여만 사용하는 3/4 인치 평행 암나사를 표시하는 KS 나사 표시 기호는?

① PT 3/4
② Rp 3/4
③ PF 3/4
④ Rc 3/4

**해설** 3/4 인치 평행 암나사를 표시 : Rp 3/4

**55** 다음 기하 공차기호 중 동축도를 나타내는 기호는?

① ▱
② ○
③ ⌭
④ ◎

**해설**

|  |  |
|---|---|
| ▱ | 평면도 공차 |
| ○ | 진원도 공차 |
| ⌭ | 원통도 공차 |
| ◎ | 동축도 공차 |

정답  52. ④  53. ④  54. ②  55. ④

**56** [보기] 도면에서 괄호 안에 들어갈 치수는?

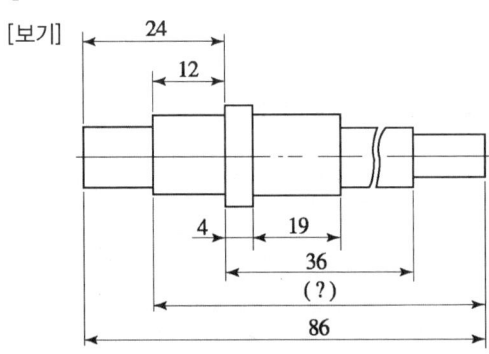

① 74
② 70
③ 62
④ 60

**해설** 86 − (12 = 24 − 12) = 74

**57** 가공에 의한 커터의 줄무늬가 여러 방향으로 교차 또는 무방향으로 나타나는 가공 모양의 기호는?

① C
② M
③ R
④ X

**해설**

| X | 가공으로 생긴 선이 두 방향으로 교차 |
| M | 가공으로 생긴 선이 다방면으로 교차 또는 무방향 |
| C | 가공으로 생긴 선이 거의 동심원 |
| R | 가공으로 생긴 선이 거의 방사상(레이디얼형) |

**58** 축과 구멍의 끼워 맞춤에서 축의 치수는 $\varnothing 50^{-0.012}_{-0.028}$, 구멍의 치수는 $\varnothing 50^{+0.025}_{0}$일 경우 최대 틈새는 몇 mm인가?

① 0.053mm
② 0.037mm
③ 0.028mm
④ 0.025mm

**해설**
① 최소 틈새 = 구멍의 최소 허용 치수 − 축의 최대 허용 치수
  50 − 49.988 = 0.012
② 최대 틈새 = 구멍의 최대 허용 치수 − 축의 최소 허용 치수
  50.025 − 49.972 = 0.053

정답 56. ① 57. ② 58. ①

**59** [보기]와 같은 치수선은 원호나 현의 치수 또는 각도치수 중 어느 것을 표시하는가?

[보기]
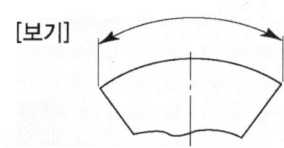

① 원호의 치수  ② 현의 치수
③ 원호의 각도  ④ 현의 각도

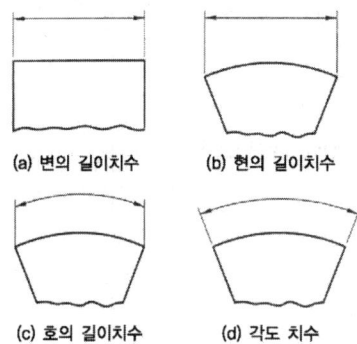

(a) 변의 길이치수   (b) 현의 길이치수
(c) 호의 길이치수   (d) 각도 치수

**60** 축의 외관검사에 해당하지 않는 것은?
① 키 홈의 코너에 R이 있는가?
② 턱붙이 부의 R 가공은 적절한가?
③ 키의 효과는 충분한가?
④ 키의 치수는 적절한가?

 "키의 치수는 적절한가?"는 키와 키 홈의 외관검사에 해당한다.

정답 59.① 60.④

# 03회 CBT 모의고사

**01** 표준형 드릴의 날 끝 각은 몇 도인가?
① 60°   ② 80°
③ 118°  ④ 135°

**해설** 드릴의 각도
트위스트 드릴의 인선각은 연강용에 대해 118°로 일반적으로 가공 재료가 단단할수록 인선각이 커진다.(여유각 : 10~15°, 웨브각 : 135°, 나선각 : 20~32°)

**02** 선삭에서 절삭속도가 15.7m/min, 가공물의 지름이 200mm였다면, 스핀들의 회전수는 약 몇 rpm인가?
① 25   ② 50
③ 54   ④ 70

**해설** $N = \dfrac{1000\,V}{\pi D} = \dfrac{1000 \times 15.7}{\pi \times 200} = 25$

**03** 밀링 커터의 날수 8, 지름이 100mm, 1날당 이송을 0.1mm로 하고 절삭속도를 120m/min로 하려면 적당한 테이블 이송속도는 약 몇 mm/min인가?
① 306   ② 382
③ 406   ④ 482

**해설** 이송속도
밀링가공 시 이송속도는 밀링 커터의 날 1개마다의 이송을 기준으로 한다.
$f = f_z \times z \times N = 0.1 \times 8 \times \dfrac{1000 \times 120}{\pi \times 100} = 305.58 ≒ 306$

**04** 선반 가공에서 면판을 사용할 때 필요 없는 부품은?
① 볼트         ② 맨드릴
③ 앵글 플레이트  ④ 클램프

**해설** 면판(face plate)
① 주축의 나사에 고정, 돌리개를 사용하여 공작물 가공에 사용된다.
② 대형 공작물이나 복잡한 형상의 공작물 가공에 사용된다.
→ 앵글 플레이트, 클램프 등의 고정구와 웨이트 밸런스를 위한 추를 사용한다.

**정답** 01. ③  02. ①  03. ①  04. ②

**05** 밀링에서 윗면에는 T 볼트를 이용하여 밀링 바이스를 고정할 수 있도록 T 홈이 파여 있고, 좌·우로 이송하는 구조로 되어 있는 것은?

① 니
② 컬럼
③ 테이블
④ 승강나사

**해설** 테이블
밀링에서 윗면에는 T 볼트를 이용하여 밀링 바이스를 고정할 수 있도록 T 홈이 파여 있고, 좌·우로 이송하는 구조로 되어 있다.

**06** 2차원 절삭에서 절삭면적을 계산하는 식은?

① 절삭속도×절삭깊이
② 절삭깊이×이송
③ 절삭속도×이송
④ 절삭깊이×절삭저항

**해설** 절삭면적 = 절삭깊이×이송

**07** 나사의 유효지름 측정과 관련이 없는 것은?

① 나사 마이크로미터
② 삼침법
③ 공구현미경
④ 센터게이지

**해설** 유효지름의 측정
① 삼침법 : 나사 게이지 등과 같이 정밀도가 높은 나사의 유효지름 측정에 3침법(3선법)이 쓰이며, 지름이 같은 3개의 핀 게이지를 나사산의 골에 끼운 상태에서 바깥지름을 마이크로미터 등으로 측정하여 계산하며, 유효지름을 측정하는 가장 정밀한 방법이다.
② 나사 마이크로미터에 의한 방법 : 엔빌 측에 V홈 측정자를 스핀들 측에 원뿔형 측정자를 사용하여 유효지름 값을 직접 읽을 수 있다.
③ 광학적인 방법 : 투영기, 공구현미경 등의 광학적 측정기에서 나사축 선과 직각으로 움직이는 전후이동 마이크로미터 헤드의 읽음 값으로 구할 수 있다.

**08** 수직 밀링 머신에서 전후 이송을 하는 안내면의 명칭은?

① 컬럼
② 새들
③ 니
④ 오버 암

**해설** 새들
수직 밀링 머신에서 전후 이송을 하는 안내면의 명칭이다.

정답 05. ③  06. ②  07. ④  08. ②

**09** 절삭 공구재료가 갖추어야 할 조건으로 틀린 것은?

① 칩과의 친화력이 있고 내 마멸성이 작을 것
② 일감보다 단단하고 인성이 있을 것
③ 고온에서도 경도가 떨어지지 않을 것
④ 형상을 만들기 쉽고 가격이 쌀 것

**해설** 절삭 공구재료의 구비조건
① 피 절삭재보다는 경도와 인성이 클 것
② 고온에서 경도가 감소되지 않을 것
③ 내마멸성, 내마모성이 클 것
④ 절삭저항을 받으므로 강도가 클 것
⑤ 형상을 만들기 용이하고 가격이 쌀 것

**10** 방전 가공할 때 가공 전극 재료를 사용하지 않는 것은?

① 황동             ② 흑연
③ 구리             ④ 세라믹

**해설** 전극 재료
구리, 은, 텅스텐 합금, 황동, 인청동, 텅스텐, 흑연(가장 좋으나 소모가 빠르다)

**11** 밀링 머신의 부속 장치가 아닌 것은?

① 아버
② 에이프런
③ 회전 테이블
④ 래크 절삭 장치

**해설** 에이프런은 선반 머신의 부속 장치이다.

**12** 칩의 종류를 연속형과 불연속형으로 구분할 때 연속형 칩에 속하는 것은?

① 유동형 칩        ② 전단형 칩
③ 경작형 칩        ④ 균열형 칩

**해설** 유동형 칩
연속형 칩으로 일감이 연하고 인성이 큰 재질을, 윗면 경사각이 큰 공구로 절삭깊이를 작게 하고 높은 절삭속도에서 절삭제를 사용하는 경우에 발생한다.

[정답] 09. ① 10. ④ 11. ② 12. ①

**13** 공작기계의 구성요소로 적당하지 않은 것은?

① 몸체　　　　　　② 플랜지
③ 안내면　　　　　④ 주축

**해설** 공작기계의 구성요소 : 몸체, 안내면, 주축, 베드이다.

**14** 어미자의 최소 눈금이 0.5mm일 때, 어미자의 눈금 12mm를 25등분한 버니어 캘리퍼스의 측정 최소값은 몇 mm인가?

① 0.01　　　　　　② 0.02
③ 0.05　　　　　　④ 0.1

**해설** 최소 측정값 = $\dfrac{\text{어미자의 최소눈금}}{\text{등분수}(m)} = \dfrac{0.5}{25} = 0.02$

**15** 회전하는 상자에 공작물과 공작액, 콤파운드 등을 함께 넣고 공작물이 입자와 충돌하는 동안에 그 표면의 요철을 제거하여 공작물 표면을 다듬질하는 가공법은?

① 연삭 가공　　　　② 호닝 가공
③ 배럴 가공　　　　④ 수퍼피니싱 가공

**해설** **배럴 다듬질**
충돌가공(주물귀, 돌기 부분, 스케일 제거)으로 회전하는 상자 속에 공작물과 미디어, 콤파운드(유지+직물), 공작액 등을 넣고 회전과 진동을 주어 표면을 다듬질(회전형, 진동형)

**16** 각도 측정에 사용하지 않는 게이지는?

① 사인 바
② 테이퍼 게이지
③ 요한슨식 각도 게이지
④ 테보 게이지

**해설** 테보 게이지는 구멍용 한계 게이지이다.

**17** 드릴 가공 방법에서 구멍에 암나사를 가공하는 작업은?

① 다이스 작업　　　② 리밍
③ 보링　　　　　　④ 태핑

**해설** • **태핑** : 구멍에 암나사를 가공
• **다이스 작업** : 축에 수나사를 가공

**정답** 13. ② 14. ②
15. ③ 16. ④
17. ④

**18** 측정에서의 아베의 원리란?

① 주위환경에 따라 오차가 생긴다.
② 표준자와 피측정물은 측정 방향에 있어서 일직선 위에 배치하여야 한다.
③ 표준자와 눈의 위치는 일직선 위에 배치하여야 한다.
④ 피측정물은 눈과 같은 위치에 있어야 한다.

**해설** 아베의 원리는 표준자와 피측정물은 동일 축선 상에 위치하여야 한다.

**19** 대형 부품, 복잡한 모양의 부품 등을 정반 위에 올려놓고 정반면을 기준으로 하여 높이를 측정하거나 스크라이버 끝으로 금긋기 작업을 할 수 있는 측정기는?

① 마이크로미터
② 하이트 게이지
③ 게이지 블록
④ 센터 게이지

**해설** 하이트 게이지
대형 부품, 복잡한 모양의 부품 등을 정반 위에 올려놓고 정반면을 기준으로 하여 높이를 측정하거나 스크라이버 끝으로 금긋기 작업을 할 수 있는 측정기이다.

**20** 일반적으로 밀링 머신으로 가공하기에 적합하지 않은 것은?

① 테이퍼로 이뤄진 내경 절삭
② 플레인 커터의 평면절삭
③ 엔드밀의 홈 절삭
④ 정면 커터의 정면절삭

**해설** 테이퍼로 이뤄진 내경 절삭은 선반에서 작업이 가능하다.

**21** 원통 외경연삭의 이송 방식에 해당하지 않는 것은?

① 테이블 왕복식
② 연삭숫돌대 방식
③ 플랜지 컷 방식
④ 유성형 방식

**해설** 유성형 방식은 내경연삭의 이송방식이다.

[정답] 18. ② 19. ②
20. ① 21. ④

**22** 탭을 이용하여 암나사를 가공할 때 탭의 파손 원인에 해당하지 않는 것은?

① 구멍이 너무 작거나 구부러진 경우
② 탭이 수직으로 들어간 경우
③ 탭의 지름에 적합한 핸들을 사용하지 않는 경우
④ 막힌 구멍의 바닥에 탭 선단이 닿았을 경우

**해설** 탭이 경사로 들어간 경우 탭의 파손 원인이 된다.

**23** 래크형 공구를 사용하여 절삭하는 것으로 필요한 관계운동은 변환기어에 연결된 나사 봉으로 조절하는 것은?

① 호빙 머신
② 펠로스 기어 셰이퍼
③ 마그 기어 셰이퍼
④ 베벨기어 절삭기

**해설** 마그 기어 셰이퍼
래크형 공구를 사용하여 절삭하는 것으로 필요한 관계운동은 변환기어에 연결된 나사 봉으로 조절한다.

**24** 척이나 자석척 등을 사용하지 않고 연삭이 가능하며, 가늘고 긴 핀이나 롤러 등 연삭에 적합한 연삭기는?

① 보통 외경 연삭기
② 만능 연삭기
③ 센터리스 연삭기
④ 평면 연삭기

**해설** 센터리스 연삭기
척이나 자석척 등을 사용하지 않고 연삭이 가능하며, 가늘고 긴 핀이나 롤러 등 연삭에 적합하다.

**25** 홈 절삭, 측면 절삭 등을 할 수 있는 다음 그림과 같은 공구의 명칭은?

① T 홈 커터
② 평면 밀링 커터
③ 엔드밀
④ 홈 밀링 커터

**해설** 위 그림은 2날 엔드밀이다.

[정답] 22. ② 23. ③ 24. ③ 25. ③

**26** 보링 머신의 작업에 대한 설명으로 틀린 것은?

① 지그 보링 머신은 매우 정밀한 구멍을 가공한다.
② 보링 머신은 주축의 방향에 따라 수평형과 수직형으로 나눌 수 있다.
③ 보링 바는 이미 뚫려 있는 구멍을 넓히면서 가공 정밀도를 좋게 하는 데 사용되는 부속장치이다.
④ 보링 머신에서 정면절삭은 하지 못한다.

**해설** 보링 머신에서 정면절삭이 가능하다.

**27** 더브테일 홈 가공 등 어느 일정한 각도를 가공하는 커터는?

① 래크 커터
② 앵글 커터
③ 호브
④ 피니언 커터

**해설** 앵글 커터 : 더브테일 홈 가공 등 어느 일정한 각도를 가공하는 커터이다.

**28** 초경 합금의 공구류, 고속도강의 연삭 등 가공 경화를 일으키기 쉬운 재료, 자성재료 등에 적합한 전기화학적 가공법은?

① 전해 가공
② 전해 연마
③ 전해 연삭
④ 초음파 가공

**해설** 전해 연삭
숫돌 입자와 공작물이 접촉하여 가공하는 연삭작용과 전해작용을 동시에 이용하는 가공법으로 전해 연삭에 의한 가공은 응력과 변질 층이 없으므로 전자 현미경의 시편 가공과 각종 반도체 연마에 주로 많이 이용되고, 초경합금의 공구류, 고속도강의 중연삭, 박판, 숫돌 소모가 큰 특수강, 가공 경화를 일으키기 쉬운 재료, 자성 재료 등에 응용하여 사용되고 있다.

**29** 보통 보링 머신에서 구조에 따른 분류에 해당하지 않는 것은?

① 테이블형
② 플로우형
③ 보링 헤드형
④ 플레이너형

**해설** 수평식 보링 머신 – 대표적인 보통 보링 머신
① 테이블형 : 보링 및 기계 가공 병행 중형이하 가공물
② 플레이너형 : 중량이 큰 일감의 정밀가공
③ 플로어형 : 테이블형에서 곤란한 대형 일감
④ 이동형 : 이동작업, 기계수리형

정답  26. ④  27. ②  28. ③  29. ③

**30** 브로칭 머신에서 떨림 방지를 위해 피치 간격은 몇 mm정도로 주는가?

① 0.05~0.08
② 0.1~0.5
③ 1~2
④ 2~3

**해설** 브로칭 머신에서 떨림 방지를 위해 피치 간격은 0.1~0.5mm이다.

**31** 브로칭 가공법의 올바른 설명은?

① 1회 통과(절삭) 운동에 의해 가공하므로 작업시간이 짧다.
② 소량생산에 적합하다.
③ 연삭입자에 의한 가공법이다.
④ 하나의 절삭날에 의한 가공법이다.

**해설** 브로칭 가공은 1회 통과(절삭) 운동에 의해 가공하므로 작업시간이 짧다.

**32** 와이(Y) 합금에 대한 설명으로 틀린 것은?

① Al에 Cu(4%), Ni(2%), Mg(1.5%) 정도가 함유된 합금이다.
② 소성 가공성이 좋고 시효 경화성이 없으므로 단조품으로도 많이 이용된다.
③ 알루미늄의 내열성 주물로서 실린더헤드, 피스톤 등에 많이 사용된다.
④ α고용체 중에 삼원 화합물이 산재하고 있는 합금조직이다.

**해설** Y-합금
Al – Cu – Ni – Mg의 합금으로 대표적인 내열용 합금이다. $Al_5Cu_2Mg_2$가 석출 경화되며 시효 처리한다.

**33** 지름이 50mm의 축에 보스의 길이 60mm의 기어를 설치하려고 한다. 성크 키의 규격은 나비×높이＝12mm×8mm이고, 키의 전단응력은 4kgf/mm²일 때 토크는 몇 kgf/mm인가?

① 720
② 4800
③ 48000
④ 9600

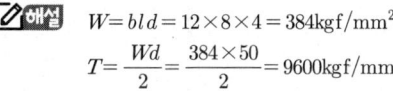
$W = bld = 12 \times 8 \times 4 = 384 \text{kgf/mm}^2$
$T = \dfrac{Wd}{2} = \dfrac{384 \times 50}{2} = 9600 \text{kgf/mm}$

**정답** 30. ② 31. ①  32. ② 33. ④

**34** 평 벨트와 비교한 V 벨트 전동의 특성이 아닌 것은?

① 설치면적이 넓어 큰 공간이 필요하다.
② 비교적 작은 장력으로 큰 회전력을 전달할 수 있다.
③ 운전이 정숙하다.
④ 마찰력이 평 벨트보다 크고 미끄럼이 적다.

**해설**  V 벨트 전동의 특성
① 고속운전이 가능하며 속도비가 크다. ($i=7\sim10$)
② 짧은 거리의 운전이 가능. 2~5m까지 전동 가능하다.
③ 미끄럼이 적고 능률이 높다. 효율은 보통 90~95% 정도이다.
④ 운전이 원활하고 정숙하며, 충격이 아주 작다.
⑤ V 벨트 단면의 형상은 M, A, B, C, D, E형의 6종류가 있으며 M에서 E쪽으로 가면 단면이 커진다.

**35** 테이퍼 핀(taper pin)의 호칭지름 표기는?

① 큰 쪽의 지름
② 핀의 길이
③ 작은 쪽의 지름
④ 테이퍼 핀의 중앙지름

**해설**  테이퍼 핀(taper pin)의 호칭지름은 작은 쪽의 지름이다.

**36** 캠이나 유압장치를 사용하는 브레이크로서 브레이크 슈를 바깥쪽으로 확장하여 밀어붙이는 것은?

① 드럼 브레이크
② 원판 브레이크
③ 원추 브레이크
④ 밴드 브레이크

**해설**  드럼 브레이크
브레이크 슈를 바깥쪽으로 확장하여 밀어붙이는 데 캠이나 유압장치를 사용한다.

**37** 롤러 베어링에서 전동체가 접촉되지 않고 일정한 간격을 유지할 수 있게 하는 것은?

① 내륜
② 저널(journal)
③ 외륜
④ 리테이너(retainer)

**해설**  리테이너(retainer)
롤링(볼) 베어링에서 전동체가 접촉되지 않고 일정한 간격을 유지할 수 있게 한다.

정답  34. ①  35. ③  36. ①  37. ④

**38** 주철의 결정인 여리고 약한 인성을 개선하기 위하여 먼저 백주철의 주물을 만들고, 이것을 장시간 열처리하여 탄소의 상태를 분해 또는 소실시켜 인성 또는 연성을 증가시킨 주철은?

① 보통주철 ② 합금주철
③ 고급주철 ④ 가단주철

**해설** **가단주철** : 주철의 취약성을 개량하기 위해서 백주철을 열처리하여 제조하기 쉽고 강인성을 부여시킨 주철이다.

**39** 철강을 적당한 온도에서 가열, 냉각 등의 조작에 의해 기계적 성질을 부여하는 방법은?

① 열처리 ② 가공 경화
③ 가공 연화 ④ 연성 · 전성

**해설** **열처리** : 철강을 적당한 온도에서 가열, 냉각 등의 조작에 의해 기계적 성질을 부여하는 방법이다.

**40** SKH2로 규정되는 고속도강의 표준 성분(%)으로 적합한 것은?

① 18(W)-7(Cr)-1(V) ② 18(W)-4(Cr)-1(V)
③ 28(W)-7(Cr)-1(V) ④ 28(W)-12(Cr)-1(V)

**해설** **고속도강(SKH)** : 절삭 공구강의 대표적인 특수강으로서 W, Cr, V 이외의 Co, Mo 등을 다량 함유하고 있는 고합금강으로, 500~600℃까지 가열하여도 뜨임에 의해서 연화되지 않고, 고온에서도 경도 감소가 적은 것이 특징이다. 대표적인 것으로는 W 18%, Cr 4%, V 1%를 함유한 18-4-1형이 있다.

**41** 강의 표면경화 방법 중 가열하지 않고 가공경화에 의해 피로강도를 증가시키는 방법은?

① 침탄법 ② 숏 피닝
③ 질화법 ④ 고주파 경화법

**해설** **쇼트 피이닝** : 냉간 가공법으로 철강의 작은 볼(shot)을 공작물 표면에 분사하여 강재의 화학조성을 변화시키지 않고 표면을 매끈하게 하여 피로강도 및 기계적 성질 향상

**42** 항상 압력을 거는 목적으로 사용하는 강압 스프링으로 안전밸브, 너트의 풀림방지에 쓰이는 스프링은?

① 겹판 스프링 ② 와셔 스프링
③ 코일 스프링 ④ 태엽 스프링

**해설** **와셔 스프링** : 항상 압력을 거는 목적으로 사용하는 강압 스프링으로 안전밸브, 너트의 풀림방지에 쓰이는 스프링이다.

정답 38. ④ 39. ① 40. ② 41. ② 42. ②

## 03회 CBT 모의고사

**43** 구리에 납(Pb)을 30~40% 첨가한 것으로 고속, 고하중용 베어링으로 적합하며 자동차, 항공기 등의 주 베어링으로 쓰이는 것은?

① 켈밋  ② 화이트메탈
③ 문쯔메탈  ④ 인청동

**해설** 켈밋 : 구리에 납(Pb)을 30~40% 첨가한 것으로 고속, 고하중용 베어링으로 적합하며 자동차, 항공기 등의 주 베어링 사용한다.

**44** 양 끝에 나사를 깎은 머리 없는 볼트로서 한쪽은 몸에 죄어 놓고, 다른 한쪽에는 결합할 부품을 대고 너트를 끼워 죄는 것은?

① 탭 볼트  ② 관통 볼트
③ 기초 볼트  ④ 스터드 볼트

**해설**
① 관통 볼트 : 가장 널리 쓰이며, 맞뚫린 구멍에 볼트를 넣고 너트를 조이는 것이다.
② 탭 볼트 : 너트를 사용하지 않고 직접 암나사를 낸 구멍이 죄어 만든다.
③ 스터드 볼트 : 환봉의 양 끝에 나사를 낸 것으로 기계 부품에 한쪽 끝을 영구 결합시키고 다른 끝에는 너트를 풀어 기계를 분해하는 데 쓰인다.
④ T 볼트 : 공작기계의 테이블에 공작물을 고정시킬 때 사용된다.

**45** 한 변의 길이가 12mm인 정사각형 단면 봉에 축선 방향으로 72kgf의 인장하중이 작용할 때 생기는 응력은 몇 kgf/mm²인가?

① 0.5  ② 0.75
③ 0.83  ④ 0.95

**해설** 압축응력 = $\dfrac{하중}{단면적} = \dfrac{72}{12 \times 12} = 0.5 \, \text{kgf/mm}^2$

**46** 세라믹과 금속의 특성을 가지는 초고온 내열 재료로 제트기, 가스 터빈, 가스 터빈 날개, 치과용 드릴 등 내충격, 내마멸용에 사용되며, 고온에서 내열성이 우수한 재료는?

① 신화 알루미나  ② 파인 세라믹
③ 서멧  ④ 탄화티탄

**해설** 서멧 : 금속 조직 내에 세라믹 입자를 분산시킨 복합재료로 절삭 공구, 다이스, 치과용 드릴 등에 사용된다.

정답  43. ①  44. ④
45. ①  46. ③

**47** 도형의 한정된 특정부분을 다른 부분과 구별하기 위해 사용하는 선으로 단면도의 절단된 면을 표시하는 선을 무엇이라고 하는가?

① 가상선
② 파단선
③ 해칭선
④ 절단선

**해설**
① **가상선** : 도시된 단면의 앞쪽에 있는 부분을 표시
② **파단선** : 대상물의 일부를 파단한 경계 또는 일부를 떼어낸 경계를 표시하는 데 사용한다.(가는 실선으로 불규칙하게 도시)
③ **해칭선** : 도형의 한정된 특정 부분을 다른 부분과 구별하는 데 사용
④ **절단선** : 단면도를 그리는 경우 그 절단 위치를 대응하는 도면에 표시하는 데 사용

**48** 그림과 같이 제3각법으로 정 투상도를 작도할 때 정면도와 우측면도에 가장 적합한 평면도는?

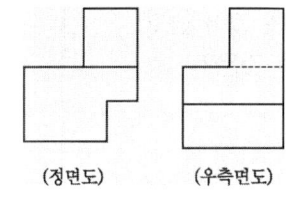

(정면도)    (우측면도)

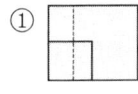 ①         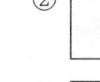 ②

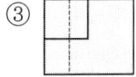 ③         ④

**49** 정면에서 경사진 부분을 측면도나 평면도에서 나타낼 때 그 실험을 나타내기 힘들다. 이 때 사용하는 투상도로 가장 적합한 것은?

① 회전 투상도
② 가상 투상도
③ 보조 투상도
④ 부분 투상도

**해설** 보조 투상도
경사면부가 있는 대상물에서 그 경사면의 실제 길이를 표시할 필요가 있는 경우에는 다음에 의하여 보조 투상도로 표시한다.

**50** KS 가계제도 도면에 기입하는 치수는 특별히 명시한 경우를 제외하고는 다음 중 어느 치수가 기입되어 있는가?

① 다듬질 치수
② 가공 여유를 합한 치수
③ 원재료 치수
④ 가공하기 전 소재치수

**해설** 도면에 기입하는 치수는 특별히 명시한 경우를 제외하고는 다듬질 치수를 기입한다.

정답  47. ③  48. ④
      49. ③  50. ①

## 51. 도면에 φ100 H6/mb로 표시된 끼워 맞춤의 종류는?

① 구멍 기준식 억지 끼워 맞춤
② 구멍 기준식 중간 끼워 맞춤
③ 축 기준식 중간 끼워 맞춤
④ 축 기준식 억지 끼워 맞춤

**해설** 상용하는 구멍 기준 끼워 맞춤

| 기준축 | 중간끼워맞춤 | | |
|---|---|---|---|
| H6 | js5 | k5 | m5 |
|    | js6 | k6 | m6 |
| H7 | js6 | k6 | m6 |
|    | js7 |    |    |

## 52. 구름 베어링의 안지름이 140mm일 때, 구름 베어링의 호칭번호에서 안지름 번호로 가장 적합한 것은?

① 14
② 28
③ 70
④ 140

**해설** 안지름 번호(세 번, 네 번째 숫자)
안지름 번호 1~9까지는 안지름 번호와 안지름이 같고 안지름 번호의 안지름 20mm 이상 480mm 미만에서는 안지름을 5로 나눈 수가 안지름 번호이다. 140÷5=28mm
- 00 : 안지름 10mm
- 01 : 안지름 12mm
- 02 : 안지름 15mm
- 03 : 안지름 17mm

## 53. 표면의 줄무늬 방향기호 설명으로 틀린 것은?

① C : 가공으로 생긴 줄무늬가 기호를 기입한 면의 중심에 대하여 거의 동심원 모양
② R : 가공으로 생긴 줄무늬가 기호를 기입한 면의 중심에 대하여 거의 방사 모양
③ = : 가공으로 생긴 줄무늬가 여러 방향으로 교차 또는 무방향
④ ⊥ : 가공으로 생긴 줄무늬 방향이 기호를 기입한 그림의 투영 면에 직각

정답 51. ② 52. ② 53. ③

| 해설 | | |
|---|---|---|
| | = | 가공으로 생긴 앞줄의 방향이 기호를 기입한 그림의 투영면에 평행 |
| | ⊥ | 가공으로 생긴 앞줄의 방향이 기호를 기입한 그림의 투영면에 수직 |
| | X | 가공으로 생긴 선이 두 방향으로 교차 |
| | M | 가공으로 생긴 선이 다방면으로 교차 또는 무방향 |
| | C | 가공으로 생긴 선이 거의 동심원 |
| | R | 가공으로 생긴 선이 거의 방사상(레이디얼형) |

**54** 제품의 재질이 구상흑연주철일 때 KS 재료 기호로 올바른 것은?

① SC  ② GC
③ GCD  ④ STD

해설
① SC360~SC480 : 탄소 주강품
② GC100~GC350 : 회 주철품
③ GCD370~GCD800 : 구상흑연 주철품
④ STD : 합금 공구강재(주로 내마멸성 불변형용)

**55** 기어의 도시에 있어서 피치원을 나타내는 선은?

① 굵은 실선  ② 가는 실선
③ 가는 1점 쇄선  ④ 가는 2점 쇄선

해설 기어의 도시법
① 피치원은 가는 1점 쇄선으로 그린다.
② 잇봉우리원은 굵은 실선으로 그린다.
③ 이골원은 가는 실선으로 그린다.
④ 잇줄 방향은 보통 3개의 가는 실선으로 그린다.

**56** 그림과 같은 입체도를 화살표 방향에서 본 투상도로 가장 가까운 것은? (단, 보기의 화살표 방향에서 좌우, 상하 대칭임)

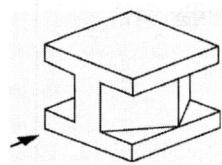

① ② ③ ④

정답 54. ③  55. ③
56. ③

## 03회 CBT 모의고사

**57** 핸드 탭에서 가공률이 가장 좋은 것은?
① 1번 탭  ② 2번 탭
③ 3번 탭  ④ 4번 탭

**해설** 1번 탭 55%, 2번 탭 25%, 3번 탭은 20% 가공된다.

**58** 측장기에 대한 설명 중 틀린 것은?
① 비교적 소형 치수의 측정에 쓰인다.
② 각종 게이지나 정밀 공구 측정에 쓰인다.
③ 측정의 최소 눈금은 0.001~0.01mm로 정밀측정이 된다.
④ 현미경 고정식, 현미경 이동식의 2가지가 있다.

**해설** 일반적으로 길이만을 측정하는 일차원의 측정기를 측장기라 한다.

**59** 다음 각도 게이지 중 정도가 가장 좋은 것은?
① 요한슨식 각도 게이지  ② N.P.L식 각도 게이지
③ 기계식 각도 정규  ④ 광학식 각도 정규

**해설** 요한슨식 각도 게이지의 정도는 조합 시 ±24″ 정도이며, N.P.L식 각도 게이지의 조합 후 정도는 2–3″이다. 그리고 기계식 각도 정규는 5′이며, 광학적 각도 정규는 1도를 12등분한 것이 있다.

**60** 기포관 내의 기포 이동량에 따라 측정하며, 수평 또는 수직을 측정하는 데 사용하는 것은?
① 직각자  ② 사인 바
③ 측장기  ④ 수준기

**해설** 수준기의 감도는 KS에서 기포관의 1 눈금(2mm)이 변위 되는 데 필요한 경사각을 밑면 1m에 대한 높이 또는 각도로 표시된다. 따라서 $\rho = 206265 \times \dfrac{a}{R}$ 가 된다.

**정답** 57. ① 58. ① 59. ② 60. ④

## 01. 밀링 작업 중 하향절삭의 특징에 대한 설명으로 틀린 것은?

① 공구와 공작물의 접촉점에서 공작물의 이송 방향과 공구의 회전 방향이 동일하다.
② 가공면이 깨끗하다.
③ 일감의 고정이 간편하다.
④ 백래시 제거장치가 필요 없다.

**해설**

| 구 분 | 하향절삭 |
|---|---|
| 칩에 영향 | 절삭에 방해 있다. |
| 백래시 제거 | 백래시 제거장치 필요하다. |
| 공작물 고정 | 안정된 고정이 된다. |
| 공구 수명 | 수명이 길다.<br>날 파손은 생길 수 있으나 마모가 적다. |
| 소비 동력 | 소비가 적다. |
| 가공면 | 깨끗하다. |

## 02. 가늘고 긴 일정한 단면 모양을 가진 공구면에 많은 날을 가지고 있어 가공을 내면의 키 홈 가공 등 필요한 형상을 가공하기에 적합한 공구는?

① 브로치
② 드릴
③ 보링 바이트
④ 리머

**해설** 브로칭 머신
다수의 절삭날을 일직선상에 가진 브로치(Broach)라는 공구를 사용해서 공작물의 구멍 내면 및 표면을 필요한 형상으로 가공을 위해 인발 또는 압입하여 절삭한다. 단, 브로치 제작이 어렵고 고가이므로 사용상 주의가 요구된다.

## 03. 드릴의 회전수가 1000rpm이고 드릴의 지름이 50mm일 때 드릴의 절삭속도는 몇 m/min인가? (단, $\pi=3.14$로 한다.)

① 15.7
② 31.4
③ 157
④ 314

**해설** $V = \dfrac{\pi DN}{1000} = \dfrac{3.14 \times 50 \times 1000}{1000} = 157$

**답안 표기란**

| 01 | ① | ② | ③ | ④ |
| 02 | ① | ② | ③ | ④ |
| 03 | ① | ② | ③ | ④ |

**정답** 01. ④ 02. ①
03. ③

## 04회 CBT 모의고사

**04** 길이 측정기가 아닌 것은?
① 버니어 캘리퍼스
② 외경 마이크로미터
③ 내경 마이크로미터
④ 옵티컬 플랫

**해설** 옵티컬 플랫은 평면도의 측정에 사용되고, 백색광에 의한 적색 간섭무늬의 수에 의해서 측정한다.

**05** 연한 금속을 연삭하게 되면 연삭숫돌의 기공이 매워져 연삭입자가 떨어지게 되는데 그 현상을 무엇이라 하는가?
① 무딤(glazing)
② 트루잉(truing)
③ 눈메움(loading)
④ 드레싱(dressing)

**해설**
① 무딤(glazing) : 자생작용이 잘되지 않으므로 입자가 탈락되지 않아 연삭으로 인한 열이 생기므로 입자가 무디어지는 현상을 말하며, 이로 인하여 연삭열과 균열이 생긴다.
② 트루잉(truing) : 숫돌의 형태를 수정하는 것으로 연삭 조건이 좋더라도 숫돌바퀴의 질이 균일하지 못하거나 공작물이 영향을 받아 모양이 좋지 못할 때 일정한 모양으로 고치는 방법이다.
③ 눈메움(loading) : 숫돌입자의 표면이나 기공에 칩이 끼어지고 용착되어 절삭 성능이 떨어지고 연삭성이 나빠지는 현상으로, 다듬질 면에 떨림자리가 나타난다.
④ 드레싱(dressing) : 글레이징, 로우딩 현상이 생길 때 강판 드레서와 다이아몬드 드레서로 숫돌 표면을 성형하거나 칩을 제거하는 작업을 드레싱이라고 하며, 절삭성이 나빠진 숫돌 면에 새롭고 날카롭게 입자를 발생시키는 것이다.

**06** 연삭숫돌의 3요소에 해당하지 않는 것은?
① 결합도
② 숫돌입자
③ 기공
④ 결합제

**해설** 연삭숫돌의 3요소
① 입자(절삭날)
② 결합제(절삭날지지)
③ 기공(칩의 저장, 배출)

**07** 가공물을 연속적으로 가공할 수 있으며, 가늘고 긴 가공물의 연삭에 적합한 연삭기계는?
① 슈퍼 피니싱
② 센터리스 연삭기
③ 외경 연삭기
④ 평면 연삭기

정답 04.④ 05.③ 06.① 07.②

**해설** 센터리스 연삭기
가공물을 연속적으로 가공할 수 있으며, 가늘고 긴 가공물의 연삭에 적합하다.

**08** 선반에서 리브(rib)가 있는 상자형의 주물로서 주축대, 심압대, 왕복대를 지지하며, 왕복대, 심압대의 안내 역할을 하는 것은?

① 베드
② 돌림판
③ 돌리개
④ 방진구

**해설** 베드
- 리브(rib)가 있는 상자형의 주물로서 주축대, 왕복대, 심압대 등 주요한 부분을 지지하며, 절삭운동의 저항 및 안내하는 구조이다.
- 주축대의 회전운동, 절삭력 및 상부의 중량을 충분히 견딜 수 있도록 강성 및 정밀도가 요구된다.

**09** 절삭 공구재료의 구비조건으로 틀린 것은?

① 일감보다 단단하고 결합성이 필요하다.
② 절삭할 때 마찰계수가 커야 한다.
③ 형상을 만들기가 쉽고 가격이 저렴해야 한다.
④ 높은 온도에서도 경도가 필요하다.

**해설** 절삭 공구재료는 절삭할 때 마찰계수가 작아야 한다.

**10** 숫돌바퀴를 설치할 때 주의할 사항과 거리가 먼 것은?

① 작업 편의상 숫돌 덮개는 씌우지 않는다.
② 나무 해머로 두드려 음향시험을 한다.
③ 연삭 전에 1분 이상 공회전시켜 본다.
④ 숫돌 고정 시 플랜지와 같은 지름의 패킹을 사용한다.

**해설** 숫돌 덮개는 반드시 씌우고 작업한다.

**11** 목재, 피혁, 직물 등 탄성이 있는 재료로 된 바퀴표면에 부착시킨 미세한 연삭업자로서 연삭작용을 하여 공작물 표면을 버핑하기 전에 다듬질하는 방법은?

① 롤러다듬질
② 폴리싱
③ 버니싱다듬질
④ 배럴가공

**해설** 폴리싱
목재, 피혁, 직물 등 탄성이 있는 재료로 된 바퀴표면에 부착시킨 미세한 연삭업자로서 연삭작용을 하여 공작물 표면을 버핑하기 전에 다듬질하는 방법이다.

정답 08. ① 09. ② 10. ① 11. ②

## 12. 와이어 컷 방전가공의 특성에 대한 설명으로 틀린 것은?

① 담금질 강이나 초경합금도 가공이 가능하다.
② 전극을 제작하여야 한다.
③ 가공물의 형상이 복잡해도 가공속도가 변하지 않는다.
④ 소비 전력이 적고, 전류 소모가 무시된다.

**해설** 와이어 컷 방전가공은 전극을 제작하지 않고, 와이어를 사용한다.

## 13. 탭(tap) 작업 시 탭이 부러지는 원인이 아닌 것은?

① 핸들에 무리한 힘을 가할 때
② 구멍이 클 때
③ 탭이 구멍 바닥에 부딪혔을 때
④ 탭이 경사지게 돌아갔을 때

**해설** 탭 작업 시 탭이 부러지는 이유
① 구멍이 너무 작거나 구부러진 경우
② 탭이 경사지게 들어간 경우
③ 탭의 지름에 적합한 핸들을 사용하지 않는 경우
④ 너무 무리하게 힘을 가하거나 빨리 절삭할 경우
⑤ 막힌 구멍의 밑바닥에 탭의 선단이 닿았을 경우

## 14. 초음파 가공의 특성에 대한 설명으로 틀린 것은?

① 구멍을 가공하기 쉽다.
② 복잡한 형상도 쉽게 가공할 수 있다.
③ 부도체도 가공할 수 있다.
④ 가공 재료의 제한이 매우 많다.

**해설** 초음파 가공의 특징
① 초경질이며, 메짐성이 큰 재료에 사용된다.
② 구멍가공, 절단, 평면, 표면 가공 등을 할 수 있다.
③ 연삭 가공에 비하여 가공면의 변질 및 스트레인(변형)이 적다.
④ 전기적으로 불량도체일지라도 보통금속과 동일하게 가공이 된다.
⑤ 복잡한 형상도 쉽게 가공할 수 있다.

정답 12. ② 13. ② 14. ④

**15** 원통 내면의 치수정밀도 및 표면 거칠기를 향상시키되 연삭입자를 사용하지 않는 가공법은?

① 배럴(barrel) 가공  ② 호닝(honing)
③ 버니싱(bunishing) ④ 래핑(lapping)

**해설** 버니싱(bunishing)
원통 내면의 치수정밀도 및 표면 거칠기를 향상시키되 연삭입자를 사용하지 않는 가공법이다.

**16** 선반 가공에서 회전운동을 하며 절삭할 때의 이송(feed) 단위는?

① rev/min  ② m/min
③ mm/rev  ④ rev/mm

**해설** 이송속도(feed speed)
이송량은 선반이나 드릴링 작업일 경우, 가공물 1회전당 공구가 축 방향으로 이동하는 거리(mm/rev)를 말하며, 밀링의 경우는 커터의 1날당의 테이블의 이동하는 이동거리(mm/tooth) 또는 분당 이동거리(mm/min)로 나타낸다.

**17** 브로치로 가공할 때 절삭속도를 가장 높게 할 수 있는 재질은?

① 알루미늄  ② 황동
③ 연강    ④ 주철

**해설** 브로치로 가공할 때 절삭속도를 가장 높게 할 수 있는 재질은 알루미늄이다.

**18** 연삭숫돌에서 백색 알루미나계 인조 입자의 기호는?

① A   ② C
③ GC  ④ WA

**해설**

| 기호 | KS | 종류 | 용도 |
|---|---|---|---|
| A | 1A<br>2A | 갈색<br>용융알루미나질 95% | 일반 강재<br>보통탄소강 |
| WA | 3A<br>4A | 백색<br>용융알루미나질 99.5% | 담금질강, 내열강,<br>고속도강, 합금강 |
| C | 1C<br>2C | 암자색(회색)<br>탄화규소질 97% | 주철, 석재, 유리, 비철,<br>비금속 |
| GC | 3C<br>4C | 흑색(녹색)<br>탄화규소질 98% | 초경합금, 다이스강,<br>특수강, 세라믹 |

정답  15. ③  16. ③
      17. ①  18. ④

## 04회 CBT 모의고사

**19** 선반에서 불규칙한 단면 모양의 공작물을 고정하기에 편리한 척은? (단, 조는 4개이다.)

① 단동 척
② 연동 척
③ 마그네틱 척
④ 콜릿 척

**해설** 척 : 바깥지름으로 크기를 나타낸다.
① **연동 척(만능 척, 스크롤 척)** : 규칙적인 외경을 가진 재료를 가공. 단동척보다 고정력이 약하다. 3개의 조를 크라운 기어를 사용, 동시에 이동시킨다.
② **단동 척** : 다소 불규칙한 외경의 공작물 가공과 중심을 편심시켜 가공할 수 있다. 4개의 조가 있다.
③ **마그네틱 척** : 전자석 설치, 얇은 공작물을 변형시키지 않고 가공된다.
④ **콜릿 척** : 가는 지름의 환봉 재료 고정. 탁상, 터릿 선반용으로 사용된다.

**20** 아래 그림은 무슨 작업을 나타낸 것인가?

① 카운터 싱킹
② 카운터 보링
③ 태핑
④ 보링

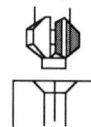

**해설** 그림은 카운터 싱킹 작업이다.

**21** 선반으로 아래 그림의 테이퍼부를 심압대에 편위시켜 가공하려고 한다. 삼압대 편위량은?

① 6mm
② 8mm
③ 10mm
④ 12mm

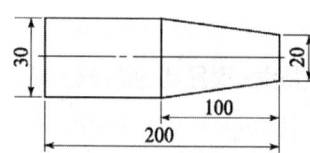

**해설** $x = \dfrac{(D-d)L}{2l} = \dfrac{(30-20) \times 200}{2 \times 100} = 10\text{mm}$

**22** 공구의 모양을 절삭하는 기어의 치형에 맞추어 소재인 원판을 같은 간격으로 분할하고 소재를 회전시켜 한 이(齒)씩 홈을 깎아 기어를 만드는 방법은?

① 형판법
② 창성법
③ 원판법
④ 총형공구법

**정답** 19. ① 20. ① 21. ③ 22. ④

**해설**
① **형판에 의한 방법** : 기어 치형과 같은 형판을 사용하여 공구대를 형판에 따라 미끄럼 안내하여 가공하는 모방절삭이다.
② **창성에 의한 절삭** : 인벌류트 곡선의 성질을 응용한 정확한 기어 절삭 공구를 기어의 소재와 함께 회전운동을 주며 축 방향으로 왕복 운동을 시켜 절삭한다.
③ **총형 공구에 의한 절삭법** : 기어 이 홈의 모양과 같은 커터를 사용하여 기어 소재 1피치만큼씩 회전시켜서 차례로 기어를 절삭한다.

## 23 수직 밀링 머신의 니(knee) 위에서 앞뒤 방향으로 이동하는 것은?

① 기둥  ② 아버
③ 새들  ④ 스핀들

**해설** 새들은 테이블을 지지하며, 니(knee)의 상부 미끄럼면 위에 얹혀 있어 그 위를 앞뒤 방향으로 미끄럼 이동하는 것으로서 윤활장치와 테이블의 어미나사 구동기구로 이루어져 있다.

## 24 이미 뚫린 구멍을 깎아서 넓히거나, 구멍을 정밀한 치수로 다듬는 가공은?

① 보링  ② 밀링
③ 피니싱  ④ 태핑

**해설** 보링 : 이미 뚫린 구멍을 깎아서 넓히거나, 구멍을 정밀한 치수로 다듬는 가공이다.

## 25 밀링 머신의 주요 구성 부분에 해당하지 않는 것은?

① 기둥(column)  ② 베드(bed)
③ 니(knee)  ④ 테이블(table)

**해설** 베드(bed)는 선반의 주요 구성 부분에 해당된다.

## 26 나사 마이크로미터로 측정하는 것은 무엇을 구하고자 하는가?

① 나사의 바깥지름  ② 나사의 골지름
③ 나사의 유효지름  ④ 암나사의 안지름

**해설** 나사 마이크로미터는 나사의 유효지름을 측정하는 것이다.

## 27 다음 중 직접 측정기가 아닌 것은?

① 버니어 캘리퍼스  ② 마이크로미터
③ 다이얼 게이지  ④ 삼점식 마이크로미터

**해설** 다이얼 게이지는 비교측정기이다.

[정답] 23. ③  24. ①  25. ②  26. ③  27. ③

**28** 선반 작업 시 공작물의 중심을 맞출 때 사용하는 공구는?

① 버니어 캘리퍼스
② 서피스 게이지
③ 해머
④ 스트레이트 에지

**해설** **서피스 게이지** : 선반 작업 시 공작물의 중심을 맞출 때 사용하는 공구이다.

**29** 가공물의 홈과 윤곽가공 및 좁은 평면 절삭에 이용되는 커터는?

① 평면 밀링 커터
② 엔드밀
③ 정면 밀링 커터
④ 더브테일 커터

**해설**
① **평면 밀링 커터** : 원통의 원주에 절삭 날을 가진 것으로 밀링 커터 축과 평행한 평면을 절삭하는 데 쓰이며, 아버를 꽂아 사용하는 것과 일체로 된 것이 있다.
② **엔드밀** : 가공물의 홈과 윤곽가공 및 좁은 평면 절삭에 이용된다.
③ **정면 밀링 커터** : 외주와 정면에 절삭날이 있으며, 밀링 커터 축에 수직인 평면을 가공에 쓰인다.
④ **더브테일 커터** : 60°의 각을 가진 원추 형상의 커터로서 더브테일 홈 가공이나 바닥면과 양쪽 측면을 가공한다.

**30** 주철과 같이 메진 재료를 저속으로 절삭할 때 나타나는 칩(chip)은?

① 유동형 칩
② 경작형 칩
③ 균열형 칩
④ 전단형 칩

**해설**
① **유동형 칩** : 공작물의 재질이 연하고 인성이 큰 재질일 때
② **경작형 칩** : 점성이 큰 재질을 작은 경사각의 공구로 절삭할 때
③ **균열형 칩** : 주철과 같이 메진 재료를 저속으로 절삭할 때
④ **전단형 칩** : 연한 재질의 공작물을 작은 경사각으로 저속 가공할 때

**31** 드릴링 머신에서 드릴을 고정하는 방법이 아닌 것은?

① 드릴 척 사용
② 드릴 척 생크 또는 슬리브 사용
③ 주축에 직접 고정
④ 퀵체인지 어댑터를 사용

**해설** 퀵체인지 어댑터를 사용하는 것은 밀링 머신에서 공구를 고정하는 방법이다.

정답  28. ②  29. ②  30. ③  31. ④

**32** 기어의 측정 시 기어의 오차에 해당하지 않는 것은?
① 피치오차
② 치형오차
③ 모듈오차
④ 이두께오차

**해설** 기어의 측정요소는 피치오차, 치형오차, 잇줄 방향, 이홈의 흔들림, 이두께, 물림시험 등이다.

**33** 형상공차 측정에서 측정법의 종류로 반지름법, 지름법, 3점법이 있는 것은?
① 평면도 측정
② 나사 측정
③ 진직도 측정
④ 진원도 측정

**해설** 진원도 측정 : 지름법, 반지름법, 3점법

**34** 축 방향에 큰 하중을 받아 운동을 전달하는 데 적합하며, 하중의 방향이 일정하지 않고 교번하중을 받을 때 효과적인 운동용 나사는?
① 사각나사
② 사다리꼴나사
③ 톱니나사
④ 너클나사

**해설** 사각나사 : 축 방향에 큰 하중을 받아 운동을 전달하는 데 적합하며, 하중의 방향이 일정하지 않고 교번하중을 받을 때 효과적인 운동용 나사이다.

**35** 별도의 공구가 없이 손으로 탈착이 용이하도록 제작된 볼트는?
① 아이 볼트
② 나비 볼트
③ 스테이 볼트
④ 기초 볼트

**해설** 나비 볼트 : 별도의 공구가 없이 손으로 탈착이 용이하도록 제작된 볼트이다.

**36** SS400의 철강재료 기호에서 400의 의미로 맞는 것은?
① 스프링강 400종
② 연신율 표시
③ 인장강도 표시
④ 원소기호 표시

**해설** 400 : 최저 인장강도

**37** 체결용 기계요소가 아닌 것은?
① 나사
② 키
③ 브레이크
④ 핀

**해설** 브레이크는 제동용 기계요소이다.

**정답** 32. ③  33. ④  34. ①  35. ②  36. ③  37. ③

**38** Al합금에 Cu를 포함하지 않고 Mg를 첨가한 내식성 Al합금에 속하지 않는 것은?

① 하이드로날륨  ② 두랄루민
③ 알드레이  ④ 알민

**해설** 두랄루민 : Al합금에 Cu를 포함하지 않고 Mg를 첨가한 내식성 Al합금이다.

**39** Cr강에 대한 설명으로 맞는 것은?

① 경화층이 얇다.  ② 자경성이 없다.
③ 단접이 쉽다.  ④ 조직이 미세하다.

**해설** Cr강은 조직이 미세하다.

**40** 회전에 의해 동력을 전달하는 전동축이 받는 힘은?

① 압축만을 받는다.
② 주로 굽힘만을 받는다.
③ 비틀림만을 받는다.
④ 비틀림과 굽힘을 동시에 받는다.

**해설** 전동축은 비틀림과 굽힘을 동시에 받는다.

**41** 그림과 같이 2개의 인장스프링이 직렬로 연결되어서 450N의 하중을 지지하고 있다. 스프링상수가 8N/mm이고, 다른 하나는 16N/mm이다. 하중에 의한 처짐량은?

① 18.4mm
② 24.4mm
③ 42.4mm
④ 84.4mm

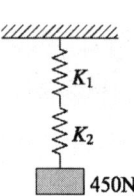

**해설** $k = \dfrac{1}{\dfrac{1}{8} + \dfrac{1}{16}} = 5.33$, $k = \dfrac{W}{\delta}$ 에서,

$\delta = \dfrac{450}{5.33} = 84.4\text{mm}$

**정답** 38. ② 39. ④ 40. ④ 41. ④

**42** 풀림의 목적으로 가장 거리가 먼 것은?
① 잔류응력 제거　② 경도의 저하
③ 절삭성 향상　④ 조직의 불균일

> **해설**　풀림의 목적 : 잔류응력 제거, 경도의 저하, 절삭성 향상

**43** 압입자를 이용하는 경도 시험이 아닌 것은?
① 브리넬 경도　② 비커스 경도
③ 로크웰 경도　④ 쇼어 경도

> **해설**　압입자를 이용하는 경도 시험
> 브리넬 경도, 비커스 경도, 로크웰 경도 시험이 있고 쇼어 경도 시험은 작은 다이아몬드를 선단에 고정시킨 낙하체를 일정한 높이에서 시험편 위에 낙하시켰을 때 반발하여 올라간 높이로 경도를 측정한다.

**44** 직접 접촉 전동 기계요소는?
① 체인전동　② 벨트전동
③ 기어전동　④ 로프전동

> **해설**　기어전동은 직접 접촉 전동 기계요소이다.

**45** 강과 비교한 주철의 좋은 점에 대한 설명으로 맞는 것은?
① 일반적으로 인장강도가 크다.
② 연신율이 크다.
③ 상온에서는 소성변형이 잘 된다.
④ 주조성이 좋다.

> **해설**　주철은 주조성이 좋다.

**46** 황금색으로 모양이 곱고 연성이 커서 장식용에 많이 쓰이며, 아연이 5~20% 포함된 구리합금은?
① 문쯔메탈　② 델타메탈
③ 톰백　④ 포금

> **해설**　톰백
> 황금색으로 모양이 곱고 연성이 커서 장식용에 많이 쓰이며, 아연이 5~20% 포함된 구리합금이다.

[정답] 42. ④　43. ④
44. ③　45. ④
46. ③

## 04회 CBT 모의고사

**47** 복합재료를 섬유강화 매트릭스에 따라 분류한 것이 아닌 것은?
① FRM
② FRP
③ FRR
④ MgO

**해설** 섬유강화 복합재료
① 금속을 사용하면 섬유강화 금속(FRM, Fiber Reinforced Metals)
② 플라스틱을 사용하면 섬유강화 플라스틱(FRP, Fiber Reinforced Plastics)
③ 섬유강화 세라믹스(FRC, Fiber Reinforced Ceramics)
④ 섬유강화고무(FRR, Fiber Reinforced Ruber)

**48** 마찰 브레이크가 아닌 것은?
① 디스크 브레이크
② 밴드 브레이크
③ 원판 브레이크
④ 캠 브레이크

**해설** 마찰 브레이크 : 블록 브레이크, 밴드 브레이크, 원판 브레이크

**49** 그림과 같은 표준 스퍼기어 도시 도면에서 모듈값은?
① 2.5
② 3.5
③ 5
④ 10

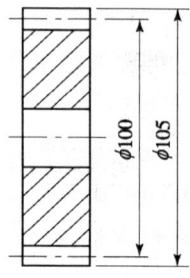

**해설** 피치원 지름 $D = MZ$
이끝원 지름 = 피치원 지름(100) + (모듈(M)×2) = 105
따라서 모듈(M) = 2.5

**50** 기계 가공 면을 모떼기 할 때 그림과 같이 "C5"라고 표시하였다. 어느 부분의 길이가 5인 것을 나타내는가?
① ③이 5
② ①과 ②가 모두 5
③ ①+②가 5
④ ①+②+③이 5

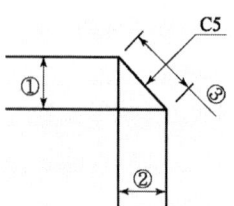

**해설** 도면에서 "C5" ①과 ②가 모두 5이다.

**정답** 47.④ 48.④ 49.① 50.②

**51** 그림과 같은 도면에서 치수 SR 50을 올바르게 설명한 것은?

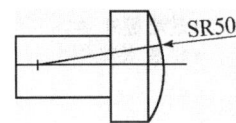

① 구의 지름 50mm
② 구의 원호 50mm
③ 구의 반지름 50mm
④ 구의 원추각 50°

**해설** SR 50 : 구의 반지름 50mm

**52** 표면처리 지시 등에서 사용하는 특수 지정선은 어떤 선의 종류로 나타내는가?

① 굵은 2점 쇄선
② 가는 1점 쇄선
③ 굵은 1점 쇄선
④ 가는 2점 쇄선

**해설** 특수 지정선은 굵은 1점 쇄선이다.

**53** 끼워 맞춤에서 ∅30 H7/p6은 어떤 끼워 맞춤인가?

① 구멍 기준식 헐거운 끼워 맞춤
② 구멍 기준식 억지 끼워 맞춤
③ 축 기준식 헐거운 끼워 맞춤
④ 축 기준식 억지 끼워 맞춤

**해설** 상용하는 구멍 기준 끼워 맞춤

| 기준 축 | 구멍 공차역 클래스 | | | | | | |
|---|---|---|---|---|---|---|---|
| H6 | n6 | p6 | | | | | |
| H7 | n6 | p6 | r6 | s6 | t6 | u6 | x6 |

**54** KS 나사제도에서 미터 보통나사를 나타내는 나사의 종류기호는?

① R
② G
③ M
④ S

**해설**
① R : 관용 테이퍼 수나사
② G : 관용 평행 나사
③ M : 미터 보통 나사
④ S : 미니추어 나사

**정답** 51. ③ 52. ③ 53. ② 54. ③

## 55. 그림과 같은 입체도의 화살표 방향이 정면일 때 정면도로 가장 적합한 것은?

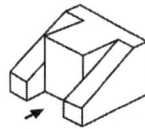

① ② ③ ④

## 56. 도면에서 ⌀50 H7/g6 로 표기된 끼워 맞춤에 관한 내용의 설명으로 틀린 것은?

① 억지 끼워 맞춤이다.
② 구멍의 치수 허용차 등급이 H7이다.
③ 축의 치수 허용차 등급은 g6이다.
④ 구멍 기준식 끼워 맞춤이다.

**해설** ⌀50 H7/g6은 헐거움 끼워 맞춤이다.

## 57. 기계가공 도면에서 기계가공 방법 기호 중 줄 다듬질 가공기호는?

① FJ  ② FP
③ FF  ④ JF

**해설** 줄 다듬질 가공기호는 FF이다.

## 58. 기하 공차기호 중 동축도를 나타내는 기호는?

① ▱  ② ○
③ ⌭  ④ ◎

**해설**

|  |  |
|---|---|
| ◎ | 동축도 공차 |
| ▱ | 평면도 공차 |
| ○ | 진원도 공차 |
| ⌭ | 원통도 공차 |

**[정답]** 55. ③  56. ①  57. ③  58. ④

**59** 표면 거칠기 측정법의 방식이 아닌 것은?

① 수준기식　　　② 광절단식
③ 광파간섭식　　④ 촉침 전기식

**해설**　**표면 거칠기의 측정법**
① 비교용 표준편과의 비교측정
② 광절단식 표면 거칠기 측정법
③ 광파간섭식 표면 거칠기 측정법
④ 촉침식 표면 거칠기 측정법

**60** N.P.L식 각도 게이지의 설명 중 맞는 것은?

① 5′까지 조립 가능
② 네 모서리에 각도가 가공되어 있다
③ 조립 후 정도가 2″ – 3″이다.
④ 홀더가 필요하다.

**해설**　100×15mm의 강철제 블록으로 되어있고, 12개의 게이지를 한 조로 하며, 두 개 이상 조합해서 0°에서 81°까지 6″ 간격으로 임의의 각도를 만들 수 있고 조립 후의 정도는 ±2~3″이다.

| 답안 표기란 | | | | |
|---|---|---|---|---|
| 59 | ① | ② | ③ | ④ |
| 60 | ① | ② | ③ | ④ |

정답　59. ①　60. ③

# week 2

## 기계가공조립기능사
## CBT 모의고사

- 01회 CBT 모의고사
- 02회 CBT 모의고사
- 03회 CBT 모의고사
- 04회 CBT 모의고사

# 01회 CBT 모의고사

**01** 정밀 보링 머신의 특성에 대한 설명으로 맞지 않는 것은?

① 고속회전 및 정밀한 이송기구를 갖추고 있다.
② 다이아몬드 또는 초경합금 절삭 공구로 가공한다.
③ 진직도는 높으나 진원도는 높지 않다.
④ 실린더나 베어링면 등을 가공한다.

**해설** 정밀 보링 머신
① 다이아몬드 공구, 초경질 공구를 사용, 고속 경절삭과 미세한 이동으로 정밀한 구멍가공이 가능하다.
② 실린더, 피스톤 핀, 베어링 부시, 라이너의 가공에 사용된다.

**02** 체이싱 다이얼은 언제 사용하는가?

① 밀링 머신에서 기어 가공을 할 때
② 세이퍼에서 키 홈을 가공할 때
③ 보링 머신에서 구멍을 가공할 때
④ 선반에서 나사 가공을 할 때

**해설** 하프너트와 체이싱 다이얼
나사 가공 시 하프너트를 동일한 위치에서 맞물리게 하는 시기를 체이싱 다이얼에서 확인한다.

**03** 밀링에 관한 설명으로 틀린 것은?

① 만능 밀링 머신은 테이블을 임의 각도로 선회시킬 수 있다.
② 니(Knee)형 밀링 머신은 호칭 번호로 규격을 표시하며, 테이블 좌우 이송량이 100mm 증가할 때마다 호칭 번호가 커진다.
③ 플레이너형 밀링 머신은 플레노 밀러라고도 하며, 대형 중량물의 강력 절삭에 적당하다.
④ 상향절삭이란 밀링 커터의 회전 방향과 반대로 일감을 이송하는 절삭이다.

**해설** 밀링 머신의 호칭 번호의 크기로 표시(0~5번)
→ 새들의 전후 이송거리(50mm) 간격이 증가할 때마다 호칭 번호가 커진다.

| 번호 | No.0 | No.1 | No.2 | No.3 | No.4 | No.5 |
|---|---|---|---|---|---|---|
| 이동거리 | 150 | 200 | 250 | 300 | 350 | 400 |

**정답** 01. ③  02. ④
03. ②

**04** 선반으로 가공하기에 어려운 것은?

① 외경 절삭 가공   ② 드릴링 가공
③ 총형 절삭 가공   ④ 더브테일 가공

**해설** 더브테일은 밀링에서 가공한다.

**05** 커터 날의 수가 20개, 밀링 커터의 지름이 60mm이며 커터 1개의 날 당 이송량을 0.2mm로 하고 절삭 속도를 30m/min로 하여 밀링 가공할 때 테이블의 이송 속도는 약 얼마인가?

① 127mm/min   ② 159mm/min
③ 508mm/min   ④ 637mm/min

**해설** $f = f_z \times Z \times n = 0.2 \times 20 \times \dfrac{1000 \times 30}{\pi \times 60} = 636.9 [\mathrm{mm/min}]$

**06** 연삭숫돌은 연삭할 때 입자가 둔화되면 절삭저항이 증가하고, 이로 인해 입자가 탈락되어 새로 예리한 입자가 생성되어 별도의 절인가공 없이 절삭을 계속할 수 있는데 이러한 현상을 무엇이라 하는가?

① 재생작용   ② 절삭작용
③ 생성작용   ④ 자생작용

**해설** **자생작용**
연삭숫돌은 연삭할 때 입자가 둔화되면 절삭저항이 증가하고, 이로 인해 입자가 탈락되어 새로 예리한 입자가 생성되어 별도의 절인가공 없이 절삭을 계속할 수 있는 현상이다.

**07** 다음 중 절삭제를 사용하는 목적이 아닌 것은?

① 공구의 날 끝의 경도를 감소시킨다.
② 공구의 날 끝과 공작물을 냉각한다.
③ 공구 날 끝의 마모 방지로 다듬면이 아름답다.
④ 칩 흐름(chip flow)을 도와서 절삭작용을 쉽게 한다.

**해설** **절삭제의 역할(사용 목적)**
① 냉각 작용
 ㉠ 공구의 경도 저하방지 및 공구 수명 연장
 ㉡ 공작물의 냉각으로 가공정밀도 저하방지
② 윤활 작용 : 칩과 공구 경사면의 마찰을 감소시켜 전단각이 증대되며, 유동형 칩이 생성
③ 세척 작용 : 칩 제거 작용
④ 방청 작용 : 공작물과 공작기계가 녹에 의해 부식되는 것을 방지한다.

정답  04. ④  05. ④
      06. ④  07. ①

## 01회 CBT 모의고사

**08** 연삭 작업 시 연삭 깊이를 선정할 때 고려해야 할 주요 사항으로 거리가 먼 것은?

① 공작물의 크기
② 공작물의 재질
③ 연삭 방법
④ 연삭 정밀도

**해설** 공작물 재질, 연삭방법, 정밀도 등에 따라 연삭깊이를 고려하며, 거친연삭할 때는 깊이를 깊게 주고, 다듬질연삭할 때는 얕게 주는 것이 보통이다.

**09** 연삭숫돌의 표시방법 "WA46kmV"에서 V는 무엇을 나타내는가?

① 입도
② 조직
③ 결합도
④ 결합제

**해설**
- WA : 입자
- 46 : 입도
- k : 결합도
- m : 조직
- V : 결합제

**10** 브로칭 머신으로 작업하기에 부적당한 것은?

① 스플라인
② 세그먼트 기어
③ 키 홈
④ 볼 스크루

**해설** 볼 스크루 가공은 선반 작업 후 원통 연삭에서 작업한다.

**11** 수나사의 유효지름을 직접 측정할 수 있는 것으로서, 앤빌의 중심 위치가 V형으로 되어 있는 측정기는?

① 공구 현미경
② 공기 마이크로미터
③ 나사 마이크로미터
④ 하이트 마이크로미터

**해설** 나사 마이크로미터
수나사의 유효지름을 직접 측정할 수 있는 것으로서, 앤빌의 중심위치가 V형으로 되어 있는 측정기다.

**답안 표기란**
- 8 ① ② ③ ④
- 9 ① ② ③ ④
- 10 ① ② ③ ④
- 11 ① ② ③ ④

[정답] 08. ① 09. ④ 10. ④ 11. ③

**12** 직접측정값을 얻을 수 없는 경우 수학적인 계산을 통하여 측정값을 얻어내는 측정 방법은?

① 형상 측정  ② 비교 측정
③ 간접 측정  ④ 절대 측정

**해설**
① **비교 측정**
기준이 되는 일정한 치수와 피측정물을 비교하여 그 측정치의 차이를 읽는 방법으로 비교측정은 다이얼 게이지, 미니미터, 공기마이크로미터(공기의 흐름을 확대 기구를 이용하여 길이를 측정하는 방식), 전기마이크로미터 등이 있다.

② **간접 측정**
피측정물의 모양이 기하학적으로 간단하지 않는 경우 측정부의 치수를 수학적이나 기하학적인 관계에서 얻을 수 있는 경우에 이용되며, 간접 측정은 사인 바에 의한 각도 측정, 롤러와 블록 게이지에 의한 테이퍼 측정, 삼침법에 의한 나사의 유효지름 측정 등이 있다.

③ **절대 측정**
정의에 따라서 결정된 양을 실현시키고, 그것을 사용하여 실시하는 측정이다. U자관 압력계-수은주 높이, 밀도, 중력가속도를 측정해서 종합적으로 압력의 측정값을 결정하는 것을 말한다.

**13** 다음 그림과 같은 테이퍼를 선반에서 깎으려 한다. 심압대를 편위시켜 가공하려면 심압대를 몇 mm 이동시켜야 하는가?

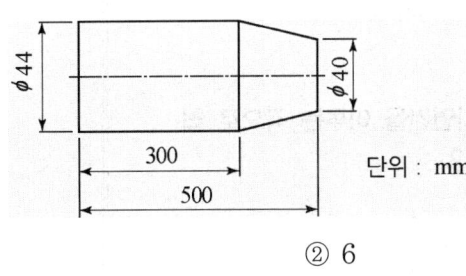

단위 : mm

① 5  ② 6
③ 8  ④ 10

**해설** $x = \dfrac{(D-d)L}{2l} = \dfrac{(44-40) \times 500}{2 \times 200} = 5\text{mm}$

**14** 다음 작업 중 드릴로 가공한 구멍을 매끄럽고 정밀도가 높은 구멍으로 다듬는 작업으로 가장 적당한 것은?

① 스크레이핑 작업
② 줄 작업
③ 리머 작업
④ 정 작업

**해설** **리머 작업**
드릴로 가공한 구멍을 매끄럽고 정밀도가 높은 구멍으로 다듬는 작업

[정답] 12. ③  13. ①
14. ③

**15** 센터리스 연삭 작업의 특징에 대한 설명으로 틀린 것은?

① 가늘고 긴 편의 연삭에 적합하다.
② 대량생산에 적합하다.
③ 대형 중량물 연삭에 적합하다.
④ 연삭 여유가 작아도 된다.

**해설** 센터리스 연삭 작업의 특징
① 장점
  ㉠ 연삭에 숙련을 요하지 않는다.
  ㉡ 중공축의 원통 연삭에 편리하다.
  ㉢ 가늘고 긴 가공물의 연삭에 알맞다.
  ㉣ 연삭숫돌의 나비가 크므로 지름의 마멸이 적고 수명이 길다.
  ㉤ 센터 구멍이 필요 없다.
  ㉥ 공작물의 착탈 시간 절약
  ㉦ 연속작업 및 대량생산에 적합
② 단점
  ㉠ 축 방향에 키홈, 기름홈 등이 있는 일감은 연삭하기 어렵다.
  ㉡ 지름이 크고 길이가 긴 대형 일감은 연삭하기 어렵다.

**16** 공구 날 끝에서 그은 수평선과 뒤쪽 경사면간을 이루는 각으로 칩의 유동방향과 형태에 영향을 주는 각은?

① 윗면 경사각(back rake angle)
② 측면 경사각(side rake angle)
③ 앞면 여유각(end clearance angle)
④ 측면 여유각(side clearance angle)

**해설** 측면 경사각(side rake angle) : 공구 날 끝에서 그은 수평선과 뒤쪽 경사면 간을 이루는 각으로 칩의 유동 방향과 형태에 영향을 주는 각이다.

**17** 재질이 연강이고 지름 50mm, 길이 800mm인 환봉을 이송 0.4mm/rev, 절삭속도 50m/min으로 선반에서 1회 가공하는 데 소요되는 시간은? (단, 가공 길이는 환봉의 길이인 800mm로 계산한다.)

① 약 1분 18초
② 약 3분 23초
③ 약 6분 17초
④ 약 9분 49초

**해설**
$$n = \frac{1000V}{\pi D} = \frac{1000 \times 50}{\pi \times 50} = 318$$
$$T = \frac{L}{Nf} i = \frac{800}{318 \times 0.4} \times 1 = 6.29분 = 6분 17초$$

[정답] 15. ③  16. ②  17. ③

**18** 지름이 작고 일정한 환봉을 고정할 때 편리하며 원판 스프링 힘에 의하여 고정되는 것으로 터릿선반이나 자동선반에 주로 사용되는 척은?

① 단동 척
② 연동 척
③ 콜릿 척
④ 마그네틱 척

**해설** 척 : 바깥지름으로 크기를 나타낸다.
① 연동 척(만능 척, 스크롤 척) : 규칙적인 외경을 가진 재료를 가공. 단동 척보다 고정력이 약하다. 3개의 조를 크라운 기어를 사용, 동시에 이동시킨다.
② 단동 척 : 다소 불규칙한 외경의 공작물 가공과 중심을 편심시켜 가공할 수 있다. 4개의 조가 있다.
③ 마그네틱 척 : 전자석 설치, 얇은 공작물을 변형시키지 않고 가공된다.
④ 콜릿 척 : 가는 지름의 환봉 재료 고정. 탁상, 터릿 선반, 자동선반용으로 사용된다.

**19** 밀링 머신의 부속장치로 일감을 필요한 각도로 등분할 수 있는 장치는?

① 슬로팅장치
② 아버
③ 분할대
④ 래크밀링장치

**해설** 분할대 : 밀링 머신의 부속장치로 일감을 필요한 각도로 등분할 수 있는 장치이다.

**20** 보링(Boring) 머신으로 가공하기에 가장 어려운 것은?

① 베벨 기어 절삭 작업
② 보링 작업
③ 리머 작업
④ 탭 작업

**해설** 베벨 기어 절삭 작업은 베벨 기어 절삭기에서 작업할 수 있다.

**21** 가공물과 금속 와이어 전극에 전압을 걸어 발생되는 스파크 열에 의하여 가공물을 필요한 형상으로 절단하는 가공방법은?

① 와이어 컷 방전가공
② 레이져 가공
③ 초음파 가공
④ 전해연마

**해설** 와이어 컷 방전가공 : 가공물과 금속 와이어 전극에 전압을 걸어 발생되는 스파크 열에 의하여 가공물을 필요한 형상으로 절단하는 가공방법이다.

**22** 사인 바를 사용할 때, 오차를 고려하여 몇 도 이하의 각도에서 사용하는 것이 좋은가?

① 45° 이하
② 60° 이하
③ 75° 이하
④ 90° 이하

**해설** 사인 바를 사용할 때, 오차를 고려하여 45° 이하의 각도에서 사용하는 것이 좋다.

정답 18. ③ 19. ③ 20. ① 21. ① 22. ①

**23** 가공기계 중에서 가공물과 공구가 모두 회전운동을 하는 기계가 아닌 것은?

① 브로칭 머신
② 호빙 머신
③ 내경 연삭기
④ 센터리스 연삭기

**해설** 브로칭 머신은 가공물과 공구는 회전하지 않는다.

**24** 공구의 경사면 위를 연속적으로 원활하게 흘러나가는 형태로 연속 칩이라고도 불리는 가장 이상적인 칩의 형태는?

① 전단형
② 균열형
③ 유동형
④ 열단형

**해설**
① **전단형** : 칩이 원활히 흐르지 못하고, 칩을 밀어내는 압축력이 축적되어야 분자 사이에 전단이 일어나기 때문에 미끄럼 간격이 커진다. 불연속적인 미끄럼에 의하여 나타나므로 유동형과 균열형의 중간에 속하는 형태이다.
② **균열형** : 순간적으로 공구의 날 끝 앞에서 일감의 표면을 향해 균열이 생기고, 이것이 칩이 된다. 칩 발생 시의 진동으로 절삭력의 변동이 크며 가공 면이 매우 불량하다. 주철과 같은 메진(취성) 재료를 저속 가공할 때 발생한다.
③ **유동형** : 칩이 공구의 경사면 위를 유동하는 것과 같이 원활하게 연속적으로 흘러나가는 형태로서 칩 발생 시 연속적인 미끄럼 파괴에 의하여 절삭된다.
④ **열단형** : 공구의 날 끝보다 날의 아래쪽에 균열이 발생되면서 절삭이 되는 형태로서 재료가 공구 전면에 접착하여 공구의 상면을 미끄러져 나가지 못하여, 아래 방향에 균열이 발생하여 가공 면이 나쁘다.

**25** 숫돌의 진동에 의한 정밀입자 가공법은?

① 드로잉
② 숏 피닝
③ 초음파 가공
④ 슈퍼피니싱

**해설** **슈퍼피니싱** : 회전하는 원통의 공작물 표면에 미세하고 연한숫돌을 접촉하고, 숫돌을 수직으로 낮은 압력과 짧은 진폭을 주면서 왕복운동과 축 방향으로 이송을 하면 공작물의 표면이 가볍게 연삭되고, 단시간에 매끈하고 고정밀도의 표면으로 가공이 된다.

**26** 선반에서 공작물의 중심을 맞출 때 사용하는 것은?

① 펀치
② 서피스 게이지
③ 버니어 캘리퍼스
④ 나사 드라이버

**해설** **서피스 게이지** : 선반에서 공작물의 중심을 맞출 때 사용한다.

[정답] 23. ① 24. ③ 25. ④ 26. ②

**27** 공작기계 중 가공할 수 있는 기능이 다양하고 절삭 및 이송속도의 범위도 커서 일감의 크기나 재질에 따라 알맞은 절삭 조건으로 가공할 수 있는 수동형 공작기계는?

① 전용 공작기계　　② 범용 공작기계
③ 자동화 공작기계　④ 단능 공작기계

**해설**
① **전용 공작기계** : 특정한 모양, 치수의 제품을 양산하기에 적합하도록 만든 공작기계이며, 사용 범위에는 좁고, 소량생산에는 적합하지 않는 공작기계이다.
② **범용 공작기계** : 가공할 수 있는 기능이 다양하고 절삭 및 이송속도의 범위도 커서 일감의 크기나 재질에 따라 알맞은 절삭 조건으로 가공할 수 있다.
③ **단능 공작기계** : 간단한 공정이나 1종의 공정밖에 할 수 없는 공작기계이며, 다량생산에 적합하나 다른 공정의 가공에 융통성이 없다. 이는 바이트연삭기, 센터리스연삭기, 타이어 보링 머신 등의 공작기계가 있다.

**28** 선반 가공을 할 때 절삭유 사용이 필요하지 않은 재료는?

① 연강　　② 경강
③ 주철　　④ 동 합금

**해설** 주철 가공 시 일반적으로 절삭유를 사용하지 않는다.

**29** 버니어 캘리퍼스를 이용하여 측정하기 곤란한 것은?

① 원통의 외경　　② 원통의 내경
③ 손잡이의 윤곽　④ 축 단의 길이

**해설** 손잡이의 윤곽은 반지름 게이지를 사용한다. 버니어 캘리퍼스는 물체의 길이, 깊이, 바깥지름, 안지름 등을 측정할 때 사용한다.

**30** 밀링가공에서 상향절삭의 장점으로 맞는 것은?

① 하향절삭에 비해 공작물의 고정이 유리하다.
② 절삭 중의 진동이 적다.
③ 절삭날의 마멸이 적다.
④ 이송장치의 뒤틈이 작용하지 않는다.

**해설**

| | 상향절삭 |
|---|---|
| 장점 | ① 칩이 날을 방해하지 않는다.<br>② 밀링 커터의 진행 방향과 테이블의 이송 방향이 반대이므로 이송기구의 백래시가 제거되므로 이송장치의 뒤틈이 작용하지 않는다.<br>③ 기계에 무리를 주지 않는다. (절삭동력이 적게 소비된다)<br>④ 일반적인 가공에 유리하고 치수정밀도의 변화가 적다.<br>⑤ 절삭날에는 가공시작부터 끝까지 절삭저항이 점차 증가하므로 절삭날에 작용하는 충격이 적다. |
| 단점 | ① 커터가 공작물을 올리는 작용을 하므로 공작물을 견고히 고정해야 한다.<br>② 커터의 수명이 짧다.<br>③ 동력 낭비가 많다.<br>④ 가공 면이 깨끗하지 못하다. |

**정답** 27. ② 28. ③ 29. ③ 30. ④

## 31. 다이얼 게이지의 특징에 관한 설명으로 틀린 것은?

① 소형, 경량으로 취급이 용이하다.
② 연속된 변위량 측정이 불가능하다.
③ 눈금과 지침에 의해서 읽기 때문에 읽음 오차가 적다.
④ 많은 개소의 측정을 동시에 할 수 있다.

**해설** 다이얼 게이지의 특징
① 측정범위가 넓다.
② 연속된 변위량의 측정이 가능하다.
③ 소형, 경량으로 취급이 용이하다.
④ 어태치먼트의 사용방법에 따라 측정이 광범위하다.
⑤ 다이얼 눈금과 지침에 의해서 읽기 때문에 읽기 오차가 적다.
⑥ 다원측정(동시에 많은 개소의 측정이 가능)의 검출기로 이용할 수 있다.

## 32. 와이어 컷 방전가공에서 전극용 와이어 재질로서 일반적으로 쓰이지 않는 것은?

① Cu
② Bs
③ W
④ $CO_2$

**해설** 와이어 전극으로 사용되는 재질은 주로 구리(Cu)와 황동(Bs)이 있으며 특수한 경우에는 텅스텐(W), 몰리브덴, 강철 등이 사용되기도 한다.

## 33. 길이 100cm의 봉이 압축력을 받고 3mm만큼 줄어들었다. 압축 변형률은?

① 0.001
② 0.003
③ 0.004
④ 0.03

**해설** $\dfrac{3}{1000mm} = 0.003mm$

## 34. 온도 변화에 따라 선팽창계수나 탄성률 등의 특성이 변화하지 않는 합금강은?

① 내열강
② 쾌삭강
③ 불변강
④ 내마멸강

**해설** 불변강 : 온도 변화에 따라 선팽창계수나 탄성률 등의 특성이 변화하지 않는 합금강이다.

**정답** 31. ② 32. ④ 33. ② 34. ③

**35** 2개의 너트를 사용하여 너트가 풀리는 것을 방지하는 너트의 풀림 방지법은?

① 와셔에 의한 방법
② 로크너트에 의한 방법
③ 자동 죔 너트에 의한 방법
④ 멈춤 나사에 의한 방법

**해설** **로크너트를 사용하는 방법**
2개의 너트를 사용하여 너트 사이를 서로 미는 상태로 항상 하중이 작용하고 있는 상태를 유지하는 것이다. 보통 하중을 위쪽의 너트가 받으므로 아래의 너트는 보통보다 낮게 만들어 사용한다.

**36** 주철의 성장을 방지하는 방법으로 틀린 것은?

① C 및 Si의 양을 많게 한다.
② 흑연의 미세화로서 조직을 치밀하게 한다.
③ 탄화물 안정화 원소를 첨가한다.
④ 편상 흑연을 구상 흑연화시킨다.

**해설** **주철의 성장 방지법**
① 흑연의 미세화로 조직을 치밀하게 한다.
② C, Si는 적게 하고 Ni 첨가
③ 편상 흑연을 구상화시킨다.
④ 탄화물 안정원소 망간, 크롬, 몰리브덴, 바나듐 등을 첨가하여 $Fe_3C$ 분해 방지

**37** 스프링에 하중이 작용하지 않을 때의 스프링 높이는?

① 유효높이
② 스프링 종횡비
③ 스프링 상수
④ 자유높이

**해설** 스프링에 하중이 작용하지 않을 때의 스프링 높이는 자유높이이다.

**38** 황동의 연신율이 가장 클 때는 아연(Zn)이 몇 % 정도 함유되어 있을 때인가?

① 30%
② 40%
③ 50%
④ 60%

**해설** **황동의 성질**
① 전기(열)전도도가 Zn 40%까지 감소, 그 이상에서는 50%에서 최대이고, 연신율은 Zn 30% 최대이다.
② 주조성, 가공성, 내식성, 기계적 성질이 좋다. 압연과 단조가 가능하다.
③ 인장강도는 Zn 45% 최대가 되며 그 이상에서는 급감한다. 따라서 Zn 50% 이상의 황동은 취약해진다.

**정답** 35. ② 36. ① 37. ④ 38. ①

**39** 합성수지의 공통적 성질이 아닌 것은?

① 가볍고 튼튼하다.
② 전기 전도성이 좋다.
③ 단단하나 열에는 약하다.
④ 가공성이 크고 성형이 간단하다.

**해설** 합성수지 공통적인 성질을 나타낸다.
① 가볍고 강하다.
② 가공성이 크고 성형이 간단하다.
③ 전기 절연성이 좋다.
④ 산, 알카리, 유류, 약품 등에 강하다.
⑤ 단단하나 열에는 약하다.
⑥ 투명한 것이 많으며 착색이 자유롭다.
⑦ 비강도는 비교적 높고, 표면의 강도가 약하다.

**40** 표면 경화 방법이 아닌 것은?

① 침탄법　　② 고주파 경화법
③ 질화법　　④ 심냉 처리법

**해설** 심냉 처리(sub zero-treatment) : 담금질 후 경도 증가, 시효변형 방지하기 위하여 0°C 이하의 온도로 냉각하면 잔류 오스테나이트를 마텐자이트로 만드는 처리를 심냉 처리라 한다. 특히, 스테인리스강에서의 기계적 성질 개선과 조직 안정화와 게이지강에서의 자연시효 및 경도 증대를 위해 실시한다.

**41** 세로 방향으로 갈라져 있어 바깥지름보다 작은 구멍에 끼워 넣고, 스프링의 작용을 할 수 있도록 하여 부품을 결합하는 데 사용하는 핀(pin)은?

① 테이퍼 핀　　② 분할 핀
③ 스프링 핀　　④ 너클 핀

**해설** 핀의 종류
① 평행 핀(dowel pin) : 기계 부품을 조립할 경우나 안내 위치를 결정할 때 사용
② 테이퍼 핀(taper pin) : $T=\dfrac{1}{50}$, 호칭지름은 작은 축 지름으로 주축을 보스에 고정할 때 사용
③ 분할 핀(split pin) : 너트의 풀림 방지나 바퀴가 축에서 빠지는 것을 방지하기 위하여 사용
④ 스프링 핀 : 세로 방향으로 갈라져 있어 바깥지름보다 작은 구멍에 끼워 넣고, 스프링의 작용을 할 수 있도록 하여 부품을 결합하는 데 사용하는 핀으로 해머로 때려 박을 수 있다.

정답　39. ②　40. ④
　　　41. ③

**42** 일반적으로 벨트 전동의 장점으로 볼 수 없는 것은?

① 원동축의 진동이나 충격을 피동축에 거의 전달하지 않는다.
② 미끄럼이 안전장치의 역할을 하여 원활한 동력 전달이 가능하다.
③ 축간 거리가 먼 경우에도 동력 전달이 가능하다.
④ 일정한 속도비를 얻을 수 있어 정확한 동력 전달이 된다.

**해설** 벨트 전동의 특징은 다음과 같다.
① 정확한 속도비를 얻을 수 있다. 하지만 기어전동과 같이 정확한 회전비는 얻을 수 없다.
② 충격하중을 흡수하며 진동을 감소시킨다.
③ 미끄러짐으로 인한 무리한 전동을 방지하여 안전장치 역할을 한다.
④ 구조가 간단하고 제작비가 저렴하다.

**43** 모듈 5이고 잇수가 40, 60인 한 쌍의 표준 스퍼기어 두 축의 중심 거리는?

① 100mm    ② 150mm
③ 200mm    ④ 250mm

**해설** $C = \dfrac{m(Z_A + Z_B)}{2} = \dfrac{5(40+60)}{2} = 250\text{mm}$

**44** 길이에 비하여 지름이 아주 작은 바늘 모양의 롤러(직경 5mm 이하)를 사용한 베어링은?

① 니들 롤러 베어링    ② 미니어처 베어링
③ 테이퍼 롤러 베어링   ④ 원통 롤러 베어링

**해설** 니들 롤러 베어링 : 길이에 비하여 지름이 아주 작은 바늘 모양의 롤러(직경 5mm 이하)를 사용한 베어링이다.

**45** 순금속과 합금의 금속적 특성에 대한 내용으로 틀린 것은?

① 비중이 크다.
② 연성이 풍부하다.
③ 빛에 대하여 투명체이다.
④ 열과 전기의 좋은 전도체이다.

**해설** 금속의 공통적 성질
① 실온에서 고체이며, 결정체이다.(단, Hg제외)
② 가공이 용이하고, 연성과 전성이 풍부하고 강도, 경도, 비중이 비교적 크다.
③ 불투명하고 고유의 색상이 있으며, 빛을 반사한다.
④ 전자, 중성자의 배열에 의하여 결정되는 내부구조이고 결정의 내부구조를 변경할 수 있다.
⑤ 비중이 크고, 경도 및 용융점이 높으며 순금속 융점은 그 금속의 고유의 온도이다.
⑥ 열 및 전기의 양도체이다.

**정답** 42. ④  43. ④  44. ①  45. ③

# 01회 CBT 모의고사

**46** Al-Cu-Si계 합금으로 3~8% Cu, 3~8% Si의 조성이며, Si를 넣어 주조성을 개선하고 Cu를 넣어 절삭성을 좋게 한 것으로 금형주물에 널리 사용되는 합금은?

① 두랄루민  ② 라우탈
③ 알드리  ④ 알드래드

**해설** 라우탈 : Al-Cu-Si계 합금으로 3~8% Cu, 3~8% Si의 조성이며, Si를 넣어 주조성을 개선하고 Cu를 넣어 절삭성을 좋게 한 것으로 금형주물에 널리 사용되는 합금

**47** 단면도의 절단면을 도형의 다른 부분과 구분하기 위하여 표시할 때 사용하는 선의 명칭으로 가장 적합한 것은?

① 절단선  ② 해칭선
③ 가상선  ④ 파단선

**해설**
① **절단선** : 단면도를 그리는 경우 그 절단 위치를 대응하는 도면에 표시하는 데 사용
② **해칭선** : 도형의 한정된 특정부분을 다른 부분과 구별하는 데 사용
③ **가상선** : 도시된 단면의 앞쪽에 있는 부분을 표시 등
④ **파단선** : 대상물의 일부를 파단한 경계 또는 일부를 떼어낸 경계를 표시

**48** 기하 공차의 종류 구분에서 자세 공차에 해당하는 것은?

① 위치도 공차  ② 직각도 공차
③ 동심도 공차  ④ 대칭도 공차

**해설**

| 자세 공차 | // | 평행도 공차 |
|---|---|---|
| | ⊥ | 직각도 공차 |
| | ∠ | 경사도 공차 |

**49** 회 주철품의 KS 재료 표시 기호로 맞는 것은?

① SC46  ② SM45C
③ BC2  ④ GC200

**해설**
① **SC460** : 탄소 주강품
② **SM45C** : 기계구조용 탄소강재
③ **BC2** : 청동주물
④ **GC200** : 회주철품

[정답] 46. ② 47. ②
48. ② 49. ④

**50** 다음 끼워 맞춤의 용어 설명 중 틀린 것은?

① 최대죔새 : 축의 최대허용치수 - 구멍의 최소허용치수
② 최소죔새 : 구멍의 최소허용치수 - 축의 최소허용치수
③ 최대틈새 : 구멍의 최대허용치수 - 축의 최소허용치수
④ 최소틈새 : 구멍의 최소허용치수 - 축의 최대허용치수

**해설** 최소죔새 : 축의 최소허용치수 - 구멍의 최대허용치수

**51** 핸들이나 암 및 림, 리브, 훅 등의 절단면을 그림과 같이 나타내는 단면도의 명칭은?

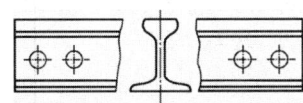

① 계단 단면도
② 회전도시 단면도
③ 부분 단면도
④ 전 단면도

**해설** **회전도시 단면도** : 핸들이나 바퀴 등의 암이나 리브, 훅, 축, 구조물의 부재 등의 절단면은 90° 회전하여 도시하거나 절단할 곳의 전후를 끊어서 그 사이에 그린다.

**52** 각각 다른 물체를 제3각법으로 그린 투상도 중 틀린 부분이 없는 투상도는?

**53** 그림과 같은 치수 기입법의 명칭으로 가장 적합한 것은?

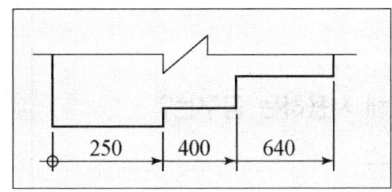

① 직렬 치수 기입법
② 누진 치수 기입법
③ 좌표 치수 기입법
④ 병렬 치수 기입법

**해설** **누진 치수 기입법** : 이 방법에 따르면 치수공차에 관하여 병렬 치수 기입법과 완전히 동등한 의미를 가지면서, 한 개의 연속된 치수선으로 간편하게 표시할 수 있다. 기점 기호(○)와 치수선의 다른 끝은 화살표로 표시한다.

**정답** 50. ② 51. ② 52. ② 53. ②

**54** 도면에 가공 표면의 지시 기호가 보기와 같을 때 해독으로 올바른 것은?

6.3
1.6

① 컷오프 값은 6.3mm이다.
② 기준길이는 1.6mm이다.
③ 거칠기 상한값은 1.6μm이다.
④ 산술 평균 거칠기(Ra)로 지시한 값이다.

**해설** ① 거칠기 상한값은 6.3μm이다.
② 거칠기 하한값은 1.6μm이다.
③ 산술 평균 거칠기(Ra)로 지시한 값이다.

**55** 미터 가는 나사의 호칭 표시 "M8×1"에서 "1"이 뜻하는 것은?
① 나사산의 줄 수         ② 나사산의 높이
③ 나사의 피치            ④ 나사의 등급

**해설** "1" : 나사의 피치

**56** 관용 나사의 종류를 표시하는 기호 중 테이퍼 암나사를 표시하는 기호는?
① R         ② Rc
③ Rp        ④ G

**해설** ① R : 테이퍼 수나사   ② Rc : 테이퍼 암나사
③ Rp : 평행 암나사   ④ G : 관용 평행 나사

**57** 쇠 파이프 끝단에 수나사를 제작하기 위해 사용하는 공구는?
① 탭           ② 다이스
③ 플라이어      ④ 드릴

**해설** 다이스는 수나사를 가공할 때 사용하는 공구이며, 내면은 나사로 되어있고 칩이 빠져 나올 수 있는 홈이 있다.

정답  54. ④  55. ③
      56. ②  57. ②

**58** 미터나사에서 지름 12mm, 피치 1.5mm의 나사를 래핑하기 위한 드릴 구멍의 지름으로 가장 적당한 것은?

① 9.5mm
② 10.5mm
③ 11.5mm
④ 13.5mm

**해설** D=미터나사의 지름, P=미터나사의 피치
∴ d=D−P=12−1.5=10.5mm

**59** NPL식 각도 게이지가 요한슨식 각도 게이지와 다른 점은?

① 쐐기(wedge) 형상
② 밀착(wringing)하는 성질
③ 홀더(Holder) 사용
④ 재질은 고탄소강, 또는 초경합금

**해설** NPL식 각도 게이지
NPL식 각도 게이지는 측정면이 요한슨식 각도 게이지보다 크고 몇 개의 블록을 조합해서 임의의 각도를 만들 수 있고 그 위에 밀착이 가능하며(홀더 불필요), 현장에서도 많이 쓰이고 있다.

**60** 게이지 블록의 취급 시 주의사항으로 틀린 것은?

① 먼지가 적고 건조한 실내에서 사용할 것
② 사용한 뒤에는 세척하여 염수를 발라둘 것
③ 측정 면은 깨끗한 천이나 가죽으로 잘 닦을 것
④ 목제 테이블이나 천 또는 가죽위에서 사용할 것

**해설** 게이지 블록의 취급법
① 먼지 적고 건조한 실내 사용
② 목재, 천 가죽 위에서 취급
③ 천이나 가죽으로 세척
④ 상자 보관을 원칙으로 한다.
⑤ 사용 후 방청유로 세척 보관

정답 58. ② 59. ③ 60. ②

## 02회 CBT 모의고사

**01** 절삭유의 사용 목적이 아닌 것은?

① 냉각 작용
② 윤활 작용
③ 마찰 작용
④ 방청 작용

**해설** 절삭제의 역할(사용 목적)
① 냉각 작용
 - 공구의 경도 저하방지 및 공구 수명 연장
 - 공작물의 냉각으로 가공정밀도 저하방지
② 윤활 작용: 칩과 공구 경사면의 마찰을 감소시켜 전단각이 증대되며, 유동형 칩이 생성
③ 세척 작용 : 칩 제거 작용
④ 방청 작용 : 공작물과 공작기계가 녹에 의해 부식되는 것을 방지한다.

**02** 1눈금의 길이가 1mm인 본척의 19mm 눈금을 부척에서 20눈금으로 등분한 버니어 캘리퍼스의 최소 측정값은?

① 0.01mm
② 0.02mm
③ 0.05mm
④ 0.06mm

**해설** 최소 측정값 $= \dfrac{\text{어미자의 최소눈금}}{\text{등분수(m)}} = \dfrac{1}{20} = 0.05$

**03** 슈퍼 피니싱(super finishing)의 설명 중 틀린 것은?

① 다듬질된 면은 둥글고 방향성이 있다.
② 가공에 의한 표면 변질 층의 두께가 극히 미세하다.
③ 원통의 외면뿐만 아니라 내면, 평면 등도 가공할 수 있다.
④ 치수 정밀도보다는 고정도의 표면 거칠기 가공을 목적으로 한다.

**해설** 슈퍼 피니싱은 방향성이 없는 다듬질 면을 얻는다.

**04** 방전가공에서 사용되는 전극 재료의 조건에 대한 내용으로 틀린 것은?

① 가공정밀도가 높을 것
② 기계가공성이 좋을 것
③ 가공전극의 소모가 많을 것
④ 피가공 재료에 대하여 안정된 가공을 할 수 있을 것

**해설** 전극 재료는 가공전극의 소모가 적을 것

**정답** 01. ③ 02. ③ 03. ① 04. ③

**05** 일반적으로 수직 밀링 머신에서 사용하기 어려운 커터는?

① 엔드밀
② 더브테일 커터
③ T홈 커터
④ 메탈 슬리팅 소

**해설** 메탈 슬리팅 소는 수평 밀링 머신에서 사용한다.

**06** 드릴링 머신의 작업에서 접시머리 나사의 머리 부분을 묻히게 하기 위하여 자리를 파는 것은?

① 보링(boring)
② 드릴링(drilling)
③ 스폿 페이싱(spot facing)
④ 카운터 싱킹(counter sinking)

**해설** **카운터 싱킹** : 접시머리 나사의 머리 부분을 묻히게 하기 위하여 원뿔 자리를 파는 작업이다.

**07** 길이의 미소 변위를 광학적으로 확대하여 측정하는 비교 측정기로 맞는 것은?

① 사인 바
② 옵티미터
③ 버니어 캘리퍼스
④ 마이크로 인디케이터

**해설** **옵티미터** : 길이의 미소 변위를 광학적으로 확대하여 측정하는 비교 측정기이다.

**08** 선반의 종류에 대한 설명으로 틀린 것은?

① 터릿선반 : 보통선반의 심압대 위치에 회전 공구대를 설치하여 부품을 능률적으로 가공할 때 쓰이는 선반이다.
② 크랭크축 선반 : 철도차량용 바퀴를 주로 가공하는 선반으로 면판 붙이 주축대 2개를 마주 세운 구조이다.
③ 자동선반 : 캠이나 유압 기구를 이용하여 자동화한 것으로 대량생산에 적합하다.
④ 모방선반 : 모방장치를 이용하여 모형이나 형판을 따라 바이트를 안내하여 모방절삭하는 선반이다.

**해설** ① **크랭크축 선반** : 크랭크축의 베어링 저널과 크랭크 핀을 가공한다.
② **차륜선반** : 철도차량의 차륜을 깎는 선반으로 정면선반 2개가 서로 마주본다.

| 답안 표기란 | | | | |
|---|---|---|---|---|
| 05 | ① | ② | ③ | ④ |
| 06 | ① | ② | ③ | ④ |
| 07 | ① | ② | ③ | ④ |
| 08 | ① | ② | ③ | ④ |

정답  05. ④  06. ④
       07. ②  08. ②

**09** 선반 가공에서 심압대를 편위시키는 방법으로 그림과 같이 테이퍼를 절삭하려고 할 때, 심압대 편위량은 몇 mm인가?

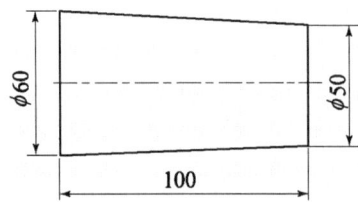

① 5 mm
② 10 mm
③ 15 mm
④ 20 mm

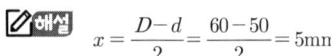 $x = \dfrac{D-d}{2} = \dfrac{60-50}{2} = 5\text{mm}$

**10** 드릴머신에 드릴을 고정시키는 방법으로 틀린 것은?

① 드릴 척을 사용하는 방법
② 플레이트 지그를 사용하는 방법
③ 소켓 또는 슬리브를 사용하는 방법
④ 직접 주축에 삽입하여 고정하는 방법

**해설** 드릴의 고정법
① 드릴을 직접 주축에 고정 : 테이퍼 자루일 때
② 소켓 또는 슬리브를 사용 : 드릴의 자루부가 주축에 맞지 않을 때
③ 드릴 척을 사용 : 지름이 작은 곧은 자루여서 주축에 끼지 않을 때

**11** 선반의 부속품 중 선단 일부를 가공하여 가공물을 지지하거나 단면 가공을 가능하도록 제작한 센터는?

① 평 센터
② 베어링 센터
③ 하프 센터
④ 파이프 센터

**해설** 센터의 종류
① 베어링 센터 : 고속 회전 시 사용된다.
② 하프 센터 : 단(끝)면 가공 시 사용된다.
③ 베벨 센터(파이프 센터) : 관류나 중량이 큰 공작물에 사용된다.

정답  09. ①  10. ②
11. ③

**12** 수직 밀링에서 주로 일감에 회전운동을 주어 분할 및 윤곽 가공을 할 수 있는 밀링 머신의 부속장치는?

① 면판
② 회전 테이블
③ 머신 바이스
④ 슬로팅 장치

**해설** 회전 테이블
수직 밀링에서 주로 일감에 회전운동을 주어 분할 및 윤곽 가공을 할 수 있는 밀링 머신의 부속장치이다.

**13** 드릴 작업 시 드릴의 파손 원인이 될 수 없는 것은?

① 이송량이 너무 작아 절삭저항이 감소할 때
② 시닝(Thinning)이 너무 커서 드릴이 약해 졌을 때
③ 드릴이 필요 이상으로 너무 길게 고정되어 있을 때
④ 구멍에서 절삭 칩이 배출되지 못하고 가득 차 있을 때

**해설** 이송량이 너무 작아 절삭저항이 감소할 때는 드릴이 파손되지 않는다.

**14** 공작기계를 가공능률에 따라 범용과 전용으로 구분할 때 다음 중 전용 공작기계에 속하는 것은?

① 밀링
② 드릴
③ 차륜선반
④ 연삭기

**해설** 밀링, 선반, 연삭기, 드릴은 범용 공작기계이다.

**15** 높은 정밀도를 요구하는 가공물, 정밀기계의 구멍가공 등에 사용하는 것으로 온도변화에 따른 영향을 받지 않도록 항온·항습실에 설치하여야 하는 보링 머신은?

① 수평형 보링 머신
② 수직형 보링 머신
③ 지그(Jig) 보링 머신
④ 코어(Core) 보링 머신

**해설** 지그(Jig) 보링 머신
높은 정밀도를 요구하는 가공물, 정밀기계의 구멍가공 등에 사용하는 것으로 온도변화에 따른 영향을 받지 않도록 항온·항습실에 설치하여야 한다.

정답  12. ②  13. ①  14. ③  15. ③

**16** 래크(Rack)를 절삭 공구로 하고, 피니언을 기어 소재로 하여 상대 운동을 시킴으로 정확한 인벌류트기어 치형을 만드는 절삭법은?

① 형판법
② 창성법
③ 총형공구법
④ 압연전조 성형법

**해설** 창성에 의한 절삭
인벌류트 곡선의 성질을 응용한 정확한 기어 절삭 공구를 기어의 소재와 함께 회전운동을 주며 축 방향으로 왕복 운동을 시켜 절삭한다. 가공방법은 다음과 같다.
① 래크 커터에 의한 방법
② 피니언 커터에 의한 방법
③ 호브에 의한 절삭

**17** 안지름을 측정할 때 사용되는 측정기기가 아닌 것은?

① 내경 마이크로미터
② 서피스 게이지
③ 버니어 캘리퍼스
④ 구멍용 한계 게이지

**해설** 서피스 게이지
선반에서 회전 물체의 중심을 잡거나, 평행선을 긋는 데 사용하는 게이지이다.

**18** 보통 선반에서 주축과 리드 스크루(lead screw)를 일정비율 속도비로 유지하게 하고 에이프런의 하프너트(half nut)를 사용하여 가공하는 작업은?

① 나사 작업
② 외경 작업
③ 단면 작업
④ 내경 작업

**해설** 나사 작업
보통선반에서 주축과 리드 스크루(lead screw)를 일정비율 속도비로 유지하게 하고 에이프런의 하프너트(half nut)를 사용하여 가공하는 작업이다.

**19** 측정 오차 중 계기 오차(측정기의 오차)에 해당하지 않는 것은?

① 측정기의 구조
② 우연 오차
③ 측정기의 마모
④ 측정 온도

**해설** 우연 오차
측정기, 측정물 및 환경 등의 원인을 파악할 수 없어 측정자가 보정할 수 없는 오차이다. 이럴 경우에는 여러 번 반복 측정하여 그 평균값을 구하는 것이 좋다.

[정답] 16. ② 17. ②
18. ① 19. ②

**20** 연삭숫돌 표면의 기공에 칩이 메워지는 현상을 무엇이라 하는가?

① 트루잉　　　　　② 자생작용
③ 눈메움　　　　　④ 입자 탈락

**해설**
① **트루잉** : 연삭숫돌의 외형을 수정하여 규격에 맞는 제품을 만드는 과정
② **자생작용(드레싱)** : 숫돌입자를 무딤이나 눈메움으로 절삭성이 나빠진 숫돌 면에 날카로운 입자를 발생시켜주는 작업
③ **눈메움** : 숫돌 입자의 표면이나 기공에 칩이 차 있는 상태
④ **입자 탈락** : 결합제의 힘이 약해서 작은 절삭력이나 충격에 쉽게 입자가 탈락하는 것

**21** 브로칭 머신으로 가공할 수 없는 것은?

① 스플라인 홈　　　　② 베어링용 볼
③ 둥근 구멍 안의 키 홈　④ 다각형의 구멍

**해설** 브로칭은 둥근 구멍, 각형 구멍, 키 홈, 스플라인의 구멍 등을 다듬는 데 이용하였으나 최근에는 외면을 다듬는 표면 브로칭, 즉 선형기어(segment gear)의 치형과 홈 외에 특수한 모양의 면을 절삭하는 데 이용되고 있다.

**22** 선반으로 큰 지름의 구멍이 있는 가공물을 지지하고 절삭할 때 사용하는 센터는?

① 하프 센터　　　　② 평 센터
③ 파이프 센터　　　④ 정지 센터

**해설**
① **하프 센터** : 단면가공에 사용한다.
② **평 센터** : 센터 구멍을 내지 않고 지지할 때 사용한다.
③ **파이프 센터** : 선반으로 큰 지름의 구멍이 있는 가공물을 지지하고 절삭할 때 사용하는 센터이다.
④ **정지 센터** : 심압대 축에 삽입하는 센터로 마찰열로 인한 손상이 많으므로 센터 끝에 초경합금을 경납 땜 한 것을 사용한다.

**23** 밀링가공에서 상향절삭의 특징에 대한 설명으로 틀린 것은?

① 백래시(Back Lash) 제거가 필요 없다.
② 하향절삭에 비해 가공면의 표면 거칠기가 좋다.
③ 절입 시 마찰로 플랭크 마모가 빨라 공구 수명이 짧다.
④ 일감의 고정이 불안정할 수 있다.

**해설**

| 구분 | 상향절삭 |
|---|---|
| 칩에 영향 | 절삭에 방해 없다. |
| 백래시 제거 | 백래시 제거장치 필요 없다. |
| 공작물 고정 | 불안하므로 확실히 고정해야 한다. |
| 공구 수명 | 수명이 짧다. 날 파손은 적으나 마멸이 심하다. |
| 소비 동력 | 소비가 크다. |
| 가공면 | 거칠다. |

**정답** 20. ③　21. ②
22. ③　23. ②

## 24. 리머(Reamer)에 대한 설명으로 틀린 것은?

① 조정(조절) 리머 : 날의 개수를 조정할 수 있는 리머
② 셸 리머 : 자루와 날 부위가 별개로 되어 있는 리머
③ 솔리드 리머 : 자루와 날 전체가 같은 재질로 된 리머
④ 팽창 리머 : 가공물의 치수에 따라 조금 팽창시킬 수 있는 리머

**해설** 리머의 종류
① 핸드 리머 : 손으로 작업하는 리머
② 기계 리머 : 채킹 리머, 조버스 리머, 브리지 리머
③ 테이퍼 리머 : 모스테이퍼 리머, 테이퍼핀 리머, 파이프 리머
④ 조정 리머 : 조정 리머, 팽창 리머로 지름을 조정할 수 있는 리머
⑤ 셸 리머 : 자루와 날부가 별개로 되어있는 리머
⑥ 솔리드 리머 : 자루와 날부가 같은 소재로 된 리머

## 25. 연삭숫돌 입자의 종류 중 갈색 알루미나 기호로 맞는 것은?

① C
② GC
③ WA
④ A

**해설** 숫돌 입자의 용도

| 기호 | KS | 종류 | 용도 |
|---|---|---|---|
| A | 1A<br>2A | 갈색<br>용융알루미나질 95% | 일반강재<br>보통탄소강 |
| WA | 3A<br>4A | 백색<br>용융알루미나질 99.5% | 담금질강, 내열강,<br>고속도강, 합금강 |
| C | 1C<br>2C | 암자색(회색)<br>탄화규소질 97% | 주철, 석재, 유리,<br>비철, 비금속 |
| GC | 3C<br>4C | 흑색(녹색)<br>탄화규소질 98% | 초경합금, 다이스강,<br>특수강, 세라믹 |

## 26. 대형 일감이나 중량물의 강력 절삭에 적합하도록 플레이너의 공구대 대신 밀링헤드가 장착된 형식의 기계는?

① 나사 밀링 머신
② 특수 밀링 머신
③ 플레이너형 밀링 머신
④ 만능 밀링 머신

**해설** 플레이너형 밀링 머신
대형 일감이나 중량물의 강력 절삭에 적합하도록 플레이너의 공구대 대신 밀링 헤드가 장착된 형식의 기계이다.

**정답** 24. ① 25. ④ 26. ③

**27** 지름 400mm인 연삭숫돌로 지름이 200mm인 공작물을 연삭할 때 숫돌바퀴의 회전수는 약 얼마인가? (단, 절삭속도는 1500m/min이다.)

① 2395rpm  ② 1993rpm
③ 1592rpm  ④ 1194rpm

해설 $N = \dfrac{1000V}{\pi D} = \dfrac{1000 \times 1500}{\pi \times 400} = 1194.3$

**28** 드릴 가공의 종류가 아닌 것은?

① 보링(Boring)  ② 리밍(Reaming)
③ 맨드릴(Mandrel)  ④ 카운터 싱킹(Counter sinking)

해설 맨드릴(Mandrel)은 내외경이 동심원이 될 수 있도록 선반 가공에서 사용된다.

**29** 절삭 가공에서 발생되는 칩(Chip)의 기본 형상이 아닌 것은?

① 유동형(Flow type)  ② 전단형(Shear type)
③ 경작형(Tear type)  ④ 절단형(Cutter type)

해설
① **유동형** : 칩이 공구의 경사면 위를 유동하는 것과 같이 원활하게 연속적으로 흘러나가는 형태로서 칩 발생시 연속적인 미끄럼 파괴에 의하여 절삭되어, 길게 연속적 코일 모양으로 되며, 절삭면의 변동이 없고 진동이 적으며, 가공 면이 깨끗하고 절삭작용이 원활하고, 신축성이 크고 소성변형이 쉬운 재료에 적합하다.
② **전단형** : 칩이 원활히 흐르지 못하고, 칩을 밀어내는 압축력이 축적되어야 분자 사이에 전단이 일어나기 때문에 미끄럼 간격이 커진다. 불연속적인 미끄럼에 의하여 나타나므로 유동형과 균열형의 중간에 속하는 형태이며 절삭저항은 한 개의 칩이 발생할 때마다 변동하여, 가공 면이 매끄럽지 못하다. 연한 재질의 공작물을 작은 경사각으로 저속 가공할 때 생긴다.
③ **열단형** : 공구의 날 끝보다 날의 아래쪽에 균열이 발생되면서 절삭이 되는 형태로서 재료가 공구 전면에 접착하여 공구의 상면을 미끄러져 나가지 못하여, 아래 방향에 균열이 발생하여 가공 면이 나쁘다.
④ **균열형** : 균열의 발생은 열단형과 같으나, 순간적으로 공구의 날 끝 앞에서 일감의 표면을 향해 균열이 생기고, 이것이 칩이 된다. 칩 발생 시의 진동으로 절삭력의 변동이 크며 가공 면이 매우 불량하다. 주철과 같은 메진(취성) 재료를 저속 가공할 때 발생한다.

**30** 일감의 바깥 면을 조정 숫돌과 지지대를 이용하여 고정, 이송하여 가늘고 긴 공작물을 연삭할 수 있는 연삭기는?

① 평면 연삭기  ② 직립형 평면 연삭기
③ 센터리스 연삭기  ④ 수평형 평면 연삭기

해설 **센터리스 연삭기** : 일감의 바깥 면을 조정 숫돌과 지지대를 이용하여 고정, 이송하여 가늘고 긴 공작물을 연삭할 수 있다.

**정답** 27. ④  28. ③  29. ④  30. ③

## 02회 CBT 모의고사

**31** 범용 밀링 머신으로 작업하기에 적합하지 않은 것은?
① 홈 가공
② 평면 가공
③ 원형 축 가공
④ 더브테일 가공

**해설** 원형 축 가공은 선반에서 가공할 수 있다.

**32** 다음 중 절삭저항에 대한 설명으로 틀린 것은?
① 주 분력이 절삭저항 중 가장 크다.
② 절삭유를 사용하면 절삭저항이 증가한다.
③ 절삭면적이 커지면 절삭저항이 증가한다.
④ 윗면 경사각이 감소하면 절삭저항이 증가한다.

**해설** 절삭유를 사용하면 절삭저항이 감소한다.

**33** 절삭 공구강의 일종인 표준 고속도강의 성분은?
① Cr(18%), W(4%), V(1%)
② V(18%), Cr(4%), W(1%)
③ W(18%), Cr(4%), V(1%)
④ W(18%), V(4%), Cr(1%)

**해설** 표준 고속도강의 성분은 W(18%), Cr(4%), V(1%)이다.

**34** 소결 초경합금 공구강의 탄화물 형성 원소가 아닌 것은?
① W
② Ti
③ Ta
④ Al

**해설 초경합금**
W-Ti-Ta 등의 탄화물 분말을 Co 또는 Ni를 결합하여 1400℃ 이상에서 소결시킨 것이다. (주성분 : W, Ti, Co, C 등)

**35** 단련용 알루미늄 합금인 두랄루민에서 강인성을 얻기 위해 사용하는 방법은?
① 시효 경화
② 자기 풀림
③ 인공 내식 처리
④ 양극 산화 처리

[정답] 31. ③ 32. ②
33. ③ 34. ④
35. ①

> **해설** **시효 경화** : 단련용 알루미늄 합금인 두랄루민에서 강인성을 얻기 위해 사용하는 방법이다.

## 36 다음 중 전동기에서 기계로 전달되는 동력전달순서가 맞는 것은?

① 주축→중간축→선축
② 선축→중간축→주축
③ 선축→주축→중간축
④ 주축→선축→중간축

> **해설** **동력전달순서** : 주축 → 선축 → 중간축

## 37 나사에서 피치와 리드 사이의 관계에 대한 설명으로 옳은 것은?

① 1줄 나사에서 피치와 리드는 같다.
② 2줄 나사에서 피치와 리드는 같다.
③ 3줄 나사에서 피치와 리드는 같다.
④ 4줄 나사에서 피치와 리드는 같다.

> **해설** 피치와 리드 사이의 관계는 1줄 나사에서 피치와 리드는 같다.

## 38 담금질한 강의 내부응력을 제거하거나 인성을 부여하기 위한 열처리는?

① 담금질
② 뜨임
③ 침탄
④ 표면경화

> **해설** **뜨임** : 담금질한 강의 내부응력을 제거하거나 인성을 부여가 목적이다.

## 39 지름 120mm인 구동 원통 마찰차의 회전수를 1/4로 감소시키는 데 사용할 외접 피동 마찰차의 지름은 얼마인가? (단, 미끄럼은 없는 것으로 가정한다.)

① 30 mm
② 440 mm
③ 480 mm
④ 520 mm

> **해설** 속도비 $i = \dfrac{N_2}{N_1} = \dfrac{D_1}{D_2} = \dfrac{1}{4} = \dfrac{120}{D_2} = 480$

## 40 스프링에서 하중값을 단위 길이의 변화한 값으로 나눈 값은?

① 스프링 상수
② 스프링 지름
③ 종횡비
④ 피치

> **해설** 스프링 상수는 하중값을 단위 길이의 변화한 값으로 나눈 값이다.

**답안 표기란**

| 36 | ① | ② | ③ | ④ |
| 37 | ① | ② | ③ | ④ |
| 38 | ① | ② | ③ | ④ |
| 39 | ① | ② | ③ | ④ |
| 40 | ① | ② | ③ | ④ |

**정답** 36. ④  37. ①
38. ②  39. ③
40. ①

**41** 다음 중 구리(Cu)와 아연(Zn)의 합금으로 놋쇠라고 부르는 금속은?
① 청동
② 황동
③ 인청동
④ 니켈 합금

해설 황동 : 구리(Cu)와 아연(Zn)의 합금

**42** 수나사 중심선의 편심을 방지하는 목적으로 사용되는 너트는?
① 플레이트 너트
② 슬리브 너트
③ 나비 너트
④ 플랜지 너트

해설 슬리브 너트 : 수나사 중심선의 편심을 방지하는 목적으로 사용된다.

**43** 물체에 외력(하중)이 가해졌을 때 물체내부의 단위 면적당 작용하는 힘의 크기는 무엇인가?
① 변형률
② 응력
③ 탄성계수
④ 탄성 에너지

해설 응력 : 물체에 외력(하중)이 가해졌을 때 물체 내부의 단위 면적당 작용하는 힘의 크기이다.

**44** 베어링의 호칭 번호가 6200일 때, 이 베어링의 안지름은 몇 mm인가?
① 10
② 12
③ 15
④ 17

해설 베어링의 셋째, 넷째 자리는 안지름 번호
00 : 10 mm, 01 : 12 mm, 02 : 15 mm, 03 : 17 mm

**45** 백주철을 가열·탈탄시키거나 흑연화시켜 여린 결점을 개선한 주철로서 자동차용 부품, 각종 이음부품 및 조선용 부품 등에 많이 쓰이는 주철은?
① 회주철
② 구상흑연 주철
③ 가단주철
④ 내산 주철

해설 가단주철 : 백주철을 가열·탈탄시키거나 흑연화시켜 여린 결점을 개선한 주철로서 자동차용 부품, 각종 이음부품 및 조선용 부품 등에 많이 쓰이는 주철이다.

정답 41. ② 42. ②
43. ② 44. ①
45. ③

**46** 키의 길이가 50mm, 접선력은 6kN, 키의 전단응력이 20N/mm²일 때 키의 폭은?

① 6mm  ② 9mm
③ 12mm  ④ 30mm

해설  $b = \dfrac{p}{\tau \times l} = \dfrac{6000}{20 \times 50} = 6\text{mm}$

**47** KS 나사 표시 방법에서 G 1/2 A로 기입된 기호의 올바른 해독은?

① 가스용 암나사로 인치 단위이다.
② 관용 평행 암나사로 등급이 A급이다.
③ 관용 평행 수나사로 등급이 A급이다.
④ 가스용 수나사로 인치 단위이다.

해설  G 1/2 A : 관용 평행 수나사로 등급이 A급이다.

**48** 투상도에서 특정 부분의 도형이 작기 때문에 그 부분을 상세히 도시하거나 치수를 기입할 수 없을 때, 그 부분을 확대하여 별도로 다른 곳에 상세하게 도시하는 것은?

① 보조 투상도  ② 국부 투상도
③ 부분 확대도  ④ 부분 투상도

해설  **부분 확대도**
투상도에서 특정 부분의 도형이 작기 때문에 그 부분을 상세히 도시하거나 치수를 기입할 수 없을 때, 그 부분을 확대하여 별도로 다른 곳에 상세하게 도시하는 것이다.

**49** 표면 결 도시방법에서 제거 가공을 허락하지 않는 것을 지시하고자 할 때 사용하는 제도 기호로 옳은 것은?

① 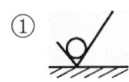   ②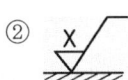
③    ④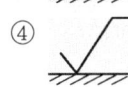

해설  ① ▽ : 제거가공의 필요 여부를 문제 삼지 않는다.
② ▽ : 제거가공을 해서는 안 된다.
③ ▽ : 제거가공을 필요로 한다.

**정답**  46. ①  47. ③  48. ③  49. ①

## 50. 축의 치수가 $\varnothing 100^{+0.05}_{-0.02}$일 때 치수공차는 얼마인가?

① 0.02　　② 0.03
③ 0.05　　④ 0.07

**해설** $0.05 + 0.02 = 0.07$

## 51. 기계제도에 사용하는 선의 분류에서 가는 실선의 용도가 아닌 것은?

① 치수선　　② 치수 보조선
③ 지시선　　④ 외형선

**해설** 외형선은 굵은 실선이다.

## 52. 그림과 같은 도면에 지시한 기하 공차의 설명으로 가장 옳은 것은?

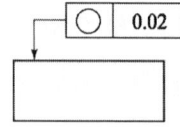

① 원통의 축선은 지름 0.02mm의 원통 내에 있어야 한다.
② 지시한 표면은 0.02mm만큼 떨어진 2개의 평면 사이에 있어야 한다.
③ 임의의 축 직각 단면에 있어서의 바깥둘레는 동일 평면 위에서 0.02mm만큼 떨어진 두 개의 동심원 사이에 있어야 한다.
④ 대상으로 하고 있는 면은 0.02mm만큼 떨어진 2개의 동축 원통면 사이에 있어야 한다.

**해설** 위 도면에서 해석은 임의의 축 직각 단면에 있어서의 바깥둘레는 동일 평면 위에서 0.02mm만큼 떨어진 두 개의 동심원 사이에 있어야 한다.

## 53. 기계제도에서 사용하는 치수기입 시 사용되는 기호와 그 설명으로 틀린 것은?

① C : 45° 모떼기　　② ∅ : 지름
③ SR : 구의 반지름　　④ ◇ : 정사각형

**해설** □ : 정사각형

**정답** 50. ④　51. ④　52. ③　53. ④

**54** 구름베어링의 호칭번호가 6001 C2 P6으로 표시된 경우에 베어링의 안지름은 몇 mm인가?

① 100　　② 60
③ 12　　　④ 10

**해설** 베어링의 셋째, 넷째 자리는 안지름 번호
00 : 10mm, 01 : 12mm, 02 : 15mm, 03 : 17mm
04부터는 × 5를 해준다.

**55** 그림과 같은 도면은 물체를 제3각법으로 정투상한 정면도와 우측면도이다. 이 물체의 평면도로 가장 적합한 것은?

(정면도)

① 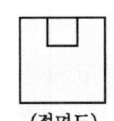　　②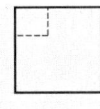
③ 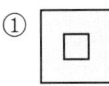　　④

①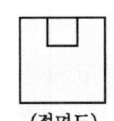
②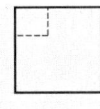
③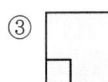
④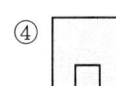

**56** 재료 기호가 "SF340A"로 표시되었을 때 이 재료는 무엇인가?

① 탄소강 단강품　　② 고속도 공구강
③ 합금 공구강　　　④ 소결 합금강

**해설** SF340A : 탄소강 단강품

**57** 삼각법에 의한 각도 측정 방법이 아닌 것은?

① 사인 바에 의한 각도 측정
② NPL식 각도 게이지에 의한 각도 측정
③ 탄젠트 바에 의한 각도 측정
④ 롤러에 의한 각도 측정

**해설** 삼각법에 의한 각도 측정
① 사인 바
② 탄젠트 바
③ 원통 롤러

**정답** 54. ③　55. ④
56. ①　57. ②

## 58. HM형 높이 게이지를 사용하여 공작물의 평면도를 검사하려고 한다. 필요한 어태치먼트는 어느 것인가?

① 오프셋형 스크라이퍼
② 깊이 바아
③ 게이지 블록
④ 다이얼 게이지

**해설** HM형 높이 게이지를 사용하여 공작물의 평면도를 검사하는 어태치먼트는 다이얼 게이지다.

## 59. 측정 오차에 관한 설명으로 틀린 것은?

① 계통 오차는 측정값에 일정한 영향을 주는 원인에 의해 생기는 오차이다.
② 우연 오차는 측정자와 관계없이 발생하고, 반복적이고 정확한 측정으로 오차 보정이 가능하다.
③ 개인 오차는 측정자의 부주의로 생기는 오차이며, 주의해서 측정하고 결과를 보정하면 줄일 수 있다.
④ 계기 오차는 측정 압력, 측정온도, 측정기 마모 등으로 생기는 오차이다.

**해설** 우연 오차는 측정하는 과정에서 우발적으로 발생하는 오차를 말하며, 발생 원인으로는 측정자의 심리적 변화, 측정기의 성능, 필연적이나 우발적으로 발생하는 사항 등이 있으며, 오차를 최소화하기 위하여 반복측정에 의한 산술 평균으로 측정치를 결정한다.

## 60. N.P.L식 각도 게이지를 보기와 같이 조합했을 때 α는 몇 도인가?

① 43°59′
② 52°58′
③ 53°2′
④ 55°

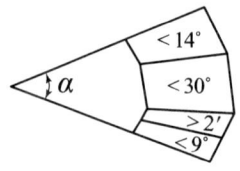

**해설** 14+30+9−2′= 52°58′

**정답** 58. ④  59. ②  60. ②

# 03회 CBT 모의고사

**01** 다음 방전 가공의 특징 중 맞는 것은?
① 숙련을 필요로 한다.
② 무인가공이 가능하다.
③ 전극이 필요 없다.
④ 가공부 변질층이 없다.

**해설** 방전 가공의 특징
① 공작물 경도와 관계없이 전기도체이면 쉽게 가공된다.
② 숙련된 작업을 필요로 하지 않는다.(무인가공 가능)
③ 전극 현상 그대로 정밀도가 높은 가공이 된다.
④ 가공조건의 선택과 변경이 쉽다
⑤ 비 접촉성으로 기계적인 힘이 가해지지 않는다.
⑥ 다듬질 면은 방향성이 없고 균일하다.
⑦ 복잡한 표면형상이나 미세한 가공이 가능하다.
⑧ 가공표면의 열 변질층 두께가 균일하여 마무리 가공이 쉽다.
⑨ 가공변형이 적어 박판 가공이 용이하다.
⑩ 공구 전극이 필요하며 전극 가공의 어려움과 공구의 소모가 크다
⑪ 가공 부분에 변질층이 남으며 다소 가공속도가 느리다
⑫ 비전도체인 경우 가공이 어렵고 가전도(저부형, 금형)에 제한받음

**02** 밀링 머신으로 가공을 할 수 있는 작업은?
① 편심 가공
② 구면 가공
③ 내경 테이퍼 가공
④ 드릴의 비틀림 홈 가공

**해설** 드릴의 비틀림 홈 가공은 공구선반에서 가능하다.

**03** 선반에서 지름 60mm의 공작물을 절삭속도 100m/min로 가공하려 할 때 회전수는 약 몇 rpm인가?
① 5
② 530
③ 1667
④ 5305

**해설** $N = \dfrac{1000\,V}{\pi D} = \dfrac{1000 \times 100}{\pi \times 60} = 530.8$

정답  01. ②  02. ④
03. ②

## 03회 CBT 모의고사

**04** 센터리스 연삭의 장점이 아닌 것은?
① 대형, 중량물의 연삭에 적합하다.
② 연속작업이 가능하므로 대량생산에 적합하다.
③ 긴 축 재료의 연삭이 가능하다.
④ 속이 빈 원통의 외면 연삭에 편리하다.

해설 센터리스 연삭은 대형, 중량물의 연삭은 어렵다.

**05** 기계가공 후에 정밀 다듬질을 필요로 할 때 이용되는 작업은?
① 톱 작업
② 금 긋기 작업
③ 스크레이핑 작업
④ 용접 작업

해설 스크레이핑 작업(scraping) : 기계가공한 면을 다시 정밀하게 가공하는 작업을 스크레이핑이라고 하며 이때 사용하는 공구를 스크레이퍼라 한다. 공작기계의 베드, 미끄럼면, 측정용 정밀정반 등의 최종마무리 가공에 사용된다.

**06** 수동으로 수나사를 가공할 때 사용하는 공구는?
① 탭
② 다이스
③ 리머
④ 스크레이핑

해설
① **탭** : 암나사를 가공할 때 사용
② **다이스** : 수나사를 가공할 때 사용
③ **리머** : 구멍의 정밀도를 높이기 위한 작업

**07** 고온 및 고속 절삭에서 높은 경도를 유지하고 우수한 절삭 공구로 사용되고 있는 초경합금의 주요 성분이 아닌 것은?
① 코발트
② 황
③ 니켈
④ 텅스텐

해설 **초경합금** : W-Ti-Ta 등의 탄화물 분말을 Co 또는 Ni를 결합하여 1400℃ 이상에서 소결시킨 것(주성분 : W, Ti, Co, C 등이다.)

**08** 연속형 칩이 발생하는 재질의 가공에 가장 적합한 초경합금의 종류는?
① P종
② M종
③ K종
④ S종

**정답** 04.① 05.③ 06.② 07.② 08.①

**해설** 초경 팁의 표시
- P(푸른색) : 일반강 절삭 시
- M(노란색) : 스테인리스강, 주강 절삭 시
- K(붉은색) : 비철금속, 주철 절삭 시

[예] 'P10 – 01 – 3'
P : 팁 재종, 10 : 인성, 01 : 형태, 3 : 크기(P01 – 고속절삭, P10 – 나사절삭, P20, P30 – 황삭)

**09** 폭이 좁고 길이가 긴 가공물의 줄 작업 방법은?
① 직진법　　　　　② 사진법
③ 병진법　　　　　④ 횡진법

**해설** 줄 작업의 종류
① 직진법 : 줄을 길이 방향으로 직진시켜 절삭하는 방법으로 황삭 및 최종 다듬질 작업에 사용한다.
② 사진법 : 넓은 면 절삭에 적합하며, 절삭량이 많아 황삭 및 모따기에 적합하다.
③ 횡진법(병진법) : 줄을 길이 방향과 직각 방향으로 움직여 절삭하는 방법으로 폭이 좁고 길이가 긴 공작물의 줄 작업에 좋다.

**10** 구멍 수가 24개인 분할판에서 직접 분할법으로 12등분을 할 때, 직접 분할판의 회전 구멍 수는?
① 2　　　　　② 3
③ 4　　　　　④ 5

**해설** $\dfrac{24}{N} = \dfrac{24}{12} = 2$

**11** 기어의 치형을 깎는 방법이 아닌 것은?
① 엔드밀에 의한 방법
② 총형 커터에 의한 방법
③ 창성에 의한 방법
④ 형판에 의한 방법

**해설** 기어의 치형을 깎는 방법
① 총형 커터에 의한 방법 : 기어 이홈의 모양과 같은 커터를 사용하여 기어 소재 1피치만큼씩 회전시켜서 차례로 기어를 절삭이다.
② 창성에 의한 방법 : 인벌류트 곡선의 성질을 응용한 정확한 기어 절삭 공구를 기어의 소재와 함께 회전운동을 주며 축 방향으로 왕복 운동을 시켜 절삭한다. 가공방법은 다음과 같다.
　– 래크 커터에 의한 방법
　– 피니언 커터에 의한 방법
　– 호브에 의한 절삭
③ 형판에 의한 방법 : 기어 치형과 같은 형판을 사용하여 공구대를 형판에 따라 미끄럼 안내하여 가공하는 모방절삭이다.

[정답] 09. ③　10. ①
11. ①

## 12. 밀링절삭에서 하향절삭과 비교한 상향절삭의 특징을 설명한 것 중 틀린 것은?

① 절삭력이 일감을 들어 올리는 방향으로 작용하므로 가공물의 고정이 불리하다.
② 마찰저항이 커서 절삭 공구를 위로 들어 올리는 힘이 작용한다.
③ 가공면의 표면 거칠기가 상향에 의한 회전저항으로 전체적으로 하향절삭보다 나쁘다.
④ 하향절삭에 비해 공구의 수명이 길다.

**해설** 상향절삭과 하향절삭의 비교

| 구분 | 상향절삭 | 하향절삭 |
|---|---|---|
| 칩에 영향 | • 절삭에 방해 없다. | • 절삭에 방해 있다. |
| 백래시 제거 | • 백래시 제거장치 필요 없다. | • 백래시 제거장치 필요 하다. |
| 공작물 고정 | • 불안하므로 확실히 고정해야 한다. | • 안정된 고정이 된다. |
| 공구 수명 | • 수명이 짧다.<br>• 날 파손은 적으나 마멸이 심하다. | • 수명이 길다.<br>• 날 파손은 생길 수 있으나 마모가 적다. |
| 소비 동력 | • 소비가 크다. | • 소비가 적다. |
| 가공면 | • 거칠다. | • 깨끗하다. |

## 13. 래핑(lapping) 가공의 장점에 대한 설명으로 부적합한 것은?

① 고도의 정밀가공은 숙련이 필요 없다.
② 정밀도가 높은 제품을 만들 수 있다.
③ 다듬질면은 내식성 및 내마모성이 증가한다.
④ 가공면이 매끈한 거울 면을 얻을 수 있다.

**해설** 래핑(lapping) 가공은 고도의 정밀가공 숙련이 필요하다.

## 14. 뚫어져 있는 구멍을 정밀도를 높이고, 가공 표면을 좋게 하기 위한 가공 방법은?

① 드릴링
② 태핑
③ 리밍
④ 카운터 싱킹

[정답] 12. ④  13. ①  14. ③

**해설**
① **드릴링(Drilling)** : 공작물 고정, 공구 회전과 주축 방향 이송, 리밍, 보링, 카운터 보링, 스폿 페이싱, 카운터 싱킹, 태핑 등을 공구에 따라 할 수 있는 작업
② **태핑(Tapping)** : 공작물 내부에 암나사 가공, 태핑을 위한 드릴가공은 나사의 외경-피치로 한다.
③ **리밍** : 뚫어져 있는 구멍을 정밀도를 높이고, 가공 표면을 좋게 하기 위한 가공 방법
④ **카운터 싱킹(Counter Sinking)** : 접시머리 나사의 머리가 묻히게 하기 위해 원뿔자리를 만드는 작업

**15** 선반 바이트 재료 중 금속탄화물의 분말형의 금속원소를 프레스로 성형한 다음 소결하여 만든 합금으로 경도가 크고, 내열성, 내마멸성이 높은 것은?
① 세라믹
② 고속도강
③ 스텔라이트
④ 초경합금

**해설**
① **세라믹** : 산화알루미늄 가루($Al_2O_3$) 분말에 규소 및 마그네슘 등의 산화물이나 다른 산화물의 첨가물을 넣고 소결한 것.
② **고속도강** : 주성분은 W-Cr-V-Mo-Co로 대표적인 것으로 W(18%)-Cr(4%)-V(1%)이 있다.
③ **스텔라이트** : 주조로 성형한 것을 연삭으로 다듬질하여 사용하며, 금속절삭에 널리 사용되지 않으며 주성분은 W-Cr-Co-C이다.
④ **초경합금** : 금속탄화물의 분말형의 금속원소를 프레스로 성형한 다음 소결하여 만든 합금으로 경도가 크고, 내열성, 내마멸성이 높다.

**16** 연삭숫돌에 눈메움이나 무딤 현상이 발생되었을 때 이를 해결하는 방법으로 옳은 것은?
① 황삭
② 몰딩
③ 버핑
④ 드레싱

**해설** **드레싱** : 연삭숫돌에 눈메움이나 무딤 현상이 발생되었을 때 이를 해결하는 방법이다.

**17** 보통 주철재료의 드릴 가공 시 절삭유의 선정은?
① 수용성 절삭유
② 유화유
③ 광유
④ 사용하지 않음

**해설** 보통 주철재료의 드릴 가공 시 절삭유는 사용하지 않음

**18** 보통 선반용 부속공구에 속하지 않는 것은?
① 면판
② 분할대
③ 센터
④ 맨드릴

**해설** 분할대는 밀링 머신 부속장치이다.

| 답안 표기란 | | | | |
|---|---|---|---|---|
| 15 | ① | ② | ③ | ④ |
| 16 | ① | ② | ③ | ④ |
| 17 | ① | ② | ③ | ④ |
| 18 | ① | ② | ③ | ④ |

**정답** 15. ④  16. ④  17. ④  18. ②

**19** 다음 중 버니어 캘리퍼스의 종류가 아닌 것은?

① M1형  ② M2형
③ HT형  ④ CM형

**해설** 버니어 캘리퍼스의 종류 : KS에는 M1형, M2형, CB형, CM형 네 종류를 규정하고, 그 외 다이얼 캘리퍼스, 깊이 게이지, 이두께 버니어 캘리퍼스 등이 있다.

**20** 기계가공 중에서 공구를 회전시키면서 작업을 하는 공작기계에 속하는 것은?

① 선반  ② 플레이너
③ 브로칭 머신  ④ 호빙 머신

**해설** 공구를 회전시키면서 작업을 하는 공작기계는 호빙머신, 밀링, 연삭 등이다.

**21** 그림에서 D=40mm, d=30mm, l=100mm일 때 복식 공구대에 의한 테이퍼를 가공할 때 공구대의 선회 각도(θ)는?

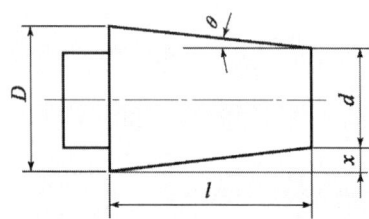

① 0° 51′  ② 2° 51′
③ 5° 42′  ④ 7° 42′

**해설** $\theta = \tan^{-1}\dfrac{D-d}{2\,l} = \dfrac{40-30}{2\times 100} = 0.05$
$= \tan^{-1} 0.05 = 2.86 = 2°51′$

**22** 연삭숫돌 입자의 고정과 관련이 있고 입자 탈락과 가장 관련이 깊은 것은?

① 조직  ② 가공
③ 결합도  ④ 입도

**해설** 결합도 : 연삭숫돌 입자의 고정과 관련이 있고 입자 탈락과 가장 관련이 깊다.

[정답] 19. ③  20. ④
21. ②  22. ③

**23** 다음 중 다듬질 면의 표면 정도가 가장 높은 정밀 입자 가공법은?

① 숏 피닝  ② 래핑
③ 밀링     ④ 선삭

**해설** 래핑 : 다듬질 면의 표면 정도가 가장 높은 정밀 입자 가공법이다.

**24** 수퍼피니싱 가공에 대한 설명으로 틀린 것은?

① 가공시간이 길다.
② 방향성이 없다.
③ 전 가공의 변질층을 제거한다.
④ 내마멸성이 높은 다듬질 면을 얻을 수 있다.

**해설** 수퍼피니싱 가공은 비교적 가공시간이 짧다.

**25** 많은 날을 가진 절삭 공구인 브로치의 주요 부분에 해당하지 않는 것은?

① 자루부   ② 안내부
③ 절삭부   ④ 고정부

**해설** 브로치 구조 : 자루부, 절삭날부, 후단부, 평행부로 수많은 날 끝이 일직선상에 연속적으로 배열되어 있는 공구로 자루부는 고정부와 안내부가 있다.

**26** 선반 가공에서 긴 공작물을 절삭할 때 사용하는 이동형 방진구는 어느 부분에 설치하는가?

① 심압대   ② 왕복대
③ 베드     ④ 주축대

**해설** 이동형 방진구는 왕복대의 새들에 설치하고 고정형 방진구는 베드에 설치한다.

**27** 밀링 커터의 하나로 60°의 각을 가진 원추 형상의 커터로서 앤드밀이나 사이드 커터로 홈을 가공하고 바닥면과 양측 측면을 가공하는 커터는?

① 메탈 쏘    ② 양각 커터
③ 플레인 커터 ④ 더브테일 커터

**해설**
① 메탈 쏘 : 절단과 홈파기 용
② 양각 커터 : V형 날을 가지며, 등각인 경우 45°, 60°, 90° 부등각인 경우 한쪽은 12°, 15°, 다른 쪽은 40°, 48°, 53°로 되어 있다.
③ 플레인 커터 : 주축과 평행한 평면을 절삭할 때
④ 더브테일 커터 : 60°의 각을 가진 원추 형상의 커터로서 더브테일 홈 가공이나 바닥면과 양쪽 측면을 가공한다.

**정답** 23. ②  24. ①
25. ④  26. ②
27. ④

**28** 절삭유제의 사용 목적에서 틀린 것은?

① 구성인선의 발생을 촉진시킨다.
② 공구의 마모를 줄이고 윤활 및 세척작용으로 가공표면을 양호하게 한다.
③ 칩을 씻어주고 절삭 부분을 깨끗이 닦아 절삭작용을 돕는다.
④ 가공물을 냉각시켜, 절삭 열에 의한 정밀도 저하를 방지한다.

**해설** 절삭유제을 사용하면 구성인선의 발생을 감소시킨다.

**29** 원통 연삭방식에서 연삭숫돌을 일정한 위치에서 회전시키고, 회전하는 일감을 숫돌 폭 방향으로 이송하여 연삭하는 것은?

① 트래버스 연삭
② 플런저 연삭
③ 만능 연삭
④ 공구 연삭

**해설**
① **트래버스 연삭** : 연삭숫돌을 일정한 위치에서 회전시키고, 회전하는 일감을 숫돌 폭 방향으로 이송하여 연삭하는 형식이다.
② **플런저 연삭** : 공작물은 회전만하고 숫돌대의 연삭숫돌을 테이블과 직각으로 전후 이송을 주어 연삭하는 형식이다.
③ **만능 연삭** : 초경합금 공구, 드릴, 리머, 밀링 커터, 호브 등을 연삭한다.
④ **공구 연삭** : 절삭 공구를 정확히 연삭하여 사용할 목적으로 사용한다.

**30** 엔드밀로 홈 가공 시 절삭력에 의해 휘어지는 문제가 발생하는데 이 휨의 방지법으로 적합한 것은?

① 가능한 엔드밀을 짧게 고정한다.
② 절삭량을 많이 준다.
③ 이송속도를 빠르게 한다.
④ 주축회전수를 빠르게 한다.

**해설** 엔드밀로 절삭 가공 시 가능한 엔드밀을 짧게 고정한다.

**31** 다음 비철 재료 중 비중이 가장 가벼운 것은?

① Cu
② Ni
③ Al
④ Mg

[정답] 28. ① 29. ①
30. ① 31. ④

**32** 보통 주철에 비하여 규소가 적은 용선에 적당량의 망간을 첨가하여 금형에 주입하면 금형에 접촉된 부분은 급랭되어 아주 가벼운 백주철로 되는데 이러한 주철을 무엇이라고 하는가?

① 가단주철
② 칠드주철
③ 고급주철
④ 합금주철

**해설**  **칠드주철** : 보통 주철에 비하여 규소가 적은 용선에 적당량의 망간을 첨가하여 금형에 주입하면 금형에 접촉된 부분은 급랭되어 아주 가벼운 백주철로 된다.

**33** 비금속 재료에 속하지 않는 것은?

① 합성수지
② 네오프렌
③ 도료
④ 고속도강

**해설**  고속도강은 금속재료로 공구용 재료이다.

**34** 18-4-1형 고속도강에서 4가 의미하는 원소는? (단, 숫자는 함유량 %임)

① 바나듐
② 텅스텐
③ 크롬
④ 니켈

**해설**  **고속도강(SKH)** : 대표적인 것은 W(18%)+Cr(4%)+V(1%)으로 18-4-1 표준 고속도강이며, 우수한 절삭 성능을 얻기 위해 코발트를 첨가한 특수 고속도강 등도 있다.

**35** 탄소강에 있어서 탄소량의 증가에 따라 일어나지 않는 현상은?

① 경도가 높아진다.
② 충격값이 커진다.
③ 연신율이 감소한다.
④ 담금질 효과가 커진다.

**해설**  탄소강에 있어서 탄소량의 증가에 따라 충격값이 작아진다.

**36** 주석(Sn), 아연(Zn), 납(Pb), 안티온(Sb)의 합금으로, 주석계 메탈을 베빗메탈이라 하며 내연기관을 비롯한 각종 기계의 베어링에 가장 널리 사용되는 것은?

① 켈밋
② 합성수지
③ 트리메탈
④ 화이트메탈

**해설**  **화이트메탈** : 주석(Sn), 아연(Zn), 납(Pb), 안티온(Sb)의 합금으로, 주석계 메탈을 베빗메탈이라 하며 내연기관을 비롯한 각종 기계의 베어링에 가장 널리 사용된다.

[정답] 32. ② 33. ④ 34. ③ 35. ② 36. ④

## 03회 CBT 모의고사

**37** 탄소 함량 0.8%에서 페라이트와 시멘타이트의 공석점인 탄소강의 조직은?

① 오스테나이트　② 페라이트
③ 펄라이트　　　④ 레데부라이트

**해설** 펄라이트 : 탄소 함량 0.8%에서 페라이트와 시멘타이트의 공석점인 탄소강의 조직이다.

**38** 나사의 종류와 용도가 서로 잘못 연결된 것은?

① 둥근나사 – 전구
② 사각나사 – 체결용
③ 삼각나사 – 일반 체결용
④ 사다리꼴나사 – 운동 전달용

**해설** 사각나사-운동전달용, 미터나사-체결용 나사로서 가장 많이 사용

**39** 하중을 작용상태 및 작용속도 그리고 분포상태에 따라 분류할 때 작용상태에 의한 분류에 속하지 않는 것은?

① 인장하중　② 굽힘하중
③ 충격하중　④ 비틀림하중

**해설**
① **작용상태에 의한 분류** : 인장하중, 굽힘하중, 비틀림하중, 압축하중, 축하중, 전단하중
② **작용방법에 의한 분류** : 정하중, 사하중, 점가하중, 동하중, 반복하중, 교번하중, 충격하중, 이동하중 등
③ **분포상태에 따라 분류** : 집중하중, 분포하중

**40** 키의 폭이 4mm이고 높이가 5mm, 유효길이가 40mm인 성크 키에서 축과 보스의 경계면에 작용하는 허용 접선력(kN)은? (단, 이 키의 허용전단응력은 200N/mm²이다.)

① 25kN　② 32kN
③ 200kN　④ 250kN

**해설** $W = \tau b l$
$W = 200 \times 4 \times 40 = 32000\text{N} = 32\text{kN}$

[정답] 37. ③　38. ②
39. ③　40. ②

**41** 소선의 지름 8mm, 스프링의 지름 80mm인 압축코일 스프링에서 하중이 200N 작용하였을 때 처짐이 10mm가 되었다. 이때 스프링상수는 몇 N/mm인가?

① 5
② 10
③ 15
④ 20

해설 $k = \dfrac{w(하중)}{\delta(처짐)} = \dfrac{200}{10} = 20$

**42** 사다리꼴 나사 중 미터계의 나사산의 각도는?

① 29°
② 30°
③ 55°
④ 60°

해설 **사다리꼴 나사(Trapezoidal screw thread)**
애크미 나사라고도 하고, 나사산의 각도는 미터계(TM)에서는 30°, 인치계(TW)에서는 29°이다. 용도는 스러스트(thrust)를 전달시키는 운동용 나사

**43** 바깥지름이 126mm, 잇수 40인 표준 스퍼기어의 모듈은?

① 2.5
② 3.0
③ 3.15
④ 5.04

해설 $m = \dfrac{D}{Z} = \dfrac{126}{40} = 3.15$

**44** 축선과 같은 방향으로 주로 작용하는 하중을 받쳐주는 베어링은?

① 레이디얼 베어링
② 테이퍼 베어링
③ 스러스트 베어링
④ 분할 베어링

해설
① **레이디얼 베어링(Radial Bearing)** : 레이디얼 하중, 즉 축에 직각 방향의 하중을 지지할 때 사용. 미끄럼 베어링에선 저널 베어링이라고도 한다.
② **테이퍼 베어링(Taper Bearing)** : 레이디얼 하중과 스러스트 하중이 동시에 작용하는 하중을 지지.
③ **스러스트 베어링(Thrust Bearing)** : 스러스트 하중, 즉 축단이나 축의 중간에 단을 만들어 축 방향의 하중을 받을 때 사용. 피벗 베어링, 칼라 스러스트 베어링.

**45** 축 방향에 인장 또는 압축을 받는 두 축을 연결하는 것으로서 분해할 필요가 있을 때 쓰이는 결합용 이음은?

① 키 이음
② 핀 이음
③ 코터 이음
④ 클러치 이음

해설 **코터 이음** : 축 방향에 인장 또는 압축을 받는 두 축을 연결하는 것으로서 분해할 필요가 있을 때 쓰이는 결합용 이음이다.

정답 41.④ 42.②
43.② 44.③
45.③

## 46. KS 나사제도에서 관용 평행 나사를 나타내는 종류 기호는?

① A  ② G
③ M  ④ S

**해설**
① R : 관용 테이퍼 수나사
② G : 관용 평행 나사
③ M : 미터 보통 나사
④ S : 미니어처 나사

## 47. 도면에서 기술 기호 등을 따로 기입하기 위하여 도형으로부터 끌어내는 데 쓰이는 선은?

① 피치선  ② 치수선
③ 중심선  ④ 지시선

**해설**
① **피치선** : 되풀이하는 도형의 피치를 취하는 기준을 표시
② **치수선** : 치수를 기입하기 위하여 사용
③ **중심선** : 도형의 중심선을 간략하게 표시
④ **지시선** : 기술, 기호 등을 표시하기 위하여 끌어내는 데 사용

## 48. 그림의 표면의 결 도시 기호에서 각 항목이 설명하는 것으로 틀린 것은?

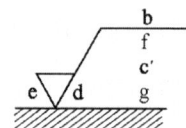

① d : 줄무늬 방향의 기호
② b : 컷 오프 값
③ c' : 기준길이
④ g : 표면 파상도

**해설**
① b : 가공 방법
② c' : 기준 길이
③ d : 줄무늬 방향 기호
④ e : 다듬질 여유 기입
⑤ f : 산술 평균 거칠기 이외의 표면 거칠기 값
⑥ g : 표면 파상도

**정답** 46. ②  47. ④  48. ②

**49** 그림의 조립도에서 부품①의 기능 및 조립시와 가공시를 고려할 때, 가장 적합하게 투상된 부품도는?

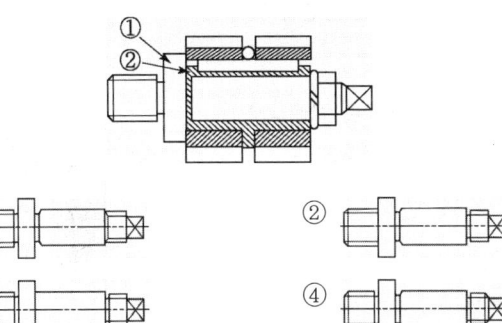

**50** 기하 공차의 종류별 표시 기호가 모두 올바르게 표시된 것은?

① 평면도 : ━, 진직도 : ⊥, 동심도 : ◎, 진원도 : ⊕
② 평면도 : ━, 진직도 : ∠, 동심도 : ○, 진원도 : ⊕
③ 평면도 : ▱, 진직도 : ⊥, 동심도 : ⊕, 진원도 : ○
④ 평면도 : ▱, 진직도 : ━, 동심도 : ◎, 진원도 : ○

| ━ | 진직도 공차 |
| ▱ | 평면도 공차 |
| ○ | 진원도 공차 |
| ⊥ | 직각도 공차 |
| ∠ | 경사도 공차 |
| ⊕ | 위치도 공차 |
| ◎ | 동심도 공차 |

**51** 그림의 입체도를 제3각법으로 올바르게 제도한 것은? (단, 화살표 방향을 정면으로 한 투상도임)

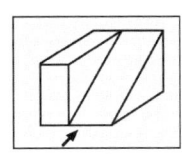

① 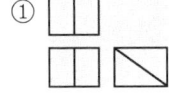  ②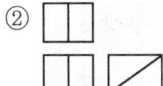

③ 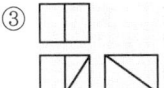  ④

**정답** 49. ④  50. ④
51. ②

## 52. "7206 C D8" 베어링 호칭에서 "72"의 의미는?

① 베어링 계열 기호
② 궤도륜 모양 기호
③ 접촉각 기호
④ 안지름 번호

**해설**
① 72 : 단열 앵귤러 볼 베어링(베어링 계열 기호)
② 06 : 베어링 안지름 30mm
③ C : 보조기호로서 접촉각이며 A-22~32°, B-32~45°, C-10~22°
④ DB : 보조기호로 베어링의 조합이 뒷면조합

## 53. KS 기계제도에서의 치수 배치에서 한 개의 연속된 치수선으로 간편하게 표시하는 것으로 치수의 기점의 위치를 기점 기호(0)로 나타내는 치수 기입법은?

① 직렬 치수 기입법
② 좌표 치수 기입법
③ 병렬 치수 기입법
④ 누진 치수 기입법

**해설** 누진 치수 기입법의 종류
① **직렬 치수 기입법** : 직렬로 나란히 연결된 개개의 치수에 주어지는 치수 공차가 차례로 누적되어도 상관없는 경우에 적용한다.
② **병렬 치수 기입법** : 한 곳을 중심으로 치수를 기입하는 방법으로, 개개의 치수공차는 다른 치수의 공차에는 영향을 주지 않는다. 기준이 되는 치수 보조선의 위치는 기능, 가공 등의 조건을 고려하여 적절히 선택 하는 것이 좋다.
③ **누진 치수 기입법** : 치수 공차에 대해서는 병렬 치수 기입법과 같은 의미를 가지며 하나의 연속된 치수선으로 간단히 표시할 수 있다. 치수의 기준이 되는 위치는 기호(0)로 표시하고, 치수선의 다른 끝은 화살표를 그린다.

## 54. 그림과 같이 대상물의 구멍, 홈 등의 한 곳만의 모양을 도시하는 것으로 충분한 경우 그 필요 부분만을 도시하는 투상도는?

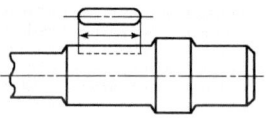

① 한쪽 투상도
② 회전 투상도
③ 국부 투상도
④ 보조 투상도

**해설** 국부투상도
물체의 구멍이나 홈 등의 한 국부만의 모양을 도시하는 것으로 충분한 경우에는 필요한 부분을 국부투상도로 나타낸다. 투상관계를 나타내기 위해서는 원칙적으로 주된 그림에 중심선, 기준선, 치수보조선 등을 연결한다.

정답 52. ① 53. ④ 54. ③

## 55 그림에서 기준 치수 ⌀50 기둥의 최대실제치수(MMS)는 얼마인가?

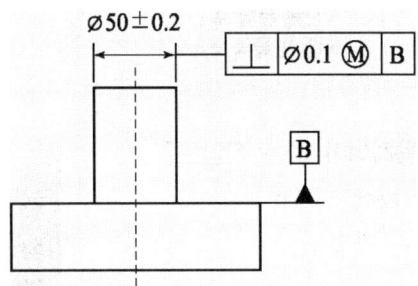

① ⌀50.2
② ⌀50.3
③ ⌀49.8
④ ⌀49.7

**해설** ⌀50 + 0.2 = ⌀50.2

## 56 조립작업의 기본형식에서 동기(synchronous) 시스템에 대한 설명으로 틀린 것은?

① 분류(indexing) 시스템이라고도 불리며 부품과 요소를 고정된 개별 작업장에 일정한 속도로 공급하고 조립한다.
② 이동속도는 조립품을 완성하는데 가장 긴 시간이 걸리는 작업장을 기준으로 정해진다. 이 시스템은 소형제품의 대량, 고속조립에 주로 사용된다.
③ 부품 조립품을 작업장 사이로 이동시키는 이송시스템에는 회전분류방식과 일렬 분류방식이 있다. 이들 시스템은 전자동 혹은 반자동 모드로 작동된다.
④ 각 작업장이 독립적으로 작업하며 모든 남는 조립품은 작업장 사이의 저장소(buffer)에 저장하는 방식이다.

**해설** 비동기 시스템: 각 작업장이 독립적으로 작업하며 모든 남는 조립품은 작업장 사이의 저장소(buffer)에 저장하는 방식이다.

## 57 탭(tap) 작업 시 탭이 부러지는 원인이 아닌 것은?

① 핸들에 무리한 힘을 가할 때
② 구멍이 클 때
③ 탭이 구멍 바닥에 부딪혔을 때
④ 칩의 배출이 원활하지 못할 때

**해설** 탭 작업 시 탭이 부러지는 이유
① 구멍이 너무 작거나 구부러진 경우
② 탭이 경사지게 들어간 경우
③ 탭의 지름에 적합한 핸들을 사용하지 않는 경우
④ 너무 무리하게 힘을 가하거나 빨리 절삭할 경우
⑤ 막힌 구멍의 밑바닥에 탭의 선단이 닿았을 경우

**정답** 55. ① 56. ④ 57. ②

**58.** 수가공에서 탭(tap)과 다이스(dies)를 이용하여야 하는 작업은?

① 나사 깎기 작업  ② 리머 작업
③ 스크레이핑 작업  ④ 금긋기 작업

**해설** 탭은 기계 부품의 안쪽 나사(암나사)를 가공하는 공구이며, 다이스는 수나사를 가공할 때 사용하는 공구로서, 이 둘을 이용하여 나사 깎기 작업에 사용한다.

**59.** 제품이 크기가 비교적 작고, 수량이 많은 제품의 높이, 단차, 폭, 길이 등을 비교측정 방법으로 측정하는 데 사용하는 측정 보조기구는?

① 다이얼 게이지 스탠드  ② 마그네틱 스탠드
③ 하이트 게이지  ④ 높이 게이지

**해설** 제품이 크기가 비교적 작고, 수량이 많은 제품의 높이, 단차, 폭, 길이 등을 비교 측정 방법으로 측정하는 데 사용하는 측정 보조기구로서, 정반 없이 단독으로 설치하여 사용할 수 있을 때는 다이얼 게이지 스탠드를 선정한다.

**60.** 게이지 블록 부속품이 아닌 것은?

① 둥근형 조(jaw)와 평행 조(jaw)
② 스크라이버 포인트(scriber point)
③ 홀더(holder)
④ 센터 게이지(center gauge)

**해설** 게이지 블록 부속품
 • 둥근형 조(jaw)와 평행 조(jaw)
 • 스크라이버 포인트(scriber point)
 • 홀더(holder)
 • 센터 포인트(center point)
 • 베이스 블록(base block)
 • 삼각 스트레이트 에지(triangle straight edge)

정답  58. ①  59. ①  60. ④

## 04회 CBT 모의고사

**01** 리밍(reaming)을 할 때 가장 좋은 방법은?
① 드릴 작업과 같은 속도로 하는 것이 좋다.
② 드릴 작업보다 저속으로 절삭하고 이송을 크게 한다.
③ 드릴 작업보다 고속으로 절삭하고 이송을 크게 한다.
④ 드릴 작업보다 고속으로 절삭하고 이송을 작게 한다.

**해설** 리밍(reaming) 작업은 드릴 작업보다 저속으로 절삭하고 이송을 크게 한다.

**02** 연삭숫돌을 나무 해머로 가볍게 때려 검사한 결과, 음향이 둔탁하고 울림이 없는 숫돌은?
① 정상 상태인 숫돌
② 균열이 생긴 숫돌
③ 두께가 얇은 숫돌
④ 두께가 두꺼운 숫돌

**해설** 숫돌은 각 연삭기 종류에 규정된 것을 사용하여야 하며, 갈아 끼울 때는 나무망치 등으로 가볍게 두드려서 소리(청음 양호)를 들어보고 균열이 없는가를 확인하고, 숫돌의 균형을 맞춘 다음 사용하도록 한다. 음향이 둔탁하고 울림이 없는 숫돌은 균열이 생긴 숫돌이다.

**03** 회전 절삭운동을 하지 않는 공작기계는?
① 연삭기
② 세이퍼
③ 밀링 머신
④ 드릴링 머신

**해설** 세이퍼는 공구가 회전운동을 하지 않고 직선 왕복운동을 한다.

**04** 쐐기형의 형상으로 게이지 블록처럼 조합하여 사용하는 각도로 게이지의 이름은?
① 요한슨식 각도 게이지
② N.P.L식 각도 게이지
③ 콤비네이션 세트
④ 베벨 각도기

**해설**
① 요한슨식 각도 게이지
  판 게이지를 85개 또는 49개를 한 조로 하고 있다.
② N.P.L식 각도 게이지
  쐐기 형상으로 100×15mm의 강철제 블록으로 되어있고, 12개의 게이지를 한 조로 하며, 두 개 이상 조합해서 0°에서 81°까지 6″ 간격으로 임의의 각도를 만들 수 있고 조립 후의 정도는 ±2~3″이다.

**정답** 01. ② 02. ② 03. ② 04. ②

**05** 창성법에 의한 기어 가공 방법은?

① 형판에 의한 기어 가공
② 총형 바이트에 의한 기어 가공
③ 브로치에 의한 기어 가공
④ 래크 커터에 의한 기어 가공

**해설** 창성에 의한 절삭
① 래크 커터에 의한 방법
② 피니언 커터에 의한 방법
③ 호브에 의한 절삭

**06** 숫돌바퀴의 결합도가 지나치게 낮을 경우 숫돌입자의 파쇄가 충분하게 일어나기 전에 결합제가 파쇄되어 숫돌입자가 떨어져 나가는 현상은?

① 눈메움　　② 입자 탈락
③ 무딤　　　④ 드레싱

**해설**
① **눈메움** : 숫돌 입자의 표면이나 기공에 칩이 차 있는 상태
② **입자 탈락** : 결합제의 힘이 약해서 작은 절삭력이나 충격에 쉽게 입자가 탈락하는 것
③ **무딤** : 숫돌의 입자가 탈락되지 않고 마모에 의해서 납작하게 둔화된 상태
④ **드레싱** : 숫돌입자를 무딤이나 눈메움으로 절삭성이 나빠진 숫돌 면에 날카로운 입자를 발생시켜주는 작업

**07** 밀링가공에서 생산성을 향상시키기 위한 절삭속도의 선정방법으로 틀린 것은?

① 커터수명 연장을 위해 추천 절삭속도보다 약간 높게 설정하는 것이 좋다.
② 가공물의 경도, 강도, 인상 등의 기계적 성질을 고려하여 설정한다.
③ 거친 절삭에는 속도를 느리게, 이송은 빠르게 하고 절삭 깊이를 크게 선정한다.
④ 카터 날이 빠르게 마모되면 절삭속도를 좀 더 낮추어 선정한다.

**해설** 절삭속도의 선정방법은 커터수명 연장을 위해 추천 절삭속도보다 약간 낮게 설정하는 것이 좋다.

정답 05. ④　06. ②　07. ①

**08** 선반의 심압대 대신 터릿을 설치하여 작은 일감을 대량으로 생산하거나 효율적으로 가공할 때 주로 사용하는 선반은?

① 모방선반　　② 터릿선반
③ 자동선반　　④ 공구선반

**해설**
① **모방선반** : 형상이 복잡하거나 곡선형 외경만을 가진 일감을 많이 가공할 때 편리하며 트레이서를 접촉시켜 형판 모양으로 공작물을 가공한다. 자동모방 장치이용. 테이퍼 및 곡면 등을 모방 절삭. 유압식, 전기식, 전기 유압식이 있다.
② **터릿선반** : 심압대 대신 터릿을 설치하여 작은 일감을 대량으로 생산하거나 효율적으로 가공할 때 주로 사용한다.
③ **자동선반** : 캠이나 유압기구를 사용하여 자동화한 것으로 핀, 볼트, 시계, 자동차 생산에 사용된다.
④ **공구선반** : 릴리빙 장치(=Back off 장치)를 가진 것으로 절삭 공구(호브, 커터, 탭 등)의 여유각을 가공한다.

**09** 밀링 머신에서 12개의 날을 가진 커터를 사용하여 1개의 날 당 이송량이 0.2mm, 회전수를 400rpm으로 가공하려 할 때 테이블의 이동속도(mm/min)는?

① 80　　② 96
③ 800　　④ 960

**해설** $f = f_z \times Z \times n = 0.2 \times 12 \times 400 = 960 [\mathrm{mm/min}]$

**10** 게이지 블록, 플러그 게이지, 기관용 연료분사 펌프 등의 최종 가공에 적합한 정밀입자가공 방법으로 특히 게이지 블록의 최종 다듬질 공정은 숙련자의 손작업에 의해 완성하기도 하는 것은?

① 래핑　　② 수퍼피니싱
③ 호닝　　④ 숏 피닝

**해설**
① **래핑** : 게이지 블록, 플러그 게이지, 기관용 연료분사 펌프 등의 최종 가공에 적합한 정밀입자가공 방법으로 특히 게이지 블록의 최종 다듬질 공정은 숙련자의 손작업에 의해 완성하기도 한다.
② **수퍼피니싱** : 연삭숫돌을 공작물 표면에 가압(스프링, 유압)하면서 공작물 이송과 진동을 주고 공작물을 회전시켜 균일한 표면을 얻는 법으로 저압, 저속도의 가공이므로 발열이 적고 가공 변질층을 제거 할 수 있으며 내마모성, 내식성이 우수하고 다듬질 시간이 짧다.
③ **호닝** : 직사각형 단면의 긴 숫돌을 여러 개 붙여 회전 공구로 사용하며 진직도, 진원도, 테이퍼 등을 바로 잡고 발열이 적은 경제적인 작업(실린더 내면 가공용)
④ **숏 피닝** : 철강의 작은 볼(shot)을 공작물 표면에 분사하여 강재의 화학조성을 변화시키지 않고 표면을 매끈하게 하여 피로강도 기계적 성질 향상이 된다.

정답　08. ②　09. ④
10. ①

## 04회 CBT 모의고사

**11** 다음 중 수직 밀링 머신에서 주로 쓰는 절삭 공구가 아닌 것은?
① 엔드 밀
② 정면 밀링 커터
③ 메탈 소(saw)
④ T홈 커터

해설 메탈 소(saw)는 수평밀링에서 절단과 홈파기용에 사용된다.

**12** 일반적인 보링 머신에서 작업할 수 있는 것이 아닌 것은?
① 널링 작업
② 리밍 작업
③ 태핑 작업
④ 드릴링 작업

해설 널링 작업은 선반에서 작업한다.

**13** 공구 재료 중 경도가 가장 높고 내마모성이 크며 절삭속도가 빠르고 비철금속의 정밀 절삭에 사용하는 것은?
① 세라믹
② 탄소공구강
③ 다이아몬드
④ 고속도강

해설 다이아몬드는 현존하는 공구 재료 중 경도가 가장 높은 재료이며 철계 재료에 적용할 수 없는 단점이 있으나, 비철 금속이나 비금속 재료의 고속 경면 가공에는 다른 공구 재료에 비해 훨씬 뛰어나다.

**14** 방전가공에서 전극 재료가 갖추어야 할 조건 중 올바르지 않은 것은?
① 방전이 안전하고 가공속도가 클 것
② 가공 정밀도가 높을 것
③ 기계가공이 쉬울 것
④ 가공전극의 소모량이 많을 것

해설 방전가공에서 전극 재료는 가공전극의 소모량이 적을 것

**15** 측정 오차에 대한 설명으로 틀린 것은?
① 측정기오차 : 측정기 자체의 오차
② 시차(視差, parallax) : 시간의 경과에 따라 발생되는 오차
③ 우연오차 : 외부적 환경요인에 따른 오차
④ 개인오차 : 측정하는 사람에 따라 발생되는 오차

[정답] 11. ③ 12. ①
13. ③ 14. ④
15. ②

**해설** 시차(視差, parallax) : 측정자의 부주의, 즉 읽음에 있어서 시선의 방향에 따라 물체의 위치 또는 방향의 차이에서 생기는 오차이다.

**16** 브로칭 머신에서 브로치를 인발 또는 압입하는 방식에 속하지 않는 것은?
① 나사식　　② 기어식
③ 유압식　　④ 벨트식

**해설** 브로치 구동방식 : 나사식, 기어식, 유압식

**17** 윤활제의 구비조건으로 틀린 것은?
① 양호한 유성을 가진 것으로 카본 생성이 적어야 한다.
② 금속의 부식이 없어야 한다.
③ 온도변화에 따른 점도 변화가 커야 한다.
④ 열이나 산성에 강해야 한다.

**해설** 온도변화에 따른 점도 변화가 작아야 한다.

**18** 선반의 주요 구조에 해당하지 않는 것은?
① 주축대　　② 심압대
③ 공구대　　④ 베드

**해설** 선반의 주요 구조는 주축대, 심압대, 왕복대, 베드이다.

**19** 선반 가공에서 공작물의 직경이 80mm이고 절삭속도가 150m/min로 2분간 가공하였을 때 총 회전수는?
① 598　　② 1194
③ 1400　　④ 2195

**해설** $n = \dfrac{1000V}{\pi D} = \dfrac{1000 \times 150}{\pi \times 80} \times 2 = 1193.7$

**20** 기계적 에너지로 진동하는 공구와 공작물 사이에 연삭입자와 가공액을 주입시켜 작은 압력으로 공구에 진동을 주어 표면을 다듬는 가공법은?
① 전자 빔 가공　　② 초음파 가공
③ 이온 가공　　④ 방전 가공

**해설** 초음파 가공 : 기계적 에너지로 진동하는 공구와 공작물 사이에 연삭입자와 가공액을 주입시켜 작은 압력으로 공구에 진동을 주어 표면을 다듬는 가공법

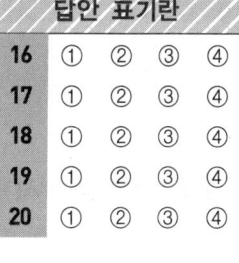

정답  16. ④  17. ③
　　　18. ③  19. ②
　　　20. ②

## 04회 CBT 모의고사

**21** 공작기계에서 절삭을 위한 3가지 기본운동이라고 볼 수 없는 것은?

① 절삭운동　　② 이송운동
③ 위치조정운동　　④ 진동운동

**해설** 공작기계 3가지 기본운동
① 절삭 운동 : 절삭할 때 칩이 길이 방향으로 절삭공구가 길이 방향으로 움직이는 운동
② 이송 운동 : 공작물과 절삭 공구가 절삭 방향으로 이송하는 운동
③ 위치 조정운동 : 공구와 공작물 간의 절삭 조건에 따른 절삭 깊이 조정 및 일감, 공구의 설치 및 제거

**22** 다이얼 게이지의 특징으로 틀린 것은?

① 소형이고 가벼워서 취급이 용이하다.
② 측정 범위가 좁다.
③ 연속된 변위량의 측정이 가능하다.
④ 읽음 오차가 적다.

**해설** 다이얼 게이지의 특징은 측정 범위가 넓다.

**23** 높은 정밀도를 요구하는 가공물, 각종 지그, 정밀기계의 구멍가공 등에 사용하는 보링 머신은?

① 보통 보링 머신　　② 수직 보링 머신
③ 코어 보링 머신　　④ 지그 보링 머신

**해설**
① **정밀 보링 머신** : 다이아몬드 공구, 초경질 공구를 사용, 고속 경절삭과 미세한 이동으로 정밀한 구멍가공이 가능하다.
② **수직 보링 머신** : 대표적인 보링 머신이다.
③ **코어 보링 머신** : 구멍의 깊이가 10~20배 이상의 것을 뚫을 때 사용된다.
④ **지그 보링 머신** : 높은 정밀도를 요구하는 가공물, 각종 지그, 정밀기계의 구멍가공 등에 사용한다.

**24** 일반적인 줄 작업 방법의 종류가 아닌 것은?

① 직진법　　② 하진법
③ 사진법　　④ 병진법

**해설** 줄 작업의 종류
① 직진법 : 줄을 길이 방향으로 직진시켜 절삭하는 방법으로 황삭 및 최종 다듬질 작업에 사용한다.
② 사진법 : 넓은 면 절삭에 적합하며, 절삭량이 많아 황삭 및 모따기에 적합하다.
③ 횡진법(병진법) : 줄을 길이 방향과 직각 방향으로 움직여 절삭하는 방법으로 폭이 좁고 길이가 긴 공작물의 줄 작업에 좋다.

**정답** 21. ④　22. ②　23. ④　24. ②

**25** 미식 선반에서 나사를 가공할 때 사용되는 변환기어 잇수로 맞는 것은?

① 25
② 65
③ 100
④ 127

**해설** 미식 선반에서 나사를 가공할 때 사용되는 변환기어 잇수는 127개이다.

**26** 원통 외경연삭의 이송 방식에 해당하지 않는 것은?

① 플랜지 컷 방식
② 테이블 왕복식
③ 유성형 방식
④ 연삭숫돌대 방식

**해설** 유성형 방식은 내경연삭의 이송 방식이다.

**27** 밀링 머신에서 기어나 체인, 휠 등의 원주를 등분하여 분할하거나 비틀림 홈 등을 가공하는 데 사용하는 부속품은?

① 수직축 장치
② 유압바이스
③ 분할대
④ 슬로팅 장치

**해설**
① **수직축 장치** : 수평 밀링 머신의 칼럼(column) 상부의 주축에 고정하고 주축에서 기어로 회전이 전달되며, 수직축의 회전수는 밀링 머신의 주축의 회전수와 같다. 수직축은 칼럼과 평행된 면 내에서 임의의 각도로 경사시킬 수 있다.
② **유압바이스** : 공작물을 테이블에 설치하기 위한 장치. 테이블의 T 홈에 설치
③ **분할대** : 밀링 머신에서 기어나 체인, 휠 등의 원주를 등분하여 분할하거나 비틀림 홈 등을 가공하는 데 사용
④ **슬로팅 장치** : 니형 밀링 머신의 컬럼 앞면에 주축과 연결하여 사용하며 주축의 회전운동을 공구대 램의 직선 왕복 운동으로 변화시켜 바이트로써 직선 절삭 가능(키, 스플라인, 세레이션, 기어 가공 등)

**28** 화학적 가공에 대한 설명 중 화학절단에 대한 것은?

① 인선이 없는 메탈 소(saw)를 가공할 부위에 마찰시키면서 가공액을 공급하여 가공한다.
② 열에너지를 이용하여 가공물의 전면(全面)을 균일하게 용해, 두께를 얇게 가공한다.
③ 가공 부분의 요철부분의 볼록부(凸部)를 가공할 때 기계적 마찰을 병행하여 보다 능률적으로 가공한다.
④ 가공물의 표면에서 가공이 필요하지 않은 부위는 내식성 피막을 하고 가공할 부분만을 가공한다.

**해설** **화학절단** : 날이 없는 메탈 소(metal saw)와 같으며, 절단할 곳에 대고 마찰시키며, 가공액을 작용시키면 그 부분에서 용삭이 진행되어 절단된다. 이 방법은 절단 시간은 같지만, 절단면의 조직 변화가 발생하지 않는 장점이 있다.

| 답안 표기란 | | | | |
|---|---|---|---|---|
| 25 | ① | ② | ③ | ④ |
| 26 | ① | ② | ③ | ④ |
| 27 | ① | ② | ③ | ④ |
| 28 | ① | ② | ③ | ④ |

정답 25. ④ 26. ③ 27. ③ 28. ①

**29** 연삭숫돌에서 결합제가 갖추어야 할 조건으로 틀린 것은?

① 고속 회전에서도 파손되지 않아야 한다.
② 입자 간에 기공이 안 생겨야 한다.
③ 연삭열과 연삭액에 대하여 안전성이 있어야 한다.
④ 균일한 조직으로 필요한 형상과 크기로 가공할 수 있어야 한다.

**해설** 결합제는 입자 간에 기공이 생겨야 한다.

**30** 니(knee)형 밀링 머신에서 새들의 위치는?

① 컬럼과 오버암 사이
② 베이스와 니(knee) 사이
③ 테이블과 아버 사이
④ 니(knee)와 테이블 사이

**해설** 새들의 위치는 니(knee)와 테이블 사이이다.

**31** 다음 그림과 같은 테이퍼를 심압대를 편위시켜 절삭하려 한다면 심압대의 편위량은 약mm로 하여야 하는가?

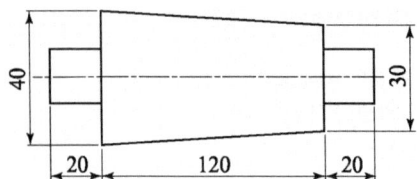

① 7.5mm
② 6.7mm
③ 11.3mm
④ 8.5mm

**해설** $x = \dfrac{(D-d)L}{2l} = \dfrac{(40-30) \times 160}{2 \times 120} = 6.7$

**32** 금속 중에서 내산성이 강하고 화폐, 장식품 등에 사용되며 전기전도도가 가장 큰 것은?

① 금(Au)
② 은(Ag)
③ 동(Cu)
④ 알루미늄(Al)

**해설** 은(Ag) : 내산성이 강하고 화폐, 장식품 등에 사용되며 전기전도도가 가장 크다.

정답  29. ②  30. ④
      31. ②  32. ②

**33** 담금질한 강에 뜨임을 하는 주된 목적은?
① 재질을 더욱더 단단하게 하려고
② 강의 재질에 화학성분을 보충하여 주려고
③ 응력을 제거하고 강도와 인성을 증가하려고
④ 기계적 성질을 개선하여 경도를 증가시켜 균일화하려고

> **해설** 담금질한 강에 뜨임을 하는 주된 목적은 응력을 제거하고 강도와 인성을 증가하려는 데 있다.

**34** 고온 강도가 크므로 내연기관의 실린더, 피스톤 등에 사용되며, 표준 성분은 구리 4%, 니켈 2%, 마그네슘 1.5%와 알루미늄 92.5%로 이루어진 합금은?
① Y합금
② 알민
③ 알드리
④ 두랄루민

> **해설** Y합금 : 고온 강도가 크므로 내연기관의 실린더, 피스톤 등에 사용되며, 표준 성분은 구리 4%, 니켈 2%, 마그네슘 1.5%와 알루미늄 92.5%로 이루어진 합금이다.

**35** 주물의 표면을 급냉시켜 경도를 증가시킨 주철로서 내마모성을 필요로 하는 압연기의 롤러 및 철도차륜 등에 사용되는 것은?
① 칠드주철
② 가단주철
③ CV주철
④ 니켈주철

> **해설** 칠드주철 : 주물의 표면을 급냉시켜 경도를 증가시킨 주철로서 내마모성을 필요로 하는 압연기의 롤러 및 철도차륜 등에 사용한다.

**36** 섬유강화 플라스틱으로 불리며 항공기, 선박, 자동차 등에 쓰이는 복합재료는?
① 옵티컬 화이버
② 세라믹
③ FRP
④ 초전도체

> **해설** FRP : 섬유강화 플라스틱으로 불리며 항공기, 선박, 자동차 등에 쓰이는 복합재료이다.

**37** 주철에 특수 원소를 첨가하여 기계적 성질을 향상시킨 합금 주철을 만들기 위해 첨가하는 원소는?
① 니켈
② 황
③ 인
④ 백금

> **해설** 니켈 : 주철에 특수 원소를 첨가하여 기계적 성질을 향상시킨 합금 주철을 만들기 위해 첨가하는 원소이다.

[정답] 33. ③  34. ①  35. ①  36. ③  37. ①

## 38. 탄소강의 표준조직이 아닌 것은?

① 페라이트  ② 트루스타이트
③ 펄라이트  ④ 시멘타이트

**해설**
① **페라이트(ferrite)** : α(BCC) 철에 극히 소량(상온에서 0.006%, 721℃에서 최대 0.03%)까지 탄소가 고용된 고용체이며, α고용체라고도 한다. 이것은 극히 연하고 연성이 크나 인장 강도는 작고 상온에서 강자성체이다.
② **펄라이트(pearlite)** : A₁변태점에서 오스테나이트의 분열에 의하여 생기는 것으로 탄소 0.85%C를 함유하며, γ고용체가 723℃에서 분열하여 생긴 페라이트와 시멘타이트의 공석강으로 페라이트와 시멘타이트가 층으로 나타나며, 앞에서 설명한 페라이트보다 경도가 크고 강하며 자성이 있다. 탄소강의 기본조직이다.
③ **시멘타이트(cementite)** : 시멘타이트는 철(Fe)과 탄소(C)의 화합물인 탄화철(Fe₃C)로서 탄소를 6.68%의 탄소를 함유한 탄화철로 경도와 취성이 커서 잘 부서지는 성질, 즉 메짐성이 크며 백색이다. 상온에서 강자성체이며, 담금질을 해도 경화되지 않고 화학식으로는 Fe₃C로 표시한다.

## 39. 볼트와 너트의 풀림방지, 핸들의 축에 고정할 때 등 큰 힘을 받지 않는 가벼운 부품을 설치하기 위한 결합용 기계요소로 사용되는 것은?

① 키  ② 핀
③ 코터  ④ 리벳

**해설** 핀 : 볼트와 너트의 풀림방지, 핸들의 축에 고정할 때 등 큰 힘을 받지 않는 가벼운 부품을 설치하기 위한 결합용 기계요소이다.

## 40. 작은 스퍼 기어와 맞물리고 잇줄이 축 방향과 일치하며 회전운동을 직선운동으로 바꾸는 데 사용하는 기어는?

① 내접 기어  ② 랙 기어
③ 헬리컬 기어  ④ 크라운 기어

**해설** 랙 기어 : 작은 스퍼 기어와 맞물리고 잇줄이 축 방향과 일치하며 회전운동을 직선운동으로 바꾸는 데 사용하는 기어이다.

## 41. 코일스프링에 하중을 36kgf 작용시킬 때 처짐량이 6mm였다면, 스프링 상수값은 몇 kgf/mm인가?

① 6  ② 7
③ 8  ④ 10

**해설** $k = \dfrac{w(하중)}{\delta} = \dfrac{36}{6} = 6$

정답  38.②  39.②  40.②  41.①

**42** 응력 변형률 선도에서 응력을 서서히 제거할 때 변형이 서서히 없어지는 성질은?

① 점성
② 탄성
③ 소성
④ 관성

**해설** 탄성 : 응력 변형률 선도에서 응력을 서서히 제거할 때 변형이 서서히 없어지는 성질이다.

**43** 속도비가 1/3이고, 원동차의 잇수가 25개, 모듈이 4인 표준 스퍼 기어의 외접 연결에서 중심거리는?

① 75mm
② 100mm
③ 150mm
④ 200mm

**해설**

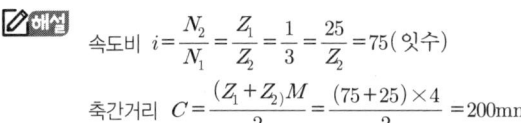

속도비 $i = \dfrac{N_2}{N_1} = \dfrac{Z_1}{Z_2} = \dfrac{1}{3} = \dfrac{25}{Z_2} = 75$ (잇수)

축간거리 $C = \dfrac{(Z_1 + Z_2)M}{2} = \dfrac{(75+25) \times 4}{2} = 200\text{mm}$

**44** V 벨트에서 인장강도가 가장 작은 것은?

① M형
② A형
③ B형
④ E형

**해설** V 벨트 단면의 형상은 M, A, B, C, D, E 형의 6종류가 있으며 M에서 E쪽으로 가면 단면이 커진다.

**45** 나사가 축을 중심으로 한 바퀴 회전할 때 축 방향으로 이동한 거리는 무엇인가?

① 피치
② 리드
③ 리드각
④ 백래시

**해설** 리드 : 나사가 축을 중심으로 한 바퀴 회전할 때 축 방향으로 이동한 거리이다.

**46** 끝이면 모양에 따라 45° 모떼기형과 평형이 있으며 위치 결정이나 막대의 연결용으로 사용하는 핀은?

① 스프링 핀
② 분할 핀
③ 테이퍼 핀
④ 평행 핀

**해설** 평행 핀 : 45° 모떼기형과 평형이 있으며 위치 결정이나 막대의 연결용으로 사용하는 핀이다.

**정답** 42. ② 43. ④ 44. ① 45. ② 46. ④

**47** 그림에서 기준 치수 ∅50 구멍의 최대실체치수(MMS)는 얼마인가?

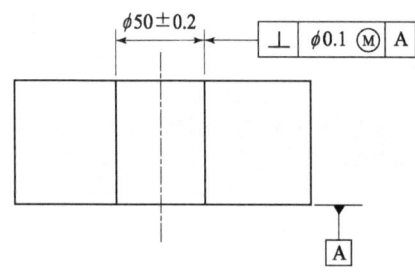

① ∅49.8
② ∅50
③ ∅50.2
④ ∅49.7

**해설** 최대실체치수(MMS) : 50−0.2=49.8

**48** 다음 선의 종류 중에서 물체의 보이지 않는 부분의 형상을 나타내는 것은?

① 굵은 1점 쇄선
② 가는 1점 쇄선
③ 가는 2점 쇄선
④ 가는 파선 또는 굵은 파선

**해설**
① **굵은 1점 쇄선** : 특수한 가공을 하는 부분 등 특별한 요구사항을 적용할 수 있는 범위를 표시하는 데 사용
② **가는 1점 쇄선** : 위치 결정의 근거가 된다는 것을 명시할 때 사용 등
③ **가는 2점 쇄선** : 도시된 단면의 앞쪽에 있는 부분을 표시 등
④ **가는 파선 또는 굵은 파선** : 대상물의 보이지 않는 부분의 형상을 표시

**49** 그림과 같은 입체도의 화살표 방향이 정면도일 때, 우측면도로 가장 적합한 투상도는?

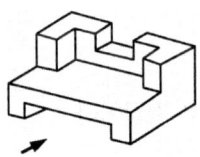

①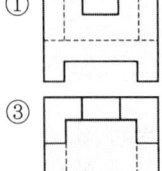
②
③
④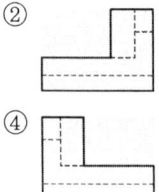

**정답** 47. ① 48. ④ 49. ②

**50** 구멍의 최대 치수가 축의 최소 치수보다 작은 경우이며, 항상 죔새가 생기는 끼워 맞춤으로 분해조립이 불필요한 영구 조립부품에 적용하는 끼워 맞춤은?

① 억지 끼워 맞춤
② 중간 끼워 맞춤
③ 헐거운 끼워 맞춤
④ 게이지 제작 끼워 맞춤

**해설** **억지 끼워 맞춤** : 구멍의 최대 치수가 축의 최소 치수보다 작은 경우이며, 항상 죔새가 생기는 끼워 맞춤으로 분해조립이 불필요한 영구 조립부품에 적용하는 끼워 맞춤이다.

**51** 그림의 도면에서 기준면으로 가장 적합한 면은?

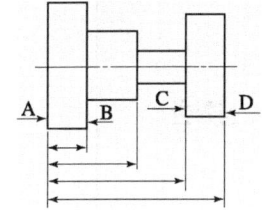

① A
② B
③ C
④ D

**해설** 그림의 도면에서 기준면은 가장 넓은 A면이 된다.

**52** 기계가공 도면에서 지시선으로 인출하여 표기한 치수가 "30 - 12드릴"일 때 올바른 해독은?

① 구멍의 지름이 30mm이며, 구멍의 수가 12개이다.
② 구멍의 지름을 12mm로 하여, 30mm 깊이까지 드릴 작업한다.
③ 구멍의 지름이 12mm로 하여, 30mm 깊이까지 드릴 작업한다.
④ 구멍의 지름을 30mm로 하여, 12mm 깊이까지 드릴 작업한다.

**해설** "30 - 12드릴" : 구멍의 지름이 12mm로 하여, 30mm 깊이까지 드릴 작업한다.

**53** 호칭치수가 20mm이고 피치가 2mm인 미터 가는나사의 표시법으로 옳은 것은?

① M20 × 2
② M20 - 2
③ M20 P2
④ M20 (2)

**해설** M20 - 2 : 미터 가는나사
M20 : 미터 보통나사

**정답** 50. ① 51. ① 52. ③ 53. ①

**54** 표면의 줄무늬 방향기호에 대한 설명으로 맞는 것은?

① X : 가공에 의한 컷의 줄무늬 방향이 투상면에 직각
② M : 가공에 의한 컷의 줄무늬 방향이 투상면에 평행
③ C : 가공에 의한 컷의 줄무늬 방향이 중심에 동심원 모양
④ R : 가공에 의한 컷의 줄무늬 방향이 투상면에 교차 또는 경사

**해설**
① X : 가공에 의한 컷의 줄무늬 방향이 두 방향으로 교차
② M : 가공에 의한 컷의 줄무늬 방향이 다방면으로 교차 또는 무방향
③ C : 가공에 의한 컷의 줄무늬 방향이 중심에 동심원 모양
④ R : 가공에 의한 컷의 줄무늬 방향이 거의 방사상(레이디얼형)

**55** 도면과 같이 위치도를 규제하기 위하여 B치수에 이론적으로 정확한 치수를 기입한 것은?

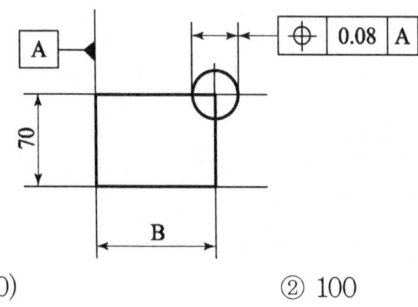

① (100)  ② 100
③ <u>100</u>  ④ ⬚100⬚

**해설**

| 참고 치수 | (100) |
|---|---|
| 이론적으로 정확한 치수 | ⬚100⬚ |

**56** 기계제도에서 도형의 생략에 관한 설명 중 틀린 것은?

① 대칭도형을 생략할 경우 대칭 중심선의 한쪽 도형만을 그리고, 그 대칭 중심선의 양끝 부분에 가는 선으로 동그라미(대칭 기호)를 그린다.
② 대칭도형을 생략할 경우 대칭 중심선의 한쪽 도형을 대칭 중심선을 조금 넘은 부분까지 그릴 수 있다. 다만 이 경우 대칭 기호를 생략할 수 있다.
③ 같은 종류, 같은 모양의 것이 다수 줄지어 있는 반복도형을 생략하는 경우 실형 대신 그림 기호를 피치선과 중심선과의 교점에 기입한다.

**정답** 54. ③  55. ④  56. ①

④ 중간 부분을 생략할 경우 생략된 중간 부분을 파단선으로 나타내서 생략할 수 있으며, 요점만을 도시하는 경우, 혼동될 염려가 없을 때는 파단선을 생략하여도 된다.

**해설** 대칭 도형에서 대칭 중심선을 지나는 치수선은 원칙적으로 그 중심선을 넘어서 적당히 연장한다. 이 경우, 연장한 치수선 끝에는 끝부분 기호를 붙이지 않는다. 다만, 오해할 염려가 없는 경우에는 치수선이 중심선을 넘지 않아도 좋다. 또한, 대칭의 도형에 다수의 지름 치수를 기입할 때는 치수선의 길이를 더 짧게 하여 여러 단으로 분리하여 기입할 수 있다.

## 57 게이지 블록의 부속 부품이 아닌 것은?
① 홀더
② 스크레이핑
③ 스크라이버 포인트
④ 베이스 블록

**해설** 스크레이핑
기계 가공한 면을 다시 정밀하게 가공하는 작업을 스크레이핑이라고 하며 이때 사용하는 공구를 스크레이핑라 한다. 공작기계의 베드, 미끄럼면, 측정용 정밀정반 등의 최종마무리 가공에 사용된다.

## 58 측정하려는 면에 대고 반대쪽에서 새어 나오는 빛으로 틈새를 판단하여 면의 진직도와 평면도를 검사하는 데 사용하는 게이지 블록 부속품은?
① 삼각 스트레이트 에지(triangle straight edge)
② 스크라이버 포인트(scriber point)
③ 베이스 블록(base block)
④ 센터 포인트(center point)

**해설** 게이지 블록의 부속 부품
삼각 스트레이트 에지, 스크라이버 포인트, 베이스 블록, 센터 포인트 외에 홀더(holder), 조(jaw) 등이 있다.

## 59 길이측정의 경우 측정 오차를 피할 수 있는 사용 방법은?
① 치환법
② 편위법
③ 영위법
④ 보상법

**해설** ① **치환법**: 길이측정의 경우 치환법을 사용하면 측정 오차를 피할 수 있는 방법이 된다.
② **편위법**: 정밀도를 높이기에는 곤란하지만, 조작이 간단하므로 널리 쓰이고 있다.
③ **영위법**: 기준량을 준비하여 측정량에 평행 시켜 계측기의 지시가 0 위치를 나타낼 때의 크기로부터 측정량의 크기를 간접으로 아는 방식이다.
④ **보상법**: 측정량과 크기가 거의 같은 미리 알고 있는 양의 분동을 준비하여, 분동과 측정량의 차이로부터 알아내는 방법을 보상법이라 한다.

정답 57. ② 58. ④ 59. ①

**60** 기관의 헤드 볼트를 조일 때 토크 렌치를 사용하는 이유로서 가장 적합한 것은?

① 신속하게 조이기 위해서
② 작업상 편리하기 위해서
③ 강하게 조이기 위하여
④ 일정한 힘으로 조이기 위해서

**해설** 토크 렌치
볼트 및 너트를 조이는 힘의 세기가 미리 정해져 있는 경우에 토크에 맞춰 볼트, 너트를 조이는 공구이다.

정답 60. ④

## week 3

# CBT 모의고사

**기계가공조립기능사**

- 01회  CBT 모의고사
- 02회  CBT 모의고사
- 03회  CBT 모의고사
- 04회  CBT 모의고사

## 01 회 CBT 모의고사

**01** 도면과 같은 테이퍼를 가공할 때 심압대의 편위량은 약 몇 mm인가?

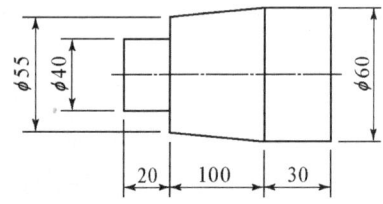

① 3.0  ② 3.25
③ 3.75  ④ 5.25

**해설** $x = \dfrac{(D-d)L}{2\,l} = \dfrac{(60-55)\times 150}{2\times 100} = 3.75\text{mm}$

**02** 연삭 가공할 때 전자석으로 된 척 위에 공작물을 고정하는 것은?

① 평면 연삭  ② 외경 연삭
③ 센터리스 연삭  ④ 공구 연삭

**해설** 평면 연삭에는 마그네틱(전자) 척을 사용한다.

**03** 지름 100mm의 저탄소강재를 회전수 300rpm, 이송 0.25mm/rev, 길이 50mm를 보통선반으로 1회 가공할 때의 소요 시간은?

① 40초  ② 45초
③ 50초  ④ 55초

**해설** $T = \dfrac{L}{Nf}i = \dfrac{50}{300\times 0.25}\times 1 = 0.66\text{분} = 40\text{초}$

**04** 연삭 가공에서 연삭비를 옳게 나타낸 것은?

① 연삭비 = $\dfrac{\text{피연삭재의 연삭된 면적}}{\text{숫돌바퀴의 소모된 면적}}$

② 연삭비 = $\dfrac{\text{피연삭재의 연삭된 중량}}{\text{숫돌바퀴의 소모된 중량}}$

③ 연삭비 = $\dfrac{\text{피연삭재의 연삭된 부피}}{\text{숫돌바퀴의 소모된 부피}}$

④ 연삭비 = $\dfrac{\text{피연삭재의 연삭된 질량}}{\text{숫돌바퀴의 소모된 질량}}$

**정답** 01. ③  02. ①  03. ①  04. ③

**해설** 연삭비 = $\dfrac{\text{피연삭재의 연삭된 부피}}{\text{숫돌바퀴의 소모된 부피}}$

**05** 기어 절삭법 중 래크를 절삭 공구로, 피니언을 기어 소재로 정하고 래크 공구에 이상적으로 물리는 인벌류트 치형이 형성되도록 가공하는 것은?

① 형판에 의한 절삭
② 창성에 의한 절삭
③ 사이클로이드 커터에 의한 절삭
④ 기어 호빙에 의한 절삭

**해설** **창성에 의한 절삭** : 래크를 절삭 공구로, 피니언을 기어 소재로 정하고 래크 공구에 이상적으로 물리는 인벌류트 치형이 형성되도록 가공한다.

**06** 반고체 윤활제에 속하는 것은?

① 흑연
② 활석
③ 그리스(grease)
④ 코오크스

**해설** 고체 윤활제는 흑연, 활석, 운모 등이 있으며, 그리스(grease)는 반 고체윤활제에 해당한다. 특수윤활제는 인, 유황, 염소 등의 극압제를 첨가한 극압 윤활유와 응고점이 −35~50℃인 부동성 기계유, 내한성이나 내열성이 우수한 실리콘유 등이 있다.

**07** 연삭숫돌의 눈메움(loading) 현상과 거리가 먼 것은?

① 연삭숫돌 입자가 작다.
② 연삭 깊이가 크다.
③ 숫돌 원주 속도가 빠르다.
④ 숫돌 결합도에 비해 소재 재질이 연하다.

**해설** **눈메움(Loading)** : 숫돌 입자의 표면이나 기공에 칩이 차 있는 상태
• 원인
 ① 숫돌 입자가 너무 가늘고 조직이 치밀하다.
 ② 연삭 깊이가 깊고 원주 속도가 느리다.

**08** 공작기계로 가공된 평면, 원통면을 더욱 정밀하게 다듬질하는 가공은?

① 탭 가공
② 리머 가공
③ 다이스 가공
④ 스크레이핑 가공

**해설** **스크레이핑 가공**
공작기계로 가공된 평면, 원통면을 더욱 정밀하게 다듬질하는 가공이다.

[정답] 05. ② 06. ③ 07. ③ 08. ④

**09** 인선이 없는 메탈 소(metal saw)를 절단할 부분에 마찰을 시키면서 가공액을 공급하면 용삭이 진행되어 절단이 되는 가공방법은?

① 화학 밀링
② 화학 연삭
③ 화학 연마
④ 화학 절단

**해설** 화학 절단
인선이 없는 메탈 소(metal saw)를 절단할 부분에 마찰을 시키면서 가공액을 공급하면 용삭이 진행되어 절단이 되는 가공방법이다.

**10** 공작물의 외경 또는 내면 등을 어떤 필요한 형상으로 가공할 때, 많은 절삭날을 갖고 있는 공구를 1회 통과시켜 가공을 하는 공작기계는?

① 브로칭 머신
② 밀링 머신
③ 호빙 머신
④ 연삭기

**해설** 브로칭 머신
공작물의 외경 또는 내면 등을 어떤 필요한 형상으로 가공할 때, 많은 절삭날을 갖고 있는 공구를 1회 통과시켜 가공하는 공작기계이다.

**11** 밀링 작업에서 테이블 1분간 이송을 $f$, 커터 날 1개 이송을 $f_z$, 커터 회전수를 $n$이라고 하면 커터 날수($Z$)를 구하는 식은?

① $Z = \dfrac{f_z \times n}{f}$
② $Z = f_z \times n \times f$
③ $Z = \dfrac{f}{f_z \times n}$
④ $Z = \dfrac{f \times n}{f_z}$

**해설** $f = f_z \times Z \times n$, $Z = \dfrac{f}{f_z \times n}$

**12** 연삭숫돌을 제작할 때 사용하는 유기질 결합제로 기호를 "E"로 표기하는 것은?

① 점토
② 규산나트륨
③ 셀락
④ 산화마그네슘

정답 09. ④  10. ①  11. ③  12. ③

해설

| 결합제 | | 기호 | 원호 | 주성분 | 용도 |
|---|---|---|---|---|---|
| 무기질 | | V | Vitrified | 점토, 장석 〈자기질〉 | 일반 연삭용(90% 사용), 지름이 크거나 얇은 숫돌에 부적합(충격에 약함) |
| | | S | Silicate | 물, 유리 〈규산소오다〉 | 대형 숫돌에 사용(중연삭에 부적합) (고속도강), 균열 발생 쉬운 재료 |
| 유기질 | | E | Shellai | 천연수지 〈셀락〉 | 결합력 제일 약함, 거울면 연삭절단용 및 다듬질 면의 정밀도가 높은 것에 사용 |
| | | R | Rubber | 합성 〈천연〉 고무 | 매우 얇은 숫돌 사용 센터리스 조정 숫돌용 |
| | | B | Resinoid | 베클라이트 〈Bakilite〉 | 절단 숫돌용에 적합 주물 덧쇠 자르기에 사용 |

**13** 사용 범위가 한정되고 구조가 간단하고 조작이 쉬우며, 특정한 모양이나 치수의 제품을 대량생산하는 데에는 적합하지만 여러 종류의 제품을 조금씩 생산하는 데에는 부적합한 공작기계는?

① 전용공작기계
② 범용공작기계
③ 대형공작기계
④ 만능공작기계

해설 **전용공작기계**
사용범위가 한정되고 구조가 간단하고 조작이 쉬우며, 특정한 모양이나 치수의 제품을 대량생산하는 데에는 적합하지만 여러 종류의 제품을 조금씩 생산하는 데에는 부적합한 공작기계이다.

**14** 일반적으로 연한 재료를 저속으로 절삭하고, 절삭 깊이가 클 때 생기는 칩은?

① 유동형 칩
② 전단형 칩
③ 경작형 칩
④ 균열형 칩

해설 **전단형 칩**
일반적으로 연한 재료를 저속으로 절삭하고, 절삭 깊이가 클 때 생기는 칩이다.

**15** 측정방법 중에서 표준게이지와 피측정물의 차를 비교하여 피측정물 치수를 구하는 방법은?

① 직접 측정
② 간접 측정
③ 비교 측정
④ 절대 측정

해설 **비교 측정**
측정방법 중에서 표준게이지와 피측정물의 차를 비교하여 피측정물 치수를 구하는 방법이다.

정답  13. ①  14. ②  15. ③

**16** 일반적으로 니형 밀링 머신의 크기를 표시할 때 Y축은 무엇을 나타내는가?

① 호칭 번호
② 테이블의 이송거리
③ 주축의 이송거리
④ 니(knee)의 이송거리

**해설** Y축은 새들로 보통 호칭 번호의 크기로 표시(0~5번)

**17** 밀링절삭방법 중 하향절삭의 장점이 아닌 것은?

① 상향절삭에 비해 공구 수명이 길다.
② 힘이 아래로 작용하여 가공물 고정이 유리하다.
③ 절삭을 시작할 때 커터의 날에 절삭저항이 크게 작용한다.
④ 커터 날과 가공된 면의 마찰이 작아 표면 거칠기가 좋다.

**해설** 하향절삭의 장점
① 커터가 공작물을 아래로 누르는 것과 같은 작용을 하므로 공작물 고정이 간단하다.
② 커터의 마모가 적으므로 수명이 길고 또한 동력 소비가 적다.
③ 커터 날과 가공된 면의 마찰이 작아 표면 거칠기가 좋다.
④ 절단, 홈 가공 등 난점이 있는 대량생산에 유리하고 가공 면을 잘 볼 수 있고, 절삭량을 크게 할 수 있다.
⑤ 커터의 절삭 방향과 이송 방향이 같으므로 절삭날 하나하나의 날자리 간격이 짧다.

**18** 다음 중 방전가공에서 전극재질의 구비조건이 아닌 것은?

① 기계가공이 쉬워야 한다.
② 방전이 안정되고 가공속도가 커야 한다.
③ 가공전극의 소모가 빨라야 한다.
④ 황동이 비교적 좋은 재료이다.

**해설** 방전가공에서 가공전극의 소모가 적어야 한다.

**19** 드릴의 구조 중 드릴 가공을 할 때 가공물과 접촉에 의한 마찰을 줄이기 위하여 절삭날 면에 주는 각은?

① 나선각
② 선단각
③ 경사각
④ 날 여유각

**해설** 날 여유각
가공물과 접촉에 의한 마찰을 줄이기 위하여 절삭날 면에 주는 각이다.

정답 16. ① 17. ③ 18. ③ 19. ④

**20** 절삭 공구재료의 구비조건이 아닌 것은?

① 고온에서도 경도가 감소되지 않아야 한다.
② 인성과 내마모성이 커야 한다.
③ 제작이 용이하여야 한다.
④ 마찰계수가 커야 한다.

**해설** 절삭 공구재료는 마찰계수가 작아야 한다.

**21** 칩을 적당한 길이로 잘라 주거나 칩이 흐르는 방향을 바꾸어 주기 위하여 바이트에 만들어 두는 것은?

① 윗면 경사각
② 노즈 반지름
③ 칩 브레이커
④ 앞면 여유각

**해설** **칩 브레이커** : 칩을 적당한 길이로 잘라 주거나 칩이 흐르는 방향을 바꾸어 주기 위하여 바이트에 만들어 두는 것이다.

**22** 보링(boring) 머신에서 할 수 없는 작업은?

① 베벨기어 가공
② 태핑
③ 나사 가공
④ 리밍

**해설** 베벨기어는 베벨기어 절삭기에서 가공한다.

**23** 선반에서 40mm의 환봉을 120m/min의 절삭속도로 절삭 가공을 하려고 할 경우 2분 동안 주축 총 회전수는?

① 650rpm
② 960rpm
③ 1720rpm
④ 1910rpm

**해설** $n = \dfrac{1000V}{\pi D} = \dfrac{1000 \times 120}{\pi \times 40} \times 2분 = 1909.9$

**24** 정밀입자가공의 종류에 대한 설명으로 틀린 것은?

① 버핑은 광택 가공에 좋지만 치수를 더 정밀하게 할 수 없다.
② 배럴, 텀블링은 다량의 일감을 동시에 가공하지만 일감이 균일하게 다듬어지지 않는다.
③ 액체 호닝은 압축 공기로 연마제를 분사하므로 피닝 효과도 있다.
④ 롤러 다듬질은 주로 선반 가공 뒤에 쓰며, 차축 저널을 다듬질할 수 있다.

**해설** 배럴, 텀블링은 다량의 일감을 동시에 가공하지만 일감은 균일하게 다듬어진다.

정답 20. ④  21. ③
22. ①  23. ④
24. ②

**25.** KS에 규정한 측정실의 표준온도는?

① 14℃   ② 16℃
③ 18℃   ④ 20℃

**해설** KS에 규정한 측정실의 표준온도는 20℃이다.

**26.** 아래 그림은 무슨 줄 작업 방법인가?

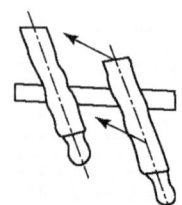

① 직진법   ② 중진법
③ 사진법   ④ 병진법

**해설** 줄 작업의 방법

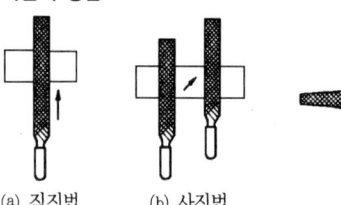

(a) 직진법   (b) 사진법   (c) 병진법

**27.** 범용 선반으로 길이가 비교적 짧고 테이퍼의 각도가 큰 공작물을 깎을 때 가장 적합한 방법은?

① 복식 공구대를 선회시키는 방법
② 심압대를 편위시키는 방법
③ 총형 바이트를 사용하는 방법
④ 테이퍼 절삭장치를 이용하는 방법

**해설** 테이퍼 절삭 작업
① 복식 공구대를 경사시키는 방법 : 길이가 짧고 테이퍼값이 클 때 사용된다.
② 심압대를 편위 시키는 방법(Set over) : 비교적 길이가 길고 테이퍼값이 작을 때 사용된다.

**정답** 25. ④   26. ③
27. ①

**28** 보통 밀링 머신에 비하여 대량생산을 목적으로 보통 밀링 머신의 기능을 어느 정도 단순화시킨 밀링으로 주축 헤드의 수에 따라 단두형, 쌍두형, 다두형으로 구분하는 것은?

① 만능 밀링 머신
② 생산형 밀링 머신
③ 모방 밀링 머신
④ 플레이너형 밀링 머신

**해설** **생산형 밀링 머신** : 보통 밀링 머신에 비하여 대량생산을 목적으로 보통 밀링 머신의 기능을 어느 정도 단순화시킨 밀링으로 주축 헤드의 수에 따라 단두형, 쌍두형, 다두형으로 구분한다.

**29** $-5\mu m$의 오차를 가지고 있는 마이크로미터로 측정한 값이 30.115mm라면 이 제품의 실 측정값은?

① 30.110mm
② 30.115mm
③ 30.120mm
④ 30.125mm

**해설** 30.115mm + 0.005 = 30.120mm

**30** 열처리방법 중에서 표면경화법에 속하지 않는 것은?

① 침탄법
② 질화법
③ 고주파 경화법
④ 항온 열처리법

**해설** **항온 열처리** : 변태점 이상으로 가열한 강을 보통의 열처리와 같이 연속적으로 냉각하지 않고 염욕 중에 담금질하여 그 온도로 일정한 시간 동안 항온 유지하였다가 냉각하는 열처리를 항온 열처리라 한다.

**31** 일반적으로 경금속과 중금속을 구분하는 비중의 경계는?

① 1.6
② 2.6
③ 3.6
④ 4.6

**해설** 경금속과 중금속을 구분하는 비중의 경계는 4.60이다.

**32** 황동의 자연균열 방지책이 아닌 것은?

① 온도 180~250℃에서 응력제거 풀림처리
② 도료나 안료를 이용하여 표면처리
③ Zn 도금으로 표면처리
④ 물에 침전처리

**해설** **자연균열**(season cracking) : 일종의 응력부식균열로 잔류응력에 기인하는 현상으로 방지책은 도료 및 Zn 도금, 180~250℃에서 응력제거풀림 등으로 잔류응력을 제거된다.

**정답** 28. ② 29. ③
30. ④ 31. ④
32. ④

## 33 주철의 성장원인이 아닌 것은?

① 흡수한 가스에 의한 팽창
② $Fe_3C$의 흑연화에 의한 팽창
③ 고용 원소인 Sn의 산화에 의한 팽창
④ 불균일한 가열에 의해 생기는 파열 팽창

**해설** 주철의 성장원인
① 펄라이트 조직 중의 $Fe_3C$ 분해에 따른 흑연화에 의한 팽창
② 페라이트 조직 중의 규소의 산화에 의한 팽창
③ $A_1$ 변태의 반복 과정에서 오는 체적 변화에 따른 미세한 균열이 형성되어 생기는 팽창
④ 흡수된 가스에 의한 팽창
⑤ 불균일한 가열로 생기는 균열에 의한 팽창
⑥ 시멘타이트의 흑연화에 의한 팽창

## 34 알루미늄 합금의 대한 설명 중 틀린 것은?

① 내식성이 좋다.
② 열전도성이 좋다.
③ 순도가 높을수록 강하다.
④ 가볍고 전연성이 우수하다.

**해설** 알루미늄 합금의 성질
① 마그네슘, 베릴륨 다음으로 가벼운 금속으로 비중이 2.7, 용융점 660℃, 변태점이 없다.
② 열 및 전기의 양도체이다. (구리 다음)
③ 내식성이 우수하고, 전연성이 풍부하며, 400~500℃에서 연신율이 최대이다.
④ 순도가 높을수록 약하다.

## 35 열경화성 수지가 아닌 것은?

① 아크릴수지　　　　② 멜라민수지
③ 페놀수지　　　　　④ 규소수지

**해설** 열경화성 수지에는 페놀계 수지, 요소 수지, 멜라민 수지, 실리콘 수지, 푸란 수지, 폴리에스테르 수지 및 에폭시 수지 등이 있고 열가소성 수지에는 스티렌 수지, 염화비닐 수지, 폴리에틸렌 수지, 초산비닐 수지, 아크릴 수지, 폴리아미드 수지, 불소 수지 및 쿠마론인덴 수지 등이 있다.

**정답** 33. ③　34. ③
35. ①

**36** 강을 절삭할 때 쇳밥(chip)을 잘게 하고 피삭성을 좋게 하기 위해 황, 납 등의 특수원소를 첨가하는 강은?

① 레일강  ② 쾌삭강
③ 다이스강  ④ 스테인리스강

> **해설** 쾌삭강 : 강을 절삭할 때 쇳밥(chip)을 잘게 하고 피삭성을 좋게 하기 위해 황, 납 등의 특수원소를 첨가하는 강이다.

**37** 스프링을 사용하는 목적이 아닌 것은?

① 힘 축적  ② 진동 흡수
③ 동력 전달  ④ 충격 완화

> **해설** 스프링의 용도
> ① 완충용(충격 에너지 흡수, 방진) : 차량용 현가장치, 승강기 완충 스프링
> ② 에너지 축적용 : 계기용 스프링, 시계의 태엽, 완구용 스프링, 축음기, 총포의 격심용 스프링
> ③ 측정용 : 힘의 변형원리를 이용하여 압축력(또는 인장력)에 의한 변형 길이로 힘을 측정한다. 저울 등이 이에 해당한다.
> ④ 조정용 : 안전밸브, 조속기, 스프링 와셔

**38** 시편의 표점거리가 40mm이고, 지름이 15mm일 때 최대하중이 6kN에서 시편이 파단되었다면 연신율은 몇 %인가? (단, 연신된 길이는 10mm이다.)

① 10  ② 12.5
③ 25  ④ 30

> **해설** 연신율은 늘어난 길이($l$)와 표점거리($l_0$)와의 차이를 표점거리($l_0$)로 나누어 백분율(%)로 나타낸다.
> $$연신율(\varepsilon) = \left[\frac{l-l_0}{l_0}\right] \times 100\%$$
> $$연신율(\varepsilon) = \frac{l-l_0}{l_0} \times 100 = \frac{50(40+10)-40}{40} \times 100 = 25\%$$

**39** 웜 기어에서 웜이 3줄이고 웜휠의 잇수가 60개일 때의 속도비는?

① $\frac{1}{10}$  ② $\frac{1}{20}$
③ $\frac{1}{30}$  ④ $\frac{1}{60}$

> **해설** 웜 기어의 속도비
> $$i = \frac{N_2}{N_1} = \frac{n}{Z} = \frac{3}{60} = \frac{1}{20}$$

정답  36. ②  37. ③  38. ③  39. ②

**40** 저널 베어링에서 저널의 지름이 30mm, 길이가 40mm, 베어링의 하중이 2400N일 때 베어링의 압력(N/mm²)은?

① 1    ② 2
③ 3    ④ 4

**해설** 저널 베어링의 하중 $W=pdl$ [N]에서
저널 베어링의 압력 $p = \dfrac{W}{dl} = \dfrac{2400}{30 \times 40} = 2$

**41** 부품의 위치결정 또는 고정 시에 사용되는 체결요소가 아닌 것은?

① 핀(pin)    ② 너트(nut)
③ 볼트(bolt)    ④ 기어(gear)

**해설**
① **체결용 기계요소** : 나사, 키, 핀, 코터, 리벳, 용접 수축확대 및 테이퍼이음
② **축계 기계요소** : 축, 축이음 및 베어링
③ **완충 및 제동용 기계요소** : 브레이크, 스프링 및 플라이휠 등
④ **전동용 기계요소** : 벨트, 로프, 체인, 링크 마찰차 및 캠 기어 등

**42** 비틀림 모멘트를 받는 회전축으로 치수가 정밀하고 변형량이 적어 주로 공작기계의 주축에 사용하는 축은?

① 차축    ② 스핀들
③ 플렉시블 축    ④ 크랭크 축

**해설** 축의 작용 하중에 따른 분류
① 전동축(동력축) : 비틀림과 휨을 동시에 받으며, 동력 전달이 주목적으로 주로 공장의 동력 전달 축으로 사용되며 주축, 선축, 중간축으로 구성한다.
② 차축(Axel) : 하중을 받치는 축으로 굽힘 모멘트를 받으며 철도 차량, 자동차 등의 바퀴가 연결된 축이다.
③ 스핀들(Spindle) : 비틀림 모멘트를 받는 회전축으로 치수가 정밀하고 변형량이 적어 주로 공작기계의 주축에 사용한다.

**43** 축에 키 홈을 파지 않고 축과 키 사이의 마찰력만으로 회전력을 전달하는 키는?

① 새들 키    ② 성크 키
③ 반달 키    ④ 둥근 키

정답  40. ②  41. ④
      42. ②  43. ①

**해설**
① 안장(새들) 키(Saddle Key) : 축에 키 홈을 파지 않고 축과 키 사이의 마찰력만으로 회전력을 전달에 사용
② 묻힘 키(Sunk Key) : 축과 보스 양쪽에 모두 키 홈을 파서 비틀림 모멘트를 전달하는 키로써 가장 많이 사용
③ 반달 키(Woddruff Key) : 자동적으로 축과 보스 사이에 자리를 잡을 수 있어 자동차, 공작기계 등의 60mm 이하의 작은 축이나 테이퍼 축에 사용
④ 둥근 키(Round Key) : 핀 키라고도 하며, 핸들과 같이 작은 것의 고정에 사용되고 단면은 원형이고 하중이 작을때만 사용

**44** 나사를 기능상으로 분류했을 때 운동용 나사에 속하지 않는 것은?
① 볼나사
② 관용나사
③ 둥근나사
④ 사다리꼴나사

**해설** 나사를 기능상(운동용 나사)으로 분류
① 사각나사
② 사다리꼴나사
③ 톱니나사
④ 둥근나사(너클나사)
⑤ 볼나사

**45** 나사의 각 부분을 표시하는 선에 관한 설명으로 맞는 것은?
① 수나사의 골지름과 암나사의 골지름은 굵은 실선으로 표시한다.
② 완전 나사부와 불완전 나사부의 경계는 가는 실선으로 표시한다.
③ 나사의 골면에서 본 투상도에서는 나사의 골 밑은 굵은 실선으로 그린 원주의 3/4에 거의 같은 원의 일부로 표시한다.
④ 수나사의 바깥지름과 암나사의 안지름은 굵은 실선으로 표시한다.

**해설** 나사 도시방법
① 수나사의 바깥지름과 암나사의 안지름을 표시하는 선은 굵은 실선으로 그린다.
② 수나사와 암나사의 골을 표시하는 선은 가는 실선으로 그린다.
③ 완전 나사부와 불완전 나사부의 경계선은 굵은 실선으로 그린다.
④ 불완전 나사부의 골을 나타내는 선은 축선에 대하여 30°의 가는 실선으로 그리고 필요에 따라 불완전 나사부의 길이를 기입한다.
⑤ 암나사의 단면 도시에서 드릴 구멍이 나타날 때는 굵은 실선으로 120°가 되게 그린다.
⑥ 보이지 않는 나사부의 산마루는 보통의 파선으로 골을 가는 파선으로 그린다.
⑦ 수나사와 암나사의 결합부의 단면은 수나사로 나타낸다.
⑧ 수나사와 암나사의 측면 도시에서 각각의 골지름은 가는 실선으로 약 3/4 원으로 그린다.

정답 44. ② 45. ④

**46** 그림과 같은 도면에서 데이텀 표적 도시 기호의 의미로 옳은 것은?

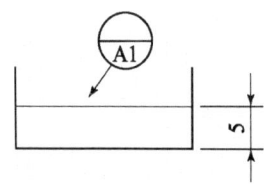

① 두 개의 X를 연결한 선의 데이텀 표적
② 두 개의 점 데이텀 표적
③ 두 개의 X를 연결한 선을 반지름으로 하는 원의 데이텀 표적
④ 10 mm 높이의 직사각형 영역의 면 데이텀 표적

**해설** 위 도면에서 데이텀 표적 도시 기호는 두 개의 X를 연결한 선의 데이텀 표적

**47** 투상한 대상물의 일부를 파단한 경계 또는 일부를 떼어 낸 경계를 표시하는 데 사용하는 선은?

① 절단선
② 파단선
③ 가상선
④ 특수 지정선

**해설**
① **절단선**: 단면도를 그리는 경우 그 절단위치를 대응하는 도면에 표시하는 데 사용
② **파단선**: 대상물의 일부를 파단한 경계 또는 일부를 떼어낸 경계를 표시
③ **가상선**: 인접 부분을 참고로 표시, 공구, 지그의 위치를 참고로 표시 등
④ **특수 지정선**: 특수한 가공을 하는 부분 등 특별한 요구사항을 적용할 수 있는 범위를 표시하는 데 사용

**48** 기계제도에서 치수 기입 원칙에 관한 설명 중 틀린 것은?

① 기능, 제작, 조립 등을 고려하여 필요한 치수를 명료하게 도면에 기입한다.
② 치수는 되도록 주 투상도에 집중한다.
③ 치수의 자릿수가 많은 경우 3자리마다 ","표시를 하여 자릿수를 명료하게 한다.
④ 길이의 치수는 원칙으로 mm 단위로 하고 단위 기호는 붙이지 않는다.

**해설** 치수 수치의 소수점은 아래쪽의 점으로 하고 숫자 사이를 적당히 띄워서 그 중간에 약간 크게 찍는다. 또, 치수 수치의 자리수가 많은 경우, 3자리마다 숫자의 사이를 적당히 띄우고 콤마는 찍지 않는다.

**정답** 46. ① 47. ② 48. ③

**49** 그림과 같은 도면은 무슨 기어의 맞물리는 기어 간략도인가?

① 헬리컬 기어
② 베벨 기어
③ 웜 기어
④ 스파이럴 베벨 기어

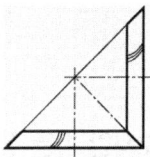

**50** 보기와 같은 맞춤핀에서 호칭지름은 몇 mm인가?

[보기] 맞춤핀 KS B 1310 − 6×30 − A − St

① 13mm
② 6mm
③ 10mm
④ 30mm

**해설** **맞춤핀에서 호칭지름** : 규격 번호 또는 명칭, 종류, 형식, 호칭, 지름×길이, 재료

**51** 치수 공차 및 끼워 맞춤에 관한 용어 설명 중 틀린 것은?

① 허용한계 치수 : 형체의 실 치수가 그 사이에 들어가도록 정한 허용할 수 있는 대소 2개의 극한의 치수
② 기준 치수 : 위 치수 허용차 및 아래 치수 허용차를 적용하는 데 따라 허용한계 치수가 주어지는 기준이 되는 치수
③ 공차 등급 : 치수공차 방식·끼워 맞춤 방식으로 전체의 기준 치수에 대하여 동일 수준에 속하는 치수 공차의 한 그룹
④ 최대 실체 치수 : 형체의 실체가 최대가 되는 쪽의 허용 한계 치수로서 내측 형체에 대해서는 최대허용치수, 외측 형체에 대해서는 최소허용치수를 의미

**해설** **최대 실체 치수** : 축 등에서는 최대 허용치수, 내측 형체, 구멍 등에 대해서는 최소 허용 공차를 가진 형체의 상태

**52** 그림과 같은 입체도에서 화살표 방향 투상도로 가장 적합한 것은?

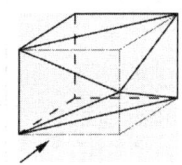

①
②
③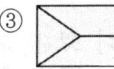
④

[정답] 49. ④  50. ②  51. ④  52. ①

# 01회 CBT 모의고사

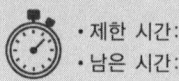

**53** 그림과 같은 도면에서 대각선으로 교차한 가는 실선 부분은 무엇을 나타내는가?
① 취급 시 주의 표시
② 다이아몬드 형상을 표시
③ 사각형 구멍 관통
④ 평면이란 것을 표시

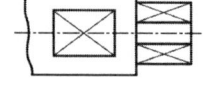

해설 그림과 같은 도면에서 대각선으로 교차한 가는 실선 부분은 평면을 의미한다.

**54** 아래와 같은 표면의 결 표시기호에서 가공 방법은?
① 밀링
② 면삭
③ 선삭
④ 줄다듬질

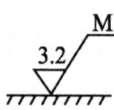

해설 ① 밀링 : M  ② 평삭 : P  ③ 선반 : L  ④ 줄다듬질 : FF

**55** 다듬질 작업에서 두 개 이상의 공작물을 일시적으로 같이 작업할 필요가 있을 때 사용하는 고정용 공구는 다음 중 어느 것인가?
① 핸드 바이스
② 평행 클램프
③ 몽키 스패너
④ 수직 바이스

해설 평행 클램프는 공작물을 평행하게 맞물려 고정시키는 데 사용되는 공구로, 여러 개의 공작물을 동시에 작업해야 할 때 사용한다.

**56** 다음 리머 작업의 가공여유 중 가장 알맞은 것은?
① 0.1~0.5mm
② 0.5~0.1mm
③ 1.0~1.5mm
④ 0.01~0.08mm

해설 리머는 구멍의 정밀도를 높이기 위한 작업으로 여유는 직경 10mm일 때 0.2mm 정도이며 드릴 작업 회전은 2/3~2/4, 이송은 같거나 빠르게 한다.

**57** 마이크로미터는 어떤 측정 방식에 속하는가?
① 영위법
② 진위법
③ 회의법
④ 진행법

[정답] 53. ④ 54. ①
55. ② 56. ①
57. ①

> **해설** **영위법**: 기준량을 준비하여 측정량에 평행시켜 계측기의 지시가 0위치를 나타낼 때의 크기로부터 측정량의 크기를 간접으로 아는 방식
> 예 : 마이크로미터, 휘스톤 브리지, 전위차계 등
> [특징] 0 위치로부터 불 평형을 검출하여 기준량에 피드백시켜 평형이 되도록 기준량의 크기를 조정하는 것

## 58 측정에서 다음 설명에 해당하는 원리는?

> 표준자와 피측정물은 동일 축 선상에 있어야 한다.

① 아베의 원리
② 버니어의 원리
③ 에어리의 원리
④ 헤르쯔의 원리

> **해설** **아베의 원리**: 측정하려는 길이를 표준자로 사용되는 눈금의 연장선상에 놓는다는 것인데 이는 피측정물과 표준자와는 측정 방향에 있어서 동일 직선상에 배치하여야 한다. (독일의 아베) 길이 측정의 경우 치환법을 응용하면 기하학적 위치에 의한 측정 오차를 가장 확실하게 피할 수 있다. (컴퍼레이터의 원리 : 비교측정기)
> ① 만족: 외측 마이크로, 측장기
> ② 불만족: 버니어 캘리퍼스

## 59 버니어 캘리퍼스의 0점을 설정하는 방법으로 틀린 것은?

① 조의 상태가 양호한지 0점에 위치하도록 밀착해서 밝은 빛에서 서로 다른 조 사이로 고르게 미세한 빛이 들어오는지 확인한다.
② 깊이 바의 무딘 상태와 휨의 발생은 없는지 확인한다.
③ 슬라이드를 이송했을 때 빡빡하도록 조정한다.
④ 0점에서 눈금 정확도를 확인한다.

> **해설** 슬라이드를 이송했을 때 지나치게 헐겁거나 빡빡한 느낌은 없는지 확인한다.

## 60 장비의 베드 면에 직접 부착하여 공작물의 흔들림 등을 측정하는 보조기구는?

① 게이지 블록 스탠드
② 마그네틱 스탠드
③ 하이트 게이지 스탠드
④ 높이 게이지 스탠드

> **해설** **마그네틱 스탠드**
> 절삭 가공 제품을 세팅하거나, 사인센터를 이용한 흔들림 및 동심도 등을 측정할 때는 마그네틱 스탠드를 선정하여 장비의 베드 면에 직접 부착하여 공작물의 흔들림, 평면도, 직각도 등을 측정한다.

[정답] 58. ① 59. ③ 60. ②

# 02회 CBT 모의고사

**01** 연삭숫돌 구성의 3요소에 포함되지 않는 것은?

① 결합도  ② 입자
③ 기공   ④ 결합제

**해설** 연삭숫돌의 구성은 숫돌입자, 결합제, 기공의 3요소로 되어 있다.

**02** 선반 부속 장치 중 기어, 벨트풀리 등의 소재와 같이 구멍이 뚫린 일감의 바깥 원통 면 또는 옆면을 센터 작업으로 가공할 때 구멍에 끼워 사용하는 공구는?

① 면판   ② 맨드릴
③ 방진구  ④ 콜릿 척

**해설** 심봉(mandrel) : 구멍이 있는 공작물을 고정, 가공 시 심봉 자체는 양 센터로 지지하거나 주축의 테이퍼 구멍에 끼워 사용하고, 구멍과 외경을 동심으로 가공 시에 사용된다.

**03** 일반적인 보링 머신의 종류가 아닌 것은?

① 총형 보링 머신   ② 코어 보링 머신
③ 정밀 보링 머신   ④ 지그 보링 머신

**해설** 보링 머신의 종류 : 수평식 보링 머신, 코어 보링 머신, 정밀 보링 머신, 지그 보링 머신이 있다.

**04** 드릴 절삭 공구의 형상에서 절삭날 사이의 간격을 나타내는 용어는?

① 에지   ② 웨브
③ 마진   ④ 랜드

**해설** 웨브(web)는 홈과 홈 사이(절삭날 사이의 간격)에 두께를 말하며, 자루 쪽으로 갈수록 두꺼워 지고, 드릴이 커지면 두꺼워진다. 또한, 절삭날의 각도가 중심에 가까울수록 웨브로 인하여 절삭성이 나빠지게 된다. 이를 방지하기 위하여 드릴의 웨브 부분을 약간 연삭하는 것을 씨닝(thinning)이라 한다.

**05** 연삭숫돌에게 인조 숫돌 입자에 해당하는 것은?

① 알루미나(alumina)   ② 사암(sand stone)
③ 코런덤(corundum)   ④ 에머리(emery)

**정답**  01. ①  02. ②
03. ①  04. ②
05. ①

**해설** 인조 숫돌입자는 원료를 전기로에서 고온으로 용융하여 천천히 냉각시켜 만든 잉곳(ingot)을 기계적으로 분쇄해 만든 것으로 알루미나(alumina, Al₂O₃)계와 탄화규소(SiC)계가 있다. 천연산은 다이아몬드(diamond), 금강석(emery), 커런덤(corundum), 사암(sand stone) 등이 있다.

## 06 선반 주축의 제작 조건으로 요구되지 않는 것은?

① 정밀도  ② 강성
③ 취성  ④ 안전성

**해설** 선반 주축의 제작 조건은 정밀도, 강성, 안전성이 필요하며 취성(부서지는 성질)이 있으면 안 된다.

## 07 연삭 균열에 대한 설명과 가장 거리가 먼 것은?

① 공석강에 가까운 탄소강에서 자주 발생한다.
② 연삭 균열을 작게 하기 위해서는 결합도가 경한 연삭숫돌을 사용한다.
③ 연삭 깊이를 적게 한다.
④ 연삭액을 충분히 사용하여 연삭 열을 적게 발생시킨다.

**해설** 연삭 균열 : 연삭 열에 의해 열팽창, 재질의 변화 등으로 일어난다.
① 원인
  ㉠ 숫돌 원주 속도가 빠르고 결합도가 높을 때
  ㉡ 잔류 응력이 커지기 때문
② 대책 – 절입 깊이를 줄이고 충분한 연삭유를 공급할 것

## 08 기어의 절삭 방법이 아닌 것은?

① 형판에 의한 법  ② 총형 공구에 의한 절삭법
③ 호브를 사용하는 방법  ④ 마그네틱에 의한 절삭법

**해설** 기어의 절삭 방법 : 형판에 의한 법, 총형 공구에 의한 절삭법, 창성법에 의한 절삭법이 있다.
 ※ 창성법에 의한 절삭 : ① 래크 커터에 의한 방법, ② 피니언 커터에 의한 방법, ③ 호브에 의한 절삭

## 09 습식 래핑에서 사용하는 랩핑유(lapping oil)로 적합하지 않은 것은?

① 경유, 석유  ② 알코올, 벤젠
③ 올리브유, 종유  ④ 기계유

**해설** 랩핑유
 ① 랩제와 랩핑유의 혼합비는 보통 1 : 1
 ② 입자 지지, 동시에 분리, 공작물에 상처방지, 점도가 낮아야 함
 ③ 보통은 석유+기계유, 그 외에 올리브, 경유, 물(유리, 수정)

[정답] 06. ③  07. ②
     08. ④  09. ②

## 10 밀링의 상향절삭에 대한 설명으로 맞는 것은?

① 백 래시를 제거하지 않아도 된다.
② 기계의 강성이 필요하다.
③ 공구의 수명이 길다.
④ 표면 거칠기가 좋다.

**해설**

| 구분 | 상향절삭 |
|---|---|
| 칩에 영향 | 절삭에 방해 없다. |
| 백래시 제거 | 백래시 제거장치 필요 없다. |
| 공작물 고정 | 불안하므로 확실히 고정해야 한다. |
| 공구 수명 | 수명이 짧다.<br>날 파손은 적으나 마멸이 심하다. |
| 소비 동력 | 소비가 크다. |
| 가공면 | 거칠다. |

## 11 더브테일 홈 가공 시 일정한 각도를 가공하기 위한 커터는?

① 래크 커터
② 피니언 커터
③ 앵글 커터
④ 호브

**해설** **앵글 커터** : 더브테일 홈 가공 시 일정한 각도를 가공하기 위한 커터이다.

## 12 나사의 머리가 접시 모양일 때 가공물에 필요한 작업은?

① 카운터 싱킹
② 카운터 보링
③ 스폿 페이싱
④ 탭 가공

**해설**
① **카운터 싱킹** : 접시머리 나사의 머리가 묻히게 하기 위해 원뿔자리를 만드는 작업
② **카운터 보링** : 작은 나사, 볼트의 머리부가 돌출되지 않도록 머리부가 들어갈 자리부분을 단이 있게 구멍 뚫는 작업
③ **스폿 페이싱** : 볼트 또는 너트 등의 구멍과 직각이 되게 머리부가 접촉되는 부분을 깎아서 만드는 작업
④ **탭 가공** : 공작물 내부에 암나사 가공, 태핑을 위한 드릴가공은 나사의 외경-피치로 한다.

## 13 드릴로 가공한 구멍을 넓히거나 정밀하게 절삭하는 공작기계는?

① 태핑 머신
② 보링 머신
③ 세이퍼
④ 플레이너

**답안 표기란**

10 ① ② ③ ④
11 ① ② ③ ④
12 ① ② ③ ④
13 ① ② ③ ④

**정답** 10. ① 11. ③
12. ① 13. ②

**해설** 보링 머신 : 드릴로 가공한 구멍을 넓히거나 정밀하게 절삭하는 공작기계이다.

**14** 다음 연삭 가공 시 연삭 액의 구비 조건이 아닌 것은?
① 냉각성이 좋아야 한다.
② 가공물 표면을 부식시키지 않아야 한다.
③ 변질되지 않고 장기간 사용할 수 있어야 한다.
④ 다른 기름과 화학적인 반응을 하여야 한다.

**해설** 연삭 액은 다른 기름과 화학적인 반응이 없어야 한다.

**15** 가공물을 화학 액에 담가 표면의 돌출부를 선택적으로 용해하여 매끈하고 광택이 있도록 가공하는 것은?
① 화학부식 가공      ② 화학 연마
③ 화학 각인          ④ 케미컬 블랭킹

**해설** 화학 연마
가공물을 화학액에 담가 표면의 돌출부를 선택적으로 용해하여 매끈하고 광택이 있도록 가공한다.

**16** 연삭 작업에서 연삭숫돌을 선정할 때에 옳지 않은 설명은?
① 공작물 지름이 클수록 입도는 거친 것을 선택한다.
② 공작물 지름이 작을수록 결합도는 연한 것을 선택한다.
③ 숫돌 지름이 작을수록 결합도는 단단한 것을 선택한다.
④ 공작물 지름이 클수록 조직은 거친 것을 선택한다.

**해설** 결합도에 따른 숫돌의 선택기준

| 결합도가 높은 숫돌<br>(단단한 숫돌) | 결합도가 낮은 숫돌<br>(연한 숫돌) |
|---|---|
| ① 연한 재료의 연삭할 때<br>② 숫돌의 원주 속도가 느릴 때<br>③ 연삭 깊이가 얕을 때<br>④ 접촉 면적이 작을 때<br>⑤ 재료 표면이 거칠 때 | ① 단단한 재료의 연삭할 때<br>② 숫돌의 원주 속도가 빠를 때<br>③ 연삭 깊이가 깊을 때<br>④ 접촉 면적이 클 때<br>⑤ 재료 표면이 치밀할 때 |

**17** 기어 전용 절삭기에 속하지 않는 것은?
① 호빙 머신          ② 베벨기어 절삭기
③ 기어 셰이퍼        ④ 핵소 머신

**해설** 핵소 머신 : 재료를 절단하는 기계이다.

정답 14.④  15.②  16.③  17.④

**18.** 밀링 커터의 주요 부분이 아닌 것은?

① 랜드(land)  ② 날 끝각
③ 입사각  ④ 경사각

**해설** 밀링 커터의 각부 명칭과 경사각
① 랜드 : 여유각에 의해서 만드는 절인날의 여유면의 일부이다.(인선의 강도를 증가시키기 위해)
② 절인각(날 끝각) : 경사면과 여유면과 이루는 각 절인각이 크면 절삭 저항 감소(작으면 절인이 약해짐)
③ 경사각 : 밀링 커터의 중심선과 경사면이 이루는 각 경사각이 크면 절삭저항 감소, 초경 커터에서는 치핑을 감소하기 위하여 0도 혹은 부각(-)으로 연삭한다.
④ 여유각 : 인선의 뒷면과 공작물이 마찰하지 않도록 만든 각(연한 재료 : 다소 크게 경한 재료 : 다소 작게 함)
⑤ 비틀림각 : 곧은날 밀링 커터의 경우 날에 비틀림각을 주면 절삭이 순조롭고 좋은 가공 면을 얻을 수 있다.

**19.** 선반 가공에서 절삭 조건이 맞지 않을 때 나타나는 현상으로 옳지 않은 것은?

① 치수 정밀도가 저하된다.
② 공구의 수명이 단축된다.
③ 가공 표면이 나빠진다.
④ 절삭성이 좋고 바이트 수명이 길어진다.

**해설** 절삭 조건이 잘 맞으면 절삭성이 좋고 바이트 수명이 길어진다.

**20.** 보통 선반의 부속품에 해당하지 않는 것은?

① 돌림판과 돌리개  ② 센터
③ 맨드릴  ④ 분할대

**해설** 분할대는 밀링 부속품이다.

**21.** 밀링 머신에서 직접 분할법으로 원주를 6등분하려고 할 때 몇 구멍씩 회전하면서 절삭해야 하는가?

① 2구멍  ② 4구멍
③ 6구멍  ④ 8구멍

**해설** $\dfrac{24}{N} = \dfrac{24}{6} = 4$

[정답] 18. ③  19. ④  20. ④  21. ②

**22** 단식 분할법에서 54구멍 판을 사용하여 원주를 18등분하려면?

① 2회전하고 12구멍 회전
② 2회전하고 14구멍 회전
③ 4회전하고 12구멍 회전
④ 4회전하고 14구멍 회전

**해설** $\dfrac{h}{H} = \dfrac{40}{N} = \dfrac{40}{18} = 2\dfrac{12}{54}$

**23** 보통 선반에서 할 수 없는 작업은?

① 널링 가공
② 암나사 가공
③ 총형 가공
④ 더브테일 가공

**해설** 더브테일 가공은 밀링 머신에서 가공할 수 있다.

**24** 선반 작업 시 바이트 인선의 끝이 공작물과 접촉되는 부분의 높이는?

① 일감의 중심과 같게 한다.
② 일감의 중심보다 약간 낮게 한다.
③ 일감의 중심보다 약간 높게 한다.
④ 일감의 호칭 치수보다 1/100mm 높게 한다.

**해설** 선반 작업 시 바이트 인선의 끝이 공작물 중심과 같게 한다.

**25** 선반 가공에서 공작물이 크거나 중량(重量)일 때 사용하기에 적합한 센터 각도는?

① 30°
② 45°
③ 60°
④ 75°

**해설** 센터의 선단의 각도
① 미국식 : 60° → 정밀가공 중 소형 공작물 가공에 사용된다.
② 영국식 : 75° or 90° → 중량이 큰 대형 공작물 가공에 사용된다.

**26** 기어 절삭법 중에서 창성에 의한 절삭법에 해당하는 것은?

① 형판에 의한 절삭
② 피니언 커터에 의한 절삭
③ 총형 커터에 의한 절삭
④ 베벨 커터에 의한 절삭

**해설** 창성법에 의한 절삭
① 래크 커터에 의한 방법
② 피니언 커터에 의한 방법
③ 호브에 의한 절삭

**정답** 22. ① 23. ④ 24. ① 25. ④ 26. ②

**27** 방전가공에 대한 설명으로 틀린 것은?

① 통전시간이 길면 가공속도가 빨라진다.
② 단발방전 에너지가 많으면 가공 면이 거칠다.
③ 휴지시간이 길면 가공속도가 빨라진다.
④ 단발방전 에너지가 많으면 가공속도가 빨라진다.

**해설** 휴지시간이 길면 가공속도가 느려진다.

**28** 연삭숫돌 입자의 종류에서 주철, 황동, 초경합금 등을 연삭하는데 가장 적합한 숫돌입자는?

① 갈색 알루미나(A)
② 백색 알루미나(WA)
③ 탄화규소(C)
④ 녹색 탄화규소(GC)

**해설**

| 기호 | KS | 종류 | 용도 |
|---|---|---|---|
| A | 1A<br>2A | 갈색<br>용융알루미나질 95% | 일반강재<br>보통탄소강 |
| WA | 3A<br>4A | 백색<br>용융알루미나질 99.5% | 담금질강, 내열강 고속도강,<br>합금강 |
| C | 1C<br>2C | 암자색(회색)<br>탄화규소질 97% | 주철, 석재, 유리, 비철,<br>비금속 |
| GC | 3C<br>4C | 흑색(녹색)<br>탄화규소질 98% | 초경합금, 다이스강, 특수강,<br>세라믹 |

**29** 브로치를 인발 또는 압입할 때 가장 많이 사용하는 방법은?

① 기어식
② 유압식
③ 나사식
④ 해머식

**해설** 브로치 구동방식 : 나사식, 기어식, 유압식

**30** 20mm의 엔드밀을 가지고 밀링 머신에서 공작물을 절삭할 때 주축 회전수가 1000r/min(=rpm)이면 절삭속도(m/min)는?

① 6.28
② 62.8
③ 628
④ 6280

**해설** $v = \dfrac{\pi d n}{1000} = \dfrac{\pi \times 20 \times 1000}{1000} = 62.8$

**정답** 27. ③  28. ④  29. ②  30. ②

## 31 랩(lap)제로 사용되지 않는 것은?

① 탄화규소  ② 흑연
③ 알루미나  ④ 산화철

**해설** 랩제 : 강철-Al₂O₃(산화알루미늄), 연한금속-SiC(탄화규소), 다듬질용-Cr₂O₃(산화크롬), C입자(Cr₂O₃(산화크롬), 산화철(Fe₂O₃)-연한금속(유리, 수정), 산화크롬(Cr₂O₃), A, WA입자-강철, 석류석-목제, 반도체재료

## 32 금속재료를 고온에서 오랜 시간 외력을 걸어놓으면 시간의 경과에 따라 서서히 그 변형이 증가하는 현상은?

① 크리프  ② 스트레스
③ 스트레인  ④ 템퍼링

**해설** 크리프 : 금속재료를 고온에서 오랜 시간 외력을 걸어놓으면 시간의 경과에 따라 서서히 그 변형이 증가하는 현상이다.

## 33 공구용 합금강을 담금질 및 뜨임처리하여 개선되는 재질의 특성이 아닌 것은?

① 조직의 균질화  ② 경도 조절
③ 가공성 향상  ④ 취성 증가

**해설** 뜨임 : 인성을 부여한다.

## 34 주철의 장점이 아닌 것은?

① 압축 강도가 작다.  ② 절삭 가공이 쉽다.
③ 주조성이 우수하다.  ④ 마찰 저항이 우수하다.

**해설** 주철의 장점은 축 강도가 크다.

## 35 구상 흑연주철을 조직에 따라 분류했을 때 이에 해당하지 않는 것은?

① 마르텐자이트 형  ② 페라이트 형
③ 펄라이트 형  ④ 시멘타이트 형

**해설 구상흑연주철**
① 주철은 보통 주방 상태에서 흑연이 편상으로 된다. 그러나 특수한 처리(특수원소 첨가, 열처리)를 하면 흑연이 구상으로 되는데 이것을 구상흑연주철이라 한다.
② 인장강도는 주조상태가 50~70(N/mm²), 풀림상태가 45~55(N/mm²)이다.
③ 구상흑연주철은 조직에 따라 페라이트형, 펄라이트형, 시멘타이트형을 분류된다. 페라이트형은 그 모양이 마치 황소의 눈과 같다고 하여 소눈 조직(bull's eye structure)이라고 한다.

**정답** 31. ② 32. ①
33. ④ 34. ①
35. ①

# 02회 CBT 모의고사

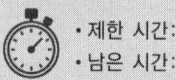

**36** 합금의 종류 중 고용융점 합금에 해당하는 것은?
① 티탄 합금
② 텅스텐 합금
③ 마그네슘 합금
④ 알루미늄 합금

> **해설** 용융점
> ① 티탄 : 1,668℃  ② 텅스텐 : 3,410℃
> ③ 마그네슘 : 650℃  ④ 알루미늄 : 660℃

**37** 절삭 공구류에서 초경합금의 특성이 아닌 것은?
① 경도가 높다.
② 마모성이 좋다.
③ 압축 강도가 높다.
④ 고온 경도가 양호하다.

> **해설** 초경합금
> ① W-Ti-Ta 등의 탄화물 분말을 Co 또는 Ni를 결합하여 1400℃ 이상에서 소결 시킨 것이다. (주성분 : W, Ti, Co, C 등)
> ② 경도 및 고온경도가 높다.
> ③ 내마모성과 취성이 크다.
> ④ 피복 초경합금은 내열성, 내마모성, 내 용착성이 우수하며 일반 초경합금에 비해 2~5배의 공구 수명이 증대되며, 고온, 고속절삭에서 우수한 성능을 갖는다.

**38** 황동의 연신율이 가장 클 때 아연(Zn)의 함유량은 몇 % 정도인가?
① 30
② 40
③ 50
④ 60

> **해설** 황동의 성질
> ① 전기(열)전도도가 Zn 40%까지 감소, 그 이상에서는 50%에서 최대이고, 연신율은 Zn 30% 최대이다.
> ② 주조성, 가공성, 내식성, 기계적 성질이 좋다. 압연과 단조가 가능하다.
> ③ 인장강도는 Zn 45% 최대가 되며 그 이상에서는 급감한다. 따라서 Zn 50% 이상의 황동은 취약해진다.

**39** 자동차의 스티어링 장치, 수치제어 공작기계의 공구대, 이송장치 등에 사용되는 나사는?
① 둥근나사
② 볼나사
③ 유니파이나사
④ 미터나사

> **해설** 볼나사 용도 : 자동차의 스티어링부, 공작 기계의 이송나사, 항공기의 이송나사

**답안 표기란**

| 36 | ① | ② | ③ | ④ |
| 37 | ① | ② | ③ | ④ |
| 38 | ① | ② | ③ | ④ |
| 39 | ① | ② | ③ | ④ |

**정답** 36. ②  37. ②  38. ①  39. ②

**40** 다음 중 구름 베어링의 특성이 아닌 것은?

① 감쇠력이 작아 충격 흡수력이 작다.
② 축심의 변동이 작다.
③ 표준형 양산품으로 호환성이 높다.
④ 일반적으로 소음이 작다.

**해설** **구름베어링의 장 · 단점**
① 동력이 절약되고, 가동저항이 크다. 슬라이딩베어링의 10~50% 정도로 한다.
② 윤활유가 절약되고, 윤활유에 의한 기계의 오손이 적다.
③ 신뢰성이 있고, 유지비가 감소된다.
④ 기계의 정밀도를 장시간 유지할 수 있고 고속회전할 수 있다.
⑤ 베어링 교환과 선택이 쉽고 베어링 길이를 단축할 수 있다.
⑥ 가격이 비교적 비싸고 외경이 크게 된다.
⑦ 소음이 생기고 충격에 약하다.
⑧ 제작, 설치와 조립이 어렵고, 부분적 수리가 불가능하다.

**41** 지름이 50mm 축에 폭이 10mm인 성크 키를 설치했을 때, 일반적으로 전단하중만을 받을 경우 키가 파손되지 않으려면 키의 길이는 몇 mm인가?

① 25mm  ② 75mm
③ 150mm  ④ 200mm

**해설** $l = h(0.15b) \times d = 0.15 \times 10 \times 50 = 75mm$

**42** 두 축이 평행하고 거리가 아주 가까울 때 각 속도의 변동 없이 토크를 전달할 경우 사용되는 커플링은?

① 고정 커플링(fixed coupling)
② 플렉시블 커플링(flexible coupling)
③ 올덤 커플링(Oldham's coupling)
④ 유니버설 커플링(universal coupling)

**해설**
① **원통 커플링** : 가장 간단한 구조로 원통 속에 두 축을 끼워 넣고 일직선이 될 수 있도록 키, 볼트로 결합시켜 키의 전단력이나 마찰력으로 전동하는 이음이다.
② **플렉시블 커플링** : 두 축의 중심선을 완전히 일치시키기 어려운 때, 또 내연 기관과 같이 전달 토크의 변동이 많은 원동기에서 다른 기계로 동력을 전달하는 경우 및 고속 회전으로 진동을 일으키는 경우에 사용된다.
③ **올덤 커플링** : 두 축이 평행하며, 그 거리가 비교적 짧고 축선의 위치가 어긋나 있으나 각 속도의 변화 없이 회전력을 전달시키려 할 때 사용하고, 밸런스와 마찰의 난점이 있고 편심량이 큰 회전 전달이나 고속의 경우에는 적합하지 않다.
④ **유니버설 커플링** : 두 축이 동일 평면 내에 있고 그 중심선이 $\alpha$ 각도($\alpha \leq 30°$)로 교차하는 경우의 전동 장치로 자동차, 공작기계, 압연롤러, 전달기구 등에 많이 사용한다.

**정답** 40. ④ 41. ② 42. ③

**43** 모듈 5, 잇수가 40인 표준 평기어의 이끝원 지름은 몇 mm인가?
① 200mm  ② 210mm
③ 220mm  ④ 240mm

해설
$$D.P = \frac{25.4}{M} = \frac{25.4}{5} = 5.08$$
$$D = \frac{25.4Z}{D.P} = \frac{25.4 \times 40}{5.08} = 200$$

**44** 인장응력을 구하는 식으로 옳은 것은? (단, $A$는 단면적, $W$는 인장하중이다.)
① $A \times W$  ② $A + W$
③ $\dfrac{A}{W}$  ④ $\dfrac{W}{A}$

해설
인장응력 $= \dfrac{W(하중)}{A(단면적)}$

**45** 기계재료의 단단한 정도를 측정하는 가장 적합한 시험법은?
① 경도시험  ② 수축시험
③ 파괴시험  ④ 굽힘시험

해설 **경도시험**
기계재료의 단단한 정도를 측정하며 경도의 본질은 마모 및 절삭성 등에 대한 저항으로 측정한다.

**46** 롤링 베어링의 내륜이 고정되는 곳은?
① 저널  ② 하우징
③ 궤도면  ④ 리테이너

해설 **저널** : 롤링 베어링의 내륜이 고정되는 곳이다.

**47** 최대 실체 공차 방식의 적용을 올바르게 나타낸 것은?
① 공차 붙이 형체에 적용하는 경우 공차 값 뒤에 기호 Ⓜ을 기입한다.

[정답] 43. ①  44. ④
45. ①  46. ①
47. ①

② 공차 붙이 형체에 적용하는 경우 공차 값 앞에 기호 Ⓜ을 기입한다.
③ 공차 붙이 형체에 적용하는 경우 공차 값 뒤에 기호 Ⓢ을 기입한다.
④ 공차 붙이 형체에 적용하는 경우 공차 값 앞에 기호 Ⓢ을 기입한다.

> **해설** **최대 실체 공차 방식**
> 최대 질량의 실체를 갖는 조건으로 공차 붙이 형체에 적용하는 경우 공차 값 뒤에 기호 Ⓜ을 기입한다.

**48** 그림과 같은 제3각 정투상도에 가장 적합한 입체도는?

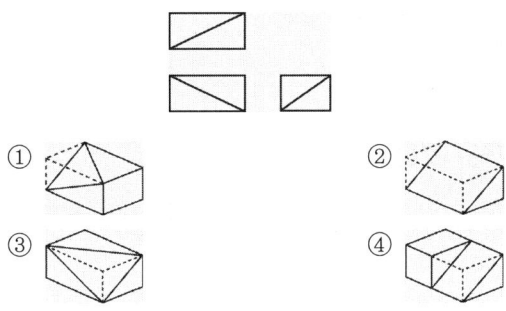

**49** 표면의 결 도시기호에서 가공에 의한 컷의 줄무늬가 여러 방향으로 교차 또는 무방향으로 도시된 기호는?

> **해설**
> 
> | | | |
> |---|---|---|
> | X | 가공으로 생긴 선이 두 방향으로 교차 | |
> | M | 가공으로 생긴 선이 다방면으로 교차 또는 무방향 | |
> | C | 가공으로 생긴 선이 거의 동심원 | |
> | R | 가공으로 생긴 선이 거의 방사상(레이디얼형) | |

정답 48. ③ 49. ②

## 50. 부품의 기능과 역할에 따라 틈새 또는 죔새가 생기는 끼워 맞춤은?

① 헐거운 끼워 맞춤
② 억지 끼워 맞춤
③ 표준 끼워 맞춤
④ 중간 끼워 맞춤

**해설** 중간 끼워 맞춤
중간 끼워 맞춤은 축, 구멍의 치수에 따라 틈새 또는 죔쇠가 생기는 끼워 맞춤으로, 헐거운 끼워 맞춤이나 억지 끼워 맞춤으로 얻을 수 없는 더욱 작은 틈새나 죔쇠를 얻는 데 적용하며, 베어링 조립은 중간 끼워 맞춤의 대표적인 보기이다.

## 51. 스프로킷 휠의 도시방법에 관한 내용으로 옳은 것은?

① 바깥지름은 굵은 실선으로 그린다.
② 이뿌리원은 가는 1점 쇄선으로 그린다.
③ 피치원은 가는 파선으로 그린다.
④ 요목표는 작성하지 않는다.

**해설** 스프로킷 휠 제도법
① 바깥지름(이끝원)은 굵은 실선으로 그린다.
② 피치원은 가는 1점 쇄선으로 그린다.
③ 이뿌리원은 가는 실선으로 그린다.
④ 정면도를 단면으로 도시할 경우 이뿌리는 굵은 실선으로 그린다.

## 52. 도면에서 어떤 경우에 해칭(hatching)하는가?

① 가상 부분을 표시할 경우
② 절단 단면을 표시할 경우
③ 회전 부분을 표시할 경우
④ 부품이 겹치는 부분을 표시할 경우

**해설** 물체의 내부 모양을 알기 쉽게 도시하기 위하여 단면도를 활용한다. 물체를 절단하였다고 가정하고 절단한 부분을 떼어 내고 도시한다. 이때 절단한 면을 해칭 처리하여 절단하였음을 나타낸다.

정답  50. ④  51. ①
52. ②

**53** 다음 도면에 대한 설명으로 잘못된 것은?

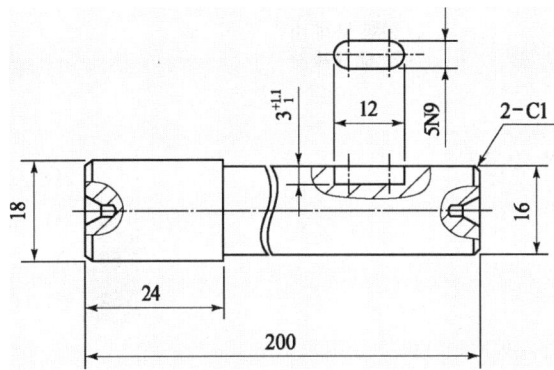

① 긴 축은 중간을 파단하여 짧게 그렸고, 치수는 실제치수를 기입하였다.
② 평행 키 홈의 깊이 부분을 회전도시 단면도로 나타내었다.
③ 평행 키 홈의 폭 부분을 국부투상도로 나타내었다.
④ 축의 양 끝을 1×45°로 모떼기 하도록 지시하였다.

**해설** 평행 키 홈의 깊이 부분을 부분 단면도로 나타내었다.

**54** 원통이나 축 등의 투상도에서 대각선을 그어서 그 면이 평면임을 나타낼 때에 사용되는 선은?

① 굵은 실선   ② 가는 파선
③ 가는 실선   ④ 굵은 1점 쇄선

**해설** 원통이나 축 등의 투상도에서 대각선을 그어서 그 면이 평면임을 나타내는 선은 가는 실선이다.

**55** 도면에서 치수 숫자와 함께 사용되는 기호를 올바르게 연결한 것은?

① 지름 : D
② 정사각형의 변 : ◇
③ 반지름 : R
④ 45° 모떼기 : 45°

**해설**

| 지름 | $\phi$ |
|---|---|
| 반지름 | R |
| 구의 지름 | S$\phi$ |
| 구의 반지름 | SR |
| 정사각형의 변 | □ |
| 45°의 모따기 | C |

**정답** 53. ② 54. ③ 55. ③

**56** 다음 중 나사의 표시를 옳게 나타낸 것은?

① 왼 M25×2 − 2줄
② 왼 M25 − 2 − 6줄
③ 2줄 왼 M25×2 − 2A
④ 좌 2줄 M25×2 − 6H

**해설** 나사 표기 방법의 예

| 구분 | 감긴 방향 | 줄 수 | 호칭 | 등급 | 설명 |
|---|---|---|---|---|---|
| 좌2줄<br>M 25×<br>2-6H | 좌 | 2줄 | M25×2 | 6H | • 2줄 왼나사 미터 가는 나사<br>• 지름이 25mm이고 피치가 2mm인 공차 6H인 암나사 |
| 좌<br>M25-<br>6H/6g | 좌 | 1줄 | M25 | 6H/6g | • 1줄 왼나사 나사로미터 나사 지름이 25mm인 암나사<br>• 6H와 수나사 6g의 조합 |
| No.4-40<br>UNC-2A | 우 | 1줄 | 4-40UNC | 2A | • 1줄 오른나사 유니 파이<br>• 보통나사 A급(피치 25.4/40<br>=0.6350mm) |

**57** 다음 중 아베의 원리에 맞는 측정기는?

① 하이트 게이지
② 버니어 캘리퍼스
③ 3차원 좌표 측정기
④ 단체형 내측 마이크로미터

**해설** 아베의 원리는 "측정하려는 길이를 표준자로 사용되는 눈금의 연장선상에 놓는다"라는 것인데 이는 피측정물과 표준자와는 측정 방향에 있어서 동일 직선상에 배치하여야 한다.

**58** 마이크로미터에서 0점 오차가 약 ±0.01mm 이내일 때 조정 방법은?

① 슬리브   ② 딤블
③ 링 게이지   ④ 게이지 블록

**해설** ① 0점 오차가 약 ±0.01mm 이내일 때(슬리브에 의한 0점 조정)
② 0점 오차가 약 ±0.01mm 이상일 때(딤블에 의한 0점 조정)

[정답] 56. ④  57. ④
58. ①

**59** 실린더 게이지, 버니어 캘리퍼스, 마이크로미터를 교정할 때 사용하는 게이지 블록 부속품은?

① 홀더(holder)
② 스크라이버 포인트(scriber point)
③ 베이스 블록(base block)
④ 센터 포인트(center point)

**해설** 실린더 게이지, 버니어 캘리퍼스, 마이크로미터를 교정할 때 게이지 블록을 사용하며, 이런 게이지 블록을 안정적으로 고정하고 측정에 활용하기 위한 부속품으로 홀더가 사용된다.

**60** 조줄에 관한 설명으로 틀린 것은?

① 조줄은 작은 제품의 절삭이나 정밀을 필요로 하는 가공에 쓰인다.
② 종류로는 5 본조, 7 본조, 10 본조, 12 본조가 있다.
③ 조줄 눈의 크기는 중목, 세목, 유목으로 구분한다.
④ 조줄은 본 수(조수)가 많을수록 줄눈은 거칠다.

**해설** **줄눈의 크기에 따른 분류**
대황목(아주 거친 눈)줄, 황목, 중목(중간 눈)줄, 세목(가는 눈)줄, 유목줄 등이 있으며, 같은 가는눈 줄이라도 줄의 크기가 작은 쪽이 줄눈이 곱다.

정답 59.① 60.④

# 03회 CBT 모의고사

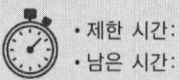

**01** 원주상에 방사상으로 있는 여러 개의 볼트를 사용하여 주물과 같이 표면형상이 불규칙한 공작물의 고정에 적합한 척은?

① 마그네틱 척
② 콜릿 척
③ 유압 척
④ 벨 척

**해설**
① **마그네틱 척** : 전자석을 설치, 얇은 공작물을 변형시키지 않고 가공된다.
② **콜릿 척** : 가는 지름의 환봉 재료를 고정, 탁상, 터릿 선반용으로 사용된다.
③ **유압 척** : 큰 힘을 요구할 때 사용하며, CNC 선반에서 주로 사용된다.
④ **벨 척** : 4, 6, 8개의 볼트로 불규칙한 환봉 재료의 고정에 적합하다.

**02** 공구 수명을 판정하는 기준에 해당하지 않는 것은?

① 가공면의 조도가 나빠질 때
② 절삭날의 마멸이 일정량에 도달했을 때
③ 칩의 색깔과 형상이 변화하거나 불꽃이 발생할 때
④ 절삭 동력의 변화가 감소할 때

**해설** 공구의 수명 판정
① 가공 후 표면에 광택이 있는 색조, 무늬, 반점이 있을 때
② 공구 인선의 마모가 일정량에 달했을 때
③ 완성 가공된 치수의 변화가 일정량에 달했을 때
④ 주분력에는 변화가 없더라도 이송분력, 배분력이 급격히 증가할 때

**03** 드릴링 머신에서 리밍 작업을 할 때 가장 옳은 것은?

① 드릴 작업과 같은 속도로 하는 것이 좋다.
② 드릴 작업보다 저속으로 절삭하고 이송은 크게 한다.
③ 드릴 작업과 같은 속도로 절삭하고 이송은 작게 한다.
④ 드릴 작업보다 고속으로 절삭하고 이송을 작게 한다.

**해설** 리밍 작업은 드릴 작업보다 저속으로 절삭하고 이송은 크게 한다.

**04** 수평밀링 작업에서 하향절삭의 장점이 아닌 것은?

① 커터의 회전 방향과 이송 방향이 같아 가공면이 깨끗하다.
② 날의 마멸이 적고 수명이 길다.
③ 백래시가 자연히 제거된다.
④ 가공물의 고정이 유리하다.

[정답] 01. ④  02. ④  03. ②  04. ③

**해설** 하향절삭의 단점은 떨림이 나타나 공작물과 커터를 손상시키며 백래시 제거 장치가 없으면 작업을 할 수 없다.

## 05 호닝머신에서 공작물을 가공하는 공구 명칭은 무엇인가?
① 혼  ② 커터
③ 드릴  ④ 사포

**해설** 호닝 가공
마찰작업으로 보링, 리밍, 연삭 가공 등에서 가공이 끝난 원통의 내면에 정밀도를 더욱 높이기 위하여 직사각형 단면의 가는 숫돌을 방사 방향으로 배치한 혼(hone)으로 구멍에 넣고 회전운동과 축 방향의 운동을 동시에 시켜 정밀 다듬질하는 방법을 호닝이라 한다.

## 06 삼각함수의 계산에 의하여 부품의 각을 측정하는 기기는 무엇인가?
① 높이 마이크로미터
② NPL식 각도 측정기
③ 블록 게이지
④ 사인 바

**해설** 사인 바
삼각함수의 사인을 이용하여 임의의 각도를 설정 및 측정하는 측정기로서, 크기는 롤러 중심 간의 거리로 표시하며 일반적으로 100mm, 200mm를 많이 사용한다.
$\sin\alpha = H/L$, $H = L \times \sin\alpha$, $\alpha = \sin^{-1}\dfrac{H}{L}$
사인 바를 이용하여 각도 측정 시 $\alpha > 45$도로 되면 오차가 커지므로 기준면에 대하여 45도 이하로 설정한다.

## 07 드릴링 머신에서 작업할 수 없는 것은?
① 널링 작업  ② 보링 작업
③ 리밍 작업  ④ 태핑 작업

**해설** 널링 작업은 선반에서 작업할 수 있다.

## 08 밀링 커터의 절삭속도는 32m/min, 회전수는 1000rpm일 때 밀링 커터의 지름은 얼마인가?
① 4.5 mm  ② 6.5 mm
③ 8.2 mm  ④ 10.2 mm

**해설** $N = \dfrac{1000V}{\pi D}$
$D = \dfrac{1000V}{\pi N} = \dfrac{1000 \times 32}{\pi \times 1000} = 10.2$

**정답** 05. ① 06. ④ 07. ① 08. ④

## 03회 CBT 모의고사

**09** 공작물의 재질이 공구에 점착하기 쉽고 공구의 윗면 경사각이 작으며 절삭 깊이가 클 때 발생하기 쉬운 칩의 형태는?

① 전단형 칩
② 균열형 칩
③ 경작형(열단형) 칩
④ 유동형 칩

**해설**
① **전단형 칩** : 연한 재질의 공작물을 작은 경사각으로 저속 가공할 때 생긴다.
② **균열형 칩** : 주철과 같은 메진(취성) 재료를 저속 가공할 때 생긴다.
③ **경작형(열단형) 칩** : 공작물의 재질이 공구에 점착하기 쉽고 공구의 윗면 경사각이 작으며 절삭 깊이가 클 때 생긴다.
④ **유동형 칩** : 공작물의 재질이 연하고 인성이 큰 재질이고, 윗면 경사각이 크고 고속 절삭할 때 발생한다.

**10** 선반 가공에 사용되는 센터에 대한 설명으로 옳지 않은 것은?

① 스핀들에 꽂은 센터는 가공물과 함께 회전하므로 회전센터라 한다.
② 센터 자루는 모스 테이퍼이며 1/20이 많이 사용된다.
③ 센터의 각도는 보통 90°가 사용되며 대형 일감에는 60°의 것을 사용한다.
④ 심압측에 꽂는 센터는 정지센터와 베어링센터 등이 있다.

**해설**
회전센터는 주축(스핀들)에서 사용(모스테이퍼 사용 약 1/20)하고, 정지센터와 베어링센터는 심압대에서 사용(모스테이퍼 사용 약 1/20)한다.
센터의 각도는 보통 60°가 사용되며 대형 일감에는 75° 또는 90°의 것을 사용한다.

**11** 보링가공 시 절삭할 구멍의 지름이 커서, 직접 보링 바에 절삭 공구를 고정할 수 없을 때 사용하는 것은?

① 보링 바이트 팁
② 보링 바
③ 보링 부시
④ 보링 툴 헤드

**해설**
큰 구멍에 대해서는 커터를 직접 보링 바에 고정할 수 없으므로 보링 툴 헤드(boring tool head) 또는 블록형 커터를 이용하고, 공구의 수는 2개 이상으로 하며, 마멸에 의한 정밀도의 저하를 방지한다.

**정답** 09. ③ 10. ③ 11. ④

**12** 기어를 절삭하는 방법이 아닌 것은?

① 지그보링 머신을 이용한 분할 방법
② 총형 커터를 이용하는 방법
③ 형판을 이용한 방법
④ 창성법을 이용한 방법

**해설** 기어를 절삭하는 방법
① 총형 커터를 이용하는 방법 : 기어 이홈의 모양과 같은 커터를 사용하여 기어 소재 1피치만큼씩 회전시켜서 차례로 기어를 절삭
② 형판을 이용한 방법 : 기어 치형과 같은 형판을 사용하여 공구대를 형판에 따라 미끄럼 안내하여 가공하는 모방절삭
③ 창성법을 이용한 방법 : 인벌류트 곡선의 성질을 응용한 정확한 기어 절삭 공구를 기어의 소재와 함께 회전운동을 주며 축 방향으로 왕복 운동을 시켜 절삭

**13** 숫돌바퀴를 표시할 때 사용하는 WA-60- K-m-V에서 WA가 표시하는 것은?

① 숫돌 입자 종류
② 입도
③ 결합도
④ 결합제

**해설** WA(입자) – 60(입도) – K(결합도) – m(조직) – V(결합제)

**14** 나사 마이크로미터는 나사의 무엇을 측정할 수 있는가?

① 나사의 유효지름
② 나사의 바깥지름
③ 나사의 안지름
④ 나사의 골지름

**해설** 나사 마이크로미터에 의한 방법
엔빌 측에 V홈 측정자를 스핀들 측에 원뿔형 측정자를 사용하여 유효지름 값을 직접 읽을 수 있다.

**15** 연삭 시 가공하고자 하는 부품의 형상으로 연삭숫돌을 성형하는 것은?

① 글레이징      ② 트루잉
③ 로우딩        ④ 엠보싱

**해설** ① 글레이징 : 숫돌의 입자가 탈락되지 않고 마모에 의해서 납작하게 둔화된 상태
② 트루잉 : 연삭숫돌의 외형을 수정하여 규격에 맞는 제품을 만드는 과정
③ 로우딩 : 숫돌 입자의 표면이나 기공에 칩이 차 있는 상태

정답  12. ①  13. ①
      14. ①  15. ②

**16** 밀링에서 브라운 샤프형의 21구멍 분할판을 사용하여 7등분 하고자 한다. 맞는 것은?

① 7회전하고 40구멍씩 돌린다.
② 5회전하고 15구멍씩 돌린다.
③ 7회전하고 21구멍씩 돌린다.
④ 15회전하고 5구멍씩 돌린다.

해설 원주 7등분 $\frac{h}{H} = \frac{40}{N} = \frac{40}{7} = 5\frac{5 \times 3}{7 \times 3} = 5\frac{15}{21}$
⇒ 분할판 21공(열)을 사용하고 5회전과 15공씩 이동시킨다.

**17** 방전가공의 특징에 대한 설명으로 틀린 것은?

① 전극이 필요하다.
② 전극 및 가공물에 쥔 힘이 가해지지 않는다.
③ 얇은 판이나 가는 선의 가공이 어렵다.
④ 공구는 구리나 흑연 등의 연한 재료를 이용한다.

해설 방전가공은 가공변형이 적어 얇은 판이나 가는 선의 가공이 가능하다.

**18** 밀링가공에서 직접분할이 가능한 수는?

① 3등분    ② 7등분
③ 9등분    ④ 10등분

해설 직접 분할법(=면판분할법)
분할대의 면판에 24개의 구멍이 등 간격으로 뚫어져 있음(면판 위의 24개 구멍을 이용하여 분할)
※ 24의 약수 : 2, 3, 4, 6, 8, 12, 24 ⇒ 7종 분할 가능. $\frac{24}{N}$

**19** 단동 척과 연동 척의 2가지 기능을 할 수 있는 척은?

① 복동 척      ② 마그네틱 척
③ 콜릿 척      ④ 압축 공기 척

해설 복동 척(양용 척)
조 4개, 단동 척+연동 척의 기능으로 먼저 단동 척으로 중심을 맞추고 다음부터는 연동식으로 작업한다. 불규칙한 공작물의 다량 고정 시 유용하다. 렌치 장치에 의해 단동과 연동이 양용된다.

정답  16. ②  17. ③
      18. ①  19. ①

**20** 절삭 공구 재료 중에서 초경합금의 성질에 대한 설명으로 틀린 것은?

① 고온에서 경도가 급격하게 떨어진다.
② 압축 강도는 강에 비하여 높고, 인장 강도는 낮다.
③ 내마멸성이 크다.
④ 진동이나 충격에 약하다.

**해설** **초경합금**
① W-Ti-Ta 등의 탄화물 분말을 Co 또는 Ni를 결합하여 1400℃ 이상에서 소결시킨 것이다. (주성분 : W, Ti, Co, C 등)
② 경도 및 고온경도가 높다.
③ 내마모성과 취성이 크다.
④ 피복 초경합금은 내열성, 내마모성, 내용착성이 우수하며 일반 초경합금에 비해 2~5배의 공구 수명이 증대되며, 고온, 고속절삭에서 우수한 성능을 갖는다.

**21** 칩 브레이커를 사용하는 주된 목적은 무엇인가?

① 칩의 절단
② 가공시간 조정
③ 칩의 두께 감소
④ 가늘고 긴 재료의 가공

**해설** **칩 브레이커의 목적** : 공구, 공작물, 공작기계(척)가 서로 엉키는 것을 방지한다. 칩이 짧게 끊어지도록 바이트에 만든다.

**22** 게이지 블록의 모양에 따른 종류가 아닌 것은?

① 캐리형         ② 요한슨형
③ 호크형         ④ 웨이브형

**해설** 게이지 블록의 종류는 모양에 따라 직사각형의 단면을 가진 요한슨형, 중앙에 구멍이 뚫린 정사각형의 단면을 가진 호크(Hoke)형과 원형으로 중앙에 구멍이 뚫린 캐리(Cary)형, 팔각형 단면으로서 2개의 구멍을 가진 것 등이 있다. 일반적으로 KS에서 규정된 요한슨형이 많이 사용한다.

**23** 측정기의 눈금과 눈의 위치가 수직이 되지 않을 때 생기는 측정오차는 무엇인가?

① 샘플링 오차
② 계기 오차
③ 우연 오차
④ 시차(視差)에 의한 오차

**해설** **시차(parallax)에 의한 오차** : 측정자의 부주의, 즉 읽음에 있어서 시선의 방향에 따라 생기는 오차이다.

[정답] 20. ① 21. ①
22. ④ 23. ④

## 24. 브로칭 머신으로 가공할 수 있는 것은?

① 나사를 절삭할 경우
② 각형의 구멍을 절삭할 경우
③ 헬리컬 기어를 절삭할 경우
④ 베어링용 볼을 절삭할 경우

**해설** 브로칭은 둥근 구멍, 각형 구멍, 키 홈, 스플라인의 구멍 등을 다듬하는 데 이용하였으나 최근에는 외면을 다듬는 표면 브로칭, 즉 선형 기어(segment gear)의 치형과 홈 외에 특수한 모양의 면을 절삭하는 데 이용되고 있다.

## 25. 밀링 커터의 여유각을 가공하는 릴리빙 장치가 있는 선반은?

① 차륜 선반   ② 탁상 선반
③ 차축 선반   ④ 공구 선반

**해설**
① **차륜 선반**: 철도차량의 차륜을 깎는 선반으로 정면선반 2개가 서로 마주 본다.
② **탁상 선반**: 정밀 소형기계 및 시계부품을 가공한다.
③ **차축 선반**: 철도 차량용 차축을 가공한다.
④ **공구 선반**: 릴리빙 장치(=Back off 장치)를 가진 것으로 절삭 공구(호브, 커터, 탭 등)의 여유각을 가공한다.

## 26. 공작기계 중 절삭 공구를 사용하지 않는 공작기계는?

① 선반       ② 밀링 머신
③ 래핑 머신   ④ 슬로터

**해설** 래핑 머신은 마모(마멸) 현상을 가공에 응용한다.

## 27. 연삭 가공 중 마그네틱 척을 사용하는 연삭기는?

① 평면 연삭기
② 공구 연삭기
③ 센터리스 연삭기
④ 원통 연삭기

**해설** **평면 연삭기**
연삭숫돌은 수직축에 끼워지고 원형 테이블이 회전하게 되어 있다. 숫돌 지지대는 수동과 자동으로 상하로 움직이며, 공작물은 테이블 위에 설치된 마그네틱 척으로 고정한다.

[정답] 24. ② 25. ④ 26. ③ 27. ①

**28** 연삭기의 종류 중 바이트, 커터, 드릴 등이 마멸되었거나 손상되었을 때 절삭날을 재연삭하는 데 사용되는 연삭기는?

① 원통 연삭기
② 센터리스 연삭기
③ 내면 연삭기
④ 공구 연삭기

**해설** 공구 연삭기(universal tool grinding machine)
여러 가지 부속장치를 사용하여 밀링 커터, 호브, 리머 드릴 등의 다양한 공구를 연삭하는 정밀도가 높은 연삭기이다.

**29** 드릴로 가공할 때 가장 작은 날끝각으로 가공할 수 있는 재료는 무엇인가?

① 구리
② 목재
③ 단조강
④ 경강

**해설** 트위스트 드릴의 인선각은 연강용에 대해 118°로 일반적으로 가공 재료가 단단할수록 인선각이 커진다.

**30** 선반 가공에서 바이트로 일감을 절삭하는 깊이는 어떻게 측정하는가?

① 측정하기 쉬운 쪽으로 측정한다.
② 절삭면에 대하여 45° 방향으로 측정한다.
③ 절삭면에 대하여 수직 방향으로 측정한다.
④ 절삭면에 대하여 수평 방향으로 측정한다.

**해설** 바이트로 일감을 절삭하는 깊이는 절삭면에 대하여 수직 방향으로 측정한다.

**31** 절삭유의 사용 목적이 아닌 것은?

① 공구의 냉각
② 공작물의 냉각
③ 공구와 칩의 친화력
④ 가공표면의 방청

**해설** 절삭제의 역할(사용 목적)
① 냉각 작용 : 공구의 경도 저하방지 및 공구 수명 연장 및 공작물의 냉각으로 가공 정밀도 저하방지
② 윤활 작용 : 칩과 공구 경사면의 마찰을 감소시켜 전단각이 증대되며, 유동형 칩이 생성
③ 세척 작용 : 칩 제거 작용
④ 방청 작용 : 공작물과 공작기계가 녹에 의해 부식되는 것을 방지

정답  28. ④  29. ②
       30. ③  31. ③

**32.** 래핑작업에 대한 설명으로 가장 거리가 먼 것은?

① 습식 래핑법은 래핑유를 사용한다.
② 건식 래핑법은 게이지블럭의 제작에 사용된다.
③ 래핑 가공면은 내식성, 내마모성이 좋다.
④ 랩은 가공물의 재질보다 단단한 것을 사용한다.

**해설** 랩은 원칙적으로 가공물보다 연한 재질을 사용

**33.** 마텐자이트와 베이나이트의 혼합조직으로 Ms와 Mf점 사이의 열욕에 담금질하여 과냉 오스테나이트의 변태가 완료할 때까지 항온 유지한 후에 꺼내어 공랭하는 열처리는 무엇인가?

① 오스템퍼(Austemper)   ② 마템퍼(Martemper)
③ 마퀜칭(Marquenching)   ④ 패턴팅(Patenting)

**해설**
① **오스템퍼(austemper)** : 오스테나이트 상태에서 Ar'와 Ar"(Ms 점) 변태점 사이의 온도에서 염욕에 담금질한 후 과냉한 오스테나이트가 변태 완료할 때까지 항온으로 유지하여 베이나이트를 충분히 석출시킨 후 공랭하는 열처리로서 베이나이트 조직이 된다.
② **마템퍼(martemper)** : 담금질 온도로 가열한 강재를 Ms와 Mf점 사이의 열욕(100~200℃)에 담금질하여 과냉 오스테나이트의 변태가 거의 완료할 때까지 항온 유지한 후에 꺼내어 공랭하는 열처리로서 마텐자이트와 베이나이트의 혼합조직이며, 경도와 인성이 크다.
③ **마퀜칭(marquenching)** : 담금질 온도까지 가열된 강을 Ar"(Ms) 점보다 다소 높은 온도의 열욕에 담금질한 후 마텐자이트로 변태를 시켜서 담금질 균열과 변형을 방지하는 방법으로, 복잡하고 변형이 많은 강재에 적합하다.
④ **패턴팅** : 조직을 소르바이트 모양의 펄라이트 조직으로 만들어 인장강도를 부여하기 위한 것으로서 냉간가공 전에 한다. 고탄소강의 경우에는 900~950℃의 오스테나이트 조직으로 만든 후 400~550℃의 염욕 속에 넣어 담금질한다.

**34.** 탄소강에 함유된 5대 원소는?

① 황, 망간, 탄소, 규소, 인
② 탄소, 규소, 인, 망간, 니켈
③ 규소, 탄소, 니켈, 크롬, 인
④ 인, 규소, 황, 망간, 텅스텐

**해설** 철강 재료의 5대 원소
① C(강에 가장 큰 영향)   ② S < 0.05%
③ P < 0.04%   ④ Si < 0.1~0.4%
⑤ Mn < 0.2~0.8%

**정답** 32. ④  33. ②  34. ①

**35** 내열성과 내마모성이 크고 온도가 600℃ 정도까지 열을 주어도 연화되지 않는 특징이 있으며, 대표적인 것으로 텅스텐(18%), 크롬(4%), 바나듐(1%)으로 조성된 강은?

① 합금공구강
② 다이스강
③ 고속도공구강
④ 탄소공구강

> **해설** 고속도공구강(SKH)
> ① 재료 : W – Cr – V – Mo – Co
> ② 대표적인 것으로 W(18%) – Cr(4%) – V(1%)이 있다.

**36** 황이 함유된 탄소강의 적열취성을 감소시키기 위해 첨가하는 원소는?

① 망간
② 규소
③ 구리
④ 인

> **해설** 망간(Mn) : 황과 화합하여 적열취성방지(MnS)하게 되어 황의 해를 제거하며, 고온 가공을 용이하게 한다. 강도, 경도, 인성을 증가시키며, 고온에 있어서는 결정 입자의 성장을 방해한다. 소성을 증가시키고 주조성을 좋게 한다. 담금질 효과를 크게 하며 탈산제로도 사용되며, 강 중의 탄소함량은 0.20~0.80%이다.

**37** 초경공구와 비교한 세라믹 공구의 장점 중 옳지 않은 것은?

① 고속 절삭 가공성이 우수하다.
② 고온 경도가 높다.
③ 내마멸성이 높다.
④ 충격강도가 높다.

> **해설** 세라믹 합금
> ① 산화알루미늄($Al_2O_3$) 분말에 규소 및 마그네슘 등의 산화물이나 다른 산화물의 첨가물을 넣고 소결한 것이다.
> ② 고속절삭, 고온에서 경도가 높고, 내마멸성이 좋다.
> ③ 경질합금보다 인성이 적고 취성이 있어 충격 및 진동에 약하다.
> ④ 고속절삭시 구성인선이 생기지 않아 가공 면이 좋다.

**38** 항공기 재료로 가장 적합한 것은 무엇인가?

① 파인 세라믹
② 복합 조직강
③ 고강도 저합금강
④ 초두랄루민

> **해설** 두랄루민(dralumin) : Al – Cu – Mg – Mn의 합금으로 시효경화 처리한 대표적인 합금. 이외에도 인장강도 186 MPa 이상의 초두랄루민이 있으며 항공기 재료로 가장 적합하다.

**정답** 35. ③  36. ①  37. ④  38. ④

## 39 내열용 알루미늄 합금 중에 Y 합금의 성분은?

① 구리, 납, 아연, 주석
② 구리, 니켈, 망간, 주석
③ 구리, 알루미늄, 납, 아연
④ 구리, 알루미늄, 니켈, 마그네슘

**해설** Y-합금 : Al – Cu – Ni – Mg의 합금으로 대표적인 내열용 합금이다.

## 40 깊은 홈 볼베어링의 호칭번호가 6208일 때 안지름은 얼마인가?

① 10mm  ② 20mm
③ 30mm  ④ 40mm

**해설** 안지름 번호(내륜 안지름)
00 : 10mm, 01 : 12mm, 02 : 15mm, 03 : 17mm
04×5＝20mm ~ 495mm까지
08×5＝40mm

## 41 기어의 잇수가 40개이고, 피치원의 지름이 320mm일 때 모듈의 값은?

① 4   ② 6
③ 8   ④ 12

**해설** $D = M \times Z$, $320 \div 40 = 8$

## 42 스프링의 용도에 대한 설명 중 틀린 것은?

① 힘의 측정에 사용된다.
② 마찰력 증가에 이용한다.
③ 일정한 압력을 가할 때 사용한다.
④ 에너지를 저축하여 동력원으로 작동시킨다.

**해설** 스프링의 용도
① 완충용(충격 에너지 흡수, 방진) : 차량용 현가장치, 승강기 완충 스프링
② 에너지 축적 이용 : 계기용 스프링, 시계의 태엽, 완구용 스프링, 축음기, 총포의 격심용 스프링
③ 측정 : 힘의 변형원리를 이용하여 압축력(또는 인장력)에 의한 변형 길이로 힘을 측정한다. 저울 등이 이에 해당한다.
④ 동력용 : 안전밸브, 조속기, 스프링 와셔

**정답** 39. ④  40. ④  41. ③  42. ②

**43** 유니버셜 조인트의 허용 축 각도는 몇 도(°) 이내인가?

① 10°   ② 20°
③ 30°   ④ 60°

**해설** 유니버셜 조인트(훅 조인트)
① 두 축이 동일 평면 내에 있고 그 중심선이 α 각도 (α ≤ 30°)로 교차하는 경우의 전동 장치.
② 교각 α는 30도 이하에서 사용하고 특히 5도 이하가 바람직하며, 45도 이상은 사용이 불가능하다.

**44** 하중의 작용 상태에 따른 분류에서 재료의 축선 방향으로 늘어나게 하려는 하중은?

① 굽힘하중
② 전단하중
③ 인장하중
④ 압축하중

**해설** 힘의 작용 상태에 따른 하중
① 인장하중(Tensile Load) : 재료를 잡아당겨 늘어나게 하려는 하중
② 압축하중(Compressive Load) : 재료를 누르는 하중
③ 전단하중(Shearing Load) : 재료를 자르려는 것과 같은 하중
④ 휨(굽힘)하중(Bending Load) : 재료를 구부려서 휘게 하려는 형태의 하중

**45** 양쪽 끝 모두 수나사로 되어 있으며, 한쪽 끝에 상대쪽에 암나사를 만들어 미리 반영구적으로 나사 박음하고, 다른 쪽 끝에 너트를 끼워 죄도록 하는 볼트는 무엇인가?

① 스테이 볼트
② 아이 볼트
③ 탭 볼트
④ 스터드 볼트

**해설** ① **스테이 볼트** : 부품을 일정한 간격으로 유지하고, 구조 자체를 보강하는 데 사용한다.
② **아이 볼트** : 무거운 기계와 전동기 등을 들어올릴 때 로프, 체인 또는 훅을 거는 데 사용한다.
③ **탭 볼트** : 체결하려는 부분이 두꺼워서 관통 구멍을 뚫을 수 없을 때, 또 긴 구멍을 뚫었더라도 구멍이 너무 길어 관통볼트의 머리가 숨겨져서 죄기 곤란할 때 너트를 사용하지 않고, 체결하는 상대 쪽에 암나사를 내고 머리붙이 볼트를 나사 박음하여 체결하는 볼트이다.
④ **스터드 볼트** : 막대의 양 끝에 나사를 깎은 머리 없는 볼트로서 한끝을 본체에 튼튼하게 박고 다른 끝에는 너트를 끼워서 죈다.

정답  43. ③  44. ③
45. ④

**46** 길이가 1m이고 지름이 30mm인 둥근 막대에 30000N의 인장하중을 작용하면 얼마 정도 늘어나는가? (단, 세로탄성계수는 $2.1 \times 10^5 \text{N/mm}^2$ 이다.)

① 0.102mm    ② 0.202mm
③ 0.302mm    ④ 0.402mm

**해설** $\delta = \dfrac{P \times l}{A \times E} = \dfrac{30000 \times 1000}{\dfrac{\pi \times 30^2}{4} \times 2.1 \times 10^5} = 0.202$

**47** 나사에 대한 설명으로 틀린 것은?

① 나사산의 모양에 따라 삼각, 사각, 둥근 것 등으로 분류한다.
② 체결용 나사는 기계 부품의 접합 또는 위치 조정에 사용된다.
③ 나사를 1회전하여 축 방향으로 이동한 거리를 "리드"라 한다.
④ 힘을 전달하거나 물체를 움직이게 할 목적으로 사용하는 나사는 주로 삼각나사이다.

**해설** 힘을 전달하거나 물체를 움직이게 할 목적으로 사용하는 나사는 주로 사각나사이고, 삼각나사는 체결용 나사이다.

**48** 인벌류트 치형을 가진 표준 스퍼 기어의 전체의 높이는 다음 중 어떤 값이 되는가?

① "모듈"의 크기와 동일하다.   ② "2.25×모듈"의 값이 된다.
③ "π×모듈"의 값이 된다.      ④ "잇수×모듈"의 값이 된다.

**해설** 전체의 높이 : 2.25×모듈

**49** 재료가 최대 크기일 경우에 형태가 한계 크기가 되는 고려된 형태의 상태, 즉 구멍의 경우 최소 지름과 축의 경우 최대 지름이 되는 상태를 무엇이라고 하는가?

① 최대 재료 조건(MMC)    ② 한계 재료 조건(UMC)
③ 최소 재료 조건(LMC)    ④ 일반 재료 조건(NMC)

**해설** 최대 실체 공차 방식(MMC) : 기호 Ⓜ

[정답] 46.② 47.④ 48.② 49.①

**50** 나사를 "M12"로만 표시하였을 경우 설명으로 틀린 것은?

① 2줄 나사인데 표시하지 않고 생략되었다.
② 오른나사인데 표시하지 않고 생략되었다.
③ 미터 나사이고 피치는 생략되었다.
④ 나사의 등급이 생략되었다.

**해설** 1줄 나사인데 표시하지 않고 생략되었다.

**51** 다음 그림의 설명 중 맞는 것은?

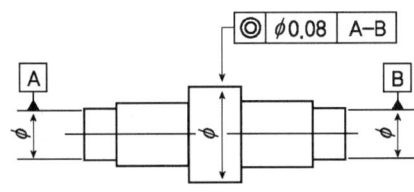

① 지시선의 화살표로 나타낸 축선은 데이텀의 축 직선 A-B를 축선으로 하는 지름 0.08mm인 원통 안에 있어야 한다.
② 지시선의 화살표로 나타내는 원통면의 반지름 방향의 흔들림은 데이텀 축직선 A-B에 관하여 1회전 시켰을 때, 데이텀 축직선에 수직한 임의의 측정면 위에서 0.08mm를 초과해서는 안 된다.
③ 지시선의 화살표로 나타내는 면은 데이텀 축직선 A-B에 대하여 평행하고 또한 화살표 방향으로 0.08mm만큼 떨어진 두 개의 평면 사이에 있어야 한다.
④ 대상으로 하고 있는 면은 동일 평면 위에서 0.08mm만큼 떨어진 2개의 동심원 사이에 있어야 한다.

**해설** 데이텀 A에서 B까지 동축(심)도가 지름 0.08mm인 원통 안에 있어야 한다.

**52** 다음 그림에서 화살표 방향을 정면도로 하였을 때 좌측면도로 맞는 것은?

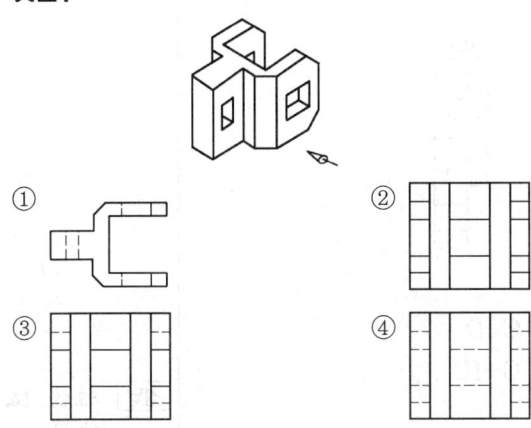

## 53. 기하 공차 기호 중 동축도를 나타내는 기호는?

① ▱  ② ○
③ ⌀  ④ ◎

**해설**

| 기호 | 공차의 종류 |
|---|---|
| ▱ | 평면도 공차 |
| ○ | 진원도 공차 |
| ⌀ | 원통도 공차 |
| ◎ | 동축도 공차 |

## 54. 표면의 결 도시방법에서 어떤 제작공정 도면에 이미 제거가공 또는 다른 방법으로 얻어진 전(前) 가공의 상태를 그대로 남겨두는 것만을 지시하는 기호는?

① 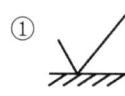  ②
③   ④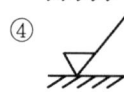

**해설**
① ∨ : 제거가공의 필요 여부를 문제 삼지 않는다.
② ∨ : 제거가공을 해서는 안 된다.
③ ∨ : 제거가공을 필요로 한다.

## 55. 다음과 같은 단면도를 나타내고 있는 절단선 위치가 가장 올바른 것은?

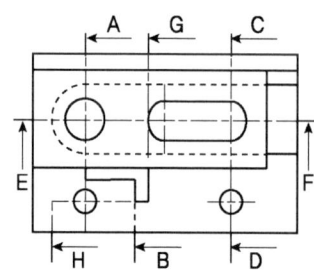 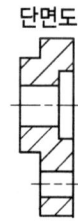

① 단면 A-B  ② 단면 C-D
③ 단면 E-F  ④ 단면 G-H

**정답** 53. ④  54. ③  55. ②

**56** 다음 치수와 병용되는 기호 중 잘못된 것은?

① R5
② C5
③ ◇5
④ ∅5

**해설** □5(정사각형의 변)

**57** 아래 도면에서 ①~⑩의 선의 명칭이 모두 올바르게 짝지어진 것은?

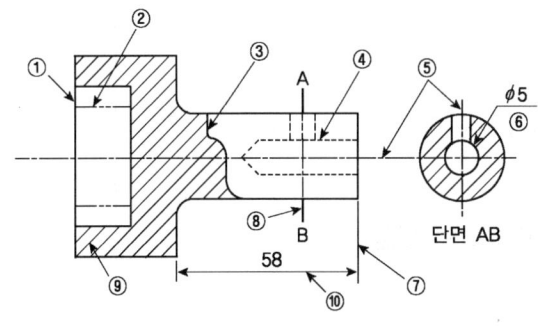

| ㉠ 가상선 | ㉡ 기준선 | ㉢ 파단선 |
| ㉣ 중심선 | ㉤ 숨은선 | ㉥ 수준면선 |
| ㉦ 지시선 | ㉧ 치수선 | ㉨ 치수보조선 |
| ㉩ 외형선 | ㉪ 해칭선 | ㉫ 절단선 |

① ①-㉩, ②-㉦, ③-㉠, ④-㉤, ⑤-㉣
② ①-㉩, ②-㉠, ③-㉢, ④-㉤, ⑤-㉣
③ ①-㉫, ②-㉩, ③-㉢, ④-㉤, ⑤-㉣
④ ①-㉩, ②-㉠, ③-㉢, ④-㉤, ⑤-㉤

**58** 일반적으로 바이스의 크기를 나타내는 것은?

① 바이스 전체의 중량
② 물건을 물릴 수 있는 조(jaw)의 폭
③ 물건을 물릴 수 있는 최대거리
④ 바이스의 최대높이

**해설** 일반적으로 바이스의 크기는 바이스 조(jaw)의 폭으로 나타내는데, 이것은 바이스가 물건을 물릴 수 있는 최대 폭이다.

정답 56. ③  57. ②  58. ②

**59** 직선의 금긋기 및 평면 검사에 사용되는 강 및 주철제의 수공구는?

① 앵글 플레이트
② 스트레이트 에지
③ 트로멜
④ 수준기

**해설** 스트레이트 에지 : 직선의 금긋기 및 평면 검사에 사용되는 강 및 주철제의 수공구.

**60** 내측 마이크로미터의 0점 조정 방법이 아닌 것은?

① 링 게이지를 이용하는 방법
② 게이지 블록 부속품을 이용하는 방법
③ 외측 마이크로미터를 이용하는 방법
④ 버니어 캘리퍼스를 이용하는 방법

**해설** 내측 마이크로미터의 0점 조정 방법에는 링 게이지를 이용하는 방법, 게이지 블록 부속품을 이용하는 방법, 외측 마이크로미터를 이용하는 방법 등이 있다. 버니어 캘리퍼스는 물체의 길이, 깊이, 바깥지름, 안지름 등을 측정할 때 사용한다.

정답 59. ② 60. ④

# 04회 CBT 모의고사

**01** 연삭숫돌에서 결합제의 명칭과 기호의 연결이 틀린 것은?

① 메탈 – PVA
② 실리케이트 – S
③ 레지노이드 – B
④ 비트리파이드 – V

**해설**

| 기호 | 원호 | 용도 |
|---|---|---|
| V | Vitrified 비트리파이드 | 일반 연삭용(90% 사용) 지름이 크거나 얇은 숫돌에 부적합(충격에 약함) |
| S | Silicate 실리케이트 | 대형 숫돌에 사용(중연삭에 부적합) 고속도강, 균열 발생 쉬운 재료 |
| E | Shellac 셀락 | 결합력 제일 약함, 거울면 연삭절단용 및 다듬질 면의 정밀도가 높은 것에 사용 |
| R | Rubber 고무 | 매우 얇은 숫돌 사용 센터리스 조정 숫돌용 |
| B | Resinoid 레지노이드 | 고속도강이나 강화유리등을 절단용으로 사용 주물 덧쇠자르기에 사용 |
| PVA | Polyvingl 비닐 | 비철금속 연삭용 |
| M | Metal 금속 | 초경합금 연삭용, 세라믹, 보석, 유리 |

**02** 일반적으로 기어 전용 절삭기의 종류가 아닌 것은?

① 플레이너
② 호빙 머신
③ 기어 셰이퍼
④ 베벨기어 절삭기

**해설** 기어 전용 절삭기
① 호빙 머신 : 호브(Hob)라는 기어 절삭 공구와 기어 소재에 서로 상대적인 운동을 주어 창성법으로 기어를 가공하는 공작기계이다.
② 기어 셰이퍼 : 기어 셰이퍼는 피니언 공구 또는 래크형 공구를 왕복운동 시켜 창성법으로 기어 절삭하는 공작기계로써, 단붙이 기어 및 내접 기어를 쉽게 가공한다.
③ 베벨기어 절삭기 : 직선 베벨기어 절삭기의 대표적인 절삭기는 글리슨식 직선 베벨기어 절삭기이며, 기어 절삭기는 2개의 래크형 직선날 커터를 정점을 향해 교대로 왕복 운동시킴으로써 크라운 기어(crown gear) 1개의 잇면을 형성하게 할 수 있는 기계이다.

**03** 선반에서 절삭속도가 18.7m/min, 공작물의 지름이 300mm일 때, 스핀들의 회전수는 약 몇 rpm인가?

① 70
② 65
③ 40
④ 20

**해설** $N = \dfrac{1000V}{\pi D} = \dfrac{1000 \times 18.7}{\pi \times 300} = 20$

**정답** 01. ① 02. ① 03. ④

## 04회 CBT 모의고사

**04** 선반의 부속품과 부속장치에 속하지 않는 것은?
① 돌림판과 돌리개  ② 맨드릴
③ 방진구  ④ 브로치

**해설** 브로치는 브로칭 머신에서 사용하는 공구로 둥근 구멍, 각형 구멍, 키 홈, 스플라인의 구멍 등을 다듬질하는 데 사용된다.

**05** 숫돌입자가 작은 숫돌로 일감을 가볍게 누르면서 진동을 주어 접촉시키면서 고정밀도의 표면으로 일감을 다듬질하는 가공법은?
① 호닝  ② 래핑
③ 브로칭  ④ 슈퍼 피니싱

**해설** 슈퍼 피니싱 : 연삭숫돌을 공작물 표면에 가압(스프링, 유압)하면서 공작물 이송과 진동을 주고 공작물을 회전시켜 균일한 표면을 얻는 법으로, 저압, 저속도의 가공이므로 발열이 적고 가공 변질층을 제거할 수 있으며 내마모성, 내식성이 우수하고 다듬질 시간이 짧다. (방향성이 없는 다듬질 면을 얻는다.)

**06** 유도방출에 의한 빛의 증폭 작용을 이용한 가공방법으로 구멍내기, 절단 및 홈 자르기, 용접, 투명체 속 작업 등을 할 수 있는 가공방법은?
① 방전 가공  ② 플라스마 가공
③ 레이저 가공  ④ 전자 빔 가공

**해설** 레이저 가공 : 유도방출에 의한 빛의 증폭 작용을 이용한 렌즈, 반사경 등으로 한곳에 모아 빛의 흡수로 인해 국부적, 순간적으로 가열하여 증발, 용해되어 가공방법으로 구멍내기, 절단 및 홈 자르기, 용접, 투명체 속 작업 등을 할 수 있다.

**07** 지름이 작고 공작물 길이가 긴 제품을 연삭하는 데 가장 적합한 연삭기는?
① 외경 연삭기  ② 센터리스 연삭기
③ 내면 연삭기  ④ 공구 연삭기

**해설** 센터리스 연삭기 : 가공물은 센터로 지지하지 않는다.
① 가공범위 : 외경연삭, 단면연삭, 나사연삭, 내면연삭 등. 특히 피스톤핀, 롤러 베어링의 외경 연삭 및 단 있는 가공물의 대량생산
② 연삭에 숙련을 요하지 않는다.
③ 중공물의 원통 연삭에 편리하다.
④ 가늘고 긴 가공물의 연삭에 알맞다.

**정답** 04. ④  05. ④  06. ③  07. ②

## 08 연삭숫돌에서 무딤(glazing)의 주요 원인이 아닌 것은?

① 연삭숫돌의 결합도가 필요 이상으로 높다.
② 연삭숫돌의 원주 속도가 너무 빠르다.
③ 연삭숫돌 재료가 공작물 재료에 부적합하다.
④ 연삭숫돌 입도가 너무 크거나 연삭 깊이가 작다.

**해설** 무딤(glazing) : 숫돌의 입자가 탈락되지 않고 마모에 의해서 납작하게 둔화된 상태로 원인은 다음과 같다.
① 결합도가 높다.
② 원주 속도가 크다
③ 숫돌재료가 공작물에 부적합

## 09 불수용성 절삭유로서 광물성유에 속하지 않는 것은?

① 스핀들유
② 기계유
③ 올리브유
④ 경유

**해설**
① **광물성유** : 윤활은 좋으나 냉각은 나쁘고 점성이 낮으며 경절삭에 사용. 경유, 기계유, 스핀들 오일, 석유 등이 있으며, 석유는 절삭속도가 높을 때 사용되고(황동, 경합금), 기계유는 저속절삭(탭 가공, 브로치) 등에 이용된다.
② **동식물유** : 일반적으로 점성이 높으나 냉각작용이 나쁘고 변질되기 쉬우며 강력한 윤활작용, 완성가공, 저속 중절삭에 사용된다. 돈유, 올리브유, 종자유, 파자마유, 콩기름 등이 있다.

## 10 드릴링 머신에서 암(arm)을 360° 회전시킬 수 있고, 주축 헤드는 암을 따라 수평 이동하며 대형의 공작물을 가공하기에 편리한 기계는?

① 탁상 드릴링 머신
② 심공 드릴링 머신
③ 레이디얼 드릴링 머신
④ 직립 드릴링 머신

**해설** 레이디얼 드릴링 머신
① 가장 주로 쓰이며 공작물을 고정시켜 놓고 주축의 위치를 이동시켜서 구멍의 중심 맞추어 작업
② 비교적 대형이며 무거운 공작물의 구멍 뚫기, 주축 이동
③ 암을 360° 회전할 수 있으며, 새들이 있고, 이동은 피니언과 래크로 작동

## 11 수평형 평면 연삭기에서 일반적으로 일감의 고정에 사용되는 척은?

① 콜릿 척
② 단동 척
③ 마그네틱 척
④ 유압 척

**해설** 평면 연삭기에서 공작물 고정은 마그네틱 척을 사용한다.

**정답** 08. ④ 09. ③ 10. ③ 11. ③

**12** 드릴의 홈을 따라서 만들어진 좁은 날이며, 드릴을 안내하는 역할을 하는 것은?

① 몸통　　　　　　　② 웨브
③ 마진　　　　　　　④ 섕크

**해설**
① **웨브** : 드릴 끝의 홈과 홈 사이의 두께로 자루 쪽으로 갈수록 커진다.
② **마진** : 드릴의 홈을 따라서 나타나는 좁은 면으로 드릴의 크기를 정하며 예비적 날의 역할과 날의 강도 보강하며 드릴의 위치(안내)를 잡아준다.

**13** 연삭 숫돌바퀴의 구성 3요소가 아닌 것은?

① 숫돌입자　　　　　② 조직
③ 결합제　　　　　　④ 기공

**해설**

| 연삭숫돌의 5인자 | 연삭숫돌의 3요소 |
|---|---|
| ① 입자의 종류 – 절삭날의 종류<br>② 조직 – 숫돌 입자율<br>③ 입도 – 절삭날의 크기<br>④ 결합제의 종류 – 결합제의 특성<br>⑤ 결합도 – 절삭날 발생속도의 조정 | ① 입자(절삭날)<br>② 결합제(절삭날지지)<br>③ 기공(칩의 저장, 배출) |

**14** 구성인선(built-up edge)의 발생을 방지하는데 효과적인 방법은?

① 인성이 큰 재료를 선택한다.
② 경사각을 크게 한다.
③ 절삭 속도를 낮게 한다.
④ 절삭 깊이를 크게 한다.

**해설** **구성인선의 방지(억제)법**
① 공구의 윗면 경사각을 크게 한다.
② 절삭 깊이를 작게 한다.
③ 절삭속도 크게 한다.
④ 이송을 작게 한다. (저속회전일 때 이송을 크게 한다.)
⑤ 칩의 절삭저항을 작게 한다.
　㉠ 마찰계수가 적은 초경합금 이상의 공구 사용
　㉡ 윤활성이 좋은 절삭유 사용
　㉢ 공구의 경사면(상면)을 매끄럽게 잘 연마함

**정답** 12. ③　13. ②
14. ②

**15** 선반 작업 시 가공물에 구멍을 낼 수 없고 지지력이 커야 하는 경우에 사용하며 일반적인 센터의 반대방법으로 제작한 센터는?

① 보통센터　　　② 베어링센터
③ 역센터　　　　④ 하프센터

> **해설** **역센터** : 선반 작업에서 가공물에 구멍을 낼 수 없고 지지력이 커야 하는 경우에 사용한다.

**16** 밀링 머신에서 깎을 수 없는 기어는?

① 하이포이드 기어
② 스파이럴 기어
③ 베벨 기어
④ 스퍼 기어

> **해설** 베벨 기어는 호빙 머신이나 베벨 기어 절삭기에서 작업할 수 있다.

**17** 선반에서 척에 대한 설명 중 틀린 것은?

① 단동 척은 조(jaw)가 4개 있다.
② 단동 척은 조(jaw)가 2개 있다.
③ 연동 척은 조(jaw)가 3개 있다.
④ 복동 척은 단동 척과 연동 척의 기능을 겸비한 척이다.

> **해설**
> ① **연동 척(만능 척, 스크롤 척)** : 규칙적인 외경을 가진 재료를 가공. 단동 척보다 고정력이 약하다. 일반적으로 3개(4개도 있음)의 조와 크라운 기어를 사용. 동시에 이동시킨다.
> ② **단동 척** : 다소 불규칙한 외경의 공작물 가공과 중심을 편심시켜 가공할 수 있다. 4개의 조가 있다.
> ③ **복동 척(양용 척)** : 조 4개, 단동 척+연동 척의 기능으로, 먼저 단동 척으로 중심을 맞추고 다음부터는 연동식으로 작업한다. 불규칙한 공작물의 다량 고정 시 유용하다. 렌치 장치에 의해 단동과 연동이 양용된다.

**18** 버니어 캘리퍼스의 종류가 아닌 것은?

① M1형　　　② M2형
③ HT형　　　④ CM형

> **해설** **버니어 캘리퍼스** : 외경, 내경, 깊이, 단차 및 길이를 측정하는 것으로 미터식에서는 1/20 mm, 1/50mm까지 읽을 수 있다. 종류로는 미동장치가 없는 M1형(0.05mm) 및 미동장치가 있는 M2형(1/20mm까지 측정)과 CB형 및 CM형(1/20mm까지 측정) 4가지가 있다.

정답　15. ③　16. ①
　　　17. ②　18. ③

## 19. 금긋기에 사용되지 않는 공구는?

① 금긋기 바늘  ② 서피스 게이지
③ 톱  ④ 컴퍼스

**해설** 금긋기는 정반 위에서 여러 가지 공구를 사용하여 금긋기 바늘이나 서피스 게이지로 금을 그으며, 이때 사용하는 공구는 펀치와 해머, 컴퍼스, 트램멜, V블록, 평행대, 직각자, 각도기, 스크루 잭 등이 있다.

## 20. 수동으로 수나사를 가공할 때 사용하는 공구는?

① 탭  ② 다이스
③ 리머  ④ 스크레이핑

**해설** 다이스는 수나사를 만드는 공구로서 내면은 나사로 되어 있고 칩이 빠져 나올 수 있는 홈이 있다.

## 21. 선반 가공에서 이동식 방진구는 어느 부분에 설치하는가?

① 심압대  ② 왕복대
③ 베드  ④ 주축대

**해설**
① **고정식 방진구** : 베드에 설치, 3개의 조로 구성되어 있다.
② **이동식 방진구** : 왕복대의 새들에 설치, 2개의 조로 구성되어 있다.

## 22. 밀링작업에서 폭 5mm 이하의 절단 작업에 사용하는 커터는?

① 슬래브 밀  ② 메탈 슬리팅 소
③ 총형 커터  ④ 엔드밀

**해설** **메탈 슬리팅 소**
폭이 얇은 플레인 밀링 커터로 양 측면은 중심을 향하여 공작물과 공구가 닿지 않도록 약간 테이퍼져 있고 보통 외경이 150mm 이하이면 날 폭은 5mm 이하로 되어있다. 메탈 소는 공작물을 절단하거나 깊은 홈 가공에 이용한다.

## 23. 스윙 200mm 이하로서 시계부품이나 재봉틀 부품과 같은 소형 부품 가공에 적합한 선반의 종류는?

① 탁상선반  ② 정면선반
③ 차륜선반  ④ 차축선반

**정답** 19. ③  20. ②  21. ②  22. ②  23. ①

**해설** 탁상선반(Bench lathe)
탁상 위에 설치하여 사용하도록 되어 있는 소형의 보통 선반으로 구조가 간단하고 이용범위가 넓으며, 시계·계기류 등의 소형물에 쓰인다.

**24** "WA 60 K m V"로 표시된 연삭숫돌에서 입자의 크기(입도)를 나타내는 것은?

① WA      ② 60
③ K      ④ V

**해설** 연삭숫돌의 표시
WA - 60 - K - m - V
↓   ↓   ↓   ↓   ↓
입자 입도 결합도 조직 결합제

**25** 수나사의 지름 12mm, 피치 1.5mm의 나사를 탭 가공하기 위한 드릴 구멍의 지름으로 가장 적합한 것은?

① 11.5mm      ② 10.5mm
③ 9.5mm      ④ 8.5mm

**해설** 12-1.5=10.5mm

**26** 밀링 커터 날수가 14개, 지름은 100mm, 1개의 날 이송량이 0.2mm이고 회전수가 600 rpm일 때, 테이블 이송속도는?

① 1480mm/min      ② 1585mm/min
③ 1680mm/min      ④ 1785mm/min

**해설** $f = f_z \times n \times Z = 0.2 \times 600 \times 14 = 1680 \text{mm/min}$

**27** 밀링에서 분할대를 사용하여 원주를 20등분하려고 할 때 가장 적합한 방법은?

① 직접 분할법      ② 단식 분할법
③ 복식 분할법      ④ 차동 분할법

**해설** 단식 분할법
웜과 웜(기어) 휠의 기어 비는 1 : 40(분할 크랭크 1회전은 웜 휠을 1/40회전시킴.)
[예제] 단식 분할로 원주 20등분
$\dfrac{h}{H} = \dfrac{40}{N} = \dfrac{40}{20} = \dfrac{20}{10}$

[정답] 24. ②   25. ②
26. ③   27. ②

# 04회 CBT 모의고사

**28** 밀링 절삭방법에서 상향절삭에 대한 설명 중 틀린 것은?
① 커터의 회전 방향과 공작물의 이송 방향이 반대이다.
② 올려 깎기라고도 한다.
③ 이송나사에 백래시 제거 장치가 필요하다.
④ 날의 마모가 심하다.

**해설**

| 구분 | 상향절삭 |
|---|---|
| 칩에 영향 | 절삭에 방해가 없다. |
| 백래시 제거 | 백래시 제거장치가 필요 없다. |
| 공작물 고정 | 불안하므로 확실히 고정해야 한다. |
| 공구 수명 | 수명이 짧다. 날 파손은 적으나 마멸이 심하다. |
| 소비동력 | 소비가 크다. |
| 가공면 | 거칠다. |

**29** 정면 밀링 커터에 주로 사용하는 공구 재료로 가장 적합한 것은?
① 초경 합금
② 산화 알루미늄
③ 시효경화 합금
④ 탄소 공구강

**해설** 정면 밀링 커터에는 주로 초경 합금이 사용되고 있다.

**30** 선반 작업에서 보통 센터의 원추형 부분을 축 방향으로 반을 제거하여 제작한 센터는?
① 평 센터
② 베어링 센터
③ 하프 센터
④ 파이프 센터

**해설** 하프(half) 센터는 단면 가공에 사용된다.

**31** 수직 밀링 작업 시 기본적으로 가장 많이 사용되며, 원주 면과 단면에 날이 있는 형태로 지름에 비해 길이가 긴 커터는?
① 플레인 커터
② 메탈소
③ 엔드밀
④ 헬리컬 커터

**답안 표기란**

| 28 | ① ② ③ ④ |
| 29 | ① ② ③ ④ |
| 30 | ① ② ③ ④ |
| 31 | ① ② ③ ④ |

**정답** 28. ③  29. ①  30. ③  31. ③

> **해설** 엔드밀 : 수직 밀링에서 기본적으로 가장 많이 사용되며 지름에 비하여 길이가 긴 커터로, 일반적으로 가공물의 외측 홈부, 좁은 평면 등의 가공에 사용된다.

## 32. 합금주철에서 0.2~1.5% 첨가로 흑연화를 방지하고 탄화물을 안정시키는 원소는 무엇인가?

① Cr
② Ti
③ Ni
④ Mo

> **해설**
> ① Cr : 흑연화를 방지하고 탄화물을 안정시킨다. 탄화물을 안정화시키며, 내식성, 내열성을 증대시키고 내부식성이 좋아진다.
> ② Ti : 강탈산제이고, 흑연을 미세화시켜 강도를 높인다.
> ③ Ni : 흑연화를 촉진하며, 내열, 내산화성이 증가한다. 내알칼리성을 갖게 하며, 내마모성도 좋아진다.
> ④ Mo : 강도, 경도, 내마모성을 증가시키며 0.25%~1.25% 정도 첨가시킨다. 두꺼운 주물의 조직을 균일하게 한다.

## 33. 니켈강을 가공 후 공기 중에 방치하여도 담금질 효과를 나타내는 현상은 무엇인가?

① 질량 효과
② 자경성
③ 시기 균열
④ 가공 경화

> **해설** 자경성 : 니켈강을 가공 후 공기 중에 방치하여도 담금질 효과를 나타내는 현상이다.

## 34. 내식용 Al 합금이 아닌 것은?

① 알민(Almin)
② 알드레이(Aldrey)
③ 하이드로날륨(hydronalium)
④ 코비탈륨(cobitalium)

> **해설**
> | 내식용 Al 합금 | Al-Mn계 | 알민(Almin) |
> | | Al-Mg-Si계 | 알드레이(Aldrey) |
> | | Al-Mg계 | 하이드로날륨(hydronalium) |

## 35. 구리 4%, 마그네슘 0.5%, 망간 0.5%, 나머지가 알루미늄인 고강도 알루미늄 합금은?

① 실루민
② 두랄루민
③ 라우탈
④ 로우엑스

> **해설** 두랄루민 : Al-Cu-Mg로 Al-Cu-Mg-Mn의 합금으로 시효경화 처리한 대표적인 합금, 이외에도 인장강도 186MPa 이상의 초두랄루민이 있다.

**정답** 32. ① 33. ② 34. ④ 35. ②

## 36. 킬드강에는 어떤 결함이 주로 생기는가?

① 편석증가
② 내부에 기포
③ 외부에 기포
④ 상부 중앙에 수축공

**해설** 킬드강 : 페로실리콘(Fe-Si), 알루미늄(Al) 등의 강탈산제를 사용하여 완전히 탈산한 강으로 헤어크랙이 생기기 쉬우며 강괴의 중앙 상부에 큰 수축관이 생긴다.

## 37. 주철의 성질을 가장 올바르게 설명한 것은?

① 탄소의 함유량이 2.0% 이하이다.
② 인장강도가 강에 비하여 크다.
③ 소성변형이 잘된다.
④ 주조성이 우수하다.

**해설** 주철의 성질
① 탄소의 함유량이 2.11~6.68%(보통 2.5~4.5% 정도)
② 압축강도가 인장강도에 비하여 3~4배정도 좋고 인장강도, 휨강도가 작고 충격에 대해 약하다.
③ 소성가공(고온 가공)이 불가능하다.
④ 주조성이 우수하고 복잡한 부품의 성형이 가능하다.

## 38. 공구재료의 필요조건이 아닌 것은?

① 열처리가 쉬울 것
② 내마멸성이 작을 것
③ 강인성이 클 것
④ 고온 경도가 클 것

**해설** 인성, 강도와 내마모성이 커야 한다.

## 39. 볼트와 볼트 구멍 사이에 틈새가 있어 전단 응력과 휨 응력이 동시에 발생하는 현상을 방지하기 위한 가장 올바른 방법은?

① 와셔를 사용한다.
② 로크너트를 사용한다.
③ 멈춤 나사를 사용한다.
④ 링이나 봉을 끼워 사용한다.

**해설** 볼트와 볼트 구멍 사이에 틈새가 있어 전단 응력과 휨 응력이 동시에 발생하는 현상을 방지하기 위해서 링이나 봉을 끼워 사용한다.

**정답** 36. ④  37. ④  38. ②  39. ④

**40** 한 변의 길이가 20mm인 정사각형 단면에 4kN의 압축 하중이 작용할 때 내부에 발생하는 압축응력은 얼마인가?

① 10 N/mm²
② 20 N/mm²
③ 100 N/mm²
④ 200 N/mm²

**해설** $\alpha = \dfrac{W}{A} = \dfrac{4000}{20 \times 20} = 10$

**41** 볼트의 머리와 중간재 사이 또는 너트와 중간재 사이에 사용하여 충격을 흡수하는 작용을 하는 것은?

① 와셔 스프링
② 토션바
③ 벌류트 스프링
④ 코일 스프링

**해설**
① **와셔 스프링** : 볼트, 너트의 중간재 사이에 사용하여 충격을 흡수하는 역할을 한다.
② **토션바** : 원형봉에 비틀림 모멘트를 가하면 비틀림 변형이 생기는 원리로 소형 승용차의 현가용에 사용된다.
③ **벌류트 스프링** : 태엽 스프링을 축 방향으로 감아올려 사용하는 것으로 압축용으로 사용한다. 오토바이 차체 완충용으로 사용된다.
④ **코일 스프링** : 인장용과 압축용이 있고, 제작비가 저렴하며 기능이 확실 유효하여 경량소형으로 제조할 수 있다.

**42** 나사의 용어 중 리드에 대한 설명으로 맞는 것은?

① 1회전 시 작용하는 토크
② 1회전 시 이동한 거리
③ 나사산과 나사산의 거리
④ 1회전 시 원주의 길이

**해설** **리드(lead)** : 나사산이 원통을 한 바퀴 회전하여 축 방향으로 나아가는 거리
• 리드와 피치 사이의 관계 : $l = np$

**43** 사용 기능에 따라 분류한 기계요소에서 직접전동 기계요소는?

① 마찰차
② 로프
③ 체인
④ 벨트

**해설** 직접전동 기계요소는 마찰차이고 나머지는 간접전동 기계요소이다.

**44** 3줄 나사에서 피치가 2mm일 때 나사를 6회전시키면 이동하는 거리는 몇 mm인가?

① 6
② 12
③ 18
④ 36

**해설** $l = np = (3 \times 6) \times 2 = 36$

**정답** 40. ① 41. ① 42. ② 43. ① 44. ④

## 04회 CBT 모의고사

**45** 축의 설계 시 고려해야 할 사항으로 거리가 먼 것은?
① 강도
② 제동장치
③ 부식
④ 변형

**해설** 축 설계상 고려 사항
① 강도(Strength)  ② 응력집중(Stress concentration)
③ 강성도(Stiffness)  ④ 변형
⑤ 진동(Vibration)  ⑥ 부식(Corrosion)
⑦ 열응력(Thermal stress)  ⑧ 열팽창(Thermal expansion)

**46** 웜 기어의 특징으로 가장 거리가 먼 것은?
① 큰 감속비를 얻을 수 있다.
② 중심거리에 오차가 있을 때는 마멸이 심하다.
③ 소음이 작고 역회전 방지를 할 수 있다.
④ 웜 홀의 정밀측정이 쉽다.

**해설** 웜 홀은 정밀측정이 어렵다.

**47** 스퍼기어를 그리는 방법에 대한 설명으로 올바른 것은?
① 잇봉우리원은 가는 실선으로 그린다.
② 피치원은 가는 2점 쇄선으로 그린다.
③ 이골원은 가는 파선으로 나타낸다.
④ 축에 직각인 방향에서 본 단면도일 경우 이골의 선은 굵은 실선으로 그린다.

**해설** ① 바깥지름(잇봉우리원)은 굵은 실선으로 그린다.
② 피치원은 가는 1점 쇄선으로 그린다.
③ 이골원은 가는 실선으로 그린다.
④ 축에 직각인 방향에서 본 단면도일 경우 이골의 선은 굵은 실선으로 그린다.

**48** 도면에서 2종류 이상의 선이 같은 장소에 겹칠 때 다음 중 가장 우선하는 것은?
① 절단선
② 숨은선
③ 중심선
④ 무게 중심선

**해설** 겹치는 선의 우선순위
① 외형선 ② 숨은선 ③ 절단선 ④ 중심선 ⑤ 무게중심선 ⑥ 치수보조선

[정답] 45. ② 46. ④ 47. ④ 48. ②

**49** 주로 대칭인 물체의 중심선을 기준으로 내부 모양과 외부 모양을 동시에 표시하는 단면도는?

① 온 단면도
② 부분 단면도
③ 한쪽 단면도
④ 회전도시 단면도

**해설** **한쪽 단면도**
상하 또는 좌우 대칭형의 물체는 기본 중심선을 경계로 1/2은 외형도로, 나머지 1/2은 단면도로 동시에 나타낸다. 대칭 중심선의 우측 또는 위쪽을 단면으로 한다.

**50** KS 재료기호가 "STC"일 경우 이 재료는?

① 냉간 압연 강판
② 크롬 강재
③ 탄소 주강품
④ 탄소 공구강 강재

**해설**
① **냉간 압연 강판** : SCP
② **크롬 강재** : SCr
③ **탄소 주강품** : SC
④ **탄소 공구강 강재** : STC

**51** 기계가공 표면의 결 대상면을 지시하는 기호 중 제거 가공을 허락하지 않는 것을 지시하고자 할 때 사용하는 기호는?

①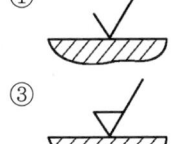
②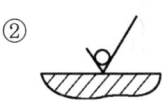
③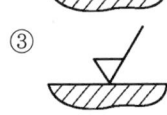
④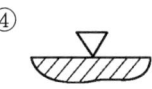

**해설**
① ∇ : 제거가공의 필요 여부를 문제 삼지 않는다.
② ∇ : 제거가공을 해서는 안 된다.
③ ∇ : 제거가공을 필요로 한다.

**52** 치수공차의 범위가 가장 큰 치수는?

① $50^{+0.05}_{-0.03}$
② $60^{+0.03}_{+0.01}$
③ $70^{-0.02}_{-0.05}$
④ $80 \pm 0.02$

**해설**
①의 치수공차는 0.08
②의 치수공차는 0.02
③의 치수공차는 0.03
④의 치수공차는 0.04

## 53 그림과 같은 정면도와 우측면도에 가장 적합한 평면도는?

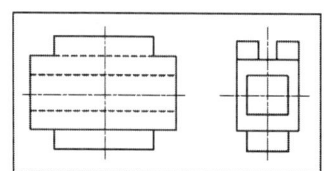

①    ②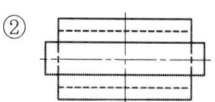

③    ④

## 54 기하공차 기입 틀에서 B가 의미하는 것은?

| // | 0.008 | B |

① 데이텀 ② 공차 등급
③ 공차 기호 ④ 기준 치수

**해설**

| // | 0.008 | B |

데이텀 B면에 대하여 평행도 공차가 0.08mm 이내이어야 한다.

## 55 나사의 도시법에 대한 설명으로 틀린 것은?

① 수나사의 바깥지름, 암나사의 안지름은 굵은 실선으로 한다.
② 완전 나사부와 불완전 나사부의 경계선은 굵은 실선으로 한다.
③ 수나사, 암나사의 골 및 불완전 나사부의 골을 표시하는 선은 굵은 실선으로 한다.
④ 수나사와 암나사가 조립된 부분은 항상 수나사가 암나사를 감춘 상태에서 표시한다.

**해설** 수나사와 암나사의 골을 표시하는 선은 가는 실선으로 그린다. 완전 나사부와 불완전 나사부의 경계선은 굵은 실선으로 그린다.

**정답** 53. ④  54. ①
55. ③

## 56 기계제도에서 "C5" 기호를 나타내는 방법으로 옳은 것은?

①    ②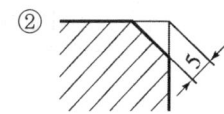

③ 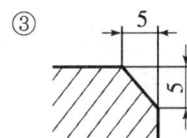   ④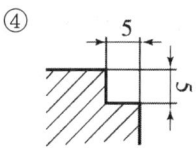

## 57 준비한 측정기(링 게이지, 마이크로미터 등)에 기준 치수를 맞춘 후 외경 마이크로미터(Micrometer)를 활용하여 0점을 조정하는 측정기는?

① 마이크로미터
② 인디케이터
③ 실린더 게이지
④ 하이트 게이지

**해설** 실린더 게이지로 0점 조정(setting) 방법
① 내경 치수와 동일한 링 게이지나 게이지 블록을 활용한다.
② 외경 마이크로미터(micrometer)를 활용한다.

## 58 측정 시 측정자의 자세에 의한 눈금 읽음, 측정 결과의 기록 오류와 같이 사람의 습관, 심리적인 요인 등으로 발생하는 오차는?

① 측정기에 의한 오차
② 사람에 의한 오차
③ 환경에 의한 오차
④ 복잡한 요소가 중복된 오차

**해설** 오차의 원인
① **측정기에 의한 오차** : 지시의 흐트러짐, 지시 오차, 직선성과 같은 측정기 고유의 요인으로 발생하는 오차이다.
② **사람에 의한 오차** : 측정 시 측정자의 자세에 의한 눈금 읽음, 측정 결과의 기록 오류와 같이 사람의 습관, 심리적인 요인 등으로 발생하는 오차이다.
③ **환경에 의한 오차** : 측정 장소 주변 환경, 측정기의 측정 압력, 측정기나 소재의 탄성 변형, 측정 방법 등으로 발생하는 오차이다.
④ **복잡한 요소가 중복된 오차** : 여러 가지 원인이 서로 독립적으로 불규칙하게 작용하여 발생하는 오차로, 원인을 규명하기 어려운 오차이다.

[정답] 56. ③  57. ③
58. ②

## 59. 측정기, 피측정물, 자연환경 등 측정자가 파악할 수 없는 변화에 의하여 발생하는 오차는?

① 시차
② 우연 오차
③ 계통 오차
④ 후퇴 오차

**해설**
① **시차** : 측정자의 부주의 즉, 읽음에 있어서 시선의 방향에 따라 생기는 오차이다.
② **우연 오차** : 측정기, 측정물 및 환경 등의 원인을 파악할 수 없어 측정자가 보정할 수 없는 오차이다. 이럴 경우에는 여러 번 반복 측정하여 그 평균값을 구하는 것이 좋다.
③ **계통 오차** : 측정기로 동일한 측정 조건하에서 피측정물을 측정할 때에 같은 크기와 부호가 발생되는 오차로서 이는 보정하여 측정값을 수정할 수 있다.
④ **후퇴 오차** : 주위 환경이 변화되지 않는 상태에서 읽음 값에 대해서 지침의 측정량이 증가하는 상태에서의 읽음 값과 감소상태에서의 읽음 값의 차.

## 60. 길이가 긴 게이지 블록의 양 단면이 항상 평행하게 하기 위한 지지점은? (단, L은 게이지 블록의 길이이다.)

① 0.2113L
② 0.2203L
③ 0.2232L
④ 0.2386L

**해설**
① **0.2113L: 에어리 점(Airy Point)**
눈금이 중립면에 없는 경우 및 게이지 블록과 단도기를 수평으로 지지할 때 사용되는 방법으로서, 처음 평행한 2개의 단면이 지지에 의하여 굽힘이 발생한 후에도 양단 면이 평행을 유지할 수 있는 지지 방법으로서 길이의 오차도 최소화할 수 있다.
② **0.2203L: 베셀점(Bessel Point)**
중립면에 눈금을 만든 표준자를 지지할 때 사용되는 방법이며, 눈금 면의 직선거리와의 차이를 최소화하는데 사용되는 방법으로 중립축 또는 중립면의 변위를 최소화할 수 있다.
③ **0.2232L**: 전장에 걸쳐 변형이 가장 작으며, 양단과 중앙의 처짐이 동일하게 된다.
④ **0.2386L**: 지지점 사이 즉 중앙부의 처짐을 최소화(0점)할 수 있으므로 중앙부의 직선의 유지가 필요한 경우에 사용된다.

**정답** 59. ② 60. ①

# week 4

## 기계가공조립기능사

# CBT 모의고사

- 01회 CBT 모의고사
- 02회 CBT 모의고사
- 03회 CBT 모의고사
- 04회 CBT 모의고사

# 01회 CBT 모의고사

**01** 밀링에서 원주를 35등분할 때 브라운 샤프형 분할판을 사용할 수 있는 구멍 열은?
① 19  ② 20
③ 21  ④ 27

**해설** 단식 분할법 : 웜과 웜(기어)휠의 기어 비는 1 : 40, 분할 크랭크 1회전은 웜휠을 1/40 을 회전시킨다.
$$\frac{40}{N} = \frac{40}{35} = \frac{8 \times 3}{7 \times 3} = \frac{24}{21}$$
21구멍 열에서 24공열씩

**02** 밀링 절삭에서 절삭속도 선정 시 고려해야 될 사항이 아닌 것은?
① 커터의 수명 연장
② 고가의 장비 선택
③ 가공물의 기계적 성질
④ 거친 절삭 시 속도, 이송, 깊이를 고려

**해설** 실제 가공물을 절삭하는 데 있어서 가장 중요한 절삭 조건은 절삭 공구 재질, 공작물 재질, 절삭속도, 이송, 절삭깊이, 절삭유 사용 유무 등에 영향을 받는다.

**03** 일반적으로 선반의 크기를 나타내는 방법이 아닌 것은?
① 베드 위의 스윙
② 선반의 높이
③ 왕복대 위의 스윙
④ 양 센터 사이의 최대거리

**해설** 선반의 크기 표시방법
① 베드 위에 스윙 : 베드에 닿지 않을 공작물의 최대 지름
② 양 센터 사이의 최대거리 : 공작물의 최대길이
③ 왕복대 위의 스윙 : 왕복대에 걸리지 않을 공작물의 최대지름

**04** 연삭할 공구의 모양이 복잡하고 높은 정밀도를 요구할 때 사용하는 연삭기는?
① 평면 연삭기
② 내면 연삭기
③ 원통 연삭기
④ 공구 연삭기

**해설** 공구 연삭기 : 절삭 공구를 정확히 연삭하여 사용할 목적으로 사용한다.

### 답안 표기란
| 01 | ① | ② | ③ | ④ |
| 02 | ① | ② | ③ | ④ |
| 03 | ① | ② | ③ | ④ |
| 04 | ① | ② | ③ | ④ |

[정답] 01. ③  02. ②  03. ②  04. ④

## 05 선반 작업에서 테이퍼를 깎는 방법이 아닌 것은?

① 심압대 편위에 의한 방법
② 복식 공구대에 의한 방법
③ 왕복대 경사에 의한 방법
④ 테이퍼 깎기 장치에 의한 방법

**해설** 테이퍼 절삭 작업
① 복식 공구대를 경사시키는 방법 : 길이가 짧고 테이퍼 값이 클 때 사용된다.
② 심압대를 편위 시키는 방법(Set over) : 비교적 길이가 길고 테이퍼 값이 작을 때 사용된다.
③ 테이퍼 절삭 장치를 사용하는 방법
④ 가로, 세로 이송핸들 사용하는 방법
⑤ 총형 공구를 사용하는 방법

## 06 선반 가공 시에 바이트로 칩이 길게 연속적으로 나오는 것을 짧게 끊어지도록 하는 것은?

① 크레이터
② 플랭크
③ 치핑
④ 칩 브레이커

**해설** 칩 브레이커의 목적 : 공구, 공작물, 공작기계(척)가 서로 엉키는 것을 방지한다. 칩이 짧게 끊어지도록 바이트에 만든다.

## 07 연삭숫돌의 크기를 나타내는 입도의 선정에서 거친 입도를 선택해야 할 경우는 어느 것인가?

① 연하고 연성이 풍부한 재료의 연삭
② 다듬 연삭, 공구의 연삭
③ 경도가 크고 메진 가공물의 연삭
④ 숫돌과 일감의 접촉 면적이 작은 경우의 연삭

**해설** 거친 입도
① 거친 연삭, 절삭깊이와 이송을 많이 줄 때
② 접촉 면적이 넓을(클) 때
③ 공작물이 연하고 연성, 점성, 질긴 성질일 때

## 08 선반의 부속품 중 센터에 대한 설명으로 틀린 것은?

① 센터의 선단은 일반적으로 60°로 제작한다.
② 가공물이 작거나 소형 경량 시 75°, 90°의 센터를 사용한다.
③ 심압축 구멍은 모스 테이퍼로 되어 있다.
④ 주축에는 회전센터를 설치하고 심압축에는 정지센터를 사용한다.

**해설** 가공물이 크거나 대형 중량 시 75°, 90°의 센터를 사용한다.

정답  05. ③  06. ④
      07. ①  08. ②

## 01회 CBT 모의고사

**09** 원통 연삭 시 공작물을 회전시키고 숫돌을 깊이 방향으로 이송하면서 주로 연삭 여유가 많을 때 사용하는 연삭방식은 무엇인가?
① 트래버스 연삭
② 플랜지 컷 연삭
③ 성형 연삭
④ 자기 연삭

**해설** 플랜지 컷 연삭 : 원통 연삭 시 공작물을 회전시키고 숫돌을 깊이 방향으로 이송하면서 주로 연삭 여유가 많을 때 사용하는 연삭방식

**10** 일반적으로 길이를 측정할 수 있는 측정기는?
① 콤비네이션 세트
② 광학식 클리노미터
③ 측장기
④ 오토 클리메이터

**해설** 측장기 : 자체에 표준 자와 기타의 길이 기준을 갖고 있어 이것과 축미현미경에 의하여 길이를 직접 측정하는 것이다.

**11** 숫돌에 표시된 WA 46 – H 8 V 에서 '8'이 표시하는 의미는?
① 입도
② 조직
③ 결합도
④ 숫돌입자

**해설** WA(입자), 45(입도), H(결합도), 8(조직), V(결합체)

**12** 밀링 머신의 부속장치가 아닌 것은?
① 분할대
② 회전테이블
③ 수직밀링장치
④ 롤장치

**13** 절삭 공작기계에서 할 수 없는 영역의 작업은?
① 연삭
② 전조
③ 선삭
④ 보링

**해설** 전조는 비절삭 가공에서 소성가공이다.

**답안 표기란**

| 09 | ① | ② | ③ | ④ |
| 10 | ① | ② | ③ | ④ |
| 11 | ① | ② | ③ | ④ |
| 12 | ① | ② | ③ | ④ |
| 13 | ① | ② | ③ | ④ |

**정답** 09. ② 10. ③ 11. ② 12. ④ 13. ②

**14** 탄소 공구강에 Cr, W, Ni, V 등의 성분을 한 종류 이상 첨가한 공구 재료는?

① 고속도강
② 다이아몬드
③ 합금 공구강
④ 초경합금

**해설** 합금 공구강(STS)
탄소(0.8~1.5%) 공구강에 W-Cr-V-Ni 등 합금원소를 첨가하여 경화능을 개선한 것이다.

**15** 선반에서 공작물 직경이 60mm이고 절삭속도를 100m/min로 하고자 할 때 주축의 회전수는 약 몇 rpm인가?

① 53
② 531
③ 1531
④ 2531

**해설** $N = \dfrac{1000\,V}{\pi D} = \dfrac{1000 \times 100}{\pi \times 60} = 531$

**16** 가공물의 표면에서 가공이 필요하지 않은 부분은 내식성 피막을 하고, 화학 가공액 속에 넣어 가공할 부분만 화학 반응으로 제거하는 가공법은?

① 전주 가공
② 화학 밀링
③ 건식 래핑
④ 자유 호닝

**해설** 화학 밀링
가공물의 표면에서 가공이 필요하지 않은 부분은 내식성 피막을 하고, 화학 가공액 속에 넣어 가공할 부분만 화학 반응으로 제거하는 가공법이다.

**17** N.P.L식 각도 게이지에 대한 설명과 관계가 없는 것은?

① 쐐기형의 열처리된 블록이다.
② 12개의 게이지를 한 조로 한다.
③ 조합 후 정밀도는 2~3초 정도이다.
④ 2개의 각도 게이지를 조합할 때에는 홀더가 필요하다.

**해설** N.P.L식 각도 게이지
100×15mm의 쐐기형 강철제 블록으로 12개의 게이지 6″, 18″, 30″, 1′, 3′, 9′, 27′, 1°, 3°, 9°, 27°, 41°를 한 조로 2개 이상 조합해서 0°~81°까지 6″ 간격으로 임의의 각도를 만들 수 있고, 조립 후의 정도는 ±2~3″이다.

| 답안 표기란 | | | | |
|---|---|---|---|---|
| 14 | ① | ② | ③ | ④ |
| 15 | ① | ② | ③ | ④ |
| 16 | ① | ② | ③ | ④ |
| 17 | ① | ② | ③ | ④ |

정답 14. ③  15. ②  16. ②  17. ④

**18** 밀링작업에서 거친 절삭에 맞는 조건은?

① 절삭속도를 빠르게 한다.
② 절삭깊이를 크게 한다.
③ 이송속도를 느리게 한다.
④ 절삭속도의 이송속도를 빠르게 한다.

**해설** 밀링작업에서 거친 절삭은 절삭속도를 느리게, 절삭깊이를 크게, 이송속도를 빠르게 한다.

**19** 공작기계로 절삭 가공을 할 때 발생되는 일반적인 칩의 형태가 아닌 것은?

① 탄성형 칩    ② 유동형 칩
③ 전단형 칩    ④ 균열형 칩

**20** 산화알루미늄($Al_2O_3$) 분말을 주성분으로 Mg, Si 등과 소량의 다른 원소를 첨가하여 소결한 절삭 공구는?

① 세라믹      ② 탄소공구강
③ 합금공구강   ④ 고속도강

**해설** **세라믹 합금** : 산화알루미늄($Al_2O_3$) 분말에 규소 및 마그네슘 등의 산화물이나 다른 산화물의 첨가물을 넣고 소결한 것

**21** 밀링에서 기둥의 슬라이드면을 따라 상·하로 이동하며 테이블을 지지하는 것은?

① 오버암(overarm)    ② 새들(saddle)
③ 니(knee)           ④ 에이프런(apron)

**해설** 니(knee)는 칼럼에 연결되어 있으며, 위에는 테이블을 지지하고 있다. 또한 니(knee)는 테이블을 좌우, 전후, 상하를 조정하는 복잡한 기구가 포함되어 있다.

**22** 가공물이 복잡하거나 중량이 커서 편심으로 가공될 우려가 있는 내경 가공에 가장 적합한 공작기계는?

① 범용 선반    ② 보링 머신
③ 호빙 머신    ④ 드릴 머신

[정답] 18. ② 19. ①
20. ① 21. ③
22. ②

**해설** 보링 머신
가공물이 복잡하거나 중량이 커서 편심으로 가공될 우려가 있는 내경 가공에 가장 적합하다.

**23** 측정물을 접안렌즈로 관측하고 미동 재물대를 이동하여 이동량을 마이크로미터로 읽는 측정기는?

① 공구 현미경
② 3차원 측정기
③ 전기 마이크로미터
④ 오토콜리에이터

**해설** 공구 현미경
측정물을 접안렌즈로 관측하고 미동 재물대를 이동하여 이동량을 마이크로미터로 읽는 측정기이다.

**24** 방전 가공용 전극 재료의 구비조건으로 맞는 것은?

① 가공속도가 느려야 한다.
② 가공전극의 소모가 커야 한다.
③ 기계가공이 용이해야 한다.
④ 가공 정밀도가 낮아야 한다.

**해설** 전극 재료의 조건
① 방전이 안정하고 가공속도 및 정밀도가 높을 것
② 전극소모가 적고 가공이 쉬울 것
③ 가격이 저렴할 것

**25** 기계부품의 정밀 측정 시 적합한 표준 온도 및 기압은?

① 18℃, 730mmHg
② 20℃, 760mmHg
③ 23℃, 750mmHg
④ 25℃, 740mmHg

**해설** 측정 시 3요소는 온도(20℃), 기압(760mmHg), 습도(58%)이다.

**26** 가늘고 긴 일정한 단면 모양을 가진 공구 면에 많은 날을 가지고 있어 가공물 내면의 키 홈 가공 등 필요한 형상을 가공하기에 적합한 공구는?

① 브로치
② 드릴
③ 리머
④ 보링 바이트

**해설** 브로치
가늘고 긴 일정한 단면 모양을 가진 공구 면에 많은 날을 가지고 있어 가공물 내면의 키 홈 가공 등 필요한 형상을 가공하기에 적합한 공구이다.

정답 23. ① 24. ③ 25. ② 26. ①

## 01회 CBT 모의고사

**27** 표준 드릴의 날 여유각은 몇 도(°)가 적당한가?
① 8~10
② 12~15
③ 16~18
④ 20~22

**해설** 드릴의 각도
트위스트 드릴의 인선각은 연강용에 대해 118°로 일반적으로 가공 재료가 단단할수록 인선각이 커진다(여유각 : 10~15°, 웨브각 : 135°, 나선각 : 20~32°).

**28** 선반 가공에서 심압대를 편위시키는 방법으로 아래 그림과 같이 테이퍼를 절삭하려고 할 때, 심압대 편위량은 몇 mm인가?

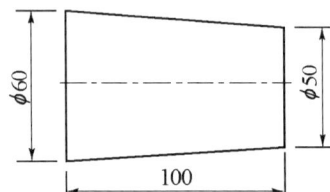

① 5mm
② 10mm
③ 15mm
④ 20mm

**해설** 테이퍼 길이에 대한 편위량
$$x = \frac{D-d}{2} = \frac{60-50}{2} = 5\text{mm}$$

**29** 공작기계의 기본운동 3가지에 속하지 않는 것은?
① 절삭운동
② 이송운동
③ 회전운동
④ 위치조정운동

**해설** 공작기계의 기본운동
① 절삭운동 : 절삭할 때 칩이 길이 방향으로, 절삭 공구가 길이 방향으로 움직이는 운동
② 이송운동 : 공작물과 절삭 공구가 절삭 방향으로 이송하는 운동
③ 위치조정운동 : 공구와 공작물 간의 절삭 조건에 따른 절삭깊이 조정 및 일감, 공구의 설치 및 제거

**30** 구멍을 측정하는 한계 게이지는?
① 링 게이지
② 스냅 게이지
③ 플레이트 게이지
④ 플러그 게이지

**정답** 27. ② 28. ① 29. ③ 30. ④

**해설** 구멍용 한계 게이지는 여러 가지 형상의 것이 있으며, 호칭 치수의 크기에 따라 다른 종류의 것이 사용된다. 즉, 호칭 치수가 비교적 작은 것은 플러그 게이지(plug gauge)가 사용되고, 그보다 큰 것은 평 플러그 게이지(flat plug gauge), 그 이상은 봉 게이지(bar gauge)가 사용된다.

## 31  CNC 선반 본체의 구성요소에 속하지 않는 것은?
① 유압 척  
② 심압대  
③ 구동 모터  
④ 유압 바이스

**해설** 유압 바이스는 CNC 선반에서 부속장치이다.

## 32  게이지 블록, 한계 게이지 등에 매끄러운 면을 내기 위한 분말입자 가공법은?
① 연삭  
② 호닝  
③ 래핑  
④ 브로칭

**해설** 래핑은 게이지 블록, 한계 게이지 등에 매끄러운 면을 내기 위한 분말입자 가공법이다.

## 33  가단주철의 종류에 해당하지 않는 것은?
① 흑심 가단주철  
② 백심 가단주철  
③ 오스테나이트 가단주철  
④ 펄라이트 가단주철

**해설** **가단주철 종류**
① 백심 가단주철(WMC) : 백주철을 철광석 밀 스케일(mill scale)과 같은 산화철과 함께 풀림 상자 안에 넣고 약 950~1000℃로 가열하여 표면에서 상당한 깊이까지 탈탄시킨 것이다.
② 흑심 가단주철(BMC) : 저탄소, 저규소의 백주철을 풀림 처리하여 $Fe_3C$를 분해시켜 흑연을 입상으로 석출시킨 것이다.
③ 펄라이트 가단주철(Pearlite)(PMC) : 흑심 가단주철의 흑연화를 완전히 하지 않고 제2단의 흑연화를 막기 위하여 제1단의 흑연화가 끝난 후에 약 800℃에서 일정한 시간 동안 유지하고 급랭하면 펄라이트가 남게 되는데 이와 같은 처리를 한 것을 말한다.

## 34  비자성체로서 Cr과 Ni을 함유하며 일반적으로 18-8 스테인리스강이라 부르는 것은?
① 페라이트계 스테인리스강  
② 오스테나이트계 스테인리스강  
③ 마텐자이트계 스테인리스강  
④ 펄라이트계 스테인리스강

**해설** **스테인리스강** : Cr, Ni을 다량 첨가하여 내식성을 현저히 향상시킨 강으로서 녹이 슬지 않는다하여 불수강이라고도 한다. 일반적으로 Cr의 함량이 12% 이상인 강을 스테인리스강이라 하고, 그 이하의 강은 그대로 내식성 강이라 하며, 금속 조직학상 마텐자이트계와 페라이트계 및 오스테나이트계로 분류되는데, 그 대표적인 것은 18-8형 스테인리스강인 오스테나이트계 스테인리스강이다.

[정답] 31. ④  32. ③  33. ③  34. ②

## 01회 CBT 모의고사

**35** 8~12% Sn에 1~2% Zn의 구리합금으로 밸브, 콕, 기어, 베어링, 부시 등에 사용되는 합금은?

① 코르손 합금  ② 베릴륨 합금
③ 포금  ④ 규소 청동

**해설** 포금(Gun metal)
8~12% Sn, 1% Zn 첨가, 내해수성이 좋고 수압, 증기압에도 잘 견딘다. 밸브, 콕, 기어, 베어링, 부시, 선박용 재료로 사용된다.

**36** 주철의 여러 성질을 개선하기 위하여 합금 주철에 첨가하는 특수원소 중 크롬(Cr)이 미치는 영향이 아닌 것은?

① 경도를 증가시킨다.
② 흑연화를 촉진시킨다.
③ 탄화물을 안정시킨다.
④ 내열성과 내식성을 향상시킨다.

**해설** 주철에서 Cr을 첨가하면 흑연화를 방지하고 탄화물을 안정시킨다. 탄화물을 안정화시키며, 내식성, 내열성을 증대시키고 내부식성이 좋아진다.

**37** 다이캐스팅 알루미늄 합금으로 요구되는 성질 중 틀린 것은?

① 유동성이 좋을 것
② 금형에 대한 점착성이 좋을 것
③ 열간 취성이 적을 것
④ 응고수축에 대한 용탕 보급성이 좋을 것

**해설** 다이캐스팅 알루미늄 합금은 유동성과 주조성이 좋아야 한다.

**38** 탄소강의 경도를 높이기 위하여 실시하는 열처리는?

① 불림  ② 풀림
③ 담금질  ④ 뜨임

**해설**
① 불림 : 조직의 표준화
② 풀림 : 내부응력 제거, 재질을 연하고 균일
③ 담금질 : 경도증가
④ 뜨임 : 담금질 후 인성부여

**정답** 35. ③  36. ②  37. ②  38. ③

**39** 고용체에서 공간격자의 종류가 아닌 것은?

① 치환형
② 침입형
③ 규칙 격자형
④ 면심 입방 격자형

**해설** **고용체** : 금속원자가 서로 녹아서 고체를 이룬 것으로서 용매금속의 결정 중에 용질 금속의 원자나 분자가 녹아 들어가 응고된 고용체라 한다.
고체 A+고체 B ↔ 고체 C(기계적 방법 구분 不可)
① 침입형 고용체 : Fe–C
② 치환형 고용체 : Ag–Cu, Cu–Zn
③ 규칙 격자형 : $Ni_3$–Fe, $Cu_3$–Au, $Fe_3$–Al

**40** 지름 $D_1$=200mm, $D_2$=300mm의 내접 마찰자에서 그 중심 거리는 몇 mm인가?

① 50
② 100
③ 125
④ 250

**해설**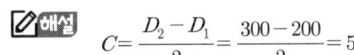

**41** 브레이크 드럼에서 브레이크 블록에 수직으로 밀어 붙이는 힘이 1000N이고 마찰계수가 0.45일 때 드럼의 접선 방향 제동력은 몇 N인가?

① 150
② 250
③ 350
④ 450

**해설** 제동력$(f) = W \times \mu = 1000 \times 0.45 = 450$

**42** 기어 전동의 특징에 대한 설명으로 가장 거리가 먼 것은?

① 큰 동력을 전달한다.
② 큰 감속을 할 수 있다.
③ 넓은 설치장소가 필요하다.
④ 소음과 진동이 발생한다.

**해설** **기어 전동의 특징**
① 전동이 확실하고 큰 동력을 일정한 속도비로 전달할 수 있다.
② 축 압력이 작으며 사용 범위가 넓다.
③ 회전비가 정확하고 전동 효율이 좋고 감속비가 크다.
④ 충격음을 흡수하는 성질이 약하고 소음과 진동이 발생한다.

정답 39. ④  40. ①  41. ④  42. ③

**43** 미터나사에 관한 설명으로 틀린 것은?

① 기호는 M으로 표기한다.
② 나사산의 각도는 55°이다.
③ 나사의 지름 및 피치를 mm로 표시한다.
④ 부품의 결합 및 위치의 조정 등에 사용된다.

**해설** 미터나사의 나사산의 각도는 60°이다.

**44** 평 벨트의 이용방법 중 효율이 가장 높은 것은?

① 이음쇠 이음
② 가죽 끈 이음
③ 관자 볼트 이음
④ 접착제 이음

**해설** 평 벨트는 접착제 이음방법이 효율이 가장 높다.

**45** 축 방향으로 인장하중만을 받는 수나사의 바깥지름($d$)과 볼트 재료의 허용인장응력($\sigma_a$) 및 인장하중($W$)과의 관계가 옳은 것은? (단, 일반적으로 지름 3mm 이상인 미터나사이다.)

① $d = \sqrt{\dfrac{2W}{\sigma_a}}$   ② $d = \sqrt{\dfrac{3W}{S\sigma_a}}$

③ $d = \sqrt{\dfrac{8W}{3\sigma_a}}$   ④ $d = \sqrt{\dfrac{10W}{3\sigma_a}}$

**해설** 볼트의 설계
① 축 방향에 정하중을 받는 경우(아이 볼트, 훅 볼트, 턴 버클)
$$\therefore d = \sqrt{\dfrac{2W}{\sigma_a}}$$
② 축 방향에 하중을 받고 동시에 비틀림을 받는 경우(죔용 나사, 마찰 프레스)
$$\therefore d = \sqrt{\dfrac{8W}{3\sigma_a}}$$
③ 축에 직각으로 전단하중을 받는 경우
$$\therefore d = \sqrt{\dfrac{4W}{\pi\tau}}$$

**정답** 43. ② 44. ④ 45. ①

**46** 전단하중에 대한 설명으로 옳은 것은?

① 재료를 축 방향으로 잡아당기도록 작용하는 하중이다.
② 재료를 축 방향으로 누르도록 작용하는 하중이다.
③ 재료를 가로 방향으로 자르도록 작용하는 하중이다.
④ 재료가 비틀어지도록 작용하는 하중이다.

**해설** 힘의 작용 상태에 따른 하중
① 인장 하중(Tensile Load) : 재료를 잡아당겨 늘어나게 하려는 하중
② 압축 하중(Compressive Load) : 재료를 누르는 하중
③ 전단 하중(Shearing Load) : 재료를 자르려는 것과 같은 하중
④ 비틀림 하중(Torsional Load) : 재료를 비틀어지도록 하는 형태의 하중

**47** 베어링 호칭번호가 6205인 레이디얼 볼 베어링의 안지름은?

① 5mm          ② 25mm
③ 62mm         ④ 205mm

**해설** 안지름 번호(내륜 안지름)
00 : 10mm, 01 : 12mm, 02 : 15mm, 03 : 17mm
04×5=20mm~495mm까지

**48** 다음 중 각도 치수의 허용한계 기입 방법으로 잘못된 것은?

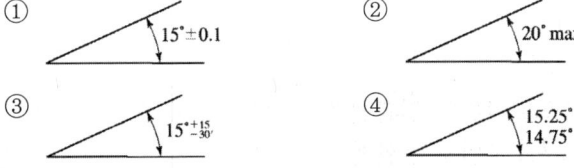

**해설** 각도의 치수 수치는 일반적으로 도(°)의 단위로 기입하고, 필요한 경우에는 분(′) 및 초(″)를 병용할 수 있다. 또 각도의 치수 수치를 라디안의 단위로 기입하는 경우에는 그 단위 기호 rad를 기입한다.

**49** 기계제도에 사용하는 선의 분류에서 가는 실선의 용도가 아닌 것은?

① 치수선
② 치수 보조선
③ 지시선
④ 숨은선

**해설** 숨은선 : 가는 파선 또는 굵은 파선

정답  46. ③  47. ②
      48. ②  49. ④

**50** 다음 그림의 물체에서 화살표 방향을 정면도로 정투상하였을 때 투상도의 명칭과 투상도가 바르게 연결된 것은?

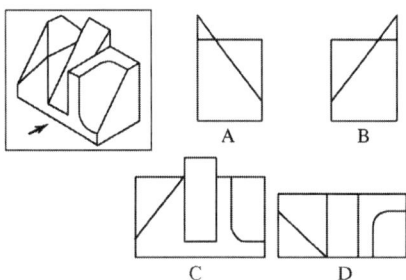

① A : 우측면도
② B : 좌측면도
③ C : 정면도
④ D : 저면도

**51** 다음의 기호는 어떤 밸브를 나타낸 것인가?

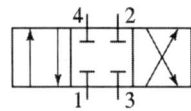

① 4포트 3위치 전환밸브
② 4포트 4위치 전환밸브
③ 3포트 3위치 전환밸브
④ 3포트 4위치 전환밸브

**해설** 위 그림은 4포트 3위치 전환밸브이다.

**52** 기계가공 도면에서 기계가공 방법 기호 중 줄 다듬질 가공기호는?

① FJ
② FP
③ FF
④ JF

**해설**

| 래핑 다듬질 | FL | 래핑 |
| --- | --- | --- |
| 줄 다듬질 | FF | 줄 |
| 스크레이핑 다듬질 | FS | 스크레이핑 |
| 리머 가공 | FR | 리머 |

정답  50. ③  51. ①
      52. ③

**53** 다음 도면에서 "A" 치수는 얼마인가?

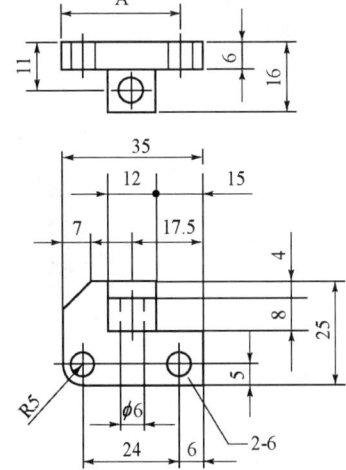

① 17.5
② 23.5
③ 24
④ 29

**해설** 35−6=29

**54** 스퍼 기어의 도시법에서 잇봉우리원을 표시하는 선의 종류는?
① 가는 1점 쇄선
② 가는 실선
③ 굵은 실선
④ 굵은 2점 쇄선

**해설**
① 이끝원(잇봉우리원)은 굵은 실선으로 그리고 피치원은 가는 1점 쇄선으로 그린다.
② 이뿌리원은 가는 실선으로 그린다.
③ 잇줄 방향은 보통 3개의 가는 실선으로 그린다.

**55** 조립한 상태에서의 치수의 허용한계 기입이 "85 H6/g5"인 경우 해석으로 틀린 것은?
① 축 기준식 끼워 맞춤이다.
② 85는 축과 구멍의 기준 치수이다.
③ 85H6의 구멍과 85g5의 축을 끼워 맞춤한 것이다.
④ H6과 g5의 6과 5는 구멍과 축의 IT 기본 공차의 등급을 말한다.

**해설** H6/g5 : 구멍기준식 헐거운 끼워맞춤

정답 53. ④  54. ③
55. ①

## 56. 그림과 같은 단면도의 명칭은?

① 온단면도
② 회전도시 단면도
③ 부분 단면도
④ 한쪽 단면도

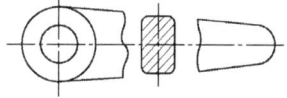

**해설**
① **온단면도**: 물체의 기본적인 모양을 가장 잘 나타낼 수 있도록 물체의 중심에서 반으로 절단하여 나타낸 것이다.
② **회전도시 단면도**: 핸들이나 바퀴 등의 암이나 리브, 훅, 축, 구조물의 부재 등의 절단면은 90° 회전하여 도시하거나 절단할 곳의 전후를 끊어서 그 사이에 그린다.
③ **부분 단면도**: 외형도에서 필요로 하는 일부분만을 부분 단면도로 도시할 수 있다. 파단선(가는 실선)으로 단면의 경계를 표시하고 프리핸드로 외형선의 1/2 굵기로 그린다.
④ **한쪽 단면도**: 상하 또는 좌우 대칭형의 물체는 기본 중심선을 경계로 1/2은 외형도로, 나머지 1/2은 단면도로 동시에 나타낸다.

## 57. 치수공차와 기하공차 사이의 호환성을 위한 규칙을 정한 것으로서 생산비용을 줄이는 데 유용한 공차 방식은?

① 형상 공차 방식
② 최대 허용 공차 방식
③ 최대 한계 공차 방식
④ 최대 실체 공차 방식

**해설**
**최대 실체 공차 방식(Ⓜ)**
치수공차와 기하공차 사이의 호환성을 위한 규칙을 정한 것으로서 생산비용을 줄이는 데 유용한 공차 방식이다.

## 58. 견고하고 금긋기에 적당하며, 비교적 대형으로 영점 조정이 불가능한 하이트 게이지로 옳은 것은?

① HT형
② HB형
③ HM형
④ HC형

**해설**
하이트 게이지는 아래 처럼 세 종류가 있으며, HT형과 HM형의 복합형이 가장 많이 사용되고 있다.
① **HT형**: 정반으로부터 높이를 측정할 수 있으며, 눈금자가 별도로 스탠드 홈을 따라 상하로 이동하기 때문에 0점 조정을 할 수 있고, 슬라이더를 조금씩 이동시킬 수 있는 장치가 있다.
② **HM형**: 견고하여 금긋기 작업에 적당하고, 0점을 조정할 수 없으며, 슬라이더를 조금씩 이동시킬 수는 있다.
③ **HB형**: 슬라이더가 상자 모양으로 되어있으며, 스크라이버의 밑면은 정반면까지 내려갈 수 없으나 슬라이더의 이동 거리가 곧 높이가 된다. 이는 무게가 가벼워 측정용에 사용하고 금긋기용으로는 약해서 휨에 의한 오차가 생기기 쉽다.

**정답** 56. ② 57. ④ 58. ③

**59** −50μ의 오차가 있는 표준편으로 셋팅한 높이 게이지로 정하면서 27.25mm를 얻었다면 실제값은?

① 26.75mm
② 27.20mm
③ 27.30mm
④ 27.25mm

**해설** 27.25 − (−0.05) = 27.20mm

**60** 다음 중 내경 측정용 측정기의 0점 조정용인 것은?

① 실린더 게이지(Cylinder gauge)
② 텔레스코핑 게이지(Telesooping gauge)
③ 마스터 링 게이지(Masterring gauge)
④ 스몰 홀 게이지(Small hole gauge)

**해설** 마스터 링게이지는 블록게이지를 이용 외경마이크로미터와 함께 실린더게이지의 0점 조정을 한다.

정답 59. ③ 60. ③

# 02회 CBT 모의고사

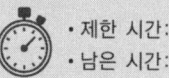

**01** 기차바퀴처럼 길이가 짧고 지름이 큰 공작물 가공에 가장 적당한 선반은?

① 정면선반　　② 터릿선반
③ 모방선반　　④ 공구선반

**해설**
① **정면선반** : 직경이 크고 길이가 짧은 공작물을 가공한다.
② **터릿선반** : 터릿으로 불리는 선회 공구대를 가진 것으로 너트, 와셔, 나사, 핀 등 모양이 간단한 제품의 대량생산용. 램형, 새들형, 드럼형 등이 있다.
③ **모방선반** : 형상이 복잡하거나 곡선형 외경만을 가진 일감을 많이 가공할 때 편리하며 트레이서를 접촉시켜 형판 모양으로 공작물을 가공한다.
④ **공구선반** : 릴리빙 장치(=Back off 장치)를 가진 것으로 절삭 공구(호브, 커터, 탭 등)의 여유각을 가공한다.

**02** 선반 작업에서 사용하는 센터의 종류로 거리가 먼 것은?

① 하프 센터　　② 게이지 센터
③ 파이프 센터　　④ 베어링 센터

**해설** 센터의 종류
① 베어링 센터 : 고속 회전 시 사용된다.
② 하프 센터 : 단(끝)면 가공 시 사용된다.
③ 베벨 센터(파이프 센터) : 관류나 중량이 큰 공작물에 사용된다.

**03** 주철과 같이 메진 재료를 저속으로 절삭할 때 발생하는 칩의 형태는?

① 균열형 칩　　② 전단형 칩
③ 열단형 칩　　④ 유동형 칩

**해설**
① **균열형 칩** : 주철과 같은 메진(취성) 재료를 저속 가공할 때
② **전단형 칩** : 연한 재질의 공작물을 작은 경사각으로 저속 가공할 때
③ **열단형 칩** : 점성이 큰 재질을 작은 경사각의 공구로 절삭할 때
④ **유동형 칩** : 공작물의 재질이 연하고 인성이 큰 재질일 때

**04** 호닝 작업의 특징에 대한 설명 중 틀린 것은?

① 아름다운 면을 얻을 수 있다.
② 정밀한 치수로 가공할 수 있다.
③ 발열이 많이 발생하지만 경제적인 가공이 가능하다.
④ 앞선 가공에서 발생한 진직도, 진원도 등의 오차를 수정할 수 있다.

**정답** 01. ① 02. ② 03. ① 04. ③

**해설** 호닝의 특징
① 발열이 적은 경제적인 작업(실린더 내면 가공용)이다.
② 전 가공에서 발생한 진직도, 진원도, 테이퍼 등을 수정할 수 있다.
③ 표면거칠기를 좋게 할 수 있다.
④ 정밀한 치수로 가공할 수 있다.

**05** 절삭유 중에서 지방질유에 해당하는 것은?
① 경유
② 스핀들유
③ 기계유
④ 종자유(seed oil)

**해설** 지방질유
돈유(lard oil), 올리브유(oliv oil), 종자유(seed oil), 피마자유, 콩기름, 기타 고래기름 등으로 윤활작용이 강력하나 냉각작용은 그다지 좋은 편은 아니다. 주로 다듬질 가공에 사용한다.

**06** 밀링가공에서 하향절삭과 상향절삭을 비교할 때, 상향절삭의 설명으로 옳은 것은?
① 가공 시 백래시 제거장치가 필요 없다.
② 가공면의 표면 거칠기가 좋다.
③ 가공물 고정이 유리하다.
④ 공구 수명이 길다.

**해설** 상향절삭과 하향절삭의 비교

| 구분 | 상향절삭 | 하향절삭 |
|---|---|---|
| 칩에 영향 | • 절삭에 방해 없다. | • 절삭에 방해 있다. |
| 백래시 제거 | • 백래시 제거장치가 필요 없다. | • 백래시 제거장치가 필요하다. |
| 공작물 고정 | • 불안하므로 확실히 고정해야 한다. | • 안정된 고정이 된다. |
| 공구 수명 | • 수명이 짧다.<br>• 날 파손은 적으나 마멸이 심하다. | • 수명이 길다.<br>• 날 파손은 생길 수 있으나 마모가 적다. |
| 소비 동력 | • 소비가 크다. | • 소비가 적다. |
| 가공면 | • 거칠다. | • 깨끗하다. |

**07** 드릴가공의 불량원인이 아닌 것은?
① 가공물의 재질이 균일할 때
② 절삭날의 양쪽 길이가 틀릴 때
③ 주축 베어링이 마모되어 있을 때
④ 주축이 테이블과 경사져 있을 때

**해설** 가공물의 재질이 불균일할 때 불량의 원인이 된다.

[정답] 05. ④  06. ①  07. ①

## 08 선반 작업에서 널링공구의 형상으로 거리가 먼 것은?

① 둥근 평목형  ② 평목형
③ 홈 평목형  ④ 귀목형

**해설** 널링공구의 형상은 둥근 평목형, 평목형, 홈 평목형 등이 있다.

## 09 새들 위에 선회대가 있어 테이블을 일정한 각도로 회전시키거나 테이블을 상·하로 경사시킬 수 있는 밀링 머신은?

① 수직 밀링 머신  ② 수평 밀링 머신
③ 만능 밀링 머신  ④ 램형 밀링 머신

**해설** 만능 밀링 머신
새들 위에 선회대가 있어 테이블을 일정한 각도로 회전시키거나 테이블을 상·하로 경사시킬 수 있다.

## 10 기계적 에너지로 진동을 하는 공구와 가공물 사이에 연삭입자와 가공액을 주입하고서 작은 압력으로 공구에 진동을 주어 가공하는 방식은?

① 전해 가공  ② 초음파 가공
③ 방전 가공  ④ 전주 가공

**해설** 초음파 가공
기계적 에너지로 진동을 하는 공구와 가공물 사이에 연삭입자와 가공액을 주입하고서 작은 압력으로 공구에 진동을 주어 가공한다.

## 11 바이트 구조에 따른 분류로 틀린 것은?

① 세라믹 바이트  ② 클램프 바이트
③ 단체 바이트  ④ 팁 바이트

**해설** 바이트의 구조에 따른 종류
① 단체 바이트 : 날 부분과 자루 부분이 같은 재질이다.
② 팁 바이트 : 날 부분만 초경합금 등의 공구 재료로 용접한다.
③ 클램프 바이트(인서트 바이트, 스로어웨이 바이트) : 팁을 나사를 이용하여 기계적으로 고정한다.

정답  08. ④   09. ③
      10. ②   11. ①

**12** 드릴링 머신에서 가공할 수 없는 작업은?

① 보링 가공  ② 리머 가공
③ 수나사 가공  ④ 카운터 싱킹 가공

**해설** 수나사 가공은 선반 또는 다이스로 작업할 수 있다.

**13** 창성법에 의한 기어 가공방법은?

① 형판에 의한 기어 가공
② 브로치에 의한 기어 가공
③ 래크 커터에 의한 기어 가공
④ 총형 바이트에 의한 기어 가공

**해설** 창성법에 의한 기어 가공방법
① 래크 커터에 의한 방법
② 피니언 커터에 의한 방법
③ 호브에 의한 절삭

**14** 밀링 머신에서 주축의 회전운동을 직선 왕복운동으로 변환시키는 밀링 부속장치는?

① 회전 테이블 장치  ② 래크 절삭장치
③ 수직축 장치  ④ 슬로팅 장치

**해설** 슬로팅(slotting) 장치
니형 밀링 머신의 컬럼 앞면에 주축과 연결하여 사용하며 주축의 회전운동을 공구대 램의 직선 왕복운동으로 변환시켜 바이트로써 직선 절삭가능(키, 스플라인, 세레이션, 기어 가공 등)

**15** 일반적으로 강의 래핑에 가장 많이 사용되는 랩(lap)은?

① 주강  ② 주철
③ 아연  ④ 주석

**해설** 랩은 원칙적으로 가공물보다 연한 재질(강철은 주철제)—동합금, 납, 연강 등

**16** 브로칭 머신에서 브로치를 움직이는 방식으로 거리가 먼 것은?

① 나사식  ② 벨트식
③ 기어식  ④ 유압식

**해설** 브로치 구동방식 : 나사식, 기어식, 유압식

[정답] 12. ③  13. ③
14. ④  15. ②
16. ②

**17** 수직 밀링 머신에서 정면커터의 지름이 200mm, 날수가 10개, 한 날 당 이송이 0.2mm일 때 테이블 이송속도는? (단, 이때의 회전수는 500rpm이다.)

① 200mm/min
② 400mm/min
③ 800mm/min
④ 1000mm/min

해설 $F = f_z \times Z \times N = 0.2 \times 10 \times 500 = 1000 mm/min$

**18** 센터, 척 등을 사용하지 않고 가공물 표면을 조정하는 조정 숫돌과 지지대를 이용하여 가공물을 연삭하는 기계는?

① 드릴 연삭기
② 바이트 연삭기
③ 만능공구 연삭기
④ 센터리스 연삭기

해설 **센터리스 연삭기**
센터, 척 등을 사용하지 않고 가공물 표면을 조정하는 조정 숫돌과 지지대를 이용하여 가공물을 연삭한다.

**19** 수평식 보링 머신에서 구조에 따른 분류에 해당하지 않는 것은?

① 플로우형
② 테이블형
③ 플레이너형
④ 보링 헤드형

해설 **수평식 보링 머신** — 대표적인 보링 머신
① 테이블형 : 보링 및 기계 가공 병행 중형이하 가공물
② 플레이너형 : 중량이 큰 일감의 정밀가공
③ 플로어형 : 테이블형에서 곤란한 대형 일감
④ 이동형 : 이동작업, 기계수리형

**20** 연삭 균열을 방지하기 위한 방법이 아닌 것은?

① 결합도가 연한 숫돌을 사용한다.
② 연삭액을 충분히 사용한다.
③ 연삭 깊이를 크게 한다.
④ 이송을 빠르게 한다.

해설 연삭 깊이를 작게 한다.

정답 17. ④  18. ④
     19. ④  20. ③

**21** 숫돌의 지름이 350mm, 회전수가 1500rpm인 원통 연삭기에서 연삭숫돌의 원주 속도는?

① 약 1623m/min  ② 약 1649m/min
③ 약 1673m/min  ④ 약 1685m/min

해설 $V = \dfrac{\pi DN}{1000} = \dfrac{\pi \times 350 \times 1500}{1000} = 1649 \text{m/min}$

**22** 선반 가공에서 길이가 짧고, 테이퍼 각이 큰 공작물을 가공하려고 할 때, 가장 적합한 테이퍼 가공방법은?

① 콜릿 척에 의한 가공  ② 분할대에 의한 가공
③ 심압대 편위에 의한 가공  ④ 복식 공구대에 의한 가공

해설 **복식 공구대를 경사시키는 방법** : 길이가 짧고 테이퍼 값이 클 때 사용된다.
$\theta = \tan^{-1} \dfrac{D-d}{2l}$

**23** 다음 연삭숫돌의 표시 방법에서 "46"은 무엇을 의미하는가?

WA 46 L 5 V

① 결합제  ② 조직
③ 결합도  ④ 입도

해설 WA(입자), 46(입도), L(결합도), 5(조직), V(결합제)

**24** 기어의 이의 모양과 같이 공작물의 형상과 동일한 윤곽을 가진 밀링 커터는?

① 평면 밀링 커터  ② 측면 밀링 커터
③ 메탈 슬리팅 소  ④ 총형 밀링 커터

해설 **총형 밀링 커터** : 기어의 이의 모양과 같이 공작물의 형상과 동일한 윤곽을 가진 밀링 커터이다.

**25** 일반적인 드릴의 표준 날끝각은?

① 118°  ② 108°
③ 90°   ④ 45°

해설
• 드릴의 표준 날끝각 : 118°
• 여유각 : 12°~15°

[정답] 21. ② 22. ④ 23. ④ 24. ④ 25. ①

## 02회 CBT 모의고사

**26** 선반에서 리브(rib)가 있는 상자형의 주물로서 주축대, 심압대, 왕복대를 지지하며 왕복대, 심압대의 안내 작용을 하는 것은?

① 베드
② 돌림판
③ 에이프런
④ 공구대

**해설** 베드 : 선반에서 리브(rib)가 있는 상자형의 주물로서 주축대, 심압대, 왕복대를 지지하며 왕복대, 심압대의 안내 작용을 한다.

**27** 선반의 길이 방향 이송 핸들에서 리드 스크루의 리드는 4mm이고 이에 연결된 핸들의 눈금이 100등분되었을 때, 눈금이 25칸 움직였다면 왕복대의 이동량은 몇 mm인가?

① 0.025
② 0.04
③ 0.2
④ 1

**해설** $\dfrac{4}{100} = 0.04 \times 25 = 1mm$

**28** 방전 가공할 때 전극제로 사용하지 않는 것은?

① 세라믹
② 흑연
③ 구리
④ 황동

**해설** 전극 재료 : 흑연, 구리, 은, 텅스텐 합금, 황동, 인청동, 텅스텐

**29** 연삭숫돌 구성의 3요소에 속하지 않는 것은?

① 입자
② 결합도
③ 기공
④ 결합제

**해설** 연삭숫돌의 3요소
① 입자(절삭날)
② 결합제(절삭날 지지)
③ 기공(칩의 저장, 배출)

**30** 평면의 줄 다듬질 방법 중 틀린 것은?

① 직진법
② 중진법
③ 사진법
④ 병진법

**정답** 26. ① 27. ④ 28. ① 29. ② 30. ②

**해설** 줄 작업의 종류
① 직진법 : 줄을 길이 방향으로 직진시켜 절삭하는 방법으로 황삭 및 최종 다듬질 작업에 사용한다.
② 사진법 : 넓은 면 절삭에 적합하며, 절삭량이 많아 황삭 및 모따기에 적합하다.
③ 횡진법(병진법) : 줄을 길이 방향과 직각 방향으로 움직여 절삭하는 방법으로, 폭이 좁고 길이가 긴 공작물의 줄 작업에 좋다.

**31** 다음 그림과 같은 공작물을 심압대를 편위시켜 절삭하려 한다면, 심압대의 편위량은 약 몇 mm로 하여야 하는가?

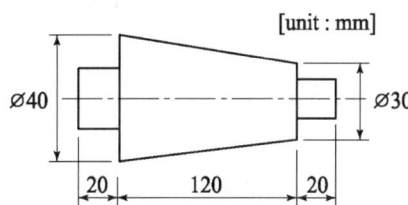

① 7.5
② 6.7
③ 11.3
④ 8.5

**해설** $x = \dfrac{(D-d)L}{2\,l} = \dfrac{(40-30) \times 160}{2 \times 120} = 6.7 \text{[mm]}$

**32** 화학적 가공의 특징이 아닌 것은?
① 가공경화 또는 표면변질층이 발생하지 않는다.
② 강도나 경도에 관계없이 사용할 수 있다.
③ 변형이나 거스러미가 발생하지 않는다.
④ 한 번에 한 가지만 가공할 수 있다.

**해설** 화학적 가공법은 재료의 경도나 강도에 관계없이 가공할 수 있으며 곡면, 평면, 복잡한 모양 등에 관계없이 표면 전체를 동시에 가공할 수 있고, 넓은 면적이나 여러 개를 동시에 가공할 수도 있으므로 매우 편리하게 가공할 수 있다. 또한, 변형이나 거스러미 없이 가공이 되며, 가공경화나 표면의 변질층이 생기지 않는다.

**33** 마우러 조직도에 대한 설명으로 옳은 것은?
① 탄소와 규소량에 따른 주철의 조직 관계를 표시한 것
② 탄소와 흑연량에 따른 주철의 조직 관계를 표시한 것
③ 탄소와 망간량에 따른 주철의 조직 관계를 표시한 것
④ 탄소와 $Fe_3C$량에 따른 주철의 조직 관계를 표시한 것

**해설** **마우러 조직도** : 탄소와 규소량에 따른 주철의 조직 관계를 표시한 것

**정답** 31. ② 32. ④ 33. ①

## 34. 베어링으로 사용되는 구리계 합금으로 거리가 먼 것은?

① 켈밋(kelmet)
② 연청동(lead bronze)
③ 문쯔 메탈(muntz metal)
④ 알루미늄 청동(Al bronze)

**해설**
① **켈밋(kelmet)** : Cu계 베어링합금으로 켈밋(kelmet)은 내소착성이 좋고 고속, 고하중용으로 적합. 자동차, 항공기 등의 주 베어링용, 발전기, 전동기, 철도차량용 베어링에 사용된다.
② **연청동(lead bronze)** : 청동에 3.0~26% Pb를 첨가한 것으로, 그 조직 중에 Pb이 거의 고용되지 않고 입계에 점재하여 윤활성이 좋아지므로 베어링, 패킹재료 등에 널리 쓰인다.
③ **문쯔메탈(muntz metal)** : 6 : 4황동으로 500~600℃로 가열하면 연성이 회복되어 열간가공이 적합하며 인장 강도도 최대이다. Zn 40% 내외의 것을 문쯔메탈이라 한다.
④ **알루미늄 청동(Al bronze)** : 8~2%의 Al을 첨가하여 강도, 경도, 인성, 내마모성, 내식성, 내피로성이 황동, 청동보다 좋지만 주조성, 가공성, 용접성이 나쁘다.

## 35. 고속도 공구강 강재의 표준형으로 널리 사용되고 있는 18-4-1형에서 텅스텐 함유량은?

① 1%          ② 4%
③ 18%         ④ 23%

**해설 고속도강(SKH)**
절삭 공구강의 대표적인 특수강으로서 W, Cr, V 이외의 Co, Mo 등을 다량 함유한 고합금강으로 500~600℃까지 가열하여도 뜨임에 의해서 연화되지 않고 고온에서도 경도 감소가 적은 것이 특징이다. 대표적인 것으로는 W 18%, Cr 4%, V 1%를 함유한 18-4-1형이 있다.

## 36. 다음 중 알루미늄 합금이 아닌 것은?

① Y 합금
② 실루민
③ 톰백(tombac)
④ 로엑스(Lo-Ex) 합금

**해설**
① **Y합금** : 내열용 Al-Cu-Ni-Mg의 합금으로 대표적인 내열용 합금이다. Al$_5$Cu$_2$Mg$_2$가 석출 경화되며 시효 처리한다.
② **실루민** : 주조용 Al-Si계로 이 합금의 주조조직의 Si는 육각판상의 거친 조직이므로 실용화할 수 있도록 개량(개질) 처리한다. 대표합금으로 실루민(Silumin) 알펙스(Alpax) 등이 있다.

**정답** 34. ③   35. ③
36. ③

③ **톰백(tombac)** : 5~20%의 저 아연합금으로 전연성이 좋고, 색깔이 금에 가까우므로 모조금박이나 금대용으로 사용한다.
④ **로엑스(Lo-Ex) 합금** : 내열용 합금으로 Al-Si계에 Cu, Mg, Ni을 첨가한 특수 실루민으로서 Na으로 개질처리한다.

## 37 탄소 공구강의 구비 조건으로 거리가 먼 것은?

① 내마모성이 클 것
② 저온에서의 경도가 클 것
③ 가공 및 열처리성이 양호할 것
④ 강인성 및 내충격성이 우수할 것

**해설** 탄소 공구강은 고온에서의 경도가 클 것

## 38 공구용으로 사용되는 비금속 재료로 초내열성 재료, 내마멸성 및 내열성이 높은 세라믹과 강한 금속의 분말을 배열 소결하여 만든 것은?

① 다이아몬드          ② 고속도강
③ 서멧                ④ 석영

**해설** 서멧 공구
$Al_2O_3$ 분말 70%에 탄질화 티탄 TiC 또는 TiN 분말을 30% 정도 혼합하여 수소 분위기에 소결하여 제작한다.

## 39 열처리의 방법 중 강을 경화시킬 목적으로 실시하는 열처리는?

① 담금질              ② 뜨임
③ 불림                ④ 풀림

**해설**
① **담금질** : 경도증가
② **뜨임** : 인성 부여
③ **불림** : 재질의 표준화
④ **풀림** : 내부응력 제거

## 40 표점거리 110mm, 지름 20mm의 인장시편에 최대하중 50kN이 작용하여 늘어난 길이 $\Delta l = 22$mm일 때, 연신율은?

① 10%                ② 15%
③ 20%                ④ 25%

**해설** 연신율($\varepsilon$)
$$\varepsilon = \frac{132-110}{110} \times 100(\%) = 20\%$$

**정답** 37. ② 38. ③
39. ① 40. ③

## 41. 볼트 너트의 풀림 방지 방법 중 틀린 것은?

① 로크 너트에 의한 방법
② 스프링 와셔에 의한 방법
③ 플라스틱 플러그에 의한 방법
④ 아이 볼트에 의한 방법

**해설** 나사의 풀림 방지법
① 와셔를 사용하는 방법
② 로크 너트를 사용하는 방법
③ 자동좸 너트에 의한 방법
④ 핀, 작은 나사, 멈춤 나사에 의한 방법
⑤ 철사에 의한 방법
⑥ 플라스틱 플러그에 의한 방법

## 42. 피치 4mm인 3줄 나사를 1회전 시켰을 때의 리드는 얼마인가?

① 6mm
② 12mm
③ 16mm
④ 18mm

**해설** 리드(L)=줄 수(N)×피치(P)=4×3=12mm

## 43. 벨트전동에 관한 설명으로 틀린 것은?

① 벨트풀리에 벨트를 감는 방식은 크로스벨트 방식과 오픈벨트 방식이 있다.
② 오픈벨트 방식에서는 양 벨트풀리가 반대 방향으로 회전한다.
③ 벨트가 원동차에 들어가는 측을 인(긴)장 측이라 한다.
④ 벨트가 원동차로부터 풀려 나오는 측을 이완 측이라 한다.

## 44. 기어에서 이(tooth)의 간섭을 막는 방법으로 틀린 것은?

① 이의 높이를 높인다.
② 압력각을 증가시킨다.
③ 치형의 이끝면을 깎아낸다.
④ 피니언의 반경 방향의 이뿌리면을 파낸다.

**해설** 이의 간섭
서로 맞물린 래크와 피니언에서 큰 기어의 이끝이 피니언의 이뿌리에 닿아서 회전할 수 없게 되는 현상으로 이의 높이를 낮춘다.

**정답** 41. ④  42. ②  43. ②  44. ①

**45** 축에 키(key) 홈을 가공하지 않고 사용하는 것은?
① 묻힘(sunk) 키
② 안장(saddle) 키
③ 반달 키
④ 스플라인

**해설**
① **묻힘(sunk) 키** : 축과 보스 양쪽에 모두 키 홈을 파서 비틀림 모멘트를 전달하는 키로서 가장 많이 사용한다.
② **안장(saddle) 키** : 축에는 홈을 파지 않고 축과 키 사이의 마찰력으로 회전력을 전달. 축의 강도를 감소시키지 않고 고정할 수 있으나, 큰 동력을 전달시킬 수 없으므로 경하중 소직경에 사용한다.
③ **반달 키** : 반월상의 키로서 축의 홈이 깊게 되어 축의 강도가 약하게 되기는 하나 축과 키 홈의 가공이 쉽고, 키가 자동적으로 축과 보스 사이에 자리를 잡을 수 있어 자동차, 공작기계 등의 60mm 이하의 작은 축이나 테이퍼 축에 사용한다.
④ **스플라인** : 축의 원주에 수많은 키를 깎은 것으로 큰 토크를 전달시키고, 내구력이 크며 축과 보스의 중심축을 정확하게 맞출 수 있고 축 방향으로 이동도 가능하다.

**46** 전달마력 30kW, 회전수 200rpm인 전동축에서 토크 T는 약 몇 N·m인가?
① 107
② 146
③ 1070
④ 1430

**해설**
$T = 9549 \times 10^3 \times \dfrac{H'}{N} [\text{N}\cdot\text{mm}][\text{kW}]$

$T = 9549 \times 10^3 \times \dfrac{30}{200} = 1432350/1000 = 1432.4 \text{N}\cdot\text{m}$

**47** 원주에 톱니형상의 이가 달려 있으며 폴(pawl)과 결합하여 한쪽 방향으로 간헐적인 회전운동을 주고 역회전을 방지하기 위하여 사용되는 것은?
① 래칫 휠
② 플라이 휠
③ 원심 브레이크
④ 자동하중 브레이크

**해설**
① **래칫 휠** : 기계의 역전방지, 한 방향의 가동 클러치, 분할작업 등에 쓰인다.
② **플라이 휠** : 축에 토크 변동이 심할 경우 휠(wheel)을 부착하여 규칙적인 회전을 유지시킨다.

[정답] 45. ② 46. ④ 47. ①

# 02회 CBT 모의고사

**48** 구멍과 축의 기호에서 최대 허용치수가 기준치수와 일치하는 기호는?

① H
② h
③ G
④ g

📝**해설** 구멍 기호와 축 기호

| 구멍 기호 | ⇐ 지름이 커짐 | | 지름이 작아짐 ⇒ |
|---|---|---|---|
| | 최소허용치수와 기준치수 일치 | | |
| | A B C D E F G | H | Js K M N P R S T U X |
| 축 기호 | ⇐ 지름이 작아짐 | | 지름이 커짐 ⇒ |
| | 최대허용치수와 기준치수 일치 | | |
| | a b c d e f g | h | js k m n p r s t u x |

**49** KS 나사 표시 방법에서 G 3/4 A로 기입된 기호의 올바른 해독은?

① 가스용 암나사로 인치 단위이다.
② 가스용 수나사로 인치 단위이다.
③ 관용 평행 수나사로 등급이 A급이다.
④ 관용 테이퍼 암나사로 등급이 A급이다.

📝**해설** G 3/4 A : 관용 평행 수나사로 등급이 A급이다.

**50** 보기 도면은 제3각 정투상도로 그려진 정면도와 평면도이다. 우측면도로 가장 적합한 것은?

[보기]

① ② ③ ④

**51** 기하공차 기호에서 자세공차를 나타내는 것은?

① ─
② ○
③ ◎
④ ∠

[정답] 48. ② 49. ③ 50. ② 51. ④

**해설**

| 자세공차 | // | 평행도 공차 |
|---|---|---|
| | ⊥ | 직각도 공차 |
| | ∠ | 경사도 공차 |

**52** 도면의 표현 방법 중에서 스머징(smudging)을 하는 이유는 어떤 경우인가?

① 물체의 표면이 거친 경우
② 물체의 단면을 나타내는 경우
③ 물체의 표면을 열처리하고자 하는 경우
④ 물체의 특정부위를 비파괴 검사하고자 하는 경우

**해설** 스머징(smudging) 또는 해칭 : 물체의 단면을 나타내는 경우

**53** 스프링의 제도에 관한 설명으로 틀린 것은?

① 코일 스프링의 종류와 모양만을 간략도로 나타내는 경우에는 재료의 중심선만을 굵은 실선으로 도시한다.
② 코일 부분의 양 끝을 제외한 동일 모양 부분의 일부를 생략할 때는 생략한 부분의 선지름의 중심선을 굵은 2점 쇄선으로 도시한다.
③ 코일 스프링은 일반적으로 무하중인 상태로 그리고 겹판스프링은 일반적으로 스프링 판이 수평인 상태에서 그린다.
④ 그림 안에 기입하기 힘든 사항은 요목표에 표시한다.

**해설** 코일 부분의 중간 부분을 생략할 때에는 생략한 부분을 가는 1점 쇄선으로 표시하거나, 또는 가는 2점 쇄선으로 표시해도 좋다.

**54** 기어의 제도에서 모듈($m$)과 잇수($z$)를 알고 있을 때, 피치원의 지름($d$)을 구하는 식은?

① $d = \dfrac{m}{z}$
② $d = \dfrac{z}{m}$
③ $d = \dfrac{1}{2}mz$
④ $d = mz$

**해설**
• 지름 피치($P$) = $\dfrac{\pi D}{Z}$
• 피치원 지름 $D = M \cdot Z$

**정답** 52. ② 53. ② 54. ④

## 02회 CBT 모의고사

**55** KS의 부문별 기호로 옳은 것은?
① KS A — 기계
② KS B — 전기
③ KS C — 토건
④ KS D — 금속

해설
① KS A — 기본  ② KS B — 기계
③ KS C — 전기  ④ KS D — 금속

**56** 줄무늬 방향 기호 중에서 가공에 의한 커터의 줄무늬가 기호를 기입한 면의 중심에 대하여 대략 동심원 모양일 때 기입하는 기호는?
① =
② X
③ M
④ C

해설

| 기호 | 의미 |
|---|---|
| = | 가공으로 생긴 앞줄의 방향이 기호를 기입한 그림의 투영면에 평행 |
| ⊥ | 가공으로 생긴 앞줄의 방향이 기호를 기입한 그림의 투영면에 수직 |
| X | 가공으로 생긴 선이 두 방향으로 교차 |
| M | 가공으로 생긴 선이 다방면으로 교차 또는 무방향 |
| C | 가공으로 생긴 선이 거의 동심원 |
| R | 가공으로 생긴 선이 거의 방사상(레이디얼형) |

**57** 제도에 있어서 치수 기입 요소로 틀린 것은?
① 치수선
② 치수 숫자
③ 가공 기호
④ 치수 보조선

해설 **치수의 표시방법**
치수는 치수선, 치수 보조선, 치수 보조 기호 등을 사용하여 치수 숫자(치수를 나타내는 수치를 말한다.)에 의하여 표시한다.

**58** 부척을 사용하여 직접 길이를 측정하며 1/20mm, 1/50mm까지 비교적 정밀측정이 가능한 것은?
① 버니어 캘리퍼스
② 마이크로미터
③ 서피스 게이지
④ 다이얼 게이지

해설 **버니어 캘리퍼스**
외경, 내경, 깊이, 단차 및 길이를 측정하는 것으로 미터식에서는 1/20mm, 1/50mm까지 읽을 수 있다. 종류로는 미동장치가 없는 M1형(0.05mm) 및 미동장치가 있는 M2형(1/20mm까지 측정)과 CB형 및 CM형(1/20mm까지 측정) 4가지가 있다.

**정답** 55. ④  56. ④  57. ③  58. ①

## 59 나사의 유효지름 측정과 관계없는 것은?

① 삼침법  ② 공구 현미경
③ 나사 마이크로미터  ④ 전기 마이크로미터

**해설** **유효지름의 측정**
① 삼침법 : 나사 게이지 등과 같이 정밀도가 높은 나사의 유효지름 측정에 3침법(3선법)이 쓰이며, 지름이 같은 3개의 핀 게이지를 나사산의 골에 끼운 상태에서 바깥지름을 마이크로미터 등으로 측정하여 계산하며, 유효지름을 측정하는 가장 정밀한 방법이다.
② 나사 마이크로미터에 의한 방법 : 엔빌 측에 V홈 측정자를 스핀들 측에 원뿔형 측정자를 사용하여 유효지름 값을 직접 읽을 수 있다.
③ 광학적인 방법 : 투영기, 공구 현미경 등의 광학적 측정기에서 나사축 선과 직각으로 움직이는 전후 이동 마이크로미터 헤드의 읽음 값으로 구할 수 있다.

## 60 나사의 피치나 나사산의 반각과 유효지름 등을 광학적으로 쉽게 측정할 수 있는 것은?

① 공구현미경  ② 오토콜리메이터
③ 촉침식 측정기  ④ 옵티컬 플랫

**해설** ① **공구현미경** : 나사의 피치나 나사산의 반각과 유효지름 등을 광학적으로 쉽게 측정
② **오토콜리메이터** : 평면경, 프리즘 등을 이용하여 미소한 각도의 변화 또는 평면의 기울기 등을 측정
③ **촉침식 측정기** : 표면거칠기 측정법의 대표적인 것으로 측정 원리는 피측정면에 수직으로 움직이는 뾰족한 바늘로 피측정면의 표면을 긁어 상하의 움직임량을 전기적인 신호로 변환하고, 다음에 증폭시킨 다음 그래프로 나타남
④ **옵티컬 플랫** : 평면도의 측정에 사용되고 백색광에 의한 적색 간섭무늬의 수에 의해서 측정

정답  59. ④  60. ①

# 03회 CBT 모의고사

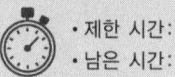

**01** 선반 작업에서 가공물의 길이가 지름의 20배 이상 긴 것을 가공할 때, 진동과 가공에 의한 휨을 방지하기 위한 장치는?

① 맨드릴  ② 돌리개
③ 방진구  ④ 면판

**해설** 방진구 → 양 센터 가공 시 사용된다.
① 가늘고 긴 공작물 가공 시 자중과 절삭력으로 휨이 생겨 균일한 직경을 가진 진원 단면의 절삭 가공이 곤란하기 때문에 방진구 사용된다.
② 보통 직경의 12배 이상의 길이는 불안전한 절삭 조건일 때 사용하고 직경의 20배 이상의 길이일 때 방진구를 사용한다.

**02** 하이트 게이지에 대한 설명으로 틀린 것은?

① 종류로는 HM형, HB형, HT형의 3가지가 대표적이다.
② 기본 구조는 스케일과 베이스 및 서피스 게이지로 구성된다.
③ 정반면을 기준으로 높이를 측정하거나 금긋기 작업을 할 수 있다.
④ 아베의 원리에 맞는 구조로 스크라이버를 길게 고정하여 사용한다.

**해설** 하이트 게이지 : 지그, 대형 부품, 복잡한 형상의 부품 등을 정반 위에 놓고 정반의 표면을 기준으로 해서 높이를 측정하는 측정기이며, 또 스크라이버의 선단으로 금긋기 작업을 할 때 사용한다. 종류로는 HB형, HM형, HT형의 세 종류가 대표적이다.

**03** 탄화규소, 산화알루미늄 등의 미세한 분말가루를 넣어 가압과 상대 운동을 시켜서 가공하는 것은?

① 호닝  ② 래핑
③ 그라인딩  ④ 슈퍼피니싱

**해설** 래핑 : 마모(마멸) 현상을 가공에 응용한 것으로 공작물과 랩 공구 사이에 미 분말 상태의 랩제와 윤활제를 넣고 상대운동으로 표면을 매끈하게 가공한다.

**04** 절삭저항의 3분력에 포함되지 않는 것은?

① 표면분력  ② 주분력
③ 이송분력  ④ 배분력

**해설** 절삭저항의 분력
절삭저항=주분력(P1) 10 〉 배분력(P3)(2-4) 〉 이송분력(P2)(1-2)
① 주분력(P1 : Principal Cutting Force) : 절삭 방향으로 작용하는 분력

[정답] 01. ③  02. ④
03. ②  04. ①

② 이송분력(P2 : Feed Force) : 이송 방향(평행)으로 작용하는 분력
③ 배분력(P3 : Radial Force) : 공구의 축 방향으로 작용하는 분력

## 05 각도를 측정하는 측정기기가 아닌 것은?

① 오토콜리메이터  ② 플러그 게이지
③ 사인 바  ④ 수준기

**해설** 플러그 게이지는 구멍용 한계 게이지이다.

## 06 래핑작업에 대한 설명으로 틀린 것은?

① 가공면이 매끈한 거울면을 얻을 수 있다.
② 정밀도가 높은 제품을 가공할 수 있다.
③ 가공면은 윤활성 및 내마모성이 좋다.
④ 작업이 깨끗하고 먼지가 적다.

**해설** 래핑의 단점
① 가공면에 랩제 잔유가 쉽고 제품의 마멸 촉진한다.
② 아주 높은 정밀도를 위해서는 숙련이 필요하다.
③ 가공면에 랩제가 잔류하기 쉽고, 제품 사용 시 마멸을 촉진한다.
④ 작업이 깨끗하지 못하고 작업자의 손과 옷을 더럽힌다.

## 07 센터리스 연삭기에서 통과 이송법으로 연삭할 때, 회전수가 40rpm, 조정 숫돌바퀴의 바깥지름이 500mm, 경사각이 4°일 때, 1분 동안의 이송속도(m/min)는 약 얼마인가?

① 89.7  ② 13.8
③ 4.38  ④ 2.08

**해설** $f = \dfrac{\pi dn \sin\alpha}{1000} = \dfrac{\pi \times 500 \times 40 \times \sin 4°}{1000} = 4.38 \text{m/min}$

## 08 밀링가공에서 생산성을 향상시키기 위한 절삭속도의 선정방법으로 틀린 것은?

① 커터수명 연장을 위해 추천 절삭속도보다 약간 높게 설정하는 것이 좋다.
② 가공물의 경도, 강도, 인성 등의 기계적 성질을 고려하여 설정한다.
③ 거친 절삭에는 속도를 느리게, 이송은 빠르게 하고 절삭 깊이를 크게 선정한다.
④ 커터 날이 빠르게 마모되면 절삭속도를 좀 더 낮추어 선정한다.

**해설** 커터수명 연장을 위해 추천 절삭속도보다 약간 낮게 설정하는 것이 좋다.

# 03회 CBT 모의고사

**09** 접시머리 나사의 머리부를 묻히게 하기 위해 원뿔 자리를 만드는 작업은?

① 태핑(tapping)
② 스폿 페이싱(spot facing)
③ 카운터 싱킹(counter sinking)
④ 카운터 보링(counter boring)

**해설**
① **태핑(tapping)** : 공작물 내부에 암나사 가공. 태핑을 위한 드릴가공은 나사의 외경-피치로 한다.
② **스폿 페이싱(spot facing)** : 볼트 또는 너트 등의 구멍과 직각이 되게 머리부가 접촉되는 부분을 깎아서 만드는 작업이다.
③ **카운터 싱킹(counter sinking)** : 접시머리 나사의 머리가 묻히게 하기 위해 원뿔 자리를 만드는 작업이다.
④ **카운터 보링(counter boring)** : 작은 나사, 볼트의 머리부가 돌출되지 않도록 머리부가 들어갈 자리 부분을 단이 있게 구멍 뚫는 작업이다.

**10** 연삭숫돌의 결합제 종류에서 주성분이 점토와 장석인 결합제는?

① 비트리파이드 결합제
② 실리케이트 결합제
③ 레지노이드 결합제
④ 셀락 결합제

**해설** 연삭숫돌의 결합제 종류

| 기호 | 원호 | 주성분 | 용도 |
|---|---|---|---|
| V | Vitrified | 점토, 장석 〈자기질〉 | • 일반 연삭용(90% 사용)<br>• 지름이 크거나 얇은 숫돌에 부적합(충격에 약함.) |
| S | Silicate | 물, 유리 〈규산소다〉 | • 대형 숫돌에 사용(중연삭에 부적합)<br>• 고속도강, 균열 발생이 쉬운 재료 |
| E | Shellai | 천연수지 〈셀락〉 | • 결합력 제일 약함. 거울면 연삭절단용 및 다듬질면의 정밀도가 높은 것에 사용 |
| R | Rubber | 합성〈천연〉고무 | • 매우 얇은 숫돌 사용<br>• 센터리스 조정 숫돌용 |

**11** 가공물의 바깥 면을 조정 숫돌과 지지대를 이용하여 고정, 이송하여 가늘고 긴 가공물을 연삭할 수 있는 연삭기는?

① 공구 연삭기
② 센터리스 연삭기
③ 직립형 평면 연삭기
④ 수평형 평면 연삭기

**해설** **센터리스 연삭기** : 가공물의 바깥 면을 조정 숫돌과 지지대를 이용하여 고정, 이송하여 가늘고 긴 가공물을 연삭할 수 있다.

**정답** 09. ③  10. ①  11. ②

**12** 선반에서 테이퍼를 가공하는 방법이 아닌 것은?

① 테이퍼 절삭장치를 이용하는 방법
② 복식 공구대를 경사시키는 방법
③ 편심장치를 이용하는 방법
④ 심압대를 편위시키는 방법

**해설** 테이퍼 절삭 작업
① 복식 공구대를 경사시키는 방법 : 길이가 짧고 테이퍼 값이 클 때 사용된다.
② 심압대를 편위시키는 방법(Set over) : 비교적 길이가 길고 테이퍼 값이 작을 때 사용된다.
③ 테이퍼 절삭 장치를 사용하는 방법
④ 가로, 세로 이송핸들을 사용하는 방법
⑤ 총형 공구를 사용하는 방법

**13** 기차바퀴처럼 지름이 크고, 길이가 짧은 가공물의 가공에 가장 적합한 선반은?

① 탁상선반
② 공구선반
③ 터릿선반
④ 정면선반

**해설**
① **탁상선반** : 정밀 소형기계 및 시계부품을 가공한다.
② **공구선반** : 릴리빙 장치(=Back off 장치)를 가진 것으로 절삭 공구(호브, 커터, 탭 등)의 여유각을 가공한다.
③ **터릿선반** : 터릿으로 불리는 선회 공구대를 가진 것으로 너트, 와셔, 나사, 핀 등 모양이 간단한 제품의 대량생산용이고, 램형, 새들형, 드럼형 등이 있다.
④ **정면선반** : 직경이 크고 길이가 짧은 공작물 가공(기차바퀴, 대형 풀리, 플라이휠 등)한다.

**14** 선반에서 ∅60mm의 탄소강을 절삭속도 131m/min로 가공할 때, 주축회전수는 약 몇 rpm인가?

① 585
② 695
③ 1290
④ 1390

**해설** $N = \dfrac{1000V}{\pi D} = \dfrac{1000 \times 131}{\pi \times 60} = 695 \text{rpm}$

**15** 대형 가공물의 구멍 뚫기 작업에 적합한 기계로서 드릴링 헤드를 수평 방향으로 이동하는 암(arm)과 암을 지지하는 직립 칼럼(vertical column)으로 구성되어 있는 것은?

① 레이디얼 드릴링 머신
② 이동식 드릴링 머신
③ 다축 드릴링 머신
④ 탁상 드릴링 머신

**해설** **레이디얼 드릴링 머신** : 대형 가공물의 구멍 뚫기 작업에 적합한 기계로서 드릴링 헤드를 수평 방향으로 이동하는 암(arm)과 암을 지지하는 직립 칼럼(vertical column)으로 구성되어 있다.

[정답] 12. ③  13. ④  14. ②  15. ①

## 16 선반 가공법의 종류로 거리가 먼 것은?

① 외경 절삭 가공  ② 드릴링 가공
③ 총형 절삭 가공  ④ 더브테일 가공

**해설** 더브테일은 밀링에서 가공한다.

## 17 호닝작업에서 원통 형태의 숫돌공구인 혼(hone)의 운동방법으로 가장 적합한 것은?

① 회전운동
② 곡선 왕복운동
③ 회전운동과 곡선 왕복운동의 교대운동
④ 회전운동과 축 방향의 직선 왕복운동의 합성운동

**해설** 혼(hone)의 운동방법 : 회전운동과 축 방향의 직선 왕복운동의 합성운동이다.

## 18 절삭날과 자루가 분리되고, 엔드밀의 지름이 큰 경우에 사용하는 엔드밀은?

① 평 엔드밀   ② 라프 엔드밀
③ 볼 엔드밀   ④ 셸 엔드밀

**해설** 셸 엔드밀 : 엔드밀은 날과 자루가 별개로 되어 있다.

## 19 마이크로미터의 원리에 대한 설명으로 옳은 것은?

① 어떤 길이의 변화를 나사의 회전각과 지름에 의해 확대시켜 만든 것이다.
② 어떤 길이의 변화를 롤러 및 게이지 블록을 이용하여 만든 것이다.
③ 어떤 길이의 변화를 기포관 내의 기포 위치를 확대시켜 만든 것이다.
④ 어떤 길이의 변화를 광 파장에 의해 확대시켜 만든 것이다.

[정답] 16. ④  17. ④
18. ④  19. ①

**해설** **마이크로미터의 원리** : 길이의 변화를 나사의 회전각과 직경에 의해 확대하여 그 확대된 길이에 눈금을 붙여 미소의 길이변화를 읽도록 한 측정기이다.

**20** 보통 보링 머신의 보링작업 시 주로 사용되는 절삭 공구는?
① 다이스　　　　② 탭
③ 혼　　　　　　④ 바이트

**해설** 보링작업 시 주로 바이트를 사용한다.

**21** 밀링 절삭방법에서 하향절삭과 비교한 상향절삭의 특징은?
① 마찰 저항이 커진다.
② 백래시를 제거해야 한다.
③ 인선의 수명이 길어진다.
④ 가공 시 충격이 있어 높은 강성을 필요로 한다.

**22** 연삭숫돌의 검사방법으로 고무 해머를 사용하여 음향의 둔탁함·울림 등으로 균열이나 결함을 검사하는 방법은?
① 육안검사　　　② 음향검사
③ 회전시험　　　④ 가공시험

**해설** **상향절삭과 하향절삭의 비교**

| 구 분 | 상향절삭 | 하향절삭 |
| --- | --- | --- |
| 칩에 영향 | • 절삭에 방해 없다. | • 절삭에 방해 있다. |
| 백래시 제거 | • 백래시 제거장치 필요 없다. | • 백래시 제거장치 필요하다. |
| 공작물 고정 | • 불안하므로 확실히 고정해야 한다. | • 안정된 고정이 된다. |
| 공구 수명 | • 수명이 짧다.<br>• 날 파손은 적으나 마멸이 심하다. | • 수명이 길다.<br>• 날 파손은 생길 수 있으나 마모가 적다. |
| 소비동력 | • 소비가 크다. | • 소비가 적다. |
| 가공면 | • 거칠다. | • 깨끗하다. |

**23** 주로 수직 밀링 머신에서 사용되는 절삭 공구로 넓은 평면을 가공하기에 가장 적당한 것은?
① 더브테일 밀링 커터　　② 정면 밀링 커터
③ 메탈 쏘　　　　　　　④ 엔드밀

**해설** **정면 밀링 커터** : 주로 수직 밀링 머신에서 사용되는 절삭 공구로 넓은 평면을 가공한다.

[정답] 20. ④　21. ①　22. ②　23. ②

## 24 브로칭 머신의 크기를 나타내는 것은?

① 테이블 크기
② 분당 행정수
③ 스윙 및 양 센터 간 거리
④ 최대 인장력과 최대 행정길이

**해설** 브로칭 머신의 크기 : 최대 인장응력과 행정길이

## 25 호빙머신에서 절삭할 수 있는 기어로 거리가 먼 것은?

① 스퍼 기어
② 헬리컬 기어
③ 웜 기어
④ 래크 기어

**해설** 래크 기어는 기어 세이퍼에서 작업한다.

## 26 한계 게이지를 형태별로 분류한 것 중 틀린 것은?

① 링(ring)형 한계 게이지
② 스냅(snap)형 한계 게이지
③ 플러그(plug)형 한계 게이지
④ 직각(square)형 한계 게이지

**해설**
① **링(ring)형 한계 게이지** : 축용으로 지름이 작은 것이나 두께나 얇은 공작물의 측정에 사용되며, 테일러의 원리에 따라 통과 측에는 링 게이지를 사용하는 것이 바람직하다.
② **스냅(snap)형 한계 게이지** : 축용으로 테일러의 원리에 따라 정지 측에만 사용하는 것이 좋으나, 게이지 원가 가격이 싸고 사용상 편리성, 축의 형상오차가 작다는 것 등을 고려하여 통과 측, 정지 측 모두 사용하고 있다.
③ **플러그(plug)형 한계 게이지** : 구멍용으로 호칭 치수가 비교적 작은 것에 주로 사용된다.

## 27 절삭유를 사용하는 목적으로 거리가 먼 것은?

① 공구 상면과 칩(chip) 사이의 마찰을 줄여 절삭을 원활히 한다.
② 가공물과 공구를 냉각시켜 열에 의한 정밀도 저하를 방지하고 공구의 수명을 증대시킨다.
③ 구성인선의 발생을 촉진하여 표면 거칠기를 향상시킨다.
④ 칩을 씻어주어 절삭을 원활히 한다.

**해설** 절삭유는 구성인선의 발생을 억제하여 표면 거칠기를 향상시킨다.

정답 24. ④ 25. ④ 26. ④ 27. ③

## 28 분할대에서 직접 분할판을 이용하여 원주를 8등분할 때, 몇 구멍씩 회전하면 되는가?

① 3구멍씩 회전
② 4구멍씩 회전
③ 6구멍씩 회전
④ 8구멍씩 회전

**해설** 직접 분할법(=면판분할법)
분할대의 면판에 24개의 구멍이 등 간격으로 뚫어져 있음(면판 위 24개의 구멍을 이용하여 분할).
$$\frac{24}{N} = \frac{24}{8} = 3$$

## 29 입도가 작고 연한 숫돌에 적은 압력으로 가압하면서 가공물에 이송을 주고, 동시에 숫돌에 진동을 주어 표면 거칠기를 향상시키는 가공법은?

① 이온 가공
② 숏 피닝
③ 슈퍼피니싱
④ 배럴가공

**해설** 슈퍼피니싱
입도가 작고 연한 숫돌에 적은 압력으로 가압하면서 가공물에 이송을 주고, 동시에 숫돌에 진동을 주어 표면 거칠기를 향상시키는 가공법이다.

## 30 4개의 조(jaw)가 90° 간격으로 구성 배치되어 있으며 불규칙한 공작물 고정에 사용되는 척은?

① 연동 척
② 단동 척
③ 마그네틱 척
④ 콜릿 척

**해설**
① **연동 척**: 규칙적인 외경을 가진 재료를 가공한다. 단동 척보다 고정력이 약하다. 3개의 조를 크라운 기어를 사용, 동시에 이동시킨다.
② **단동 척**: 다소 불규칙한 외경의 공작물 가공과 중심을 편심시켜 가공할 수 있다. 4개의 조가 있다.
③ **마그네틱 척**: 전자석 설치, 얇은 공작물을 변형시키지 않고 가공된다.
④ **콜릿 척**: 가는 지름의 환봉 재료 고정. 탁상, 터릿 선반용으로 사용된다.

## 31 철-탄소계 상태도에서 공정 주철은?

① 4.3%C
② 2.1%C
③ 1.3%C
④ 0.86%C

**해설**
① **공정주철**: 4.3%C(레데뷰라이트)
② **아공정주철**: 2.0~4.3%C(오스테나이트+레데뷰라이트)
③ **과공정주철**: 4.3~6.67%C(레데뷰라이트+시멘타이트)

**정답** 28. ① 29. ③ 30. ② 31. ①

## 32. 다음 비철 재료 중 비중이 가장 가벼운 것은?

① Cu
② Ni
③ Al
④ Mg

**해설** 비중
① Cu : 8.9
② Ni : 8.9
③ Al : 2.7
④ Mg : 1.74

## 33. 일반적인 합성수지의 공통된 성질로 가장 거리가 먼 것은?

① 가볍다.
② 착색이 자유롭다.
③ 전기절연성이 좋다.
④ 열에 강하다.

**해설** 합성수지는 단단하나 열에는 약하다. 가열하면 연소되어 사용할 수 없고, 열전도율(熱傳導率)이 낮아 부분적으로 과열(過熱)되기 쉬우므로 주의해야 한다.

## 34. 탄소공구강의 단점을 보강하기 위해 Cr, W, Mn, Ni, V 등을 첨가하여 경도, 절삭성, 주조성을 개선한 강은?

① 주조경질합금
② 초경합금
③ 합금공구강
④ 스테인리스강

**해설** 합금공구강(STS) : 경도를 크게 하고 절삭성을 개선하기 위하여 탄소공구강에 Cr, W, V, Mo 등을 첨가한 강으로서 바이트(bite), 탭(tap), 드릴(drill), 절단기(cutter), 줄 등에 쓰인다.

## 35. 수기가공에서 사용하는 줄, 쇠톱날, 정 등의 절삭 가공용 공구에 가장 적합한 금속재료는?

① 주강
② 스프링강
③ 탄소공구강
④ 쾌삭강

**해설** 탄소공구강(STC)
① 탄소강 : 탄소량 0.6~1.5
  탄소공구강 : 탄소 함유량 0.9~1.3
② 200℃ 이상의 온도에서 뜨임효과 → 경도저하 → 고속절삭에 불리
  ※ 저온뜨임 : 100~200℃, 고온뜨임 : 400~650℃
③ 줄, 펀치, 정, 쇠톱날 등을 제작

**정답** 32. ④  33. ④  34. ③  35. ③

## 36 탄소강에 첨가하는 합금원소와 특성과의 관계가 틀린 것은?

① Ni – 인성 증가
② Cr – 내식성 향상
③ Si – 전자기적 특성 개선
④ Mo – 뜨임취성 촉진

**해설** 몰리브덴(Mo) : 경도깊이 증가, 고온에서의 강도, 인성 증대, 뜨임취성 방지, 텅스텐 효과의 2배이다.

## 37 다음 중 청동의 합금 원소는?

① Cu+Fe
② Cu+Sn
③ Cu+Zn
④ Cu+Mg

**해설** 청동(bronze) : 넓은 의미에서 황동 이외의 구리합금을 모두 청동이라고 하지만 좁은 의미에선 Cu+Sn합금을 말한다.

## 38 나사의 피치가 일정할 때 리드(lead)가 가장 큰 것은?

① 4줄 나사
② 3줄 나사
③ 2줄 나사
④ 1줄 나사

**해설** 리드(lead) : 나사산이 원통을 한 바퀴 회전하여 축 방향으로 나아가는 거리
• 리드와 피치 사이의 관계 $l = n \times p$

## 39 나사의 기호 표시가 틀린 것은?

① 미터계 사다리꼴 나사 : TM
② 인치계 사다리꼴 나사 : WTC
③ 유니파이 보통 나사 : UNC
④ 유니파이 가는 나사 : UNF

**해설**

| 30° 사다리꼴 나사 | TM |
| --- | --- |
| 29° 사다리꼴 나사 | TW |
| 미터 사다리꼴 나사 | Tr |

## 40 직접전동 기계요소인 홈 마찰차에서 홈의 각도($2\alpha$)는?

① $2\alpha = 10 \sim 20°$
② $2\alpha = 20 \sim 30°$
③ $2\alpha = 30 \sim 40°$
④ $2\alpha = 40 \sim 50°$

**해설** 홈 마찰차에서 홈의 각도 : $2\alpha = 30 \sim 40°$

[정답] 36. ④  37. ②
38. ①  39. ①, ②
40. ③

**41.** 2kN의 짐을 들어 올리는 데 필요한 볼트의 바깥지름은 몇 mm 이상이어야 하는가? (단, 볼트 재료의 허용인장응력은 400N/cm² 이다.)

① 20.2  ② 31.6
③ 36.5  ④ 42.2

**해설** $d = \sqrt{\dfrac{2W}{\sigma_a}} = \sqrt{\dfrac{2 \times 2000}{400}} = 3.16\text{cm} = 31.6\text{mm}$

**42.** 간헐운동(intermittent motion)을 제공하기 위해서 사용되는 기어는?

① 베벨 기어  ② 헬리컬 기어
③ 웜 기어    ④ 제네바 기어

**해설** 제네바 기어
간헐운동(intermittent motion)을 제공하기 위해서 사용되는 기어이다.

**43.** 테이퍼 핀의 테이퍼 값과 호칭지름을 나타내는 부분은?

① 1/100, 큰 부분의 지름
② 1/100, 작은 부분의 지름
③ 1/50, 큰 부분의 지름
④ 1/50, 작은 부분의 지름

**해설** 테이퍼 핀(taper pin) : $T = \dfrac{1}{50}$
호칭지름은 작은 축 지름으로 주축을 보스에 고정할 때 사용한다.

**44.** 베어링의 호칭번호가 6308일 때 베어링의 안지름은 몇 mm인가?

① 35  ② 40
③ 45  ④ 50

**해설** 안지름 번호(내륜 안지름)
00 : 10mm, 01 : 12mm, 02 : 15mm, 03 : 17mm
08×5 = 40mm

**정답** 41. ②  42. ④
43. ④  44. ②

**45** 원통형 코일의 스프링 지수가 9이고, 코일의 평균 지름이 180mm 이면 소선의 지름은 몇 mm인가?

① 9
② 18
③ 20
④ 27

해설 소선의 지름$(d) = \dfrac{D}{C} = \dfrac{180}{9} = 20$

**46** 표면의 결 도시방법에서 가공으로 생긴 커터의 줄무늬가 여러 방향일 때 사용되는 기호는?

① X
② R
③ C
④ M

해설

| X | 가공으로 생긴 선이 두 방향으로 교차 |
| M | 가공으로 생긴 선이 다방면으로 교차 또는 무방향 |
| C | 가공으로 생긴 선이 거의 동심원 |
| R | 가공으로 생긴 선이 거의 방사상(레이디얼형) |

**47** 도면에서의 치수 배치 방법에 해당하지 않는 것은?

① 직렬 치수 기입법
② 누진 치수 기입법
③ 좌표 치수 기입법
④ 상대 치수 기입법

해설 치수의 배치
① 직렬 치수 기입법 : 직렬로 나란히 연결된 개개의 치수에 주어진 치수공차가 차례로 누적되어도 상관없는 경우에 사용한다.
② 병렬 치수 기입법 : 이 방법에 따르면 병렬로 기입하는 개개의 치수공차는 다른 치수의 공차에 영향을 미치지 않는다.
③ 누진 치수 기입법 : 이 방법에 따르면 치수공차에 관하여 병렬 치수 기입법과 완전히 동등한 의미를 가지면서, 한 개의 연속된 치수선으로 간편하게 표시할 수 있다. 기점기호(○)와 치수선의 다른 끝은 화살표로 표시한다.

**48** 그림과 같은 입체도에서 화살표 방향을 정면도로 하였을 때 우측면도로 올바른 것은?

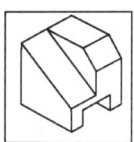

① ② ③ ④

정답 45.③ 46.④ 47.④ 48.③

# 03회 CBT 모의고사

**49** 그림과 같은 도면에서 A, B, C, D 선과 선의 용도에 의한 명칭이 틀린 것은?

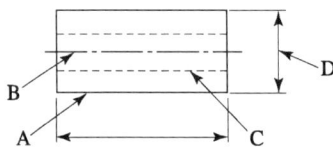

① A : 외형선    ② B : 중심선
③ C : 숨은선    ④ D : 치수 보조선

**해설** D는 치수선이다.

**50** 정면, 평면, 측면을 하나의 투상면 위에서 동시에 볼 수 있도록 두 개의 옆면 모서리가 수평선에 30°가 되고 3개의 축간 각도가 120°가 되는 투상도는?

① 등각 투상도    ② 정면 투상도
③ 입체 투상도    ④ 부등각 투상도

**해설** 등각 투상도
정면, 평면, 측면을 하나의 투상면 위에서 동시에 볼 수 있도록 두 개의 옆면 모서리가 수평선에 30°가 되고 3개의 축간 각도가 120°가 된다.

**51** 기어 제도에 관한 설명으로 틀린 것은?

① 피치원은 가는 실선으로 그린다.
② 잇봉우리원은 굵은 실선으로 그린다.
③ 잇줄 방향은 통상 3개의 가는 실선으로 표시한다.
④ 축에 직각인 방향으로 단면 도시할 경우 이골의 선은 굵은 실선으로 그린다.

**해설** 이끝원은 굵은 실선으로 그리고 피치원은 가는 1점 쇄선으로 그린다.

**52** 다음 기하공차 도시기호에서 "Ⓜ"이 의미하는 것은?

| ⌖ | ∅0.04 | AⓂ |

① 위치도에 최소 실체 공차방식을 적용한다.

[정답] 49. ④  50. ①  51. ①  52. ②

② 데이텀 형체에 최대 실체 공차방식을 적용한다.
③ ∅0.04mm의 공차 값에 최소 실체 공차방식을 적용한다.
④ ∅0.04mm의 공차 값에 최대 실체 공차방식을 적용한다.

**해설**  Ⓜ : 데이텀 형체에 최대 실체 공차방식을 적용한다.

## 53 코일 스프링의 제도 방법으로 틀린 것은?

① 코일 스프링의 정면도에서 나선 모양 부분은 직선으로 나타내서는 안 된다.
② 코일 스프링은 일반적으로 하중이 걸린 상태에서 도시하지는 않는다.
③ 스프링의 모양만을 간략도로 나타내는 경우에는 스프링 재료의 중심선만을 굵은 실선으로 그린다.
④ 코일 부분의 양 끝을 제외한 동일 모양 부분의 일부를 생략할 때는 선 지름의 중심선을 가는 1점 쇄선으로 나타낸다.

**해설**  **코일 스프링의 제도**
① 스프링은 원칙적으로 무하중인 상태로 그린다. 만약, 하중이 걸린 상태에서 그릴 때에는 선도 또는 그때의 치수와 하중을 기입한다.
② 하중과 높이(또는 길이) 또는 처짐과의 관계를 표시할 필요가 있을 때에는 선도 또는 항목표에 나타낸다.
③ 특별한 단서가 없는 한 모두 오른쪽 감기로 도시하고, 왼쪽 감기로 도시할 때에는 '감긴 방향 왼쪽'이라고 표시한다.
④ 코일 부분의 중간 부분을 생략할 때에는 생략한 부분을 가는 1점 쇄선으로 표시하거나 또는 가는 2점 쇄선으로 표시해도 좋다.
⑤ 스프링의 종류와 모양만을 도시할 때에는 재료의 중심선만을 굵은 실선으로 그린다.
⑥ 조립도나 설명도 등에서 코일 스프링은 그 단면만으로 표시하여도 좋다.

## 54 축의 치수가 $\phi 300^{-0.05}_{-0.20}$, 구멍의 치수가 $\phi 300^{+0.15}_{0}$인 끼워맞춤에서 최소틈새는?

① 0
② 0.05
③ 0.15
④ 0.20

**해설**

|  | 구멍 | 축 |
|---|---|---|
| 최대허용치수 | A=300.015mm | a=299.95mm |
| 최소허용치수 | B=300.000mm | b=299.80mm |
| 최대틈새 | A−b=0.215mm | |
| 최소틈새 | B−a=0.05mm | |

**답안 표기란**
53 ① ② ③ ④
54 ① ② ③ ④

**정답**  53. ① 54. ②

**55.** 미터 가는 나사의 호칭 표시 "M18×1"에서 "1"이 뜻하는 것은?
① 나사산의 줄 수
② 나사의 호칭지름
③ 나사의 피치
④ 나사의 등급

**해설** M8×1 : M8의 가는 나사를 의미하며, 여기서 1은 나사의 피치이다.

**56.** 삼침법으로 미터나사의 유효경 측정값이 다음과 같을 때 유효지름은 약 몇 mm인가?

- 3침을 끼우고 측정한 외측 치수 : 43mm
- 나사의 피치 : 4mm
- 측정 핀의 직경 : 5mm

① 18.53
② 19.46
③ 24.53
④ 31.46

**해설** $d_2 = M - 3d + 0.86603P = 43 - 3 \times 5 + 0.86603 \times 4 = 31.46$

**57.** 마이크로미터의 나사 피치가 0.25mm일 때 딤블의 원주를 100등분하였다면 딤블 1눈금의 회전에 의한 스핀들의 이동량은 몇 mm인가?

① 0.005
② 0.002
③ 0.01
④ 0.02

**해설** $0.25 \div 100 = 0.0025$

**58.** 최소 눈금 1mm, 어미자 39mm를 20등분한 버니어 캘리퍼스의 최소 측정값은?

① 0.01
② 0.02
③ 0.05
④ 0.5

**해설** 최소 측정값 = $\dfrac{\text{어미자의 최소눈금}}{\text{등분수}(m)}$, $\dfrac{1}{20} = 0.05$

**정답** 55. ③  56. ④  57. ②  58. ③

**59** 중립축(bessel point)의 길이 변화가 가장 적게 유지되도록 지지하는 점은?

① a=0.2113L
② a=0.2203L
③ a=0.2232L
④ a=0.2386L

**해설** 중립축 또는 중립면의 변위를 최소화할 수 있는 것은 베셀점으로 0.2203L이다.
양단과 중앙의 처짐이 동일은 0.2232L이고, 중앙부 처짐의 최소화는 0.2386L이다.

**60** 우연오차는 측정 횟수가 매우 많아지면 다음과 같은 특성이 나타난다. 틀린 것은?

① 작은 오차는 큰 오차보다 많이 나온다.
② 같은 크기의 음(−), 양(+)의 오차는 다르게 나온다.
③ 매우 큰 오차는 나오지 않는다.
④ 측정값에는 산포가 따르는 것이 보통이다.

**해설** 같은 크기의 음(−), 양(+)의 오차는 같은 횟수로 나온다.

정답 59. ② 60. ②

# 04회 CBT 모의고사

**01** 보통선반에서 나사가공 작업에 대한 설명으로 틀린 것은?

① 바이트의 각도는 센터 게이지에 맞추어 정확히 연삭한다.
② 바이트 팁의 중심선이 나사축에 수직이 되도록 고정한다.
③ 바이트 끝의 높이는 공작물의 중심선과 일치하도록 고정한다.
④ 나사바이트의 날(인선)과 자루(sank)를 용접한 형태를 클램프 바이트라 한다.

**해설** 바이트의 구조에 따른 종류
① 단체 바이트 : 날 부분과 자루 부분이 같은 재질이다
② 팁 바이트 : 날 부분만 초경합금 등의 공구 재료로 용접한다.
③ 클램프 바이트(인서트 바이트, 스로어웨이 바이트) : 팁을 나사이용 기계적으로 고정한다.

**02** 밀링 머신으로 할 수 없는 작업은?

① 평면 절삭
② 기어 절삭
③ 나선홈 절삭
④ 원통 테이퍼 절삭

**해설** 원통 테이퍼 절삭은 선반에서 가능하다.

**03** 보통선반 작업에서 심압대의 용도와 관계가 없는 것은?

① 평면 작업
② 가공물 지지
③ 테이퍼 가공
④ 센터드릴 가공

**해설** 평면 작업은 심압대와 관계가 없다.

**04** 선반 가공 시 원형 축 형상 도면의 편심량이 2mm일 때 다이얼 게이지 눈금의 변위량은?

① 1mm
② 2mm
③ 3mm
④ 4mm

**해설** 다이얼 게이지 눈금의 변위량은 편심량이 2mm×2=4mm이다.

[정답] 01. ④  02. ④
03. ①  04. ④

**05** 다음은 연삭숫돌의 표시법이다. 의미에 따른 순서를 올바르게 나열한 것은?

$$WA - 46 - H - 8 - V$$

① 숫돌입자-입도-결합도-조직-결합제
② 숫돌입자-입도-결합도-결합제-조직
③ 숫돌입자-입도-결합제-조직-결합도
④ 숫돌입자-결합제-조직-결합도-입도

**해설** WA(입자)-46(입도)-H(결합도)-8(조직)-V(결합제)

**06** 지름이 10mm인 드릴로 두께 45mm의 강판에 구멍을 뚫으려고 한다. 드릴이 1회전 하는 동안의 이송을 0.02mm, 회전수를 480rpm으로 한다면 구멍을 뚫는 데 걸리는 시간은? (단, 드릴 끝 원추부의 높이는 3mm이다.)

① 5분  ② 7분
③ 9분  ④ 11분

**해설** $T = \dfrac{L}{Nf}i = \dfrac{t+h}{Nf}i = \dfrac{45+3}{480 \times 0.02} \times 1 = 5\min$

**07** 밀링 가공 시 하향절삭과 비교한 상향절삭의 특징에 대한 설명으로 틀린 것은?

① 가공면이 거칠다.
② 공구의 수명이 길다.
③ 백래시가 자연히 제거된다.
④ 절삭력이 상향으로 작용하여 고정이 불리하다.

**해설** 상향절삭은 커터의 수명이 짧다.

**08** 반달 키의 홈을 가공하는데 사용하는 절삭 공구는?

① 엔드밀(endmill)
② 더브테일 커터(dovetail milling cutter)
③ 슬래브 밀링 커터(slab milling cutter)
④ 우드러프 홈 커터(woodruff key seat cutter)

**해설** 우드러프 홈 커터: 반달 키의 홈 등을 가공

**정답** 05. ① 06. ① 07. ② 08. ④

## 09 브로칭 머신에 대한 설명으로 옳은 것은?

① 브로치의 가공은 다품종 소량생산에 적합하다.
② 브로치의 절삭속도는 가공형상이 복잡할수록 빠르게 한다.
③ 브로칭 머신은 키 홈, 스플라인 홈 등을 가공하는 데 사용한다.
④ 브로치의 압입 방식은 나사식, 벨트식, 유압식이 있으며 주로 벨트식을 많이 사용한다.

**해설** 브로칭 머신에 대한 설명
① 브로치의 가공은 호환성을 필요로 하는 부품의 대량생산에 적합하다.
② 브로치의 절삭속도는 가공형상이 복잡할수록 느리게 한다.
③ 브로칭 머신은 키 홈, 스플라인 홈 등을 가공하는 데 사용한다.
④ 브로치의 압입 방식은 나사식, 벨트식, 유압식이 있으며 주로 유압식을 많이 사용한다.

## 10 표면거칠기 측정법이 아닌 것은?

① 촉침식 측정
② 확대경 측정
③ 광절단식 측정
④ 광파간섭식 측정

**해설** 표면거칠기의 측정법(촉침식 측정)
① 비교용 표준편과의 비교측정
② 광절단식 표면거칠기 측정법
③ 광파간섭식 표면거칠기 측정법

## 11 그림과 같은 사인 바(sine bar)를 이용한 각도 측정에 대한 설명으로 틀린 것은?

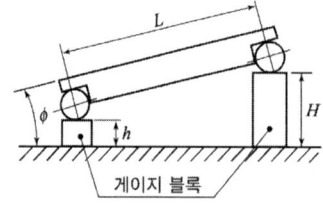

① 45°보다 큰 각을 측정할 때에는 오차가 적어진다.
② 사인 바는 롤러의 중심거리가 보통 100 mm 또는 200mm로 제작한다.
③ 정반 위에서 정반면과 사인봉과 이루는 각을 표시하면 $\sin\phi = (H-h)/L$식이 성립한다.
④ 게이지 블록 등을 병용하고 삼각함수 사인(sine)을 이용하여 각도를 측정하는 기구이다.

**정답** 09. ③  10. ②  11. ①

**해설** 사인 바를 이용하여 각도 측정 시 $\alpha > 45$도로 되면 오차가 커지므로 기준면에 대하여 45도 이하로 설정한다.

**12** 밀링 머신에서 커터의 고정구가 아닌 것은?
① 아버  ② 콜릿
③ 바이스  ④ 어댑터

**해설** 바이스는 공작물의 고정구이다.

**13** 밀링작업에서 날 1개당의 이송 0.01mm, 날수 6개, 회전수 500rpm일 때, 이송속도는 몇 mm/min인가?
① 30  ② 120
③ 1200  ④ 3000

**해설** $f = f_z \times Z \times N = 0.01 \times 6 \times 500 = 30 \text{mm/min}$

**14** 게이지 블록과 마이크로미터를 조합한 길이 측정용 게이지는?
① 공기 마이크로미터  ② 나사 마이크로미터
③ 전기 마이크로미터  ④ 하이트 마이크로미터

**해설** **하이트 마이크로미터** : 게이지 블록과 마이크로미터를 조합한 길이 측정용 게이지이다.

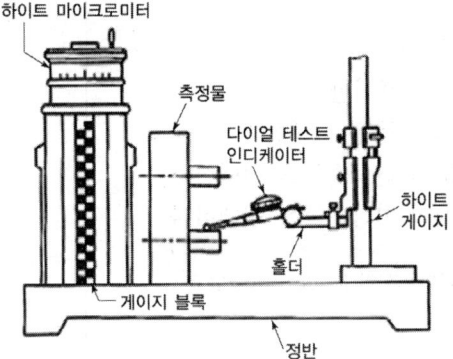

**15** 다음 절삭 공구 중에서 가장 경도가 높고 내마모성이 크며 절삭속도가 빨라 절삭 가공이 매우 능률적이나 취성이 크고 값이 고가인 것은?
① 서멧  ② 세라믹
③ 다이아몬드  ④ 주조 경질합금

**해설** **다이아몬드** : 절삭 공구 중에서 가장 경도가 높고 내마모성이 크며 절삭속도가 빨라 절삭 가공이 매우 능률적이나 취성이 크고 값이 고가이다.

[정답] 12. ③  13. ①  14. ④  15. ③

**16** 절삭유제의 작용으로 틀린 것은?

① 마찰력을 증가시킨다.
② 윤활 및 세척작용을 한다.
③ 공구의 경도 저하를 방지한다.
④ 가공물의 정밀도 저하를 방지한다.

**해설** 절삭유는 마찰력을 감소시킨다.

**17** 인선이 없는 메탈 소(metal saw)를 절단할 부분에 마찰을 시키면서 가공액을 공급하면 용삭(鎔鑠)이 진행되어 절단이 되는 가공방법은?

① 화학 밀링
② 화학 연삭
③ 화학 연마
④ 화학 절단

**해설** 화학 절단 : 날이 없는 메탈 소(metal saw)와 같으며, 절단할 곳에 대고 마찰시키며, 가공액을 작용시키면 그 부분에서 용삭이 진행되어 절단된다. 이 방법은 절단 시간은 같지만 절단 면의 조직 변화가 발생하지 않는 장점이 있다.

**18** 연삭숫돌에 대한 설명으로 틀린 것은?

① 탄화규소계의 입자는 WA, A의 기호로 표시한다.
② 경도가 큰 재료는 결합도가 낮은 연삭숫돌을 선택한다.
③ 연하고 연성이 있는 재료는 거친 입도의 연삭숫돌을 선택한다.
④ 가공물의 재질이 연한 것은 거친 조직의 연삭숫돌을 선택한다.

**해설** 탄화규소계의 입자는 C, GC의 기호이고, 산화알루미늄계 입자는 WA, A의 기호로 표시한다.

**19** 잇줄이 축 방향과 일치하지 않는 다음 그림과 같은 기어 명칭은?

① 웜 기어
② 스퍼 기어
③ 헬리컬 기어
④ 크라운 베벨 기어

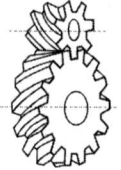

**해설** 위 그림은 헬리컬 기어의 그림이다.

정답  16. ①  17. ④
      18. ①  19. ③

**20** 보통선반의 심압대 대신 여러 개의 공구를 방사상으로 설치하여 공정 순서대로 공구를 차례대로 사용할 수 있도록 되어 있는 선반은?

① NC 선반
② 모방 선반
③ 보통 선반
④ 터릿 선반

**해설** 터릿 선반
보통선반의 심압대 대신 여러 개의 공구를 방사상으로 설치하여 공정 순서대로 공구를 차례대로 사용할 수 있도록 되어 있는 선반이다.

**21** 범용 밀링에서 할 수 없는 작업은?

① 홈 가공
② 널링 가공
③ 평면 가공
④ 더브테일 가공

**해설** 널링 가공은 선반에서 할 수 있는 작업이다.

**22** 레이저 가공에 대한 설명으로 틀린 것은?

① 거스러미 없이 종이나 목재의 절단도 가능하다.
② 후판용접도 가능하고 필요 부위만의 국부적 열처리도 가능하다.
③ 다이아몬드나 사파이어 같은 시계용 보석의 구멍가공에 사용되기도 한다.
④ 가스절단과 비교하면 넓은 영역에 걸쳐 열변형을 많이 받으므로 주의해야 한다.

**해설** 레이저 가공은 가스절단과 비교하면 열변형을 거의 받지 않는다.

**23** 다듬질 면이 매끈하고 정밀도가 높은 제품을 얻을 수 있으며 특히 게이지 블록을 최종 완성 가공할 때 사용할 수 있고, 가공액의 사용 유무에 따라 건식법과 습식법으로 나누어지는 가공법은?

① 래핑
② 버프 가공
③ 배럴가공
④ 방전 가공

**해설** 래핑
다듬질 면이 매끈하고 정밀도가 높은 제품을 얻을 수 있으며 특히 게이지 블록을 최종 완성 가공할 때 사용할 수 있고, 가공액의 사용 유무에 따라 건식법과 습식법이 있다.

정답 20.④ 21.② 22.④ 23.①

**24** 윤활제의 구비조건으로 틀린 것은?

① 금속의 부식이 없어야 한다.
② 열이나 산성에 강해야 한다.
③ 온도변화에 따른 점도 변화가 커야 한다.
④ 양호한 유성을 가진 것으로 카본 생성이 적어야 한다.

**해설** 윤활제는 온도변화에 따른 점도 변화가 작아야 한다.

**25** 100mm의 사인 바에 공작물을 올려놓고 피측정물의 경사면과 사인 바의 측정면이 일치되었을 때 블록게이지의 높이가 35mm였다. 이 때 각도는 약 얼마인가?

① 15° 29′
② 20° 29′
③ 25° 29′
④ 30° 29′

**해설** $\alpha = \sin^{-1}\dfrac{H}{L} = \sin^{-1}\dfrac{35}{100} = 20°29′$

**26** 입도가 작고 연한 숫돌에 적은 압력으로 가압하면서 가공물에 이송을 주고, 동시에 숫돌에 진동을 주어 표면 거칠기를 향상시키는 가공법은?

① 배럴(barrel)
② 래핑(lapping)
③ 버니싱(burnishing)
④ 슈퍼 피니싱(super finishing)

**해설** 슈퍼 피니싱(super finishing) : 입도가 작고 연한 숫돌에 적은 압력으로 가압하면서 가공물에 이송을 주고, 동시에 숫돌에 진동을 주어 표면 거칠기를 향상시키는 가공법이다.

**27** 테이블이 왕복직선운동을 하고 주축의 회전운동으로 각형 가공물 연삭이 가능한 연삭기는?

① 내면 연삭기
② 외경 연삭기
③ 평면 연삭기
④ 센터리스 연삭기

**해설** 평면 연삭기 : 테이블이 왕복직선운동을 하고 주축의 회전운동으로 각형 가공물 연삭이 가능하다.

정답 24. ③  25. ②  26. ④  27. ③

**28** 보링 작업할 소재의 구멍이 커서 보링 바를 사용하기 곤란한 경우에 사용하는 것은?

① 보링 홀더
② 보링 공구대
③ 보링 바이트
④ 새들 지지대

**해설** **보링 공구대** : 보링 작업할 소재의 구멍이 커서 보링 바를 사용하기 곤란한 경우에 사용한다.

**29** 보통선반에서 나사를 절삭하기 위해 나사 이송을 연결 또는 단속시키는 것은?

① 클러피
② 웜 기어
③ 하프너트
④ 슬라이딩 기어

**해설** **하프너트** : 보통선반에서 나사를 절삭하기 위해 나사 이송을 연결 또는 단속시킬 때 사용하는 레버이다.

**30** 내면연삭기 중 가공물은 회전하지 않고 연삭숫돌이 회전운동과 공전운동을 동시에 진행하며 연삭하는 방식은?

① 보통형
② 유성형
③ 평면형
④ 센터리스형

**해설** **유성형** : 내면연삭기에서 가공물은 회전하지 않고 연삭숫돌이 회전운동과 공전운동을 동시에 진행하며 연삭하는 방식이다.

**31** 밀링에서 분할대의 주축 앞면에 있는 24구멍 분할판을 사용하여 분할하는 것은?

① 단식분할
② 주축분할
③ 직접분할
④ 차동분할

**해설** **직접분할법** : 분할대의 면판에 24개의 구멍이 등 간격으로 뚫어져 있음(면판 위의 24개 구멍을 이용하여 분할).

**32** 탄소강에 함유된 원소 중 백점이나 헤어크랙의 원인이 되는 원소는?

① 황
② 인
③ 수소
④ 구리

**해설** **가스**($O_2$, $N_2$, $H_2$) : 산소는 적열 메짐성의 원인이 되며, 질소는 경도와 강도를 증가시키고, 수소는 백점(flake)이나 헤어크랙(hair crack)의 원인이 된다.

정답 28. ② 29. ③ 30. ② 31. ③ 32. ③

## 33. 철강의 열처리 목적으로 틀린 것은?

① 내부의 응력과 변형을 증가시킨다.
② 강도, 연성, 내마모성 등을 향상시킨다.
③ 표면을 경화시키는 등의 성질을 변화시킨다.
④ 조직을 미세화하고 기계적 특성을 향상시킨다.

**해설** 철강의 열처리 목적은 내부의 응력제거와 변형을 감소시킨다.

## 34. 냉간 가공된 황동제품들이 공기 중의 암모니아 및 염류로 인하여 입간부식에 의한 균열이 생기는 것은?

① 저장균열
② 냉간균열
③ 자연균열
④ 열간균열

**해설** **자연균열** : 냉간 가공된 황동제품들이 공기 중의 암모니아 및 염류로 인하여 입간부식에 의한 균열이 생기는 것이다.

## 35. 상온이나 고온에서 단조성이 좋아지므로 고온 가공이 용이하여 강도를 요하는 부분에 사용하는 황동은?

① 톰백
② 6-4황동
③ 7-3황동
④ 함석황동

**해설** **6-4황동** : 상온이나 고온에서 단조성이 좋아지므로 고온 가공이 용이하며 강도를 요하는 부분에 사용하는 황동이다.

## 36. 절삭 공구로 사용되는 재료가 아닌 것은?

① 페놀
② 서멧
③ 세라믹
④ 초경합금

**해설** 페놀은 합성수지 계통이다.

## 37. 6-4황동에 철 1~2%를 첨가함으로써 강도와 내식성이 향상되어 광산기계, 선박용 기계, 화학기계 등에 사용되는 특수 황동은?

① 쾌삭 메탈
② 델타 메탈
③ 네이벌 황동
④ 애드머럴티 황동

[정답] 33. ① 34. ③
35. ② 36. ①
37. ②

**해설** 델타 메탈
6-4황동에 철 1~2%를 첨가함으로써 강도와 내식성이 향상되어 광산기계, 선박용 기계, 화학기계 등에 사용되는 특수 황동이다.

## 38 탄소강에 함유되는 원소 중 강도, 연신율, 충격치를 감소시키며 적열취성의 원인이 되는 것은?

① Mn    ② Si
③ P     ④ S

**해설** 황(S)
적열 상태에서는 메짐성이 커 적열취성의 원인이 되며, 인장강도, 연신율, 충격 값을 감소시킨다. 강의 용접성을 나쁘게 하며, 강의 유동성을 해치고 기포를 발생시킨다. 망간과 화합하여 절삭성이 좋아진다.

## 39 미끄럼 베어링의 윤활 방법이 아닌 것은?

① 적하 급유법    ② 패드 급유법
③ 오일링 급유법  ④ 충격 급유법

**해설**
① **적하 급유법** : 마찰면이 넓거나 시동되는 횟수가 많을 때, 저속 및 중속 축의 급유에 사용된다.
② **패드 급유법** : 무명이나 털 등을 섞어 만든 패드 일부를 오일 통에 담가 저널의 아랫면에 모세관 현상으로 급유하는 방법이다.
③ **오일링 급유법** : 고속 주축에 급유를 균등하게 할 목적으로 사용한다. 축보다 큰 링이 축에 걸쳐져 회전하며 오일 통에서 링으로 급유한다.
④ **강제 급유법** : 순환펌프를 이용하여 급유하는 방법으로 고속회전 시 베어링의 냉각효과에 효과적이다.

## 40 핀(pin)의 종류에 대한 설명으로 틀린 것은?

① 테이퍼 핀은 보통 1/50 정도의 테이퍼를 가지며, 축에 보스를 고정시킬 때 사용할 수 있다.
② 평행핀은 분해·조립하는 부품의 맞춤면의 관계 위치를 일정하게 할 필요가 있을 때 주로 사용된다.
③ 분할핀은 한족 끝이 2가닥으로 갈라진 핀으로 축에 끼워진 부품이 빠지는 것을 막는 데 사용할 수 있다.
④ 스프링 핀은 2개의 봉을 연결하기 위해 구멍에 수직으로 핀을 끼워 2개의 봉이 상대각운동을 할 수 있도록 연결한 것이다.

**해설** 스프링 핀
탄성을 이용하여 물체를 고정시키는 데 사용되며, 해머로 때려 박을 수 있는 핀이다.

| 답안 표기란 | | | | |
|---|---|---|---|---|
| 38 | ① | ② | ③ | ④ |
| 39 | ① | ② | ③ | ④ |
| 40 | ① | ② | ③ | ④ |

[정답] 38. ④  39. ④  40. ④

**41** 회전체의 균형을 좋게 하거나 너트를 외부에 돌출시키지 않으려고 할 때 주로 사용하는 너트는?

① 캡 너트
② 둥근 너트
③ 육각 너트
④ 와셔붙이 너트

**해설** 둥근 너트: 회전체의 균형을 좋게 하거나 너트를 외부에 돌출시키지 않으려고 할 때 주로 사용한다.

**42** 체인 전동의 일반적인 특징으로 거리가 먼 것은?

① 속도비가 일정하다.
② 유지 및 보수가 용이하다.
③ 내열, 내유, 내습성이 강하다.
④ 진동과 소음이 없다.

**해설** 체인 전동의 일반적인 특징
① 큰 동력 전달 효율이 95% 이상이다.
② 체인의 탄성으로 어느 정도 충격하중을 흡수한다.
③ 진동, 소음이 생기기 쉽다.
④ 고속회전에 부적당하고 저속, 대마력에 적당하며, 윤활이 필요하다.

**43** 일반 스퍼 기어와 비교한 헬리컬 기어의 특징에 대한 설명으로 틀린 것은?

① 임의의 비틀림 각을 선택할 수 있어서 축 중심거리의 조절이 용이하다.
② 물림 길이가 길고 물림률이 크다.
③ 최소 잇수가 적어서 회전비를 크게 할 수가 있다.
④ 추력이 발생하지 않아서 진동과 소음이 적다.

**해설** 스퍼 기어보다 접촉선이 길어서 큰 힘을 전달할 수 있고, 진동과 소음이 적다. 반면에 제작하기가 어렵고 톱니가 경사져 있어서 축 방향으로 추력이 발생한다.

**44** 한쪽은 오른나사, 다른 한쪽은 왼나사로 되어 양끝을 서로 당기거나 밀거나 할 때 사용하는 기계요소는?

① 아이 볼트
② 세트 스크류
③ 플레이트 너트
④ 턴 버클

**해설** 턴 버클: 한쪽은 오른나사, 다른 한쪽은 왼나사로 되어있다.

[정답] 41. ② 42. ④ 43. ④ 44. ④

**45** 기계의 운동에너지를 흡수하여 운동속도를 감속 또는 정지시키는 장치는?

① 기어　　② 커플링
③ 마찰차　④ 브레이크

**해설**　브레이크 : 기계의 운동에너지를 흡수하여 운동속도를 감속 또는 정지시키는 장치이다.

**46** 8kN의 인장하중을 받는 정사각봉의 단면에 발생하는 인장응력이 5MPa이다. 이 정사각봉의 한 변의 길이는 약 몇 mm인가?

① 40　　② 60
③ 80　　④ 100

**해설**　$a = \sqrt{\dfrac{W}{\sigma_a}} = \sqrt{\dfrac{8000}{5}} = 40\text{mm}$

**47** 도면에 표시된 3/8-16UNC-2A의 해석으로 옳은 것은?

① 피치는 3/8인치이다.
② 산의 수는 1인치당 16개이다.
③ 유니파이 가는 나사이다.
④ 나사부의 길이는 2인치이다.

**해설**　3/8(외경)-16(피치)UNC(유니파이 보통나사)-2A(나사급수 2A)

**48** 헐거운 끼워맞춤에서 구멍의 최대 허용치수와 축의 최소 허용치수와의 차를 의미하는 용어는?

① 최소 틈새　　② 최대 틈새
③ 최소 죔새　　④ 최대 죔새

**해설**
① **최소 틈새** : 구멍의 최소 허용치수-축의 최대 허용치수
② **최대 틈새** : 구멍의 최대 허용치수-축의 최소 허용치수
③ **최소 죔새** : 축의 최대 허용치수-구멍의 최소 허용치수
④ **최대 죔새** : 축의 최소 허용치수-구멍의 최대 허용치수

**49** 가는 1점 쇄선의 용도로 적합하지 않은 것은?

① 도형의 중심을 표시하는 데 사용
② 중심이 이동한 중심궤적을 표시하는 데 사용
③ 위치 결정의 근거가 된다는 것을 명시할 때 사용
④ 단면의 무게 중심을 연결한 선을 표시하는 데 사용

**해설**　**무게 중심선** : 가는 2점 쇄선

[정답] 45.④　46.①　47.②　48.②　49.④

## 50 단면도의 표시 방법에서 그림과 같이 도시하는 단면도의 종류 명칭은?

① 온 단면도
② 한쪽 단면도
③ 부분 단면도
④ 회전도시 단면도

**해설**
① **온 단면도** : 물체의 기본적인 모양을 가장 잘 나타낼 수 있도록 물체의 중심에서 반으로 절단하여 나타낸 것이다.
② **한쪽 단면도** : 상하 또는 좌우 대칭형의 물체는 기본 중심선을 경계로 1/2은 외형도로, 나머지 1/2은 단면도로 동시에 나타낸다.
③ **부분 단면도** : 외형도에서 필요로 하는 일부분만을 부분 단면도로 도시할 수 있다.
④ **회전도시 단면도** : 핸들이나 바퀴 등의 암이나 리브, 훅, 축, 구조물의 부재 등의 절단면은 90° 회전하여 도시하거나 절단할 곳의 전후를 끊어서 그 사이에 그린다.

## 51 가공에 의한 줄무늬 방향의 기호 중 대략 동심원 모양을 나타내는 것은?

①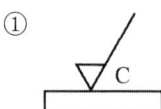
②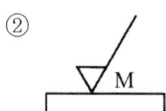
③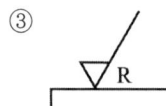
④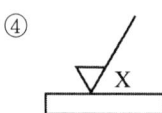

**해설**

| | | |
|---|---|---|
| X | 가공으로 생긴 선이 두 방향으로 교차 | |
| M | 가공으로 생긴 선이 다방면으로 교차 또는 무방향 | |
| C | 가공으로 생긴 선이 거의 동심원 | |
| R | 가공으로 생긴 선이 거의 방사상 | |

정답 50. ④ 51. ①

**52** 그림과 같은 입체도를 화살표 방향에서 본 투상도로 가장 옳은 것은? (단, 해당 입체는 화살표 방향으로 볼 때 좌우 대칭 구조이다.)

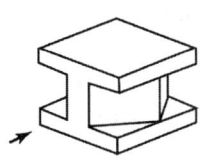

① 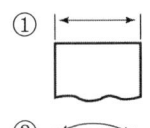   ②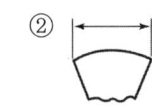

③ 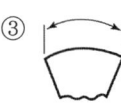   ④

**53** 다음 치수 기입 방법 중 호의 길이로 옳은 것은?

① 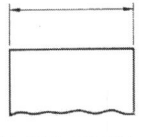   ②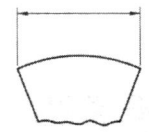

③ 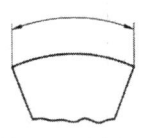   ④

해설

(a) 변의 길이치수   (b) 현의 길이치수

(c) 호의 길이치수   (d) 각도치수

**54** 축의 도시 방법에 관한 설명으로 옳은 것은?
① 축은 길이 방향으로 온단면 도시한다.
② 길이가 긴 축은 중간을 파단하여 짧게 그릴 수 있다.
③ 축의 끝에는 모떼기를 하지 않는다.
④ 축의 키 홈을 나타낼 경우 국부 투상도로 나타내어서는 안 된다.

해설 **축의 도시 방법**
① 축은 길이 방향으로 단면도시를 하지 않는다. 단, 부분단면은 허용한다.
② 긴 축은 중간을 파단하여 짧게 그릴 수 있으며 실제치수를 기입한다.
③ 축 끝에는 모따기 및 라운딩을 할 수 있다.
④ 축에 있는 널링(knurling)의 도시는 빗줄인 경우는 축선에 대하여 30°로 엇갈리게 그린다.

정답  52. ③  53. ③  54. ②

**55** 도면과 같이 위치도를 규제하기 위하여 B치수에 이론적으로 정확한 치수를 기입한 것은?

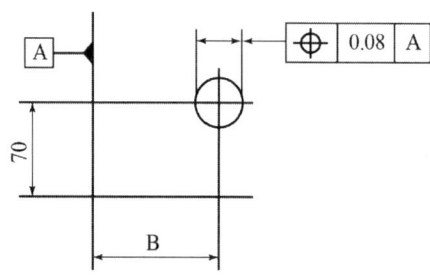

① (100)  ② <u>100</u>
③ ~~100~~  ④ [100]

**해설**
① (100) : 참고치수
② <u>100</u> : 비례척이 아님
③ ~~100~~ : 도면치수 수정
④ [100] : 이론적으로 정확한 치수

**56** 다음과 같이 지시된 기하공차 기입 틀의 해독으로 옳은 것은?

| // | 0.07/100 | B |

① 평행도가 데이텀 B를 기준으로 지정길이 100mm에 대하여 0.07mm의 허용값을 가지는 것
② 평행도가 데이텀 B를 기준으로 지정길이 0.07mm에 대하여 100mm의 허용값을 가지는 것
③ 평행도가 데이텀 B를 기준으로 지정길이 0.0007mm의 허용값을 가지는 것
④ 평행도가 데이텀 B를 기준으로 지정길이 0.07~100mm의 허용값을 가지는 것

**해설**

| // | 0.07/100 | B |

평행도가 데이텀 B를 기준으로 지정길이 100mm에 대하여 0.07mm의 허용값을 가지는 것

정답 55. ④ 56. ①

**57** 에어리점과 베셀점은?

① $\alpha$=0.2113L, $\beta$=0.2203L
② $\alpha$=0.2203L, $\beta$=0.2113L
③ $\alpha$=0.2213L, $\beta$=0.2243L
④ $\alpha$=0.2243L, $\beta$=0.2113L

**해설**
- **에어리점**(airy point) : 눈금이 중립면에 없는 경우 및 게이지 블록과 단도기를 수평으로 지지할 때 사용되는 방법
- **베셀점**(bessel point) : 중립면에 눈금을 만든 표준자를 지지할 때 사용되는 방법

**58** 어미자의 1눈금이 0.5mm이며, 아들자의 눈금이 12mm를 25등분한 버니어 캘리퍼스의 최소 측정값은?

① 0.01mm  ② 0.02mm
③ 0.04mm  ④ 0.05mm

**해설** $\dfrac{\text{어미자의 눈금수}}{\text{아들자의 등분수}} = \dfrac{0.5}{25} = 0.02$

**59** 나사의 유효지름을 측정하는 방법이 아닌 것은?

① 삼침법에 의한 측정
② 투영기에 의한 측정
③ 플러그 게이지에 의한 측정
④ 나사 마이크로미터에 의한 측정

**해설** 플러그 게이지에 의한 측정은 구멍을 측정한다.

**60** 투영기에 의해 측정을 할 수 있는 것은?

① 진원도 측정
② 진직도 측정
③ 각도 측정
④ 원주 흔들림 측정

**해설** **투영기** : 물체를 스크린상에 확대 투영하고 그 물체의 형상이나 치수를 측정 검사하는 광학 기기로 각도 측정, 나사 유효지름, 나사산의 반각, 피치, 표면거칠기, 윤곽 등을 측정할 수 있다.

[정답] 57.① 58.② 59.③ 60.③

# week 5

## 기계가공조립기능사
## CBT 모의고사

- 01회 CBT 모의고사
- 02회 CBT 모의고사
- 03회 CBT 모의고사
- 04회 CBT 모의고사

# 01회 CBT 모의고사

**01** 다음 중 항온 열처리 방법에 포함되지 않는 것은?
① 오스템퍼  ② 시안화법
③ 마퀜칭  ④ 마템퍼

**해설** 항온 담금질(Isothermal quenching)
① 오스템퍼(austemper) : 오스테나이트 상태에서 Ar'와 Ar"(Ms점) 변태점 사이의 온도에서 염욕에 담금질한 후 과냉한 오스테나이트가 변태 완료할 때까지 항온으로 유지하여 베이나이트를 충분히 석출시킨 후 공랭하는 열처리로서 베이나이트 조직이 되며 뜨임이 필요 없고 담금질 균열이나 변형이 잘 생기지 않는다.
② 마템퍼(martemper) : 담금질 온도로 가열한 강재를 Ms와 Mf점 사이의 열욕(100~200℃)에 담금질하여 과냉 오스테나이트의 변태가 거의 완료할 때까지 항온 유지한 후에 꺼내어 공랭하는 열처리로서 마텐자이트와 베이나이트의 혼합조직이며, 경도와 인성이 크다.
③ 마퀜칭(marquenching) : 담금질 온도까지 가열된 강을 Ar"(Ms)점보다 다소 높은 온도의 열욕에 담금질한 후 마텐자이트로 변태를 시켜서 담금질 균열과 변형을 방지하는 방법으로 복잡하고, 변형이 많은 강재에 적합하다.

**02** 영국의 G.A Tomlinsom 박사가 고안한 것으로 게이지 면이 크고, 개수도 적게 한 각도 게이지의 방식은?
① 요한슨식  ② N.P.A식
③ 제퍼슨식  ④ N.P.L식

**해설** NPL식 각도 게이지 : 100×15mm의 강철제 블록으로 되어 있고, 12개의 게이지를 한 조로 하며, 두 개 이상 조합해서 0°에서 81°까지 6″ 간격으로 임의의 각도를 만들 수 있고, 조립 후의 정도는 ±2~3″이다.

**03** 기어의 피치원을 나타내는 피치선으로 가장 적합한 것은?
① 가는 1점 쇄선  ② 가는 2점 쇄선
③ 가는 실선  ④ 굵은 1점 쇄선

**해설** 기어도시방법
① 바깥지름(이끝원)은 굵은 실선으로 그린다.
② 피치원은 가는 1점 쇄선으로 그린다.
③ 이뿌리원은 가는 실선으로 그린다.
④ 정면도를 단면으로 도시할 경우 이뿌리는 굵은 실선으로 그린다.

**04** 다음 중 열 및 전기 전도도가 가장 양호한 금속은?
① 은(Ag)  ② 구리(Cu)
③ 금(Au)  ④ 마그네슘(Mg)

[정답] 01.② 02.④ 03.① 04.①

> **해설** 열전도율 및 전기전도율 : Ag – Cu – Au – Pt – Al – Mg – Zn – Ni – Fe – Pb – Sb

**05** 줄 작업 방법 중 평면을 거친 다듬질하는 데 가장 적합한 방법은?

① 후진법
② 직진법
③ 사진법
④ 횡진법

> **해설** 줄 작업 방법
> ① 직진법 : 줄을 길이 방향으로 직진시켜 절삭하는 방법으로 황삭 및 최종 다듬질 작업에 사용한다.
> ② 사진법 : 넓은 면 절삭에 적합하며, 절삭량이 많아 황삭 및 모따기에 적합하다.
> ③ 횡진법(병진법) : 줄을 길이 방향과 직각 방향으로 움직여 절삭하는 방법으로 폭이 좁고 길이가 긴 공작물의 줄 작업에 좋다.

**06** 열처리의 방법 중 강을 경화시킬 목적으로 실시하는 열처리는?

① 담금질
② 뜨임
③ 불림
④ 풀림

> **해설** ① **담금질** : 경도 증가
> ② **뜨임** : 인성부여
> ③ **불림** : 재질의 표준화
> ④ **풀림** : 내부응력 제거

**07** 연삭숫돌 입자의 크기는 숫자로 나타내는 데, 이것을 무엇이라 하는가?

① 조직
② 입자
③ 입도
④ 결합도

> **해설** **입도** : 숫돌 입자는 메시(mesh : 체인길이 1평방 inch 안의 체눈의 수)로써 선별하며 입자의 크기를 입도라 한다.

**08** 선반 작업에서 조가 단독으로 움직여서, 불규칙한 모양의 봉재(棒材)를 고정할 때 정확히 센터를 낼 수 있는 척은?

① 연동 척(universal chuck)
② 단동 척(independent chuck)
③ 공기 척(air chuck)
④ 콜릿 척(collet chuck)

> **해설** ① **연동 척** : 규칙적인 외경을 가진 재료를 가공. 단동 척보다 고정력이 약하다. 3개의 조를 크라운 기어를 사용, 동시에 이동시킨다.
> ② **단동 척** : 다소 불규칙한 외경의 공작물 가공과 중심을 편심시켜 가공할 수 있다. 4개의 조가 있다.
> ③ **공기 척** : 공작물의 장탈을 신속 확실하게 하기 위해 압축공기나 유압으로 조를 동작, 다수 가공 시 사용되고, 자동화에 능률적이다.
> ④ **콜릿 척** : 가는 지름의 환봉 재료 고정. 탁상, 터릿 선반용으로 사용된다.

[정답] 05. ③  06. ①
07. ③  08. ②

**09** 마이크로미터 사용 시 주의사항으로 틀린 것은?

① 딤블을 잡고 프레임을 휘둘러 돌리지 말 것
② 스핀들의 회전은 래칫을 돌려서 항상 측정압을 일정하게 할 것
③ 클램프로 스핀들을 고정하고 퍼스 대용으로 사용하지 말 것
④ 사용 후 앤빌과 스핀들에 방청유를 발라서 밀착시켜둘 것

**해설** 사용 후 앤빌과 스핀들에 방청유를 발라서 밀착시키지 말 것

**10** 밀링가공에서 원주를 80등분 하려고 할 때, 필요한 분할판(브라운 샤프형)의 구멍 수는?

① 15
② 18
③ 19
④ 20

**해설** $n = \dfrac{40}{N} = \dfrac{40}{80} = \dfrac{20}{40} = \dfrac{10}{20}$

즉, 분할판 20공(열)을 사용하여 매 회전 10공씩 이동시킨다.

**11** 절삭제 중에서 동식물유의 장점이 아닌 것은?

① 윤활작용이 강력하다.
② 완성가공에 많이 사용한다.
③ 고속절삭에 이용한다.
④ 마모를 방지할 때 사용한다.

**해설** 동식물유
일반적으로 점성이 높으나 냉각작용이 나쁘고 변질되기 쉬우며 강력한 윤활작용, 완성가공, 저속 중절삭에 사용된다. 돈유, 올리브유, 종자유, 파자마유, 콩기름 등이 있다.

**12** 그림과 같은 커터를 이용한 밀링 가공은?

① 평면가공
② 각도가공
③ 나사가공
④ 기어가공

정답 09. ④  10. ④  11. ③  12. ①

**해설** 평면(Plain) 밀링 커터
① 주축과 평행한 평면을 절삭할 때
② 비틀림 날의 나선각(보통 15~30°)
  • 15°: 경 절삭용
  • 25~35°: 중 절삭용
  • 45~70°: 헬리컬 밀링 커터(진동이 적고 가공 면이 양호하나 추력(thrust)이 작용한다.)
  ※ 비틀림 날 여유각 3~6°

**13** 한계 게이지가 아닌 것은?
① 게이지 블록
② 봉 게이지
③ 플러그 게이지
④ 링 게이지

**해설** 게이지 블록
각 면의 치수가 다른 육면체로 아주 정밀하게 다듬질되어 있다. 이들 각 면을 몇 개 조합하여 밀착시켜 필요한 치수로 만들어 길이의 기준으로 한다. 보통 103, 76, 32, 8개가 한 세트로 조합되어 있다.

**14** 절삭 저항 3분력이 아닌 것은?
① 표면분력
② 주분력
③ 이송분력
④ 배분력

**해설** 절삭 저항의 3분력
절삭 저항 = 주분력(P1) 10 〉배분력(P3) (2-4) 〉이송분력(P2)(1-2)
① 주분력(P1 : Principal Cutting Force) : 절삭 방향으로 작용하는 분력
② 이송분력(P2 : Feed Force) : 이송 방향(평행)으로 작용하는 분력
③ 배분력(P3 : Radial Force) : 공구의 축 방향으로 작용하는 분력

**15** 칩 브레이커(chip breaker)에 대한 설명 중 알맞은 것은?
① 칩의 한 종류로서 흔히 조각난 칩의 형태를 통칭한 것이다.
② 드로우 어웨이(throw away) 바이트의 일종이다.
③ 칩의 형태를 관찰하기 위해 갑자기 가공을 멈추는 장치이다.
④ 연속적인 칩의 발생을 억제하기 위한 칩 절단 장치이다.

**해설** 칩 브레이커의 목적
① 공구, 공작물, 공작기계(척)가 서로 엉키는 것을 방지한다. 칩이 짧게 끊어지도록 바이트에 만든다.
  ㉠ 가공 표면의 흠집 발생 방지
  ㉡ 공구 날 끝의 치핑 방지
  ㉢ 칩의 비산 등에 의한 작업자의 위험 요인을 줄임
② 절삭유제의 유동을 좋게 한다.
③ 칩의 제거 및 처리를 효율적으로 할 수 있다.

정답 13. ① 14. ① 15. ④

**16.** 다음 원소 중 탄소강의 적열취성 원인이 되는 것은?

① S  ② Mn
③ P  ④ Si

**해설** 황(S)
적열 상태에서는 메짐성이 커 적열취성의 원인이 되며, 인장강도, 연신율, 충격 값을 감소시킨다. 강의 용접성을 나쁘게 하며, 강의 유동성을 해치고 기포를 발생시킨다. 망간과 화합하여 절삭성이 좋아진다.

**17.** 선반에서 양 센터 작업으로 가공할 때의 부속품으로 필요 없는 것은?

① 주축 센터  ② 고정 센터
③ 돌리개    ④ 리브

**18.** 지름 8mm의 드릴로 깊이 40mm의 구멍을 뚫으려 한다. 드릴 끝 원뿔의 높이가 4mm, 드릴이 1회전하는 동안의 이송이 0.02mm, 드릴의 회전수 550rpm이라면 구멍을 뚫는데 소요되는 시간은 몇 분인가?

① 4     ② 6.4
③ 11    ④ 13.7

**해설** 가공시간 $T = \dfrac{h+t}{nf} = \dfrac{40+4}{550 \times 0.02} = 4(분)$

**19.** 원동차의 잇수 28, 종동차의 잇수 84인 한 쌍의 스퍼 기어의 속도비는 얼마인가?

① $i = 1/3$   ② $i = 1/4$
③ $i = 1/6$   ④ $i = 1/8$

**해설** $i = \dfrac{28}{84} = \dfrac{1}{3}$

**정답** 16. ①  17. ④  18. ①  19. ①

**20** 기계구조용 탄소강 SM35C에서 35란 숫자는 무엇을 나타내는가?

① 인장강도의 값을 나타낸 것이다.
② 망간함유량을 나타낸 것이다.
③ 탄성계수를 나타낸 것이다.
④ 탄소함유량을 나타낸 것이다.

**해설** SM35C(기계 구조용 탄소 강재)

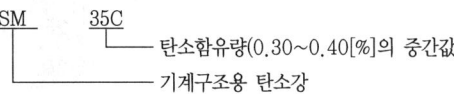

**21** 드릴 끝에서부터 자루에 가까워짐에 따라 가늘어지도록, 백 테이퍼(back taper)로 만들어진 드릴의 여유는?

① 몸 여유(body clearance)
② 지름 여유(body diameter clearance)
③ 날 여유(lip clearance)
④ 각 여유(angle clearance)

**해설** 몸 여유 : 드릴과 구멍 내면이 마찰하는 것을 방지(백 테이퍼로 만듦)

**22** 축의 도시방법에 대한 설명으로 옳은 것은?

① 축은 길이 방향으로 단면 도시를 할 수 있다.
② 축 끝의 모따기는 폭의 치수만 기입한다.
③ 긴축은 중간을 파단하여 짧게 그릴 수 없다.
④ 널링 도시 시 빗줄인 경우 축선에 대하여 30°로 엇갈리게 그린다.

**해설** 축의 도시 방법
① 축은 길이 방향으로 단면 도시를 하지 않는다. 단, 부분 단면은 허용한다.
② 긴축은 중간을 파단하여 짧게 그릴 수 있으며 실제 치수를 기입한다.
③ 축 끝에는 모따기 및 라운딩을 할 수 있다.
④ 축에 있는 널링의 도시는 빗줄인 경우는 축선에 대하여 30°로 엇갈리게 그린다.

**23** 밀링 머신에서 사용되는 부속장치가 아닌 것은?

① 원형 테이블
② 슬로팅 장치
③ 면판
④ 분할대

**해설** 면판은 선반 부속장치이다.

**정답** 20. ④  21. ①  22. ④  23. ③

**24.** 다음 입체도를 화살표 방향으로 투상한 도면으로 가장 적당한 것은?

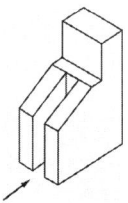

① 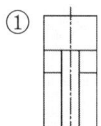　　②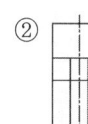

③ 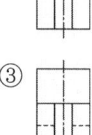　　④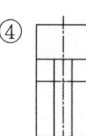

**25.** 선반 가공에서 공작물의 길이가 길어서 이동 방진구를 사용하였다. 어느 부분에 설치하는가?

① 심압대
② 에이프런
③ 왕복대의 새들
④ 베드

**해설**
① **이동 방진구** : 왕복대의 새들
② **고정 방진구** : 베드

**26.** 리드 스크루의 피치가 4mm인 선반으로 피치 1mm인 나사를 가공할 때, 가장 적합한 변환 기어의 잇수는?

① 20, 80
② 10, 40
③ 25, 80
④ 30, 90

**해설** $\dfrac{1}{4} = \dfrac{10 \times 2 (주축\ 기어\ 잇수)}{40 \times 2 (리드\ 스크루\ 기어\ 잇수)} = \dfrac{20}{80}$

**정답** 24. ① 25. ③ 26. ①

**27** 밀링 작업 중 하향절삭의 장점이 아닌 것은?

① 날의 수명이 길다.
② 가공면이 깨끗하다.
③ 일감의 고정이 간편하다.
④ 뒤틈 제거장치가 필요 없다.

🖉해설 하향절삭은 떨림이 나타나 공작물과 커터를 손상시키며 백래시 제거장치가 없으면 작업을 할 수 없다.

**28** 지금 18mm, 길이 80mm의 제품을 척도 1 : 2로 제도할 때에 표시방법으로 가장 올바른 것은?

① 도형을 지름 9mm, 길이 40mm로 그려 치수를 각각 $\phi$18 및 80으로 기록한다.
② 도형을 지름 9mm, 길이 40mm로 그려 치수도 또한 $\phi$19 및 40으로 기록한다.
③ 도형을 지름 18mm, 길이 80mm로 그린 후 치수는 각각 $\phi$19 및 40으로 기록한다.
④ 도형을 지름 18mm, 길이 40mm로 그리고 표제란에만 척도를 1 : 2로 작성한다.

**29** 특정한 모양이나 치수의 제품을 대량생산하는 데 적합하도록 만든 공작기계를 무엇이라고 하는가?

① 범용 공작기계
② 전용 공작기계
③ 단능 공작기계
④ 만능 공작기계

🖉해설 ① **범용 공작기계** : 절삭속도 및 이송의 범위가 크고, 부속 장치를 사용하여 다양한 종류의 가공을 할 수 있는 공작기계이며, 여러 가지 소량생산에 적합하지만, 부품을 다량으로 양산하는 데에는 적당하지 않다.
② **단능 공작기계** : 간단한 공정이나 1종의 공정밖에 할 수 없는 공작기계이며, 다량생산에 적합하나 다른 공정의 가공에 융통성이 없다.
③ **전용 공작기계** : 특정한 모양, 치수의 제품을 양산하기에 적합하도록 만든 공작기계이며, 사용 범위에는 좁고, 소량생산에는 적합하지 않는 공작기계이다.

**30** WA46H8V라고 표시된 연삭숫돌에서 WA는 무엇을 나타내는가?

① 결합도
② 조직
③ 결합제
④ 숫돌 입자의 재질

🖉해설

| WA | 46 | H | 8 | V |
|---|---|---|---|---|
| 입자 | 입도 | 결합도 | 조직 | 결합제 |

[정답] 27. ④  28. ①
29. ②  30. ④

**31** 선반에서 복식공구대를 이용하여 테이퍼를 절삭할 때 일감의 큰 지름 $D$(mm), 작은 지름 $d$(mm), 테이퍼의 길이 $L$(mm)이라고 할 때, 돌리는 각도를 $\alpha/2$라면 옳은 관계식은?

① $\sin(\alpha/2) = (D-d)/2L$
② $\cos(\alpha/2) = L/(D-d)$
③ $\tan(\alpha/2) = (D-d)/2L$
④ $\cos(\alpha/2) = (D-d)/L$

**해설** 복식 공구대를 경사시키는 방법 : 길이가 짧고 테이퍼 값이 클 때 사용된다.
$\theta = \tan^{-1} \dfrac{D-d}{2L}$

**32** 다음 중 결합도가 낮은 연삭숫돌을 선정하여야 하는 경우는?

① 연삭 깊이가 클 때
② 연질 가공물을 연삭할 때
③ 접촉 면적이 적을 때
④ 숫돌차의 원주 속도가 느릴 때

**해설** 결합도에 따른 숫돌의 선택기준

| 결합도가 높은 숫돌(굳은 숫돌) | 결합도가 낮은 숫돌(연한 숫돌) |
|---|---|
| • 연한 재료의 연삭 | • 단단한(경한) 재료의 연삭 |
| • 숫돌차의 원주 속도가 느릴 때 | • 숫돌차의 원주 속도가 빠를 때 |
| • 연삭 깊이가 얕을 때 | • 연삭 깊이가 깊을 때 |
| • 접촉면이 작을 때 | • 접촉면이 클 때 |
| • 재료 표면이 거칠 때 | • 재료 표면이 치밀할 때 |

**33** 호닝 머신에서 내면을 가공할 때 호운은 일감에 대하여 어떠한 운동을 하는가?

① 회전운동
② 왕복운동
③ 이송운동
④ 회전운동과 왕복운동

**해설** 혼의 운동 : 회전운동과 동시에 왕복운동 방향의 각도 −40~60°(무늬 교차각)
• 표준 : 10~30°
• 정밀 : 10~40°
• 거침 : 40~60°

정답 31. ③  32. ①  33. ④

**34** 다음 도면에서 테이퍼 값은?

① $\dfrac{1}{16}$

② $\dfrac{1}{8}$

③ $\dfrac{1}{4}$

④ $\dfrac{1}{2}$

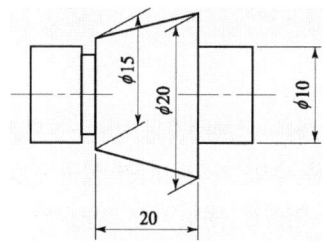

**해설** 테이퍼 값 $= \dfrac{20-15}{2} = \dfrac{1}{4} = 0.25$

**35** 구성인선을 감소시키는 방법으로 가장 적합한 것은?
① 공구의 윗면 경사각을 작게 한다.
② 절삭 속도를 크게 한다.
③ 연강재의 가공에는 윤활유를 주입하지 않는다.
④ 절삭 깊이를 크게 한다.

**해설** 구성인선의 방지(억제)법
① 공구의 윗면 경사각을 크게 한다.
② 절삭 깊이를 작게 한다.
③ 절삭 속도를 크게(구성인선의 임계속도 : 120m/min)한다.
④ 이송을 작게 한다.(저속회전일 때 이송을 크게 한다)
⑤ 칩의 절삭 저항을 작게 한다.

**36** 니켈, 크롬, 몰리브덴, 구리 등을 첨가하여 재질을 개선한 것으로 노듈러 주철, 덕타일 주철 등으로 불리는 이 주철은 내마멸성, 내열성, 내식성 등이 대단히 우수하여 자동차용 주물이나 주조용 재료로 가장 많이 쓰이는 것은?
① 칠드주철
② 구상흑연 주철
③ 보통주철
④ 펄라이트 가단주철

**해설** 구상흑연 주철
니켈, 크롬, 몰리브덴, 구리 등을 첨가하여 재질을 개선한 것으로 노듈러 주철, 덕타일 주철 등으로 불리는 이 주철은 내마멸성, 내열성, 내식성 등이 대단히 우수하여 자동차용 주물이나 주조용 재료로 가장 많이 사용한다.

**정답** 34. ③ 35. ② 36. ②

## 01회 CBT 모의고사

**37** 엔진의 밸브 스프링과 같이 빠른 반복하중을 받는 스프링에서는 그 반복속도가 스프링의 고유진동수와 가까워지면 심한 진동을 일으켜 스프링 파손의 원인이 되는 현상을 무엇이라 하는가?

① 공명 현상  ② 피로 현상
③ 서징 현상  ④ 동신동 현상

**해설** 서징 현상
엔진의 밸브 스프링과 같이 빠른 반복하중을 받는 스프링에서는 그 반복속도가 스프링의 고유진동수와 가까워지면 심한 진동을 일으켜 스프링 파손의 원인이 되는 현상이다.

**38** 연삭숫돌의 입도를 선택하는 조건 중 틀린 것은?

① 거칠게 연삭을 할 때에는 거친 입도
② 접촉면이 작을 때에는 거친 입도
③ 경도가 높은 일감에는 거친 입도
④ 연성재료에는 거친 입도

**해설**
• 거친 입도
① 거친 연삭, 절삭 깊이와 이송을 많이 줄 때
② 접촉 면적이 넓을(클) 때
③ 공작물이 연하고 연성, 점성, 질긴 성질일 때

• 가는 입도
① 다듬 연삭, 공구 연삭
② 접촉 면적이 적을 때
③ 공작물이 단단(경도가 높고)하고 취성(메진)인 재료

**39** 도면 내에 기입된 ⌀40H7에서 "7"의 뜻은?

① 기준 치수  ② 구멍 기준
③ 공차의 등급  ④ 공차 치수

**해설**

| H | 7 |
|---|---|
| 구멍 기준 | 공차의 등급 |

**40** 치수 보조기호 표시가 잘못 설명된 것은?

① φ : 참고치수  ② □ : 정사각형의 변
③ R : 반지름  ④ C : 45도의 모따기

**정답** 37. ③  38. ②  39. ③  40. ①

**해설** $\phi$ : 지름, ( ) : 참고치수

**41** 지름 240mm 및 360mm의 외접 마찰차에서 중심 거리는?
① 60mm  ② 300mm
③ 400mm  ④ 600mm

**해설** $\frac{m(Z_1+Z_2)}{2} = \frac{(240+360)}{2} = 300$

**42** 재질이 연강이고 지름 50mm, 길이 800mm인 환봉을 이송 0.4mm/rev, 절삭속도 50m/min으로 선반에서 1회 가공하는 데 소요되는 시간은? (단, 가공 길이는 환봉의 길이인 800mm임)
① 약 1분 18초  ② 약 3분 23초
③ 약 6분 17초  ④ 약 9분 49초

**해설** $N = \frac{1000V}{\pi D} = \frac{1000 \times 50}{\pi \times 50} = 318.3$
$T = \frac{l}{Nf} = \frac{800}{318.3 \times 0.4} = 6.28분 = 6분 17초$

**43** 전자력을 이용하여 제동력을 가해 주는 브레이크는?
① 블록 브레이크  ② 밴드 브레이크
③ 디스크 브레이크  ④ 전자 브레이크

**해설** 전자 브레이크
고정 원판식 코일에 전류를 통하면 전자력에 의하여 회전원판이 잡아 당겨져 제동이 되는 작동원리로 공작 기계, 승강기 등에 사용된다.

**44** 세라믹 절삭 공구의 일반적인 설명으로 틀린 것은?
① 주성분은 산화알루미늄($Al_2O_3$)이다.
② 충격에 매우 강하다.
③ 고속 다듬질에서 우수한 성능을 나타낸다.
④ 고온에서 경도가 높다.

**해설** 세라믹 합금
① 산화알루미늄 가루($Al_2O_3$) 분말에 규소 및 마그네슘 등의 산화물이나 다른 산화물의 첨가물을 넣고 소결한 것
② 고속절삭, 고온에서 경도가 높고, 내마멸성이 좋다.
③ 경질합금보다 인성이 적고 취성이 있어 충격 및 진동에 약하다.

정답  41.② 42.③ 43.④ 44.②

**45** 연삭숫돌을 고정시킬 때, 플랜지(flange)의 크기는 연삭 숫돌바퀴 외경의 얼마로 하는 것이 가장 안전한가?

① 1/25 이상   ② 1/3 이상
③ 1/10 이상   ④ 1/20 이상

**해설** 연삭숫돌을 고정시킬 때, 플랜지(flange)의 크기는 연삭 숫돌바퀴 외경의 1/3 이상으로 한다.

**46** 1날 당 이송량 0.12mm, 밀링 커터의 날수 12개, 회전수가 800rpm 일 때 이송속도는 몇 mm/min인가?

① 1050   ② 1100
③ 1152   ④ 1200

**해설** $f = f_z \times Z \times n = 0.12 \times 12 \times 800 = 1152 \text{mm}$

**47** 비교 측정에 사용되는 측정기기는?

① 투영기   ② 마이크로미터
③ 다이얼 게이지   ④ 버니어 캘리퍼스

**해설** 비교 측정
기준이 되는 일정한 치수와 피측정물을 비교하여 그 측정치의 차이를 읽는 방법으로 비교 측정은 다이얼 게이지, 미니미터, 공기 마이크로미터(공기의 흐름을 확대 기구를 이용하여 길이를 측정하는 방식), 전기 마이크로미터 등이 있다.

**48** 다음 기하공차에 대한 설명으로 틀린 것은?

① ○ – 진원도 공차
② ∠ – 경사도 공차
③ ⊥ – 직각도 공차
④ ◎ – 흔들림 공차

**해설**

| ◎ | 동축도 공차 또는 동심도 공차 |
|---|---|
| ↗ | 원주 흔들림 공차 |

정답  45. ②  46. ③  47. ③  48. ④

**49** 원통형이나 육면체의 금긋기에 사용되는 수공구로 90°의 V홈이 있으며 2개를 1개조로 사용할 수도 있는 수공구는?

① 정반
② V 블록
③ 직각자
④ 핸드 바이스

**해설** V 블록 : 원통형이나 육면체의 금긋기에 사용되는 수공구로 90°의 V홈이 있으며, 2개를 1개조로 사용한다.

**50** 나사종류의 표시기호 중 틀린 것은?

① 미터 보통 나사 – M
② 유니파이 가는 나사 – UNC
③ 미터 사다리꼴 나사 – Tr
④ 관용 평행 나사 – G

**해설**
• 유니파이 가는 나사 – UNF
• 유니파이 보통 나사 – UNC

**51** 회전력의 전달과 동시에 보스를 축 방향으로 이동시킬 때 가장 적합한 키는?

① 새들 키
② 반달 키
③ 미끄럼 키
④ 접선 키

**해설** 미끄럼 키(sliding key)
안내키, 페더키(feather key)라고도 하며 보스와 축이 상대적으로 축 방향으로만 이동이 가능한 키로서 키를 작은 나사로 고정한다.

**52** 피치 3mm인 3중 나사의 리드는 몇 mm인가?

① 1mm
② 2.87mm
③ 3.14mm
④ 9mm

**해설** 피치 3mm×3중 나사 = 9mm

**53** 윤활제의 구비조건으로 틀린 것은?

① 양호한 유성을 가진 것으로 카본 생성이 적어야 한다.
② 금속의 부식이 없어야 한다.
③ 온도 변화에 따른 점도 변화가 커야 한다.
④ 열이나 산성에 강해야 한다.

**해설** 온도 변화에 따른 점도 변화가 작아야 한다.

[정답] 49. ② 50. ② 51. ③ 52. ④ 53. ③

**54** 오스테나이트계 18-8형 스테인리스강의 성분은?

① 크롬 18%, 니켈 8%
② 니켈 18%, 크롬 8%
③ 티탄 18%, 니켈 8%
④ 크롬 18%, 티탄 8%

**해설** 18-8스테인리스강이라 함은 그 성분이 18% Cr, 8% Ni인 것으로 그 특징은 다음과 같다.
① 내산 및 내식성이 13% Cr 스테인리스강보다 우수하다.
② 비자성이다.
③ 인성이 좋으므로 가공이 용이하다.
④ 산과 알칼리에 강하다.
⑤ 용접하기 쉽다.

**55** 다음과 같이 도면에 기입된 기하 공차에서 0.011이 뜻하는 것은?

| // | 0.011 | A |
|---|---|---|
|    | 0.05/200 |   |

① 기준 길이에 대한 공차 값
② 전체 길이에 대한 공차 값
③ 전체 길이 공차 값에서 기준 길이 공차 값을 뺀 값
④ 치수 공차 값

**해설** A면에 대하여 소정이 길이 200mm에 대하여 0.05mm, 전체 길이 0.011mm의 평행도에 대한 공차 값

**56** 진원도 측정방법이 아닌 것은?

① 지름법
② 반지름법
③ 삼점법
④ 사점법

**해설** 진원도 측정방법
① 지름법
② 반지름법
③ 3점법

정답  54. ①  55. ②
56. ④

**57** 보기와 같이 제3각법으로 투상된 물체의 등각 투상도로 가장 적합한 것은?

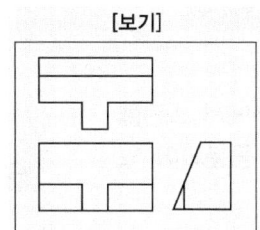

① 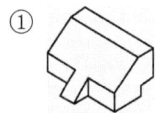   ②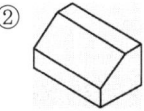

③ 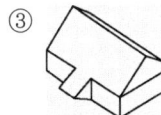   ④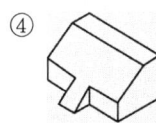

**58** 각도 측정할 수 있는 사인 바(sine bar)의 설명으로 틀린 것은?
① 정밀한 각도측정을 하기 위해서는 평면도가 높은 평면에서 사용해야 한다.
② 롤러의 중심거리는 보통 100mm, 20mm로 만든다.
③ 45° 이상의 큰 각도를 측정하는 데 유리하다.
④ 사인 바는 길이를 측정하여 직각 삼각형의 삼각함수를 이용한 계산에 의하여 임의의 각의 측정 또는 임의의 각을 만드는 기구이다.

> **해설** **사인 바** : 삼각함수의 사인을 이용하여 임의의 각도를 설정 및 측정하는 측정기로서, 크기는 롤러 중심 간의 거리로 표시하며 일반적으로 100mm, 200mm를 많이 사용한다.
> $\sin\alpha = H/L$, $H = L \times \sin\alpha$, $\alpha = \sin^{-1}\dfrac{H}{L}$
> 사인 바를 이용하여 각도 측정 시 $\alpha > 45°$로 되면 오차가 커지므로 기준면에 대하여 45° 이하로 설정한다.

**59** 나사의 유효지름 측정방법 중 정밀도가 가장 높은 것은?
① 나사 마이크로미터   ② 3침법
③ 나사 한계게이지     ④ 센터 게이지

> **해설** **3침법(삼침법)**
> 지름이 같은 3개의 핀 게이지를 나사산의 골에 끼운 상태에서 바깥지름을 마이크로미터 등으로 측정하여 계산하며, 유효지름을 측정하는 가장 정밀한 방법이다.

**정답** 57. ④  58. ③  59. ②

**60** 최소 눈금(딤블의 1 눈금)이 0.01mm인 마이크로미터에서 스핀들 나사의 피치가 0.5mm이면 딤블의 원주 눈금은 몇 등분되어 있는가?

① 10등분
② 50등분
③ 100등분
④ 200등분

해설 표준마이크로미터는 나사의 피치 0.5mm, 딤블의 원주 눈금이 50등분 되어 있으므로 딤블의 1회전에 의한 스핀들의 이동량(M)은 0.01mm의 측정이 가능하다.

$$M = 0.5 \times \frac{1}{50} = \frac{1}{100} = 0.01 \text{mm}$$

정답 60. ②

## 01. 어미나사가 4산/1인치당 선반에서 공작물의 피치가 10mm인 나사를 깎을 때의 변환기어 잇수는?

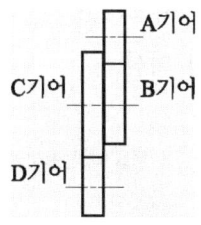

① A=60, B=30, C=100, D=127
② A=60, B=30, C=127, D=100
③ A=30, B=60, C=127, D=100
④ A=30, B=100, C=127, D=200

**해설** $\frac{5 \times P}{127} = \frac{5 \times 4 \times 10}{127} = \frac{200}{127} = \frac{60}{30} \times \frac{100}{127} = \frac{A(60)}{B(30)} \times \frac{C(100)}{D(127)}$

## 02. 선반 작업에 사용되는 센터 중에서 단면을 절삭해야만 할 경우 사용되는 것은?

① 보통 센터
② 초경합금을 경납땜한 센터
③ 베어링 센터
④ 하프 센터

**해설** 센터의 종류
① 베어링 센터 : 고속 회전 시 사용된다.
② 하프 센터 : 단(끝)면 가공 시 사용된다.
③ 베벨 센터(파이프 센터) : 관류나 중량이 큰 공작물에 사용된다.

## 03. 연삭숫돌에 눈메움이나 무딤 현상이 발생하였을 때 숫돌을 수정하는 작업은?

① 래핑
② 드레싱
③ 글레이징
④ 덮개 설치

**해설** 드레싱
눈메움이나 무딤 현상이 발생하였을 때 숫돌을 수정하는 작업이다.

**정답** 01. ① 02. ④ 03. ②

## 04. 같은 평면 안에 있는 다수의 구멍을 동시에 드릴가공할 수 있는 드릴링 머신은?

① 다두 드릴링 머신
② 레이디얼 드릴링 머신
③ 다축 드릴링 머신
④ 직립 드릴링 머신

**해설**
① **다축 드릴링 머신**
1대의 기계에 많은 수의 스핀들이 있으며 1회에 많은 구멍을 뚫을 때 능률적이고 한 번에 여러 개의 구멍을 작업한다.
② **다두 드릴링 머신**
직립 드릴링 머신의 상부 기구를 같은 베드 위에 여러 개 나란히 장치한 것으로 각각의 스핀들에 드릴, 그 밖에 여러 가지 공구를 꽂아 드릴, 리머, 탭 등을 여러 공구를 작업 순서대로 고정 후 연속 사용. 황삭 및 완성 가공을 연속적으로 한다.

## 05. 브로칭 머신으로 가공할 수 없는 것은?

① 스플라인 홈
② 다각형의 구멍
③ 둥근 구멍 안의 키 홈
④ 베어링용 볼

**해설** 브로칭 머신으로 가공할 수 있는 것
둥근 구멍, 각형 구멍, 키 홈, 스플라인의 구멍 등을 다듬질하는 데 이용되고, 최근에는 외면을 다듬는 표면 브로칭(선형 기어)의 치형과 홈 외에 특수한 모양의 면을 절삭하는 데 이용하고 있다.

## 06. 밀링 커터의 여유각을 가공하는 릴리빙 장치가 있는 선반은?

① 차륜 선반
② 탁상 선반
③ 차축 선반
④ 공구 선반

**해설**
① **차륜 선반** : 철도차량의 차륜을 깎는 선반으로 정면선반 2개가 서로 마주 본다.
② **탁상 선반** : 정밀 소형 기계 및 시계부품을 가공한다.
③ **차축 선반** : 철도 차량용 차축을 가공한다.
④ **공구 선반** : 릴리빙장치(=Back off장치)를 가진 것으로 절삭 공구(호브, 커터, 탭 등)의 여유각을 가공한다.

## 07. 다음 중 광학적으로 길이의 미소 범위를 확대하여 측정하는 것은?

① 버니어 캘리퍼스
② 옵티미터
③ 마이크로 인디케이터
④ 사인 바

**해설** **옵티미터** : 광학적으로 길이의 미소 범위를 확대하여 측정한다.

**정답** 04. ③  05. ④  06. ④  07. ②

**08** 숫돌 표면에 무디어진 입자나 기공을 메우고 있는 칩을 제거하여 본래의 형태로 숫돌을 수정하는 방법을 무엇이라 하나?

① 무딤
② 눈메움
③ 드레싱
④ 시닝

**해설**
① **드레싱(재생작업)**
숫돌 입자를 무딤이나 눈메움으로 절삭성이 나빠진 숫돌 면에 날카로운 입자를 발생시켜주는 작업
② **트루잉(성형, 모양 고치기)**
연삭숫돌의 외형을 수정하여 규격에 맞는 제품을 만드는 과정

**09** 스케일(scale)과 베이스(base) 및 서피스 게이지를 하나의 기본 구조로 하는 게이지는?

① 버니어 캘리퍼스
② 마이크로미터
③ 블록 게이지
④ 하이트 게이지

**해설** **하이트 게이지**
스케일(scale)과 베이스(base) 및 서피스 게이지를 하나의 기본 구조로 하며, 높이를 측정하고 또 스크라이버의 선단으로 금긋기 작업을 할 때 사용하는 측정기이다. 종류로는 HB형, HM형, HT형의 세 종류가 대표적이다. HT와 HM형의 복합형이 가장 많이 사용된다.

**10** 각도 측정에 사용되는 측정기가 아닌 것은?

① 사인 바
② 수준기
③ 오토콜리메이터
④ 측장기

**해설** **측장기**
자체에 표준자와 기타의 길이 기준을 갖고 있어 이것과 축미현미경에 의하여 길이를 직접 측정하는 것이다.

**11** 연삭기의 종류 중 바이트, 커터, 드릴 등이 마멸되었거나 손상되었을 때 절삭날을 재연삭하는 데 사용되는 연삭기는?

① 원통 연삭기
② 센터리스 연삭기
③ 내면 연삭기
④ 공구 연삭기

**해설** **공구 연삭기**(universal tool grinding machine)
여러 가지 부속장치를 사용하여 밀링 커터, 호브, 리머 드릴 등의 다양한 공구를 연삭하는 정밀도가 높은 연삭기이다.

**정답** 08. ③  09. ④  10. ④  11. ④

**12** 밀링 가공에서 하향절삭에 비교한 상향절삭의 장점에 해당하는 것은?

① 가공면이 깨끗하다.
② 커터의 마모가 적다.
③ 공작물의 고정이 간단하다.
④ 이송 기구의 백 래시가 제거된다.

**해설** 상향절삭의 장점
① 칩이 날을 방해하지 않는다.
② 밀링 커터의 진행 방향과 테이블의 이송 방향이 반대이므로 이송 기구의 백 래시 제거
③ 기계에 무리를 주지 않는다(절삭동력이 적게 소비된다).
④ 일반적인 가공에 유리하고 치수정밀도의 변화가 적다.
⑤ 절삭날에는 가공 시작부터 끝까지 절삭 저항이 점차 증가하므로 절삭날에 작용하는 충격이 적다.

**13** SM25C 재료를 지름 1cm인 드릴로 구멍을 뚫을 때 드릴링 머신의 스핀들 회전수는 650rpm이다. 이때 절삭속도는 약 몇 m/min 인가?

① 20.42
② 30.28
③ 40.42
④ 50.28

**해설** $V = \dfrac{\pi \times 10 \times 650}{1000} = 20.42$

**14** 일감 표면에 약한 압력으로 숫돌을 눌러대고 일감에 회전운동과 이송을 주며 숫돌을 다듬질할 면에 따라 매우 작고 빠른 진동을 주는 가공법은?

① 래핑(lapping)
② 수퍼피니싱(super finishing)
③ 호닝(honing)
④ 액체 호닝(liquid honing)

**해설** 수퍼피니싱(super finishing)
일감 표면에 약한 압력으로 숫돌을 눌러대고 일감에 회전운동과 이송을 주며 숫돌을 다듬질할 면에 따라 매우 작고 빠른 진동을 주는 가공법이다.

정답 12. ④  13. ①
14. ②

**15** 호닝(honing)에 관한 설명으로 틀린 것은?

① 호닝속도는 일감의 표면을 통과하는 입자의 속도를 나타낸다.
② 호운에 일감의 축 방향으로만 진동을 주어 작업한다.
③ 호운(hone)이라는 회전공구로 정밀 다듬질하는 방법이다.
④ 호닝 숫돌은 연삭 입자를 결합제로 결합하여 성형한 것이다.

> **해설** 호운에 일감의 회전운동과 동시에 왕복운동 방향의 진동을 주어 작업한다.

**16** 밀링에서 지름이 50mm인 커터를 사용하고, 커터의 회전수를 100rpm으로 하면 절삭 속도는 약 몇 m/min인가?

① 15.7  ② 314
③ 5    ④ 31.4

> **해설** $V = \dfrac{\pi DN}{1000} = \dfrac{\pi \times 50 \times 100}{1000} = 15.7$

**17** 공작기계의 기본운동에 해당하지 않는 것은?

① 절삭운동    ② 치핑운동
③ 이송운동    ④ 위치조정운동

> **해설** **공작기계의 기본운동**
> ① 절삭운동 : 절삭할 때 칩이 길이 방향으로 절삭 공구가 길이 방향으로 움직이는 운동
> ② 이송운동 : 공작물과 절삭 공구가 절삭 방향으로 이송하는 운동
> ③ 위치 조정운동 : 공구와 공작물 간의 절삭 조건에 따른 절삭 깊이 조정 및 일감, 공구의 설치 및 제거

**18** 바이트의 공구각에 대한 설명 중 옳은 것은?

① 옆면 경사각 : 바이트 중심선에 수직한 단면 위에 주 절삭날 면이 수평면과 이루는 각
② 앞면 여유각 : 윗면 여유각을 측정하는 면 위에서 바이트 전면이 절삭면과 이루는 각
③ 옆면 절삭날각 : 주 절삭날이 바이트 자루의 전면과 이루는 각
④ 앞면 절삭날각 : 앞 절삭날이 바이트 자루의 측면에 수평한 선과 이루는 각

> **해설** ① **옆면 경사각** : 바이트 중심선에 수직한 단면 위에 주 절삭날 면이 수평면과 이루는 각
> ② **앞면 여유각** : 바이트의 선단에서 그는 수직선과 여유 면과의 사잇각
> ③ **옆면 절삭날각** : 자루의 중심선과 수직인 면상에 나타나는 경사 면과 밑면에 평행인 평면이 이루는 각
> ④ **앞면 절삭날각** : 자루의 중심선과 평행이며, 수직인 단면상에 나타나는 경사 면과 밑변에 평행인 평면이 이루는 각

**정답** 15. ② 16. ①
      17. ② 18. ①

**19** 지름 120mm, 길이 340mm인 중탄소강 둥근막대를 초경합금 바이트를 사용하여 절삭속도 150m/min으로 절삭하고자 할 때, 그 회전수는?

① 398rpm
② 410rpm
③ 430rpm
④ 458rpm

해설 $n = \dfrac{1000V}{\pi \times D} = \dfrac{1000 \times 150}{\pi \times 120} = 398\,\text{rpm}$

**20** 측정기의 눈금과 눈의 위치가 수직이 되지 않을 때 생기는 측정오차는 무엇인가?

① 샘플링 오차
② 계기 오차
③ 우연 오차
④ 시차(視差)에 의한 오차

해설 **시차(parallax)**
측정자의 부주의 즉, 읽음에 있어서 시선의 방향에 따라 생기는 오차이다.

**21** 브로칭 머신으로 가공할 수 있는 것은?

① 나사를 절삭할 경우
② 각형의 구멍을 절삭할 경우
③ 헬리컬 기어를 절삭할 경우
④ 베어링용 볼을 절삭할 경우

해설 브로칭은 둥근 구멍, 각형 구멍, 키 홈, 스플라인의 구멍 등을 다듬질하는 데 이용하였으나, 최근에는 외면을 다듬는 표면 브로칭 즉, 선형 기어(segment gear)의 치형과 홈 외에 특수한 모양의 면을 절삭하는 데 이용되고 있다.

**22** 길이 400m, 지름 50m인 둥근 봉을 절삭 속도 100m/min로 1회 선삭하려면 절삭 기간은 약 몇 분 걸리는가? (단, 이송속도는 0.1mm/rev이고, 공구의 접근 또는 설치를 위한 시간은 무시한다.)

① 2.3
② 4.8
③ 6.3
④ 8.8

정답 19. ① 20. ④ 21. ② 22. ③

**해설**
$$N = \frac{1000V}{\pi D} = \frac{1000 \times 100}{\pi \times 50} = 636.6$$
$$T = \frac{l}{Nf} = \frac{400}{636.6 \times 0.1} = 6.28분$$

## 23 래핑작업에 대한 설명으로 가장 거리가 먼 것은?
① 습식 래핑법은 래핑유를 사용한다.
② 건식 래핑법은 게이지 블럭의 제작에 사용된다.
③ 래핑 가공면은 내식성, 내마모성이 좋다.
④ 랩은 가공물의 재질보다 단단한 것을 사용한다.

**해설** 랩은 원칙적으로 가공물보다 연한 재질을 사용

## 24 게이지 블록의 모양에 따른 종류가 아닌 것은?
① 캐리형  ② 요한슨형
③ 호크형  ④ 웨이브형

**해설** 게이지 블록의 종류는 모양에 따라 직사각형의 단면을 가진 요한슨형, 중앙에 구멍이 뚫린 정사각형의 단면을 가진 호크(hoke)형과 원형으로 중앙에 구멍이 뚫린 캐리(cary)형, 팔각형 단면으로서 2개의 구멍을 가진 것 등이 있다. 일반적으로 KS에서 규정된 요한슨형을 많이 사용한다.

## 25 밀링에서 브라운 샤프형의 21구멍 분할판을 사용하여 7등분하고자 한다. 맞는 것은?
① 7회전하고 40구멍씩 돌린다.
② 5회전하고 15구멍씩 돌린다.
③ 7회전하고 21구멍씩 돌린다.
④ 15회전하고 5구멍씩 돌린다.

**해설** $\frac{40}{N} = \frac{40}{7} = 5\frac{5 \times 3}{7 \times 3} = 5\frac{15}{21}$

## 26 밀링 가공에서 직접 분할이 가능한 수는?
① 3등분  ② 7등분
③ 9등분  ④ 10등분

**해설** **직접 분할법(=면판분할법)**
분할대의 면판에 24개의 구멍이 등 간격으로 뚫어져 있음(면판 위의 24 구멍을 이용하여 분할).

※ 24의 약수 : 2, 3, 4, 6, 8, 12, 24 ⇒ 7종 분할 가능. $\frac{24}{N}$

**정답** 23. ④  24. ④
25. ②  26. ①

**27** 다음과 같은 테이퍼를 절삭하고자 할 때 심압대의 편위량으로 적당한 것은?

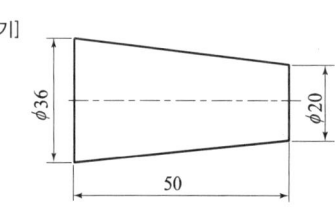

① 8mm
② 10mm
③ 16mm
④ 18mm

**해설** 심압대의 편위량
$$x = \frac{D-d}{2} = \frac{36-20}{2} = 8\text{mm}$$

**28** 밀링작업에서 할 수 없는 것은?
① 나선 절삭
② 바깥지름 절삭
③ 기어 절삭
④ 키 홈 절삭

**해설** 바깥지름 절삭은 선반 작업에서 가능하다.

**29** 만능 밀링 머신에서 비틀림 홈을 제작할 때 사용하는 장치는?
① 분할대
② 회전 바이스
③ 회전대
④ 앵글 플레이트 장치

**해설** 분할대 : 만능 밀링 머신에서 비틀림 홈을 제작할 때 사용하는 장치이다.

**30** 드릴링 머신에 의하여, 주조된 구멍이나 이미 뚫은 구멍을 필요한 크기나 정밀한 치수로 넓히는 작업은?
① 드릴링(Drilling)
② 보링(Boring)
③ 태핑(Tapping)
④ 엔드밀(End milling)

**해설** 보링(boring) : 주조된 구멍이나 이미 뚫은 구멍을 필요한 크기나 정밀한 치수로 넓히는 작업이다.

정답 27.① 28.② 29.① 30.②

**31** 어미자의 눈금이 0.5mm이며, 아들자의 눈금 12mm를 25등분한 버니어 캘리퍼스의 최소측정값은?

① 0.01mm  ② 0.02mm
③ 0.05mm  ④ 0.025mm

**해설** 최소측정값 = 어미자의 최소눈금 / 등분수(m)

$\frac{0.5}{25} = 0.02$

**32** 사인 바(sine bar)에 대한 설명 중 틀린 것은?

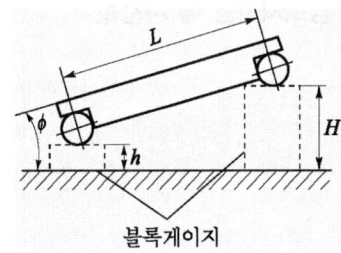

① 블록 게이지 등을 병용하고 3각 함수 사인(sine)을 이용하여 각도를 측정하는 기구이다.
② 사인 바의 호칭치수는 보통 100mm 혹은 200mm이다.
③ 45°보다 큰 각을 측정할 때에는 오차가 적어진다.
④ 정반 위에서 정반면과 사인봉이 이루는 각을 표시하면 $\sin\emptyset = (H-h)/L$식이 성립한다.

**해설** 사인 바를 이용하여 각도 측정 시 α>45°로 되면 오차가 커지므로 기준면에 대하여 45° 이하로 설정한다.

**33** 탄성 숫돌바퀴는 유기질의 결합제로 사용해 만든 것인데 결합제와 기호의 연결이 잘못된 것은?

① 셀락 : E  ② 고무 : R
③ 레지노이드 : B  ④ 비닐 : C

**해설**

| 기호 | 원호 | 주성분 |
|---|---|---|
| V | Vitrified | 점토, 장석〈자기질〉 |
| S | Silicate | 물, 유리〈규산소오다〉 |
| E | Shellai | 천연수지〈셀락〉 |
| R | Rubber | 합성〈천연〉고무 |
| B | Resinoid | 베클라이트〈Bakilite〉 |

**정답** 31. ② 32. ③ 33. ④

**34** 수나사의 크기는 무엇을 기준으로 표시하는가?

① 유효지름
② 수나사의 안지름
③ 수나사의 바깥지름
④ 수나사의 골지름

**해설** 수나사의 크기는 수나사의 바깥지름이 기준이다.

**35** 지름 60mm인 구동마찰차의 회전수를 1/3로 감소시키는 데 사용할 피동마찰차의 지름은 얼마인가?

① 200mm
② 270mm
③ 180mm
④ 160mm

**해설** $i = \dfrac{D_1}{D_2} = \dfrac{Z_2}{Z_1} = \dfrac{1}{3} = \dfrac{60}{D_2} = \dfrac{D_2}{3} = Z_2 = 3 \times 60 = 180$

**36** 금속재료 중 주석, 아연, 납, 안티몬의 합금으로 주성분인 주석과 구리, 안티몬을 함유한 것은 베빗메탈이라고도 하는 것은?

① 켈밋
② 합성수지
③ 트리메탈
④ 화이트메탈

**해설** **화이트메탈** : 주석, 아연, 납, 안티몬의 합금으로 주성분인 주석과 구리, 안티몬을 함유한 것은 베빗메탈이라고도 한다.

**37** 하물(荷物)을 감아올릴 때는 제동 작용은 하지 않고 클러치 작용을 하며, 내릴 때는 하물 자중에 의해 브레이크 작용을 하는 것은?

① 블럭 브레이크
② 밴드 브레이크
③ 자동하중 브레이크
④ 축압 브레이크

**해설** **자동하중 브레이크** : 하물(荷物)을 감아올릴 때는 제동 작용은 하지 않고 클러치 작용을 하며, 내릴 때는 하물 자중에 의해 브레이크 작용을 한다.

**38** 나사 종류의 표시기호 중 틀린 것은?

① 미터 보통 나사 – M
② 유니파이 가는 나사 – UNC
③ 미터 사다리꼴 나사 – Tr
④ 관용 평행 나사 – G

[정답] 34. ③  35. ③  36. ④  37. ③  38. ②

**해설** ① 유니파이 가는 나사 – UNF
② 유니파이 보통 나사 – UNC

## 39 구리의 특성 설명으로 틀린 것은?

① 비중이 8.9 정도이며, 용융점이 1083℃ 정도이다.
② 전연성이 좋으나 가공이 용이하지 않다.
③ 전기 및 열의 전도성이 우수하다.
④ 아름다운 광택과 귀금속적 성질이 우수하다.

**해설** 전연성이 좋아 가공이 용이하다.

## 40 주조용 알루미늄(Al) 합금 중에서 Al–Si 계에 속하는 것은?

① 실루민            ② 하이드로날륨
③ 라우탈            ④ 와이(Y) 합금

**해설** 주조용 알루미늄 합금
① Al–Cu계
② Al–Si계
③ Al–Cu–Si계
④ Al–Mg 합금

## 41 델타메탈(delta metal)의 성분으로 올바른 것은?

① 6 : 4 황동에 철을 1~2% 첨가
② 7 : 3 황동에 주석을 3% 내외 첨가
③ 6 : 4 황동에 망간을 1~2% 첨가
④ 7 : 3 황동에 니켈을 3% 내외 첨가

**해설** 델타메탈
6 : 4 황동에 철을 1~2% 첨가

## 42 양끝을 고정한 단면적 2cm²인 사각봉이 온도 –10℃에서 가열되어 50℃가 되었을 때 재료에 발생하는 열응력은? (단, 사각봉의 세로탄성계수는 21000N/mm², 선팽창계수는 0.000012/℃이다.)

① 25.20N/mm²        ② 15.12N/mm²
③ 35.80N/mm²        ④ 29.90N/mm²

**해설**
$$\sigma = E\epsilon = E\frac{\lambda}{l}$$
$$\therefore \sigma = E\alpha\Delta t = E\alpha(t_2 - t_1)$$
$$= 21000 \times 0.000012 \times (50 - (-10))$$
$$= 15.12 \text{N/mm}^2$$

**정답** 39. ② 40. ①
41. ① 42. ②

**43** 2000kgf의 인장하중이 작용하는 원형단면의 봉에 인장응력 100kgf/cm²이 발생한다. 환봉의 지름은 약 얼마인가?

① 6.5cm
② 6cm
③ 5.5cm
④ 5cm

해설 $d=\sqrt{\dfrac{5\times 2000}{\pi \times 100}}=5.04$

**44** 두께가 3.2mm 강판에 지름 4cm인 구멍을 펀칭하려면 펀치에 약 몇 N의 힘을 가해야 하는가? (단, 판의 전단 저항은 37N/mm²로 한다.)

① 1810
② 3620
③ 7240
④ 14480

해설 $P = k \cdot \pi \cdot \tau \cdot d \cdot t$
$P = \pi \times 40 \times 3.2 \times 37 = 14476.5 \text{N/mm}^2$

**45** V 벨트의 속도비는 보통 얼마 정도인가?

① 1 : 7
② 2 : 4
③ 7 : 10
④ 9 : 14

해설 V 벨트의 속도비는 모터와 기구와의 비는 1 : 7이다.

**46** 비중이 8.90이고 용융온도가 1453℃인 은백색의 금속으로 도금으로도 널리 이용되는 것은?

① Cu
② W
③ Ni
④ Si

해설 Ni : 비중이 8.90이고 용융온도가 1453℃인 은백색의 금속으로 도금으로도 널리 이용된다.

정답 43. ④  44. ④
45. ①  46. ③

**47** 금형제작용 및 공구 재료로 사용되는 주조 경질 합금의 대표적인 재료는?

① 스텔라이트(Stellite)  ② 고속도강(SKH)
③ 시래믹(Ceramics)  ④ 합금 공구강(STS)

**해설** 주조 경질 합금
① 대표적인 것. 스텔라이트가 있으며 주조로 성형한 것을 연삭으로 다듬질하여 사용하며, 금속절삭에 널리 사용되지 않는다.
② 재료 : W-Cr-Co-C
③ 초경합금과 고속도강의 중간 성능을 갖는다.
④ 단조나 열처리가 되지 않으므로 매우 단단하다.

**48** 주조용 알루미늄 합금이 아닌 것은?

① Al - Cu계 합금  ② Al - Si계 합금
③ Al - Mg계 합금  ④ 두랄루민

**해설** 두랄루민은 가공용이다.

**49** 다음 보기의 도면에서 A~D의 선의 용도에 의한 명칭 중 틀린 것은?

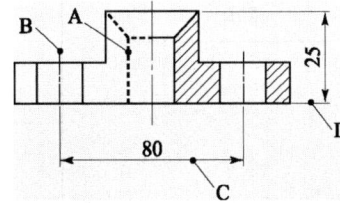

① A : 숨은선  ② B : 중심선
③ C : 치수선  ④ D : 지시선

**해설** D : 치수보조선

**50** 일반적인 도면의 표제란 위치로 가장 적당한 것은?

① 오른쪽 중앙  ② 오른쪽 위
③ 오른쪽 아래  ④ 왼쪽 아래

**해설** 표제란(title block, title panel)
도면 관리에 필요한 사항과 도면 내용에 관한 정형적인 사항 등을 정리하고 기입하기 위하여 윤곽선 오른편 아래 구석의 안쪽에 설정 한다. 표제란에는 도면 번호, 도면 명칭, 기업(단체)명, 책임자의 서명, 도면 작성 연월일, 척도, 투상법 등을 기입한다.

정답  47. ①  48. ④  49. ④  50. ③

## 51. 다음 도면에서 (10)의 치수에서 ( )가 뜻하는 것은?

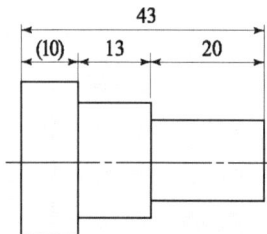

① 참고치수
② 소재치수
③ 중요치수
④ 비례 척이 아닌 치수

**해설**

| 중요치수 | 이론적으로 정확한 치수 | 참고치수 |
|---|---|---|
| — | □ | ( ) |
| 중요치수는 치수 밑에 붙인다. | 이론적으로 정확한 치수를 붙인다. | 참고치수의 치수 수치를 둘러싼다. |
| 20 | 20 | (20) |

## 52. 끼워 맞춤에서 공차(公差, tolerance)란?

① 최대허용치수에서 최소허용치수를 뺀 수치
② 최대허용치수에서 기준치수를 뺀 수치
③ 기준치수에서 최소허용치수를 뺀 수치
④ 실제치수에서 기준치수를 뺀 수치

**해설** **치수 공차** : 최대허용 한계치수와 최소허용 한계치수의 차이다. 또는 위치수 허용차와 아래치수 허용차의 차를 의미하기도 하며 공차라고도 한다.

## 53. 국부 투상도의 설명에 해당하는 것은?

① 대상물의 구멍, 홈 등과 같이 한 부분의 모양을 도시하는 것으로 충분한 경우의 투상도
② 그림의 특정 부분만을 확대하여 그린 그림
③ 복잡한 물체를 절단하여 투상한 것
④ 물체의 경사면의 맞서는 위치에 그린 투상도

**해설** **국부 투상도** : 대상물의 구멍, 홈 등 한 국부만의 모양을 도시하는 것으로 충분한 경우에는 그 필요한 부분만을 국부 투상도로서 나타낸다.

**정답** 51. ① 52. ① 53. ①

**54** 테이퍼값이 1/20인 보기와 같은 그림에서 X의 값은 얼마인가?

[보기]

① $\phi 5$   ② $\phi 6$
③ $\phi 8$   ④ $\phi 10$

해설  $\dfrac{1}{20} = \dfrac{x-4}{20}$

∴ $(x-4) = \dfrac{20}{20}$, $x = 5$

**55** 보기와 같이 3각법으로 투상한 정면도와 평면도에 가장 적합한 우측면도는?

[보기]

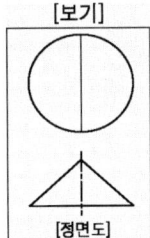

[정면도]

①   ②
③   ④

**56** 보기 입체도의 화살표 방향 투상도면으로 적합한 것은?

[보기]

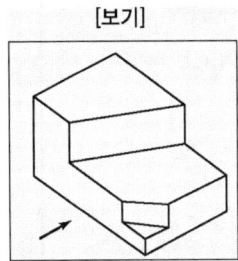

①   ②
③   ④

[정답] 54. ①  55. ②
       56. ③

**57** 그림과 같은 손잡이를 스케치하려고 할 때 다음 중 가장 적합한 방법은?

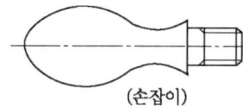
(손잡이)

① 간접 모양뜨기　　② 직접 모양뜨기
③ 프린트법　　　　④ 사진 스케치법

**해설** **모양뜨기법** : 불규칙한 곡선 부품이 있는 부품의 경우 물체를 종이 위에 놓고 그 둘레를 연필로 모양을 뜨는 직접 모양뜨기 방법과 납선 도는 동선 등을 부품의 곡면에 따라 굽혀서 그것을 종이 위에 놓고 연필로 모양을 뜨는 간접 모양뜨기 방법이 있다.

**58** 관용 테이퍼 수나사의 ISO 규격의 기호는?

① R　　　　② M
③ G　　　　④ E

**해설**

| 관용 테이퍼 나사 | 테이퍼 수나사 | R |
|---|---|---|
| | 테이퍼 암나사 | Rc |
| | 평행 암나사 | Rp |
| 관용 평행 나사 | | G |

**59** 동일 조건 상태에서 항상 같은 크기와 같은 부호를 가지는 오차는?

① 절대 오차　　② 측정 오차
③ 계통적 오차　　④ 우연 오차

**해설** **계통 오차** : 측정기로 동일한 측정 조건하에서 피측정물을 측정할 때에 같은 크기와 부호가 발생되는 오차로서 이는 보정하여 측정값을 수정할 수 있다.

**60** 다이얼 게이지로 진원도 측정 방법이 아닌 것은?

① 지름법　　　　② 반지름법
③ 3점법　　　　④ 삼침법

**해설** **삼침법(3침법)** : 나사 게이지 등과 같이 정밀도가 높은 나사의 유효지름 측정에 삼침법(3선법)이 쓰이며, 지름이 같은 3개의 핀 게이지를 나사산의 골에 끼운 상태에서 바깥지름을 마이크로미터 등으로 측정하여 계산하며, 유효지름을 측정하는 가장 정밀한 방법이다.

정답  57. ①　58. ①
　　　59. ③　60. ④

# 03회 CBT 모의고사

**01** 구멍의 내면, 곡면, 내접 기어, 스플라인 구멍 가공이 가능한 공작기계는?

① 셰이퍼  ② 플레이너
③ 슬로터  ④ 드릴링 머신

**해설** **슬로터**: 구멍의 내면, 곡면, 내접 기어, 스플라인 구멍 가공이 가능한 공작기계이다.

**02** 철도차량용 바퀴만 가공하는 전용 선반은?

① 공구선반  ② 차축선반
③ 모방선반  ④ 차륜선반

**해설**
① **공구선반**: 릴리빙 장치(=Back off 장치)를 가진 것으로 절삭 공구(호브, 커터, 탭 등)의 여유각을 가공한다.
② **모방선반**: 형상이 복잡하거나 곡선형 외경만을 가진 일감을 많이 가공할 때 편리하며 트레이서를 접촉시켜 형판 모양으로 공작물을 가공한다. 자동 모방장치 이용, 테이퍼 및 곡면 등을 모방 절삭한다.
③ **차축선반**: 철도차량용 차축 가공한다.
④ **차륜선반**: 철도차량의 차륜을 깎는 선반으로서 정면선반 2개가 서로 마주 본다.

**03** 센터리스 연삭기에서 통과 이송법으로 연삭하려고 한다. 조정 숫돌바퀴의 바깥지름이 400mm, 회전수가 30rpm, 경사각이 4°일 때, 1분 동안의 이송속도는 얼마인가?

① 약 540.44m/min  ② 약 317.70m/min
③ 약 37.61m/min   ④ 약 2.63m/min

**해설** $F = \dfrac{\pi d n \sin a}{1000} = \dfrac{\pi \times 400 \times 30 \times \sin 4°}{1000} = 2.63\text{m/min}$

**04** 현재 알려진 공구 재료 중에서 가장 경도가 높고 내마멸성이 크며 절삭속도가 크고 능률적인 것이나 취성이 크고 고가인 공구재료는?

① 다이아몬드  ② 합금공구강
③ 탄소강      ④ 고속도강

**해설** **다이아몬드**: 가장 경도가 높고 내마멸성이 크며 절삭속도가 크고 능률적인 것이나 취성이 크고 고가인 공구재료이다.

**정답** 01. ③  02. ④  03. ④  04. ①

## 05. 다음 중 결합도가 낮은 연삭숫돌을 선정하여야 하는 경우는?

① 연삭 깊이가 클 때
② 연질 가공물을 연삭할 때
③ 접촉 면적이 적을 때
④ 숫돌차의 원주 속도가 느릴 때

**해설** 결합도에 따른 숫돌의 선택 기준

| 결합도가 높은 숫돌(굳은 숫돌) | 결합도가 낮은 숫돌(연한 숫돌) |
|---|---|
| • 연한 재료의 연삭<br>• 숫돌차의 원주 속도가 느릴 때<br>• 연삭 깊이가 얕을 때<br>• 접촉면이 작을 때<br>• 재료 표면이 거칠 때 | • 단단한(경한) 재료의 연삭<br>• 숫돌차의 원주 속도가 빠를 때<br>• 연삭 깊이가 깊을 때<br>• 접촉면이 클 때<br>• 재료 표면이 치밀할 때 |

## 06. 사인 바(sine bar)로 각도를 측정할 때, 몇 도를 넘으면 오차가 많게 되는가?

① 10°
② 20°
③ 30°
④ 45°

**해설** 사인 바를 이용하여 각도 측정 시 $\alpha > 45°$로 되면 오차가 커지므로 기준면에 대하여 45° 이하로 설정한다.

## 07. 재질이 연강이고 지름 50mm, 길이 800mm인 환봉을 이송 0.4mm/rev, 절삭속도 50m/min으로 선반에서 1회 가공하는 데 소요되는 시간은? (단, 가공 길이는 환봉의 길이인 800mm임)

① 약 1분 18초
② 약 3분 23초
③ 약 6분 17초
④ 약 9분 49초

**해설**
$N = \dfrac{1000V}{\pi D} = \dfrac{1000 \times 50}{\pi \times 50} = 318.3$

$T = \dfrac{l}{Nf} = \dfrac{800}{318.3 \times 0.4} = 6.28분 = 6분 17초$

## 08. 랙크를 절삭 공구로 하고 피니언을 기어 소재로 하여 미끄러지지 않도록 고정하여 서로 상대운동을 시켜 절삭하는 방법은?

① 총형 커터에 의한 방법
② 창성에 의한 방법
③ 형판에 의한 방법
④ 기어 셰이빙에 의한 방법

**정답** 05. ① 06. ④ 07. ③ 08. ②

**해설** 창성에 의한 절삭
인벌류트 곡선의 성질을 응용한 정확한 기어 절삭 공구를 기어의 소재와 함께 회전운동을 주며 축 방향으로 왕복운동을 시켜 절삭한다. 가공방법은 다음과 같다.
① 래크 커터에 의한 방법
② 피니언 커터에 의한 방법
③ 호브에 의한 절삭

## 09 밀링에서 단식 분할법으로 5등분하려고 하면 분할 크랭크핸들을 몇 회전씩 돌리면 되는가?

① 4
② 5
③ 6
④ 8

**해설** 단식 분할법 : 웜과 웜(기어) 휠의 기어 비는 1 : 40(분할 크랭크 1회전은 웜 휠을 1/40 회전시킴)

단식 분할로 원주 5등분 $\dfrac{h}{H} = \dfrac{40}{N} = \dfrac{40}{5} = 8$

## 10 원통 연삭방식에서 연삭숫돌을 일정한 위치에서 회전시키고, 회전하는 일감을 숫돌 폭 방향으로 이송하여 연삭하는 방법을 무엇이라 하는가?

① 트래버스 연삭
② 플런저 연삭
③ 만능 연삭
④ 공구 연삭

**해설** 연삭 작업방식
① 트레버스 컷(treverse cut) 방식 : 공작물 회전과 숫돌이송을 동시에 좌우로 운동하여 연삭
② 플렌지 컷(plunged cut) 방식 : 숫돌 절입방식으로 공작물과 숫돌에 이송을 주지 않고 전후 (가로) 이송으로 연삭

## 11 일감 표면에 약한 압력으로 숫돌을 눌러대고 일감에 회전운동과 이송을 주며 숫돌을 다듬질할 면에 따라 매우 작고 빠른 진동을 주는 가공법은?

① 래핑(lapping)
② 수퍼피니싱(super finishing)
③ 호우닝(honing)
④ 액체호우닝(liquid honing)

**해설** 슈퍼피니싱(super finishing)
공작물 이송과 진동을 주고 공작물을 회전시켜 균일한 표면을 얻는 법으로, 발열이 적고 가공 변질층을 제거할 수 있으며 내마모성, 내식성이 우수하고 다듬질 시간이 짧다.

[정답] 09. ④  10. ①
11. ②

## 12. 수기 가공 시 금긋기용 공구에 해당하지 않는 것은?

① V-블록
② 서피스 게이지
③ 직각자
④ 스크레이핑

**해설**
① **금긋기용 공구**: 정반, 서피스 게이지, V-블록, 직각자, 금긋기 바늘, 센터펀치, 바이스 등이다.
② **스크레이핑 작업**: 스크레이핑 작업은 정반 위에 광명단을 얇게 바른 후 공작물을 문지르면 제일 높은 부분에 광명단이 묻게 되는데, 이것을 스크레이핑으로 깎아낸다. 이와 같은 작업을 반복하여 평면을 만든다.

## 13. 연삭 가공 중 숫돌바퀴의 질이 균일하지 못하거나, 일감의 영향을 받아 숫돌바퀴의 모양이 점차 변한다. 이렇게 변형된 숫돌을 정확한 모양으로 바르게 고치는 작업을 무엇이라 하는가?

① 드레싱
② 밸런싱
③ 채터링
④ 트루잉

**해설**
① **드레싱(재생작업)**: 숫돌 입자를 무딤이나 눈메움으로 절삭성이 나빠진 숫돌 면에 날카로운 입자를 발생시켜주는 작업
② **트루잉(성형, 모양 고치기)**: 연삭숫돌의 외형을 수정하여 규격에 맞는 제품을 만드는 과정
③ **밸런싱**: 연삭숫돌이 두께나 조직형상의 불 균일로 인하여 회전 중에 떨림이 발생하여 밸런싱 머신 또는 밸런싱 웨이트로 숫돌 균형을 조절하는 것을 말한다.
④ **채터링**: 연삭 중에 떨림이 발생하는 현상으로 표면 거칠기가 나빠지고 정밀도가 저하된다.

## 14. 드릴(drill)에 대한 설명이 맞는 것은?

① 웨브(web)는 드릴 끝쪽으로 갈수록 두꺼워진다.
② 드릴의 외경은 자루쪽으로 갈수록 커진다.
③ 표준 드릴의 날끝각은 100°, 웨브각은 145°, 여유각은 8°이다.
④ φ13mm 이상의 드릴은 슬리이브(sleeve)나 소켓(socket)에 끼워 사용한다.

**해설** 보통 직경 φ13mm 이하는 곧은 자루로, 그 이상은 테이퍼 자루로 되어 있다.

**정답** 12. ④  13. ④  14. ④

**15** 이미 치수를 알고 있는 표준과의 차를 구하여 치수를 알아내는 측정방법을 무엇이라 하는가?

① 절대 측정
② 비교 측정
③ 표준 측정
④ 간접 측정

**해설** **비교 측정** : 이미 치수를 알고 있는 표준과의 차를 구하여 치수를 알아내는 측정방법

**16** 디닝(thinning)과 가장 관계가 있는 것은?

① 밀링 커터
② 바이트날의 측면각
③ 그라인더 숫돌의 내측면
④ 드릴의 웨브각

**해설** **디닝(thinning)**
무디어진 웨브를 연삭하는 것으로 드릴의 섕크 쪽으로 갈수록 웨브의 두께가 증가하여 절삭성이 나빠진다. 이 웨브는 드릴 가공이 이송을 줄 때 추력이 일어나는 원인이 되며, 드릴 연삭 시 웨브의 두께를 처음 두께 상태로 얇게 연삭하는 것

**17** 일감 표면에 약한 압력으로 숫돌을 눌러대고 일감에 회전운동과 이송을 주며 숫돌을 다듬질할 면에 따라 매우 작고 빠른 진동을 주는 가공법은?

① 래핑
② 슈퍼피니싱
③ 호닝
④ 액체 호닝

**해설** **슈퍼피니싱**
일감 표면에 약한 압력으로 숫돌을 눌러대고 일감에 회전운동과 이송을 주며 숫돌을 다듬질할 면에 따라 매우 작고 빠른 진동을 주는 가공법

**18** 구리(Cu)에 관한 내용으로 틀린 것은?

① 비중이 1.7이다.
② 용융점이 1083℃ 정도이다.
③ 비자성으로 내식성이 철강보다 우수하다.
④ 전기 및 열의 양도체이다.

**해설** 구리의 비중이 8.96이다.

**19** 호닝(honing) 다듬질 작업을 할 때 가장 적당한 교차각은?

① 20~30°
② 30~50°
③ 60~70°
④ 80~100°

**해설** 호닝(honing) 다듬질 작업의 교차 각은 표준 : 20~30°, 정밀 : 30~40°, 거침 : 40~60°

| 답안 표기란 |
|---|
| 15 ① ② ③ ④ |
| 16 ① ② ③ ④ |
| 17 ① ② ③ ④ |
| 18 ① ② ③ ④ |
| 19 ① ② ③ ④ |

**정답**
15. ② 16. ④
17. ② 18. ①
19. ①

**20** 절삭 공구의 옆면과 가공물의 마찰에 의하여 절삭 공구의 옆면이 평행하게 마모되는 것은?

① 크레이터 마모
② 치핑
③ 플랭크 마모
④ 온도 파손

**해설** 플랭크 마모(여유면 마모 : flank wear)
공구의 플랭크가 절삭면에 평행하게 마모. 주철같이 균열형 칩이 생길 때 발생하는 경우. 크레이터 마멸은 생기지 않으나, 여유 면의 인선이 마찰에 의해 마모된다.

**21** 연삭숫돌에 [보기]와 같이 표시되어 있었다면 각각의 의미를 순서대로 맞게 나타낸 것은?

[보기]  WA · 60 · K · m · V

① 조직, 결합제, 결합도, 입도, 숫돌 입자의 종류
② 숫돌 입자의 종류, 조직, 결합도, 입도, 결합제
③ 숫돌 입자의 종류, 입도, 결합도, 조직, 결합제
④ 결합제, 조직, 결합도, 입도, 숫돌 입자의 종류

**해설**

| WA | 60 | K | m | V |
|----|----|----|----|----|
| 입자 | 입도 | 결합도 | 조직 | 결합제 |

**22** 센터리스(centerless) 연삭 작업에서 장점 및 단점에 관한 각각의 설명으로 틀린 것은?

① 장점 : 긴 홈이 있는 일감의 연삭에 적합하다.
② 장점 : 연삭 여유가 적어도 된다.
③ 단점 : 연삭 숫돌바퀴의 나비보다 긴 일감은 전후 이송법으로 연삭할 수 없다.
④ 단점 : 대형의 중량물은 연삭할 수 없다.

**해설** 센터리스(centerless) 연삭 작업에서 장점 및 단점
① 장점
  ㉠ 연삭에 숙련을 요하지 않는다.
  ㉡ 중공물의 원통 연삭에 편리하다.
  ㉢ 가늘고 긴 가공물의 연삭에 알맞다.
  ㉣ 연삭숫돌의 나비가 크므로 지름의 마멸이 적고 수명이 길다.
  ㉤ 센터 구멍이 필요 없다.
  ㉥ 공작물의 착탈 시간 절약

[정답] 20. ③  21. ③  22. ①

㉧ 연속작업 및 대량생산에 적합
② 단점
㉠ 축 방향에 키 홈, 기름 홈 등이 있는 일감은 연삭하기 어렵다.
㉡ 지름이 크고 길이가 긴 대형 일감은 연삭하기 어렵다.

## 23 선반 가공에서 테이퍼 절삭방법이 아닌 것은?

① 방진구에 의한 방법
② 심압대 편위에 의한 방법
③ 복식 공구대에 의한 방법
④ 테이퍼 절삭장치에 의한 방법

**해설** 테이퍼 절삭방법
① 복식 공구대 회전방법
  길이가 짧고 테이퍼 값이 클 때
  $\theta = \tan^{-1}\dfrac{D-d}{2\,l}$
② 심압대(tail stock)를 편위시키는 방법
  테이퍼 길이가 길 때 외경 테이퍼에서만 적용
  ㉠ 전체 길이에 대한 심압대 편위량
    $x = \dfrac{(D-d)L}{2l}$(mm)
  ㉡ 테이퍼 길이에 대한 편위량
    $x = \dfrac{D-d}{2}$(mm)
③ 테이퍼 절삭장치를 이용하는 방법
④ 가로 이송과 세로 이송을 동시에 작업하는 방법
⑤ 총형바이트에 의한 방법

## 24 단식분할법으로 원주를 10등분하려면 분할 크랭크를 몇 회전씩 돌리면 되는가? (단, 웜의 휠의 잇수는 40개이다.)

① 4회전  ② 8회전
③ 10회전  ④ 40회전

**해설** $\dfrac{40}{N} = \dfrac{40}{10} = 4$

## 25 커터의 날수가 10개이고 1날당 이송량이 0.14mm, 회전수 715rpm으로 연강을 가공할 때 테이블의 이송속도는 몇 mm/min인가?

① 약 715  ② 약 1000
③ 약 5100  ④ 약 7150

**해설** $F = f_z \cdot Z \cdot N = 0.14 \times 10 \times 715 = 1001\text{mm/min}$

정답  23. ①  24. ①
25. ②

**26.** 게이지 블록의 표준조합 선택 및 치수의 조립 시 고려하여야 할 사항으로 거리가 먼 것은?

① 게이지 블록의 윤곽 판독방식
② 소숫점 아래 첫째자리 숫자가 5보다 큰 경우에는 5를 뺀 나머지 숫자부터 선택
③ 조합의 개수를 최소로 할 것
④ 정해진 치수를 고를 때는 맨 끝자리부터 고를 것

**해설** 게이지 블록은 최소 개수로 밀착조립방식

**27.** 브라운 샤프형 분할판에서 지름피치 12, 잇수 76의 스퍼 기어의 이를 깎을 때 분할판의 구멍열은?

① 16구멍　② 17구멍
③ 18구멍　④ 19구멍

**해설** $n = \dfrac{40}{N} = \dfrac{40}{76(\text{잇수})} = \dfrac{10}{19}$

**28.** 가늘고 긴 공작물을 가공할 경우 방진구를 사용하게 되는데, 일반적으로 직경에 비하여 길이가 몇 배 이상일 경우에 사용하는가?

① 5　② 10
③ 15　④ 20

**해설**
① 방진구 → 양 센터 가공 시 사용된다.
② 보통 직경의 12배 이상의 길이는 불안전한 절삭 조건일 때 사용하고, 직경의 20배 이상의 길이일 때 방진구를 사용한다.

**29.** 공작물의 재질이 공구에 점착하기 쉬울 때, 공구의 윗면 경사각이 작을 때, 절삭 깊이가 클 때 생기기 쉬운 칩의 형태는?

① 전단형　② 균열형
③ 열단형　④ 유동형

**해설** 열단형 칩(tear type chip)
① 공작물의 재질이 공구에 접착하기 쉬울 때
② 점성이 큰 재질을 작은 경사각의 공구로 절삭할 때
③ 절삭 깊이가 클 때

정답　26. ①　27. ④
　　　28. ④　29. ③

**30** 공구 재료의 구비 조건으로 틀린 것은?

① 일감보다 단단하고 인성이 있을 것
② 내마멸성이 작을 것
③ 형상을 만들기 쉽고 가격이 쌀 것
④ 높은 온도에서 경도가 떨어지지 않을 것

**해설** 공구 재료는 내마멸성이 클 것

**31** 스퍼 기어(spur gear)나 헬리컬 기어(helical gear)를 가공하는 데 가장 적합한 호브(hob)나사 형태는?

① 한 줄 왼 나사
② 한 줄 오른 나사
③ 두 줄 왼 나사
④ 두 줄 오른 나사

**해설** 호브(hob)나사 형태는 한 줄 오른 나사이다.

**32** 래핑작업에 사용하는 일반적인 랩의 재료가 아닌 것은?

① 고속도강
② 알루미늄
③ 주철
④ 동

**해설** 고속도강은 랩의 재료로 사용하지 않는다.

**33** 밀링가공 중 떨림(chattering)이 나타나는 현상 설명으로 틀린 것은?

① 거친 가공면
② 절삭 조건 향상
③ 생산능률 감소
④ 공구 수명 단축

**해설** 떨림(chattering) 원인
① 기계의 강성 부족
② 커터의 정밀도 부족
③ 일감 고정의 부정적
④ 절삭 조건의 부적정

**34** 원동차의 잇수 28, 종동차의 잇수 84인 한 쌍의 스퍼 기어의 속도비($i$)는 얼마인가?

① $i = 1/3$
② $i = 1/4$
③ $i = 1/6$
④ $i = 1/8$

**해설** $i = \dfrac{Z_A}{Z_B} = \dfrac{D_A}{D_B} = \dfrac{28}{84} = \dfrac{1}{3}$

[정답] 30. ② 31. ②
32. ① 33. ②
34. ①

## 35. TTT 곡선도에서 TTT가 의미하는 것 중 틀린 것은?

① 시간(Time)
② 뜨임(Tempering)
③ 온도(Temperature)
④ 변태(Transformation)

**해설** TTT의 의미 : 시간, 온도, 변태

## 36. 이 직각방식에서 모듈이 $M=4$, 잇수는 72의 헬리컬 기어의 피치원은 몇 mm인가? (단, 비틀림각은 30°이다.)

① 132
② 233
③ 333
④ 432

**해설** $D = Z \times \dfrac{m}{\cos\beta} = 72 \times \dfrac{4}{\cos 30} = 332.6$

## 37. 두 축이 나란하지도 교차하지도 않는 기어는?

① 베벨 기어
② 헬리컬 기어
③ 스퍼 기어
④ 하이포이드 기어

**해설** 두 축이 평행하지도 만나지도 않는 경우(엇갈림 축 기어)
① 웜 기어(worm gear)
② 하이포이드 기어(hypoid gear)
③ 나사 기어(screw gear)
④ 스큐 기어(skew gear)

## 38. 보통 주철의 특징이 아닌 것은?

① 주조가 쉽고 가격이 저렴하다.
② 고온에서 기계적 성질이 우수하다.
③ 압축 강도가 크다.
④ 경도가 높다.

**해설** (1) 주철의 장점
① 주조성이 우수하고 복잡한 부품의 성형이 가능하다.
② 가격이 저렴하다.
③ 잘 녹슬지 않고 칠(도색)이 좋다.
④ 마찰 저항이 우수하고 절삭 가공이 쉽다.
⑤ 압축 강도가 인장 강도에 비하여 3~4배 정도 좋다.

**정답** 35. ② 36. ③ 37. ④ 38. ②

(2) 주철의 단점
① 인장 강도, 휨 강도가 작고 충격에 대해 약하다.
② 충격값, 연신율이 작고 취성이 크다.
③ 소성가공(고온 가공)이 불가능하다.
④ 단조, 담금질, 뜨임이 불가능하다.

## 39 절삭 공구강의 일종인 고속도강(18-4-1)의 표준 성분은?

① Cr18%, W4%, V1%
② V18%, Cr4%, W1%
③ W18%, Cr4%, V1%
④ W18%, V4%, Cr1%

**해설** 고속도 공구강(SKH)
① 재료 : W – Cr – V – Mo – Co
② 대표적인 것으로 W(18%) – Cr(4%) – V(1%)이 있다.

## 40 6 : 4 황동에 주석을 0.75%~1% 정도 첨가하여 판, 봉으로 가공되어 용접봉, 파이프, 선박용 기계에 주로 사용되는 것은?

① 애드미럴티 황동(admiralty brass)
② 네이벌 황동(naval brass)
③ 델타메탈(delta metal)
④ 듀라나 메탈(durana metal)

**해설**
① 애드미럴티 황동(admiralty brass)
7-3황동에 1% Sn 첨가 관, 판으로 증발기, 열교환기에 사용
② 네이벌 황동(naval brass)
6-4황동에 0.75% Sn 첨가 파이프, 용접봉, 선박 기계부품으로 사용
③ 델타메탈(delta metal)
6-4황동에 1~2% Fe 함유 강도, 내식성 증가, 광신기계, 선박, 화학기계용으로 사용된다.
④ 듀라나메탈(durana metal)
7-3황동에 2% Fe, 그리고 소량의 Sn, Al 첨가

## 41 냉간가공에서 가공할수록 재료가 단단해지는 현상을 무엇이라고 하는가?

① 시효경화
② 표면경화
③ 냉간경화
④ 가공경화

**해설** 가공경화
① 재료에 외력을 가하여 변형시키면 굳어지는 현상
② 보통 냉간가공으로 경도가 크고 강해진 현상

[정답] 39. ③  40. ②
41. ④

**42** 단조용 알루미늄 합금으로 Al-Cu-Mg-Mn계 합금이며 기계적 성질이 우수하여 항공기, 차량부품 등에 많이 쓰이는 재료는?

① Y 합금
② 실루민
③ 두랄루민
④ 켈멧합금

| 두랄루민 (dralumin) | Al – Cu – Mg – Mn의 합금으로 시효경화 처리한 대표적인 합금, 이외에도 인장강도 186MPa 이상의 초두랄루민이 있다. |
|---|---|
| 초강 두랄루민 | Al – Cu – Zn – Mg의 합금으로 인장 강도 227MPa 이상으로 알코아 75S 등이 이에 속한다. |

**43** 지름 4cm의 연강봉에 5000N의 인장력이 걸려 있을 때 재료에 생기는 응력은?

① $410\,\text{N/cm}^2$
② $498\,\text{N/cm}^2$
③ $300\,\text{N/cm}^2$
④ $398\,\text{N/cm}^2$

해설 $\alpha = \dfrac{W}{A} = \dfrac{5000}{\dfrac{\pi \times 4^2}{4}} = 398$

**44** 비틀림 각이 30°인 헬리컬 기어에서 잇수가 40이고 축 직각 모듈이 4일 때 피치원의 직경은 몇 mm인가?

① 160
② 170.27
③ 168
④ 184.75

해설 $D = \dfrac{mZ}{\cos\beta} = \dfrac{4 \times 40}{\cos 30} = 184.75$

**45** 다음 그림에서 $W$=300N의 하중이 작용하고 있다. 스프링 상수가 $k_1$=5N/mm, $k_2$=10N/mm라면, 늘어난 길이는 몇 mm인가?

① 15
② 20
③ 25
④ 30

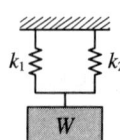

**정답** 42.③ 43.④ 44.④ 45.②

**해설** $k = 5+10 = 15$

$k = \dfrac{W}{\delta}$ 에서, $\delta = \dfrac{300}{15} = 20\text{mm}$

## 46 비중 1.74로 실용 금속 중에서 가장 가볍고 비강도가 알루미늄보다 우수하여 항공기, 자동차, 선박, 전기기기, 광학기계 등에 이용되며 구상흑연 주철의 첨가제로 사용되는 것은?

① Ag
② Cu
③ Mg
④ Sn

**해설** Mg : 비중 1.74로 실용 금속 중에서 가장 가볍고 비강도가 알루미늄보다 우수하여 항공기, 자동차, 선박, 전기기기, 광학기계 등에 이용되며, 구상흑연 주철의 첨가제로 사용한다.

## 47 황동에 Pb 1.5~3.0%를 첨가한 합금을 무엇이라고 하는가?

① 톰백
② 강력 황동
③ 문쯔 메탈
④ 쾌삭 황동

**해설** **쾌삭 황동** : 황동에 Pb 1.5~3.0%를 첨가한 합금이다.

## 48 테이퍼 핀(taper pin)의 호칭 직경으로 바른 것은?

① 핀의 굵은 쪽 직경
② 핀의 가는 쪽 직경
③ 핀의 중간 직경
④ 핀 길이 1/2 지점의 직경

**해설** **핀의 호칭 지름**

| 핀의 종류 | 그림 | 호칭 지름 | 호칭방법 |
|---|---|---|---|
| 평행핀 | | 핀의 지름 | 규격 번호 또는 명칭, 종류, 형식, 호칭, 지름×길이, 재료 |
| 테이퍼핀 | | 작은 쪽의 지름 | 명칭, 등급 $d \times l$, 재료 |
| 슬롯 테이퍼핀 | | 갈라진 부분의 지름 | 명칭, $d \times l$, 재료, 지정 사항 |

**정답** 46. ③  47. ④  48. ②

**49** 보기 도면과 같은 단면도 명칭는?

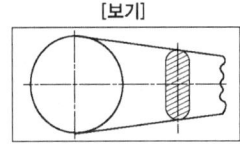

① 부분 단면도  ② 직각도시 단면도
③ 회전도시 단면도  ④ 가상 단면도

**해설** 회전도시 단면도 : 핸들이나 바퀴 등의 암 및 림, 리브, 훅, 축, 구조물의 부재 등의 절단면은 90° 회전하여 표시하여도 좋다.

**50** 도면에서 표면 상태를 줄무늬 방향의 기호로 표시할 경우 R은 무엇을 뜻하는가?

① 가공에 의한 커터의 줄무늬 방향이 투상면에 평행
② 가공에 의한 커터의 줄무늬 방향이 레이디얼 모양
③ 가공에 의한 커터의 줄무늬 방향이 동심원 모양
④ 가공에 의한 줄무늬 방향이 경사지고 두 방향으로 교차

**해설**

|  |  |
|---|---|
| = | 가공으로 생긴 앞줄의 방향이 기호를 기입한 그림의 투영면에 평행 |
| ⊥ | 가공으로 생긴 앞줄의 방향이 기호를 기입한 그림의 투영면에 수직 |
| X | 가공으로 생긴 선이 두 방향으로 교차 |
| M | 가공으로 생긴 선이 다방면으로 교차 또는 무 방향 |
| C | 가공으로 생긴 선이 거의 동심원 |
| R | 가공으로 생긴 선이 거의 방사상(레이디얼형) |

**51** 축을 도시할 때의 설명으로 맞는 것은?

① 축은 조립 방향을 고려하여 중심 축을 수직 방향으로 놓고 도시한다.
② 축은 길이 방향으로 절단하여 온 단면도로 도시한다.
③ 축의 끝에는 모양을 좋게 하기 위해 모따기를 하지 않는다.
④ 단면 모양이 같은 긴 축은 중간 부분을 생략하여 짧게 도시할 수 있다.

**해설** 축의 도시방법
① 축은 길이 방향으로 단면도시를 하지 않는다. 단, 부분 단면은 허용한다.
② 긴 축은 중간을 파단하여 짧게 그릴 수 있으며 실제 치수를 기입한다.

[정답] 49. ③  50. ②  51. ④

③ 축 끝에는 모따기 및 라운딩을 할 수 있다.
④ 축에 있는 널링(knurling)의 도시는 빗줄인 경우는 축선에 대하여 30°로 엇갈리게 그린다.

**52** 보기 도면의 치수에서 기준 치수는?

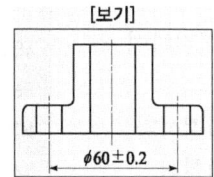

① 60.2
② 59.8
③ 60
④ 0.2

해설 위 그림에서 기준 치수는 60, 공차는 0.4이다.

**53** 보기 입체도의 화살표 방향이 정면도일 때, 우측면도로 가장 적합한 투상도는?

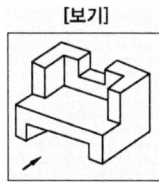

**54** 다음 입체도에서 화살표 방향의 정면도로 적합한 것은?

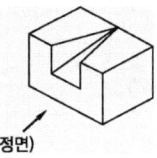

정답 52. ③  53. ②
54. ③

**55** 벨트 풀리를 도시하는 방법으로 틀린 것은?

① 방사형 암은 암의 중심을 수평 또는 수직 중심선까지 회전하여 도시한다.
② V 벨트 풀리의 홈 부분 치수는 호칭 지름에 관계없이 일정하다.
③ 암의 단면도시는 도형 안이나 밖에 회전단면으로 도시한다.
④ 벨트 풀리는 축 직각 방향의 투상을 정면도로 한다.

**해설** V 벨트 풀리의 홈 부분 치수는 호칭 지름에 따라 다르다.

**56** 보기 입체도에서 화살표쪽을 정면도로 한다면 평면도를 정확하게 나타낸 것은? (단, 평면도에서 상하, 좌우 방향의 형상은 대칭이다.)

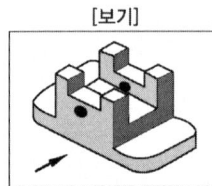

**57** 구멍 치수가 $\phi 50^{+0.039}_{0}$ 이고 축 치수가 $\phi 50^{-0.025}_{-0.050}$ 일 때 최소 틈새는?

① 0
② 0.025
③ 0.050
④ 0.089

**해설** 최소 틈새 = 구멍의 최소 허용치수 − 축의 최대 허용치수 = 50 − 49.075 = 0.025

**58** 사인 바 200mm 되는 것으로 10°를 만들 때 블록 게이지 높이는?

① 26.6mm
② 34.8mm
③ 38.4mm
④ 41.8mm

**해설** $200 \times \sin 10 ≒ 34.72$

**정답** 55. ② 56. ② 57. ② 58. ②

**59** 동일 직경 3개의 핀을 이용하여 수나사의 유효지름을 측정하는 방법은?

① 광학법
② 삼침법
③ 지름법
④ 반지름법

**해설** **삼침법** : 나사 게이지 등과 같이 정밀도가 높은 나사의 유효지름 측정에 3침법(3선법)이 쓰이며, 지름이 같은 3개의 핀 게이지를 나사산의 골에 끼운 상태에서 바깥지름을 마이크로미터 등으로 측정하여 계산하며, 유효지름을 측정하는 가장 정밀한 방법이다.

**60** 어미자의 최소 눈금이 0.5mm이고 아들자의 눈금기입 방법이 39mm를 20등분한 버니어 캘리퍼스의 최소 측정값은?

① 0.015mm
② 0.020mm
③ 0.025mm
④ 0.050mm

**해설** $\dfrac{\text{어미자의 눈금수}}{\text{아들자의 등분수}} = \dfrac{0.5}{20} = 0.025$

정답  59. ②  60. ③

## 01. WA46KmV라고 표시한 숫돌에서 결합제를 의미하는 것은?

① WA
② K
③ m
④ V

**해설**

| WA | 46 | K | m | V |
|---|---|---|---|---|
| 입자 | 입도 | 결합도 | 조직 | 결합제 |

## 02. 내연 기관의 실린더 보링 작업에 가장 적당한 가공법은?

① 호닝
② 래핑
③ 방전가공
④ 버핑

**해설** 호닝(마찰작업)
직사각형 단면의 긴 숫돌을 여러 개 붙여 회전 공구로 사용하며, 진직도, 진원도, 테이퍼 등을 바로 잡고 발열이 적은 경제적인 작업(실린더 내면 가공용으로 사용한다.)

## 03. 사인 바의 호칭치수는?

① 롤러의 직경
② 양쪽 롤러의 중심 사이 거리
③ 사인 바의 폭
④ 사인 바의 전체 길이

**해설** 사인 바 : 삼각함수의 사인을 이용하여 임의의 각도를 설정 및 측정하는 측정기로서, 크기는 롤러 중심 간의 거리로 표시하며 일반적으로 100mm, 200mm를 많이 사용한다.

$\sin\alpha = H/L$, $H = L \times \sin\alpha$

$\alpha = \sin^{-1}\dfrac{H}{L}$

사인 바를 이용하여 각도 측정 시 $\alpha > 45°$로 되면 오차가 커지므로 기준면에 대하여 45° 이하로 설정한다.

## 04. 드릴 작업에서 드릴링(drilling)할 때 공작물과 드릴이 함께 회전하기 쉬울 때는 언제인가?

① 작업을 처음 시작할 때
② 구멍뚫기 작업이 거의 끝나갈 때
③ 구멍을 중간쯤 뚫었을 때
④ 드릴 핸들에 약간의 힘을 주었을 때

**해설** 드릴링(drilling)할 때 공작물과 드릴이 함께 회전하기 쉬울 때는 구멍뚫기 작업이 거의 끝나갈 때 일어난다.

**정답** 01. ④ 02. ①
03. ② 04. ②

**05** 센터리스(centerless) 연삭기의 장점을 설명한 것 중 틀린 것은?

① 연속작업을 할 수 있어 대량생산에 적합하다.
② 긴 축재료의 연삭이 가능하다.
③ 연삭 여유가 적어도 된다.
④ 대형 중량물을 연삭할 수 있다.

> **해설** 센터리스 연삭기의 장점
> ① 가늘고 긴 핀, 원통, 중공 축 등을 연삭하기 쉽다.
> ② 연속 작업할 수 있으며, 대량생산에 적합하다.
> ③ 기계의 조정이 끝나면 초보자도 작업을 할 수 있다.
> ④ 고정에 따른 변형이 없고 연삭 여유가 작아도 된다
> ⑤ 연삭숫돌의 나비가 크므로 지름의 마멸이 적고 수명이 길다.

**06** 표면을 매끈하게 다듬은 공구를 일감 구멍에 압입하여 구멍 내면을 매끈하게 다듬는 방법은?

① 버핑
② 블라스팅
③ 버니싱
④ 텀블링

> **해설** 버니싱 다듬질 : 원통 내면에 소성 변형을 주어 정밀 다듬질하며 내경보다 약간 지름이 큰 버니싱을 사용하여 작업하며, 주로 구멍 내면 다듬질(전성, 연성이 큰재로 가공)을 하며 간단한 장치로 단시간에 정밀도 높은 가공을 할 수 있다.

**07** 각형구멍, 키 홈, 스플라인의 구멍 등을 다듬는 데 사용되고 제품 모양에 맞는 단면 모양을 한 공구를 통과시켜 가공하는 기계는?

① 호빙 머신
② 기어 셰이퍼
③ 브로칭 머신
④ 보링 머신

> **해설** 브로칭 머신 : 각형구멍, 키 홈, 스플라인의 구멍 등을 다듬는 데 사용되고 제품 모양에 맞는 단면 모양을 한 공구를 통과시켜 가공하는 기계이다.

**08** 공작기계에 사용하는 절삭유의 작용을 열거하였다. 해당하지 않는 것은?

① 냉각작용
② 윤활작용
③ 세척작용
④ 탄성작용

> **해설** 절삭제의 역할(사용 목적)
> ① 냉각작용
>   ㉠ 공구의 경도 저하방지 및 공구 수명 연장
>   ㉡ 공작물의 냉각으로 가공정밀도 저하방지
> ② 윤활작용 : 칩과 공구 경사면의 마찰을 감소시켜 전단각이 증대되며, 유동형 칩이 생성
> ③ 세척작용 : 칩 제거 작용
> ④ 방청작용 : 공작물과 공작기계가 녹에 의해 부식되는 것을 방지한다.

[정답] 05. ④ 06. ③ 07. ③ 08. ④

**09** 원판 안에 설치된 전자석을 자화시켜 일감을 고정하는 형태의 선반 척은?

① 단동 척  ② 압축공기 척
③ 연동 척  ④ 마그네틱 척

**해설** 척 : 바깥지름으로 크기를 나타낸다.
① 연동 척 : 규칙적인 외경을 가진 재료를 가공. 단동 척보다 고정력이 약하다. 3개의 조를 크라운 기어를 사용, 동시에 이동시킨다.
② 단동 척 : 다소 불규칙한 외경의 공작물 가공과 중심을 편심시켜 가공할 수 있다. 4개의 조가 있다.
③ 마그네틱 척 : 전자석 설치, 얇은 공작물을 변형시키지 않고 가공된다.
④ 공기 척 : 공작물의 장탈을 신속 확실하게 하기 위해 압축공기나 유압으로 조를 동작. 다수 가공 시 사용되고, 자동화에 능률적이다.

**10** 선반에서 끝면 깎기에 쓰이는 센터는?

① 회전 센터  ② 하프 센터
③ 베어링 센터  ④ 45° 센터

**해설** 센터의 종류
① 베어링 센터 : 고속 회전 시 사용된다.
② 하프 센터 : 단(끝)면 가공 시 사용된다.
③ 베벨 센터(파이프 센터) : 관류나 중량이 큰 공작물에 사용된다.

**11** 선삭에서 절삭속도 $v=15.7$m/min일 때, 가공물의 지름이 200mm였다면 스핀들의 회전수는?

① 25rpm  ② 50rpm
③ 54rpm  ④ 70rpm

**해설** $N = \dfrac{1000V}{\pi D} = \dfrac{1000 \times 15.7}{3.14 \times 200} ≒ 25 \text{rpm}$

**12** 선반의 크기를 나타내는 방법으로 적당치 않은 것은?

① 베드 위의 스윙
② 왕복대 위의 스윙
③ 양 센터 사이의 최대 거리
④ 공작물을 물릴 수 있는 척의 크기

**정답** 09. ④  10. ②  11. ①  12. ④

> **해설** 선반의 크기 표시방법
> ① 베드 위의 스윙 : 베드에 닿지 않을 공작물의 최대 지름
> ② 양 센터 사이의 최대 거리 : 공작물의 최대 길이
> ③ 왕복대 위의 스윙 : 왕복대에 걸리지 않을 공작물의 최대 지름

**13** 밀링의 아버 상에서 플레인 밀링 커터의 고정위치를 조절하는 것은?
① 칼라(collar)　　② 아버 지지부
③ 고정 너트(nut)　　④ 조절 링(ring)

> **해설** **칼라(collar)** : 수평 밀링의 아버 상에서 커터의 고정 위치를 조절한다.

**14** 보링 머신에서 할 수 없는 작업은 다음 중 어느 것인가?
① 바깥지름 깎기　　② 나사 깎기
③ 테이퍼 깎기　　④ 구멍 깎기

> **해설** 테이퍼 깎기는 선반에서 작업할 수 있다.

**15** 접시 머리 볼트의 머리가 묻히도록 하는 작업은?
① 카운터 싱킹　　② 카운터 보링
③ 리밍　　④ 스폿 페이싱

> **해설**
> ① **리밍(reaming)** : 구멍의 정밀도를 높이기 위한 작업. 리머의 여유는 직경 10mm일 때
> ② **스폿 페이싱(spot facing)** : 볼트 또는 너트 등의 구멍과 직각이 되게 머리부가 접촉되는 부분을 깎아서 만드는 작업
> ③ **카운터 싱킹(counter sinking)** : 접시머리 나사의 머리가 묻히게 하기 위해 원뿔자리를 만드는 작업
> ④ **카운터 보링(counter boring)** : 작은 나사, 볼트의 머리부가 돌출되지 않도록 머리부가 들어갈 자리 부분을 단이 있게 구멍 뚫는 작업

**16** 바이트에서 칩 브레이커를 붙이는 이유는 무엇인가?
① 선반에서 바이트의 강도를 높이기 위하여
② 절삭 속도를 빠르게 하기 위하여
③ 바이트와 공작물의 마찰을 적게하기 위하여
④ 칩을 짧게 끊기 위하여

> **해설** **칩 브레이커의 목적**
> ① 공구, 공작물, 공작기계(척)가 서로 엉키는 것을 방지한다. 칩이 짧게 끊어지도록 바이트에 만든다.
>   ㉠ 가공 표면의 흠집 발생방지
>   ㉡ 공구 날 끝의 치핑방지
>   ㉢ 칩의 비산 등에 의한 작업자의 위험 요인을 줄임
> ② 절삭유제의 유동을 좋게 한다.
> ③ 칩의 제거 및 처리를 효율적으로 할 수 있다.

| 답안 표기란 | | | | |
|---|---|---|---|---|
| 13 | ① | ② | ③ | ④ |
| 14 | ① | ② | ③ | ④ |
| 15 | ① | ② | ③ | ④ |
| 16 | ① | ② | ③ | ④ |

[정답] 13. ① 14. ③ 15. ① 16. ④

**17** 선반 가공에서, 내경이 큰 파이프의 바깥 원통 면을 깎는 데 사용되는 맨드릴은 어느 것인가?

① 팽창식 맨드릴
② 조립식 맨드릴
③ 표준 맨드릴
④ 테이퍼 맨드릴

**해설**
① **표준 맨드릴** : 정밀한 중심내기용(가장 보통형) 1/100, 1/1000의 테이퍼로 비교적 간단하고 확실하게 공작물을 고정한다.
② **팽창식 맨드릴(expanding)** : 공작물 구멍이 심봉보다 클 때, 슬리브(sleeve)를 끼워 이것을 축 방향으로 이동시켜 지름을 조정한다.
③ **테이퍼 맨드릴(taper)** : 테이퍼 가공용으로 사용된다.
④ **조립(원추)맨드릴(cone)** : 비교적 큰 지름(pipe)의 원통형을 가공 시 사용된다.

**18** 0.01mm까지 측정할 수 있는 마이크로미터 나사의 피치와 딤블의 눈금에 대하여 옳게 설명한 것은?

① 피치가 0.5mm이고, 원주는 50등분되어있다.
② 피치가 1mm이고, 원주는 50등분되어있다.
③ 피치가 0.5mm이고, 원주는 100등분되어 있다.
④ 피치가 1mm이고, 원주는 200등분되어 있다.

**해설** 마이크로미터
길이의 변화를 나사의 회전각과 직경에 의해 확대하여 그 확대된 길이에 눈금을 붙여 미소의 길이 변화를 읽도록 한 측정기이다. 표준 마이크로미터는 나사의 피치 0.5mm, 딤블의 원주 눈금이 50등분되어 있기 때문에 딤블의 1회전에 의한 스핀들의 이동량($M$)은 0.01mm의 측정이 가능하다.
$$M = 0.5 \times \frac{1}{50} = \frac{1}{100} = 0.01mm$$

**19** 래크를 절삭 공구로 하고 피니언을 기어 소재로 하여 미끄러지지 않도록 고정하여 서로 상대운동을 시켜 절삭하는 방법은?

① 총형 커터에 의한 방법
② 창성에 의한 방법
③ 형판에 의한 방법
④ 기어 셰이빙에 의한 방법

**해설** 창성에 의한 절삭
인벌류트 곡선의 성질을 응용한 정확한 기어 절삭 공구를 기어의 소재와 함께 회전운동을 주며 축 방향으로 왕복운동을 시켜 절삭한다. 가공방법은 다음과 같다.
① 래크 커터에 의한 방법
② 피니언 커터에 의한 방법
③ 호브에 의한 절삭

**정답** 17. ② 18. ① 19. ②

**20** 다음과 같은 테이퍼를 절삭하고자 할 때 심압대의 편위량으로 적당한 것은?

① 8mm
② 10mm
③ 16mm
④ 18mm

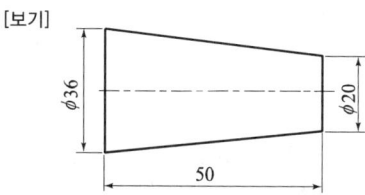

**해설** 테이퍼 길이에 대한 편위량
$$x = \frac{D-d}{2} = \frac{36-20}{2} = 8\text{mm}$$

**21** 리드 스크루 4산/1인치의 선반에서 11산/1인치의 나사를 깎을 때, 변환 기어를 결정하시오. (단, A=주축 쪽의 주동 기어, B=리드 스크루의 종동 기어이다.)

① A=20, B=90
② A=30, B=100
③ A=40, B=110
④ A=50, B=120

**해설** $\dfrac{4 \times 5}{11 \times 5} = \dfrac{20 \times 2(\text{주축 기어 잇수})}{55 \times 2(\text{리드 스크루 기어 잇수})} = \dfrac{40}{110}$

**22** 절삭 저항에 관련된 설명으로 맞는 것은?

① 일반적으로 공구의 윗면 경사각이 커지면 절삭 저항도 커진다.
② 절삭 저항은 주분력, 배분력, 이송분력으로 나눌 수 있다.
③ 절삭 저항은 공작물의 재질이 연할수록 크게 나타난다.
④ 배분력이 절삭에 가장 큰 영향을 미치며 주절삭력이라고도 한다.

**해설** 절삭 저항의 3분력
절삭 저항=주분력(P1) 10 〉배분력(P3) (2-4) 〉이송분력(P2)(1-2)
① 주분력(P1) : 절삭 방향으로 작용하는 분력
② 이송분력(P2) : 이송 방향(평행)으로 작용하는 분력
③ 배분력(P3) : 공구의 축 방향으로 작용하는 분력

**23** 표면 거칠기 측정법의 방식에 해당하지 않는 것은?

① 수준기식
② 광절단식
③ 광파 간섭식
④ 촉침식

**해설** ① **광절단식** : β쪽의 좁은 틈새로 나온 빛을 투사하여 광선으로 표면을 절단하여 γ방향에서 현미경이나 투영기에 의해서 확대하여 관측 또는 사진을 찍어서 요철 상태를 알 수 있다.
② **광파간섭식** : 빛의 간섭을 이용하여 가공면의 거칠기를 측정하는 방법으로 래핑면과 같이 초점 밑면에 적합하며 1μm 이하의 비교적 미세한 표면의 측정에 사용
③ **촉침식** : 표면 거칠기 측정법의 대표적인 방법으로 측정원리는 피측정면에 수직으로 움직이는 촉침으로 피측정면의 표면을 긁어서 상하의 움직임 양을 전기적인 신호로 변환하고, 증폭시켜 그래프에 그리거나 meter에 값을 지시한다.

[정답] 20. ① 21. ③ 22. ② 23. ①

**24** 밀링 커터로 연강을 절삭하려 한다. 1날당 이송량을 0.15mm로 하고 12날의 커터로 매분 150회전시킬 때, 테이블의 이송 속도는 몇 mm/min인가?

① 80  ② 150
③ 270  ④ 350

해설 $f = f_z \times Z \times N = 0.15 \times 12 \times 150 = 270 \text{ mm/min}$

**25** 일감의 재질이 연성이고, 공구의 경사각이 크며, 절삭속도가 빠를 때 주로 발생하는 칩(chip)의 형태는?

① 유동형 칩  ② 전단형 칩
③ 경작형 칩  ④ 균열형 칩

해설
① 유동형 칩(flow type chip) : 칩이 공구의 경사면 위를 유동하는 것과 같이 원활하게 연속적으로 흘러나가는 형태로서 가공 면이 깨끗하다.
② 전단형 칩(shear type chip) : 연한 재질의 공작물을 작은 경사각으로 저속 가공할 때 생긴다.
③ 열단형 칩(tear type chip) : 점성이 큰 재질을 작은 경사각의 공구로 절삭할 때
④ 균열형 칩(Crack type chip) : 주철과 같은 메진(취성) 재료를 저속 가공할 때

**26** 하이트 게이지 중 스크라이버 밑면이 정반에 닿아 정반 면으로 부터 높이를 측정할 수 있으며 어미자는 스탠드 홈을 따라 상하로 조금씩 이동시킬 수 있어 0점 조정이 용이한 구조로 되어 있는 것은?

① HB형 하이트 게이지  ② HT형 하이트 게이지
③ HM형 하이트 게이지  ④ 간이형 하이트 게이지

해설 HT형 하이트 게이지 : 어미자는 스탠드 홈을 따라 상하로 조금씩 이동시킬 수 있어 0점 조정이 용이한 구조로 되어 있다.

**27** CNC 공작기계에서 백래시(backlash)의 오차를 줄이기 위해 사용하는 기계 부품은?

① 유니파이 스크루  ② 볼 스크루
③ 사각 나사  ④ 리드 스크루

해설 볼 스크루 : CNC 공작기계에서 백래시(backlash)의 오차를 줄이기 위해 사용하는 부품이다.

정답 24. ③  25. ①  26. ②  27. ②

## 28 연삭숫돌의 결합도가 다음 중 가장 높은 것은?

① EFG    ② MNO
③ PQR    ④ UWZ

📝해설 **연삭숫돌의 결합도**

| 결합도 번호 | 호칭 |
|---|---|
| E, F, G | 매우 연한 것 |
| H, I, J, K | 연한 것 |
| L, M, N, O | 중간 것 |
| P, Q, R, S | 단단한 것 |
| T, U, V, W, X, Y, Z | 매우 단단한 것 |

## 29 핸드 탭 작업에서 2번 탭까지 사용하여 가공 하였을 때 전체적인 가공률은 얼마인가?

① 25%    ② 55%
③ 65%    ④ 80%

📝해설 **핸드 탭**
1번, 2번, 3번 탭의 3개가 1개 조로 되어 있고, 탭의 가공률은 1번 : 55%, 2번 탭 : 25%, 3번 탭 : 20% 가공을 한다. 현장에서는 보통 2번, 3번 탭만으로 태핑을 한다.

## 30 수평 및 만능 밀링 머신의 기둥면에 설치하여 주축의 회전운동을 공구대의 왕복운동으로 변환시키는 장치는?

① 슬로팅장치    ② 만능 밀링장치
③ 수직 밀링장치    ④ 래크 밀링장치

📝해설 **슬로팅장치**
수평 및 만능 밀링 머신의 기둥면에 설치하여 주축의 회전운동을 공구대의 왕복운동으로 변환시키는 장치이다.

## 31 숫돌 표면에 무디어진 입자나 기공을 메우고 있는 칩을 제거하여 본래의 형태로 숫돌을 수정하는 방법을 무엇이라 하나?

① 무딤    ② 눈메움
③ 드레싱    ④ 시닝

📝해설 ① 드레싱(재생작업)
숫돌입자를 무딤이나 눈메움으로 절삭성이 나빠진 숫돌 면에 날카로운 입자를 발생시켜주는 작업
② 트루잉(성형, 모양 고치기)
연삭숫돌의 외형을 수정하여 규격에 맞는 제품을 만드는 과정

[정답] 28. ④  29. ④
30. ①  31. ③

**32** 다음 중 체심입방격자에 해당하는 금속으로만 이루어진 항은?

① Al, Pb
② Mg, Cd
③ Cr, Mo
④ Cu, Zn

**해설** 체심입방격자(BCC)
① 융점 높고 강도 크다.
② Cr, W, Mo, V, Li, Na, Ta, K, α-Fe, δ-Fe

**33** 결정구조를 가지지 않는 아몰포스 구조를 하고 있어 경도와 강도가 높고 인성 또한 우수하며, 자기적 특성이 우수하여 변압기용 철심 등에 활용되는 것은?

① 비정질 합금
② 초소성 합금
③ 제진 합금
④ 초전도 합금

**해설** 비정질 합금
결정구조를 가지지 않는 아몰포스 구조를 하고 있어 경도와 강도가 높고 인성 또한 우수하며, 자기적 특성이 우수하여 변압기용 철심 등에 활용된다.

**34** 7-3황동이란?

① 구리 70%, 주석 30%
② 구리 70%, 아연 30%
③ 구리 70%, 니켈 30%
④ 구리 70%, 규소 30%

**해설** 7-3황동
Cu 70%, Zn 40%의 α+β황동이며 인장 강도가 크며 고온 가공이 용이하다. 탈아연 부식이 일어나기 쉽다. 열교환기나, 열간 단조용으로 사용된다.

**35** Al-Mg계 합금으로 내식성이 우수한 합금은?

① 하이드로날륨
② 모넬메탈
③ 포금
④ 켈멧

**해설**

| 내식용 Al 합금 | Al-Mn계 | 알민 |
|---|---|---|
| | Al-Mg-Si계 | 알드레이 |
| | Al-Mg계 | 하이드로날륨 |

[정답] 32. ③  33. ①  34. ②  35. ①

**36** 일면 우드러프 키라고도 하며, 키와 키 홈 등이 모두 가공하기 쉽고, 키와 보스를 결합하는 과정에서 자동적으로 키가 자리를 잡을 수 있는 장점이 있으며 자동차, 공작기계 등에 널리 사용되는 키는?

① 성크 키  ② 접선 키
③ 반달 키  ④ 스플라인

**해설** 반달 키(woddruff key) : 반월상의 키로서 축의 홈이 깊게 되어 축의 강도가 약하게 되기는 하나 축과 키 홈의 가공이 쉽고, 키가 자동적으로 축과 보스 사이에 자리를 잡을 수 있어 자동차, 공작기계 등의 60mm 이하의 작은 축이나 테이퍼 축에 사용한다.

**37** 두 축의 회전 방향이 같으며, 높은 감속비의 경우에 쓰이며, 원통의 안쪽에 이가 있는 기어는?

① 내접 기어  ② 하이포이드 기어
③ 크라운 기어  ④ 스퍼 베벨 기어

**해설** 내접 기어 : 두 축의 회전 방향이 같으며, 높은 감속비의 경우에 쓰이며, 원통의 안쪽에 이가 있는 기어이다.

**38** 모듈이 같은 두 기어가 외접하여 서로 물려 있다. 두 기어의 잇수가 30, 50이고 축간거리가 80mm일 때, 모듈은?

① 4  ② 3
③ 2  ④ 1

**해설** $C = \dfrac{m(Z_1 + Z_2)}{2} = m = \dfrac{2 \times 80}{(30+50)} = 2$

**39** 탄소 공구강이 구비해야 할 조건이 아닌 것은?

① 열처리성이 양호할 것  ② 내마모성이 클 것
③ 고온 경도가 클 것  ④ 내충격성이 작을 것

**해설** 탄소 공구강은 내충격성이 클 것

**40** 평행한 두 축 사이에서 외접하거나 내접하는 2개의 원통형 바퀴에 의하여 동력을 전달하는 것은?

① 홈붙이 마찰차  ② 원뿔 마찰차
③ 원통 마찰차  ④ 변속 마찰차

**해설** 원통 마찰차 : 평행한 두 축 사이에서 외접하거나 내접하는 2개의 원통형 바퀴에 의하여 동력을 전달한다.

[정답] 36. ③  37. ①  38. ③  39. ④  40. ③

**41.** 합금강에서 0.28~0.48%의 탄소강에 약 1~2%의 Cr을 첨가하여 Cr에 의한 양호한 담금질성과 뜨임 효과로 기계적 성질을 개선한 구조용 합금강은?

① Ni – Cr강
② Cr강
③ Ni – Cr – Mo강
④ Cr – Mo강

**해설** Cr강 : 합금강에서 0.28~0.48%의 탄소강에 약 1~2%의 Cr을 첨가하여 Cr에 의한 양호한 담금질성과 뜨임 효과로 기계적 성질을 개선한 구조용 합금강이다.

**42.** 푸아송의 비(poisson's ratio)에 관한 설명으로 틀린 것은?

① 탄성 한도 이내에서는 일정한 값을 가진다.
② 주철의 푸아송의 비가 납보다 크다.
③ 푸아송의 수와 역수 관계에 있다.
④ 가로 변형률과 세로 변형률과의 비이다.

**해설** 푸아송의 비 : $\dfrac{1}{m} = \dfrac{가로\ 변형률}{세로\ 변형률} = \dfrac{\epsilon'}{\epsilon} = \dfrac{\delta l}{\lambda d}$

여기서, $\dfrac{1}{m}$의 역수 $m$은 푸아송의 수이다.

**43.** 나사 곡선을 따라 축의 둘레를 한 바퀴 회전하였을 때 축 방향으로 이동하는 거리를 무엇이라 하는가?

① 나사산
② 피치
③ 리드
④ 나사홈

**해설** 리드 : 나사 곡선을 따라 축의 둘레를 한 바퀴 회전하였을 때 축 방향으로 이동하는 거리

**44.** 단면적이 10mm²인 봉에 길이 방향으로 100N의 인장력이 작용할 때 발생하는 인장응력은 몇 N/mm²인가?

① 5
② 10
③ 80
④ 99.6

**해설** $\sigma = \dfrac{W}{A} = \dfrac{1000}{10^2} = 10$

**정답** 41. ② 42. ② 43. ③ 44. ②

**45** 볼베어링에서 볼을 적당한 간격으로 유지시켜 주는 베어링 부품은?

① 리테이너  ② 레이스
③ 하우징  ④ 부시

**해설** 리테이너 : 롤링(볼) 베어링에서 전동체가 접촉되지 않고 일정한 간격을 유지할 수 있게 한다.

**46** 원동차의 직경이 100mm, 종동차의 직경이 140mm, 원동차의 회전수가 400rpm일 때 종동차의 회전수는?

① 300 rpm  ② 200 rpm
③ 560 rpm  ④ 286 rpm

**해설** $100 \times 400 = 140 \times x$
$x = \dfrac{100 \times 400}{140} = 285.7$

**47** 다음 그림에서 G의 기호는 무엇을 표시하는가?

① 가공방법의 약호
② 가공 기계의 약호
③ 파상도 약호
④ 가공 모양의 기호

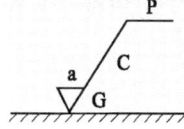

**해설**
• a : 산술 평균 거칠기 값
• P : 가공방법
• C : 컷 오프 값
• G : 가공 모양의 기호

**48** 스퍼 기어제도에서 정면도의 이끝선과 측면도의 이끝원은 무슨 선인가?

① 굵은 실선  ② 파선
③ 일점 쇄선  ④ 이점 쇄선

**해설** 기어도시방법
① 이끝원(잇봉우리원)은 굵은 실선으로 그리고 피치원은 가는 1점 쇄선으로 그린다.
② 이뿌리원(이골원)은 가는 실선으로 그린다.(단, 축에 직각인 방향으로 본 그림(이하 주 투상도라 한다.)의 단면으로 도시할 때에는 이뿌리원(이골원)은 굵은 실선으로 그린다. 또, 베벨 기어와 웜 휠에서는 이뿌리원은 생략해도 좋다.)
③ 잇줄 방향은 보통 3개의 가는 실선으로 그린다.(단, 외접 헬리컬 기어의 주투상도를 단면으로 도시할 때에는 잇줄 방향 도시는 3개와 가는 2점 쇄선으로 그린다.)

정답  45. ①  46. ④
      47. ④  48. ①

**49** 그림과 같이 테이퍼의 각도가 큰 공작물을 선반 복식공구대를 회전시켜 가공하려면 공작물을 몇도 회전시켜 가공해야 하는가?

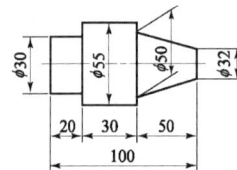

① $\tan^{-1} 0.09$
② $\tan^{-1} 0.18$
③ $\tan^{-1} 2.1$
④ $\tan^{-1} 0.36$

**해설** $\theta = \tan^{-1}\dfrac{D-d}{2l} = \tan^{-1}\dfrac{50-32}{2\times 50} = \tan^{-1} 0.18$

**50** 보기의 입체도를 3각법으로 가장 적합하게 투상한 것은?

[보기]

**51** 보기 입체도를 제3각법으로 올바른 투상도는?

[보기]

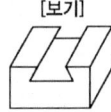

정답 49. ② 50. ① 51. ③

**52** 보기 도면은 원통에서 사각 홈이 관통한 형상의 우측면도이다. 다음 중 정면 투상도로 가장 적합한 것은?

[보기]

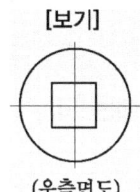

(우측면도)

① 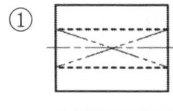  ②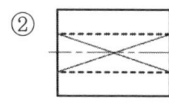

③ 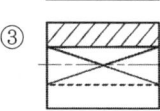  ④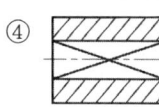

**해설** 사각평면은 가는 실선으로 ×로 표시한다.

**53** 다음 그림에서 A부의 치수는 얼마인가?

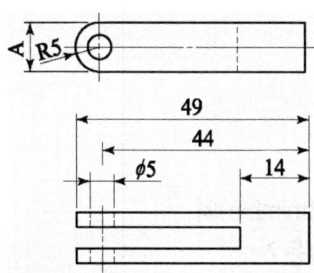

① 5    ② 10
③ 15   ④ 14

**해설** R5이므로 10mm이다.

**54** 보기와 같은 기하공차 기호에서 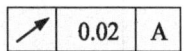 기호의 의미로 가장 적합한 것은?

[보기] | ↗ | 0.02 | A |

① 원주 흔들림 공차   ② 진원도 공차
③ 온 흔들림 공차     ④ 경사도 공차

**해설** | ↗ | 0.02 | A |

A면에 대하여 원주 흔들림 공차가 0.02mm 이내이어야 한다.

[정답] 52. ② 53. ②
54. ①

**55** 일반구조용 압연 강재 재료 기호 SS 330에서 330이 나타내는 의미는?

① 재료의 최대 인장강도 330kgf/mm$^2$
② 재료의 최저 인장강도 330N/mm$^2$
③ 재료의 최저 인장강도 330kgf/cm$^2$
④ 재료의 최대 인장강도 330N/cm$^2$

해설  330 : 재료의 최저 인장강도 330N/mm$^2$

**56** 미터 가는 나사의 표시방법으로 맞는 것은?

① 3/8-16 UNC
② M8×1
③ Tr 12×3
④ Rp 3/4

해설

| 미터 보통 나사 | M 8 |
|---|---|
| 미터 가는 나사 | M 8×1 |

**57** 슬리이브의 최소 눈금이 0.5mm인 마이크로미터에서 딤블(thimble)의 원주 눈금이 100등분 되었다면 최소한 읽을 수 있는 값은?

① 0.01mm
② 0.005mm
③ 0.002mm
④ 0.05mm

해설  $0.5 \times \dfrac{1}{100} = 0.005$mm

**58** 3침법이란 수나사의 무엇을 측정하는 방법인가?

① 골지름
② 피치
③ 유효지름
④ 바깥지름

해설  3침법이란 수나사의 유효지름을 측정한다.

※ 유효지름의 측정 방법
① 삼침법: 나사 게이지 등과 같이 정밀도가 높은 나사의 유효지름 측정에 3침법(3선법)이 쓰이며, 지름이 같은 3개의 핀 게이지를 나사산의 골에 끼운 상태에서 바깥지름을 마이크로미터 등으로 측정하여 계산하며, 유효지름을 측정하는 가장 정밀한 방법이다.
② 나사 마이크로미터에 의한 방법: 엔빌 측에 V홈 측정자를 스핀들 측에 원뿔형 측정자를 사용하여 유효지름 값을 직접 읽을 수 있다.

정답  55. ②  56. ②  57. ②  58. ③

③ 광학적인 방법: 투영기, 공구현미경 등의 광학적 측정기에서 나사축 선과 직각으로 움직이는 전후 이동 마이크로미터 헤드의 읽음 값으로 구할 수 있다.

## 59 사인 바(Sine bar)의 호칭 치수는 무엇으로 표시하는가?

① 롤러 사이의 중심거리
② 사인 바의 전장
③ 사인 바의 중량
④ 롤러의 직경

**해설** 사인 바
삼각함수의 사인을 이용하여 임의의 각도를 설정 및 측정하는 측정기로서, 크기는 롤러 중심 간의 거리로 표시하며 일반적으로 100mm, 200mm를 많이 사용한다.

## 60 호칭 치수가 200mm인 사인 바로 20°30′의 각도를 측정할 때 낮은 쪽 게이지 블록의 높이가 5mm라면 높은 쪽은 얼마인가? (단, sin20°30′ = 0.3665이다.)

① 73.3mm
② 78.3mm
③ 83.3mm
④ 88.3mm

**해설** $\sin\theta = \dfrac{H-h}{L} = 0.3665 = \dfrac{H-5}{200} = H = 78.3\text{mm}$

정답 59. ① 60. ②

# 기계가공조립기능사 필기
5개년 과년도 1200제

정가 | 25,000원

지은이 | 정 연 택
펴낸이 | 차 승 녀
펴낸곳 | 도서출판 건기원

2025년 11월 24일 제1판 제1인쇄
2025년 11월 25일 제1판 제1발행

주소 | 경기도 파주시 연다산길 244(연다산동 186-16)
전화 | (02)2662-1874~5
팩스 | (02)2665-8281
등록 | 제11-162호, 1998. 11. 24

- 건기원은 여러분을 책의 주인공으로 만들어 드리며 출판 윤리 강령을 준수합니다.
- 본 수험서를 복제·변형하여 판매·배포·전송하는 일체의 행위를 금하며, 이를 위반할 경우 저작권법 등에 따라 처벌받을 수 있습니다.

ISBN 979-11-5767-896-9  13550